Biologie

DATEN + FAKTEN
zum Nachschlagen

Biologie

Mit einem Essay von
Prof. Dr. Rudolf Altevogt

Herausgegeben vom
Lexikon-Institut Bertelsmann

Bertelsmann Lexikon-Verlag

Redaktionelle Leitung: Werner Ludewig
Redaktion: Herwart Stehr
Layout: Georg Füller
Zeichner: August Lüdecke, Helmold Dehne, Jürgen Ritter, Renate Jurisch, Horst Keuer
Karten: Kartographisches Institut Bertelsmann, Gütersloh

 · Gesamtherstellung Mohndruck
Reinhard Mohn GmbH, Gütersloh
Printed in Germany
ISBN 3-570-06843-9

Inhaltsverzeichnis

Biologie

Essay von Prof. Dr. R. Altevogt, Univ. Münster

Die Biologie als Lehre vom Leben (grch. bios = Leben, logos = Wort, Lehre) hat als Gegenstand ihrer Beobachtungen, Experimente und Theorien den pflanzlichen, tierischen und menschlichen Organismus in all seinen verschiedenen Ausprägungen und Leistungen. Ihr Gebiet erstreckt sich demnach vom einfachsten, an der Grenze des Lebendigen stehenden Virus bis zum Menschen, reicht also von der Protobiologie und Virologie bis zur Humanbiologie mit medizinischen Aspekten. Auch die in den letzten Jahren durch die Raumfahrt stark angeregte Exobiologie gehört dazu, also die Frage nach und die Erforschung von außerirdischen Lebensformen sowie der Ablauf irdischer Lebensvorgänge unter den veränderten Bedingungen im Weltenraum.

Bis etwa zur Mitte des vorigen Jahrhunderts herrschte die statische Betrachtungsweise der lebenden Dinge vor: man zergliederte sie, beschrieb die Teile bis in das anatomische Detail und verglich sie mit Teilen anderer, ebenso zergliederter Wesen. Diese Methode war durch die Denkweise des Zeitalters, sicherlich aber auch durch die Bescheidenheit der technischen Hilfsmittel bedingt: über das Lichtmikroskop hinaus gab es kaum ein Instrument, das dem Biologen für das Lebendige typische Aufschlüsse und Einsichten erlaubt hätte. Es war demnach berechtigt, die Botanik, Zoologie und menschliche Anatomie als deskriptive (beschreibende) Wissenschaften den sogenannten exakten Disziplinen Chemie und Physik gegenüberzustellen. Mit Darwins epochemachendem Werk »Über den Ursprung der Arten« (1859) wurde diese etwas betulich wirkende Betrachtungsweise in ihren Grundfesten erschüttert: die Pflanzen- und Tierarten, ja der Mensch selbst waren plötzlich nicht mehr etwas Stabiles, Ruhendes, als Bauplan Vollendetes, sondern etwas Gewordenes und noch Werdendes, d. h. sich Änderndes. Die dynamische Betrachtungs- und Forschungsweise fragte nicht mehr nur nach der Struktur, sondern nach der Funktion und ihrem Warum. Die kausalanalytische Erfassung der funktionalen Zusammenhänge prägt jetzt das Bild der biologischen Wissenschaften. Diese neue Betrachtungsweise bedingte neue Instrumente und experimentelle Verfahrensweisen. Der künstliche Eingriff des Experimentators in die natürlichen Lebensvorgänge kennzeichnet das experimentelle Zeitalter. Eine »Schöne neue Welt« – wie in A. Huxleys 1932 erschienenem Roman – mit allen möglichen Verbesserungschancen des natürlichen Geschehens, aber auch den Gefahren der Manipulation menschlicher Mitlebewesen durch Genchirurgie, Hirnwäsche und Psychodemagogik.

Erforschung des Lebendigen

Diese dynamische Betrachtungsweise nahm als neue Dimension die Zeit in den Kreis der Erforschung des Lebendigen auf, d. h. sie fragt, wie lange eine bestimmte Form des Lebendigen schon existiert, wie lange die Entwicklung des Individuums dauert, wie lange seine durchschnittliche Lebensdauer währt, aber auch, wie rasch ein bestimmter Vorgang, etwa der Beuteschlag einer Kobra, im Rahmen des Lebendigen abläuft. Von den geologisch langen Zeiträumen des Darwinschen Denkens, das zur Phylogenetik (Erforschung der Stammesgeschichte der Lebewesen) führte, hat diese Betrachtungsweise uns bis zur zeitlichen Auflösung schneller biologischer Vorgänge (Flugbewegungen kleiner Insekten und schwirrender Vögel), sogar bis zum rasch wechselnden Geschehen am lebenden Nerv geleitet.

Dazu war freilich die Entwicklung entsprechender Instrumente und Techniken eine notwendige Voraussetzung. Elektronenstrahloszillograph, Elektronen- und Rasterelektronenmikroskop sind Beispiele dafür.

Die Betrachtung einzelner Moleküle ist nicht länger dem Chemiker vorbehalten; denn auch der Biologe kann heute den Weg solcher etwa für die Verdauung oder das Wachstum wichtiger Moleküle verfolgen, indem er sich der sog. Tracer-Methode bedient. Hierbei werden die betreffenden Moleküle radioaktiv markiert und verraten so anhand ihrer meßbaren

Strahlung, wo und wie sie im Stoffwechsel des Organismus um- oder eingebaut und schließlich ausgeschieden werden.
Ähnlich aussagekräftig sind die seit den vierziger Jahren unseres Jahrhunderts bekannte, aber etwa seit 1955 stark aufgeblühte Chromatographie und Elektrophorese. Nicht vergessen werden dürfen auch die Röntgenstrahlen.
Solche und ähnliche Verfahren waren der notwendige Hintergrund für die seit Darwin wohl umwälzendste Entdeckung im Bereich der Biologie, für die Erkenntnis nämlich, daß das Erbmaterial, die wesentlichste Steuersubstanz des Lebens, als Desoxyribonucleinsäure (DNS) in Form einer molekularen Doppelwendel vorliegt (Watson und Crick, 1953).
Ein weiteres Forschungsereignis der Biologie unserer Tage hat unser Verständnis des Lebens als Phänomen entscheidend beeinflußt und von manchen engstirnigen Hypothesen befreit: Stanley L. Millers Experiment zur Entstehung des Lebens (1952). Wenn diese Bezeichnung auch etwas zu kühn klingt, so ist doch seit Miller wiederholte Male bewiesen worden, daß sich in einem Gasgemisch aus Wasserstoff, Wasserdampf, Ammoniak und einigen einfachen Kohlenwasserstoffen (z. B. Methan), das die Uratmosphäre simuliert, unter der Einwirkung elektrischer Entladungen (»Urblitze«) wichtige Bausteine des organischen Lebens bilden, von denen hier die Aminosäuren Glycin und Alanin genannt seien. Der erste wichtige Schritt zur Eiweißsynthese ist damit »spontan« induziert worden, ohne daß eine »Schöpfungskraft« dafür angenommen werden muß.
Aus dem vorstehend Gesagten geht schon hervor, daß die Fortschritte der zum Teil neuen biologischen Wissenschaften (Biophysik, Biochemie, Molekularbiologie, Verhaltensphysiologie) etwa seit dem Zweiten Weltkrieg die Qualität des biologischen Wissens verändert haben, so daß wir heute in so verschiedenen Lebensformen wie Amöbe und Säugetier, Grünalge und Laubbaum, aber auch in Pflanze, Tier und Mensch eine Einheitlichkeit der hauptsächlichen Lebensvorgänge erkennen.
Obwohl schon 1665 R. Hooke mit Hilfe des 1590 durch J. und Z. Jansen entwickelten Mikroskops am Beispiel des toten Korkgewebes den zelligen Aufbau der Organismen erkannte, vergingen fast 200 Jahre, bis 1838 J. Schleiden und Th. Schwann die Zellentheorie begründeten. Hiernach ist die Zelle das einfachste Grundelement der Lebewesen, das noch alle Lebensleistungen vollbringen kann. Leben ist also an Zellen gebunden, und so hat M. Verworn Ende des 19. Jahrhunderts formuliert, daß alles Studium der Körperfunktionen letztlich bei der Zelle endet. In der Muskelzelle liegt das Problem des schlagenden Herzens und der Muskelkontraktion beschlossen. In den Drüsenzellen ruht das Prinzip der Sekretion, in den Zellen des Verdauungstraktes das der auswählenden Stoffaufnahme, und das Geheimnis des Geistes liegt in den Nervenzellen verborgen. R. Virchow fügte 1858 dem ersten Axiom der Zellehre (Zytologie) – alle Lebewesen bestehen aus Zellen – das zweite und dritte hinzu: alle Stoffwechselvorgänge erfolgen im lebendigen Organismus ausschließlich in Zellen, und neue Zellen entstehen nur aus bereits bestehenden Zellen: »Omnis cellula ex cellula«. Unter dem Zugriff der modernen Molekularbiologie und Biochemie muß zum zweiten Grundsatz der Zellehre erläutert werden, daß man z. B. mit Hilfe isolierter Chloroplasten die Photolyse des Wassers (Zerlegung durch Lichteinwirkung) bewerkstelligen und den Vermehrungsvorgang (= Infektion) von bestimmten Bakteriophagen im Kulturgefäß erfolgen lassen kann. Immerhin ist mit diesem letzten Befund der vierte Satz der Zytologie sozusagen bestätigt: Zellen enthalten das Erbmaterial (in Form der Desoxyribonucleinsäure), mit dem die Eigenschaften der Eltern auf die Tochterzellen (= Nachkommen) übertragen werden. Das Erbmaterial benutzt dazu einen »genetischen Code«, dessen Geheimschrift seit Watson und Crick im Prinzip bekannt ist.
Obwohl alle Lebewesen aus Zellen bestehen, sind sie nicht gleichwertig, sondern lassen sich in drei große Gruppen einteilen:
1. Einzeller,
2. Vielzeller,
3. koloniebildende bzw. staatenbildende vielzellige Individuen.

Bei der ersten Stufe ist die Zelle nicht nur Baustein, sondern zugleich selbständiges Wesen. Beispiele sind etwa das Pantoffeltierchen Paramecium und die Grünalge Chlorella. Aber auch die begeißelte Samenzelle (Spermatozoon) des Menschen kann als Modellfall dieser Stufe dienen.
Die zweite Stufe umfaßt die Vielzeller von den Schwämmen (im zoologischen Sinne) und mehrzelligen Algen bis zum Menschen. Typisch für diese Stufe ist das Prinzip der Arbeitsteilung, d. h. bestimmte Funktionen werden von bestimmten Zellen übernommen, die dafür in besonderer Weise differenziert sind: so wurden die Gewebe »erfunden« (Drüsen-,

Muskel-, Fett-, Knorpel-, Nervenzellen sowie freie Zellverbände wie das Blut und die Hämolymphe). Eine eigene Fachrichtung, die Histologie (Gewebelehre), befaßt sich mit diesem Gebiet. Die Zahl der Zellen kann beim erwachsenen (geschlechtsreifen) Tier konstant sein (eutele oder zellkonstante Tiere, wie die Rädertierchen unserer Gewässer) oder durch dauerndes Wachstum bis zum Lebensende zunehmen. Das ist bei den meisten höheren Organismen der Fall, bei denen ein Individuum dann mehrere Billionen von Zellen besitzt.

Die dritte Stufe bilden Vielzeller, die sich zu Kolonien oder Staaten zusammenschließen. Ersteres erfolgt durch Knospung, wobei die entstehenden Tochterindividuen sich nicht vom Elterntier lösen (Korallen, Moostierchen und Seescheiden). So entstehen oft beachtliche Tierkolonien, die eine ausgeprägte Arbeitsteilung zeigen, wobei bestimmte Individuen die Funktion von Wehrtieren, Schwimmtieren, Ernährungstieren und Fortpflanzungstieren übernehmen und dabei stark umgebildet werden können. Schöne Beispiele dieser Höherorganisation finden sich bei den Staatsquallen (Siphonophora). Im botanischen Bereich findet sich das Koloniеprinzip als Sprossung ebenfalls stark ausgeprägt (z. B. manche Grünalgen).

Umgekehrt können sich zunächst getrennt lebende Vielzeller zu Kolonien zusammenfinden, wie bei manchen Rädertierchen und Schwämmen.

Der zweite Typ der dritten Stufe, die Bildung von Tierstaaten, ist der höchste Versuch der Evolution, Individuen gleicher Art im sozialen Verband zusammenzuschalten, wobei zwar die Einzeltiere »frei« bleiben, aber durch oft sehr starre Verhaltensmechanismen in den Dienst des Staates eingepaßt sind. Das gilt für die oft sehr komplizierten Staatswesen der Termiten, Ameisen, Bienen und in bestimmtem Ausmaß auch für den Menschen. Hier wie dort läßt sich eine Differenzierung in Nährtiere, Wehrindividuen, »Könige« und Arbeiter feststellen, womit die Notwendigkeit funktionsfähiger Kommunikationssysteme in solchen überindividuellen Strukturen verständlich wird.

Abschließend sei zur Zytologie und Histologie, über deren Einzelheiten im tabellarischen und lexikalischen Teil nachzulesen ist, noch angemerkt, daß man alle Gewebetypen in Kulturgefäßen (in vitro) mit bestimmten Nährlösungen außerhalb des Organismus unter allerdings sehr speziellen Laborbedingungen wachsen lassen kann. So hat man z. B. das Herzgewebe eines Huhnes über 25 Jahre lang im Glas am Leben und Weiterwachsen erhalten, und nur durch Unachtsamkeit ist diese berühmt gewordene Kultur von A. Carrel (1873–1944) in Amerika im letzten Kriege »gestorben«. Auch die in der Gewebekultur (im Explantat) gezüchteten Anfangsstadien menschlicher Embryonen durch den Italiener Petrucci in den frühen neunzehnhundertsechziger Jahren sind ein Beweis solcher experimenteller Möglichkeiten, die dramatische Ausblicke auf die menschliche Zukunft eröffnen. Da nimmt es gewiß nicht wunder, daß die wohl interessanteste Gewebeart, die Geschlechtszellen, in vitro über Jahrzehnte hinweg lebendig erhalten werden können: als Grundlage für die bereits existenten Samenbanken. So können u. a. die Samenzellen von in gefährlichen Berufen tätigen Männern unbeschädigt am Leben erhalten werden. Eine Zeugung mit diesem Samen ist z. B. nach dem Tode des Spenders noch möglich. Möglicherweise steht die Zeit kurz bevor, wo man auf der Grundlage der Gewebekultur tierisches Gewebe in der Nährlösung zum kalorienmäßig vorprogrammierten Schnitzel wachsen läßt, vielleicht zum Wohle mancher heute in Hähnchen- und Kälberbatterien gequälter Versuchstiere.

Das Gebiet der Fortpflanzung und der Geschlechtlichkeit hat von alters her das breite Interesse auch des biologischen Laien gefunden, und in der Tat scheint auf den ersten Blick das typisch Lebendige eines Wesens seine Fähigkeit zur Fortpflanzung zu sein. Wenn man aber bedenkt, daß Fortpflanzungs-, also Vermehrungsvorgänge, auch beim Wachstum bestimmter Kristalle zu beobachten sind, ist es nicht länger verwunderlich, daß bloße Vermehrung kein typisches Merkmal der belebten Substanz ist. Außerdem konnten Wood und Edgar (1966) sich selbst vermehrende Viren künstlich herstellen. So ist auch auf diesem Gebiet die Grenze vom Unbelebten zum Belebten fließend geworden, und nur das Wesen der Geschlechtlichkeit ist noch dem lebendigen Organismus vorbehalten.

Niedere Tiere und Pflanzen vermehren sich im einfachsten Fall durch Zweiteilung, wobei die Ausgangszelle entweder längs (wie bei den Geißeltierchen und -pflanzen) oder quer (wie beim Pantoffeltierchen) geteilt wird, so daß zwei gleich große Tochterzellen – d. h. Tochterindividuen – entstehen. Geschlechtsvorgänge sind dabei nicht beteiligt. Daß bei höheren Tieren und Pflanzen übliche Auftreten von weiblichen Ei- und männlichen Samenzellen und die damit verbundene Ausprägung typisch weiblicher und männlicher Körperbau- und Verhaltensmerkmale ist bei niederen Tieren und Pflanzen noch nicht oder nur gering entwickelt. Man spricht deshalb mit Recht von der beidgeschlechtlichen Anlage der Zelle. Entsprechend dieser Beidgeschlechtlichkeit (relative Sexualität) findet sich bei wirbellosen Tieren bis herauf zu manchen Würmern (z. B. Bandwürmern, Regenwürmern) und Schnecken (z. B. Weinbergschnecke) das Zwittertum, und auch im Wirbeltierbereich sind einige Fische noch zwittrig (Schriftbarsch), d. h., sie bilden weibliche und männliche Geschlechtszellen aus. Der große Vorteil der geschlechtlichen Fortpflanzung beruht in der mit der Verschmelzung von Ei und Samenzelle stets erfolgenden Neukombination mütterlicher und väterlicher Merkmale, wodurch nach den Regeln der Genetik Individuen mit unter Umständen besserer Anpassungsfähigkeit an die sich im Laufe der Erdgeschichte ändernden Umweltbedingungen hervorgehen.

Die weibliche und männliche Geschlechtlichkeit wird durch Umweltfaktoren (phänotypisch, modifikatorisch) oder durch Geschlechtschromosomen (genotypisch) festgelegt. Aufgrund der genannten bisexuellen Potenz aller Zellen kann z. B. bei manchen Pflanzen und Tieren durch Temperatureinwirkung, bestimmte Ernährung u. ä. nach Wunsch der weibliche oder männliche Anteil betont werden (z. B. bei Hyazinthen). Manche Würmer und Schnecken werden in der Nähe von Weibchen zu Männchen.

Üblicherweise aber ist bei den meisten höheren Pflanzen, Tieren und dem Menschen die Geschlechtlichkeit erblich fixiert: Im Chromosomensatz finden sich Geschlechtschromosomen, die die Geschlechtlichkeit bestimmen. Diese wird durch Geschlechtshormone hervorgerufen und oft sehr differenziert ausgebildet, so daß sie sich nicht nur in den Geschlechtsorganen und der typisch weiblichen oder männlichen Körperform, sondern auch im Verhalten ausprägt. Diese Geschlechtshormone sind bei allen Wirbeltieren und den Menschen gleich und chemisch gut bekannt, ja sie werden sogar synthetisch hergestellt. Auch die Anti-Babypille beruht auf der genauen Kenntnis und Beeinflussung der hormonalen Vorgänge des weiblichen Geschlechtszyklus. Neuerdings ist ein männliches Anti-Hormon (Cyproteron) bekannt geworden, das den männlichen Sexualtrieb dämpft, womit z. B. eine medikamentöse Behandlung von Triebtätern möglich wird.

Das wichtigste weibliche Geschlechtshormon ist das im Eierstock gebildete Oestradiol. Daneben gibt es noch weitere weibliche Hormone, die z. B. die Milchproduktion anregen (Prolactin), bei Vögeln die Brütigkeit und bei der Frau den mütterlichen Pflegetrieb ausprägen oder den monatlichen Zyklus steuern. Auch die typisch weibliche Körperform mit der entsprechenden Verteilung des Unterhautfettgewebes, der Gestaltung lockeren und dehnbaren Bindegewebes (für den Geburtsvorgang), breiter Beckenanatomie u. a. wird durch die weiblichen Sexualhormone bedingt.

Das männliche Geschlechtshormon ist das in den Zwischenzellen des Hodens (Testis) gebildete Testosteron, dessen chemisches Grundgerüst übrigens sehr dem des Oestradiols ähnelt. Das Testosteron bewirkt z. B. den männlichen Stimmbruch, die Vergrößerung des Adamsapfels, den Bartwuchs, aber auch das Verhalten mit den typischen Imponier- und Kampfgesten. Als biologisch wichtige Nebenwirkung des Testosterons ergibt sich eine gesteigerte Muskeldurchblutung und damit -kraft, die die im allgemeinen höhere Leistungsfähigkeit des Mannes bei Kraft- und Schnellkraftübungen in Sport und Beruf verständlich macht.

Alle diese genannten Stoffe unterstehen der obersten Schaltzentrale für Hormone, dem unteren Hirnanhang (Hypophyse), das die entsprechenden Hormonbildungsstellen (inkretorisches Drüsensystem) zur Produktion anregt.

Die zur geschlechtlichen Fortpflanzung nötige Vereinigung von Ei- und Samenzelle kann auf sehr verschiedene Weise erreicht werden. Bei der freien Besamung (Seeigel) werden Eier und Samen in das umgebende Wasser entleert, und chemische Stoffe (Gamone) sorgen für die gegenseitige Anlockung der Geschlechtszellen. Strudelwürmer zeigen z. B. die Einstichbegattung, bei dem der Samen an beliebiger Stelle in den weichen Körper des Weibchens mit Hilfe eines Begattungsorgans (Penis) eingestochen wird und dann innerhalb des Körpers zu den Eizellen wandert. Bei der äußeren Begattung finden die Geschlechtspartner zwar beim Vorspiel zueinander, entlassen aber die Geschlechtszellen meist gleichzeitig oder kurz nacheinander in das umgebende Medium, so daß die eigentliche Befruchtung also außerhalb des weiblichen Körpers stattfindet (manche Fische, Frösche). Die innere Begattung schließlich ist bei den höheren Tieren bis zum Menschen herauf die Regel, wobei der Samen mit Hilfe oft komplizierter Körperanhänge unmittelbar in die Geschlechtswege des weiblichen Partners

übertragen wird. Oft sichern hochdifferenzierte Liebesspiele die zeitgerechte Zusammenführung von Ei und Samen. Bei Vögeln, Säugern und dem Menschen erreicht dieses Feld so »menschlich« anmutender Betätigung und oft verzweifelter Anstrengung von seiten des Männchens seine reichste Ausgestaltung, ja hat wesentlich zur Kultur im weitesten Sinne beigetragen (Kunst, Literatur).
Mit der genaueren Kenntnis der Vorgänge bei der geschlechtlichen Fortpflanzung gewann der Mensch die Möglichkeit, seine eigene Fortpflanzung zu steuern (Beachtung der unfruchtbaren Tage der Frau, Empfängnisverhütungsmittel wie »Pille«, Uterus-Schlinge, Pessare, Kondom, Unterbrechung der Ei- bzw. Samenleiter). So kann man unerwünschten Nachwuchs verhindern oder das Bevölkerungswachstum steuern, was vor allem in den Ländern der Dritten Welt eines der wichtigsten Probleme ist. Andererseits ermöglicht diese Kenntnis aber auch Hilfe, wenn ein Kind zwar erwünscht, ein Heranreifen der Frucht bis zur Geburt aber aus anatomischen, physiologischen oder psychologischen Gründen unmöglich ist. In manchen solcher Fälle hilft die künstliche Insemination, also die Übertragung von lebendem Samen in die Geschlechtswege der Frau. Dabei kann der Samen vom eigenen oder von einem fremden Mann stammen (Samenbanken!), was natürlich für die Ehepartner eine hohe psychische Belastung bedeuten kann, die vorher genau abgeschätzt werden sollte. In den westlichen Ländern unserer Welt ist dieses Verfahren längst zur Routine geworden.
Soziale Probleme mit ethischem, emotionalem und oft stark religiösem Hintergrund bilden jedoch oft die unerwünschten Kinder, die sich z. B. bei mangelhaft durchgeführten Verhütungsmaßnahmen einstellen. Schon die Diskussion um das Wie und Wann einer Schwangerschaftsunterbrechung (Abtreibung, Abortus) ist in den verschiedenen Ländern Europas, Japans und Amerikas mit großer Heftigkeit geführt worden, während sie in Westdeutschland noch anhält. In manchen anderen Ländern allerdings (Schweden, England, Holland) ist die Schwangerschaftsunterbrechung in das Belieben der Frau gestellt, was sich durchweg als vernünftige Maßnahme herausgestellt hat.
Bei Pflanzen finden sich Geschlechtsvorgänge, die oft erstaunlich tierähnlich anmuten. So sind z. B. die Spermatozoiden vieler Farne und Nadelbäume in Form und Art der Fortbewegung den Spermatozoen mancher Tiere sehr ähnlich. Allerdings wird die Übertragung des männlichen Samens bei den meisten Pflanzen vom Wasser, vom Wind (z. B. das »Stäuben« des Roggens) oder durch Tiere (Bienen, Ameisen, Vögel) bewerkstelligt. Es ist dem Betrachter einer schönen Blume oft nicht bewußt, daß wichtige Blütenteile (Stempel, Staubgefäße) nichts anderes sind als die Geschlechtsorgane der Pflanze und daß die ästhetisch so ansprechenden Blütenblätter nur im Dienst des Geschlechtlichen stehen, das eine verlogene Moral im menschlich-tierischen Bereich so geächtet hat.
So hat auch die Erforschung von Fortpflanzung und Geschlechtlichkeit trotz aller ihrer so verschiedenen Ausprägung ergeben, daß ein großer gemeinsamer Zug alle geschlechtlichen Erscheinungen von der niederen Pflanze bis zum Menschen verbindet: das Prinzip der Vereinigung weiblicher und männlicher Geschlechtszellen. Auch wenn es auf sehr verschiedenen Wegen erreicht wird, läßt dieses Prinzip uns als Teil des großen und gemeinsamen Reiches des Lebendigen fühlen – und hoffentlich handeln.
Nach der Vereinigung von Samen- und Eizelle also beginnt sich die befruchtete Zelle zu teilen (Furchung). Die Furchung kann bei einigen Tieren auch ohne Befruchtung durch Stich mit einer feinen Nadel oder anderen mechanischen Mitteln eingeleitet werden. Bei dotterarmen Eiern, wie denen des Frosches und der Säugetiere, erfolgt eine totale Furchung: das ganze Ei wird nacheinander in zwei, vier, acht, sechzehn usw. Zellen geteilt. Sind die entstehenden Teile gleich groß, so spricht man von total-äqualer Furchung, bei ungleich großen Teilen von total-inäqualer. Bei dotterreichen Eiern vom Vogeleityp dagegen erfolgt die Furchung nur an der Oberfläche, der Keimscheibe, so daß der Keimling auf dem Dotternährmaterial sozusagen schwimmt. Die Teilungen führen zunächst zum Maulbeerstadium (Morula): die acht, sechzehn oder zweiunddreißig Zellen sitzen in Form einer zusammengesetzten Beere dicht aneinander. Danach bildet sich ein innerer Hohlraum, der von einer jetzt einschichtigen Zellage umgeben ist: das Blastula-Stadium. Durch Eindellung dieser Hohlblase entsteht eine innenliegende (inneres Keimblatt, Entoderm) und eine außenliegende (äußeres Keimblatt, Ektoderm) Zellschicht. Das Entoderm bildet in diesem Stadium den Urdarm, das Ektoderm die erste Körperdecke; die Öffnung zur Außenwelt ist der Urmund. Ganz entsprechend entstehen bei der weiteren Entwicklung aus dem Entoderm die wichtigsten

Innenorgane: Darm mit Anhangsorganen und -drüsen, Schwimmblase bzw. Lunge und Rückensaite (Chorda). Aus dem Ektoderm bilden sich die endgültige Haut mit Haaren, Federn oder Schuppen, das Nervensystem und die Sinnesorgane.
Neben den beiden genannten Keimblättern bildet sich durch Einwanderung bestimmter Zellen oft noch eine dritte Zellschicht heraus, das Mesoderm oder mittlere Keimblatt, aus dem bei der weiteren Entwicklung des Tieres das Skelett, die Muskulatur, das Bindegewebe, das Herz und Gefäßsystem sowie die Ausscheidungs- und Geschlechtsorgane hervorgehen.
Bleibt der Urmund bestehen und wird zum endgültigen Mund, so spricht man von der großen Gruppe der Protostomia, zu der alle Vielzeller mit Ausnahme der Stachelhäuter und Wirbeltiere gehören. Bei diesen beiden letzten Gruppen wird der Urmund zum After, und der bleibende Mund wird neu gebildet.
Im Laufe der weiteren Ontogenese (Einzelentwicklung) erreichen die Organe ihre endgültige Gestalt. Bei Verlust oder Beschädigung von Gliedern oder Organen ist eine um so vollkommenere Wiederherstellung oder Regeneration möglich, je tiefer das betreffende Tier in der stammesgeschichtlichen Reihe steht. So kann aus einem Zweihundertstel des Körpers eines Süßwasserpolypen wieder ein ganzer Polyp entstehen, Molche und Salamander können verlorengegangene Beine und Eidechsen abgeworfene (autotomierte) Schwänze erneuern (regenerieren).
Bei den höheren Tieren ist dieses Regenerationsvermögen jedoch stark eingeschränkt, so daß nur noch kleinere Haut-, Knochen- und Muskelverluste wieder ausgeglichen werden können. Verluste im Nervensystem sind am schwersten auszugleichen, doch können z. B. Molche noch verlorengegangene Hirnhälften neu bilden, während beim Menschen schon die Wiederherstellung eines durchschnittenen Nervs äußerst problematisch ist.
Bei den Pflanzen läßt sich das Entwicklungsgeschehen einteilen in das embryonale oder plasmatische Wachstum, bei dem vor allem die Masse des Plasmas zunimmt, die Zellvergrößerung aber nicht sehr stark ist.
Eine Zellvergrößerung aber kennzeichnet den zweiten Abschnitt, das Streckungswachstum, für das vor allem die Wirkungen der Wuchsstoffe (Auxine, Phytohormone) kennzeichnend sind. Die chemisch recht einfache β-Indolyl-Essigsäure ist für solche Wuchsstoffe ein Paradebeispiel. Dieses Wuchsstoffhormon führt bei Überdosierung zur Wachstumshemmung. Aus solchem Wissen leitet sich die Möglichkeit zur Herstellung von Unkrautvernichtungsmitteln ab.
Beim Streckungswachstum, für das es übrigens im Tierreich keine Entsprechung gibt, erfolgt weniger eine Zunahme des Protoplasmas als vielmehr eine starke Aufnahme von Wasser unter deutlicher Zunahme der Zellvakuolen und die Streckung der Zellwände.
Die dritte Phase der individuellen Pflanzenentwicklung ist das Differenzierungswachstum, bei dem die typischen Kennzeichen der jeweiligen Pflanzenart ausgebildet werden.
Im Lauf der Ontogenese kann das Wachstum bei allen vielzelligen Lebewesen grundsätzlich nach drei verschiedenen Prinzipien verlaufen, die durch messende Verfahren (für den Menschen z. B. durch die Anthropometrie) quantitativ erfaßt werden können. Entweder nehmen die einzelnen Körperteile in gleicher Weise an Größe zu und die Körperproportionen bleiben gleich (isometrisches Wachstum), oder einzelne Körperteile bzw. Organe wachsen schneller bzw. langsamer als der Gesamtkörper (positiv bzw. negativ allometrisches Wachstum). Ein Beispiel für positiv allometrisches Wachstum während der Embryonalzeit zeigt sich z. B. am menschlichen Kopf und Gehirn – bei der Geburt ist der kindliche Kopf unverhältnismäßig groß. Im Laufe des Jugendwachstums aber bleibt der Kopf in bezug auf das Körperwachstum zurück, er wächst dann negativ allometrisch. Andere Beispiele finden sich bei den langen Beinen und Hälsen der Giraffen, dem Rüssel des Elefanten oder den Fruchtständen (z. B. Schoten) von Pflanzen.
Solche Wachstumstendenzen (-gradienten) sind genetisch festgelegt und können auch für die Stammesgeschichte Bedeutung erlangen. Es entstehen durch solche Allometrien neue Körperformen, oder es werden bestimmte Organe betont oder zurückgedrängt, so daß auch ihre Funktion entsprechend verändert wird. Es läßt sich unschwer ausmalen, daß durch Allometrien neue Arten entstehen können. Die Lehre von der Stammesgeschichte (Evolutionslehre, Phylogenie) behandelt diese Probleme als relatives Wachstum.
Die Ursache der seit einigen Jahrzehnten bei vielen Völkern beobachteten Körpergrößenzunahme (Akzeleration) kennt man nicht. Diese Akzeleration führt nicht zu einer einfachen Vergrößerung des Individuums, sondern auch zu Proportionsverschiebungen durch Verlängerung der Wachstumsperiode. So kann vor allen Dingen das Wachstum der Gliedmaßen betont sein, was manchmal zu physischen und

psychischen Diskrepanzen führt. Mögliche Ursachen für diese Wachstumsvorgänge könnten Reizüberflutung in der modernen Welt, aber auch eiweißreichere Ernährung u. a. sein. Trotz aller genetischen Fixiertheit der Merkmale eines bestimmten Organismus läßt sich nämlich ihre Endausprägung in recht weitem Rahmen durch Ernährungsvorgänge beeinflussen.
Die wohl beeindruckendsten Forscherleistungen im biologischen Feld ereignen sich immer wieder im Gebiete der Physiologie, der Lehre von den Lebensleistungen. Die Physiologie bedient sich physikalischer und chemischer Beobachtungs- und Versuchsmethoden und untersucht unter anderem: Bewegung, Stoffaufnahme, Verdauung, Schlackenabscheidung (Exkretion), Arbeitsweise der Sinnesorgane und des Nervensystems. Dabei führt die Erforschung dieser Gebiete zwangsläufig zu für den menschlichen Körper selbst wichtigen Fragen, wie etwa der Funktion des Blutes, der Atmung, der inneren Sekretion mit den Problemen der Hormonwirkungen, der im Laufe des Lebens nachlassenden Leistungsfähigkeit auf wohl allen Gebieten (Altern und Tod) und dem als Verhaltensphysiologie recht selbständig gewordenen Grenzgebiet von Physiologie und Psychologie bzw. Psychiatrie. Die Physiologie im engeren Sinne läßt sich einteilen in die vegetative und die animalische Physiologie. Erstere betrachtet die »pflanzenhaften« Vorgänge, die aber zum Teil auch bei Tier und Mensch in gleicher Weise ablaufen, also z. B. Atmung, Verdauung, Abscheidung, Art und Bedeutung von Wirkstoffen (Hormone, Vitamine). Die animalische Physiologie befaßt sich vornehmlich mit den typisch tierischen Erscheinungen, also etwa der Lokomotion (Farbbewegung) und den Funktionen der Sinnesorgane und des Nervensystems. Wie wohl kein biologisches Gebiet ein ausschließlich botanisches oder zoologisches ist, so gibt es auch hier grenzüberschreitende Forschungsfälle: Reizaufnahme und -beantwortung scheinen für Tier und Mensch typisch zu sein, aber auch Pflanzen drehen und wenden sich zum Licht hin oder von ihm fort oder bewegen sich zum Teil tierhaft rasch und gerichtet (z. B. die »Sinnpflanze« Mimosa pudica).
In vielen Fällen, bei Tier und Mensch besonders deutlich ausgeprägt, folgt die Reaktion auf den adäquaten (passenden, also wahrnehmbaren) Reiz dem Alles-oder-Nichts-Gesetzes, d. h., die Antwort setzt in voller Stärke ein oder unterbleibt ganz. Dabei wird oft von der reizaufnehmenden Stelle (bei Einzellern) oder Sinneszelle (bei Vielzellern) die auf den Reiz hin erfolgende nervöse Erregung entlang besonderen Erregungsleitungsbahnen zum antwortenden Reaktionsorgan geführt, wobei bei höheren Organismen ein den Reiz auswertendes Integrationsorgan (Nervenzellknoten, Ganglienkomplex, Gehirn) dazwischengeschaltet ist. Hierin wird dann die Entscheidung getroffen, ob und in welcher Weise der wahrgenommene Reiz beantwortet werden soll.
Das Wesen des Alles-oder-Nichts-Gesetzes der Erregungsleitung läßt sich am Bild einer Zündschnur verstehen, an der entlang der Zündfunke entweder fortschreitet oder nicht; seine Größe aber ist dabei stets gleich.
Schon Einzeller wenden sich einem Lichteinfall zu bzw. von ihm ab (positive bzw. negative Phototaxis). Dem entspricht bei festsitzenden Pflanzen bzw. Tieren der Phototropismus. So streckt das efeublättrige Leinkraut (Linaria cymbalaria) unseren Mauern z. B. seine Blütenstiele positiv phototrop dem Licht entgegen, dreht aber später dieselben Stiele mit der reifenden Frucht negativ phototrop in den Schatten, damit die Früchte in die dunklen Spalten der Mauer gelangen können, wo sie dann später keimen.
Besonders tierähnlich wirkt auch die Lichtreaktion des kleinen, auf Pferdemist wachsenden Pilzes Pilobolus, dessen Fruchtkörper immer in Richtung auf den Lichteinfall abgeschossen werden.

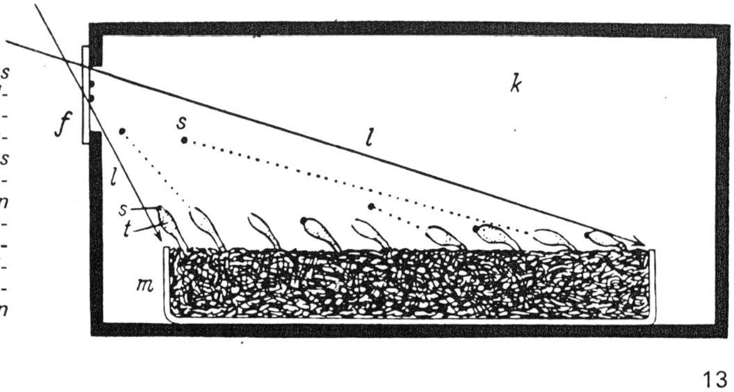

Phototropismus von Pilobolus (Schimmelpilz). k Dunkelkammer, f mit einer Glasscheibe geschlossenes Lichtfenster; l Grenzstrahlen des einfallenden Lichtes; s Sporangien; t Trägerzellen des in Mist (m) kultivierten Pilzmyzels. Sporangien teils abgeschossen an der Glasscheibe haftend, teils beim Abschuß, teils noch auf den Trägerzellen

Solche Tropismen beruhen oft auf Wachstumsvorgängen, die z. B. durch Streckung einer Zellwand eine entsprechende Krümmung des ganzen Sprosses bewirken. Sie können aber auch durch eine Änderung des Binnendruckes (Turgor) zustande kommen. Das gilt z. B. für die täglichen Blattbewegungen mancher Bäume. Vor allem aber zeigt es sich bei der Sinnpflanze Mimosa pudica. Sie reagiert auf Berührungs-, Wärme- und Temperaturreize sensibel und rasch wie ein empfindliches Tier: nach 0,08 Sekunden klappen die Fiederblättchen mit Hilfe besonderer Gelenke zusammen, und das ganze Blatt senkt sich. Man kann die Fortleitung der Erregung am raschen Zusammenklappen der nächsten Blätter und Stiele (bis 10 cm/s!) verfolgen. Bei Teichmuscheln beträgt die Reizleitungsgeschwindigkeit z. B. nur 1 cm/s.

Tierhaftlich anmutende Bewegungen finden sich auch bei tierfangenden Pflanzen, z. B. der nordamerikanischen Venusfliegenfalle Dionaea muscipula. Bei leichten Berührungen, etwa durch eine Fliege, klappen die Blätter in $^1/_{100}$ s entlang der Mittelrippe zusammen und umschließen so die Insektenbeute, die anschließend durch besondere Enzyme verdaut wird.

Solche raschen Reaktionen legen die Frage nach dem Wie der Erregungsleitung nahe. Bei Pflanzen und manchen Tieren wandert die Erregung in Form bestimmter Stoffe bestimmte Leitungsbahnen entlang. Bei Mimosa haben sich z. B. Anthrachinone und bestimmte Aminosäuren als solche Erregungsstoffe erwiesen, die oft noch in Verdünnungen von $1 : 10^{-9}$ Wirkungen hervorrufen.

Immer sind bei solchen Vorgängen auch elektrische Erscheinungen beteiligt, und mit höherem Entwicklungsniveau tritt diese elektrische Komponente des Reiz- und Erregungsgeschehens immer stärker hervor. Durch Messung der sehr schnell in Millisekunden ablaufenden elektrischen Vorgänge an Sinnes- und Nervenzellen hat sich das oben genannte Alles-oder-Nichts-Gesetz quantifizieren lassen: Eine einzelne Nervenfaser leitet entweder ganz in voller Stärke, oder sie leitet gar nicht, sie bleibt stumm. Die am Nerv auftretenden Spannungen betragen 40–100 Millivolt, und die bei der Tätigkeit des menschlichen Gehirns auftretenden Spannungen können in Stärke von etwa 20 Mikrovolt auf der Kopfhaut gemessen werden.

Im einfachsten Fall leitet die den Reiz aufnehmende Sinneszelle die Erregung direkt zum Beantworter, z. B. eine Muskelzelle, die den etwa gefährdeten Körperteil aus der Gefahrenzone zieht. Normalerweise aber schalten sich besondere sensorische und motorische Nervenzellen mit oft langen Ausläufern (Dendriten und Neuriten) zwischen Reizort und Beantwortung. Die großen Nervenbahnen in unserem Rückenmark sind hierfür typische Beispiele. Sie verbinden die Reizeingänge unserer Sinnesorgane mit den Gliedmaßen, so daß wir z. B. beim Anblick einer drohenden Gefahr in Sekundenschnelle davonlaufen können. Die Leitungsgeschwindigkeit für solche Pyramidenbahnen beträgt beim Menschen z. B. bis zu 120 m/s. Die Informationsfortleitung erfolgt durch Frequenzmodulation (wie beim UKW- und Fernsehfunk), ist also weniger störanfällig als die Aplitudenmodulation, mit deren Hilfe z. B. hormonale Informationen übertragen werden (die z. B. beim Mittel- und Langwellenrundfunk benutzt wird).

Der Bewegungsapparat ist in Form der Geißel (Flagellum) bei Pflanze und Tier gleich. Daneben erfolgt Bewegung noch durch Protoplasmaströmung (bei Amöben, Schleimpilzen) und vor allem durch Muskelfasern (-fibrillen), von denen es glatte und quergestreifte, sowie als Sonderform die Herzmuskelfasern (Myocard) gibt. Den Feinbau der Geißel hat das Elektronenmikroskop erschlossen. Sie findet sich bei den Geißeltierchen (Flagellaten). Auch die Geißel der menschlichen Samenzelle gleicht diesem Grundschema.

Auch die der Geißel im Prinzip ähnelnde Cilie (Wimper) ist Pflanze, Tier und Mensch gemeinsam. Ganze Pflanzen- und Tiergruppen bedienen sich der Wimpern zur Fortbewegung (Wimpertierchen, wie das Pantoffeltierchen), und die Auskleidung ganzer Organe des Menschen besteht aus Flimmerepithel (etwa in der Vagina oder der Luftröhre).

Auch das Lokomotionsprinzip der Plasmaströmung ist Pflanze, Tier und Mensch gemeinsam. Es beruht auf dem fortdauernden Wechsel der Viskosität, also des kolloidalen Zustandes des Zellplasmas, das vom zähflüssigen Gelzustand in den leichter verschiebbaren des Sols übergeht und umgekehrt. Damit bestreiten z. B. die Wechseltierchen (Amöben) ihre gesamte Bewegung, und die dauernd sich ändernde Form ihrer Scheinfüßchen (Pseudopodien) ist eine solche Gel-Sol-Zustandsänderung. Auch die weißen Blutkörperchen (Leukozyten) des Menschen wandern auf die gleiche Weise durch den Organismus, um z. B. eingedrungene Fremdkörper (Bakterien) durch Umfließen in sich aufzunehmen und unschädlich zu machen (Phagozytose).

Die glatten Muskelfasern sind im Inneren ihres

Zytoplasmas (Sarkoplasma) von doppelt brechenden Myofibrillen durchzogen, die sich verkürzen können und so den Muskelhub liefern. Die Kontraktion ist bei glatten Muskeln ein recht langsamer Prozeß, der im Dienst von Funktionen der Verdauung, Exkretion, Wärmeregulation u. ä. steht. Alle Hohlorgane der Wirbeltiere sind z. B. von glatten Muskelfasern umgeben. Dieser Muskelfasertyp kann sich durch Vergrößern des Zelleibes und des Kerns besonders gut an den sich ändernden Füllungsgrad anpassen, ohne einen lästigen oder gar schädlichen Gegendruck zu erzeugen. Das ist z. B. wichtig für Magen, Harnblase oder Uterus. Auch viele Drüsen und die Blutgefäße enthalten glatte Muskulatur. Die träge arbeitende Muskulatur kann ihren Kontraktionszustand längere Zeit beibehalten als die quergestreifte.

Die weit größere Menge »Fleisch« bildet jedoch die quergestreifte Muskulatur. Im elektronenmikroskopischen Bild offenbart sich die auch lichtmikroskopisch eindrucksvolle Querstreifung als regelmäßige Abfolge von Aktin- und Myosin-Fäden, die sich bei der Muskelkontraktion zwischeneinanderschieben. Nur die Aktinfäden verkürzen sich dabei, während die Myosin-Fäden ihre Länge beibehalten. Solche Kontraktionen erfolgen in Sekundenbruchteilen und werden von den motorischen Nerven durch einen Aktionsstrom über die sogenannte motorische Endplatte (eine Synapse) angestoßen.

Das Herzmuskelgewebe ist seiner Entstehung nach als Gefäßmuskel glatt, erlangt aber in der Ontogenese eine bemerkenswerte Sonderstellung und wird hochkompliziert quergestreift. Nur so kann es die lebenslangen rhythmischen Kontraktionen ausführen und aushalten. Außer dieser Sonderquerstreifung bildet die Herzmuskulatur noch ein besonderes Reizleitungssystem aus, das eine Art Mittelding zwischen Muskel und Nerv ist. Es macht eine eigene Nervenversorgung des Herzmuskels von außen überflüssig: der »Muskel« produziert die rhythmischen Erregungen selbst und leitet sie über besondere (Muskel-)Bahnen an die entsprechenden Herzabschnitte, so daß Vor- und Hauptkammer sich in der richtigen Reihenfolge zusammenziehen und damit das Blut durch die Gefäße pumpen. So wird verständlich, daß ein Herz auch außerhalb des Körpers noch weiterschlagen kann: es hat seine Steuerzentrale in sich selbst, es ist autonom.

Bei Pflanzen hat man besonders ausgeprägte Sinnesorgane bisher kaum gefunden, wenn man einmal von bestimmten Tasthaaren (wie etwa auf dem Blatt der erwähnten Venusfliegenfalle) absieht. Auch ist es bei Pflanzen nicht klar, wo etwa die Wirkung der Erdschwerkraft, die für das richtige Wachstum nach unten bzw. nach oben besonders wichtig ist, in der Zelle wahrgenommen wird. Das gleiche gilt für die Temperaturwahrnehmung. Die Lichtwahrnehmung dagegen ist bei Pflanzen offenbar an die Absorption des einfallenden Lichtes durch in der Pflanzenzelle liegende Farbstoffe gebunden (Riboflavin).

Die Leistungen der tierischen und menschlichen Sinnesorgane konnten dagegen besonders gut erforscht werden, zumal die Entwicklung höchstempfindlicher und trägheitslos arbeitender elektrischer Meß- und Registriergeräte diesem Bemühen entscheidend entgegenkam.

Am Beispiel des Sehvorganges der Stubenfliege soll der Gang einer solchen elektrophysiologischen Untersuchung einer Sinneswahrnehmung erläutert werden: das Fliegenauge ist ein Komplex- oder zusammengesetztes Auge, das viele hundert Einzel»augen« oder Facetten enthält. Jedes dieser Einzelaugen hat seine eigene lichtempfindliche Schicht (Retina bzw. Retinula). Nach Abtrennung des Fliegenkopfes vom Rumpf bleiben die Augen noch mehrere Stunden am Leben (auch beim Menschen sterben die Organe erst nach und nach, am schnellsten das Gehirn und das Herz, am wenigsten schnell die Haut und die Haare). Durch Einstich dünner Metallnadeln oder elektrolytgefüllter Kapillaren in die nervösen Elemente des Auges können die bei Belichtung in den Sehzellen auftretenden Nervenerregungen in Form elektrischer Spannungs- und Stromschwankungen aufgenommen und über das elektronische Verstärkersystem eines Kathodenstrahl-Oszillographen dem Leuchtschirm einer Braunschen Röhre zugeleitet werden. Dort kann man die bei Ein- und Ausschalten des Prüflichtes im Auge erzeugten Spannungsschwankungen entweder direkt verfolgen oder, da es sich meist um sehr rasche, dem menschlichen Auge nicht wahrnehmbare Vorgänge handelt, auf Film oder Platte registrieren und später messend auswerten. Die vom Insektenauge bei Lichteinfall erzeugten Spannungen betragen je nach Lage der Metallnadeln, Alter des Auges, Temperatur, Lichtmenge und Störfreiheit etwa 100–200 Mikrovolt. Auch das menschliche Auge erzeugt solche elektrischen Spannungen, und mit geeigneten unblutig arbeitenden Abgriffelektroden lassen sich auch hier die Vorgänge in prinzipiell gleicher Weise sichtbar machen (Elektroretinogramm, ERG). Bei der Tätigkeit des menschlichen Gehirns treten Spannungen von rund 10–20 Mikrovolt auf der unverletzten Kopfhaut auf, von wo man sie mit feuchten Metallplatten aufnehmen und zum Verstärker leiten kann (Elektroencephalogramm, Abk. EEG). Je nach der Ruhe oder Aktivität des Hirns beobachtet man verschiedene Spannungsschwankungstypen: regelmäßige und ziemlich große Schwankungen von acht bis zehn Hertz beim entspannten Gehirn (Alpha-Wellen) und schnellere, unregelmäßige Beta-Wellen, wenn das Gehirn aktiv ist und »denkt«. Bei bestimmten Krampfzuständen (Epilepsie) liefert ein solches Hirnstrombild wiederum andere, typische Kurvenverläufe, die zu diagnostischen Zwecken benutzt werden. Auf diese Weise kann man auch die Lage von Hirngeschwulsten auf unblutige Weise ermitteln.

Beim Auge kann man mit der genannten Anordnung z. B. noch feststellen, ob verschiedene Wellenlängen des Reizlichtes als Farben oder nur als Helligkeitsunterschiede (d. h. Grautöne) wahrgenommen werden und wie viele Lichtblitze pro Sekunde vom Auge noch getrennt wahrgenommen werden können. Beim Menschen werden bekanntlich schon etwa 16–20 Lichtblitze bzw. Einzelbilder pro Sekunde nicht mehr sauber getrennt, sondern für einen einzigen zusammenhängenden Vorgang gehalten. Beim Film folgen 16–24 Einzelbilder pro Sekunde, und obwohl sie durch jeweils eine kurze Dunkelheit getrennt sind, nehmen wir sie als zusammenhängendes Dauerbild wahr. Schmeißfliegen, Bienen und Libellen trennen dagegen noch etwa 100–200 Einzelbilder pro Sekunde sauber voneinander, nehmen sie also als stehende Bilder getrennt wahr, so daß ihnen unsere Art der Filmvorführung wohl als langsames Flimmern vorkommen dürfte.

Auf Grund solcher elektrophysiologischer und auch tierpsychologischer Versuche (Dressur und Wahlversuche) hat man das Farbensehen bei verschiedenen Tieren, aber auch bei menschlichen Simulanten untersuchen können. Dabei ist eine Farbwahrnehmung schon bei niederen Krebsen (Wasserfloh) nachgewiesen worden. Auch einzellige Pflanzen und Tiere reagieren auf Licht verschiedener Wellenlängen, also verschiedener Farben, durchaus verschieden. Ebenso nutzen höhere Pflanzen Licht verschiedener Farben in verschiedener Weise, sie wachsen jedenfalls bei bestimmten Wellenlängen am besten.

Farbtüchtig sind die meisten Fische und Kriechtiere sowie alle Tagvögel, während die Nachtvögel farbschwach, wenn nicht gar farbenblind sind. Bei den Säugetieren sind die Huftiere offenbar farbschwach, so daß die Wirkung des bekannten roten Tuches auf den wütenden Stier weniger der Farbe, als vielmehr der Bewegung des Tuches durch den Torero zugeschrieben werden muß. Hunde und Katzen sind – individuell verschieden – sehr farbschwach, Affen sind meist farbtüchtig, und die Menschenaffen gleichen in ihrem Farbsehvermögen offenbar weitgehend dem Menschen.

Nicht alle Tiere erleben die Welt in gleicher Weise farbig wie der Mensch. Aus dem weiten Spektrum elektromagnetischer Schwingungen nimmt das menschliche Auge bekanntlich nur Wellenzüge von etwa 400 bis etwa 700 Nanometern auf und erlebt sie als Farben. Am kurzwelligen Ende ist dem Menschen die Wahrnehmung des ultravioletten Lichtes z. B. verschlossen, was auch für Wellenzüge am langwelligen Ende des sichtbaren Spektrums, das Ultra- oder Infrarot, gilt. Mit den obengenannten Versuchsmethoden hat sich aber gezeigt, daß z. B. Bienen Ultraviolett wahrnehmen können und daß Schildkröten infrarotsehtüchtig sind. Es mag hier erwähnt werden, daß solche Befunde für die Beurteilung der oft faszinierenden Orientierungsleistungen mancher wandernden Tiere ein wichtiger Faktor sein können.

Auch die Wahrnehmung des für den Menschen nicht sichtbaren Polarisationsgrades des Lichtes ist erst seit den 1950er Jahren bekannt. Damit wurde z. B. die entscheidende Erkenntnis für das Heimfindesystem der Honigbiene geleistet. Der Polarisationsgrad des Lichts gibt z. B. an, in welchem Ausmaß das in Frage stehende Licht nur in einer Ebene schwingt. Normales Licht schwingt in allen Raumebenen senkrecht zur Fortpflanzungsrichtung, total polarisiertes aber nur in einer einzigen Ebene. Diese Schwingungsebene können Bienen genau wahrnehmen, der Mensch kann es z. B. nicht. Das Himmelslicht hat aber je nach Entfernung vom Sonnenstand ganz verschiedene Polarisationsgrade, die von der Biene als heller bzw. dunkler wahrgenommen werden. Durch ein Bienenauge betrachtet, sieht also der blaue Himmel an den verschiedenen Stellen des Himmelsgewölbes verschieden hell- bzw. dunkelblau aus. Auch wenn die Sonne nicht direkt sichtbar ist, kann die Biene also von einem kleinen Stückchen blauen Himmelslichtes anhand des dort vorliegenden Polarisationsgrades den Stand der Sonne genau ermitteln und ihn zur Heimkehrnavigation benutzen. Offensichtlich gibt es eine Fülle von Tierarten, die die Fähigkeit der Polarisationswahrnehmung besitzen (Krebse, Spinnen, Schnecken). Erst in jüngster Zeit ist auch das erste Wirbeltier (ein tropischer Meeresfisch) bekannt geworden, der polarisiertes Licht wahrnehmen kann und sich offensichtlich bei der Orientierung in seinem Lebensraum danach richtet.

Auch die Sehschärfe ist mit den Methoden der vergleichenden Physiologie ermittelt worden. Sie wird in Winkelgraden bzw. deren Bruchteilen gemessen und gibt an, unter welchem Winkel zwei Punkte dem Betrachter mindestens erscheinen müssen, um als zwei Dinge, also als getrennt, wahrgenommen werden zu können. Dieser Winkel beträgt beim Menschen z. B. 18–20 Bogensekunden, bei indischen und afrikanischen Geiern dagegen 13 Bogensekunden. Die Sehschärfe der Geier ist also beinahe doppelt so gut wie die des Menschen. Die des Schimpansen gleicht dem des Menschen weitgehend, die Sehschärfeleistungen aller anderen Tiere sind deutlich schlechter.

Mit ähnlich empfindlichen Methoden hat man die Arbeitsweise des Gehörorgans bei Tier und Mensch untersucht, die Wahrnehmungsgrenzen im oberen und unteren Hörbereich bestimmen können und damit wesentliche Beiträge zur Behandlung Gehörleidender geliefert. Rein theoretisch ist es interessant zu erfahren, daß die Empfindlichkeit unserer Ohren und Augen so hoch entwickelt ist, daß wir bei einer weiteren Empfindlichkeitssteigerung das Trommeln der durch die Braunsche Molekularbewegung angestoßenen Luftmoleküle auf unserem Trommelfell als dauerndes Prasseln hören bzw. das (physikalisch ja ungleichmäßig gequantelt ausgestrahlte) Licht von den Sternen »tropfen« sehen würden. Die obere Hörgrenze des Menschen (Kleinkind) liegt bei einem Ton von 20000–25000 Hertz, die untere bei etwa 16 Schwingungen pro Sekunde. Fledermäuse können dagegen noch Töne von mindestens 50000–70000 Hertz wahrnehmen, was sie zur Ultraschallpeilung oder Echolotung befähigt. Auch Ratten und Mäuse sowie Hunde hören höhere Töne als wir. Erstaunlicherweise benutzen auch Meeressäuger wie Delphine und Wale den für uns unhörbaren Ultraschallbereich zur Orientierung in ihrem Lebensraum und zur gegenseitigen Verständigung.

Da bei jedem biologischen Vorgang elektrische Erscheinungen auftreten, lag es nahe, auch einmal von außen elektrische Ströme und Spannungen bestimmten Organen zuzuführen. Im geschlossenen menschlichen Auge erzeugen z. B. schwache elektrische Durchströmungen deutliche Lichtwahrnehmungen. Der Schweizer Nobelpreisträger Hess (1881–1973) konnte durch Zuführung bestimmter elektrischer Spannungen zu bestimmten Teilen des Katzenhirns die Tiere nacheinander in Wut versetzen, sie sich putzen lassen, sie zum Schlafen oder freundlichen Schnurren bringen und viele andere Tätigkeiten sozusagen auf Kommando ablaufen lassen. Inzwischen ist diese Methode so weit verfeinert worden, daß man z. B. Hühner mit Dauerelektroden im Gehirn und einem winzigen Empfänger auf dem Rücken durch drahtlose Impulse so steuern kann, daß sie z. B. sich befriedigt hinlegen, nach (nicht vorhandenem) Futter scharren, mit Angstschrei und Flucht auf einen (nicht vorhandenen) Feind reagieren u. ä.

Ebenso kann man die Muskeln durch elektrische Reize zur Konzentration bringen; durch solche Reizung des Zwerchfells kann z. B. bei bestimmten Lähmungen die Atmung lebensrettend aufrechterhalten werden. Auch der unter die Haut implantierte elektrische Schrittmacher bei gestörtem Eigenrhythmus des menschlichen Herzens gehört hierher.

Die Erforschung des Geschmacks- und Geruchssinns hat sich bis in die Gegenwart hinein als besonders schwierig erwiesen. Histologisch, aufgrund des Baus der vorsorgenden Sinneszellen, lassen sich Geruchs- und Geschmacksorgane eindeutig voneinander unterscheiden. Der Geruchssinn ist an sogenannte primäre Sinneszellen gebunden, d. h. die in Frage stehenden Sinneszellen besitzen eine den Reiz aufnehmende und eine die Erregung weiterleitende Seite, was bei den sekundären Sinneszellen nicht der Fall ist. Bei diesen Sinneszellen bedarf es einer zweiten Nervenzelle zur Ableitung der durch den aufgenommenen Reiz hervorgerufenen Erregung. Geschmacksorgane sind immer durch sekundäre Sinneszellen versorgt. Gäbe es diese Unterscheidung nicht, so hätte man Schwierigkeiten, die chemische Wahrnehmung von Stoffen im Wasser als Riechen oder Schmecken zu bezeichnen. Solche Stoffe sind für wandernde Fische (Lachs, Aal) z. B. sehr wichtig für die Heimkehrleistungen.

Aus unserer menschlichen Sicht wäre man geneigt, eine solche Sinnesleistung im wäßrigen Milieu als Schmecken anzusprechen. Anhand der histologischen Entscheidbarkeit aber muß man eine solche Wahrnehmung als Geruchsleistung bezeichnen.

Der Geruchssinn steht im allgemeinen sehr

stark im Dienste der Arterhaltung und sichert z. B. das Zueinanderfinden der Geschlechtspartner. So können Nachtfaltermännchen mit ihren stark gekämmten Fühlern die einen geruchlichen Lockstoff absondernden Weibchen schon auf 10–12 km Entfernung wahrnehmen. Ameisen legen Duftspuren, entlang denen die Stockgenossen sich wie auf Straßen bewegen. Spinnenweibchen senden Duftstoffe aus, die auf Männchen anlockend wirken. Solche Pheromone genannten Duftstoffe können auch wichtige staatserhaltende Funktion haben, wie es z. B. bei Ameisen, Termiten und Bienen der Fall ist. Dort senden die Königinnen bestimmte Duftstoffe aus, die z. B. die Ausbildung der Geschlechtsorgane bei den Arbeiterinnen unterdrücken.

Unter den Wirbeltieren gibt es ausgesprochene Nasentiere, wie Bär und Hund, neben solchen mit weniger entwickeltem Geruchsvermögen (Affe, Mensch). Dennoch gibt es auch im Wahrnehmungsfeld des Menschen Gerüche, die in millionenfacher Verdünnung noch wahrgenommen bzw. als unangenehm empfunden werden. Das gilt z. B. für Fäkalien- und Schweißgerüche. In diesem Zusammenhang ist es interessant, daran zu erinnern, daß bei manchen Säugetieren das Fährtenlegen durch an den Füßen befindliche Duftdrüsen erfolgt, die ehemals im Dienst der Schweißproduktion standen. So läßt sich der oft lästige Fußschweiß des Menschen stammesgeschichtlich erklären.

Vom Geschmackssinn sei hier nur berichtet, daß durch Versuche an Menschen die vier Hauptgeschmacksqualitäten süß, sauer, salzig und bitter ermittelt wurden, wozu man auch die jeweils entsprechenden Geschmacksorgane auf der Zunge histologisch-anatomisch nachweisen kann. Bei Krebsen und Insekten befinden sich die Geschmacksorgane oft an den Füßen, so z. B. bei Stubenfliegen und Schmetterlingen, und die Geruchsorgane auf den Fühlern.

Zur Wahrnehmung von Boden- und Lufterschütterungen dienen die Hörorgane, die oft auf dem Prinzip saitenartig ausgespannter Resonanzfäden beruhen. Auch Hörhaare, die durch den ankommenden Schallzug abgelenkt werden, dienen der Wahrnehmung von Schall. Schließlich kann die Hörwahrnehmung noch geleistet werden durch Druckgradientenempfänger, bei denen eine Membran durch unterschiedliche Drücke aus ihrer Ruhelage abgelenkt wird, was von Sinneszellen auf das Nervensystem übertragen wird.

Die Lage solcher Hörorgane ist bei den Tieren recht verschieden. Sie finden sich bei den Laubheuschrecken z. B. an den Vorderbeinen, bei unseren Feldheuschrecken liegen sie an den Seiten des Hinterleibes, und Fische nehmen den Schall mit Hilfe der Schwimmblase und der daran gelegenen Weberschen Knöchel wahr.

Aus dem Bau und der physiologischen Analyse der Hörorgane von Insekten hat sich zwingend ergeben, daß sie vor allem auf die Schallintensität (Lautstärke) und die Modulation (Änderung der Frequenz) und kaum auf die absolute Tonhöhe ansprechen. Bei den Gehörorganen der Wirbeltiere aber hat sich in fast allen Fällen gezeigt, daß hier vor allem die Tonhöhe und deren Unterschiede wahrgenommen werden. Diese Fähigkeit ist gewiß eine wichtige stammesgeschichtliche Voraussetzung für die Herausbildung der menschlichen Sprache gewesen, die ja vor allem mit Frequenzunterschieden arbeitet.

Die Schweresinnesorgane zeigen die jeweilige Lage des Organismus in bezug auf die Erde an. Sie bestehen aus den Schweresteinchen, die auf den Sinnesstiften besonderer Zellen in einer Art Blase ruhen und sich bei Körperbewegungen im Schwerefeld der Erde verlagern, dadurch die Stifte anderer Sinneszellen reizen und somit »oben«, »unten«, »schräg« und »gerade« anzeigen. Beim Menschen finden sich solche Schweresteinchen im Ohrlabyrinth, bei den Krebsen am Grunde der Antennen oder im Schwanzende. Manche Krebse stecken sich nach jeder Häutung wieder kleine Sandsteinchen in die leergewordene Blase dieses Schweresinnesorgans. In einem bekannten Versuch setzt man die sich häutenden Krebse auf Eisenfeilspäne, so daß sie statt des Sandes kleine Eisenstückchen als Schweresteine benutzen müssen. Mit Hilfe eines Magneten kann man dann die Krebse in beliebige Lagen zwingen.

Neben den Organen zur Wahrnehmung der Lage im Raum gibt es andere, die die Bewegung anzeigen: bei den Fischen z. B. die Seitenlinienorgane, die zur Wahrnehmung der Strömungsrichtung des Wassers dienen, indem der Wasserdruck bestimmte Sinneszellhaare verbiegt und dadurch erregt. Ganz ähnliche und sogar vom gleichen Gehirnnerv wie bei den Fischen versorgte Organe haben der Mensch und die höheren Wirbeltiere im Endolymphsystem der Bogengänge des inneren Ohres, wo ebenfalls durch Strömung der Endolymphe und Verbiegung der Sinneshaare eine Drehung und Lageveränderung des Körpers im Raum wahrgenommen wird. Untersuchungen an diesem Sinnessystem sind in den letzten Jahren vor allem für die moderne Unterwasser- und Raumschiffahrt interessant geworden, da man daraus möglicherweise Meßsysteme für Lage und Bewegung in erdfernen Gebieten ableiten kann.

Unmittelbar mit der Physiologie des Nervensystems und der Sinnesorgane verknüpft ist die Tierpsychologie oder Verhaltensforschung (Ethologie). Sie versucht, die oft komplizierten Tätigkeiten der Tiere in überschaubare, einfache Bestandteile zu zerlegen und die Gründe für die tierischen Handlungen zu erfassen.

Der einfachste Baustein tierischen Verhaltens ist der Reflex, d. h. die direkte, unbewußte, vorhersagbare und stets eintretende, einfache Reaktion auf einen bestimmten Reiz. Beispiele aus dem menschlichen Bereich sind etwa der Kniescheiben- und der Schluckreflex. Der bei Berührung der inneren Fußsohlenfläche auftretende Greifreflex, der auch an der Hand abläuft, ist schon beim neugeborenen Kind nachweisbar und fraglos ein wichtiger Hinweis auf die gemeinsame Abstammung des Menschen von baumlebenden Vorfahren. Daß solche Reflexe durchaus Teile wichtiger Verhaltensweisen sein können, zeigt die Tatsache, daß brünstige Froschmännchen jeden einigermaßen griffigen Gegenstand bei Berührung sofort umklammern. Kennt man die Paarungsgebräuche der Frösche, so weiß man sofort, daß dieser Klammerreflex auf das Festhalten des Weibchens zielt und dadurch Eiablage und Besamung gesichert werden. Der starre und recht wenig veränderliche Reflex ist also ein wichtiger Bestandteil niederen tierischen Verhaltens. Für seinen Ablauf ist keineswegs ein Gehirn notwendig. So wird der Klammerreflex auch noch ausgeführt, wenn man dem Frosch Kopf und Hinterleib operativ entfernt hat. Auch Heuschreckenmännchen fahren noch in ihren Begattungsbewegungen fort, wenn ihnen (wie bei der Gottesanbeterin Mantis religiosa) schon vom Weibchen der Kopf abgefressen worden ist, was bei einigen Arten zum Paarungszeremoniell gehört. Auch beim Menschen sind Teile des Sexualverhaltens nur an die niederen Nervenbahnen des Rückenmarks gebunden.

Die nächsthöhere Stufe ist die Reflexkette (Kettenreflex), bei der der Ablauf des einen Reflexes den Anstoß für den nächsten gibt. Besonders das Verhalten mancher Insekten kann auf solche Kettenreflexe zurückgeführt werden. Beim Holzbock, der Zecke Ixodes, genügt z. B. eine Spur Buttersäure, die im Schweiß der Säugetiere enthalten ist, daß sich das Tier im hungrigen Zustand sofort vom Baum herabfallen läßt, dabei meist auf das vorbeistreichende Säugetier oder den Menschen gerät und so seinen Wirt gefunden hat.

Aus diesem Beispiel geht hervor, daß es vom Kettenreflex bis zum komplizierten und schwer deutbaren Instinkt nur ein kurzer Weg ist. Zuvor jedoch noch ein Wort zu den Reflexen selbst: man unterscheidet unbedingte, also solche, die unter allen Umständen ablaufen, und bedingte Reflexe. Die ersten sind angeboren und nicht erlernbar. Sie sind sozusagen primäre Eigenschaften des Nervensystems. Dagegen können bedingte Reflexe nur erworben, d. h. erlernt werden. Das beste Beispiel dafür ist der Hundeversuch des Russen Pawlow: ein Hund bekam stets beim Erklingen einer Glocke sein Futter. War das Glockensignal vorher für ihn bedeutungslos gewesen, so lernte der Hund bald, es mit dem Begriff Futter zu verbinden. Ließ man die Glocke läuten, ohne dem Tier Futter zu geben, so konnte man aus der abgesonderten Speichelmenge den eindeutigen Schluß ziehen, daß der Hund nach dem Glockenton sein Futter erwartete. Ähnliche Beispiele gibt es in beliebiger Zahl, und die Dressur von Tieren in Zirkus und Haus ist oft nichts anderes als der Ablauf solcher bedingten Reflexe. Die Ketten unbedingter Reflexe lassen sich im Verhalten selbst höherer Tiere aufdecken: besonders häufig sind sie im Paarungs-, Brut- und Pflegeverhalten. Auch Flucht und Verteidigung enthalten manches Reflektorische. So haben bestimmte Laute bei Vögeln und Nagern ganz eindeutige Bedeutung, wie »Achtung: Feind auf dem Boden«, »Feind aus der Luft«, »Fliehen« usw., auf die die anderen Tiere fast rein reflektorisch reagieren und die Flucht ergreifen, zum Angriff übergehen oder lediglich Drohstellung einnehmen. Aus den angeführten Beispielen geht hervor, daß die unbedingten Reflexe weitgehend Handlungen von arterhaltender Bedeutung betreffen, und so ist es verständlich, daß sie sich im Laufe der stammesgeschichtlichen Höherentwicklung erhalten haben.

Reflexe von hoher Kompliziertheit werden als Instinkte oder angeborene (bestimmte Handlungen auslösende) Mechanismen (Erbkoordinationen) bezeichnet. Ihr mehr oder weniger starres Funktionieren läßt sich durch Attrappenversuche zeigen, die zugleich auch der näheren Untersuchung der beteiligten Sinnesorgane und entscheidenden Reize dienen. Die Jungen der Silbermöwen picken instinktiv nach allen spitzen Gegenständen, die genügend nah und niedrig sind und einen farblich oder helligkeitsmäßig auffallenden Fleck oder Ring aufweisen. Die Silbermöweneltern haben am Schnabel einen deutlich sichtbaren roten Punkt; durch Versuche mit ausgestopften Möwen und verschiedenen Papp- und Holzmodellen ließ sich beweisen, daß die Bindung der Jungen an die fütternden Eltern in allererster Linie auf das Vorhandensein und die (instinktiv gegebene) anlockende Wirkung des roten Schnabelfleckes, den Auslöser, zurückzuführen ist. Ebenso heftige und sogar noch stürmischere Pickreaktionen als beim Wahrnehmen des Elternschnabels ließen sich aber bei den Jungen durch Attrappen erreichen, bei denen das anlockende Merkmal in vervielfachter und somit offensichtlich »besserer« Form auftrat. Eine solche Wirkung hatte z. B. ein Stock mit mehreren farbigen Ringen am zugespitzten Ende. Auch die Bindung des brütenden Vogels an das Gelege, d. h. der Zwang zum Brüten, ist ähnlich einfach geregelt. Einem Austernfischer legte man Attrappeneier in Nestmuldennähe, und zwar überdimensional große, runde, ovale und rechteckige »Eier«. Bei der Rückkehr zum Gelege ließ der Vogel seine eigenen, kleineren Eier liegen und versuchte, das größte Ei zu bebrüten. Selbst ein großes, viereckiges »Ei«, obwohl unbequem kantig beim Bebrüten, wurde den eigenen Eiern vorgezogen. Gewisse spontane Vorlieben von Menschen füreinander, sogenannte Sympathien, scheinen ebenfalls teilweise auf der Grundlage von Instinkten zu beruhen, was gewiß auch für die Wahl des Geschlechtspartners zutrifft. Allerdings ist hier die Untersuchung erschwert durch das Vorhandensein und die Einwirkung unseres Sprach- und Denkvermögens sowie die durch Tradition auf uns überkommenen Verhaltensklischees.

Neben den streng angeborenen Reaktionen stehen die erlernten Verhaltensweisen, die in der aufsteigenden Tierreihe eine immer größere Bedeutung erlangen. Einfachste Lernvorgänge sind schon bei Hohltieren nachgewiesen. Die Seerosen lernen z. B. nach einigen Versuchen, daß man ein in Fleischextrakt getränktes Papierkügelchen nicht verdauen kann, und nachdem sie es in den ersten Versuchen immer wieder ergriffen und den Magenraum befördert hatten, wurde es dann sehr bald gar nicht mehr aufgenommen. Regenwürmer kann man auf Hell-Dunkel oder Rechts- und Linkswendungen dressieren, indem man in einem T-Labyrinth stets ihre Links- bzw. Rechtswendung mit einem elektrischen Schlag bestraft. Danach lernen sie, nur noch den unbestraften Weg rechts bzw. links zu kriechen. Fische kann man auf Töne oder Farben dressieren, indem man ihnen stets nur beim Futterton oder bei der Futterfarbe das Belohnungsfutter für die richtige Wahl reicht. Sehr bald lernen sie dann, die richtige Farbe aus einer Reihe verschiedenfarbiger Gefäße zu wählen. Vögel lernen schnell, von zwei mit bunten Pappscheiben verdeckten Schälchen die jeweils richtige Schale aufzudecken, d. h. die, unter der das Futterkorn liegt. Hühner und Amseln können bis zu sieben solcher Wahlaufgaben gleichzeitig beherrschen, Schweine schafften bis zu 13 und behielten sie über ein Jahr lang. Ein indischer Elefant behielt sogar 24 solcher Aufgaben (d. h. 48 Merkmale aus Farben und Figuren) gleichzeitig und hatte sie auch nach einem Jahr nicht vergessen.

Bei der Beherrschung solcher erlernten Aufgaben spielt das Gedächtnis eine wichtige Rolle. Seine Aufgabe ist es, frühere Erfahrungen zu behalten und sie bei kommenden Ereignissen zu verwerten. Man unterscheidet ein Kurzzeit- und ein Langzeitgedächtnis. Dabei wird das Gelernte zunächst in einen sogenannten Kurzzeitspeicher aufgenommen und geht erst nach einer gewissen Zeit in den Langzeitspeicher über. Erfahrungen, für die dieser Übergang nicht vollzogen wird, gehen rasch endgültig verloren. Diese zwei Stufen der Informationsspeicherung können im Experiment gezeigt werden, denn Elektroschocks beseitigen nur kurz nach dem Lernprozeß das Gelernte, haben aber z. B. bei Mäusen schon nach drei Stunden nicht mehr diese auslöschende Wirkung. Ähnliches ist auch vom Menschen bekannt, denn nach Gehirnerschütterungen bzw. Elektroschockbehandlungen betreffen die Erinnerungsausfälle meist nur Ereignisse, die 10–30 Minuten vorher erlernt wurden. Das Langzeitgedächtnis wird dabei im allgemeinen nicht beeinflußt. Möglicherweise sind Nucleinsäuren und/oder Eiweiße die Speicher für solche Gedächtnisinhalte, da nur sie beständig genug sind und ihr Bau die Codierung einer Nachricht ermöglicht. Für die Kapazität des menschlichen Kurzzeitspeichers nimmt man 3×10^{20} bis 5×10^{11} bit, für die des Dauergedächtnisses 10^6 bis 10^7 bit an.

Für alle mit Lernfähigkeit begabten Organismen findet sich im Laufe des jugendlichen Lebens eine besonders empfindliche Lernphase, in der durch den sogenannten Prägungsvorgang unter Umständen durch nur einmalige Erfahrungen Gedächtnisinhalte für sehr lange Zeit, manchmal lebenslang, gespeichert werden können. Diese Tatsache ist auch für die Humanpsychologie und Psychiatrie von großer Bedeutung, vermag sie doch manche lang andauernden Jugenderfahrungen oft negativer Art (Heim- und Gefängniserlebnisse) zu erklären. Nicht nur der Mensch ist in der Lage, höhere psychische Leistungen (Werkzeuggebrauch, Abstraktion, Einsicht und Denken in Begriffen) zu vollbringen; denn die letzten Jahre wissenschaftlicher Forschung haben erstaunliche Beispiele dafür erbracht, daß z. B. Vögel und Affen spontanen, d. h. nicht vom Menschen andressierten Werkzeuggebrauch leisten, indem etwa eine Finkenart der Galapagos-Inseln Pflanzenstöckchen benutzt, um Insekten aus ihrem Versteck zu treiben, oder Schimpansen wasseraufsaugendes Pflanzen- und Flechtenmaterial als Schwamm zum Trinken verwenden. Schimpansen verlassen solche im Freiland benutzten Werkzeuge für einige Zeit, nehmen sie dann aber wieder auf oder bewahren sie sogar für eine bestimmte Zeit. Auch Stöcke werden von Schimpansen im Freiland als Waffe gegen einen ausgestopften Leoparden benutzt.

Bei japanischen Makaken konnte sogar das Entstehen von neuen Traditionen beobachtet werden. So »erfand« z. B. ein Affenweibchen, daß man die Süßkartoffeln vom anhaftenden Sand durch Waschen befreien kann. Diese Erfindung wurde nicht nur in der Familie nachgeahmt, sondern von der Mutter auf die Kinder im Sinne einer echten kulturellen Tradition weitergegeben.

Durch gezielten Abbau von Farb- und Formmerkmalen vorher andressierter Unterscheidungsobjekte ließ sich bei verschiedenen Vögeln und Säugetieren ein Abstraktionsvermögen nachweisen, also die Fähigkeit, das Grundsätzliche, Allgemeine, vielen Gegenständen Gemeinsame zu erkennen und auf andere Objekte zu übertragen. Schließlich sind auch averbale, vorsprachliche Begriffsbildungen, etwa im Sinne von »größer«, »gleich-ungleich« und Vorstufen des Zählens bei Rabenvögeln, Papageien und einigen Säugern nachgewiesen worden.

Einem Schimpansenmädchen wurde in mühevoller Arbeit die amerikanische Taubstummensprache beigebracht, und nach drei Lernjahren konnte sie 85 Zeichen verstehen und benutzen, d. h. sie nach eigenem Belieben einzeln oder in Gruppen anwenden. Seitdem solche Versuche in größerem Umfang in besonderen Affenstationen (Primatenzentren) durchgeführt werden, hat sich gezeigt, daß die der Zeichensprache mächtigen Schimpansen andere Artgenossen in ebendieser Sprache anzureden versuchen. Man erwartet, daß unter den etwa 20 Schimpansen der Versuchsstation sich diese Sprache ausbreiten wird, daß sich die Affen später unter sich darin unterhalten werden, und daß die Mütter ihren Kindern diese Sprache ebenfalls beibringen.

Ein faszinierendes, aber noch immer mit vielen Rätseln versehenes Gebiet der Verhaltensforschung ist auch das Heimfinde- und Orientierungsvermögen. Ist es bei den Insekten (Bienen) gelöst, so weiß man über die Grundlagen des Heimkehrvermögens vieler Fische, Vögel und z. B. auch von Hunden, Katzen und Pferden noch so gut wie nichts. Für zahlreiche Tierarten, die polarisiertes Licht wahrnehmen können, ist die Heimfindeleistung im Prinzip erklärt, da sie mit Hilfe des polarisierten Lichtes ähnlich wie mit einem Kompaß unter Einrechnung des täglichen Sonnenganges genau navigieren können und so stets wieder zum heimatlichen Stock bzw. zur heimatlichen Höhle zurückfinden. Auch Brieftauben benutzen den Sonnenstand und den täglichen Sonnenlauf zum Heimfinden, sind offenbar aber nicht in der Lage, das polarisierte Licht wahrzunehmen. Immerhin ist für Fische in neuerer Zeit diese Fähigkeit nachgewiesen worden.

Auch das Magnetfeld der Erde ist für manche Tierarten ein wichtiges Orientierungsmittel. Das gilt z. B. für manche Insekten, aber auch für bestimmte Kleinvögel (Rotkehlchen, Grasmücken). Möglicherweise spielt auch diese Fähigkeit bei manchen der oft sehr beeindruckenden Orientierungsleistungen von Zugvögeln eine Rolle. Bei einigen wandernden Fischen hat sich eine hochgradige Geruchsempfindlichkeit gezeigt, die den Tieren erlauben könnte, über weite Strecken den Duft des heimatlichen Flusses wiederzuerkennen und so auf ihn zuzusteuern.

Die vom philosophischen Standpunkt her aussageträchtigsten biologischen Gebiete der Gegenwart sind wohl die Ökologie und die Abstammungslehre. Beide Gebiete betreffen in besonders deutlicher Weise Pflanze, Tier und Mensch und sind besonders durch die Erfahrungen unseres Raumfahrtzeitalters auch in das Bewußtsein einer breiten Öffentlichkeit getreten. Man hat nämlich erkannt, daß unser Erdball eigentlich nichts anderes ist als ein großes Raumschiff, dessen Vorräte begrenzt sind und also sparsam benutzt werden sollten. Aus dieser Erkenntnis sind die Bemühungen entsprungen, die auf allen Gebieten der industriellen Produktion und des täglichen Konsumverhaltens nach Produkten und Methoden fragen, bei denen ein Wiedereinschleusen der anfallenden Produkte in einen möglichst

biologischen Zyklus erreicht wird (Recycling). Damit ist auch das Verständnis geweckt, die Umwelt möglichst nicht zu zerstören bzw. zu verunreinigen (Pollutions- bzw. Immissionsprobleme und -gesetze).
Aber auch der Mensch selbst mit seiner stets wachsenden Individuenzahl bildet einen Faktor, der seine eigene Umwelt bedroht. Die Populations-Ökologie (Demökologie) versucht, an pflanzlichen und tierischen Modellbeispielen die gegenseitigen Einwirkungen solcher Individuenzunahmen zu erforschen und für den Menschen nutzbar zu machen.
Dabei spielt die Selbstvergiftung der Population bei steigender Dichte (Autintoxikation) eine wichtige Rolle, da sie nicht von der Menge der Nahrung oder der Feinde abhängig ist, sondern die Massierungswirkung als solche kennzeichnet (crowding-effect). Eine solche Selbstvergiftung muß nicht allein durch die Abfallprodukte der Individuen, sondern kann auch durch eine Anhäufung von Wirkstoffen entstehen, die im normalen Leben wichtige Funktionen ausüben. Ähnliche Substanzen werden anscheinend auch von den Wurzeln höherer Pflanzen ausgeschieden und tragen zur Bodenmüdigkeit bei. Eine Blaualge (Microcystis), die in ihrer Massenvermehrung die Wasserblüte hervorbringt, produziert dabei große Massen von Hydroxylamin, das Fischsterben und sogar den Tod von Rindern herbeiführt, die das Wasser trinken.
Aus Raummangel kommt es darüber hinaus bei vielen Organismen noch zur psychischen Autintoxikation, die sich in sehr massiven organischen Leiden äußern kann. So finden sich in dichten Feldmaus-Populationen mit steigender Individuenzahl immer mehr Tiere, die durch dauernde Revierkämpfe und Aggressionen in ihrem hormonalen und Blutzuckerhaushalt so geschädigt sind, daß sie schließlich im hypoglykämischen Schock zugrunde gehen, ohne daß ein wirklicher Nahrungsmangel vorliegt.
Zur psychischen Autintoxikation zählen auch Duftstoffe, die neuerdings bei Mäusen aufgefunden wurden und der Geburtenbeschränkung dienen. Sie werden von weiblichen Mäusen ausgeschieden und bewirken in zu hoher Konzentration, daß die Entwicklung der Gonaden gehemmt wird.
Auch beim Menschen gibt es eine Reihe grogroßenteils psychisch bedingter Schädigungen, die sogenannten Zivilisationskrankheiten (Kreislaufstörungen, Asthma, Herzinfarkt, Managerkrankheit, Magengeschwüre etc.). Auch hier gelten also die ökologischen Gesetze von Pflanze und Tier. Bedauerlicherweise hat sich aber beim Menschen gezeigt, daß die genannten Schadfaktoren und begrenzenden Regulationsmechanismen mit steigender Zivilisation zum Untergang der Kultur führen können, da die kulturtragenden Schichten besonders stark von ihnen betroffen werden.
Normalerweise wird nach den Gesetzmäßigkeiten der Evolution das durch Mutation (erbliche Veränderungen des genetischen Materials in der Zelle) entstandene »Rohmaterial« von Pflanze, Tier und Mensch den Auslesebedingungen (Klima, Feinde, Strahlung) unterworfen, so daß die für den jeweiligen Lebensort Geeignetsten ausgelesen werden (Faktor der Selektion nach Darwin). Nur diese können Nachkommen erzeugen, die dann die guten bzw. vorteilhaften Eigenschaften der Eltern erben. Durch solche dauernde natürliche Auslese bleiben schließlich nur die am besten dem Daseinskampf angepaßten Arten und Individuen übrig, während die übrigen aussterben bzw. gar nicht erst zur Fortpflanzung gelangen. Durch die Isolation endlich, also die Abspaltung kleinerer Gruppen von Individuen (z. B. auf Inseln), wird die stetige Rückmischung mit veränderten Formen unterbunden und so die Ausbildung neuer Formen raschen und wirksamer vorangetrieben.
Unter den Bedingungen der Zivilisation kann es jedoch geschehen, daß die jahrmillionenalten Regeln der Evolution nicht mehr gültig sind. Der Mensch, der aufgrund seiner geistigen Fähigkeiten sich nicht mehr ausschließlich durch Instinkte leiten lassen muß, ist dem Evolutionsgeschehen nicht blind unterworfen, sondern kann aus ihm heraustreten. Das gilt auch für die Prozesse der Zivilisation, die ihm sozusagen eine neue Gesetzmäßigkeit aufzwingen.
Es wird also nötig sein, daß der Mensch sich bei seinen Handlungen zu Entscheidungen auf der Grundlage einsichtiger Willensleistungen durchringt. Dies gilt um so mehr, als das von der biologischen Forschung erarbeitete Wissen fast täglich neue Perspektiven von manchmal hoher Dramatik und wirtschaftlicher, politischer und kultureller Aktualität eröffnet. Im Zusammenhang mit diesen Einsichten und den Befunden der modernen Biologie unserer Tage rückt die Manipulierbarkeit aller Wesen, vor allem des Menschen, auf genetisch-therapeutischer bzw. eugenischer Basis überaus stark in das öffentliche Interesse. Dies und die ständig bedeutsamer werdende Umweltforschung sind nicht der einzige Grund, weswegen man von den nächsten Jahrzehnten als vom Zeitalter der Biologie wird sprechen müssen.

Biologische Berufe

Wie aus der Graphik links ersichtlich, ist die Mehrzahl der Biologen in der Lehre tätig (Schule + Hochschule = 85%). Die »übrigen Bereiche« beschäftigen zusammen nur 15% der Biologen, wovon wiederum die meisten Stellen (9%) auf private und öffentliche Institute und Behörden entfallen. Einen Anteil von 4,5% nimmt die pharmazeutische Industrie auf, während die übrige Industrie nur 0,25% aller Biologen beschäftigt. Diese 0,25% beziehen sich meist auf Spezialberufe, deren Schwerpunkte und Einsatzgebiete in der Graphik rechts nochmals aufgegliedert sind.
Für 40% der Stellenangebote im Gebiet »übrige Bereiche« war die Promotion unbedingte Voraussetzung; nur 9% der abgehenden Biologen fanden hier als Diplombiologen eine Anstellung.
In der Hochschullaufbahn ist einem Diplombiologen nur die Eingangsstelle des Assistenten zugänglich. Für den weiteren Weg ist die Promotion erforderlich.
Die Biologen haben unter den Naturwissenschaftlern die schlechtesten Berufsaussichten. Dem steht ein hoher Zeitaufwand für das Studium gegenüber; besonders, wenn die Promotion angestrebt wird (Dauer bis 4 Jahre nach dem Basisstudium von 8–10 Semestern). Meist wird Botanik oder Zoologie als Hauptfach gewählt, als Nebenfächer eignen sich daneben alle anderen naturwissenschaftlichen Fächer, vor allem Chemie, Physik, neuerdings auch Mathematik (Statistik, Mengenlehre).
Biologisch-Technische(r) Assistent(in): Voraussetzung ist mittlere Reife; die Ausbildung dauert 4 Semester, evtl. Vorsemester für Mathematik, Physik, Chemie.
Biologielaborant(in): Lehrberuf mit Hauptschulabschluß. Kann durch Zusatzpraktika und Kurse zum *Biotechniker* aufsteigen.

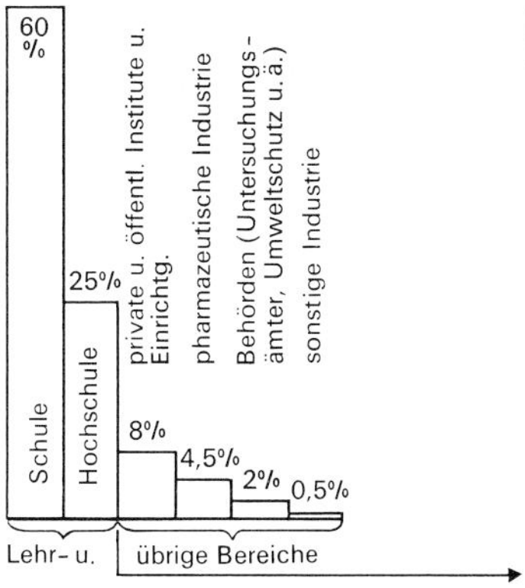

Analyse durch die Zentralstelle für Arbeitsvermittlung (ZAV) der Bundesanstalt für Arbeit vom 1.7.1973

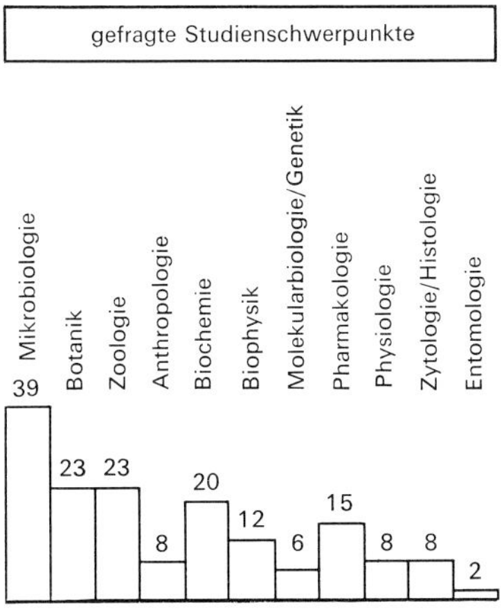

Einsatzgebiete

Arzneimittel-, Impfstoffherstellung u. -prüfung
Laboratoriumsdiagnostik
Herz-Kreislauf-Forschung
Virusdiagnostik
Kernforschung
Biotechnik
Anthropometrie
Leberforschung
Elektrophysiologie
technische Mikrobiologie
Paläobotanik
Gewässerkunde
Abwassertechnik
biol. Dokumentation
med. Information
Kriminalist. Unters.
Lehre, Unterricht
Lehrmittelbau

Geschichtliche Tabelle zur wissenschaftlichen Biologie

Jahr	*Forscher:* Entdeckung bzw. Erforschung
1828	*F. Wöhler:* Synthese des Harnstoffes.
1828/37	*K. E. v. Baer:* Keimblättertheorie. Biogenetisches Grundgesetz. Begründung der Embryologie.
1832f	*J. v. Liebig:* Chemisch orientierte Stoffwechselphysiologie. Unterscheidung von Proteinen, Fetten und Kohlenhydraten.
1833	*R. Brown:* Der Zellkern (Nukleus) als regelmäßiger Bestandteil der Zelle erkannt.
1833/37	*M. Hall:* Untersuchungen über Reflexe und deren Lokalisation im Rückenmark.
1833/40	*J. Müller:* »Handbuch der Physiologie des Menschen.« Gesetz der spezifischen Sinnesenergien.
1838	*M. J. Schleiden, T. Schwann:* Aufstellung der Zellentheorie.
1840f	*E. du Bois-Reymond:* Begründung der Elektrophysiologie.
1842	*W. Bowman:* Exkretorische Funktionen der Niere.

Jahr	*Forscher:* Entdeckung bzw. Erforschung
1842	*R. Mayer:* Gesetz von der Erhaltung der Energie in Organismen. Auffassung der Atmung als Verbrennungsvorgang unter Aufnahme von Sauerstoff.
1842/44	*H. Helmholtz, A. v. Kölliker:* Einheit von Nervenzelle und Nervenfaser.
1842/57	*J. Steenstrup, W. Hofmeister:* Generationswechsel bei Tieren und bei Pflanzen.
1846	*H. v. Mohl:* Anwendung des schon von J. E. Purkinje (1787–1869) verwendeten Ausdrucks Protoplasma auf den flüssigen Zellinhalt.
1848	*R. Remak:* Marklose Fasern des autonomen Nervensystems.
1848 f	*C. Bernard:* Glykogenstoffwechsel in der Leber. Organismen können ihr inneres Milieu trotz äußerer Änderungen aufrechterhalten (regulieren).
1849	*A. Berthold:* Innere Sekretion.
1850	*H. Helmholtz:* Fortpflanzungsgeschwindigkeit nervöser Impulse.
1850	*T. Graham:* Kolloidchemie.
1851	*C. Bernard:* Vasomotorische Nerven, die die Muskeln der Blutgefäße versorgen.
1852	*A. v. Kölliker:* Begründung der Zytologie. Erstes Lehrbuch der Histologie.
1852/55	*H. Helmholtz:* Erste Theorie des Farbensehens. Akkomodation des Auges.
1853	*M. Barry:* Befruchtung durch Eindringen des Samenfadens in das Ei.
1855	*B. Panizza:* Lokalsierung des Sehzentrums beim Menschen im hinteren Teil des Großhirns.
1855	*R. Virchow:* Begründung der Zellularpathologie. »omnis cellula e cellula«.
1856	*C. E. Brown-Séquard:* Drüsen innerer Sekretion. Bedeutung der Nebennieren.
1856	*J. C. Fuhlrott:* Fund des Neandertalers.
1857	*L. Pasteur:* Milchsäuerung, Isolation des Enzyms, das Milchsäure erzeugt. Begründung der Bakteriologie (neben *F. Cohn*).
1858/59	*Ch. Darwin, A. R. Wallace:* Begründung der modernen Abstammungslehre. (»On the Origin of Species by Means of Natural Selection.«)
1860	*J. B. Boussingault:* Bedeutung des Lichtes für die Aufnahme von Kohlendioxid und Abgabe von Sauerstoff bei Pflanzen.
1860	*L. Pasteur:* Experimentelle Wiederlegung der »Urzeugung«, d. h. der sich noch jetzt abspielenden Entstehung von Lebewesen aus ungeformter Substanz.
1862	*E. Wagner:* »Handbuch der allgemeinen Pathologie«. Protoplasma als komplexes Gemisch von Proteinen, Fetten und Kohlehydraten.
1862	*W. Kühne:* Nervöse Endorgane in den Muskeln (Muskelspindeln).
1863	*J. F. Cohnheim:* Untersuchung zuckerbildender Enzyme.
1865	*L. Pasteur:* Bestimmte Mikroben als Erreger einer bestimmten Krankheit (Pebrine bei Seidenraupen) identifziert.
1865	*J. Sachs:* Rolle des Chlorophylls. Lokalisierung in Chloroplasten (1883 benannt durch *W. Schimper*).
1865	*G. Mendel:* Begründung der Genetik.
1866	*L. Pasteur:* Aufklärung der Weingärung.
1866/67	*A. Kowalewsky:* Manteltiere (Tunicaten) und Lanzettfischchen (Branchiostoma) als Vorläufer des Wirbeltierstammes erkannt.
1867	*A. v. La Valette, St. George:* Golgiapparat der Zellen (1908 benannt durch S. Ramon y Cajal); Nobelpreis 1906.
1867	*T. Meynert:* Struktur der Gehirnrinde.
1868	*E. Pflüger:* Überschuß von Kohlendioxid oder Mangel an Sauerstoff im Blut kann das Atmungszentrum im Gehirn erregen.
1869	*J. F. Miescher:* Entdeckung der Desoxyribonucleinsäure in den Zellkernen.
1869	*R. Langerhans:* Entdeckung der »Langerhans'schen Inseln« in der Bauchspeicheldrüse, die sich später als Lieferanten des Insulins erwiesen.
1860/71	*F. Hoppe-Syeler:* Rolle des Hämoglobins im Blut.
1867/81	*A. Frick, H. Kronecker:* Beziehung zwischen Muskelarbeit und Wärmeregulation sowie zwischen Muskelarbeit und Kohlenhydratstoffwechsel.
1870	*W. His:* Entwicklung des Mikrotoms.
1870	*G. T. Fritsch, E. Hitzig:* Verschiedene Körperteile sind in verschiedenen Gehirnregionen repräsentiert.
1870	*L. Hermann:* Theorie von der relaisartigen Fortpflanzung nervöser Impulse.
1871	*H. P. Bowditch:* Entdeckung des »Alles-oder-Nichts-Gesetzes« nervöser Entladungen.
1872	*E. Pflüger:* Die Oxydation von Nahrungsstoffen findet in den Geweben und nicht im Blut statt.
1872	*E. Haeckel:* Hypothese, daß die Vorfahren sämtlicher Tiere ein gastrulaartiges Stadium durchgemacht haben (Gasträa-Theorie).
1873	*E. Hitzig, D. Ferrier:* Beschreibung der motorischen Regionen der Gehirnrinde.
1873 f	*C. Golgi, S. Ramon y Cajal:* Struktur von Zellen, der histologische Aufbau des Nervensystems. Versilberungsmethoden zur Färbung von Nervenzellen.
1873	*D. A. Spalding:* Angeborene Verhaltensweisen (Instinkte) bei Tieren.
1875	*O. Hertwig:* Befruchtung am Seeigelei.
1875/82	*E. Strasburger:* Zellteilungsprozeß bei Pflanzen. Einführung von Begriffen wie Zytoplasma, Nukleoplasma, Prophase, Metaphase, Anaphase.
1876	*P. Flechsig:* Identifzierung der Pyramidenbahnen im Zentralnervensystem.
1876	*F. Boll:* Sehpurpur.
1876 f	*R. Koch:* Milzbrandbazillus. Färbe- und Kulturmethoden für Bakterien.
1876/83	Rolle der Bauchspeicheldrüse bei der Verdauung.
1878	*W. Kühne:* Enzyme.

Jahr	*Forscher:* Entdeckung bzw. Erforschung
1878/82	*A. Laveran:* Malaria-Erreger (Plasmodium): Wirksamkeit parasitischer Protozoen im Menschen als Krankheitserreger.
1880/81	*F. M. Balfour:* Vergleichende Embryologie.
1880	*I. V. Sandström:* Entdeckung der Nebenschilddrüsen.
1881	*W. Roux:* Begründung der Entwicklungsmechanik.
1882	*W. Flemming:* Zellteilungsprozeß bei Tieren; Mitose, Chromatin.
1882	*R. Koch:* Tuberkelbazillus.
1882	*E. Fischer:* Begründung der Eiweißchemie. Nobelpreis 1902.
1883f	*M. Rubner:* Stoffwechsel der Organismen als chemischer Prozeß; Stoffwechselbilanzen; Messung der vom Körper abgegebenen Wärme.
1883	*E. Kocher:* Funktion und Bedeutung der Schilddrüse.
1882/87	*W. H. Gaskell:* Myogene Entstehung des Herzschlags.
1883/84	*M. G. Blix, A. Goldscheider:* Spezifische Sinnesorgane für Kälte, Wärme und Druck in der Haut.
1885	*P. Ehrlich:* Seitenketten-Theorie zur Erklärung von Immunität und Enzymwirkung.
1885	*W. H. Gaskell:* Aufbau des autonomen Nervensystems. Antagonistische Wirkungen zwischen verschiedenen Komponenten.
1885	*A. v. Kölliker:* Übertragung vererbbarer Eigenschaften durch Zellkerne.
1885	*A. Weismann:* Kontinuität der Keimbahn. Unterscheidung zwischen Keimzellen und Körper-(somatischen)zellen.
1886	*G. Oliver, E. A. Schaefer:* Hormone aus dem Hypophysenhinterlappen regulieren den Blutdruck.
1886	*V. Horsley, H. Cushing:* Begründung der Neurochirurgie.
1886/88	*M. Berthelot, H. Hellriegel, H. Wilfarth:* Symbiontische Bakterien an den Wurzeln von Leguminosen können den Luftstickstoff binden.
1888	*Th. Boveri:* Reifeteilung (Meiose) zum ersten Mal beim Spulwurm beobachtet. Zentrosom.
1888	*W. v. Waldeyer-Hartz:* Chromosomen.
1889f	*J. N. Langley:* Funktionen des autonomen Nervensystems. Sympathisches und parasympathisches System.
1889/92	*S. Winogradsky:* Rolle nitrifizierender Bakterien für den Stoffkreislauf.
1889/93	*J. von Mering: O. Minkowski:* Erzeugung von Diabetes durch Entfernung der Bauchspeicheldrüse, was auf eine spezifische Absonderung dieser Drüsen deutet.
1890	*E. v. Behring:* Antitioxin; Diphtherie- und Tetanus-Immunität.
1890f	*J. v. Kries:* Duplizitätstheorie des Sehens: Stäbchen für Hell-Dunkel, Zapfen für Farben.
1890	*I. Pawlow:* Mechanismus der Verdauung.
1891	*W. v. Waldeyer-Hartz:* Neuronentheorie; Aufbau des Nervensystems aus Neuronen.
1892	*D. Ivanovsky:* Tabakmosaikvirus.
1892	*H. J. Hamburger:* Aufklärung des Transports von Kohlendioxid im Blut.
1893	*S. Ramon y Cajal:* Struktur der Netzhaut des Wirbeltierauges.
1893f	*C. S. Sherrington:* Funktionsweise des Patellarreflexes. Zusammenwirken mehrerer Reflexe. Nobelpreis 1932.
1894	*E. Fischer:* Spezifität der Enzyme.
1894	*O. Hammarsten:* Vorkommen von Ribonukleinsäure in tierischen Zellen.
1894	*E. H. Starling:* Bildung der Lymphflüssigkeit und deren Beziehung zum Zirkulationssystem.
1894	*G. Born:* »Heteroplastische Transplantation« von Geweben und Organen einer Tierart auf eine andere.
1895	*E. Metschnikoff:* Theorie der Phagozytose (Freß- und Wanderzellen).
1897	*C. S. Sherrington:* Synapsen des Nervensystems.
1897	*C. Eijkman:* Vitamine und Mangelkrankheiten; Vitamin B 1 gegen Beriberi. Nobelpreis 1929.
1897	*F. Löffler:* Der Erreger der Maul- und Klauenseuche passiert Bakterienfilter; Begründung der Virologie.
1897	*E. Buchner:* Enzyme als organische Stoffe, die auch in abgestorbenen Zellen vorhanden sind. Nobelpreis 1907.
1897/01	*J. J. Abel, A. S. Crawford, J. Takamine T. B. Aldrich:* Reindarstellung des Hormons Adrenalin.
1898	*C. Benda:* Mitochondrien als Zellorganellen erkannt.
1899	*E. Overton:* Lipoide sind am Aufbau der Zellmembran maßgeblich beteiligt.
1900 (ca.)	*A. Kossel:* Untersuchungen über den Aufbau der Nucleoproteide. Nobelpreis 1910.
1900	*J. Loeb:* Erzeugung künstlicher Parthenogenese beim Seeigel.
1900	*C. Correns, E. v. Tschermak, H. de Vries:* Wiederentdeckung der Mendelschen Gesetze.
1900f	*H. Driesch:* Regulative Entwicklung bei Tieren (künstlich isolierte Zellen der ersten Keimstadien können noch immer ganze Individuen liefern).
1900	*J. H. Kastle:* Umkehrbarkeit enzymgesteuerter Reaktionen.
1901	*H. Spemann:* Die Bildung der Linse des Wirbeltierauges wird durch den auswachsenden Augenbecher induziert.
1901	*K. Landsteiner:* Blutgruppen des Menschen.
1901/03	*H. Spemann:* Embryonalentwicklung: Schnürungsexperimente an Molcheiern.
1902	*J. Bernstein:* Erste Fassung einer Ionentheorie zur Erklärung der Weiterleitung nervöser Impulse. Konzentrationsgefälle von Natrium- und Kaliumionen zwischen dem Inneren der Nervenfasern und dem Außenmedium.
1901/03	*H. de Vries:* Mutationstheorie.
1902	*E. Fischer:* Peptidbindung als die für den Aufbau von Proteinen wichtigste Bindungsform organischer Moleküle.
1902	*I. Pawlow:* Bedingte (»pawlowsche«) Reflexe.

Jahr	*Forscher:* Entdeckung bzw. Erforschung
1902	*C. E. McClung:* Geschlechtschromosomen.
1902	*W. M. Bayliss, E. Starling:* Das Hormon Sekretin kontrolliert die Tätigkeit der Bauchspeicheldrüse.
1902/03	*W. S. Sutton:* Lokalisierung der Erbfaktoren in den Chromosomen.
1903	*A. Bethe:* Diffuses Netznervensystem der Medusen (Quallen).
1903	*W. Einthoven:* Einführung der Elektrokardiographie.
1903	*P. Morawitz:* Theorie der Koagulation des Bluts. Trombokinase.
1903	*A. W. Campbell, K. Brodmann, O. Vogt:* Architektonik des Gehirns.
1904	*A. Harden, W. J. Young:* Isolierung eines Coenzyms bei der Gärung. Nobelpreis 1929.
1904	*F. Stolz:* Synthese von Adrenalin.
1905	*J. S. Haldane, J. G. Priestley:* Regulation der Atmungsrhythmik durch den Kohlendioxidgehalt des Bluts und den der Alveolarluft in der Lunge.
1905	*E. H. Starling:* Hormon (als Begriff).
1905	*W. Bateson:* Genkopplung (linkage) und Wechselwirkung zwischen Genen.
1906	*C. M. Woodworth, W. E. Castle:* Die Taufliege Drosophila wird als Untersuchungsobjekt für die genetischen Forschungen eingeführt.
1906	*C. S. Sherrington:* Analyse der koordinierten Aktivität des Nervensystems.
1907	*W. M. Fletcher, F. G. Hopkins:* Beginn einer exakten biochemischen Analyse der Muskelarbeit. (Funktionen der Milchsäure und des Sauerstoffs.)
1906/09	*F. G. Hopkins:* Wachstumsfördernde Wirkstoffe.
1907	*H. Winkler:* Pflanzenchimären (Pfropfung Tomate-Nachtschatten).
1907	*J. O. Lutz:* Analyse und künstliche Erzeugung von Polyploidie bei Pflanzen.
1907/11	*R. Harrison, A. Carrel:* Einführung von Gewebekulturen. Nobelpreis 1912.
1908	*A. Krogh:* Der Gasaustausch in der Lunge. Nobelpreis 1920.
1909	*C. Correns, E. Baur:* Plasmatische Vererbung.
1909	*W. Johannsen:* Unterscheidung von Phänotypus und Genotypus.
1909	*A. Keith, Lucas:* »Alles-oder-Nichts«-Aktivität der Muskeln.
1910	*P. Boysen-Jensen:* Nachweis von Pflanzenhormonen.
1910	*T. H. Morgan:* Endgültige Formulierung der Gentheorie. Aufklärung des Mechanismus der Genverteilung während der Meiose.
1911	*C. Funk:* Isolierung und Kristallisierung des Vitamins B 1; Vitamin als Begriff.
1912f	*T. L. Thunberg, H. Wieland:* Dehydrogenasen (H-übertragende Enzyme). Nobelpreis 1927.
1912/17	*F. Gudernatsch:* Entfernung der Schilddrüse bei Kaulquappen verhindert deren Metamorphose.
1913	*R. Willstätter:* Aufklärung der chemischen Struktur des Chlorophylls. Nobelpreis 1915.
1913	*A. H. Sturtevant:* Aufstellung der ersten Chromosomenkarte.
1913	*L. Michaelis, M. L. Menten:* Erklärung der Enzymwirkung durch Annahme einer intermediären Enzym-Substrat-Verbindung.
1913	*E. Fauré-Fremiet:* Versuche zur chemischen Differenzierung eines Spulwurmeies, Begründung der chemischen Embryologie.
1914	*E. C. Kendall:* Hormon der Schilddrüse (Thyroxin).
1914	*O. Warburg:* Entdeckung des ersten Atmungsfermentes.
1915	*T. H. Morgan, A. H. Sturtevant, C. B. Bridges, H. J. Muller:* Schrift über den »Mechanismus der Mendelschen Vererbung«.
1916	*A. Krogh:* Selbständige Kontraktionsfähigkeit der Arterien.
1917	*F. H. d'Hérelle:* Viren, die Bakterien infizieren (Bakteriophagen).
1917	*A. B. Macallum:* Die Niere reguliert auch den osmotischen Druck des Blutes.
1918/20	*O. Meyerhof:* Zellatmung und Muskelkontraktion (Glykogen/Milchsäure-Stoffwechsel).
1920f	*A. V. Hill:* Messung der Wärmeproduktion des Muskels. Nobelpreis 1922.
1921	*O. Loewi:* Überträgersubstanzen nervöser Impulse vom Nerv auf Effektoren. Nobelpreis 1936.
1921 f	*O. Warburg:* Atmungsfermente der Zelle enthalten Eisen als Sauerstoffträger in derselben Weise wie Hämoglobin.
1921	*H. Spemann:* Die Region um den Urmund der Amphibienembryonen wirkt als gestaltbildender Organisator.
1921/26	*H. M. Evans, P. E. Smith, J. A. Long:* Hormone des Hypophysenvorderlappens beeinflussen die Geschlechtsorgane und andere Drüsen innerer Sekretion.
1922	*P. Weiss:* Beziehungen zwischen Endorganen und den sie innervierenden Neuronen. Theorie der biochemischen Spezifität der Endorgane.
1922	*F. G. Banting, C. H. Best, J. J. Macleod:* Isolierung von Insulin; dessen Verwendung zur Kontrolle des Kohlenhydratstoffwechsels.
1922	*St. Kopeč:* Verpuppung von Insekten wird durch ein Hormon reguliert.
1922	*O. Warburg, E. Negelein:* Untersuchungen, wieviele Lichtquanten eine grüne Pflanze für die Photosynthese eines Moleküls Kohlendioxid absorbieren muß.
1923	*K. v. Frisch:* Soziale Verständigung der Bienen (»Bienensprache«).
1924	*R. Feulgen:* Spezifische Färbemethode für Desoxyribonucleinsäure.
1924	*R. Magnus:* Analyse der Reflexe, die die Körperstellung kontrollieren.
1924	*H. S. Gasser, J. Erlanger:* Weiterleitung von Impulsen in Nerven. Zusammenhang zwischen Faserdicke und Leitgeschwindigkeit. Nobelpreis 1944.
1924	*H. Berger:* Spontane, rhythmische Aktivität des Gehirns (Gehirnwellen, Elektroencephalogramm: Abk. EEG).
1924	*J. Huxley:* Gesetz des relativ verschiedenartigen Wachstums (Allometrie).
1925	*D. Keilin:* Cytochromsystem (Atmungsfermente).
1925	*W. Vogt:* Vitalfärbung erlaubt Einblicke in Entwicklungsabläufe.

Jahr	*Forscher:* Entdeckung bzw. Erforschung
1925/28	*J. Barcroft:* Funktion von Hämoglobin und die Rolle der Milz bei der Blutversorgung.
1926	*J. B. Sumner:* Erstmalige Kristallisierung eines Enzyms (Urease).
1926	*A. V. Hill:* Messung der Wärmeproduktion der Nerven.
1927	*A. Windaus:* Vitamin D entsteht durch Bestrahlung des Provitamins Ergosterin; Struktur von Vitamin D. Nobelpreis 1928.
1927 f	*C. Heymans:* Chemorezeptoren in der Halsschlagader, die die chemische Zusammensetzung des Blutes an das Atmungszentrum im Gehirn melden und so die Atmung regulieren.
1927	*L. Stadler:* Künstliche Erzeugung von Mutationen durch Röntgenbestrahlung.
1927	*A. v. Szent-Györgyi, J. L. Svirbeli:* Identifizierung von Vitamin C als Askorbinsäure. Nobelpreis 1937.
1928	*H. v. Euler-Chelpin:* Reindarstellung von Carotin und Identifizierung als Provitamin A. Nobelpreis 1929.
1928	*K. Lohmann:* Adenosintriphosphat (ATP) in Muskeln.
1928	*J. B. S. Haldane:* Entstehung des Lebens auf chemischer Grundlage.
1929	*E. Lundsgaard:* Muskelkontraktion auch ohne Bildung von Milchsäure möglich.
1929	*H. Fischer:* Synthese von Haemin, Bestandteil des Hämoglobins.
1929 f	*A. Butenandt:* Reindarstellung des Geschlechtshormons Oestron. Nobelpreis 1939.
1929	*E. D. Adrian, D. W. Bronk:* Messung des Aktionspotentials einzelner Nervenfasern.
1929	*A. Fleming:* Bakterizide Wirkung des Schimmelpilzes Penicillium.
1930	*L. Stadler:* Bestimmung der Mutationsrate verschiedener Gene.
1930	*C. B. van Niel:* Photosynthese der Schwefelbakterien. Assimilationsprozeß der autotrophen Lebewesen.
1930	*W. R. Hess:* Lokalisierung der Steuerung von Verhaltensweisen im Gehirn. Funktion des Zwischenhirnes als Koordinator der Aktivität innerer Organe.
1931/35	*F. Kögl:* Isolierung von Auxinen (Pflanzenwuchsstoffen) aus dem Harn von Tieren.
1931	*W. T. Astbury:* Struktur von Eiweißstoffen mittels Röntgenstrahlen.
1931	*A. Butenandt:* Isolierung des männlichen Geschlechtshormons Androsteron.
1931	*P. Karrer:* Chemische Struktur des Vitamins A. Synthese von Riboflavin (Vitamin B-Komplex). Nobelpreis 1937.
1932	*M. Knoll, E. Ruska, E. Brüche:* Erste Konstruktion eines Elektronenmikroskops.
1932	*O. Warburg, W. Christian:* Isolierung des gelben Atmungsfermentes aus Hefe.
1933	*E. Hetz, E. Baur:* Riesenchromosomen in den Speicheldrüsen von Insekten.
1933	*G. v. Hevesy:* Radioaktive Isotope in die Biologie eingeführt.
1933/34	*H. Spemann, J. Needham:* Zellfreie Extrakte der Organisator-Region tierischer Embryonen bewahren ihre Induktionsfähigkeit.
1934	*H. H. Dale:* Übertragung nervöser Impulse an den Synapsen der meisten Fasern des vegetativen Nervensystems und an deren motorischer Endorgane durch Azetylcholin. Cholinergische und adrenergische Fasern. Nobelpreis 1936.
1934	*J. Hämmerling:* Regenerationsversuche an Algen zeigen die Bedeutung des Kerns für den geordneten Ablauf aller Zellprozesse.
1934	*H. Theorell:* Reindarstellung des gelben Atmungsfermentes und dessen Resynthese aus der prosthetischen Gruppe und dem Protein. Nobelpreis 1955.
1934	*R. R. Bensley, N. L. Hoerr:* Isolierung von Mitochondrien aus dem Zellplasma.
1935	*A. Kühn:* Wirkung von Genen durch Vermittlung chemischer Substanzen auf den Organismus.
1935	*R. Schönheimer, D. Rittenberg:* Einführung der Isotopenmethode in die Stoffwechselforschung.
1935	*K. Lorenz:* Begründung der modernen Verhaltensforschung der Tiere.
1935/39	*H. Dam, E. A. Doisy:* Vitamin K isoliert und als Blutgerinnungsfaktor erkannt. Nobelpreis 1943.
1936	*T. Caspersson:* Verwendung der Absorptionsspektren nucleinsäurehaltiger Zellstrukturen zum Studium ihres chemischen Baus.
1937	*A. F. Blakeslee, O. T. Avera:* Entdeckung chemischer Mutagene.
1937	*C. F. Cori, G. T. Cori:* Aufklärung des Mechanismus der Glykogensynthese.
1937	*K. Lohmann, Ph. Schuster:* Vitamine als prosthetische Gruppen in Enzymsystemen.
1937	*H. Krebs:* Citronensäurecyclus (= Krebs-Zyklus).
1938	*R. Hill:* Isolierte Chloroplasten erzeugen bei Belichtung Sauerstoff (Hill-Reaktion).
1938	*A. Frey-Wyssling:* Haftpunkttheorie des Grundzytoplasmas.
1938	*A. V. Hill:* Beziehungen zwischen Spannung, Verkürzungsgeschwindigkeit und Wärmeproduktion des Muskels.
1938 f	*J. Brachet:* Ribonucleinsäure konzentriert sich in tierischen Embryonen in Regionen hoher gestaltbildender Aktivität.
1938	*M. v. Ardenne:* Erster Bericht über ein Raster-Elektronenmikroskop.
1939	*W. M. Stanley:* Das auskristallisierte Tabakmosaikvirus behält seine Infektionsfähigkeit.
1939	*E. Lehmann:* Annahme der Existenz von Plasmagenen.
1939 ff	*V. A. Engelhardt, M. N. Ljubimova:* »Myosin-Periode« der Muskelforschung (Myosin ist mit dem Enzym verknüpft, das ATP abbaut).
1939	Die Firma Siemens & Halske bringt das erste Elektronenmikroskop in den Handel.
1940	*K. Landsteiner, A. S. Wiener:* Entdeckung des Rhesus-Faktors im Blut. Nobelpreis 1930.
1940	*A. Claude:* Entdeckung der Mikrosomen in den Zellen.
1941	*G. W. Beadle, E. L. Tatum:* Beginn der Neurospora-Genetik. (Verwendung von Mikroorganismen zur Aufklärung der Beziehung zwischen Genen und Enzymen.)
1941	*S. Ruben, A. P. Vinogradow:* Herkunft des von den Pflanzen bei der Photosynthese ausgeatmeten Sauerstoffs aus dem Wasser, nicht aus dem Kohlendioxid.

Jahr	*Forscher:* Entdeckung bzw. Erforschung
1942	*A. v. Szent-Györgyi:* Actomyosin aus dem Muskel kann auch außerhalb des lebenden Muskels durch Hinzufügen von ATP zur Kontraktion gebracht werden.
1942/45	*M. Delbrück, S. E. Luria, A. D. Hershey:* Mutationen und genetische Fortpflanzungsmechanismus bei Bakteriophagen.
1944	*E. L. Tatum, P. Gray:* Erzeugung biochemischer Mutanten bei Bakterien.
1944	*O. T. Avery. C. M. MacLeod, M. McCarty:* Die aus Bakterien gewonnene, chemisch gereinigte Nucleinsäure kann in anderen Bakterien vererbbare Änderungen induzieren.
1944	*H. M. Evans, C. H. Li:* Reindarstellung des Wachstumshormons der Hypophyse.
1945	*W. H. Price, C. F. Cori, S. P. Colowick:* Phosphorylierung von Glukose durch das Hormon Insulin.
1945	*F. Lipmann:* Coenzym A als Vermittler zwischen Kohlenhydratstoffwechsel und Fettstoffwechsel.
1946	*T. M. Sonneborn, G. H. Beale:* Bildung von Antigenen beim Pantoffeltierchen. Plasmatische Vererbung.
1947	*J. Lederberg, E. L. Tatum:* Geschlechtliche Fortpflanzung bei Bakterien.
1947	*M. Delbrück, A. D. Hershey, S. E. Luria:* Entdeckung geschlechtlicher Fortpflanzung bei Bakteriophagen.
1949	*A. L. Hodgkin, A. F. Huxley, B. Katz:* Neue Fassung der Ionentheorie zur Erklärung der Impulsweiterleitung von Nervenfasern. Nobelpreis 1963.
1950	*L. Pauling, R. B. Corey:* Prinzipielle (Helix-)Struktur von Proteinmolekülen.
1953	*F. Sanger:* Vollständige Analyse der chemischen Struktur des Insulins.
1954	*J. D. Watson, F. H. C. Crick:* Chemische Struktur der Nucleinsäure (Doppel-Helix). Nobelpreis 1962.
1958	*K. Bloch, F. Lynen:* Auffindung des aktiven Isoprens; Beginn der Aufklärung des Mechanismus und der Regulation der Cholesterinsynthese.
1959	*G. M. Edelman, R. R. Porter:* Beginn der Aufklärung von Natur und Wirkungsweise von Antikörpern (Immunkörper).
1960	*R. B. Woodward:* Totalsynthese des Chlorophylls.
1960	*J. C. Kendrew, M. F. Perutz:* Erste Aufklärung dreidimensionaler Proteinstrukturen (Hämoglobin, Myoglobin).
1961	*F. Jacob, A. Lwoff, J. Monod:* Theorie zur Steuerung der Genaktivität durch Regulationsgene.
1961	*M. W. Nirenberg, S. Ochoa:* Entzifferung des Basencodes der Nucleinsäuren.
1963	*M. Changeux, F. Jacob, J. Monod:* Allosterische Hemmung von Enzymen und ihrer Bedeutung für die »Rückkopplungshemmung« von längeren Stoffwechselketten.
1964	*E. W. Sutherland:* Nachweis des cyclischen Adenosinmonophosphats auch bei Bakterien im Ausbau der von ihm aufgestellten Theorie von dessen zentralen Mittlerfunktion.
1965	*R. W. Holley:* Erste Ermittlung der Basensequenz einer Nucleinsäure. Erstes Raummodell eines Enzyms (Lysozym). Cambridge Scientific Instruments bringt das erste serienmäßige Raster-Elektronenmikroskop in den Handel
1966	*H. G. Khorane, M. W. Nirenberg:* Aufstellung des vollständigen Code-Katalogs der Genwirkung. (Entzifferung des Genetischen Codes.)
1967	*R. Granit, H. K. Hartline, G. Wald:* Würdigung der ca. 40jährigen grundlegenden Untersuchungen über die mit dem Sehvorgang verbundenen Primärprozesse im Auge, vor allem beim Farbensehen, durch Verleihung des Nobelpreises.
1973	*K. v. Frisch, K. Lorenz, N. Tinbergen:* Würdigung der ca. 40jährigen Arbeiten, durch die die Ansätze O. Heinroths zu einem klar umrissenen Teilgebiet der Biologie, der Verhaltensforschung ausgebaut wurden, durch Verleihung des Nobelpreises.
1970	*G. Khorana:* erste Vollsynthese eines künstlichen Gens bei Bakterien.
1974	*A. Claude, E. Palade, C. de Duve, P. Flory:* Würdigung etwa 35jähriger fundamentaler Arbeiten über Struktur und Funktion der Zelle und ihrer elektronenmikroskopischen Darstellung durch Verleihung des Nobelpreises.
1975	Verschiedene erfolgreiche Versuche zur Verpflanzung und Synthese von Genen (»genetische Manipulation«).
1976	*H. Boyer:* gelungene Übertragung eines synthetisierten (künstlichen) Gens in Bakterien zur Erzeugung des Wachstumshormons Somatotropin.
1977	*I. Prigogine:* die Theorie der »dissaptiven Strukturen« über die Selbstorganisierung anorganischer und lebender Systeme wird gewürdigt durch die Verleihung des Nobelpreises.
1978	*W. Arber, H. O. Smith, D. Nathans:* Nachweis von Restriktionsenzymen in Bakterienzellen, die in der Lage sind, das Erbgut (DNA) eingedrungener Viren zu zerstören; Würdigung dieser Arbeit durch den Nobelpreis.

Daten und Fakten in Tabelle und Bild

Allgemeine Biologie

Hierarchie der Systematik (= Taxonomie) im Tier- und Pflanzenreich

Die Systematik fußt auf natürlichen, stammesgeschichtlichen Verwandtschaften, die verständlicherweise noch nicht in allen Einzelheiten geklärt sind und stets durch Ergebnisse neuer Forschungen Umwandlungen erfahren können, aber im großen und ganzen bereits ein getreues Abbild der Evolution widerspiegeln. Im Tierreich sind die Verhältnisse wegen der Verschiedenheit der Baupläne und -typen besser geklärt als im Pflanzenreich. Als Beispiele dienen hier die Hausstechmücke und die Hundsrose.

Reich, Regnum	Tiere		Pflanzen	
Unterreich, Subregnum	Vielzeller	Metazoa	Gefäßpflanzen	Cormophyta
Abteilung, Divisio	eigentliche Vielzeller	Eumetazoa	Samenpflanzen	Spermatophyta
Unterabteilung, Subdivisio		Bilateria	Bedecktsamer	Angiospermae
Stamm, Phylum	Gliederfüßer	Arthropoda		
Unterstamm, Subphylum	Tracheenatmer	Tracheata**		
Klasse, Classis	Insekten	Insecta	Zweikeimblättrige	Dicotyledoneae
Ordnung*, Ordo	Zweiflügler	Diptera	Rosenartige	Rosales
Unterordnung, Subordo	Mücken	Nematocera		
Familie, Familia	Stechmücken	Culicidae	Rosengewächse	Rosaceae
Unterfamilie, Subfamilia	Echte Stechmücken	Culicinae		
Gattung, Genus	Stechmücke	Culex	Rose	Rosa
Art, Species	Hausstechmücke	Culex pipiens	Hundsrose	Rosa canina
*bei Pflanzen oft Reihe		**auch Antennata		

Abstammungslehre (B →S. 40f.)

Wertlos für die Klärung stammesgeschichtlicher Zusammenhänge ist ein Vorhandensein ähnlicher Funktionsgestalten, analoger Organe also, in verschiedenen Tiergruppen. Diese Erscheinungen nennt man Konvergenz bzw. Parallelentwicklung, wenn die Tiere weitläufig verwandt sind.

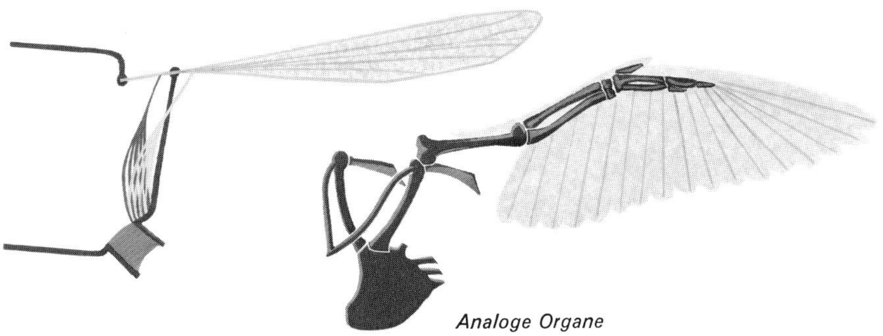

Analoge Organe

Physiologie

Enzyme

Enzyme (grch.), Fermente, Biokatalysatoren, Proteinkatalysatoren, durch deren Wirkung die gesamten chemischen Umwandlungen, der gesamte Stoffwechsel also, im Organismus ermöglicht werden. Diese biologischen Katalysatoren unterscheiden sich von den nichtbiologischen durch ihre hohe Spezifität: Fast für jede Reaktion haben die Zellen eines Organismus ein besonderes Enzym. Man kennt heute ca. 700 Enzyme; ihre Zahl ist sicher noch weit größer als das 10fache. Der besonderen Funktion der einzelnen Organe entsprechend ist die Enzymausstattung ihrer Zellen unterschiedlich, und auch in ähnlichen Zellen verschiedener Tierarten sind die Enzyme verschieden. Fast das gesamte Nicht-Struktureiweiß in einem Organismus ist Enzymeiweiß. Die Enzyme werden eingeteilt nach den katalysierten Reaktionen; im Verhältnis zu der Vielfalt der chemischen Umwandlungen gibt es nur wenige Reaktionstypen. Die Enzyme haben sogenannte aktive Zentren, die sich mit dem Substrat verbinden, das verändert werden soll. Dieses Zentrum kann auch eine Nichteiweißgruppe sein (prothetische Gruppe), z. B. ein Vitamin. Beispiel einer enzymkatalysierten Reaktion: Die Gruppe X einer Verbindung A soll auf eine Verbindung B übertragen werden:

$$
\begin{array}{lclcl}
AX & + E & \rightarrow & EXA & \\
EXA & & \rightarrow & EX & + A \\
EX & + B & \rightarrow & EXB & \\
EXB & & \rightarrow & BX & + E \\
\hline
AX & + B & \rightarrow & BX & + A
\end{array}
$$

Das Enzym geht aus der Reaktion unverändert hervor. Die Wirkung der Enzyme ist abhängig von der Temperatur, dem pH-Wert in der Zelle, der Substratkonzentration, dem Vorhandensein von Aktivatoren und dem Fehlen von Hemmstoffen.

Einteilung der Enzyme

Altbekannte Enzyme haben sogenannte Trivialnamen (Trypsin, Pepsin, Emulsin). Später hat man die Namen systematisch gebildet unter Verwendung der Nachsilbe -ase. Will man eine Gruppe von Fermenten mit bestimmter Wirkung kennzeichnen, dann wird die Endung an die Bezeichnung der Reaktion angehängt: Dehydrierende Enzyme heißen z. B. Dehydrogenasen, gruppenübertragende Transferasen. Nach internationaler Vereinbarung unterscheidet man 6 Hauptklassen von Enzymen.

Hauptklasse	Untergruppe	Beispiel
1. Oxidoreduktasen	Auf > CH-OH wirkend	Alkohol-Dehydrogenase, Glucose-Oxydase
	Auf Aldehyde wirkend	Xanthin-Oxydase
	Auf > CH-CH-Gruppen wirkend	Dihydrouracil-Dehydrogenase
	Auf > CH-NH-Gruppen wirkend	Aminosäure-Oxydasen
2. Transferasen	C_1-Gruppen übertragend	Guanidinoacetat-Methyl-Transferase, Ornithin-Carbamyl-Transferase
	Acyltransferasen	Cholin-Acetyl-Transferase
	Glycosyltransferasen	
	N-haltige Gruppen übertragend	Transaminasen
3. Hydrolasen	Esterbindungen spaltend	Esterasen, Lipase, Phosphatasen
	Glycoside spaltend	Amylase, β-Glycosidase, Nucleosidase
	Peptidbindungen spaltend	Carboxypeptidasen, Pepsin, Trypsin, Chymotrypsin
4. Lyasen	C-C-Lyasen	Pyruvat-Decarboxylase, Aldolase
	C-O-Lyasen	Fumarasse
	C-N-Lyasen	Histidase
5. Isomerasen	Racemasen und Epimerasen	Ribulose-5-phosphat-Epimerase
	Cis-trans-Isomerasen	Maleyl-acetoacetat-Isomerase
	Intramolekulare Oxidoreduktasen	Glucosephosphat-Isomerase
	Intramolekulare Transferasen	Methylmalonyl-CoA-Mutase
6. Ligasen	C-O-Bindungen knüpfend	Aminosäureaktivierende Enzyme
	C-N-Bindungen knüpfend	Glutamin-Synthetase, Peptid-Synthetase
	C-C-Bindungen knüpfend	Acetyl-CoA-Carboxylase

Regelkreis

In der Biologie, ob bei Tieren oder Pflanzen, hat jeder Organismus ein selbsttätig arbeitendes System zur Steuerung von Zuständen und Vorgängen, hier erläutert am Beispiel der Aufrechterhaltung der Körpertemperatur bei Warmblütern. Dabei werden ändernde Einflüsse durch Gegenaktionen aufgehoben. Mit einem Temperatursinnesorgan (Fühler) wird die Bluttemperatur (Regelgröße) gemessen. Der Fühler ist auf eine bestimmte Höhe der Bluttemperatur »geeicht« und gibt, falls sie vorhanden ist, keine Nachricht. Jede Abweichung der Temperatur vom Eichwert des Fühlers (Störgröße), etwa eine Erhitzung des Körpers durch zu schnelles Laufen, mißt der Fühler und teilt sie als Nervenerregung einem Zentrum, dem Regler, mit. Da auf Erwärmung als Gegenreaktion Abkühlung erfolgen muß, aus der positiven Nachricht »zu warm« die negative Nachricht »abkühlen« entstehen muß, wird das einlaufende Signal im Vorzeichen umgekehrt (negative Rückkopplung) und zu einem Abkühlungsmechanismus (Stellglied) weitergeleitet. Dort erfolgt Abkühlung bis zum Eichwert des Fühlers, der hier dem Sollwert entspricht. Regelkreise dieser Art sind starr und deshalb zur Steuerung vieler Zustände im Organismus nicht einsetzbar. Sie erhalten Plastizität durch Überlagerung einer variablen Führungsgröße. Sie fließt von der negativen Rückkopplung in den Regelkreis ein und verändert den Sollwert, der jetzt nicht mehr der Eichung des Fühlers entspricht. Ist z. B. der Fühler auf 37°C geeicht, und das Blut hat diese Temperatur, meldet der Fühler nichts, d. h. null. Fließt durch die Führungsgröße der Wert +2 ein, kehrt die negative Rückkopplung ihn zu –2 um, und die Abkühlung erfolgt auf 35°C, den neuen Sollwert. Jetzt meldet der Fühler –2. Dem überlagert sich die Führungsgröße +2 zu null. Regelkreise mit Führungsgröße steuern die zu Körperbewegungen führenden Muskelkontraktionen. Ein anderes Regelbeispiel dieser Art sind Weiten und Verengen der Pupille je nach Lichthelligkeit.

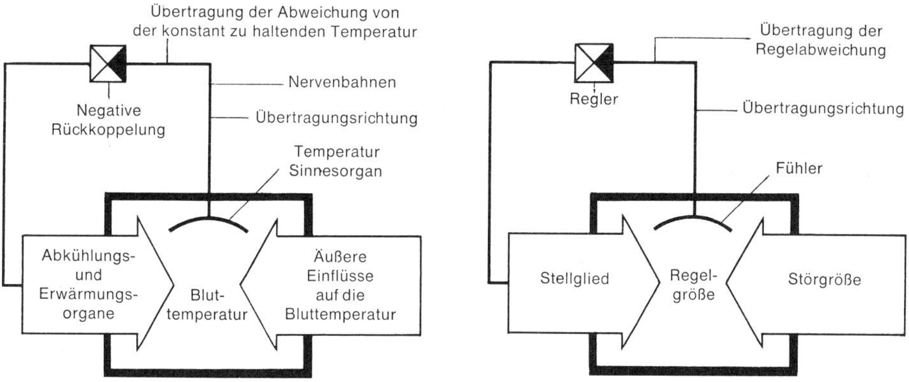

Regelkreis: Zusammenspiel verschiedener physiologischer Faktoren

Untere Temperaturgrenzen des Lebens

Art	Temperatur	Verhalten
Rotatorien, Nematoden, Tardigraden	– 271 °C	In flüssigem Helium überleben eingetrocknet mehrere Stunden
Bakterien	– 252 °C	Überleben
Staphylokokken	– 190 °C	In flüssiger Luft. Die Zahl der lebenden Bakterien blieb 125 Tage unverändert
Bakterien, Diatomeen, Samenzellen	– 190	Überstehen
Weinbergschnecke, *Helix Pomatia*	– 110 bis –120 °C	Nach mehrtägiger Einwirkung wiederbelebbar
Blaualgen: *Oscillatoria*	– 65 °C	Stirbt
Saxifraga dizoides	– 22	Übersteht
Blasentang, *Fucus vesiculosus*	– 18 bis – 20 °C	Lebt nach 10 Stunden
Fische	– 20 °C	Nicht wiederbelebbar.
Fische	– 8 bis – 15 °C	Festgefroren gewesen, wiederbelebbar
Wasserwanzen: *Nepa cinerea, Notonecta glauca*	– 12 bis –18 °C	Überstehen lang dauernde Einwirkung
Frösche, Schlangen, Krebse	– 10 °C	Unterkühlung, ohne Gefrieren, hat keine schädlichen Folgen
Escherichia coli	– 10 °C	Festgefroren, praktisch vernichtet
Frösche	– 6 bis –15 °C	Überstehen 1 Stunde
Rochen, *Raja ocellata*	– 1,9 °C	Lebt nach 4 Stunden
	– 1,9 °C	Tot nach 14 Stunden

Temperaturgrenzen

Art	Temperatur	Verhalten
Seeskorpion, *Myoxocephalus greenlandicus*	–1,9 °C	Tot nach 2 Stunden
Amerikanische Scholle, *Pseudopleuronectes americanus*	–1,9 °C	Tot nach 1 Stunde
Leopardfrosch, *Rana pipiens*	–0,44 °C	Gefrierpunkt
Leopardfrosch, *Rana pipiens*	–1,0 °C	Wird überlebt
Leopardfrosch, *Rana pipiens*	–1,8 °C	Wird nicht überlebt
Leopardfrosch, *Rana pipeins*	–2,5 °C	Vom Herz überstanden
Leopardfrosch, *Rana pipiens*	–3,0 °C	Herz wird getötet
Zitterwels, *Malapterurus electricus*	+12 °C	Reflektorische Tätigkeit erlischt
Zitterwels	+10 °C	Atmungsstillstand
Katze	+16 °C	Wiederbelebbar
Affe, *Macacus*	+12,5 °C	Stirbt

Obere Temperaturgrenzen des Lebens

Art	Temperatur	Verhalten
Thermophile Bakterien	100 °C	Lebensdauer bis 788 min
Thermophile Bakterien	140 °C	Lebensdauer bis 0,9 min
Ceramium tenuissimum	28 °C	Lebensdauer bis 340 min
Ceramium tenuissimum	38 °C	Lebensdauer bis 10 min
Gerste, *Hordeum* Samen	55 °C	Lebensdauer bis 70 min
Gerste, *Hordeum* Samen	70 °C	Lebensdauer bis 2 min
Sonnenblume, *Helianthus annuus* Samen	140 °C	Nach 15 Minuten noch keimfähig
Geißeltiere, *Flagellata*	70 °C	Wurde nach jahrelanger Vorgewöhnung ertragen
Trompetentierchen, *Stentor*	44—50 °C	Wärmestarre, langsam erwärmt
Wechseltierchen, *Amoeba*	40—45 °C	Todestemperatur
Hohltiere, *Coelenterata*		
Chrysaora, Rhizostoma	28—32 °C	Wärmelähmung
Rhizostoma pulmo	40 °C	Todestemperatur
Tubularia crocea	25 °C	Lebensdauer bis 70 min
Rotatorien, Tardigraden	150 °C	Wird eingetrocknet kurze Zeit ertragen
Gliederfüßer, *Arthropoda*		
Ostseegarnele, *Palaemon squilla*	26 °C	Todestemperatur bei plötzlicher Einwirkung
Ostseegarnele, *Palaemon squilla*	39 °C	Todestemperatur
Wasserfloh, *Daphnia magna*	35 °C	Lebensdauer 27,8 min
Wasserfloh, *Daphnia magna*	40 °C	Lebensdauer 1,1 min
Taufliege, *Drosophila* Imago	10 °C	Lebensdauer 120,5 Tage
Taufliege, *Drosophila* Imago	30 °C	Lebensdauer 13,6 Tage
Taufliege, *Drosophila* Imago	31,5 °C	Lebensdauer 6,87 Tage
Taufliege, *Drosophila* Imago	37,5 °C	Lebensdauer 0,032 Tage
Krake, *Octopus*	36 °C	Todestemperatur
Weinbergschnecke, *Helix*	50,5 °C	Todestemperatur
Manteltier, *Salpa africana*	38 °C	Todestemperatur

Lebewesen heißer Quellen

Art	Durchschnittliche Temperatur	Ort
Bakterien		
Chroococcus	51 bis 57 °C	Bentons heiße Quellen, Californien
Protococcus	90 °C	Geysers, Lake County, Cal.
Arabacna thermalis	57 °C	Dax, warme Quelle
Leptothrix	44 bis 54 °C	Karlsbad, Quelle
Blaualgen		
Oscillatoria spec.	54 bis 68 °C	Yellowstone National Park
Oscillatoria spec.	57 °C	Algier, Constantine
Oscillatoria spec.	60 bis 65 °C	Geysers, Lake County, Cal.
Oscillatoria spec.	60 bis 65 °C	Heiße Quellen, Arkansas
Oscillatoria spec.	75,5 °C	Himalaya, heiße Quelle
Oscillatoria spec.	60 °C	Ischia, heiße Quelle
Oscillatoria spec.	98 °C	Island, heiße Quelle
Schnecke, *Paludina*	98 °C	Albano, Padua
Älchen, *Anguillulidae*	81 °C	Ischia, heiße Quelle
Waffenfliege, *Stratiomys*, Larve	69 °C	Heiße Quelle, Gunneson County, Colorado

Genetik ([B] →S. 37, 44f.)

→S. 37, 44f.

Einteilung der Variationen (Grundbegriffe →S. 36)

Nicht erbliche Variationen	Erbliche Variationen		
Modifikationen (Para-Variationen) sind phänotypische Veränderungen des Individiums, die 1. nur auf eine Generation beschränkt sein können 2. abklingend in mehreren Generationen auftreten (Dauermodifikationen)	*Kombinationen* sind die Ergebnisse von Kreuzungen verschiedener Geno-Typen	*Summationen* sind die Folge von Heraufsetzung oder Herabsetzung der Chromosomen-Zahl oder Länge	*Mutationen* (Idiovariationen) sind Folgeerscheinungen quantitativer oder qualitativer Veränderungen von Chromosomen oder Genen

Menschliche Erbcharaktere

Erbgang von Rassen- und nicht pathologischen individuellen Merkmalen

Organ	Merkmal	Erbgang
Haut	Pigmentierung,	Dunkel > hell. Polymer bedingt. Mindestens 2 Faktoren für braunes, 1 Faktor für gelbes Pigment
	Scheckung, Albinismus (Teilalbinismus)	Dominant > einfarbig. Bei Negern häufiger
	Mongolenfleck	Rezessiv
	Papillarleisten	Sicher erblich bedingt. Identisch bei eineiigen Zwillingen
Haar	Pigmentierung	Dunkel > hell. Mindestens 2 Faktorenpaare für dunkle Haare, von denen der eine wahrscheinlich geschlechtsgebunden ist
	Weiße Stirnlocke	Dominant; in einer Familie nur bei den Männern auftretend
	Haarform	Mindestens 2 Faktorenpaare. cc ss = schlichtes Haar, cC ss = welliges Haar, CC SS = engstes Kraushaar
Auge	Pigmentierung der Iris	Dunkel > hell. Mindestens 2 Faktorenpaare für braune Augen, von denen der eine wahrscheinlich geschlechtsgebunden ist
	Heterochromie	Rezessiv, aber nicht ganz geklärt, bisweilen auch dominant
	(Schiefstellung der Lidspalte)	Gerade — schief (untersucht bei Bastarden von Hottentotten und Europäern)
	Mongolenfalte	Falte scheint dominant
	Epicanthus (häufiger Zusammenhang von Ober- und Unterlid)	Dominant
Ohr	Eindellung des Ohrrandes	Nur bei Buschmännern, erblich
	Angewachsene Ohrlappen	Rezessiv, wahrscheinlich 1 Faktorenpaar
	Gespaltenes Ohrläppchen	Unvollständig dominant
Skelett und Körperform	Kopflänge	Polymere Faktoren. Kurzköpfig > Langköpfig. Weitgehend gemäß dem Gesamttyp beeinflußbar
Kopf	Nasenform	Mindestens 4 Faktoren
	Progenie (Habsburger-Typus)	Dominant
	Körpergröße	Polymere Faktoren
Blut	Serum-Reaktionen	3 Blutgruppen
Physiologisches	Eineiige Zwillingsgeburten	Vererbung der Anlage unwahrscheinlich. Familiäre Häufung nach Weinberg nicht nachweisbar
	Mehreiige Zwillingsgeburten	Die Erwartung der Häufigkeit von Zwillingsgeburten wird von ungleichgeschlechtlichen Zwillingen um das 2–3-fache übertroffen
Geistige Eigenschaften	Erfindergabe	Erfindergeschlecht Siemens: Anlage kaum dominent, eher rezessiv
	Intelligenz	intermediär (zu ca. 80%) vererbbar
	Musikalische Begabung	Beispiel: Familie Bach. – Sensorielle, synthetische, motorische, ideative Komponente. Dominanz der Begabung

Mendelsche Gesetze

Früher auch Mendelsche Regeln, die von dem tschechischen Augustinermönch Gregor Mendel (1822–1884) zuerst entdeckten, für alle geschlechtlichen Fortpflanzungsvorgänge geltenden Vererbungsgesetze.

1. Mendelsches Gesetz = Uniformitätsgesetz: Kreuzt man 2 in einem Erbmerkmal voneinander verschiedene reine Rassen, die Eltern-(Parental-)Generation (P), miteinander, so sind die Nachkommen (Bastarde) in der 1. Tochter-(Filial-)Generation (F_1) unter sich alle gleich (uniform), wobei es gleichgültig ist, welche Rasse die männliche oder weiblichen Eltern stellt. Bei dominant-rezessivem Erbgang gleichen die F_1-Individuen im Erscheinungsbild (Phänotyp) alle dem Elternteil mit dem dominanten Erbmerkmal – bei intermediärem Erbgang stehen die F_1-Individuen erscheinungsbildlich zwischen beiden Eltern (z. B. P: Blütenfarbe einer Primel weiß und rot, F_1: rosa).

2. Mendelsches Gesetz = Spaltungsgesetz: Kreuzt man die Individuen der F_2-Generation untereinander, so spaltet die 2. Bastardgeneration (F_2) bei dominant-rezessivem Erbgang im Verhältnis von 3:1 (75% Träger des dominanten und 25% Träger des rezessiven Erbmerkmals) und bei intermediärem Erbgang im Verhältnis von 1:2:1 auf (je 25% gleichen den beiden Großeltern und 50% den Eltern, also z. B. 25% weiße, 50% rosa und 25% rote Blütenfarbe bei Primeln).

3. Mendelsches Gesetz = Unabhängigkeitsgesetz, auch Gesetz von der Neukombination der Erbfaktoren (Gene): Kreuzt man Rassen, die sich in mehreren Merkmalspaaren voneinander unterscheiden, so treten in den Bastardgenerationen neue Zusammenstellungen von Merkmalen in jeweils bestimmten Häufigkeiten auf. Hieraus ergibt sich, daß die einzelnen Erbfaktoren unabhängig voneinander vererbt werden.

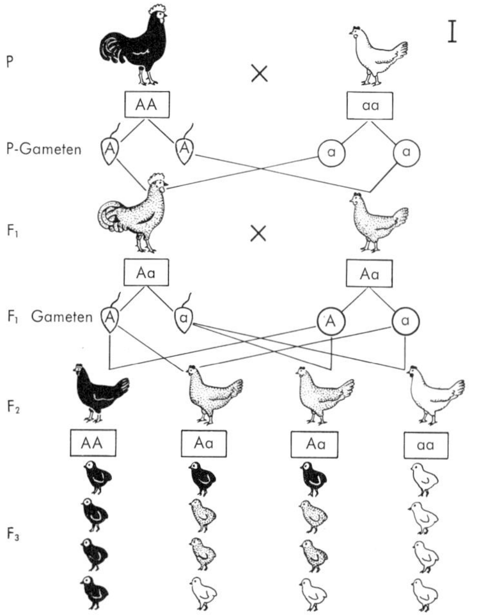

Kreuzung einer schwarzen und einer weißen, fein gesprenkelten Hühnerrasse

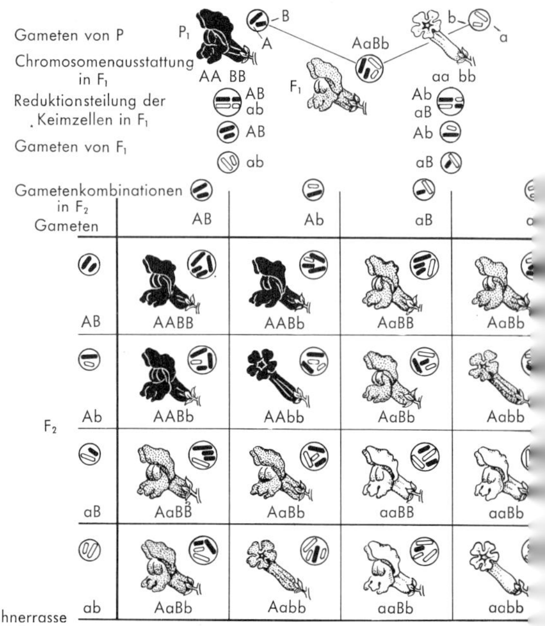

I. Intermediärer Erbgang. Die Kreuzung einer schwarzen und einer bestimmten weißen, ganz fein dunkel gesprenkelten Hühnerrasse ergibt Blaue Andalusier. Diese sind in stärkerem Maße dunkel gesprenkelt als die fast weißen Eltern (Uniformitätsgesetz). In den folgenden Generationen »mendeln« die Ausgangsrassen wieder heraus (Spaltungsgesetz)

II. Dihybride Kreuzung zweier Rassen des Löwenmäulchens (Antirrhinum majus) mit folgenden Merkmalspaaren: Blüten rot (A), Blüten elfenbeinfarbig (a); Blüten bilateral (B), Blüten radiär (b); F_1: rosa und bilateral; F_2 Beispiel für Unabhängigkeitsgesetz

Viren ([B] →auch S. 37)

Viren sind Wesen auf der Schwelle zwischen toter Materie und Pflanze bzw. Tier, ohne im eigentlichen Sinn eine Übergangsstufe zu sein. Dazu ist ihre »Lebensweise« zu sehr spezialisiert und abgeleitet. Am besten erforscht sind die Zyklen der Bakteriophagen (Bakterienfresser-Viren) an Bakterien.

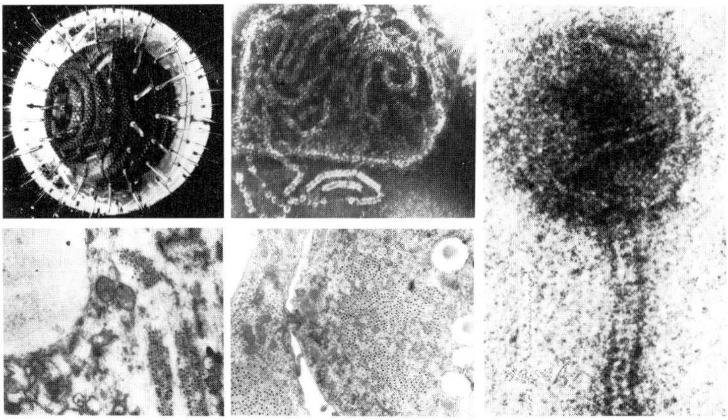

Modell eines Grippe-Virus (links oben); Echo-Virus (Typ 9), ca. 60000mal vergrößert (links unten); Mumps-Virus, innere Struktur erkennbar (Mitte oben); Reo-Virus (Meerschweinchen-Tumor, Mitte unten); Bakteriophage von Streptococcus olivaceus (rechts)

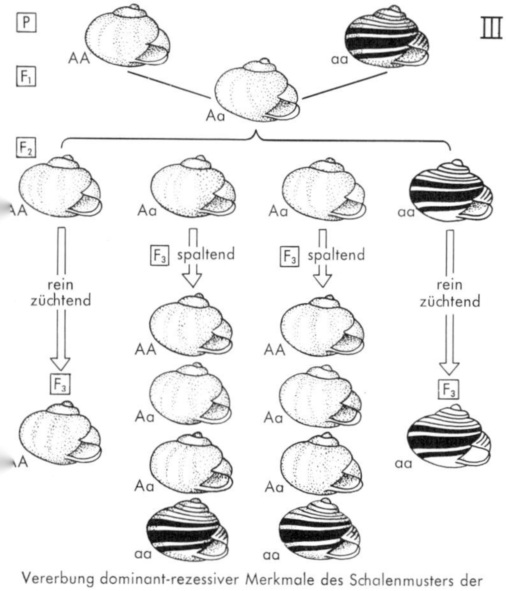

Vererbung dominant-rezessiver Merkmale des Schalenmusters der Gartenschnirkelschnecke

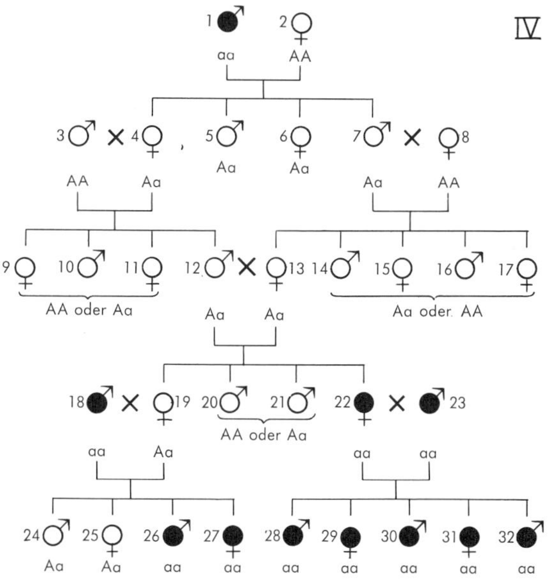

Schema des Erbgangs eines rezessiven Merkmals

III. Dominant-rezessive Vererbung des Schalenmusters der Gartenschnirkelschnecke, Cepaea hortensis (Uniformitäts- und Spaltungsgesetz)

IV. Dieses Schema zeigt ergänzend zu III. den Erbgang eines rezessiven Merkmals durch mehrere Generationen. Als Beispiel dient die Taubstummheit (rezessive Erbkrankheit des Menschen) in einer Familie. ♂ = männliche, ♀ = weibliche Individuen; weiß = Gesunde, schwarz = Kranke. Alle Heterozygoten (Aa) sind gesund und von den homozygot Gesunden (AA) nicht zu unterscheiden. Erst wenn in einem Kind die Anlagen der Erbkrankheit homozygot (aa) auftreten, kommt diese zum Ausbruch

Grundbegriffe der Genetik

Begriffe	Definition
Phänotypus	Reale Erscheinung des Individuums, abhängig von Erbanlage und Umweltfaktoren
Genotypus	Summe sämtlicher Erbanlagen, abstrakter Begriff
Variationen	Erbliche und nicht erbliche Veränderungen
Population	Eine begrenzte Anzahl, phäno- und genotypisch verschiedenartiger Individuen
Gamet	Männliche (♂) oder weibliche (♀) Keimzelle
Zygote	Das Vereinigungsprodukt einer männlichen und einer weiblichen Keimzelle.
Idioplasma	Die Erbsubstanz
Chromatin	Die färbbare Substanz des Zellkerns
Chromosomen	Kernschleifen, die Träger der Erbfaktoren
Heterochromosom	Chromosom ohne oder mit ungleichem Partner
Autosomen	Alle anderen Chromosomen
Determinant, Erbanlage	Ausdrücke, deren verschiedene Bedeutung historisch zu verstehen ist, meist synonym gebraucht werden können
Erbfaktor, Gen	Wie oben, meistens mit einer morphologischen Vorstellung (ultramikroskopischer Teil eines Chromosoms), verbunden

Naturschutz

Naturparks, Naturschutzgebiete und Nationalparks in Europa

Bundesrepublik Deutschland (K→ S. 61)

Nationalpark Bayerischer Wald (K → S. 38)
Alpen-Nationalpark Berchtesgaden/Königssee
Lauenburgische Seen
Harburger Berge
Lüneburger Heide
Südheide
Nördlicher Teutoburger Wald – Wiehengebirge
Hohe Mark
Eggegebirge und südlicher Teutoburger Wald
Solling – Vogler
Harz
Schwalm – Nette
Arnsberger Wald
Homert
Ebbegebirge
Rothaargebirge
Diemelsee
Habichtswald
Münden
Meißner, Kaufunger Wald
Nordeifel
Kottenforst
Bergisches Land
Siebengebirge
Rhein – Westerwald
Nassau
Hochtaunus
Hoher Vogelsberg
Hessische Rhön
Hessischer Spessart
Bayerischer Spessart
Südeifel
Bergstraße – Odenwald
Pfälzer Wald
Vorderer Bayerischer Wald
Ammergebirge
Karwendel und Vorkarwendel
Chiemgauer Alpen
Königssee

DDR
Müritzsee
Schorfheide
Kyffhäuser
Sächsische Schweiz
Wollin
Riesengebirge
Lewitz (bei Schwerin)

Polen
Tatragebirge
Swietokrzyki
Puszsza Bialowieska
Puszsza Kampinoska
Wielkopolski

Schweiz
Nationalpark (Graubünden)

Österreich
Karwendel
Hohe Tauern (Glocknergruppe)
Oberstes Defereggental
Neusiedler See
(Großer Lenkstein – Böhmerwald)

Tschechoslowakei
Riesengebirge
Hohe Tatra

Belgien – Niederlande – Luxemburg
Hooge Veluwe
Boha-Membre
Ardennen
Goois
Less et L'homme
Furfooz

Island
Thingvellir

Großbritannien und Nordirland
Galwally Lake
Beinn Eighe
Cairngorms
Ben Nevis
Ben More
Merrick (Southern Uplands)
Northumberland
Lake District
Yorkshire Dales
North York Moors
Peak District
Exmoor
Dartmoor
Snowdonia
Pembrokeshire Coast
Brecon Beacons

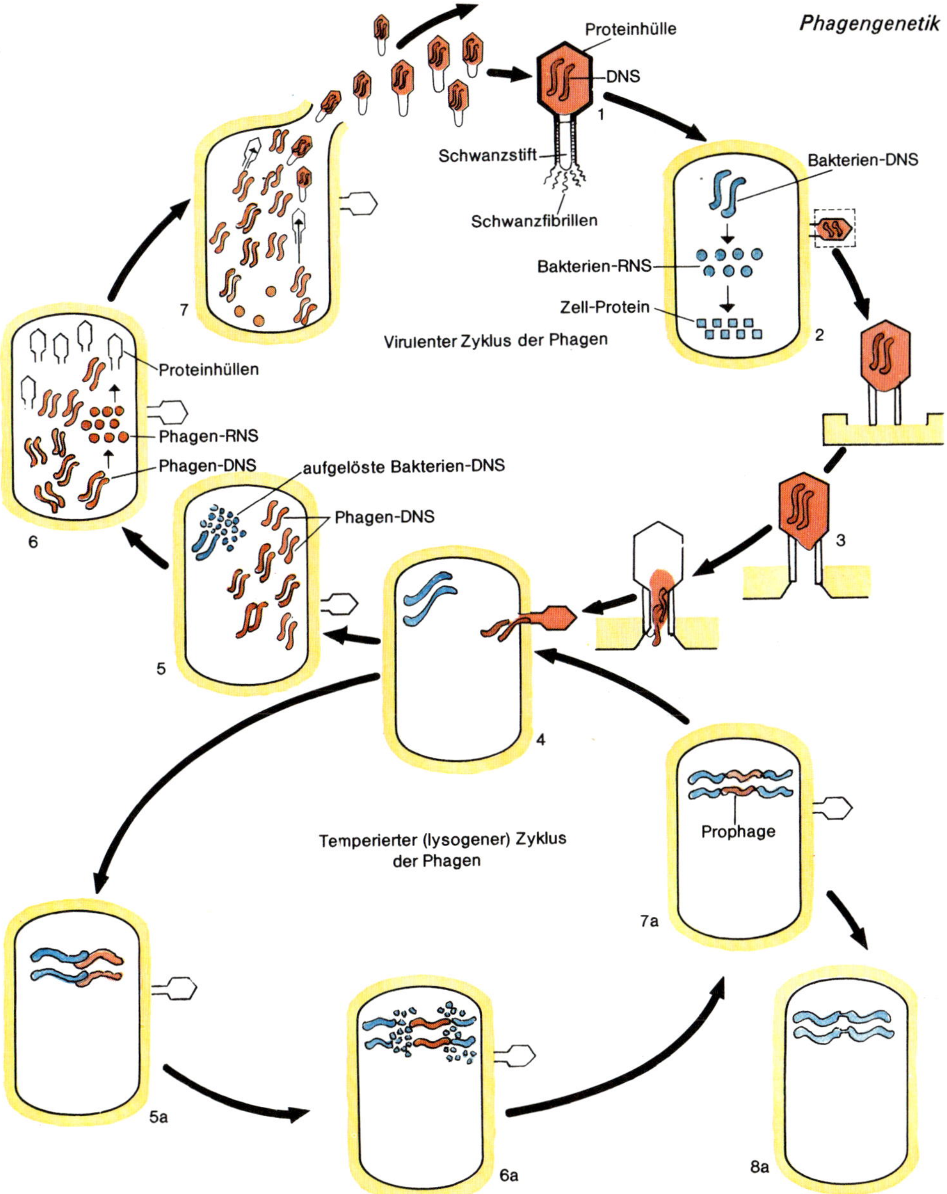

Phagengenetik

Die Abbildung zeigt schematisch diese beiden möglichen Zyklen:
Virulenter Zyklus der Phagen: 1) (Bakterio-)Phage, 2) der Phage setzt sich am Bakterium fest, in dem Bakterien-DNS (Chromosomen) über Bakterien-RNS Zell-Protein produziert, 3) der Phage löst die Zellwand auf und entläßt seine DNS in das Innere des Bakteriums 4), 5) die Phagen-DNS wird redupliziert, die Bakterien-DNS aufgelöst, 6) Phagen-DNS produziert über Phagen-RNS neue Proteinhüllen, 7) Phagen-DNS tritt in die Proteinhüllen, und die Phagen gelangen ins Freie. Das Bakterium wird zerstört. – Temperierter (lysogener) Zyklus der Phagen: 5a) Phagen-DNS löst die Bakterien-DNS (6a) nur z. T. auf, um in die Bakterien-DNS als sogenannter Prophage einzutreten (7a), und macht die normalen Teilungen des Bakteriums mit, ohne es zu zerstören. Manche Bakterien stoßen den Prophagen im Laufe der Teilung wieder ab (8a) und sind dann genetisch verändert. Der temperierte Zyklus kann spontan, aber auch durch UV- oder Röntgenstrahlung, in den virulenten übergehen.

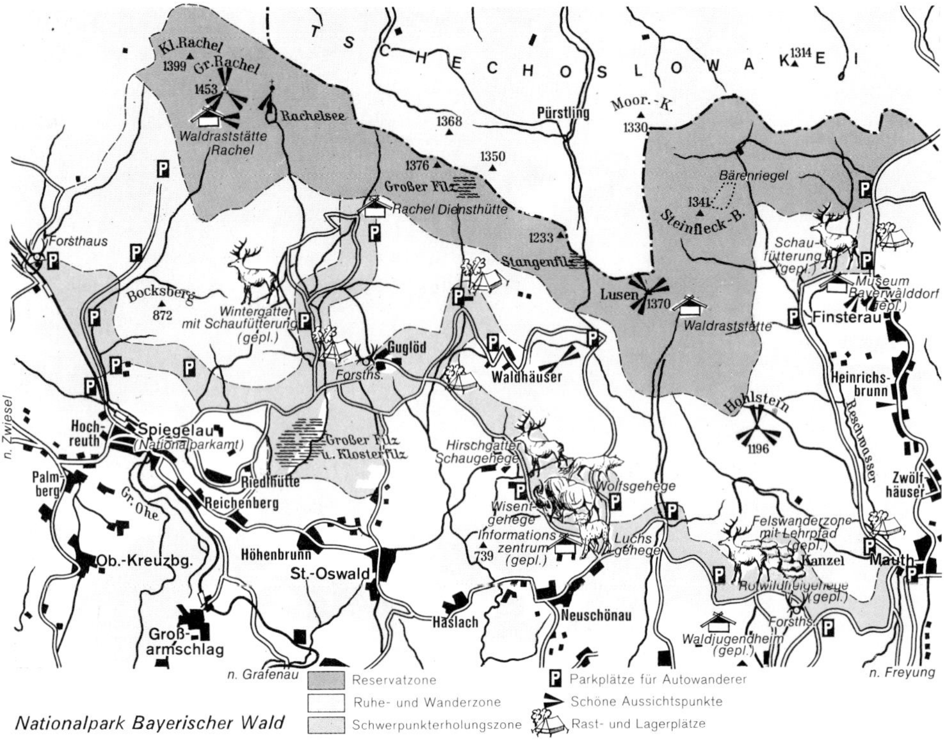

Nationalpark Bayerischer Wald

Norwegen			
Rondane	Börgefjell		
Schweden			
Abisko	Padjelanta	Peljekaise	
Stora Sjöfallet	Sarek		
Finnland			
Lemmenjoki	Oulanka	Sompio	Pisavaara
Pallas Ounas	Kevo	Maltio	Runkaus
Sowjetunion			
Bialowieschskaja Puschtscha			
Rumänien		*Bulgarien*	
Retezatu-Pietrosul Mars dela Borsa		Witoscha	
Jugoslawien			
Risnjak	Jahorina	Durmitor	
Plitvicka jezera	Tara	Mavrosko jezero	
Paklenica	Lovcen	Perister	
Italien			
Gran Paradiso	Abruzzen		
Ortler	Circeo		
Frankreich			
La Vanoise	Pelvoux	Camargue	
Spanien			*Portugal*
Pco. Peguere	Covadonga	Gredos	Gerez
Picos de Europa	Reres y Branagallones		
Algerien			
Planteurs	Djurdjura	Bugeaud	
Quarsenis	Akfadou		

Tiefseeforschung

ein Teilgebiet der *Meeresforschung*, das sich mit der Physik und Chemie des Meerwassers, der Beschaffenheit des Meeresbodens und der Lebewelt in der Tiefsee befaßt.
Planmäßige Tiefenmessungen begannen Mitte des 19. Jahrhunderts bei der Verlegung der Transozean-Kabel. Sammelstelle und Auswertezentrum für alle Tiefenlotungen wurde das *Internationale Hydrographische Bureau* in Monaco. Erste genaue Kenntnisse über die Tiefsee und ihre Bewohner wurden auf der Fahrt der »Challenger« 1873–1876 gewonnen. Zahlreiche weitere Tiefsee-Expeditionen folgten, wie die der »Valdivia« 1898/99 unter Carl *Chun*, der »Siboga« 1899, der »Michael Sars« 1910, der »Meteor« 1925–1927, der »Albatros« 1947/48 und der »Galathea« 1950–1952 unter Anton *Bruun*.
Einsätze mit der von O. *Barton* entwickelten bemannten Tauchkugel (Bathysphere) begannen 1930. Besonders bekannt geworden ist der 1934 geglückte Abstieg bis 923 m mit O. *Barton* u. W. *Beebe*. Während diese Tauchkugel an einer Trosse hinabgelassen werden mußte, konstruierte A. *Piccard* das erste frei bewegliche Tieftauchgerät, den Bathyskaph. G. *Hout* und P. *Willm* erreichten damit 1954 vor Dakar 4050 m Tiefe. Der zweite Bathyskaph, die »Trieste«, wurde von der US-amerikanischen Marine gekauft und erreichte 1960 mit J. *Piccard* und D. *Walsh* im Marianengraben bei 10910 m den Meeresgrund. 1963 konnten die Reste des verunglückten amerikanischen Atom-U-Boots »Thresher« von der »Trieste« in 2560 m Tiefe gefunden werden.

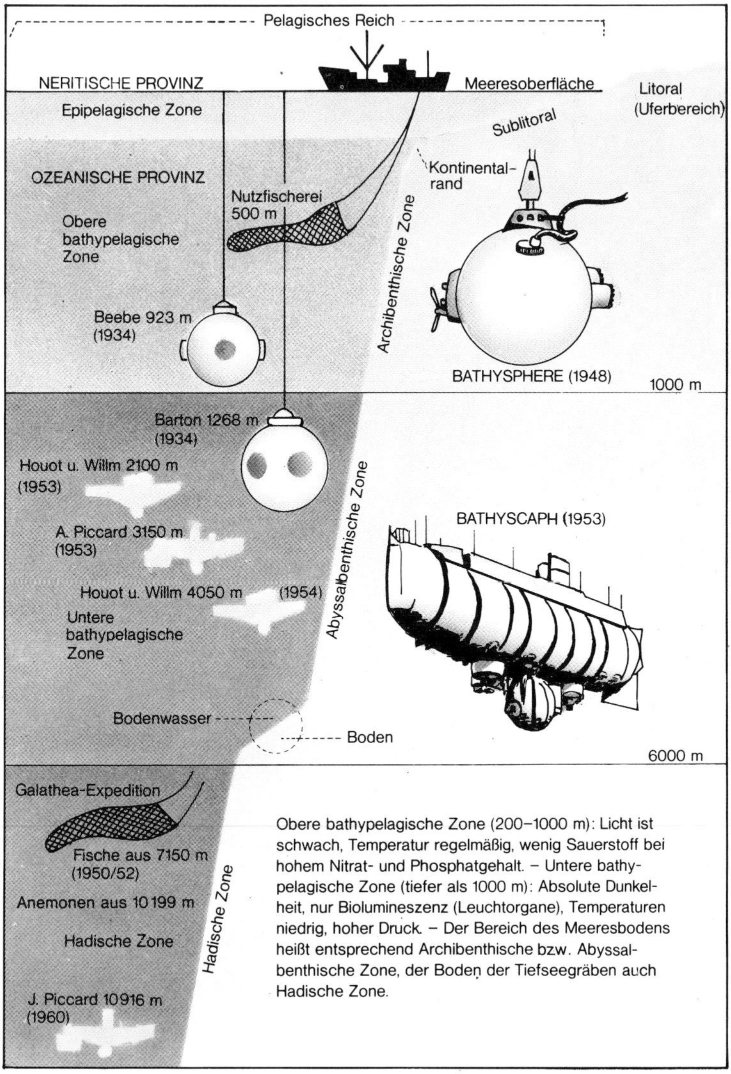

Obere bathypelagische Zone (200–1000 m): Licht ist schwach, Temperatur regelmäßig, wenig Sauerstoff bei hohem Nitrat- und Phosphatgehalt. – Untere bathypelagische Zone (tiefer als 1000 m): Absolute Dunkelheit, nur Biolumineszenz (Leuchtorgane), Temperaturen niedrig, hoher Druck. – Der Bereich des Meeresbodens heißt entsprechend Archibenthische bzw. Abyssalbenthische Zone, der Boden der Tiefseegräben auch Hadische Zone.

Homologie, Parallelentwicklung und Konvergenz
(→auch S. 29)

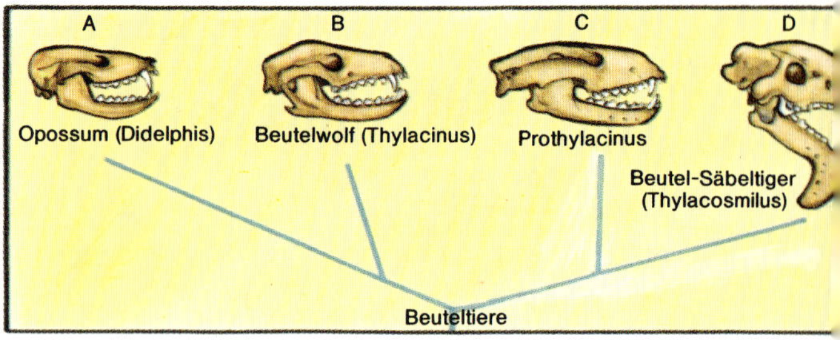

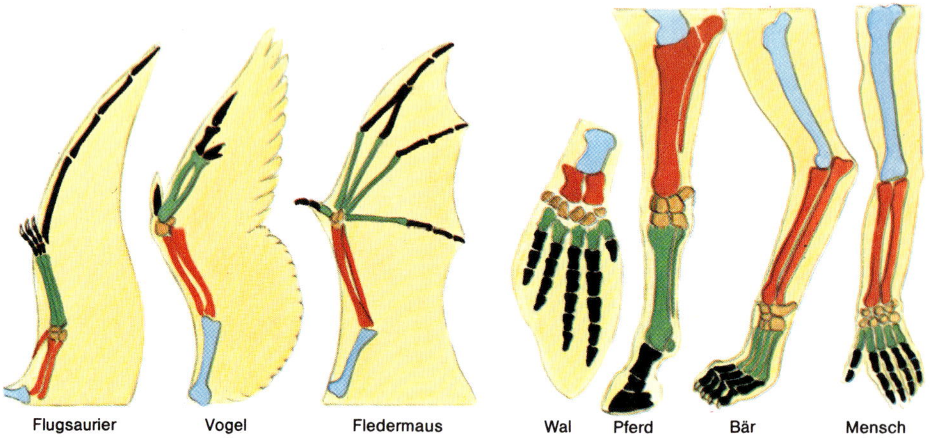

Homologe Organe als Beweis gemeinsamer Abstammung: die Vorderextremität der Wirbeltiere, Fingerknochen (schwarz), Mittelhandknochen (grün), Handwurzelknochen (gelb), Elle und Speiche (rot) und Oberarmknochen (blau)

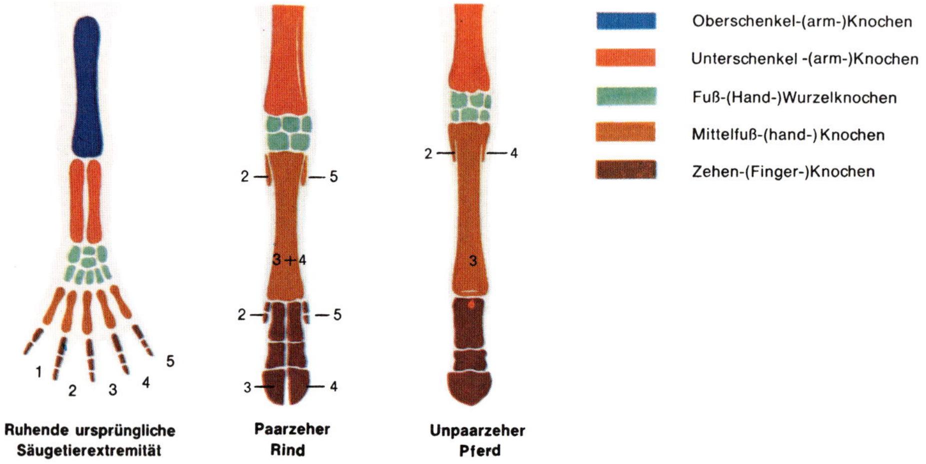

Fuß von Wirbeltieren und Reduktion der Zehenzahlen (Abwandlung des Bauplans)

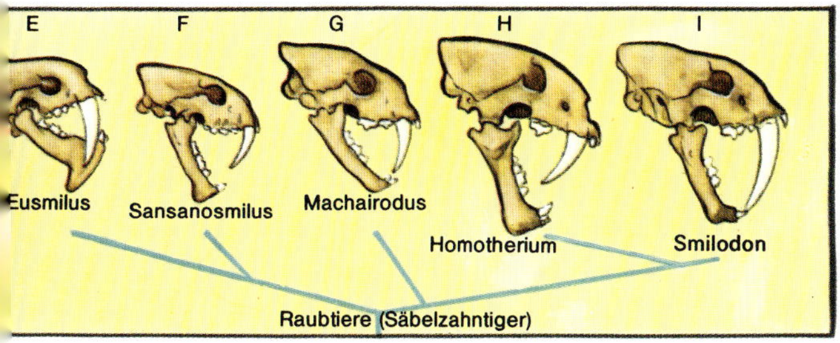

Ähnlichkeiten bei Raub- und Beuteltieren durch nahe Verwandtschaft (H-I), Parallelentwicklung (B–C und F–G) und Konvergenz (D–E) sowie starke körperbauliche Unterschiede trotz näherer Verwandtschaft (C–D). Der Säbelzahn-Katzentyp ist bei Katzen (E–I) und Beuteltieren (D) unabhängig voneinander (konvergent) entstanden

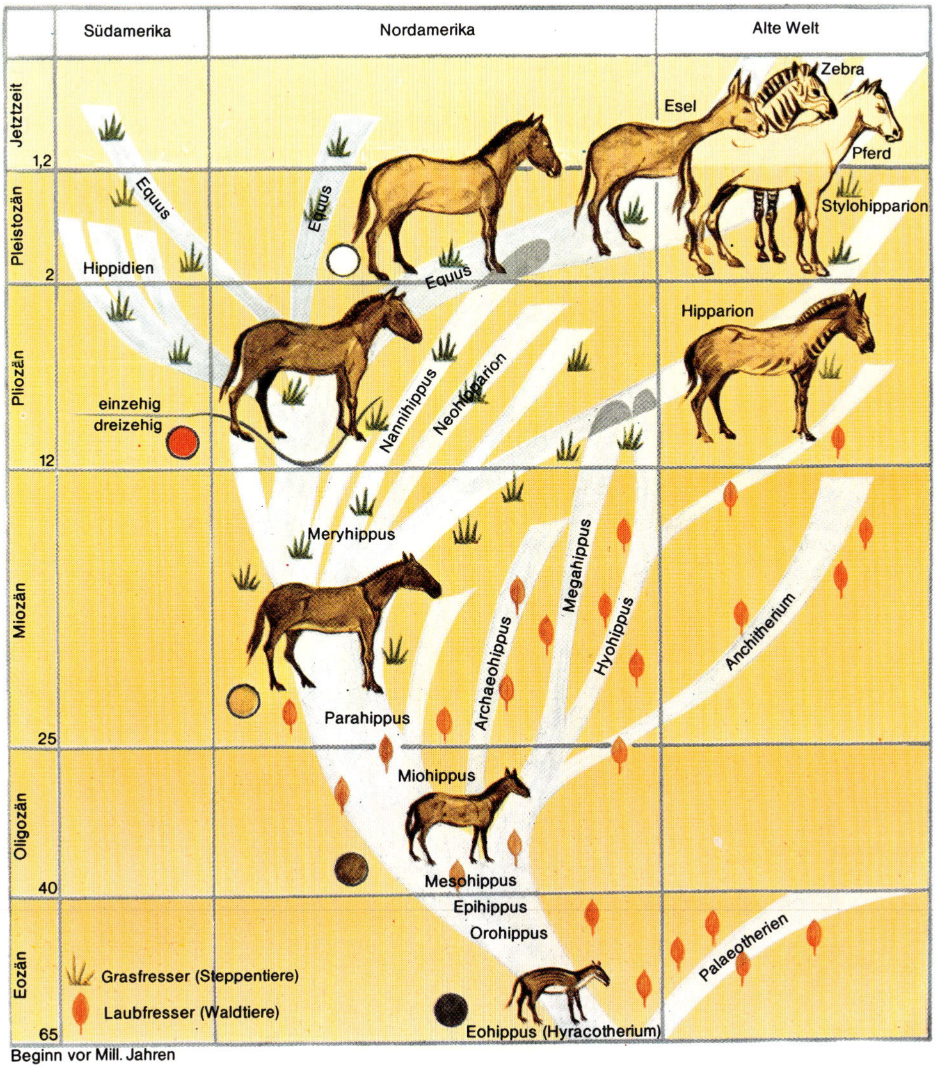

Ein Beispiel für eine lückenlose Abstammungsreihe ist die sogenannte »Pferdereihe«, der Stammbaum der Pferde, der sich vereinfacht wie folgt darstellt: Die Entwicklung der Pferdefamilie fand in Nordamerika statt. Von dort aus erreichten einige Ausläufer (Anchitherium, Hipparion) die Alte Welt, wo sich als einzige die Gattung Equus bis heute halten konnte, während die ursprünglichen Pferde in Nordamerika ausstarben

Der Mensch

Abstammung des Menschen (B →S. 64 f.)

Vergleich: Neandertaler – Jetztzeitmensch

Bis zum Auftreten des Propliopithecus im Tertiär klafft eine gewaltige Lücke in der Stammesgeschichte des Menschen und der Menschenaffen. Sie steht im einzelnen noch sehr im Widerstreit der Meinungen – von denen hier auch nur eine wiedergegeben werden kann –, wird aber, was den großen Ablauf der Evolution angeht, einhellig beurteilt: Über die Vormenschen der Australopithecus-Gruppe, besonders den Homo habilis, führte der Weg zu Frühmenschen der weltweit verbreiteten Pithecanthropus-(»Affenmenschen«-)Gruppe (Art: Homo erectus), die ein menschliches Gebiß, aber ein viel kleineres Gehirn und starke Augenwülste hatte. Aus ihr spaltete sich vor etwa 500000 Jahren der Neuzeitmensch, Homo sapiens, ab.

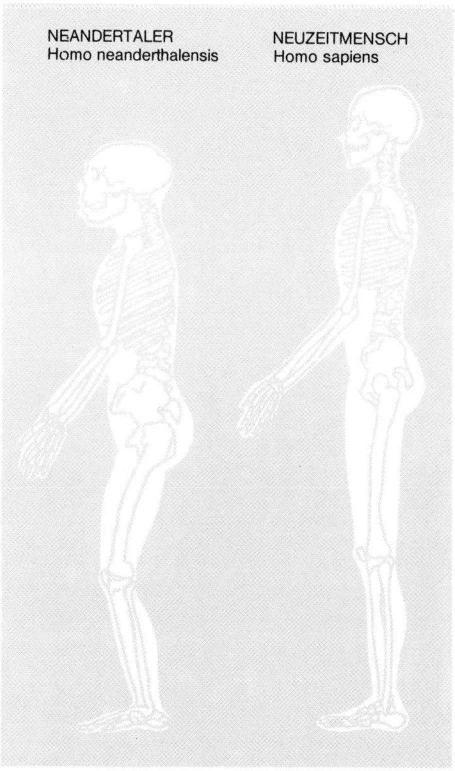

Ob der Neandertaler eine eigene Menschen-Art (Homo neanderthalensis) oder nur eine sehr einheitlich ausgeprägte Rasse des Homo sapiens ist, wird wohl nie zu entscheiden sein. Bestimmt aber war er ein Seitenzweig und »kurzzeitiger« Statthalter des Neuzeitmenschen, dem er darin überlegen war, sich in einer feindlichen Natur zurechtzufinden; dem er aber unterliegen mußte, sobald der Neuzeitmensch eine überlegene Kulturtradition herausgebildet hatte. Beide hatten ein annähernd gleiches Gehirnvolumen; doch deuten gerade neuere Forschungen über die Funktion des Gehirns darauf hin, daß beim Neandertaler die vegetativen Zentren gegenüber den assoziativen, den menschlichen Denkzentren, vergrößert waren.

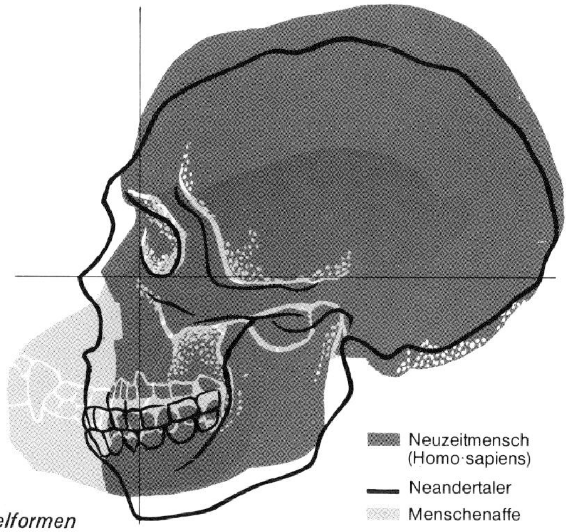

Vergleich der Schädelformen

Allgemeine Daten und Fakten des menschlichen Körpers

Der menschliche Körper allgemein weist dieselbe Gliederung auf wie der der Säugetiere: der Kopf mit dem das Gehirn umschließenden Schädel und den wichtigsten Sinnesorganen (Auge, Ohr, Nase, Mund), durch den Hals verbunden mit dem Rumpf (Leib), der im oberen Teil (Brust) die Lunge als wesentlichen Teil des Atmungssystems und das Herz als Mittelpunkt des Blutkreislaufs und im unteren Teil (Bauch) vor allem die wesentlichsten Teile des Verdauungssystems (Magen, Leber, Darm) sowie das Harn- und Geschlechtssystem (Urogenitalsystem: Nieren, Harnblase, Geschlechtsorgane) umschließt; zwei Paar Gliedmaßen, die durch den Schulter- und den Beckengürtel mit der den Kopf tragenden Wirbelsäule verbunden sind.

Die Funktionen der Organsysteme

Nach den Funktionen unterscheidet man folgende Organgruppen oder -systeme:
1. das Hautsystem
2. das Stütz- und Bewegungssystem (Knochen und Muskeln und Gelenke);
3. das Verdauungssystem (Mund – Speiseröhre – Magen – Leber – Darm);
4. das Atmungssystem (Nase und Mund – Luftröhre – Bronchien – Lunge);
5. das Blutkreislaufsystem (Herz und Blutgefäße);
6. das Nervensystem (Gehirn – Rückenmark – Nerven);
7. das System der Sinnesorgane;
8. das Harn- und Geschlechtssystem (Nieren – Harnleiter – Harnblase – Geschlechtsorgane);
9. das Hormonsystem.

Stoffliche Zusammensetzung des menschlichen Körpers

Bestandteile des menschlichen Körpers

	bei einem Körpergewicht von 72 kg:	bei Neugeborenen:
Wasser	66 % = 47,5 kg	74 %
Eiweißstoffe	16,8% = 12,1 kg	13 %
Fett	10,5% = 7,6 kg	10 %
Kohlenhydrate	1,2% = 0,9 kg	0,2%
Mineralische Bestandteile	5 % = 4,0 kg	2,8%

(Fortsetzung Seite 46)

Genetik

Die identische Verdoppelung (Reduplikation) eines DNS-Moleküls. Dabei reißt der Strang auf, und die Basenpaare werden erneut durch die Anlagerung komplimentärer freier Nucleotide aus dem Zellkern ergänzt, so daß am Ende zwei identische Stränge entstanden sind. Die Reihenfolge der Basen bestimmt den genetischen Code, das Morsealphabet des Lebens, in dem das gesamte Erbgut festgelegt ist.

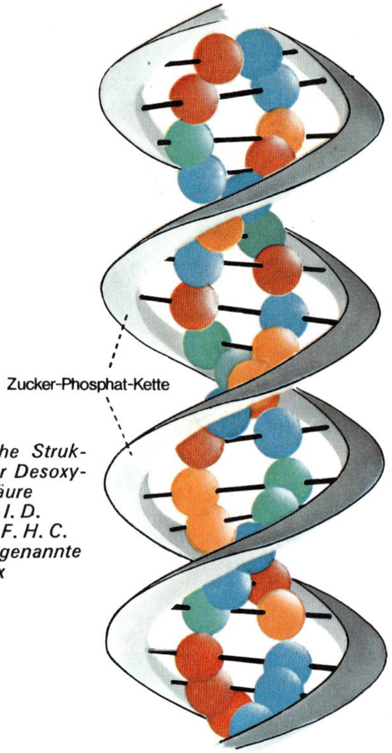

Das räumliche Strukturmodell der Desoxyribonucleinsäure (DNS) nach I. D. Watson und F. H. C. Crick, die sogenannte Doppel-Helix

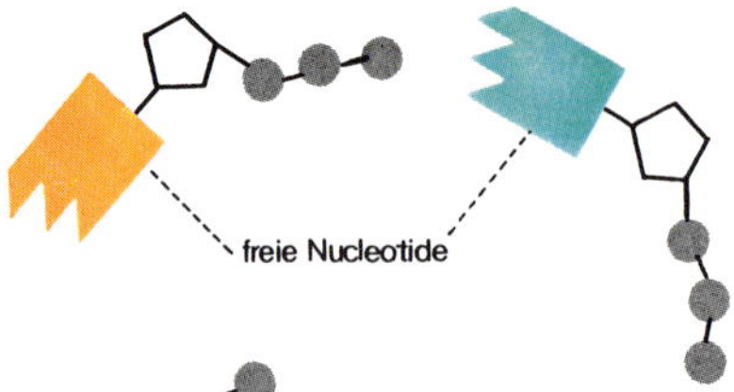

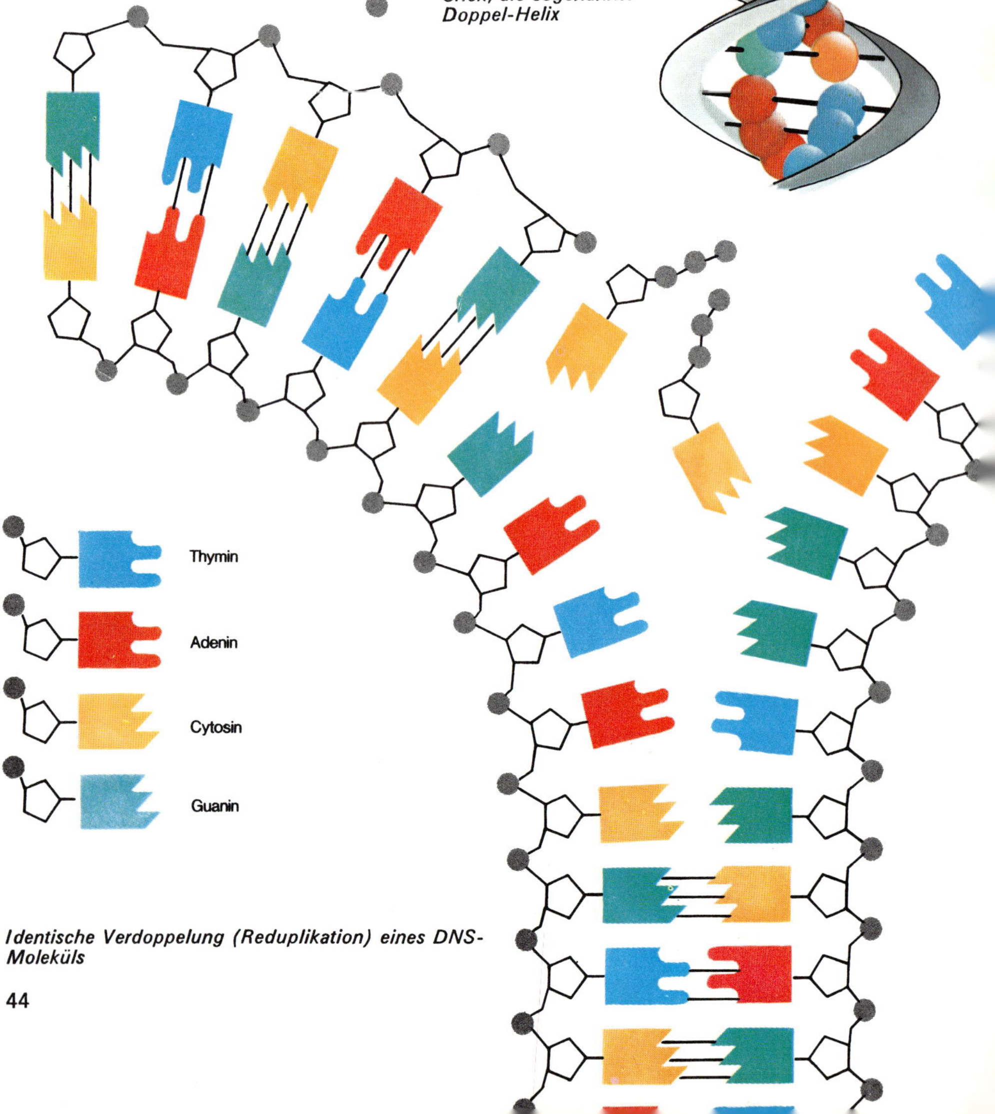

Identische Verdoppelung (Reduplikation) eines DNS-Moleküls

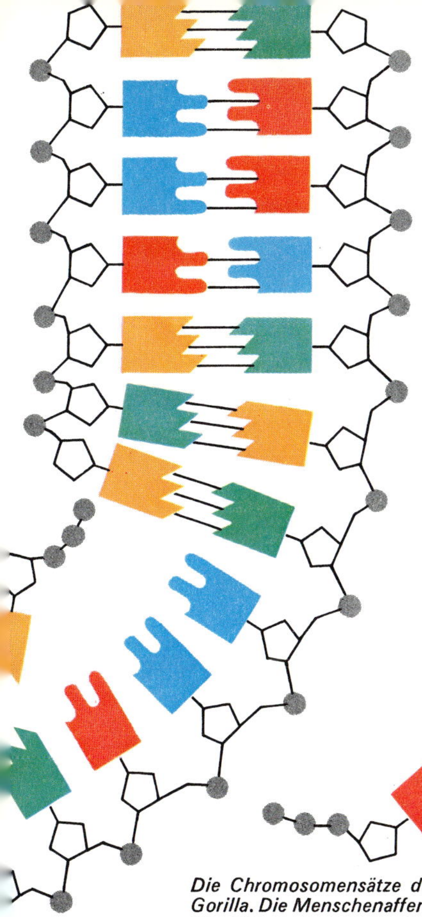

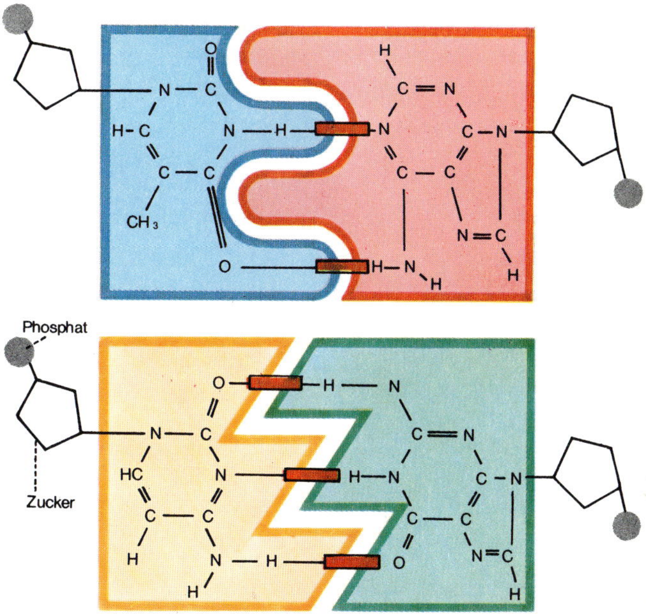

Bei den Bindungen innerhalb des DNS-Moleküls gibt es nur zwei mögliche Basepaare: Thymin-Adenin und Cytosin-Guanin, die durch je 2 bzw. 3 Wasserstoffbrücken miteinander verbunden sind

Die Chromosomensätze des Menschen im Vergleich zu denen von Schimpanse und Gorilla. Die Menschenaffen haben diploid 2 n = 48 Chromosomen, der Mensch 2 n = 46. Der Chromosomensatz des Schimpansen ist dem des Menschen am ähnlichsten

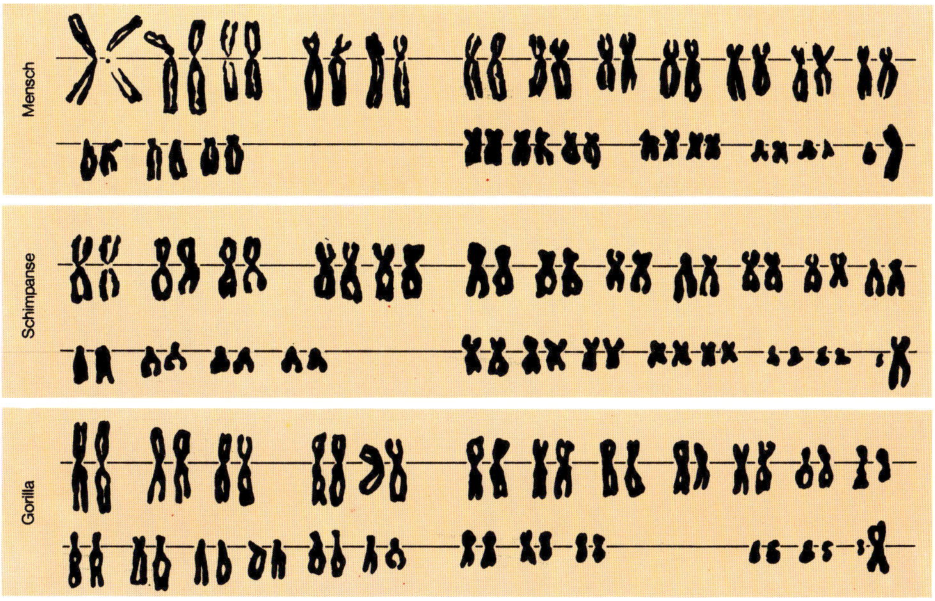

nach chemischen Elementen aus:

56,1% Sauerstoff	2% Stickstoff	1 % Phosphor
28 % Kohlenstoff	2% Calcium	0,6% Schwefel, Eisen, Natrium, Magnesium, Kupfer,
9,3% Wasserstoff	1% Chlor	Fluor und Spurenelementen

Oberfläche: 18000 cm^2 = 1,8 m^2. – Rauminhalt: 55000 cm^3 = 55 l. – Spezif. Gewicht: 1,3.

Zusammensetzung der Organe eines erwachsenen Menschen (männlich)

Organ	In 100 g frischer Substanz 1. Wasser	2. Trockensubstanz	3. Fett	4. Fettfreie Trockensubstanz	5. Stickstoff (N)	Stickstoff in 100 g fettfreier Trockensubstanz (N)
	g	g	g	g	g	g
Muskeln	72,24	27,76	7,56	20,20	3,056	15,12
Herz	74,81	25,19	8,28	16,91	2,50	14,81
Gehirn	77,9	22,1	–	–	1,777	–
Lunge	80,0	20,0	1,7	18,3	2,676	14,62
Leber	60,6	39,4	21,28	18,12	2,705	14,93
Milz	78,47	21,53	2,77	18,75	2,793	14,89
Niere	75,60	24,40	5,27	19,13	2,821	14,70
Darm	81,86(?)	18,14	6,53	11,61	1,771	15,26
Pankreas	72,20	27,80	10,56	17,24	2,507	15,13
Speicheldrüsen	72,61	27,39	11,41	15,98	2,463	15,41
Schilddrüse	75,70	24,30	4,38	19,92	2,686	13,48
Hoden	86,61	33,39	4,51	8,88	1,368	15,41

Gehalt an anorganischen Bestandteilen

Organ	In 100 g frischer Substanz				In 100 g fettfreier Trockensubstanz			
	Cl	Fe	Ca	Mg	Cl	Fe	Ca	Mg
	mg	mg	mg	mg	mg	mg	mg	mg
Muskeln	61	25,3	6,5	21,5	302	125	33,2	106,4
Herz	124	6,7	7,9	17,4	769	39,6	46,8	102,9
Gehirn	130,5	8,3	10,6	13,9	–	–	–	–
Lunge	260	67,2	16,9	7,4	1421	372	92,3	40,9
Leber	96	60,8	7,2	17,5	529,8	335,5	39,7	96,6
Milz	161	72,3	9,3	14,2	859	385,6	49,6	75,7
Niere	208	15,8	19,2	20,7	1087,5	82,6	100,4	108,2
Darm	61	13,3	13,5	7,4	525,4	114,6	116,3	63,7
Pankreas	161	4,5	15,9	16,8	933	26,1	92,2	97,4
Speicheldrüsen	135	5,5	13,1	–	845	34,5	82,4	–
Schilddrüse	169	5,8	33,7	9,6	848	29,0	169,4	48,7
Hoden	226	4,5	8,3	9,5	254,5	56,9	93,6	107

Mineralstoffgehalt des menschlichen Körpers (Durchschnittswerte in 100 Teilen Asche)

K_2O	5,62 g	MgO	1,32 g	Mn_3O_4	0,03 g	Cl	5,75 g
Na_2O	8,70 g	Al_2O_3	0,11 g	P_2O_5	37,24 g	SiO_2	0,06 g
CaO	40,12 g	Fe_2O_3	1,2 g	SO_3	1,76 g	CO_2	1,21 g

Körperoberfläche des Menschen

Alter	Körperoberfl. in cm^2	Körpergewicht in kg	Körpergröße in cm
6 Tage	2504,8	3,020	50,0
6½ Monate	4221,6	6,766	66,0
1 Jahr 2½ Monate	5344,0	9,514	74,0
2 Jahre 9 Monate	6278,5	13,594	82,0
6 Jahre 8½ Mon.	8018,2	17,500	102,0
9 Jahre 1½ Mon.	8546,7	18,750	112,0
9 Jahre 10 Mon.	8795,9	19,313	114,5
13 Jahre 1½ Mon.	11838,1	28,3	137,5
15 Jahre 9½ Monate	14988,5	35,4	152,0
17 Jahre 9 Monate	19205,5	55,8	169,0
20 Jahre 7 Monate	18995,3	59,5	170,0
26 Jahre 3½ Monate	18859,6	62,3	162,0
ca. 36 Jahre	22434,9	78,3	171,0
36 Jahre 3½ Monate	17587,4	50,0	158,0
45 Jahre 7½ Monate	17993,5	51,8	160,0
66 Jahre 2 Monate	20281,5	65,5	172,0

Energieverbrauch

Ruhe- bzw. Bewegungshaltung		Verbrauch		
Liegen (Schlafen)		286 kJ/h	3–4	ml O_2/min. kg
Sitzen		302 kJ/h	4	ml O_2/min. kg
Stehen		315–328 kJ/h	5	ml O_2/min. kg
Stehen mit Armschwingen		798 kJ/h	7	ml O_2/min. kg
Normales Gehen, leichte Hausarbeit		840 kJ/h	8	ml O_2/min. kg
Rasches Gehen (7 km/h), Radfahren (15 km/h), Skiabfahrt		1470 kJ/h	20	ml O_2/min. kg
Laufen (10 km/h), Radfahren (20 km/h), Schwimmen (2 km/h)	bis	2688 kJ/h	30–40	ml O_2/min. kg
Treppensteigen, Rennen, Langlauf	bis	3570 kJ/h	40–60	ml O_2/min. kg

Die Werte in cal/h (Kalorien pro Stunde) und in ml O_2/min. kg (Millimeter Sauerstoff pro Minute mal Kilogramm Körpergewicht) sind nicht genau relativierbar, da die ersten Werte auf alten Messungen beruhen, die zweiten aber nach der modernen Arbeitsphysiologie erstellt wurden.

Konstitutionstypen

Unter Konstitution versteht man in der Medizin und Anthropologie die Beschaffenheit des Einzelmenschen in bezug auf Körperbau, Leistungsfähigkeit und seelisches Verhalten, die auch für gewisse Krankheiten disponiert. Man kam schon früh zur Aufstellung von »Konstitutionstypen«: Schon im griechischen Altertum unterschied man vier durch die Eigentümlichkeit und Zusammensetzung der Körpersäfte bedingte Typen, die Temperamente:

Sanguiniker sind lebhaft, beweglich, optimistisch, leichtblütig, Phlegmatiker schwerfällig, behäbig, bequem, gleichgültig, gemütlich; Choleriker leidenschaftlich, aufbrausend, jähzornig, unbeherrscht; Melancholiker schwermütig, trübsinnig, pessimistisch, langsam.

In der neueren Medizin unterschied der Psychiater E. Kretschmer:

Pykniker (a) mit gedrungenem Körperbau, Neigung zum Fettansatz, einem Brustkorb, der unten breiter ist als oben; sie sind behäbig, gemütlich, gesellig, heiter, lebhaft oder auch still;

Athletiker (b) mit kräftigem Körperbau, breiten Schultern, oben breitem Brustkorb, derbem Skelett, im allgemeinen heiter, forsch, aktiv;

Astheniker (= Leptosom, c) mager, zart, eng- und flachbrüstig, mit dünnen Armen und Beinen, körperlich und geistig empfindlich, kompliziert, sprunghaft.

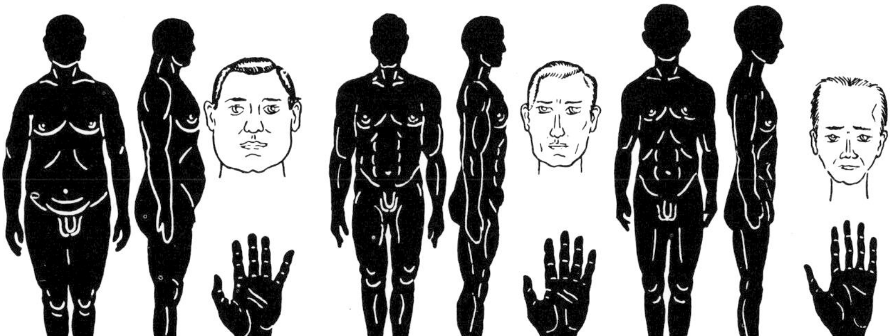

a b c

Kennzeichnende Körpergröße der drei Konstitutionstypen sind:

	Pykniker Mann	Frau	Athletiker Mann	Frau	Astheniker Mann	Frau
Größe	167,8 cm	156,5 cm	170,0 cm	163,1 cm	168,4 cm	153,8 cm
Gewicht	68,0 kg	56,3 kg	62,9 kg	61,7 kg	50,5 kg	44,4 kg
Schulterbreite	36,8 cm	34,3 cm	39,1 cm	37,4 cm	35,5 cm	32,8 cm
Brustumfang	94,5 cm	86,0 cm	91,7 cm	86,0 cm	84,1 cm	77,7 cm
Bauchumfang	88,8 cm	78,7 cm	79,6 cm	75,1 cm	74,1 cm	67,7 cm
Hüftumfang	92,0 cm	94,2 cm	91,5 cm	95,8 cm	84,7 cm	82,2 cm

Diese Konstitutionstypen kommen in Wirklichkeit kaum in reiner Form vor, sondern mehr oder weniger »gemischt«; in den meisten Fällen jedoch überwiegen diese oder jene Konstitutionsmerkmale, so daß eine Zuordnung zu einem Typ möglich ist.

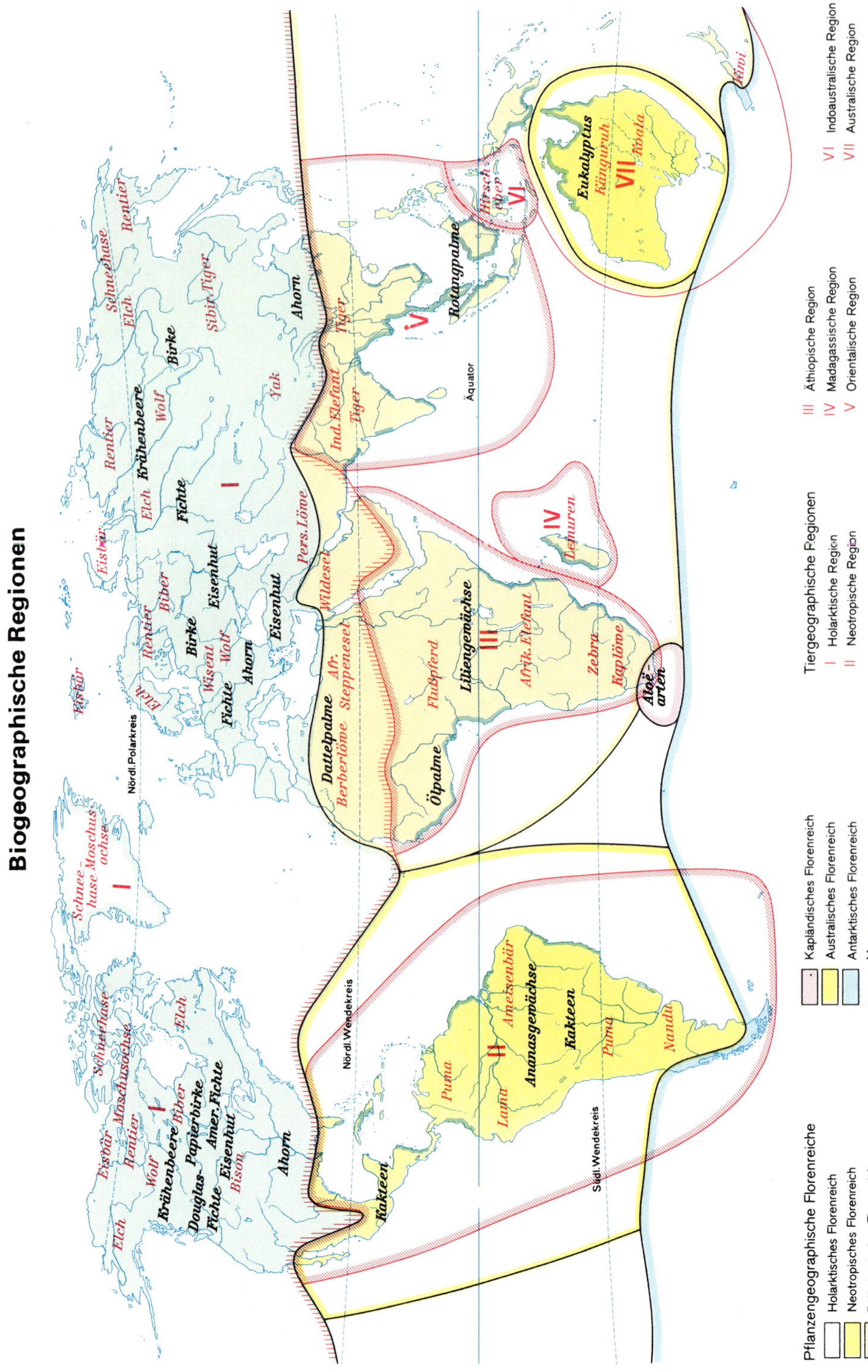
Biogeographische Regionen
Pflanzengeographische Florenreiche
Holarktisches Florenreich
Neotropisches Florenreich
Paläotropisches Florenreich
Kapländisches Florenreich
Australisches Florenreich
Antarktisches Florenreich
Mangrove
Tiergeographische Regionen
I Holarktische Region
II Neotropische Region
III Äthiopische Region
IV Madagassische Region
V Orientalische Region
VI Indoaustralische Region
VII Australische Region
Nördl. Polarkreis
Nördl. Wendekreis
Äquator
Südl. Wendekreis
Elch
Eisbär
Rentier
Wolf
Krähenbeere
Douglas-Fichte
Papierbirke
Amer. Fichte
Eisenhut
Bison
Biber
Schneehase
Moschusochse
Ahorn
Kakteen
Puma
Lama
Ameisenbär
Ananasgewächse
Nandu
Schnee-hase
Moschus-ochse
Wisent
Fichte
Birke
Dattelpalme
Berberlöwe
Afr. Steppenesel
Wildesel
Pers. Löwe
Ölpalme
Flußpferd
Liliengewächse
Afrik. Elefant
Zebra
Kaplöwe
Aloë-arten
Lemuren
Yak
Sibir. Tiger
Ind. Elefant
Tiger
Rotangpalme
Hirscheber
Eukalyptus
Känguruh
Koala
Kiwi
I
II
III
IV
V
VI
VII

Körpertemperatur

Kollapstemperatur	unter 36 °C
Normaltemperatur	36–37 °C
erhöhte Temperatur	37,1–38,0 °C
mäßiges Fieber	38,1–38,5 °C
beträchtliches Fieber	38,6–39,0 °C
hohes Fieber	39,1–40,5 °C
sehr hohes Fieber	über 40,5 °C

Normaltemperaturen der einzelnen Organe

Achselhöhle	36,9 °C
Mastdarm	37,2 °C
Harn	36,9 °C
äußerer Gehörgang	36,7 °C
Mundhöhle	36,5 °C
Leber	bis 41,3 °C
Magen	37,0–37,3 °C
Lunge	35,2–35,6 °C
Herz, rechter Vorhof	38,8 °C
Herz, linker Vorhof	38,6 °C
Hauptschlagader (Aorta)	38,7 °C
Lebervenen	39,7 °C

Körpergewicht

Das Körpergewicht ist abhängig von der Konstitution, der Größe, dem Alter, dem Geschlecht, dem Ernährungszustand usw. Die Faustregel, daß der erwachsene Mann so viele kg wiegen soll, wie er cm über 1 m groß ist, ist sehr grob und unzuverlässig. Jedes Körpergewicht ist individuell bestimmt, und nur beachtliche Zu- und Abnahmen bedürfen der Aufmerksamkeit. Durchschnittswerte (in kg) gibt die nachstehende Tabelle (m = männlich, w = weiblich):

Körpergröße	30–35 Jahre		40–45 Jahre		50–55 Jahre		60–65 Jahre	
	m	w	m	w	m	w	m	w
150 cm	57,1 kg	47,4 kg	60,0 kg	49,7 kg	60,0 kg	49,8 kg	58,1 kg	48,2 kg
153 cm	58,2 kg	48,2 kg	60,5 kg	50,1 kg	61,0 kg	50,6 kg	59,7 kg	49,4 kg
156 cm	58,9 kg	48,8 kg	61,2 kg	50,7 kg	62,1 kg	51,5 kg	61,4 kg	50,9 kg
159 cm	60,2 kg	49,9 kg	62,5 kg	51,8 kg	63,5 kg	52,6 kg	63,0 kg	52,2 kg
162 cm	62,2 kg	51,5 kg	64,5 kg	53,5 kg	65,4 kg	54,2 kg	64,9 kg	53,8 kg
165 cm	64,0 kg	53,0 kg	66,2 kg	54,9 kg	67,5 kg	56,0 kg	67,2 kg	55,7 kg
168 cm	66,1 kg	54,8 kg	68,4 kg	56,7 kg	69,8 kg	57,8 kg	69,8 kg	57,8 kg
171 cm	68,5 kg	56,8 kg	71,0 kg	58,8 kg	72,4 kg	60,0 kg	72,4 kg	60,0 kg
174 cm	71,0 kg	58,8 kg	73,7 kg	61,1 kg	74,9 kg	62,1 kg	75,1 kg	62,3 kg
177 cm	73,7 kg	61,1 kg	76,4 kg	63,3 kg	77,3 kg	64,0 kg	78,1 kg	64,8 kg
180 cm	76,4 kg	63,3 kg	79,1 kg	65,6 kg	80,0 kg	66,3 kg	81,2 kg	67,3 kg
183 cm	79,5 kg	65,9 kg	81,8 kg	67,3 kg	82,7 kg	68,1 kg	83,9 kg	69,6 kg
186 cm	82,8 kg	68,6 kg	85,1 kg	70,6 kg	85,9 kg	71,1 kg	86,0 kg	71,3 kg

Am Körpergewicht sind beteiligt mit etwa:

Muskeln	43,5%
Eingeweide	19,0%
Haut und das Unterfettgewebe	17,8%
Knochen	17,5%
Gehirn	2,2%

Körpergröße, Zu- und Abnahme während des Lebens

Durch die ständige Zunahme des Wachstums (Akzeleration) in den letzten Jahren erhöht sich auch der Realwert der Durchschnittsgrößen für die jüngeren Jahrgänge ständig, so daß die hier angegebenen Werte nur eine relative Vergleichsbasis bieten können.

Alter	männl.	weibl.
0 Jahre	50,0 cm	49,4 cm
1 Jahr	69,8 cm	69,0 cm
2 Jahre	79,1 cm	78,1 cm
3 Jahre	86,4 cm	85,4 cm
4 Jahre	92,7 cm	91,5 cm
5 Jahre	98,7 cm	97,4 cm
6 Jahre	104,6 cm	103,1 cm
7 Jahre	110,4 cm	108,7 cm
8 Jahre	116,2 cm	114,2 cm
9 Jahre	121,8 cm	119,6 cm
10 Jahre	127,3 cm	124,9 cm
15 Jahre	151,3 cm	148,8 cm
20 Jahre	167,0 cm	157,0 cm
25 Jahre	168,2 cm	157,8 cm
30 Jahre	168,6 cm	158,8 cm
40 Jahre	168,6 cm	158,0 cm
50 Jahre	168,6 cm	158,0 cm
60 Jahre	167,6 cm	157,1 cm
70 Jahre	166,0 cm	155,6 cm
80 Jahre	163,6 cm	153,4 cm
90 Jahre	161,0 cm	151,0 cm
100 Jahre	160,5 cm	150,5 cm

Körpergröße ausgewachsener Zwerge

Smaun	76,7 cm
Fatma	77,5 cm
Jeanne St. Mark	79 cm
Prinzessin Floh	80 cm
Frank J. Flym	81 cm
General Mite	82,4 cm
General Thom	86 cm
Miss Taylor	92 cm
Thom Thum	95 cm

Körpergrößen

Ole Hansen	96 cm	Zwerg W.	100 cm	Max Cerposka	109 cm
Sophie P.	97,9 cm	Hindu-Zwerg	101 cm	Gerasim Cornescu	114 cm
Zwerg Otto	98 cm	Augusta Tuaillon	103 cm	Therese F.	116 cm
Agnes Sztyahely	99 cm	Helebe Gabler	106 cm	Moses Solotarjew	119 cm

Körpergröße ausgewachsener Riesen

Cajanus aus Finnland	283 cm	Spyridon Tingitsoglu	233 cm
Hans Kraw	275 cm	Thomas Dilkens	233 cm
Konstantin	259 cm	Fr. Winkelmaier	227 cm
Irischer Riese	259 cm	Wilkins Lewis	226 cm
Marianne Wehde	255 cm	Mayrath	226 cm
H. A. Cooper	250 cm	Hassan Ali	218 cm
Beaupré	249 cm	Henoch Leon	215 cm
Machnow	238 cm	Elisabeth Lyska	212 cm
Patrick Cotter	238 cm	Bayer	209 cm
Thomas Hasler	235 cm	Balling Oskar	208 cm
Chawang-in-Sing	235 cm	Marie E. Bataillard	207 cm

Körpergröße einzelner Völker im Vergleich (Durchschnittswerte)

Saraneger (Tschad)	182 cm	Zigeuner (Turkistan)	171 cm	Aymara (Südamerika)	157 cm
Schotten	179 cm	Deutsche und Russen	168 cm	skadinavische Lappen	153 cm
Skandinavier	175 cm	Italiener u. Franzosen	166 cm	Andamanen (asiat. Inseln)	148 cm
Cheyenne-Indianer	174 cm	Ungarn	163 cm	Aeta (Philippinen)	146 cm
Fulbe (Sudan)	174 cm	Spanier	162 cm	Buschmänner	143 cm
Engländer	173 cm	Japaner	158 cm	Afrikanische Pygmäen	139 cm

Körpermaße im Verhältnis zur Gesamtgröße

Im allgemeinen betragen bei einem Menschen normaler Konstitution in Prozenten der Körperhöhe:

Kopf	13–14%	Bein	46%	Oberschenkel	19%
Hals	6%	Schulterbreite	25%	Unterschenkel	27%
Rumpf	38,5%	Oberarm	16–17%	Fuß	15%
Arm (mit Hand)	43%	Unterarm (ohne Hand)	12%	Hand	10–11%

Der Nabel teilt den menschlichen Körper etwa im Verhältnis des Goldenen Schnittes. Die Spannweite der Arme ist etwa gleich den Körperlänge.

Gewichte einzelner Organe im Verhältnis zum Gesamtgewicht und ihr Wassergehalt

Organ		Wasser	Organ		Wasser	Organ		Wasser
Muskulatur	28,7%	79%	Gehirn	1,4%	90%	Nieren	0,3%	80%
Skelett	11,6%	44%	Leber	1,8%	79%	Herz	0,3%	77%
Blutserum	2,7%	92%	Darm	1,4%	85%	Milz	0,2%	77%
Blutkörperchen	1,8%	65%	Lungen	1,0%	78%	Bauchspeicheldrüse	0,1%	80%
Haut	17,4%	73%						

Umfänge der menschlichen Stimmlagen (Singstimmen)

Viele Spitzenpartien, besonders in der Oper, verlangen einen größeren Stimmumfang.

Stimmlage	Tonhöhe	Frequenzbereich	Stimmlage	Tonhöhe	Frequenzbereich
Baß	E–e'	81,5–325,9 Hz	Kontra-Alt	e–e''	162,9–651,8 Hz
Bariton	G–g'	96,9–387,5 Hz	Alt	g–g''	193,8–775,1 Hz
Tenor	H–h'	122,0–488,3 Hz	Sopran	h–h''	244,1–976,5 Hz

Schlafdauer in verschiedenen Lebensjahren

Im Alter bis zu 6 Monaten	20–22 Std. am Tag	Im fünfzehnten Lebensjahr	9–11 Std. am Tag
Im Alter von 6 bis 12 Monaten	18–20 Std. am Tag	Bei Erwachsenen	7–9 Std. am Tag
Im vierten Lebensjahr	13–15 Std. am Tag	Im Alter	5–6 Std. am Tag

Kopf

Schnitt durch den Kopf: 1 Großhirn, 2 Stirnbein, 3 Stirnbeinhöhle, 4 Oberkiefer und harter Gaumen, 5 Gebiß, 6 Zunge, 7 Unterkiefer, 8 Kehlkopfdeckel, 9 Schildknorpel, 10 Ringknorpel, 11 Schilddrüse, 12 Scheitelbein, 13 Balken, 14 Zirbeldrüse, 15 Brücke, 16 Kleinhirn, 17 Keilbeinhöhle, 18 Keilbein, 19 weicher Gaumen mit Zäpfchen, 20 Atlas, 21 Epistropheus, 22 Rückenmark, 23 Halswirbel, 24 Stimmband, 25 Speiseröhre, 26 Luftröhre

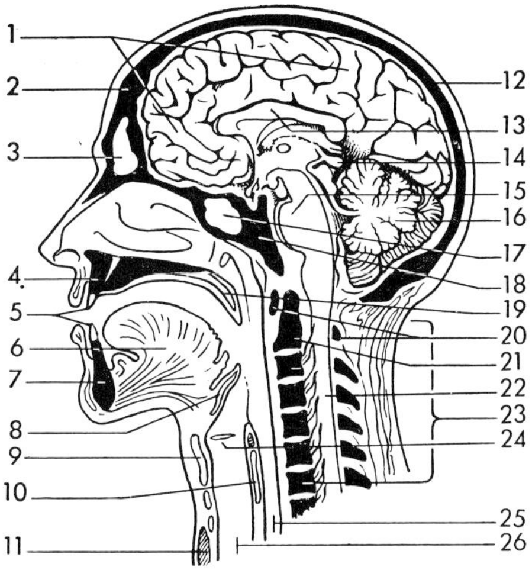

Knochen und Skelett

Knochen

Das Dickenwachstum der Knochen geht von der Knochenhaut aus. Das Längenwachstum der Röhrenknochen geht von der knorpeligen Epiphysenfuge aus; sie wird zwischen dem 20. und 25. Lebensjahr vollständig durch Knochen ersetzt; damit hört das Längenwachstum auf, der Mensch wird nicht mehr größer.

Die Knochen bestehen zu 50% aus Wasser, zu 21,85% aus mineralischen Bestandteilen, zu 15,75% aus Fett, zu 12,4% aus Knorpelmasse.

Das Skelett des Menschen wiegt etwa 12 kg und besteht aus 204–205 bzw. 208–209 (mit den 32 Zähnen 236–237 bzw. 240–241) Knochen:

22 Schädelknochen (davon Gesichtsschädel 14)

7 Halswirbel 12 Brustwirbel 5 Lendenwirbel 5 Kreuzbeinwirbel 5–5 Steißbeinwirbel	Wirbelsäule (33–34 Knochen)
2 Schlüsselbeine 2 Schulterblätter	Schultergürtel (4 Knochen)
24 Rippen 1 Brustbein	Brustkorb (25 Knochen)
2 Hüftbeine (je Darmbein, Sitzbein und Schambein)	Beckengürtel (2 oder 6 Knochen)
2 Oberarmknochen 4 Unterarmknochen (2 Speichen, 2 Ellen) 16 Handwurzelknochen 10 Mittelhandknochen 28 Fingerknochen	Arme incl. Hände (60 Knochen)
2 Oberschenkelknochen 4 Unterschenkelknochen (2 Schienbeine und 2 Wadenbeine) 14 Fußwurzelknochen 10 Mittelfußknochen 28 Zehenknochen	Beine incl. Füße (58 Knochen)

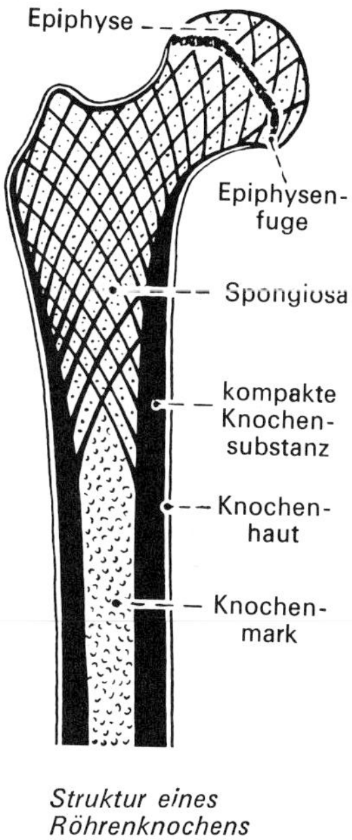

Struktur eines Röhrenknochens

Zu jedem Arm gehören also 30 (zu jeder Hand 27), zu jedem Bein 29 (zu jedem Fuß 26) Knochen; außerdem enthalten Hände und Füße (Finger und Zehen) noch rund 18 Sesambeine.

Skelett

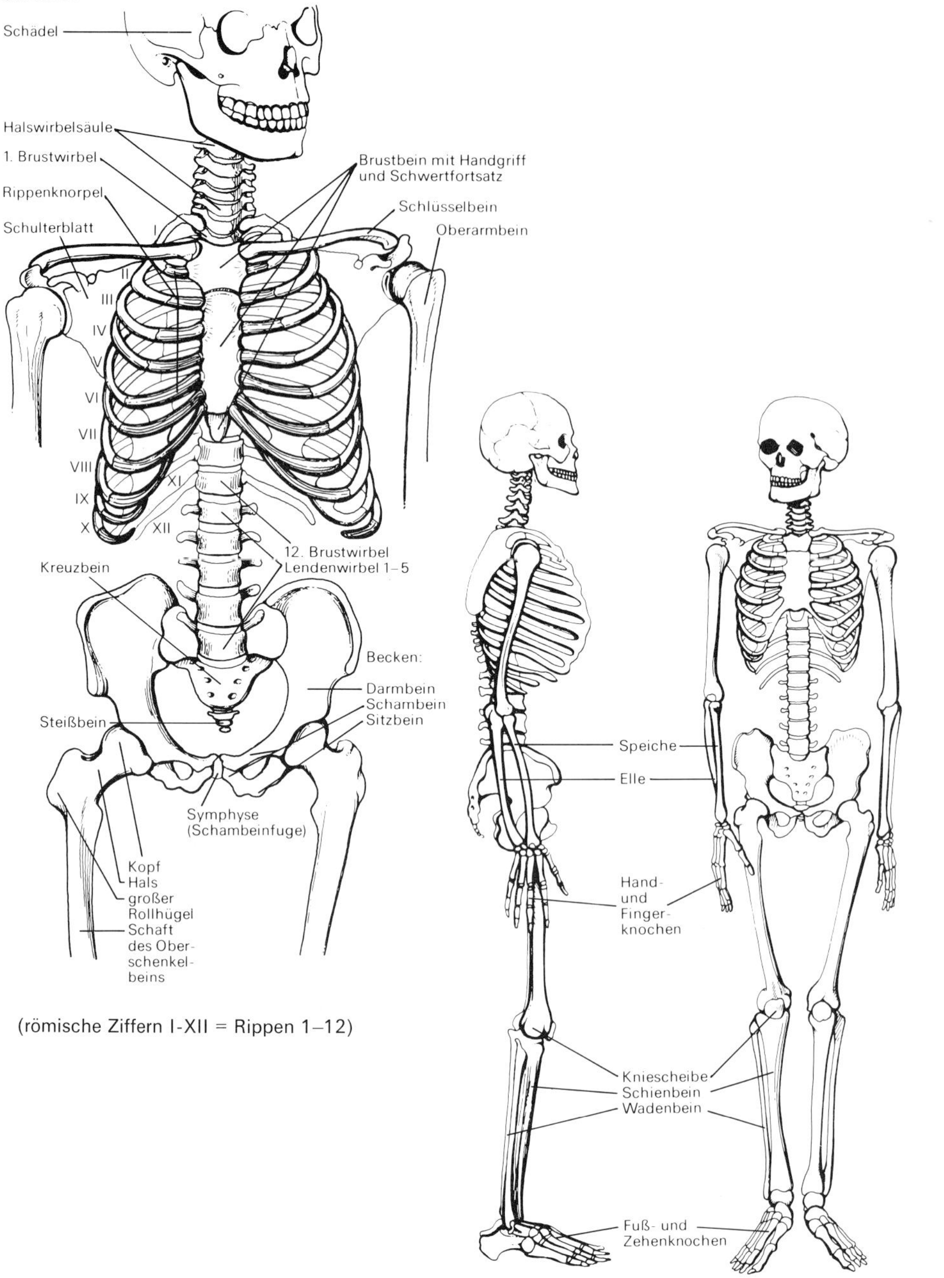

(römische Ziffern I-XII = Rippen 1–12)

Anzahl der Knochen verschiedener Skeletteile

Schädel	22	Oberarme	2	Finger	28	Fußwurzelknochen	14
Wirbelsäule	34	Unterarme	4	Becken	6	Mittelfußknochen	10
Brustkorb	25	Handwurzelknochen	16	Oberschenkel	2	Zehen	28
Schultergürtel	4	Mittelhandknochen	10	Unterschenkel	4	insgesamt:	212

Knochen, spezifisches Gewicht und Belastbarkeit

Spezifisches Gewicht des Knochens:

im Durchschnitt	1,75
beim Erwachsenen	1,85
beim Neugeborenen	1,67

Belastbarkeit auf Zug und Druck:

des Oberschenkelknochens	1650 kg
des Schienbeins	1500 kg
der Kniescheibe	600 kg

Zusammensetzung der Menschenknochen in verschiedenen Lebensaltern

Alter	Organische Substanz im frischen Knochen %	Wasser und flüchtige Substanzen im hitze-trockenen Knochen %	Organische Substanz ohne Wasser usw. im trockenen Knochen %	Organische Substanz auf frischen Knochen berechnet %	Organische Substanz im alkohol-extrahierten u. trockenen Knochen %
4½ Monate alter Fetus	63,99	32,43	46,63	32,06	–
Neugeborenes	52,15	16,03–25,52	39,34–40,73	29,46–33,74	29,55
20–60 Jahre	40,75	6,22– 9,59	33,49–37,01	30,72–34,24	30,70–34,61
61–90 Jahre	39,13–51,50	3,48–27,76	19,49–43,50	33,15	23,78–38,90

Knochenbrüche, Häufigkeit

Rippen	20 %	Zehen	5,5%	Wirbelsäule	2,0%
Unterschenkel	14,5%	Fußwurzel u.		Oberarm	1,9%
Finger	10,1%	Mittelfuß	5,1%	Oberschenkel	1,4%
Vorderarm	9,8%	Schädel	4,2%	Ellbogengelenk	1,2%
Handwurzel u.		Schlüsselbein	4,0%	Becken	0,8%
Mittelhand	6,2%	Gesichtsschädel	2,8%	Schulterblatt	0,7%

Das menschliche Gebiß

Das Milchgebiß

besteht aus 20 Zähnen:
8 Schneidezähne
4 Eckzähne
8 Backenzähne

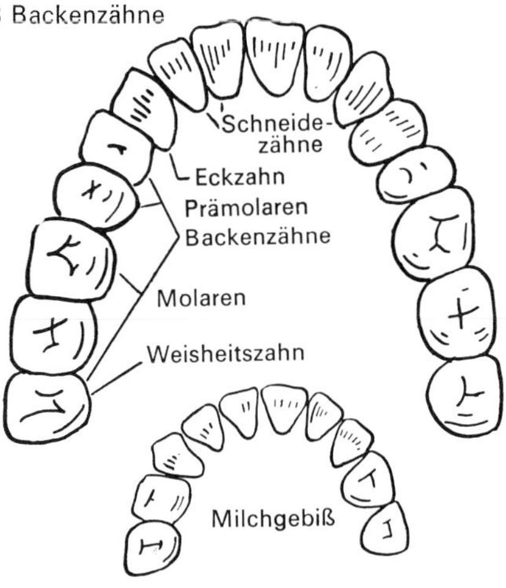

Das bleibende Gebiß

besteht aus 32 Zähnen:
8 Schneidezähne
4 Eckzähne
8 Vorbackenzähne
12 Backenzähne

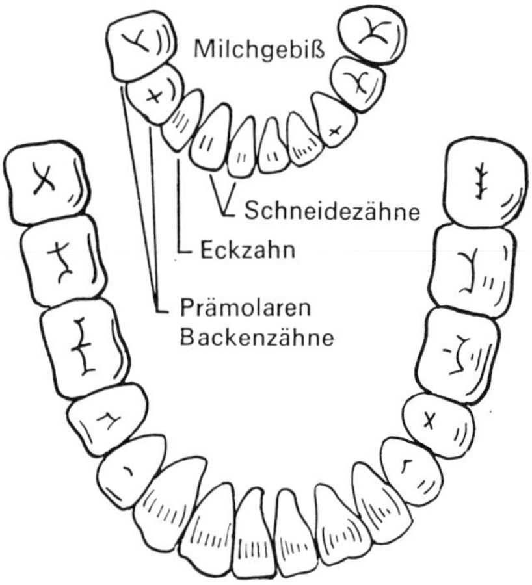

Oberkiefer (links), Unterkiefer (rechts)

Zahnformel

Sie ist die kurze Zusammenfassung der für jede Säugetierart und auch den Menschen charakteristischen Zahnstellung im Gebiß, wobei die Zahl der vier Zahntypen einer Seite für Ober- und Unterkiefer angegeben wird.

Die Zahntypen sind im Einzelnen von vorne nach hinten:
Schneidezähne, Incisivi (Abk. i)
Eckzähne, Canini (Abk. c)
Vorderback(en)zähne, Prämolares (Abk. p)
Hinterback(en)zähne, Molares (Abk. m)

Zahnformel des menschlichen Milchgebisses (desiduales Gebiß):

	i	c	m
Oberkiefer :	2	1	2
Unterkiefer	2	1	2

Zahnformel des bleibenden (permanenten) Gebisses:

	i	c	p	m*
Oberkiefer :	2	1	2	3
Unterkiefer	2	1	2	3

* Die 3. hinteren Backenzähne heißen auch Weisheitszähne und erscheinen evtl. spät oder gar nicht.
Die ursprüngliche Zahnformel des Säugetiergebisses, aus der durch Rückbildung die verschiedenen Gebisse entstanden, lautete wahrscheinlich:

	i	c	p	m
Oberkiefer :	5	1	4	4
Unterkiefer	5	1	4	4

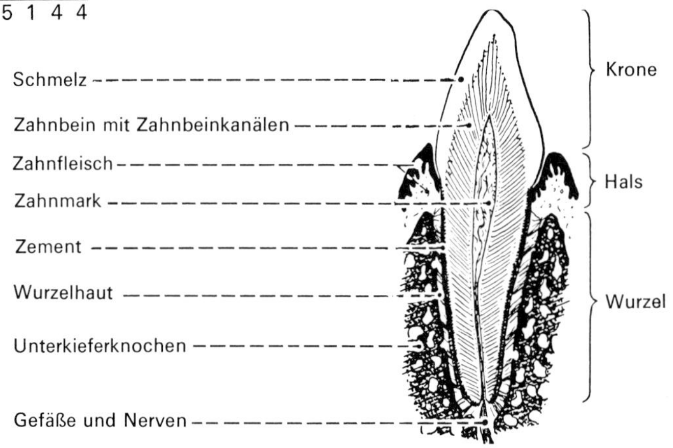

Längsschnitt durch einen Schneidezahn des bleibenden Gebisses

Zahndurchbrüche

Milchzähne (erste Dentition)

1. Schneidezähne	6.– 8. Monat
2. Schneidezähne	8.–12. Monat
Eckzähne	16.–20. Monat
1. Backenzähne	12.–16. Monat
3. Backenzähne	20.–30. Monat

Bleibende Zähne (zweite Dentition)

1. Schneidezähne	6.– 8. Jahr
2. Schneidezähne	7.– 9. Jahr
Eckzähne	9.–13. Jahr
1. Vorderbackenzähne	9.–12. Jahr
2. Vorderbackenzähne	10.–14. Jahr
1. Hinterbackenzähne	5.– 8. Jahr
2. Hinterbackenzähne	10.–14. Jahr
3. Hinterbackenzähne (= Weisheitszähne)	16.–40. Jahr

Verdauungssystem

Das Verdauungssystem wird gebildet vom Verdauungskanal (Mundhöhle–Schlund–Speiseröhre–Magen–Dünndarm) und den Verdauungsdrüsen (Mundspeicheldrüsen, Leber, Bauchspeicheldrüse); auch das Gebiß gehört dazu.
Die Mundspeicheldrüsen sondern täglich bis zu 1,5 l Speichel ab, beim Kauen in einer Stunde etwa 500–700 cm^3.
Die Speiseröhre ist etwa 25 cm lang. Flüssigkeiten durchlaufen sie in 1,5 und feste Stoffe in 6–8 Sekunden.
Der Magen hat etwa 2500 cm^3 Rauminhalt und ist etwa 30 cm lang.
Die Leber ist etwa 30 × 20 cm groß und wiegt 1800 g; sie sondert in 24 Stunden etwa 400–1000 g Galle, größtenteils in den Dünndarm, ab.
Die etwa 12 cm lange Bauchspeicheldrüse bildet täglich bis zu 1500 cm^3 Bauchspeichel. Der Darm ist 8–9 m lang, davon der Dünndarm etwa 7 m, der Dickdarm 1,5 m. Der Dünndarm ist mit etwa 4 Millionen Darmzotten ausgekleidet, durch die die verdauten Nahrungsstoffe dem Körper zugeführt werden. Im Dünndarm bleibt der Speisebrei etwa 4–5 und im Dickdarm 8–12 Stunden.
Der erwachsene Mensch scheidet täglich etwa 60–370 g Kot und 1–1½ l Harn aus.

Verweildauer der Nahrung im Magen des Erwachsenen

1–2 Stunden

100–200 g	Wasser (rein)
220 g	Wasser CO_2-haltig
200 g	Tee ohne Zutat
200 g	Kaffee ohne Zutat
200 g	Kakao ohne Zutat
200 g	Bier
200 g	leichte Weine
500 g	Rotwein (1½ St.)
100–200 g	Milch, gekocht
200 g	Fleischbrühe ohne Zutat
200 g	Peptone aller Art und Wasser
100 g	Eier weich
500 g	Saure Milch (2 St.)

2–3 Stunden

200 g	Kaffee mit Sahne
200 g	Kakao mit Milch
200 g	Malaga
200 g	Offener Wein
300–500 g	Wasser
300–500 g	Bier
300–500 g	Milch (gekocht)
100 g	Eier (roh, Rührei, hart, Omelette)
100 g	Rindfleischwurst (roh)
250 g	Kalbshirn, gesotten
250 g	Kalbsbries, gesotten
73 g	Austern, roh
200 g	Karpfen, gesotten
200 g	Schellfisch, Stockfisch
150 g	Blumenkohl, Spargel, Kartoffeln, Kirschkompott
70 g	Weißbrot, Zwieback, Brezel
50 g	Biscuits

3–4 Stunden

230 g	Junge Hühner
220–260 g	Tauben, gekocht
195 g	Tauben, gebraten
250 g	Kalbsfüße, Rindfleisch
160 g	Schinken
100 g	Kalbsbraten, Beefsteak, Lendenbraten
200 g	Lachs
72 g	Kaviar, gesalzen
200 g	Neunaugen (in Essig), Bücklinge
150 g	Schwarzbrot, Schrotbrot, Weißbrot, Biscuits, Kartoffeln, Reis, Kohlrabi, Möhren, Spinat Gurkensalat, Radieschen, Äpfel

4–5 Stunden

210 g	Tauben, gebraten
250 g	Rinderfilet, Beefsteak, gebraten; Rinderzunge, geräuchert; Hase, gebraten; Gans, gebraten
240 g	Rebhuhn, gebraten
200 g	Heringe in Salz, Erbsenbrei
280 g	Ente, gebraten
180 g	Linsenbrei, Schnittbohnen
100 g	Rauchfleisch

Honig	10 min
Speck	5–6 h
Heringssalat, Pilze	6–7 h
Ölsardinen	7–8 h

Die Verweildauer steigert sich mit der zugeführten Speisemenge bzw. ihrem Fettgehalt.

Verweildauer der Nahrung im Säuglingsmagen

Muttermilch	2¼–3½ h	Kuhmilch mit Schleim ca.	3–3½ h
Kuhmilch	4 h	Buttermilch	2–4 h

Verdauungssäfte

1–2 l täglich	Bestandteile der Verdauungssäfte, bes. die Enzyme (= Fermente)	Wirkung auf die Nahrungsbestandteile
A = **Speichel**	*Schleim* Ptyalin	
B = **Magensaft**	*Schleim* *Salzsäure* Pepsin Lipase Lab	Durchfeuchtung des Nahrungsbreies Einleitung der Kohlenhydratverdauung Verdünnung der Verdauungssäfte und des Nahrungsbreies Vorverdauung von Eiweiß
C = **Pankreassaft**	Pankreas-Ptyalin Trypsin Erepsin Lipase	Spaltung emulgierter Fette (in geringen Mengen) Gerinnung des Kaseins der Milch Verdauung von Kohlenhydraten Verdauung von Eiweiß
D = **Gallensaft**	*Cholesterin* *Lezithin* *Gallensäuren*	Verdauung von Fetten Beihilfe bei der abschließenden Verdauung der Fette (Emulgierung wasserunlöslicher Fette, Überführung von Fettsäuren in wasserlöslichen Zustand), Förderung der Eiweißverdauung Vermischung von Darminhalt und Verdauungssäften Abschluß der Kohlenhydratverdauung
Ea = **Darmsaft** (Dünndarm)	*Schleim* Maltase Invertin Laktase Erepsin	Abschluß der Eiweißverdauung Schlüpfrigmachen des Darmes Bakterielle Zelluloseverdauung, Gärung der Fette und Eiweißkörper
Eb = **Darmsaft** (Dickdarm)	*Schleim* *Bakterien*	

Die *kursiv* gesetzten Verdauungssäfte sind keine Enzyme.

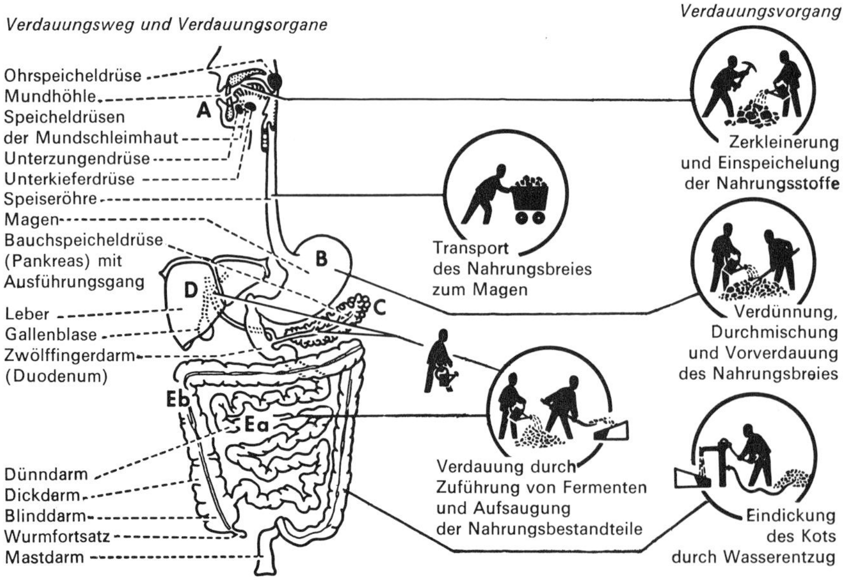

Geschmackssinn

In 1 cm³ Flüssigkeit sind eben noch wahrnehmbar als:

süß		salzig		bitter		sauer	
Saccharin	0,1 mg	Calciumchlorid	1,25 mg	Chinin	0,004 mg	Weinsäure	0,02 mg
Natronlauge	0,4 mg	Ammoniumsulfat	1,5 mg	Koffein	0,05 mg	Schwefelsäure	0,04 mg
Traubenzucker	10 mg	Natriumchlorid	2,5 mg	Methylamin	0,15 mg	Salzsäure	0,06 mg
Rohrzucker	10–20 mg	Natriumsulfat	5 mg	Harnstoff	7 mg	Natriumoxalat	0,3 mg

Abgesonderte Speichelmenge bei Genuß verschiedener Speisen

Stoff	Speichelmenge	Stoff	Speichelmenge	Stoff	Speichelmenge
Fleisch	1,1 cm³/min	Zwieback	3,0 cm³/min	½%ige Salzsäure	4,3 cm³/min
Milch	2,4 cm³/min	Fleischpulver	4,4 cm³/min	Destilliertes Wasser	0 cm³/min
Weißbrot	2,2 cm³/min	Sand	1,9 cm³/min		

Magensaft

Tägliche Gesamtmenge	1–2 l	Natriumchlorid und Kaliumchlorid	0,50 –0,58 %
Spezifisches Gewicht	1,006–1,009	Freie Salzsäure	0,4 –0,5 %
Verschiedene Enzyme (Fermente)		Gesamter Stickstoff	0,051–0,075%

Magensaft als Bakterienfilter

Säureresistenz von Bakterien (Abtötung in 24 Stunden)	pH	Bakterienwachstum im Säuglingsmagen pH
Dysenteriebazillen	5,4	unter 4,0 steril
Typhusbakterien	5,0	unter 4,5 kolifrei
Colibakterien	4,6	über 4,5 kolipositiv
Enterokokken, Acidophilus	2,36	

pH = Säurewert (7 = Neutral; < sauer; > basisch)

Leber- und eingedickte Blasengalle

Spezifisches Gewicht: Lebergalle 1,010–1,012; Blasengalle 1,026–1,032

Zusammensetzung:	Lebergalle	Blasengalle
Wasser	965 Promille %	840 Promille %
Trockensubstanz	35 Promille %	160 Promille %
Schleim und Farbstoffe	4 Promille %	44 Promille %
Gallensaure Alkalien (Taurocholat, Glykocholat)	18 Promille %	87 Promille %
Cholesterin	2 Promille %	9 Promille %
Lecithin	0,6 Promille %	1,4 Promille %
Fett	0,5 Promille %	6,0 Promille %
Lösliche Salze	7 Promille %	3 Promille %
Unlösliche Salze	0,5 Promille %	2 Promille %

Gallenabsonderung beim Menschen

Beobachtungs(Uhr)zeit	0–4	4–8	8–12	12–0	4–8	8–12	12–3	4–8	Insgesamt
Hunger	90	100	107	127	117	95	90	85	621 cm³ in 24 Std.
Kohlenhydrat (257 g Rohrzucker)	–	–	142	125	102	80	102	110	661 cm³ in 24 Std.
Fett (118 g)	–	–	127	180	162	142	110	105	826 cm³ in 24 Std.
Eiweiß (711 g mageres Rindfleisch gebraten)	–	–	232	205	155	135	130	130	987 cm³ in 24 Std.

Darmlängen

Dünndarm:		Dickdarm	1,2 – 1,5 m
Zwölffingerdarm	30 cm	Mastdarm	15 – 10 cm
Leer- und Krummdarm	5–7 m	Gesamter Darm	6 – 8 m

Darm

Darmsaft bei der Dünndarmverdauung, 100 cm³ Darmstoff enthalten:

Wasser	98%	Gesamtes Eiweiß	190–340 mg
Harnsäure	0,2 mg	Globuline	40 mg
		Albumine	60 mg

Der Kot, durchschnittliche Tagesmenge

Gemischte Kost	60–250 g	Vegetabilische Kost	320–370 g
Fleischkost	55– 65 g	Fasten	10– 25 g
Zusammensetzung:			
Feste Stoffe	25%	Wasser	75%
Davon feste Stoffe:			
Nahrungsüberreste:	Zellulose		2%
	Muskelfasern und stickstoffhaltige Reste		2%
	verseifte und unverseifte Fette		6%
Bakterien			8%
Salze, Schleim und Farbstoff			7%

Atmungssystem

Das Atmungssystem dient der Aufnahme von Sauerstoff in den Körper und der Abgabe von Kohlendioxid (und Wasserdampf) aus dem Körper. Der Gasaustausch geht vor allem in den Lungen vor sich; außerdem zu einem kleineren Teil auch an der Körperoberfläche mit Hilfe der Schweißdrüsen.
Die eingeatmete Luft gelangt durch Mund und Nase – wo sie gereinigt und erwärmt wird – durch den Rachenraum und die etwa 12 cm lange Luftröhre, die sich in zwei starke Hohläste, die Hauptbronchien, teilt, in die Lungen.
Die Lungen liegen rechts und links vom Herzen und nehmen den größten Teil des Brustkorbs ein; die linke Lunge besteht aus zwei, die rechte aus drei Lungenlappen. Sie werden gebildet von etwa 400 Millionen Lungenbläschen, zu denen sich die feinsten Bronchien am Ende erweitern. Die Gesamtoberfläche der Lungenbläschen beträgt etwa 200 m².
Der Luftwechsel in den Lungen erfolgt durch die Atembewegungen:
Erweiterung des Brustkorbs bei der Einatmung,
Verengung des Brustkorbs bei der Ausatmung.

Die Lunge

Höhe der äußeren Fläche	25 cm
Höhe der inneren Fläche	15 cm
Gewicht (Mann)	1300–1300 g
Gewicht (Frau)	1000–1100 g
Zahl der kleinsten Bronchien	200 000–250 000
Lungenbläschen	300–400 Millionen
Atmungsoberfläche	150 m²
Wasserabgabe täglich (beide Lungen)	400–500 cm³
Verbrauch an Atemluft pro Minuten	ca. 8 l
Benötigter Sauerstoff in 24 Stunden	800–1000 g = 560– 700 l

Atemfrequenz

Mann	14–16 Atemzüge/min
Frau	16–20 Atemzüge/min
Einjähriges Kind	40–44 Atemzüge/min
10jähriges Kind	20–24 Atemzüge/min

Erwachsener (im Durchschnitt):

im Liegen	10–14 Atemzüge/min
im Sitzen	12–16 Atemzüge/min
im Stehen	12–14 Atemzüge/min
im Schlafen	8–12 Atemzüge/min

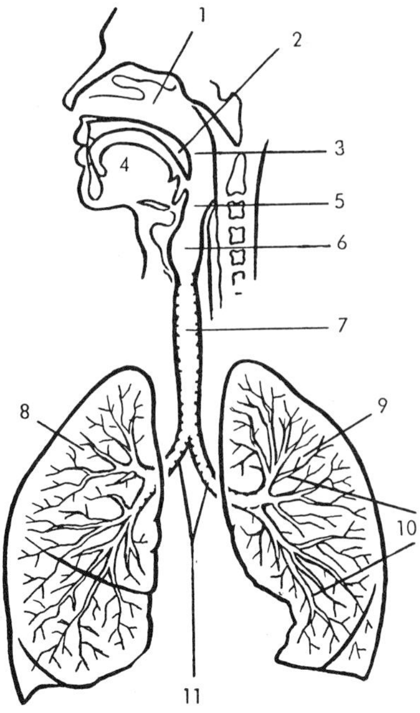

Atemwege: 1 Nasenhöhle, 2 Gaumen, 3 Nasenrachenraum, 4 Zunge, 5 Rachen, 6 Kehlkopf, 7 Luftröhre, 8 rechte Lunge (drei Lappen), 9 linke Lunge (zwei Lappen), 10 Bronchialäste, 11 Stammbronchien

Atmungskette

Kette von Enzymen, die die energieliefernde Reaktion zwischen Wasserstoff und Sauerstoff zu Wasser katalysiert. Das Prinzip der Kette liegt in der stufenweisen Freisetzung der Energie, die jeweils zur Synthese von Adenosintrophosphat (ATP) aus Adenosindiphosphat (ADP) und anorganischem Phosphat benutzt und in dieser Form gespeichert wird. Der Wasserstoff der Nahrungsstoffe, lose gebunden an das Coenzym Nicotinamid-adenin-dinucleotid (NAD) wird an ein Flavinenzym weitergereicht. Das Flavinenzym gibt die Elektronen des Wasserstoffs an die Cytochrome ab. Das letzte Glied der Atmungskette ist die Cytochromoxydase, die die Elektronen auf den Sauerstoff überträgt, der dann mit den Wasserstoffionen unter Bildung von Wasser reagiert. Pro Mol verbrauchten Sauerstoffs werden 3 Mol Adenosintriphosphat synthetisiert. Diesen Weg der Energiegewinnung nennt man oxydative Phosphorylierung oder Atmungskettenphosphorylierung.

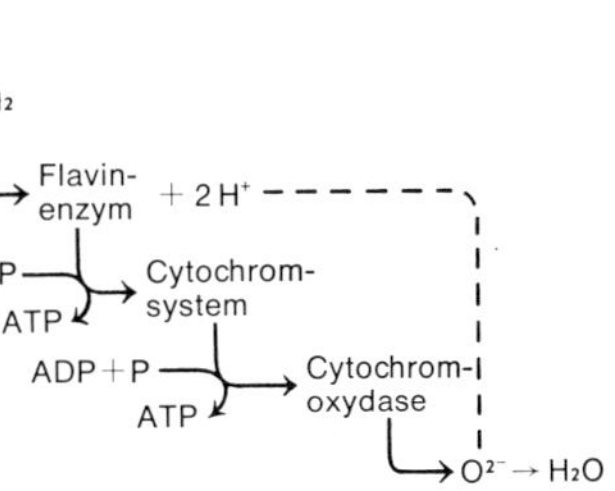

Atmungskette

Atmungsluft, Zusammensetzung

eimgeatmet	ausgeatmet
78 % Stickstoff	79,3% Stickstoff
21 % Sauerstoff	16 % Sauerstoff
0,03% Kohlendioxid	4,3% Kohlendioxid

Der Luft werden in der Lunge also etwa 5% Sauerstoff entzogen. Nach dem Gewicht scheidet ein erwachsener Mensch in 24 Stunden etwa 800 g Kohlendioxid und 300 g Wasser aus und nimmt etwa 600 g Sauerstoff auf.
Die Lunge wechselt an einem Tage etwa 13000 l Luft. Bei der Hautatmung werden am Tage nur etwa 4 g Sauerstoff aufgenommen und 4 g Kohlendioxid abgegeben, aber zugleich 500–800 g Wasser verdunstet.

Atemvolumen

Ein größeres Atemvolumen – von normal 7–8 l auf etwa 90 l/min – kann durch erhöhte Atemtiefe oder Steigerung der Atemfrequenz erreicht werden.
Respirationsluft (bei jedem Atemzug) 500 cm^3
Komplementärluft (mit zusätzlicher Anstrengung noch einzuatmen) 2000 cm^3
Reserveluft (mit zusätzlicher Anstrengung noch auszuatmen) 2000 cm^3
Vitalkapazität (größtmögliche Ein- und Ausatmung) 4500 cm^3
Residualluft (bleibt stets in der Lunge als Rest zurück) 1200 cm^3

Die Sinnesorgane

Die Sinnesorgane sind zur Information über äußere und innere Zustandsänderungen dienende Organe. Die auf Außenreize ansprechenden Sinnesorgane nennt man Exterozeptoren (Augen, Ohr, Geruchsorgan usw.). Veränderungen innerhalb des Organismus reizen die Interozeptoren, die des Eingeweides die Viscerozeptoren, solche in Muskeln und Sehnen die Propriozeptoren. Der Reiz wird in den Sinnesorganen von den Sinneszellen aufgenommen und in Erregung transformiert. Jedes Sinnesorgan ist durch seine Lage und durch Ausbildung von Hilfsstrukturen auf einen bestimmten Reiz spezialisiert. Für diesen sogenannten adäquaten Reiz ist das Sinnesorgan empfindlicher als für alle anderen Reize (inadäquate Reize). Als Hilsstrukturen bezeichnet man z. B. beim Augen die Linse, die Pupille und das Lid.

Das Auge

Es ist das Sehorgan bei Mensch und Tier; es besteht aus dem Augapfel und den Schutzorganen (Augenbrauen, Augenlidern mit Wimpern). Der Augapfel ist von der Lederhaut umgeben, die vorn in die stärker gekrümmte durchsichtige Hornhaut übergeht.
Dahinter liegt die Regenbogenhaut (Iris), die dem Auge die Farbe gibt und das veränderliche, kreisförmige Sehloch (Pupille) freigibt. Durch dieses fällt das Licht ein, wird in der Linse gebrochen und durch den Glaskörper, eine gallertartige Masse, auf die Netzhaut geworfen. Deren lichtempfindliche Teile, die Stäbchen, die noch schwaches Licht schwarz-weiß wahrnehmen, und die

Zäpfchen, die dem Farbensehen dienen, stehen in Verbindung mit den Enden des Sehnervs, der die Lichteindrücke an das Gehirn weiterleitet. Dabei wird auch das Bild, das auf der Netzhaut verkehrt steht, dem Bewußtsein richtigstehend übermittelt.
Die Linse kann durch zusammenziehende Muskeln auf verschiedene Entfernungen eingestellt werden.

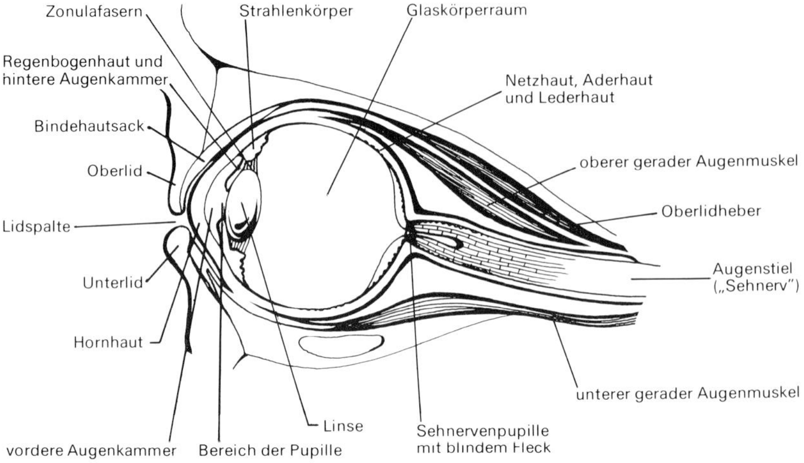

Sagittalschnitt durch das Auge in der Augenhöhle

Der Augapfel

	Erwachsene	Neugeborene		Erwachsene	Neugeborene
Längsdurchmesser	24,3 mm	17,2 mm	Rauminhalt	7,2 cm³	2,2 cm³
Querdurchmesser	23,9 mm	17,2 mm	Gewicht	7,4 g	2,3 g
Höhendurchmesser	23,85 mm	15,4 mm	Spezifisches Gewicht	1,036	1,036
Umfang	73,8 mm	50 mm			

Anzahl der Zapfen und Stäbchen im Auge

Zapfen pro mm² im Durchschnitt	160 000	Gesamtzahl der Zapfen	ca. 7 Mill.
Im Bereich des blinden Flecks pro mm²	8 000–13 000	Gesamtzahl der Stäbchen	ca. 130 Mill.
Mehr am Rande (Zapfen) pro mm²	132 000	Durchm. des gelben Flecks	1–3 mm

Die Linse

Dicke:		Durchmesser:	
im Alter von 0–20 Jahren	3,92 mm	bei Neugeborenen	6,77 mm
im Alter von 21–40 Jahren	4,05 mm	im Alter von 20–29 Jahren	8,67 mm
im Alter von 41–60 Jahren	4,80 mm	im Alter von 30–39 Jahren	8,96 mm
im Alter über 60 Jahren	4,84 mm	im Alter von 40–49 Jahren	9,09 mm
		im Alter über 50 Jahren	9,4 mm

Der Glaskörper

Rauminhalt	3,9 cm³ = 65% des Augapfels	Albumine und Globuline	4,8 mg%
Spezifisches Gewicht	1,0053–1,0089	Peptone	2,8 mg%
Stickstoffgehalt	36,8 mg%	Glukose	30–70 mg%
Schleim/Eiweißstoffe	14,0 mg%	Zink	0,04–0,07 mg%

Pupillenabstand

	männlich	weiblich		männlich	weiblich
mit 4 Jahren	49 mm	47 mm	mit 15 Jahren	59 mm	58 mm
mit 10 Jahren	55 mm	55 mm	beim Erwachsenen	63 mm	61 mm

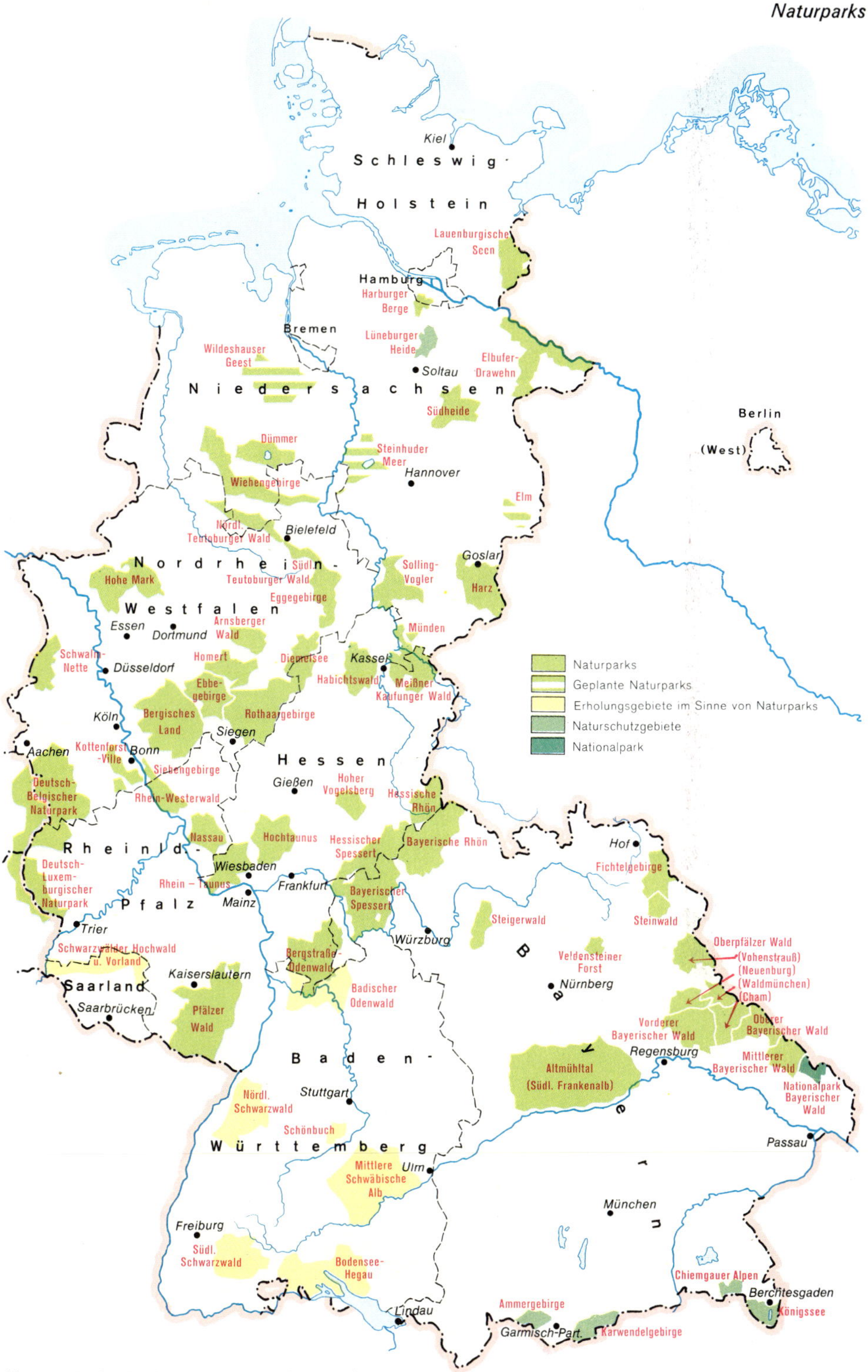

Naturparks in der Bundesrepublik Deutschland

Optische Täuschungen

Die Senkrechten laufen parallel

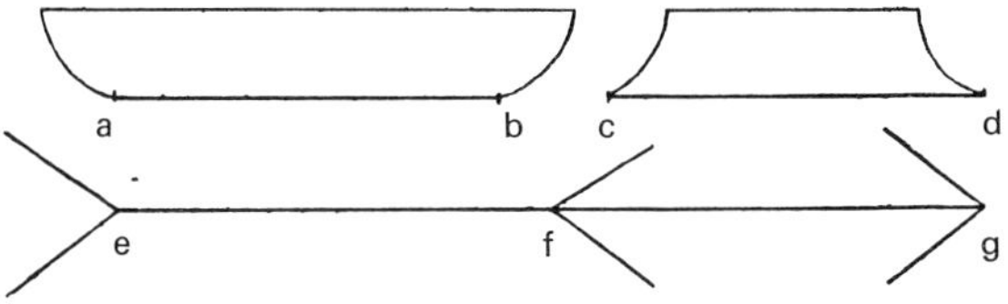

ab = cd ef = fg

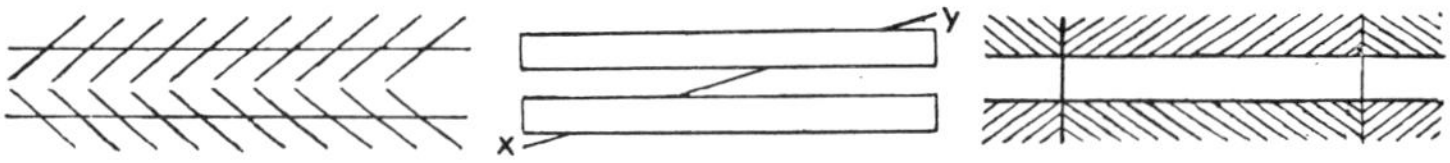

Die beiden Waagerechten laufen jeweils parallel – xy ist nicht gebrochen

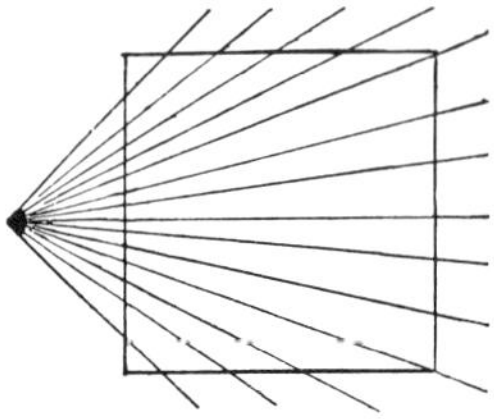

Ein regelrechtes Quadrat

Die Scheibe dreht sich bei längerem Hinsehen

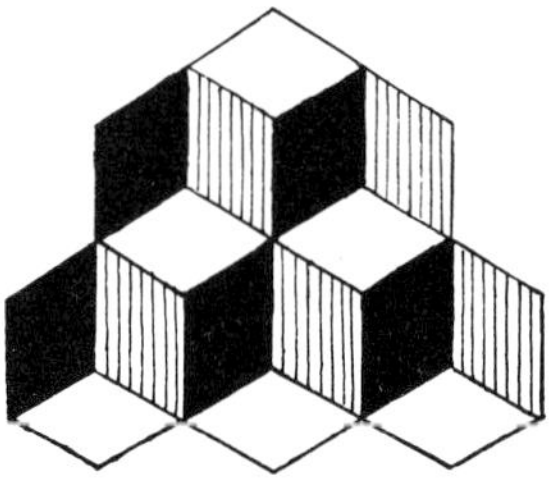

Man sieht 3 Würfel von oben oder 5 Würfel von unten

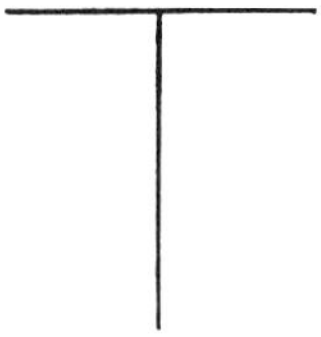

Die Senkrechte ist so groß wie die Waagerechte

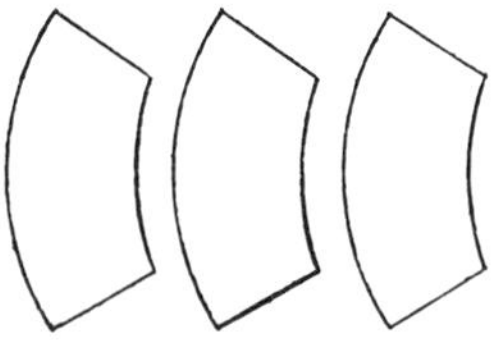

Alle 3 Stücke sind gleich groß

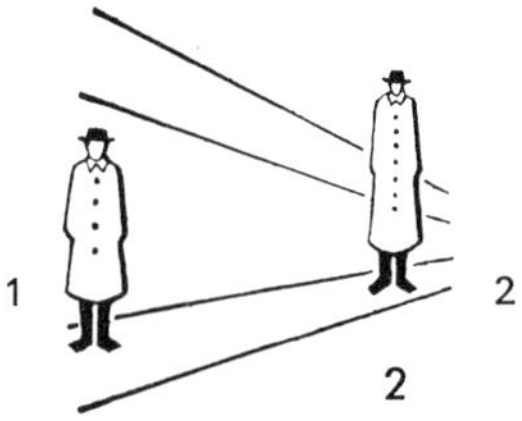

1 ist so groß wie 2

Adaptation

Pupillenerweiterung beim Wechsel vom Hellen ins Dunkle

in	ein Durchmesser von	in	ein Durchmesser von	in	ein Durchmesser von
0,0 sec	2,8 mm	5,0 sec	5,5 mm	60 sec	7,2 mm
0,5 sec	3,1 mm	9,0 sec	6,2 mm	180 sec	7,5 mm
1,5 sec	3,9 mm	15 sec	6,5 mm	300 sec	7,6 mm
3,0 sec	4,7 mm	29 sec	6,8 mm		

Pupillenzusammenziehung vom Dunkeln ins Helle

in	ein Durchmesser von	in	ein Durchmesser von	in	ein Durchmesser von
0,0 sec	7,50 mm	1,4 sec	3,75 mm	2,8 sec	2,97 mm
0,2 sec	7,43 mm	1,6 sec	3,55 mm	3,0 sec	2,93 mm
0,4 sec	6,20 mm	1,8 sec	3,38 mm	3,2 sec	2,87 mm
0.6 sec	5,45 mm	2,0 sec	3,23 mm	3,4 sec	2,83 mm
0,8 sec	4,77 mm	2,2 sec	3,13 mm	3,6 sec	2,82 mm
1,0 sec	4,40 mm	2,4 sec	3,03 mm	3,8 sec	2,77 mm
1,2 sec	4,05 mm	2,6 sec	3,00 mm	4,0 sec	2,77 mm

Das Ohr

Das äußere Ohr	
Ohrlänge	62–66 mm
Durchmesser des Gehörgangs horizontal	6–9,5 mm
Durchmesser des Gehörgangs vertikal	5–7 mm
Länge des äußeren Gehörgangs	18–23 mm
Länge des entsprechenden Knochenkanals	14–17 mm
Dicke des Trommelfells	0,08–0,12 mm
Durchmesser des Trommelfells	8,5 × 9,0 mm

Das Innenohr	
Länge des inneren Gehörganges	4– 6 mm
Länge der Schnecke	31–35 mm
Länge der Sinneshaare	0,004–0,012 mm
Zahl der Ganglienzellen der Schnecke	25 000–29 000
Zahl der Nervenfasern: unterste Windung	ca. 1076 pro mm²
Zahl der Nervenfasern: mittlere Windung	ca. 950 pro mm²
Zahl der Nervenfasern: oberste Windung	ca. 500 pro mm²

Die drei Abschnitte des Ohrs

Zum äußeren Ohr gehören die Ohrmuschel und der äußere Gehörgang, der durch das Trommelfell vom Mittelohr getrennt wird. Dieses besteht aus der Paukenhöhle mit den Gehörknöchelchen Hammer (am Trommelfell), Amboß und Steigbügel, die den Schall leiten. Das ovale und das Schneckenfenster führen zum inneren Ohr (Labyrinth), das die Bogengänge in den drei Richtungen des Raumes (Gleichgewichtsorgan) und die Schnecke mit dem Cortischen Organ (mit den Enden des Gehörnervs) enthält. Die Ohrtrompete verbindet die Paukenhöhle mit der Rachenhöhle.

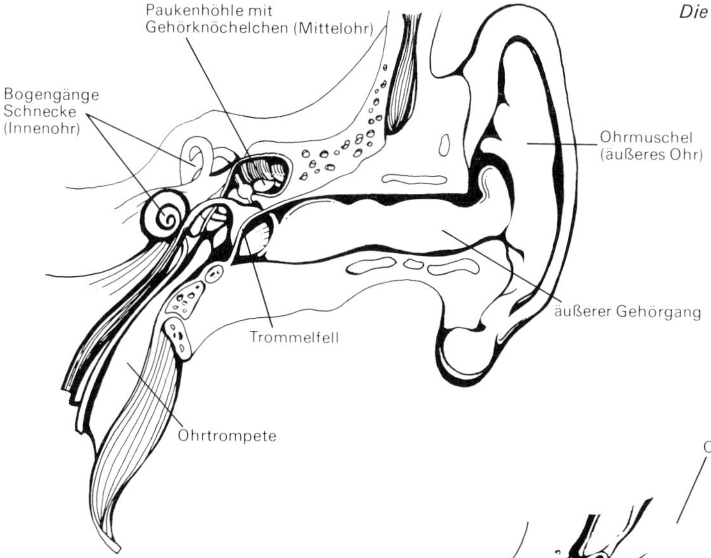

Die drei Abschnitte des Ohrs

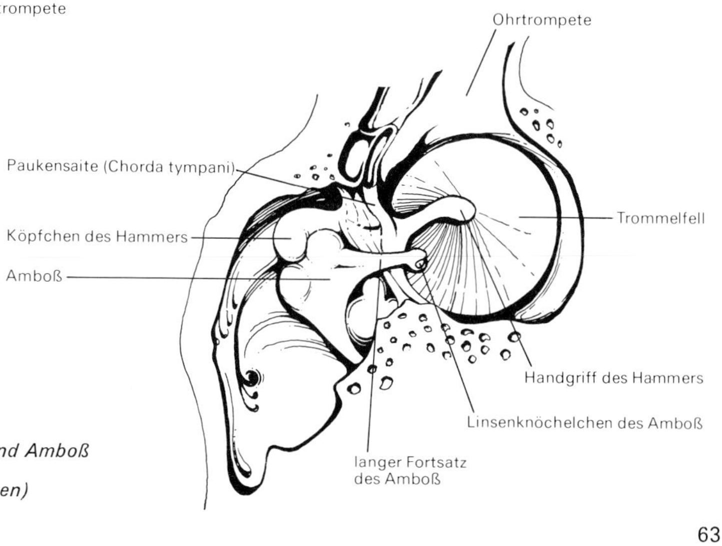

Trommelfell, Hammer und Amboß (von innen, von der Paukenhöhle aus gesehen)

Abstammung des Menschen

Vorfahren des Menschen mit Gehirnvolumen, Schädelformen und wichtigsten Fundorten

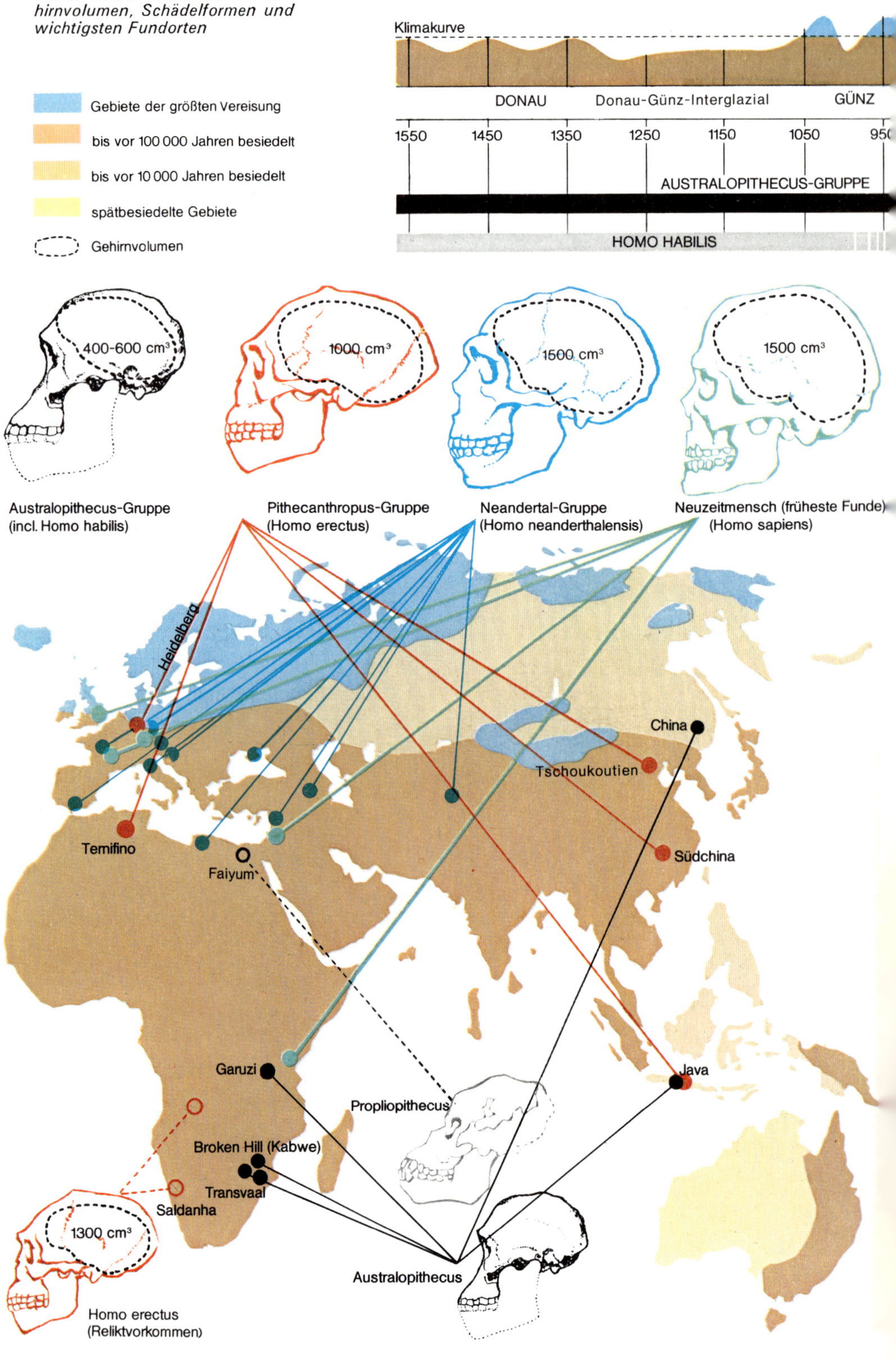

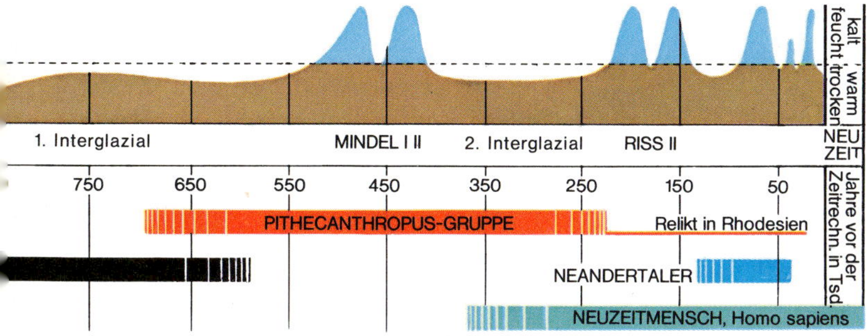

Zeittafel der Menschwerdung (Klima und Träger der menschlichen Evolution)

Stammbaum des Menschen

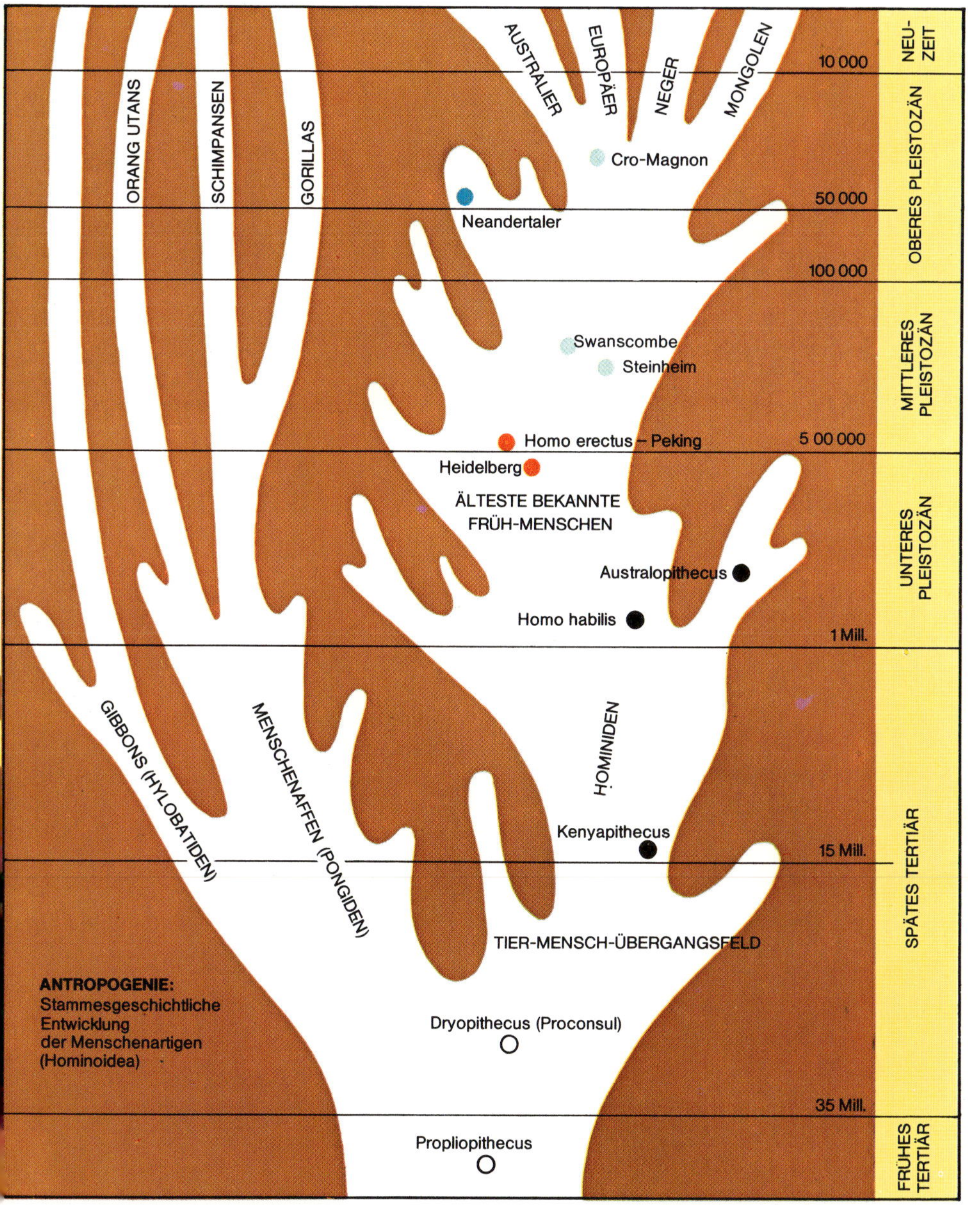

Blut und Blutkreislauf

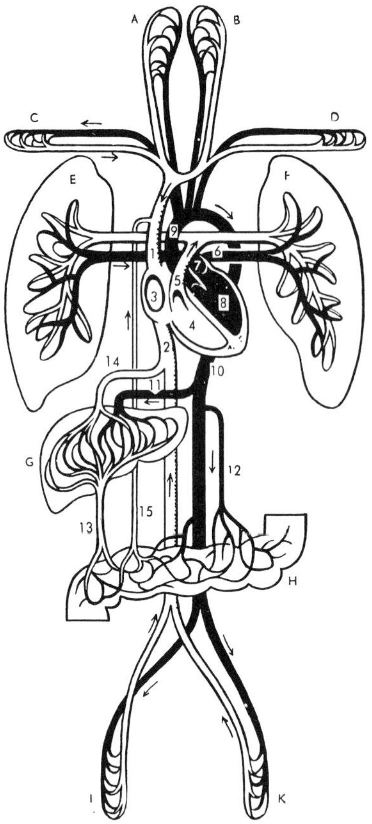

Der Blutkreislauf dient dem Stoffwechsel für Nährstoffe, Gase (Sauerstoff, Kohlendioxid) und Körperschlacken. Der Motor des Blutkreislaufes ist das Herz. Es pumpt das (hellrote arterielle) Blut aus der linken Herzkammer in die Körperschlagader und durch Verzweigungen der Schlagadern über die Haargefäße zu den Geweben und Organen. Hier wird es mit Stoff- und Gasschlacken (Kohlendioxid) beladen (hierdurch erhält es eine dunkle, bläulichrote Farbe: venöses Blut) und wieder in Haargefäßen gesammelt und durch Venen (Blutadern) in den rechten Vorhof des Herzens geführt (großer Blutkreislauf). Von dort wird es über die rechte Herzkammer und die Lungenschlagader in die Lunge gepumpt, wo es das Kohlendioxid abgibt, Sauerstoff aufnimmt und durch die Lungenvene wieder der linken Herzkammer zugeführt wird (kleiner Blutkreislauf, Lungenblutkreislauf).
Die kohlendioxidbeladenen Blutgefäße sind im Großen- oder Körperkreislauf Venen (Blutadern), die sauerstoffführenden Blutgefäße dagegen Arterien (Schlagadern); umgekehrt verhält es sich im Kleinen- oder Lungenkreislauf. Allgemein sind Venen Adern, die Blut dem Herzen zuführen, Arterien dagegen leiten unter Pulsschlag Blut vom Herzen weg. Daher führt auch die Lungenarterie kohlendioxidreiches, die Lungenvene aber sauerstoffreiches Blut.
Das Herz (etwa 15 × 9 cm groß und 300 g schwer) schlägt beim erwachsenen Menschen 60–80mal in der Minute (abhängig von Anstrengung, Erregung usw.) normal 70–75mal. Bei jedem Herzschlag pumpt das Herz in der Ruhe 50–70, bei Anstrengung bis 150 cm³ Blut; das sind (in der Ruhe) 3½–5 l in der Minute, 210–315 l in der Stunde und 5000 bis 7500 l an einem Tag.

Blutkreislauf (schematisch): 1 obere große Vene, 2 untere große Vene, 3 rechter Vorhof, 4 rechte Herzkammer, 5 Lungenschlagader, 6 Lungenvene, 7 linker Vorhof, 8 linke Herzkammer, 9 Hauptschlagader (Aorta), 10 Bauchschlagader, 11 Milchbrustgang, A rechte Kopfseite, B linke Kopfseite, C rechter Arm, D linker Arm, E rechte Lunge, F linke Lunge, G Leber, H Darm, I rechtes Bein, K linkes Bein

Detaillierte physiologische Größen und ihre Mittel- bzw. Grenzwerte siehe folgende Tabellen.

Kreislaufdauer beim Menschen

Die Zeit, in der der Weg Ellenbogenvene–Ellenbogenvene zurückgelegt wird, betrug bei Versuchen:

Alter	Männer Anzahl	Grenzen	Mittel	Frauen Anzahl	Grenzen	Mittel
15–19	7	12–23 sec	18,3 sec	14	13–24 sec	18,4 sec
20–24	8	17–22 sec	18,5 sec	16	15–24 sec	18,5 sec
25–29	9	18–24 sec	21,4 sec	16	14–24 sec	18,9 sec
30–39	9	17–23 sec	20,3 sec	9	17–25 sec	21,1 sec
40–49	9	18–24 sec	21,1 sec	4	19–23 sec	21,8 sec
50–59	4	19–24 sec	22,3 sec	5	17–26 sec	22,4 sec
60–69	2	19–23 sec	21,0 sec	2	21–24 sec	22,5 sec
70–79	3	22–24 sec	22,7 sec	2	19–26 sec	22,5 sec

Blutgefäße

Durchmesser der Aorta (Hauptschlagader)	32 mm
Länge der aufsteigenden Aorta	6 cm
Länge der Lungenschlagader	5–6 cm
Länge der oberen Hohlvene	5–6 cm
Durchmesser der oberen Hohlvene	20 mm
Durchmesser einer Kapillare	0,008–0,009 mm
Gesamtlänge der Kapillaren aneinandergereiht	2500 km
Die gesamten Kapillaren des menschlichen Körpers bedecken ausgebreitet eine Fläche von	80 m²

Gemessene Puls-(Herz-)frequenzen in Abhängigkeit vom Lebensalter

Alter	Pulsfrequenz/min. männlich	weiblich
Reife Früchte am Ende des Fetallebens	146,26	141,23
Neugeborene		
1. Lebensstunde	136	
1. Tag	97–156 (126,5)	
	123	
1.–8. Tag	124	
4.–7. Tag	125	
1. Woche	130	124
2. Woche	133,4	
3. Woche	131,4	

Alter	Pulsfrequenz/min. männlich	weiblich
Säuglinge		
15–30 Tage	141	130
1–2 Monate	133	130
2–6 Monate	113	139
6–12 Monate	113	127

Alter, Jahre	Grenzen	Mittel
Kinder		
1	84–136	111
2	84–134	108
3	80–124	108
4	80–133	103
5	70–128	98
6	72–128	93
7	72–112	94
8	72–114	89
9	68–120	91
10	56–106	87
11	60–120	89
12	67–112	88
13	66–114	87
14	60–112	82
Jugendliche		
15	66–112	83
16	54–108	80
17	54–104	76
18	60–108	77
19	52–106	74
20	59–99	71
Erwachsene		
21	41–96	71
22	56–100	70
23	50–96	71
24	50–96	72
25–30	52–102	72
30–35	58–104	70
35–40	56–100	72
40–45	50–104	72
45–50	49–100	72
50–55	52–94	72
55–60	48–108	75
60–65	54–100	73
65–70	52–96	75
70–75	54–104	75
75–80	50–94	72
80 und älter	63–98	79

Herzfrequenz in verschiedenen Lebensaltern (Idealwerte)

Alter	Herzschläge
Neugeborene	140/min
6 Monate	125/min
2 Jahre	120/min
3 Jahre	110/min
4 Jahre	100/min
10 Jahre	90/min
14 Jahre	85/min
erwachsener Mann	70–72/min
erwachsene Frau	76/min
Greisenalter	80–85/min

Das Herz (Durchschnittswerte)

Gewicht	300 g	Umfang	25 cm
Länge	15 cm	Breite	9 cm

Puls am Tage ca. 100 000 Schläge

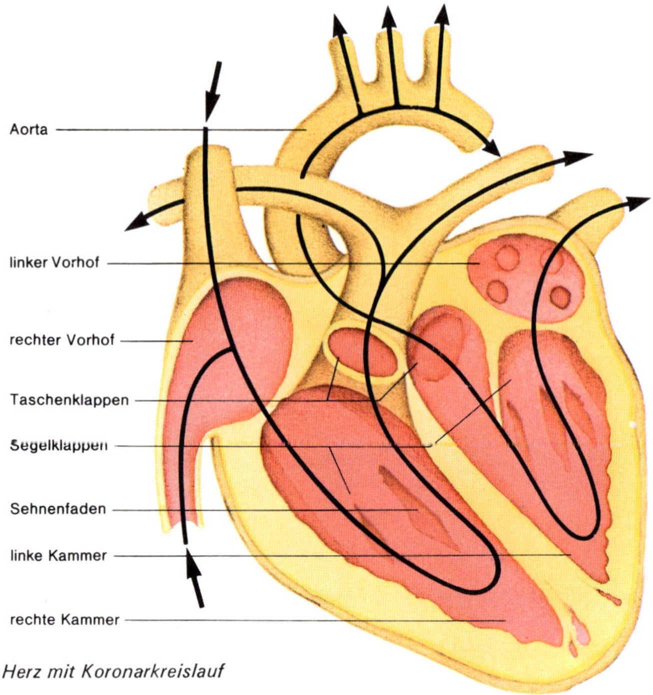

Herz mit Koronarkreislauf

Herzklappen

Bezeichnung	Klappenform	verbindet
Mitralklappe	zweizipflig	linken Vorhof und linke Kammer
Aortenklappe	dreiteilig halbmondförmig	linke Kammer und Hauptschlagader
Trikuspidalklappe	dreizipflig	rechten Vorhof und rechte Kammer
Pulmonalklappe	dreiteilig halbmondförmig	rechte Kammer und Lungenschlagader

Herzschlag

Dauer eines Herzschlags	0,83 sec
davon eigentliche Zusammenziehung (Systole)	0,50 sec
Ruhepause (Refraktärzeit)	0,33 sec

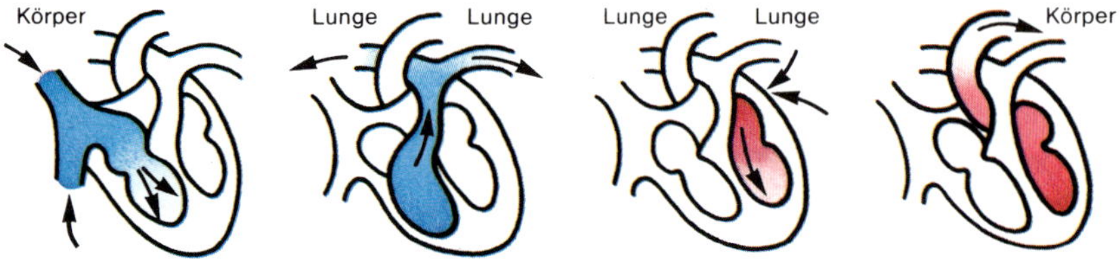

Die vier Phasen des Herzschlags

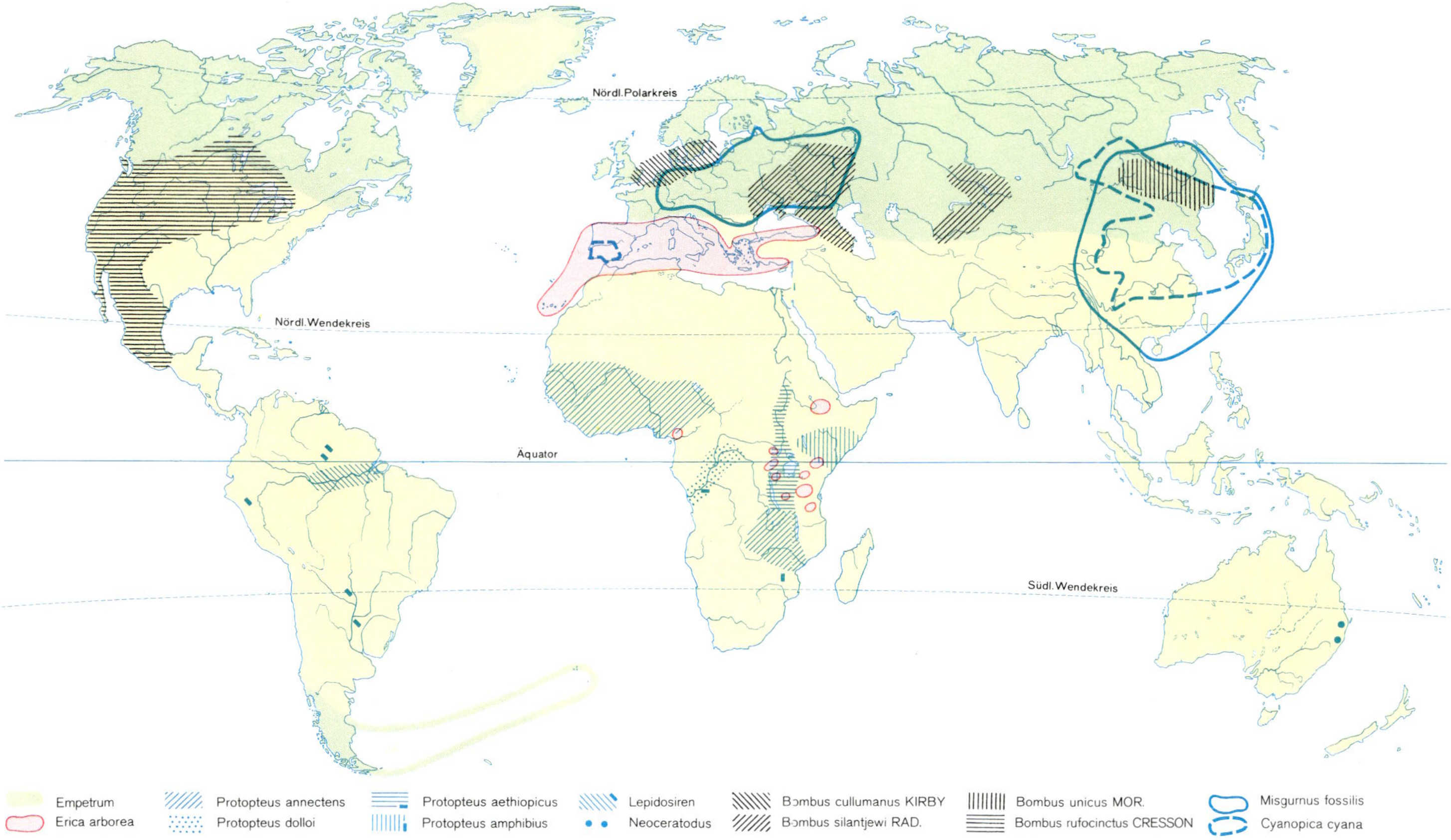

Diskontinuierliche Verbreitung: a) bei Pflanzen: Empetrum (Krähenbeere) und Erica arborea (Baumheide); b) bei Tieren: Protopterus, Lepidosiren, Neoceratodus (Lungenfische); Bombus spec. (Hummeln); Misgurnus fossilis (Schlammpeitzger) und Cyanopica cyana (Blauelster)

Abhängigkeit der Fortleitungsgeschwindigkeit der Pulswelle vom Alter

Alter	Geschwindigkeit	Alter	Geschwindigkeit
6 Jahre	4,7 m/sec	32 Jahre	7,2 m/sec
20 Jahre	6,0 m/sec	35 Jahre	6,6 m/sec
24 Jahre	6,7 m/sec	51 Jahre	7,4 m/sec
28 Jahre	7,5 m/sec	66 Jahre	8,5 m/sec

Die Geschwindigkeit der Pulswelle nimmt mit der Rigidität (Versteifung) der Arterien zu, daher wächst sie auch mit dem Alter.

Herz, Arbeitsleistung (Durchschnittswerte)

Jede Kammer wirft in einer Systole 30–60 g Blut in den Kreislauf (Schlagvolumen).

Das Herz pumpt	in 1 Minute	5 l Blut
	in 1 Stunde	300 l Blut
	in 1 Tag	7500 l Blut
	in 1 Jahr	2,6 Millionen l Blut
	in 70 Jahren ca.	150 Millionen l Blut

Herzminutenvolumen

Ungefähre Verteilung bei Ruhe und körperlicher Tätigkeit

Organ	in Ruhe	bei körperlicher Betätigung leicht	mittel	Höchstwert
Magen-Darm-Trakt	1400 ml/min = 24%	1100 = 12%	600 = 3%	300 = 1%
Nieren	1100 ml/min = 19%	900 = 10%	600 = 3%	250 = 1%
Gehirn	750 ml/min = 13%	750 = 8%	750 = 4%	750 = 3%
Herz	250 ml/min = 4%	350 = 4%	750 = 4%	1000 = 4%
Skelettmuskulatur	1250 ml/min = 21%	4500 = 47%	12500 = 71%	22000 = 88%
Haut	500 ml/min = 9%	1500 = 15%	1900 = 12%	600 = 2%
Andere Organe	600 ml/min = 10%	400 = 4%	400 = 3%	100 = 1%

Angaben in ml/min (Millimeter pro Minute) und % (Prozent) Anteil am Gesamtblutvolumen.

Der Blutdruck

Der Blutdruck ist der hydrostatische Druck an irgendeiner Stelle des Gefäßsystems.
Er wird gemessen:
1. durch Einbringen eines Manometers in das betreffende Gefäß (direkte, blutige Methode),
2. indirekt durch Anbringen eines Außendruckes;
   a) bei Arterien bis zum Aussetzen der Pulsationen,
   b) bei Kapillaren bis zum Erblassen,
   c) bei Venen bis zum Kollabieren.

Arterieller Blutdruck

In den Arterien werden unterschieden:

Systolischer = maximaler Druck	Druck im Moment der höchsten Erhebung der Pulskurve
Diastolischer = minimaler Druck	Druck im Moment der tiefsten Senkung der Pulskurve
Pulsdruck	Differenz zwischen systolischem und diastolischem Druck
Mittlerer Druck	Arithmetisches Mittel zwischen systolischem und diastolischem Druck
Durchschnittlicher Druck	Der Durchschnitt aller während der Dauer einer Pulswelle herrschenden Drucke

Beim Menschen verhält sich systolischer Druck: diastolischer Druck: Pulsdruck = 3:2:1. Abweichungen von dieser Regel sind aber sehr häufig. Dies geht deutlich aus den oft stark voneinander abweichenden Grenz- und Mittelwerten in den folgenden physiologischen Tabellen hervor.

Blutdruck (Idealwerte)

Systolischer Blutdruck in Abhängigkeit vom Lebensalter

Alter	systolischer Blutdruckwert	diastolischer Blutdruckwert	Alter	systolischer Blutdruckwert	disatolischer Blutdruckwert
bis 10 Jahre	80–100 mm Hg	60 mm Hg	41 bis 50 Jahre	130 mm Hg	90 mm Hg
11 bis 30 Jahre	120 mm Hg	80 mm Hg	51 bis 60 Jahre	135 mm Hg	95 mm Hg
31 bis 40 Jahre	125 mm Hg	85 mm Hg	über 60 Jahre	140 mm Hg	95 mm Hg

Werte in mm Hg (Millimeter Quecksilbersäule)

Die Strömungsgeschwindigkeit des Blutes beträgt in der Aorta ~ 50 cm/sec, in den Venen ~ 25 cm/sec und in den Kapillaren ~ 0,1 cm/sec. Die mittlere Kreislaufdauer des Blutes beträgt ~ 23 sec. Die Gesamtmenge des Blutes beträgt 4,5–5 l.

Einfluß der Körperlage auf den Blutdruck

Körperlage	Blutdruck systolischer	diastolischer	Pulsdruck	Pulsfrequenz
stehend	105	87	18	63
flach liegend	120	92,5	27,5	46,6
schräg liegend	103	86	17	59,2
stehend	110	90	20	57
schräg liegend	125	92,5	32,5	45
stehend	107,5	88,3	19,2	57

Einfluß von Körperstellung und Armhaltung auf den Blutdruck in der Arm-(Brachial-)arterie

	V.-P. stehend	V.-P. sitzend	V.-P. schräg liegend (30°) Kopf oben	V.-P. liegend horizontal	V.-P. schräg liegend (30°) Kopf unten
Arm gerade aufwärts	–	–	90	108	110
Arm schräg	70–80	100	112	120	130
Arm horizontal, Sagittalebene	–	120	118	134	134
Arm schräg abwärts	130	130	140	142	140
Arm gerade abwärts	148	130	144	146	142
Arm horizontal, Frontalebene	118	100	118	136	124

V.-P. = Versuchsperson

Blutmenge(-volumen)

	Blutmenge in % des Körpergewichts Grenzen	Mittel		Blutmenge in % des Körpergewichts Grenzen	Mittel
Kinder:					
Neugeboren	9,1–14,1	–	Schwangere Frauen	4,1–11,3	7,7
	10,7–19,5	14,7		4,0–13,1	8,0
15 Tage bis 1 Jahr	9,0–12,6	10,9		5,69–8,50	6,86
Erwachsene	4,7–6,1	5,3		3,79–8,17	5,40
	7,1–7,7	7,4		–	7,39
	7,7–9,1	8,2			
	7,9–9,4	8,7	Kranke:		
Männer	7,2–8,0	7,6	nach Blutungen	3,3–6.3	4,6
	3,2–5,9	4,5	Anämie	6,6–9,0	7,8
Frauen	2,5–6,6	4,6	Chlorose	5,6–9,2	7,2
	4,4–6,1	5,3	perniziöse Anämie	4,3–7,3	5,7
	4,4–7,8	6,3	Polyzythämie	12,8–14,3	13,7

Die verschiedenen Daten in der obenstehenden Tabelle ergeben sich aus der starken individuellen Schwankung, die sich bei verschiedenen Messungen ergeben. Daher wird die Aufstellung von Durchschnitts-(Ideal-)werten immer problematisch sein.

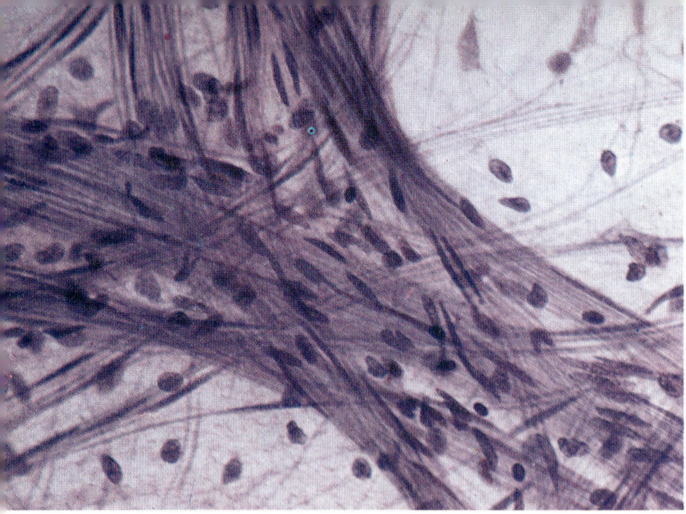

Glatte Muskeln aus der Harnblase mit Fasern und Zellkernen

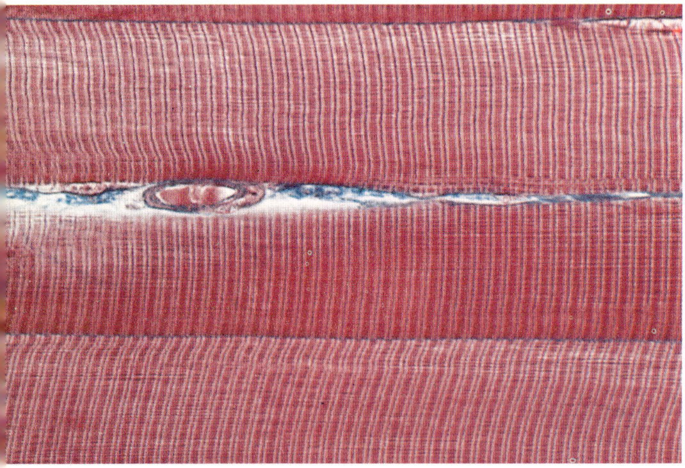

Quergestreifte Muskulatur mit Muskelfaserkern

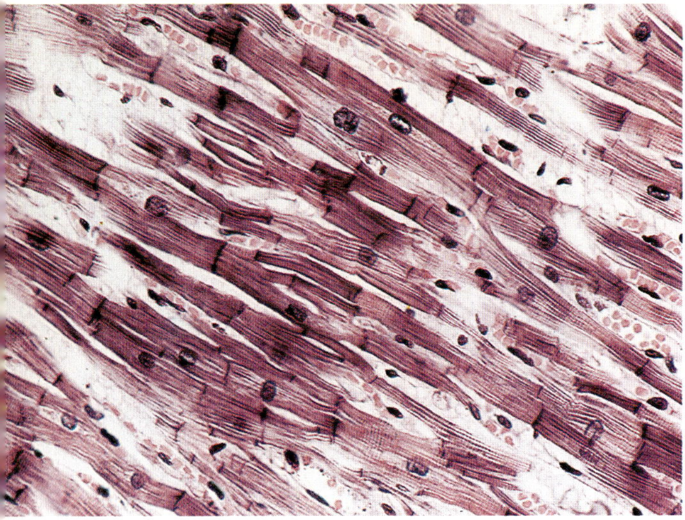

Der Herzmuskel weist Elemente der quergestreiften und der glatten Muskulatur auf, was ihn zu gleichmäßiger Dauerbelastung befähigt

Verteilung des Blutes im Körper

Blutgehalt der Organe in % der Gesamtblutmenge bei einem frisch getöteten Kaninchen

1. Leber	29,30%	6. Haut	2,10%
2. Muskulatur	29,20%	7. Nieren	1,63%
3. Herz, Lunge und große Gefäße	22,76%	8. Gehirn und Rückenmark	1,24%
4. Knochen	8,24%	9. Milz	0,23%
5. Gedärme	6,30%		

Die Blutkapazität der Organe des Kaninchens:

Lungen: Einatmung	11–13	Muskeln:	
Ausatmung	9–12	völlig erschlafft	0,327–0,343
Gehirn	1,20–1,33	normaler Tonus	0,375–0,385
Gehirn unter Narkose	0,80–0,92	schwach kontrahiert	0,394
		stärker kontrahiert	0,490–0,500
		sehr stark kontrahiert	0,520
		maximal kontrahiert	0,664

Angaben in Vielfachen des durchschnittlichen Blutgehalts des ganzen Körpers.

Blut, Zusammensetzung und Gerinnung

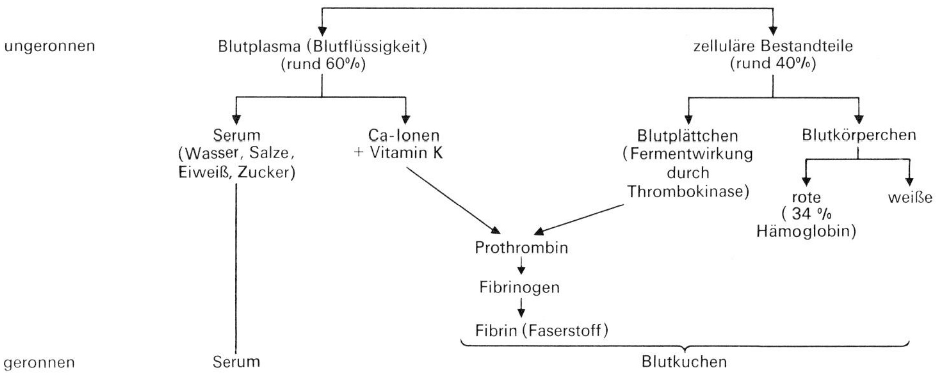

Hämogramm der weißen Blutkörperchen bei Gesunden und Kranken

Fall	Zahl der Leukozyten	Basophile	Eosinophile	Myelozyten	Jugendliche	Stabkernige	Segmentkernige	Lymphozyten	Monozyten	Bemerkungen
Normal	6000	1	3	–	–	4	63	23	6	Keine Verschiebung
						67				
Grenzwerte	5000–8000	0–1	2–4	–	0–1	3–5	51–67	21–35	4–8	Keine Verschiebung
Regenerative Verschiebung z. B. Sepsis	15000	–	1	1	15	25	40	14	4	Hyperleukozytose
						81				Verschiebung bis zu Myelozyten. Neutrophilie. Hypereosinophilie
Stabkernige Verschiebung z. B. Typhus	4500	–	–	–	–	30	25	40	5	Leukopenie. Nur
						55				Stabkernige bei
Pappatacifieber, 2. Tag	Leukoponie	–	–	–	–	38	15	34	13	hoher Verschiebung
						53				Lymphozytose und Aneosinophilie

Blutkörperchen (Anzahl in 1 mm^3 Blut)

Rote Blutkörperchen (Erythrozyten) beim Mann		5 000 000	
Rote Blutkörperchen (Erythrozyten) bei der Frau		4 500 000	
Durchmesser	0,0072 mm	Lebensdauer bei Männern	120 Tage
Dickendurchmesser	0,0021 mm	Lebensdauer bei Frauen	109 Tage
Oberfläche	0,140 mm^2		

Weiße Blutkörperchen (Leukozyten und Lymphozyten):

Neutrophile Leukozyten	3500–7000 = 60–70%
Eosinophile Leukozyten	50– 400 = 1– 4%
Basophile Leukozyten	0– 100 = 0– 1%
Monozyten	200– 800 = 4– 8%
Lymphozyten	1500–3000 = 25–35%
Durchmesser	0,010–0,014 mm
Monozyten Durchmesser	0,020–0,024 mm
Blutplättchen (Thrombozyten)	500 000–700 000
Blutplättchen Durchmesser	0,002–0,004 mm

Blutplasma (Stoffgehalt)

Organische Stoffe	Aufgabe, Funktion	Normaler Gehalt im Blutplasma
Eiweißkörper	Transportfunktion, chemische Pufferwirkung	7–8 g%
dazu gehören:		
Fibrinogen	Blutgerinnung	0,1–0,4 g%
Globuline	Immunkörperbindung, Lipoidbindung	2,7 g%
Albumine	Salz-, Wasser- und Farbstofftransport	4,9 g%
Harnstoff	Endprodukt des Eiweißstoffwechsels	20–40 mg%
Gesamtfett	Zellflächenwirkung, Kolloidstruktur, Blutkörperchensenkungsgeschwindigkeit, Gerinnungsvorgang, Bedeutung für den Austritt des roten Blutfarbstoffes aus den Erythrozyten	500–600 mg%
dazu gehören:		
Cholesterin	Beziehungen zu Immunreaktionen, zur Nebennierenrinde	100–200 mg%
Phosphatide (Lezithin)	Fördert den Austritt des roten Blutfarbstoffes aus den Erythrozyten	160–260 mg%
Kohlenhydrate		
dazu gehören:		
Blutzucker	Kohlenhydratstoffwechsel	70–110 mg%
Glykogen	Ähnlich Blutzucker	35 mg%
Milchsäure	Muskelstoffwechsel, Kohlenhydratstoffwechsel	12– 20 mg%

Verschiedene → Enzyme
Werte in mg% = Milligramm-Prozent und
μg% = Mikrogramm (10^{-6}g) – Prozent

Anorganische Stoffe	Aufgabe, Funktion	Normaler Gehalt im Blutplasma
Wasser	Quellung des Eiweißes, Lösungs- und Transportmittel der Salze	90%
Mineralstoffe		
Natrium	Regulation des Zellstoffwechsels	300–350 mg%
Calcium	Knochenaufbau und -abbau, setzt Erregbarkeit des Nervensystems herab, Blutgerinnung	10–12 mg%
Kalium	Steigert die Nervenerregbarkeit	18–23 mg%
Magnesium	Kalium-Natrium-Pumpe	1,5–3,5 mg%
Eisen	Notwendig für die Blutsynthese	
	Mann:	120 μg%
	Frau:	80 μg%
Kupfer	Funktion bei Abwehrvorgängen	120 μg%
Chlor	Wasserhaushalt und Osmoseregulation	Natriumchlorid: 580–610 mg%
Kohlendioxid	Gleichgewicht von Säuren und Alkali (sogenannte Alkalireserve)	150–170 mg%
Phosphorsäure	Wichtig f. Knochenauf- u. -abbau Energiehaushalt; in den Nucleinsäuren	3–15 mg%
Schwefelsäure	wasserausschwemmend	3–5 mg%
Brom	setzt Erregbarkeit des Zentralnervensystems herab	0,8–1,0 mg%
Jod	hat enge Beziehungen zur Schilddrüse	8–13 μg%
Fluor	Beziehung zur Schilddrüsenfunktion, Härtung des Zahnschmelz	110 μg%

Ferner Spurenelemente

Eiter (Spezifisches Gewicht 1,031–1,040)

Zusammensetzung des Eiters

Wasser	91,37 %
Feste Bestandteile	8,63 %
Eiweißstoffe	6,323 %
Lecithin	0,150 %
Fett	0,026 %
Cholesterin	0,053 %
Alkohol-Extraktstoffe	0,152 %
Wasser-Extraktstoffe	1,153 %
Mineralstoffe	0,773 %

Zusammensetzung der Eiter-Serumasche

$NaCl$	0,539%
Na_2SO_4	0,031%
Na_2HPO_4	0,046%
Na_2CO_3	0,113%
$Ca_3(PO_4)_2$	0,031%
$Mg_3(PO_4)_2$	0,012%

bezogen auf Prozent der Frischsubstanz

Blutgruppen

Im Jahre 1900 wurde entdeckt, daß es vier verschiedene Arten des menschlichen Blutes gibt, die sich nach der von erblichen Faktoren abhängigen Eigenschaft, mit dem Blut anderer Menschen zu reagieren oder nicht, unterscheiden. Diese verschiedene Reaktion beruht auf dem Vorhandensein bzw. Nichtvorhandensein zweier Substanzen, die man mit A und B bezeichnet und die das Blut einer anderen Gruppe zum Zusammenballen (Agglutinieren) bringen; dies kann bei Blutübertragungen zu schweren Kreislaufstörungen und zum Tod führen. Man unterscheidet danach vier Haupt-Blutgruppen: A, B, AB und 0. Das Blut der Gruppe 0 agglutiniert keine der anderen Gruppen, ist also das ideale Blutspenderblut; empfangen kann es aber nur 0. A agglutiniert bei der Spendung B und 0; empfangen kann es A und 0. B agglutiniert A und 0 und kann 0 und B empfangen. AB agglutiniert A, B und 0, kann aber alle Gruppen empfangen, ist also das ideale Empfängerblut.

	A	B	AB	0
	kann spenden			
an A	ja	nein	nein	ja
an B	nein	ja	nein	ja
an AB	ja	ja	ja	ja
an 0	nein	nein	nein	ja

In der Bundesrepublik Deutschland gibt es etwa 45% Gruppe A, 15% B, 5% AB und 35% 0.

Außer den vier Hauptgrupaen (AB0-System) wurden in neuerer Zeit noch verschiedene Untergruppen (M, N, MN, Rh) entdeckt, von denen jedoch nur Rh (der sogenannte Rhesus-Faktor) für Blutübertragungen von Bedeutung ist. Man unterscheidet Rh+ (positiv) und rh– (negativ). Die Blutgruppen werden auch zur Vaterschaftsbestimmung verwendet; es kann aber damit nicht positiv die Vaterschaft ermittelt, sondern nur festgestellt werden, daß ein bestimmter Mann nicht der Vater sein kann.

Vererbung der Blutgruppen

Blutgruppen der Eltern	Mögliche Blutgruppen der Kinder			
AB × AB	AB	A	B	–
AB × A	AB	A	B	–
AB × B	AB	A	B	–
AB × 0	–	A	B	–
A × A	–	A	–	0
A × B	AB	A	B	0
A × 0	–	A	–	0
B × B	–	–	B	0
B × 0	–	–	B	0
0 × 0	–	–	–	0

Es gibt weitere Blutgruppensysteme (z. B. p/P, MNSs), die nur bei längerer Bluttransfusion wirksam werden, aber bei Vaterschaftsnachweisen u. ä. wichtig sein können.

Blutgruppen verschiedener Völker (prozentuale Verteilung)

	A	B	AB	0
Ainu	31	31	22	16%
Araber	32	19	5	44%
Bulgaren	41	14	6	39%
Chinesen	25	34	10	31%
Deutsche	43	12	5	40%
Engländer	44	7	3	46%
Franzosen	43	11	3	43%
Inder	19	41	9	31%
Indianer	17	3	1	79%
Italiener	38	11	4	47%
Japaner	38	22,5	9,5	30%
Neger	23	29	5	43%
Polen	38	21	9	32%
Russen	31	22	6	41%

Rhesusfaktor (Abk. Rh+, rh–)

Verteilung des positiven Rh+ und negativen rh– in verschiedenen Ländern

	Rh+	rh–		Rh+	rh–
Amerika (Weiße)	85,77%	14,23%	Norwegen	84,56%	15,44%
Belgien	80,53%	19,47%	Schweden	86,55%	13,45%
England	84,09%	15,91%	Schweiz	84,17%	15,83%
Frankreich	85,88%	14,12%			

Der Rhesusfaktor ist nicht einheitlich, sondern ein Antigenkomplex aus 6 möglichen Teilkomponenten (Genen) von verschieden starker antigener Wirksamkeit. Entsprechend können auch die Komplikationen bei Bluttransfusionen oder Geburten mehr oder weniger schwer sein. In jedem Fall entstehen die Antikörper erst durch Kontakt mit dem fremden Blut als Immun-Antikörper und sind – im Gegensatz zum AB0-System – nie natürlich vorgebildet.

Muskeln, Gelenke und Gewebe ([B] →S. 85, menschlicher Finger)

Die Muskeln ([B] →S. 72)

bilden, mit den Knochen durch Sehnen verbunden, den Bewegungsapparat des Körpers. Nach der Beschaffenheit der Muskelzellen (Muskelfasern) unterscheidet man glatte Muskeln (Eingeweidemuskulatur) und quergestreifte Muskeln (Skelettmuskulatur) sowie die besondere Herzmuskulatur. Die Muskeln sind im Körper symmetrisch angeordnet und in der Mehrzahl paarweise auf die beiden Seitenhälften des Körpers verteilt.
Der Mann hat 316 Muskelpaare und 7 unpaare Muskeln,
die Frau hat 315 Muskelpaare und 8 unpaare Muskeln.
Der Nutzeffekt der menschlichen Muskeln ist 25–40%, d. h. 25–40% der dem Muskel mit den Nährstoffen zugeführten Energie werden in nutzbare mechanische Arbeit umgesetzt. Die Muskelkraft beträgt auf 1 cm² Querschnitt etwa 8 kg.

Muskeln, Anzahl

Gesamtzahl	280	Brust	27
Kopf	27	Bauch	9
Hals	16	obere Gliedmaßen	49
Nacken und Rücken	90	untere Gliedmaßen	62

Gelenke

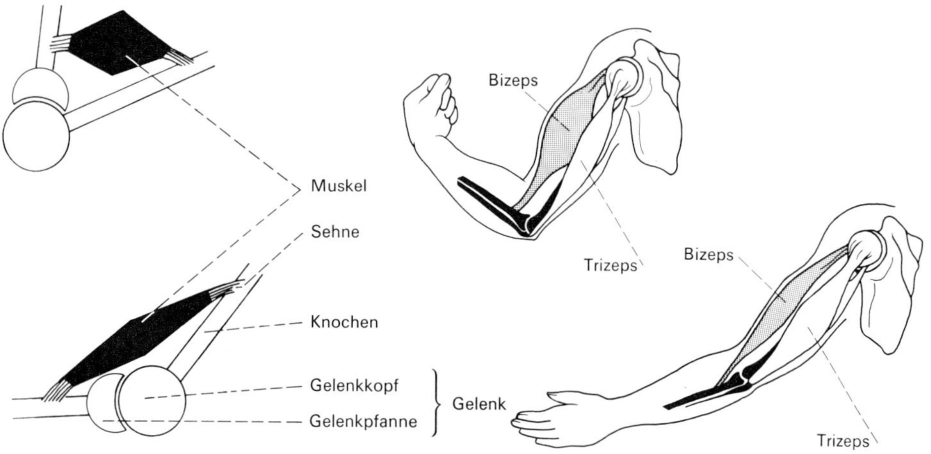

Wechselbeziehung zwischen Muskel und Gelenk (links). – Wechselbeziehung zwischen Armbeuger (Bizeps) als Adduktor und Armstrecker (Trizeps) als Abduktor (rechts)

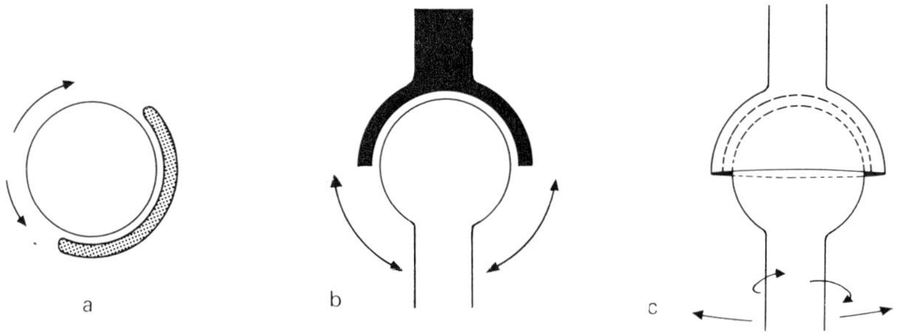

Gelenkformen: a Kugelgelenk, b Scharniergelenk, c Drehgelenk

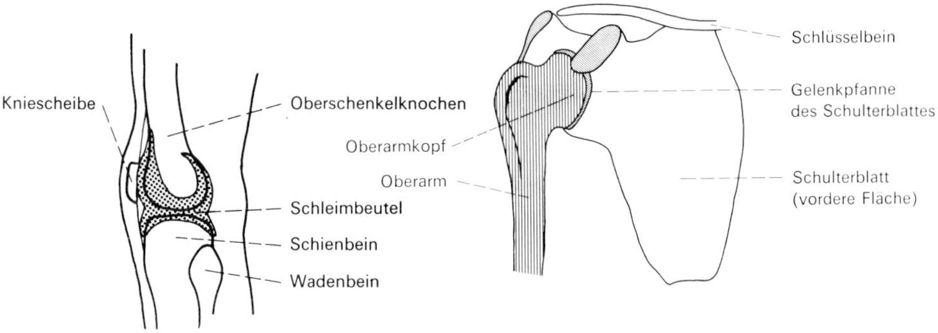

Scharniergelenk: Kniegelenk mit Schleimbeutel (dunkel); linkes Knie, von der Seite (links). – Kugelgelenk: Schultergelenk, Oberarm mit Oberarmkopf (dunkel), Gelenkpfanne des Schulterblatts (rechtes Schultergelenk von vorn; rechts)

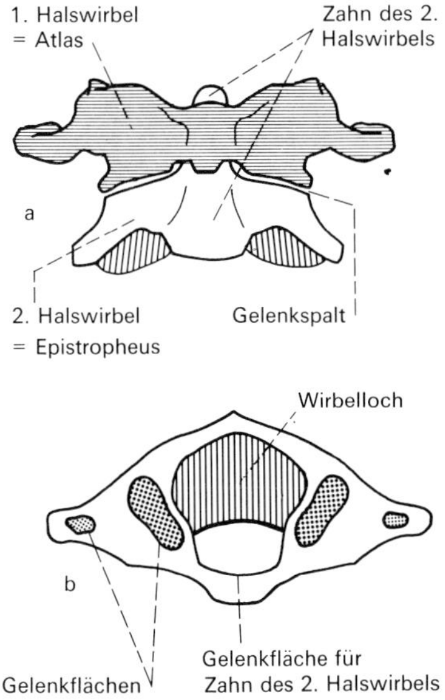

Drehgelenk: Atlas mit dem Drehgelenk für den Zahn des 2. Halswirbels; a von vorn, b von oben

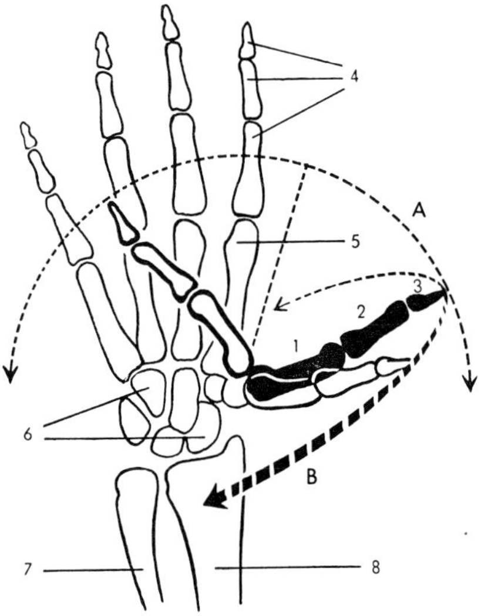

Sattelgelenk (Daumengrundgelenk): 1 zum Daumen gehöriger Mittelhandknochen, 2 und 3 Glieder des Daumens, 4 Fingerknochen, 5 Mittelhandknochen, 6 Handwurzelknochen, 7 Elle, 8 Speiche, A = Gegenüberstellung des Daumens zu den übrigen Fingern, B = Abspreizen des Daumens

Gewebe

Ein Gewebe ist ein Verband gleichartig differenzierter Zellen mit bestimmten Funktionen. Bei Mensch und Tier unterscheidet man Deck- oder Epithel-Gewebe, Binde- oder Stütz-Gewebe (hierbei auch Knorpel- und Knochen-Gewebe), Muskel-Gewebe und Nerven-Gewebe. Den im Gewebsverband zusammengeschlossenen Zellen stehen die freien Zellen gegenüber (Wander-, Lymph-, Blut- und Geschlechtszellen).

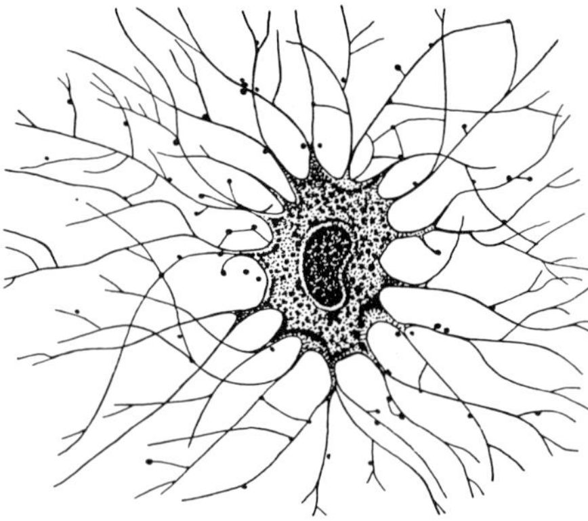

Knochenzelle

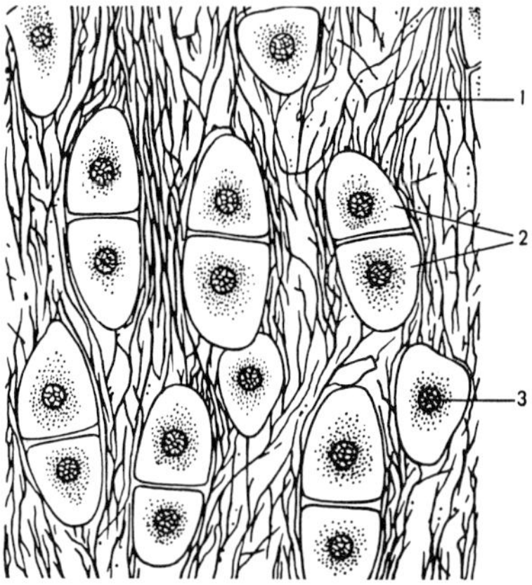

Knorpelgewebe: 1 Zwischenzellsubstanz, 2 Knorpelzellen, 3 Zellkern (unten links)

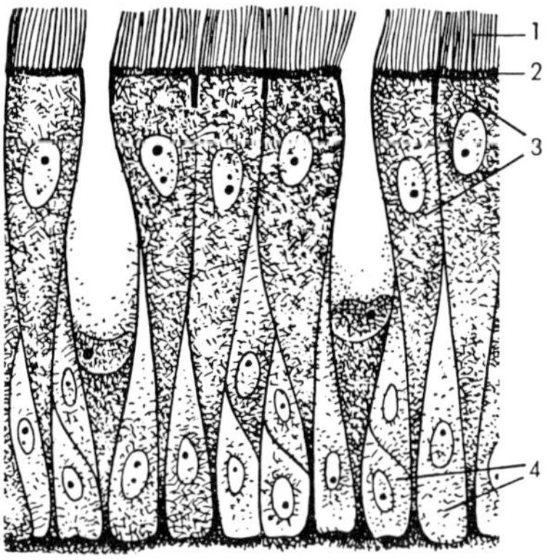

Deckgewebe (Flimmerepithel): 1 Flimmerhaare, 2 Schlußleiste, 3 Zylinderzellen mit Kern, 4 Basalzellen (unten rechts)

Das Nervensystem (B →S. 88f.)

Es besteht aus drei Systemen:
1. dem Zentralnervensystem, Abk. ZNS (Gehirn und Rückenmark),
2. dem peripheren Nervensystem, das vom Zentralnervensystem ausgeht,
3. dem vegetativen oder sympathischen Nervensystem (Eingeweidenervensystem), das die Tätigkeit der inneren Organe reguliert und diejenigen Lebensvorgänge steuert, die normalerweise ohne unseren Willen und auch ohne uns bewußt zu werden ablaufen, z. B. Atmung, Verdauung, Blutkreislauf, Drüsensekretion usw.

Man unterscheidet Empfindungs- oder sensible Nerven (-zellen, -fasern), die Erregungen von den Sinnesorganen zum Rückenmark (und über dieses zum Gehirn) leiten, und Bewegungs- oder motorische Nerven (-zellen, -fasern), die Erregungen vom Nervenzentrum zu den Organen an der Körperperipherie, vor allem zu den Muskeln, leiten und sie zur Tätigkeit, zu Bewegungen anregen.

Das Gehirn, Cerebrum, Enzephalon

Am Gehirn werden folgende Abschnitte unterschieden:
1. Rautenhirn, Rhombenzephalon, bestehend aus:
a) Nachhirn, Myelenzephalon (verlängertes Rückenmark, Medulla oblongata, mit den Zentren für die Regulation von Atmung und Blutkreislauf);

b) Hinterhirn, Metenzephalon, (Brücke, Pons, und zwei Kleinhirn-(Cerebellum-)Hälften; Reflexzentrum, Regulierung des Tonus der quergestreiften Muskulatur, Koordinierung der Muskelbewegungen);
2. Mittelhirn, Mesenzephalon (Hemmungsapparate für Reflexe, Aufrechterhaltung des Körpergleichgewichts und Regulierung der Bewegungen);
3. Zwischenhirn, Dienzephalon (steuert den Wärme- und Wasserhaushalt, den Kohlenhydrat- und Eiweißstoffwechsel, Grund- und Fettumsatz sowie den Kreislauf, steht mit dem hormonalen System in Verbindung);
4. Endhirn (Großhirn, Vorderhirn, Telenzephalon, dem größten Abschnitt des Gehirns, dessen 2–5 mm dicke Rinde die Grundlage für alle Bewußtseinsvorgänge ist; an ihr werden verschiedene Felder oder Zentren unterschieden, so z. B. Bewegungs-, Seh-, Hör-, Sprachzentrum).

Vom Gehirn gehen zwölf Paar Gehirnnerven aus:

I. der Riechnerv; II. der Sehnerv; der III., IV. und VI. Gehirnnerv versorgen die Augenmuskulatur; der V. Gehirnnerv (Trigeminus) verläuft mit seinen sensiblen Fasern zu der Haut des Gesichts, der Schleimhaut der Mund- und Nasenhöhle und zu den Zähnen und mit den motorischen Fasern zu den Kaumuskeln; der VII. Gehirnnerv (Fazialis) versorgt die mimische Gesichtsmuskulatur; der VIII. Gehirnnerv ist der Gehör- und Gleichgewichtsnerv; der IX. Gehirnnerv vermittelt Berührungsempfindungen von der Zunge und der Rachenschleimhaut sowie Geschmacksempfindungen; der X Gehirnnerv (Vagusnerv) ist der wichtigste Eingeweidenerv; er zieht zu Herz, Lunge, Magen, Darm, Leber, Niere usw.; seine motorischen Fasern versorgen die Kehlkopfmuskulatur, seine sensiblen Fasern u. a. den Bereich von Zungenwurzel und Kehlkopf; der XI. Gehirnnerv versorgt den großen Trapezmuskel (am Schulterblatt und Schlüsselbein) und den Kopfwendemuskel; der XII. Gehirnnerv versorgt die Zungenmuskulatur (→auch Gehirnnerven).

Gehirnnerven

Wissenschaftliche Bezeichnung	Mündungsgebiet im Gehirn	Periphere Innervation afferent	Periphere Innervation effektorisch	Funktionelle Bedeutung
I Olfactorius	Großhirn	Riechschleimhaut	–	Geruch
II Opticus	Zwischenhirn	Netzhaut des Auges	–	Sehen
III Oculomotorius	Mittelhirn	Augenmuskeln	Augenmuskeln Pupillenmuskel Ziliarmuskeln	Augenbewegungen Pupillenverengung Akkommodation
IV Trochlearis	Mittelhirn	Augenmuskeln	Augenmuskeln	Augenbewegungen
V Trigeminus	Medulla oblongata	Gesichtshaut Kaumuskeln Nasen- und Mundschleimhaut Horn- und Bindehaut, Auge	 Kaumuskeln bestimmte Kehlkopfmuskeln	Hautsensibilität Kauen Husten, Schlucken, Niesen Lidschlußreflex
VI Abducens	Medulla oblongata		Augenmuskeln Gesichtsmuskulatiur	Augenbewegungen Tiefensensibilität
VII Facialis	Medulla oblongata	Gesichtsmuskulatur Zunge (Vorderteil)	 Speicheldrüsen Tränendrüsen Kehlkopfmuskeln	Mimik Geschmack Speichelsekretion Tränensekretion Husten, Schlucken, Niesen
VIII Stato-acusticus	Medulla oblongata			
a) Vestibularnerv		Innenohr (Bogengänge, Utriculus und Sacculus)		Augenstellung, Körper- und Kopfhaltung
b) Cochlearnerv		Innenohr (Schnecke)		Hören
IX Glossopharyngicus	Medulla oblongata	Kehlkopf Zunge (Hinterteil)	Kehlkopfmuskeln Ohrspeicheldrüse	Schlucken, Husten, Niesen Geschmack Speichelsekretion
X Vagus	Medulla oblongata	Kehlkopf-, Luftröhrenschleimhaut, Speiseröhre, Eingeweide der Brusthöhle	Kehlkopfmuskeln Eingeweide der Brust- und Bauchhöhle	Schlucken, Husten, Niesen, Erbrechen Regulation der Tätigkeit der Eingeweide (→ vegetatives N-system)
XI Accessorius	Medulla oblongata		Kehlkopfmuskeln	Schlucken, Husten, Niesen
XII Hypoglossus			Zungenmuskeln	Zungenbewegung, Saugen

Gehirngewichte (Durchschnittswerte)

Mann	1360 g	Schimpanse	350–400 g	Wal	2000–3000 g
Frau	1220 g	Ochse	400–500 g	Elefant	4000–5000 g
Gorilla	400–500 g	Pferd	600–800 g		
Orang-Utan	370–400 g	Löwe	200–250 g		

Auf 1 g Gehirngewicht entfallen an Körpergewicht beim:

Menschen	36– 37 g	Elefanten, Ochsen,		Frosch	172 g
Gorilla	100 g	Pferd, Tiger, Löwen		Karpfen	248 g
Hund	200–300 g	etwa	500 g	Haifisch	2496 g
		Adler	160 g	Thunfisch	37440 g
		Strauß	1200 g		

Das Rückenmark ist ein etwa 40–45 cm langer Strang, von dem seitlich 31 Paar Rückenmarksnerven abzweigen: 8 Hals-, 12 Brust-, 5 Lenden-, 5 Kreuznervenpaare und 1 Steißbeinnervenpaar.

Durchblutung des Gehirns

Durchlaufende Blutmenge in der Minute	1000–1200 cm³
Bewußtlosigkeit durch Absperrung der Blutzufuhr nach	4– 7 sec.
Erlöschen der Aktionsströme der Hirnrinde bei Absperrung der Blutzufuhr nach	15–20 sec.
Mikroskopisch nachweisbare Schädigungen der Rindenzellen nach Durchblutungsdrosselung von	2–15 min.
Sauerstoffverbrauch je 100 g Gehirn in der Minute	2– 5 cm³

Gehirngewichte bedeutender Persönlichkeiten

Name	Alter	Gewicht	Name	Alter	Gewicht
Bunsen	88	1295 g	Schiller	46	1580 g
Menzel	89	1298 g	Kant	80	1650 g
Ludwig II.	41	1349 g	Thackeray	52	1660 g
Liebig	70	1350 g	Bismarck	83	1807 g
Dante	56	1420 g	Byron	36	1807 g
Helmholtz	73	1420 g	Cuvier	63	1861 g
Mommsen	86	1425 g	Cromwell	59	2000 g
Napoleon III.	65	1485 g	Turgenjew	65	2012 g
Gauß	78	1492 g			

Das Hautsystem

Haut, Haar, Schweißdrüsen

Die Haut dient dem Schutz der Körperoberfläche gegen Wärme, Kälte, Strahlen, Infektionen usw., dem Stoffwechsel und der Ausscheidung; außerdem ist sie durch zahlreich eingelagerte Nervenenden das Organ, das Wärme, Kälte, Druck und Schmerz empfinden läßt. Sie besteht aus drei Schichten: 1. der Oberhaut (Epidermis), deren obere Zellschichten (Hornschicht) verhornen und absterben, während die darunterliegende Keimschicht, die das Hautpigment enthält, nicht verhornt; 2. der Lederhaut, in der sich zahlreiche Haargefäße und Nerven sowie die Haarbälge mit Talg- und Schweißdrüsen befinden, und 3. dem Unterhautzellengewebe, in das Fettzellen eingelagert sind. Die Haut bedeckt eine Fläche von etwa 1,6–2 m². Ihre Dicke schwankt an den verschiedenen Körperstellen zwischen 1 und 4 mm. Sie besteht aus rund 120 Milliarden Zellen und enthält 2 Millionen Drüsen, 1 cm² Haut enthält durchschnittlich etwa 6 000 000 Zellen, 5000 Sinneskörperchen, 200 Schmerzpunkte, 25 Druckpunkte, 15 Talgdrüsen, 12 Kältepunkte, 2–3 Wärmepunkte.
Die Zahl der Schweißdrüsen ist sehr verschieden: auf 1 cm² Haut an der Innenseite der Hand 370–375, an der Fußsohle 360–370, am Handrücken 200–205, am Hals etwa 175, auf der Stirn etwa 170, auf Brust und Bauch etwa 155, am Arm 150–160, am Bein etwa 80, an den Wangen 75–80, an Nacken, Rücken und Gesäß 55–60; insgesamt hat der Mensch etwa 2,5 Millionen Schweißdrüsen.
Der Mensch hat ungefähr 100 000–160 000 Haare, davon 80 000–140 000 auf dem Kopf, auf dem die Haare im allgemeinen auch am dichtesten stehen; bei blonden Haaren, die am dünnsten sind, etwa 790, bei braunen 610, bei schwarzen 570, bei rötlichen 495 Haare auf 1 cm². Die Haare wachsen täglich um etwa ¼ mm und haben eine Lebensdauer von 6 Monaten bis zu 6 Jahren.

Haut, anatomisch-histologische und entwicklungsgeschichtliche Übersicht

	Einteilung und Schichtenfolge	Histologischer Aufbau	Spezifische chemische Bestandteile	Entwicklungsgeschichte (Ontogenese)
I. Epidermis, Oberhaut	a) Hornschicht, *Stratum corneum*	Geschichtliches Plattenepithel: Polygonale, verhornte Schüppchen, Maschenwerk im Innern, Kernreste	Keratin A und B (Tyrosin, Cystin, Tryptophan) u. Heteroalbumosen	Ursprung: Ektoderm Im 1.Monat = 1 Zellschicht Im 2.Monat = 2 Zellschichten Im 3.–4.Monat = 4-5 Zellschicht. (äußerste Lage Hornschichten) Im 5.–6. Monat = ca. 10 Schichten (zwei oberste = Hornschicht vier unterste = Stachelschicht dazwischen = Übergänge) An der Oberfläche *Vernis caseosa* Im 8.Monat = Auftreten der Körnerzellen, Beginn der echten Verhornung Folgt weitere Differenz bis zur Geburt
	b) Basale Hornschicht	Stark glänzende, homogen verhornte Zellen (an Hand- und Fußfläche), Zellkern erkennbar	Eleïdin, Ölsäure	
	c) Infrabasale Hornschicht, *Stratum lucidum*	Eine bis zwei Zellreihen; glänzende Hornzellen	Glykogen	
	d) Körnerschicht, *Stratum granulosum*	Einfache (an Hand- und Fußfläche 2–4fache) Schicht gekörnter Zellen	Keratohyalin	
	e) Stachelschicht, *Stratum spinosum*	Mehrschichtige, polyedrische, fein granulierte Stachelzellen. Unnas geschlossenes Faser-System. Daneben: Pigmentzellen und Langerhanssche Zellen	Spongioplasma + Granoplasma (Cytose)	
	f) Keimschicht, *Stratum germinativum*	Einfache Lage Zylinderzellen, Mitosen, Pigment	Nucleoproteide, Globulin der Kernkörperchen	
II. Lederhaut, Corium, Derma, Cutis im engeren Sinne	g) Papillar-Körper *Stratum papillare* (*Pars papillaris cutis*)	Kollagenes Bindegewebenetz mit elastischen Fasern. Zellige Elemente, Pigment (Chromatophoren u. Melanoblasten.) — Feinmaschig, Papillen bildend, Reiches Kapillarnetz, Nerven-Endapparate	Kollagen und Elastin	Ursprung: Remak'sche Hautplatte des Mesenchyms Im 1.u.2.Monat = dicht gelagerte Rund- u. Spindelzellen Im 3.Monat = kollagene Fibrillen, Differenzierung von II. gegen III. Grenzbildung gegen I. Im 4.Monat = Erstes Auftreten von Fettzellen. Grenze gegen I. noch glatt. Knäueldrüsen. Im 5.Monat = Bildung des *Stratum papillare* (bei der Geburt noch nicht beendet)
	h) Lederhaut im engeren Sinne, *Tunica propria, Stratum reticulare, Stratum medium cutis*	Glatte Muskelfasern (Quergestreifte nur am Hals und im Gesicht) — Grobmaschig, Arterien, Venen, Lymphgefäße, Nerven		
III. Unterhaut-Zellgewebe Subcutis, Hypodermis	i) Unterhautzellgewebe, *Stratum subcutaneum*	Lockeres Bindegewebe, Fett, elastische Fasern, Muskelfasern, Kapillarnetz. Vatersche (und Ruffinische) Körperchen. Blutgefäß-, Lymphgefäß-, Nervenstämme. Schleimbeutel	Fett	

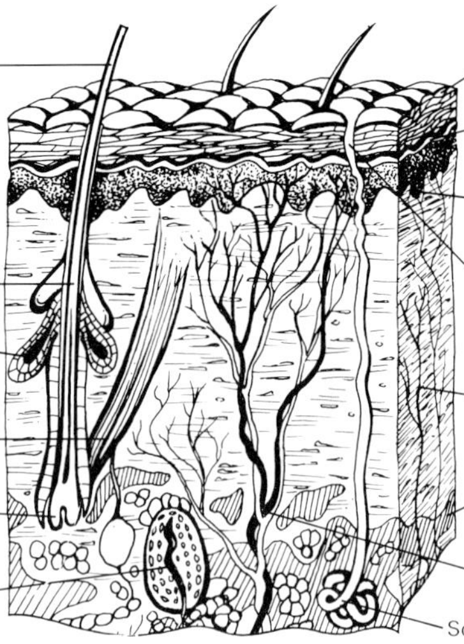

Schematischer Längsschnitt durch die Haut

Der Schweiß

Der Schweiß ist eine Flüssigkeit von salzigem Geschmack. Alter Schweiß bekommt penetranten Geruch, der durch niedere Fettsäuren entsteht.

Tagesmenge des als Schweiß ausgeschiedenen Wassers	800–1000 cm^3
bei körperlicher Arbeit	4000 cm^3
in den Tropen	10000–15000 cm^3
spezifisches Gewicht	1,005–1,03
Kochsalzgehalt	0,3–0,4%
Gesamt-Stickstoffgehalt	0,05%
pH-Wert	5

Druck-, Schmerz-, Kälte-, Wärmepunkte

An Lippen, Nasenflügeln und Augenlidern stehen die Wärmepunkte dicht gehäuft.

Druckpunkte je cm^2 der behaarten Haut	20– 50
Druckpunkte je cm^2 an den Handflächen	100–200
Schmerzpunkte je cm^2 der Haut	50–200
Kältepunkte je cm^2 der Handhaut	4–5
Kältepunkte je cm^2 der Gesichtshaut ca.	12
Kältepunkte je cm^2 des Vorderarms	0,3
der Fingerseitenfläche	2
des Gesichts	1,7

Verhältnis der Körperoberfläche (Flächenausdehnung der Haut) zum Körpergewicht des Menschen

Alter	Gewicht	Körperoberfläche	Oberfläche pro 1 kg Gewicht
1 Tag	3,2 kg	2599 cm^2	812 cm^2
6 Monate	7 kg	4381 cm^2	626 cm^2
1 Jahr	9 kg	5181 cm^2	575 cm^2
2 Jahre	11,3 kg	6028 cm^2	533 cm^2
4 Jahre	14,2 kg	7020 cm^2	495 cm^2
7 Jahre	19,1 kg	8552 cm^2	450 cm^2
10 Jahre	24,5 kg	10095 cm^2	412 cm^2
12 Jahre	29,8 kg	11505 cm^2	386 cm^2
14 Jahre	38,6 kg	13670 cm^2	354 cm^2
25 Jahre	62,9 kg	18936 cm^2	301 cm^2

Berechnung der Körperoberfläche (in cm^2) aus dem Körpergewicht: (Vierordt-Meehsche Formel)

$12{,}312 \times \sqrt[1,5]{G}$, wobei G das Körpergewicht in g ausdrückt. Für Kinder ist die Konstante 11,97.

Gewicht der Haut eines erwachsenen Mannes und eines Neugeborenen

	Körpergewicht	Körper-Oberfläche	Gewicht der Haut	% vom Gesamtgewicht
Erwachsener	7×10^4 g	2×10^4 cm²	$1{,}0 \times 10^4$g $\pm 30\%$ = 10 kg	ca. 15% Einschließl. Unterhautfettgewebe, bei mäßiger Entwicklung
Neugeborener	3000 g = 3×10^3 g	$2{,}6 \times 10^3$ cm²	$5{,}0 \times 10^2 \pm 80\%$	

Dicke der Hautschichten in mm

	Oberhaut, *Epidermis*	Papillarkörper	Lederhaut, *Corium*	Unterhautzellgewebe
Durchschnittlich	0,07–0,17	0,05–0,2	1,7–2,0	4,0–9,0
maximum	1,56	0,4	3,0	30 und mehr
minimum	0,042	0,009	0,6	0,6

Nägel, Haare und Hautdrüsen

Anatomisch-histologische und entwicklungsgeschichtliche Übersicht

Einteilung und Schichtenfolge	Histologischer Aufbau	Entwicklungsgeschichte (Ontogenese) Entstehung a. d. Ektoderm (Epidermis)
I. Nägel, *Ungues*		Erste Anlage: 9–10. Embryonal-Woche (Köllikers primäres Nagelfeld)
Stratum corneum, Nagel im engeren Sinne	Verhornte Epidermis-Schüppchen mit Kernresten	Bildung der Nagelplatte im 3.–4. Monat
Nagelbett: *Stratum germinativum*, Lederhaut (*Corium*)	Mehrschichtiges Pflasterepithel Scharfe Grenze gegen Hornschicht Elastische Fasern und Bindegewebe; statt Papillen: longitudinale Leisten.	Vom 4.–6. Monat Ausbildung der endgültigen Anlage 6. Monat: Ablösung des Eponychiums vom Nagel Vom 6. Monat an: Wachstum des Nagels von hinten nach vorn
Matrix (*Lunula*)	Wie oben. Hohe Papillen. Allmählicher Übergang in den Nagel	
II. Haare, *Pili*		Erste Anlage (Epidermisverdickung) 10.–12. Fetalwoche (Augenbrauen, Stirn)
Marksubstanz (Haar im engeren Sinne)	1–3 Zell-Lagen breit. Nicht pigmentiert. Keratohyalin, Luftgehalt, Kernrest	14. Woche: Lippen. 16. Woche: Scheitel.
Rindensubstanz (Haar im engeren Sinne)	Zahlreiche Zelllagen, pigmentiert, verhornt wenig Luft, Kernrest	5. Monat: Rumpf, Beine
Haar-Cuticula (Haar im engeren Sinne)	1 Zellage, ohne Pigment, verhornt, Kernrest, ohne Keratohyalin	7. Monat: Hand- und Fußrücken Härchen selbst überall 1 Monat später I. Haar-Wechsel: 6.–7. Monat (Lippen)
Scheiden-Cuticula	1 Lage verhornter, kernloser Schüppchen	II. Haarwechsel: Zeit der Geburt (Haupthaar)
Innere Wurzelscheide	a) Huzleys Schicht (je 1 Zellage) b) Henles Schicht (je 1 Zellage)	III. Haarwechsel: Pubertät (Bart, Achsel, Scham, Anus)
Äußere Wurzelscheide	Stachelschicht des Haarbalgs	IV. Haarwechsel: Im Alter Gehör- und Naseneingang
Haarbalg	bindegewebig: Längsfaserschicht, Ringfaserschicht, Innere homogene Glashaut	Entstehung aus der Lederhaut
III. Drüsen, *Glandulae*		Entstehung im 5. Monat aus der Keimschicht
Epithel (glatte Muskelfasern, *Membrana propria*) (tubulöse, *sudoriparae*)	Kubisches Drüsenepithel in einfacher Lage	Gegen Ende des Fötallebens meist vollendet
Gang und Pore (tubulöse, *sudoriparae*)	2–3schichtiges, kubisches Pflasterepithel. Porus: kein eigenes Epithel	Später Entstehung größerer Formen
Epithel, *Membrana propria* (alveoläre, *sebaceae*)	Kubisches Drüsenepithel umschließt nach innen zu degenerierendes Zellenmaterial	Entstehung aus der äußeren Wurzelscheide der Haare gleichzeitig mit dem primären Haarkegel
Gang zum Haarbalg (alveoläre, *sebaceae*)	Geschichtetes Plattenepithel	

Dicke der Nägel

am Daumen und großer Zehe	0,62–0,65 mm	Kleiner Finger	0,35–0,40 mm
an mittleren Fingern und Zehen	0,41–0,46 mm	Am freien Ende	0,67–0,9 mm
Gesamtgewicht der Nägel	ca. 35 g	Gesamtmenge in 80 Jahren	ca. 295 g
% des Körpergewichts	0,05%	Zur Bildung der Nagelsubstanz finden statt:	70 Zellteilg. pro sec
täglich gebildete Nagelmenge	$1{,}1 \times 10^{-2}$ g		

Die Nägel des Menschen sind hell, mit sichtbarer Lunula (»Möndchen«)
Die Nägel aller anderen Primaten: dunkel ohne sichtbare Lunula

Tägliches Längenwachstum

An den Fingern	0,086 mm	
An den Zehen	0,04 mm	
An der großen Zehe	0,06 mm	
Der Nagel wächst 1 mm		
in $8^3/_7$ Tagen	am Daumen	
in 7 Tagen	am linken Mittelfinger	
in $9^5/_6$ Tagen	am linken Ringfinger	
in 12 Tagen	am linken kleinen Finger	
in 14,3 Tagen	an der linken großen Zehe	

Wachstumsunterschiede

^{w}Sommer: ^{w}Winter = 1,3 : 1,0
^{w}rechte Hand: ^{w}linke Hand = 1,07 : 1,0
Unbeschnittene Nägel erreichen eine Länge von 10–14 cm
(„Weltrekord" rd. 150 cm)

Haare

Entwicklung des Wollhaarkleides des Menschen

Erste Haaranlage	Erste Härchen aus den Anlagen	Ende der Haarausbreitung	Maximum der Behaarung	Erster Haarwechsel
6×10^6 bis 1×10^7 s (60–100 Tage)	$1{,}7 \times 10^6$ bis 4×10^6 s (= 20–40 Tage) später	$1{,}5 \times 10^7$ s 182 Tage ± 10%	$1{,}7 \times 10^7$ s ± 10% = 8 Monate	nach weiteren $3{,}6 \times 10^6$ s ± 30% = 42 Tage

In Sekunden (s) nach der Befruchtung, entsprechend der Versuchsanordnung

Anzahl der Haare

der verschiedenen Körpergegenden ist großen individuellen Schwankungen unterworfen. Man rechnet:

Scheitel	300–320 pro cm^2	Schamberg	30–35 pro cm^2
Hinterhaupt und Stirn	200–240 pro cm^2	Dorsalseite des Unterarms	24 pro cm^2
Kinn	44 pro cm^2	Handrücken	18 pro cm^2

Wachstumsgeschwindigkeit der Kopfhaare

0,3–0,5 mm täglich = 0,4 mm durchschnittlich
Schwankungen des Durchmessers im Verlauf eines Haares

Spitze	meist abgebrochen, sonst 5 μ (männlich kurze Haare) 6,5 μ (weiblich 400–500 mm lang, gut gepflegt) 12–20 μ (natürl. Wuchs)	7–10 mm weiter	Zuwachs pro mm: 5–10 μ
		von da an	1–2 μ pro mm höchstens 5 μ Zuwachs
		nach 60–80 mm	größte Dicke
		weitere 30–40 mm	konstant
		dann auf je 10 mm	1 μ Verdünnung
		Wurzelende	$^2/_3$ des Schaftes

Abplattung der Haare

Setzt man den größten Durchmesser des Querschnitts = 100, so beträgt der kleinste

bei den Südamerikanern (Eingeborene)	= 95
bei den Mumien der Aymaras (Peru)	= 89
bei den Mongolen	= 81–91
bei den Australiern	= 67–75
bei den Hottentotten	= 50–55
bei den Papuas	= 34

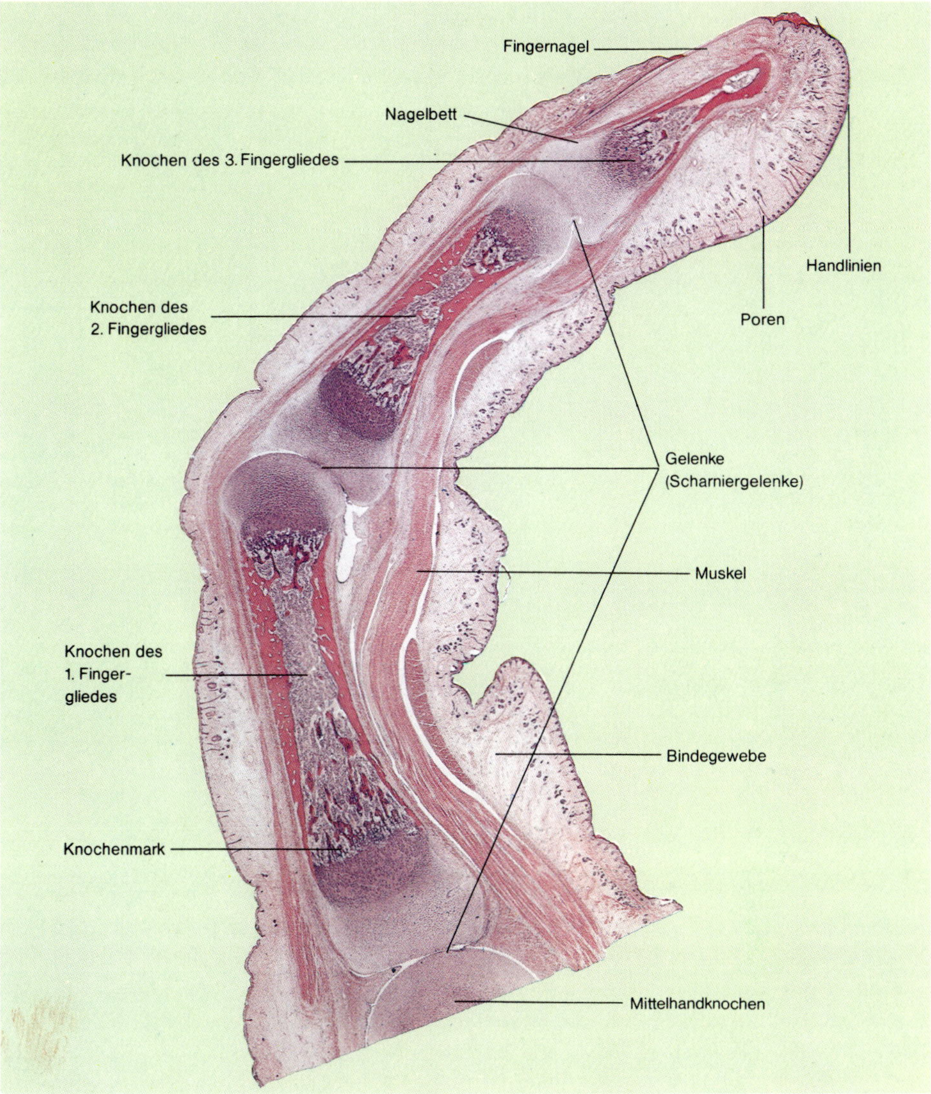

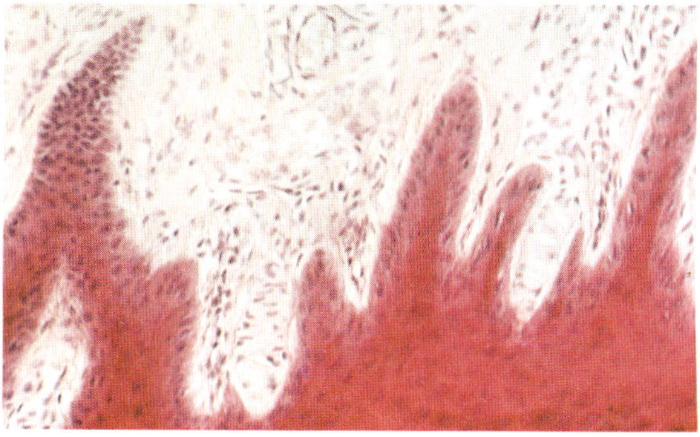

Menschlicher Finger im Längsschnitt (oben)

Mehrschichtiges, verhorntes Plattenepithel der Fingerbeere

Haarkleider des Menschen

Art der Haare	Charakter	Länge des Einzelhaares	Dicke des Einzelhaares	Gewicht rd.	Vergleichendes
Wollhaarkleid (Primärhaare)	Feine, kurze, marklose Härchen, wenig Pigment, spindelförmiger Querschnitt	0,1–1 cm	6×10^{-4} bis 12×10^{-4} cm	5×10^{-7} g	Keine Rassen- und Geschlechtsunterschiede. Haarstellung ähnlich der Dauerhaarstellung der Westaffen
Haarkleid des Neugeborenen	Wollhaarcharakter, etwas pigmentreicher. An Wimpern schon Markkanal. Minimum der Gesamtbehaarung				Keine Geschlechtsunterschiede. Beginn der Rassendifferenzierung am Kopf
Kinderhaarkleid (Augenbrauen, Wimpern)	Dimensionen > Wollhaar. Sichel-Gestalt der Augenbrauen, volle Ausbildung kurz vor Pubertät	1–2 cm	max. 0,02 cm	9×10^{-4} g	Endgültige Differenzierung der Kopfhaare nach Rasse und Geschlecht. Die Stellung (Wimpern und Augenbrauen einzeln, Kopfhaare in Gruppen zu 2 bis 5) ist bei allen Rassen gleich
Terminalhaarkleid	Beginnt mit Pubertät: Bart-, Scham-, Achselhaare; stärkere Pigmentierung, Auftreten des Markzylinders; längere Lebensdauer	max. 3×10^2 cm ± 30% min. 8 cm ± 100% Mittel beim Europäer = 70 cm	2×10^{-3} bis $1{,}6 \times 10^{-2}$ cm	$2{,}5 \times 10^{-5}$ bis 5×10^{-2} g	Nach Rasse und Geschlecht verschieden. Oft Glatze (selten bei Negern und Indianern). Haarstellung ähnelt derjenigen der Ostaffen

	Anzahl der Haare	Gesamtgewicht	Lebensdauer
Wollhaarkleid	160 pro cm²	4×10^{-2} g	
Kinderhaarkleid (Augenbrauen, Wimpern)	420 Wimpern ± 30% 600 Augenbrauen ± 30%	Wimpern und Augenbrauen 9×10^{-1} g	Wimpern: 3–5 Monate
Terminalhaar (Kopfhaar)	Kopf: Gesamt 80000 Kopf 160 pro cm² Bart 25 pro cm² Scham 20 pro cm²	120 g	Kopf: ca. $1{,}2 \times 10^8$ sec = 4 Jahre Bart: $3{,}4 \times 10^8$ sec ± 100% = 10 bis 20 Jahre andere Stellen: 1×10^7 sec = 4½ Monate

Urogenitalsystem, Schwangerschaft und Geburt

Das Harn- und Geschlechtssystem

Es besteht aus den Ausscheidungs- oder Harnorganen und den Geschlechtsorganen, die in engem anatomischem und entwicklungsgeschichtlichem Zusammenhang stehen.
Harnorgane sind die paarigen Nieren, die paarigen Harnleiter, die Harnblase und die Harnröhre. Eine Niere ist etwa 10 × 6 cm groß und wiegt bis 200 g. Täglich 300mal durchfließt die gesamte Blutmenge die Nieren, dabei etwa 1–1,5 l Harn ausscheidend, der durch den Harnleiter tropfenweise in die Harnblase befördert wird, die bis 0,8 l fassen kann (normale Füllung 300–400 cm^3). Der Harn enthält etwa 3,5% feste Stoffe; das sind an einem Tage 50–70 g, davon 30–40 g Harnstoff, 6–9 g Chlor, 4–5 g Natrium, 2–3 g Kalium, 1–2 g Kreatinin, 0,5–1 g Harnsäure sowie kleinere Mengen an Ammoniak, Phosphor, Schwefel, Hippursäure, Calcium und Magnesium. Zucker und Eiweißstoffe enthält der Harn des gesunden Menschen im allgemeinen nicht.
Weibliche Geschlechtsorgane. Äußere: Große und kleine Schamlippen, Kitzler und Scheide (Vagina).
Innere: Paarige Eierstöcke (etwa 4 × 2 × 1 cm groß), das sind die weiblichen Keimdrüsen, aus denen etwa alle vier Wochen (Periode) eine reife Eizelle durch die etwa 10 cm langen Eileiter in die Gebärmutter (Uterus) geführt wird. In den Eierstöcken sind etwa 80 000 Eier angelegt, von denen aber nur etwa 400–500 im Laufe des Lebens zur vollen Reife gelangen.
Männliche Geschlechtsorgane. Äußere: Glied (Penis).
Innere: Die eiförmigen paarigen Hoden (3–5 cm), in denen die Samenzellen gebildet werden, die sich von der Geschlechtsreife an dauernd teilweise zu Samenfäden (0,06 mm lang) umbilden, die durch die paarigen Samenleiter in die Harnröhre gelangen; ferner Nebenhoden, Bläschendrüse und Vorsteherdrüse.
1 mm^3 Samenflüssigkeit enthält etwa 60 000 Samenfäden; bei einem Geschlechtsakt werden etwa 200 Millionen Samenfäden ausgestoßen.

Die Nieren

Maße:

Länge 10–12 cm	Dicke 3–4 cm
Breite 6–7 cm	Gewicht 120–160 g

Zahl der Glomeruli und Harnkanälchen beider Nieren	ca. 200 Mill.
Gesamtlänge eines Nephron	ca. 5 cm
Flüssigkeitsumsatz:	
Täglicher Blutdurchlauf der Nieren	ca. 1500 l
Tägliche Harnmenge normal	ca. 1,5 l
Gesamtlänge des Röhrensystems beider Nieren	ca. 100 km
Gesamte Filtrationsfläche der Nieren	ca. 2 m^2
Tägliche Harnmenge an heißen Tagen	0,4–0,5 l
Tägliche Harnmenge bei stärkerer Flüssigkeitsaufnahme	2,5–3,5 l

Der Wasserhaushalt

Innerhalb 24 Stunden werden im Durchschnitt vom menschlichen Körper

aufgenommen	
durch Getränke	1200 cm^3
durch Speisen	1100 cm^3
aus Stoffwechsel	400 cm^3
	2700 cm^3
abgegeben	
im Harn	1500 cm^3
im Kot	200 cm^3
als Schweiß	500 cm^3
durch die Lunge	500 cm^3
	2700 cm^3

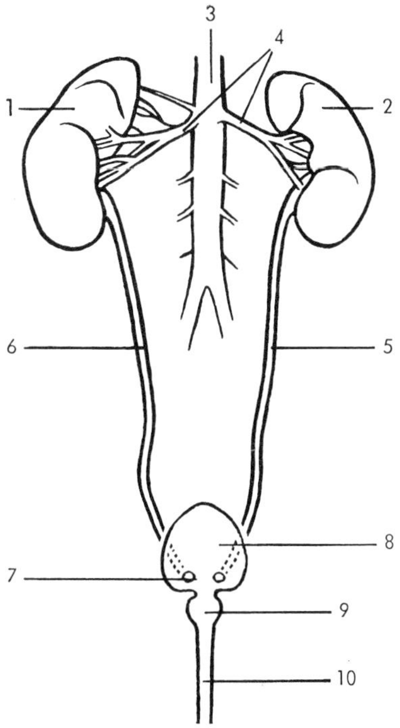

Harnweg: 1 rechte Niere, 2 linke Niere, 3 Bauchschlagader, 4 Nierenschlagader, 5 linker Harnleiter, 6 rechter Harnleiter, 7 Mündung des Harnleiters, 8 Harnblase, 9 Vorsteherdrüse (Prostata), 10 Harnröhre

Schema der Versorgung der Hautoberfläche durch die sensiblen Fasern der Rückenmarksnerven (Empfindungsnerven)

Hirnstamm und Rückenmark, Austrittstellen der Hirn- und Rückenmarksnerven und der sympathischen und parasympathischen Nervenfasern mit Grenzstrang

Schema des Eingeweide- (vegetativen) Nervensystems, Sympathikus (rot) und Parasympathikus (blau)

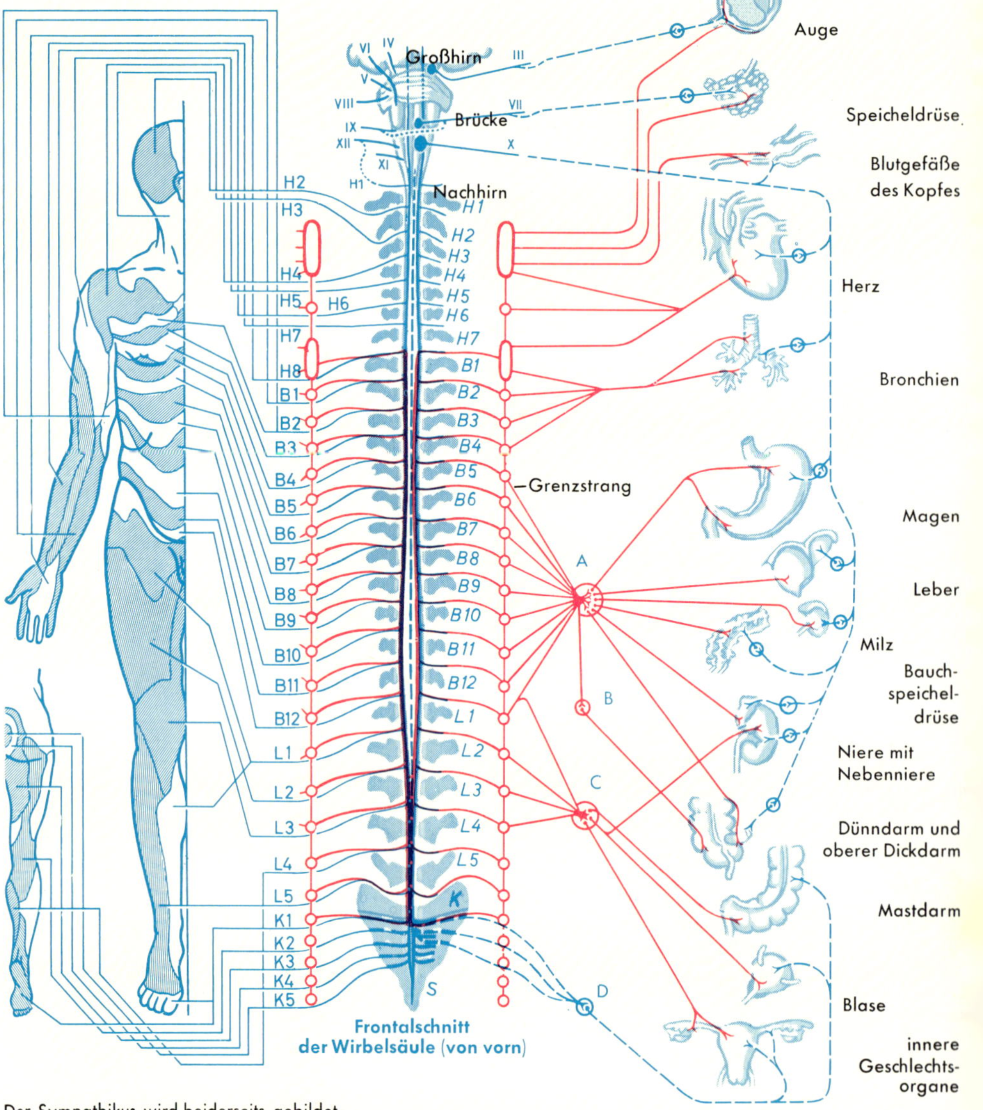

Der Sympathikus wird beiderseits gebildet:
1. durch eine Kette von Ganglien (Nervenknoten) längs der Wirbelsäule, die durch Nervenfasern zu einem einheitlichen Strang (Grenzstrang) vereinigt sind; 2. durch Verbindungsäste der Hirn- und Rückenmarksnerven zu den Ganglien des Grenzstrangs; 3. durch die von diesen Ganglien ausgehenden und zu den versorgten Organen führenden Nervenfasern, deren Bahnen in drei großen, vor der Wirbelsäule gelegenen Ganglien (A, B, C) umgeschaltet werden. – Der Parasympathikus besteht aus Kopf- und Beckensystem. Das Kopfsystem wird durch den X. Hirnnerv (N. vagus) und durch parasympathische Nervenfasern gebildet, die dem III., VII. und IX. Hirnnerv beigemischt sind. Das Beckensystem geht aus Fasern hervor, die durch die Rückenmarksnerven des Beckens abgegeben werden. Die Ganglien des Kopfsystems liegen in unmittelbarer Nähe der Organe oder in den Organen selbst, im Beckensystem erfolgt die Umschaltung durch ein besonderes Beckenganglion (D). – III-XII = Hirnnerven (I. und II. Hirnnerv nicht sichtbar); H = Hals-, B = Brust-, L = Lendenwirbel (Mitte) bzw. -nerven (links), K = Kreuzbein (-nerven), S = Steißbein.

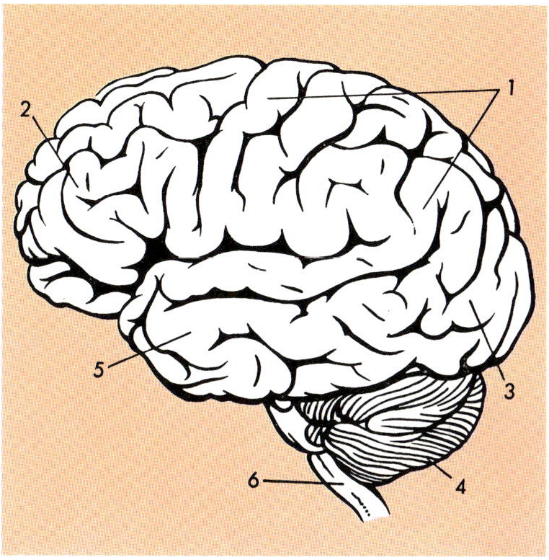

Gehirn des Menschen: 1 Großhirn, 2 Stirnlappen, 3 Hinterhauptlappen, 4 Kleinhirn, 5 Schläfenlappen, 6 verlängertes Mark (oben)

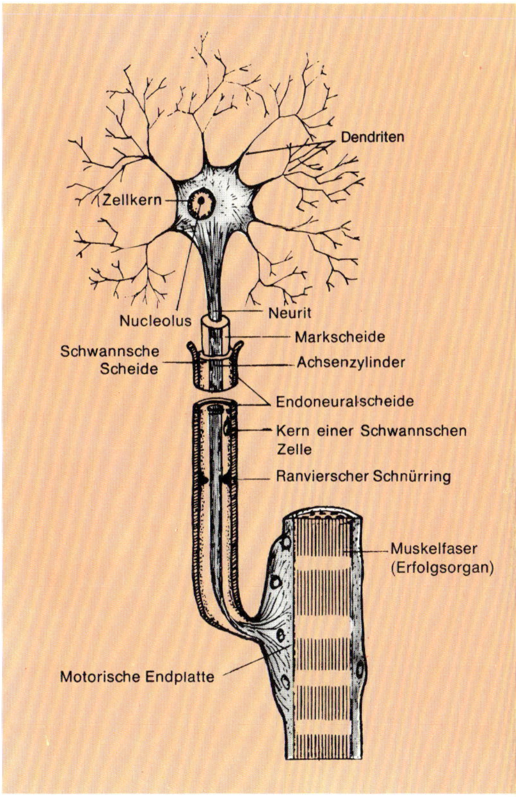

Organe der Erregungsleitung von der Nervenzelle zum Erfolgsorgan (rechts)

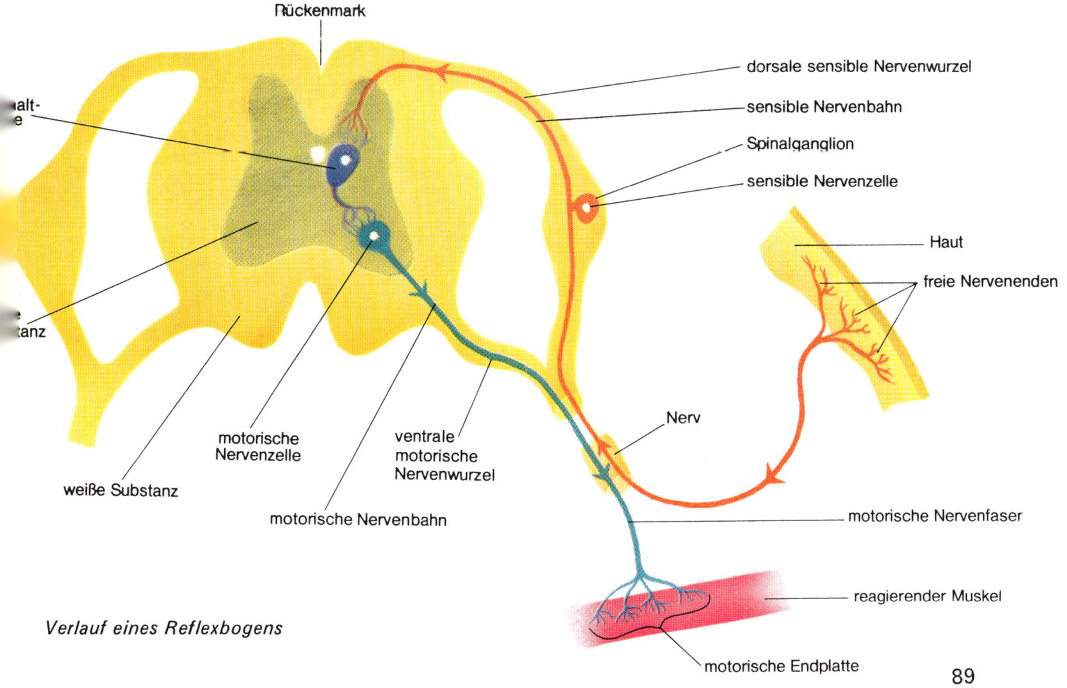

Verlauf eines Reflexbogens

Harn, Zusammensetzung (in g pro 1500 cm³ Harn in 24 h)

Harnstoff	20–35	Zucker total	0,5–1,5	Natrium	4–6
Harnsäure	0,1–2	Glukose	0,5	Kalium	2,5–3,5
Kreatinin	1–1,5	Zitronensäure	0,15–0,3	Calcium	0,01–0,3
Ammoniak	0,5–1	Kochsalz	10–15	Kalk	0,16
Aminosäuren	1,1	Chlor	6–9	Magnesium	0,17–0,29
Hippursäure	0,7	Sulfate	1,6–3,6		
Phenole	0,1–0,3	Phosphat	1–5		

Geschlechtsorgane

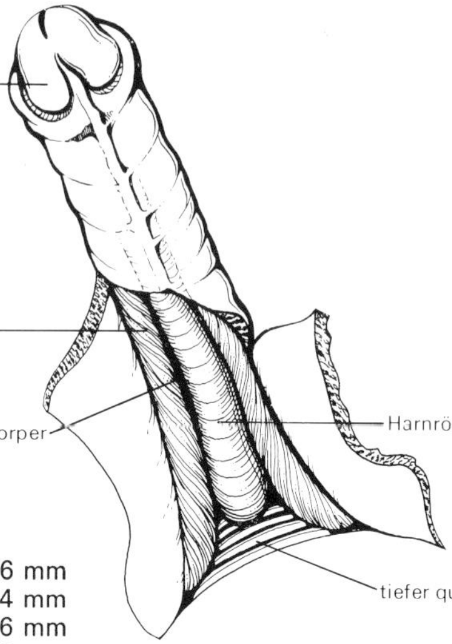

Die männliche Samenzelle

Länge etwa	0,05–0,06 mm
davon Kopf	0,004 mm
Halsteil	0,006 mm
Schwanz	0,041–0,052 mm
Fortbewegungsgeschwindigkeit	3 mm/sec
Lebensdauer in der Scheide	48–62 Stunden
Zahl der Samenfäden in 1 mm³ Samenflüssigkeit rund	60 000

Die Schwellkörper des männlichen Glieds (oben) und männliche Beckenorgane (unten)

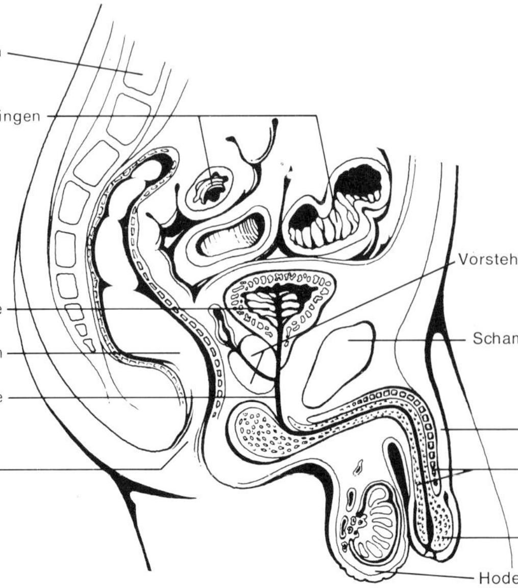

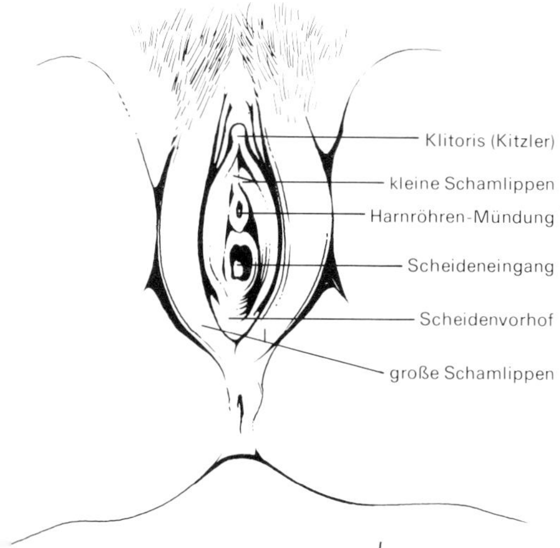

Die weibliche Eizelle

Durchmesser des reifen Eies	0,11–0,14 mm
Zahl der Eier in den Eierstöcken (beim neugeborenen Mädchen)	ca. 300 000
Zahl der im Laufe des Lebens heranreifenden Eier	ca. 400
Die Eireifung beginnt im Alter von	14–16 Jahren
Die Eireifung hört auf im Alter von	45–50 Jahren

Äußere weibliche Geschlechtsorgane (links) und weibliche Beckenorgane (unten)

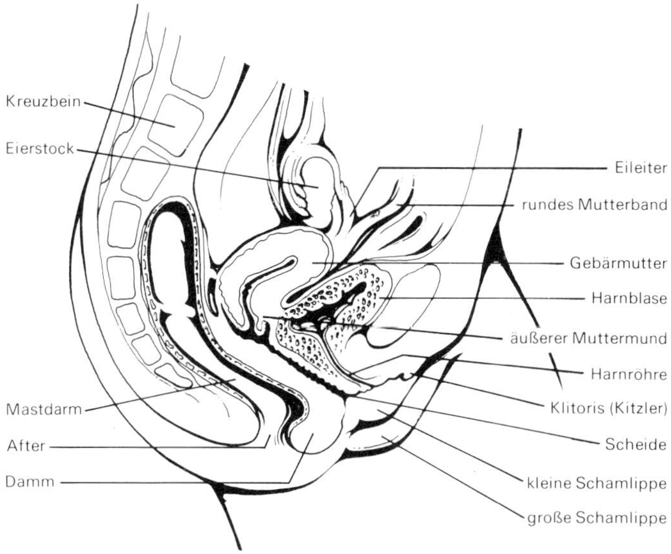

Geschlechtsbestimmung

Weibliche Individuen haben nur x-Chromosomen; in ihren Gameten (Eizellen) können sich daher auch nur diese finden. Die männlichen Individuen haben x- und y-Chromosomen; in ihren Gameten (Samenzellen) finden sich zur Hälfte x- und zur Hälfte y-Chromosomen. Durch die Vereinigung der Gameten entsteht wieder eine gleiche Anzahl männlicher (xy) und weiblicher (xx) Individuen (Genotypische Geschlechtsbestimmung).

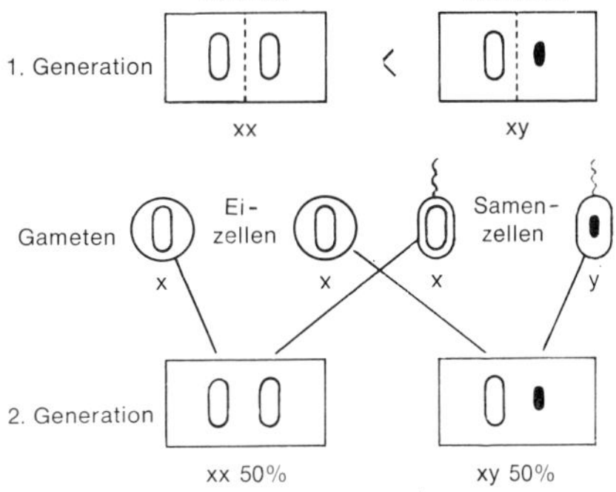

Nahrungskette

Eine Nahrungskette wird gebildet durch die vielfältigen Nahrungsbeziehungen der Organismen, und zwar der aufsteigenden Reihenfolge entsprechend, »wer wen frißt«. Eine einfache Nahrungskette bilden z. B. Getreide-Maus-Katze; ein Beispiel eines komplizierten Nahrungsflechtwerks oder -netzes mit vielen Wechselbeziehungen, in die auch der Mensch vielfältig als Endglied integriert ist, zeigt die Abbildung.

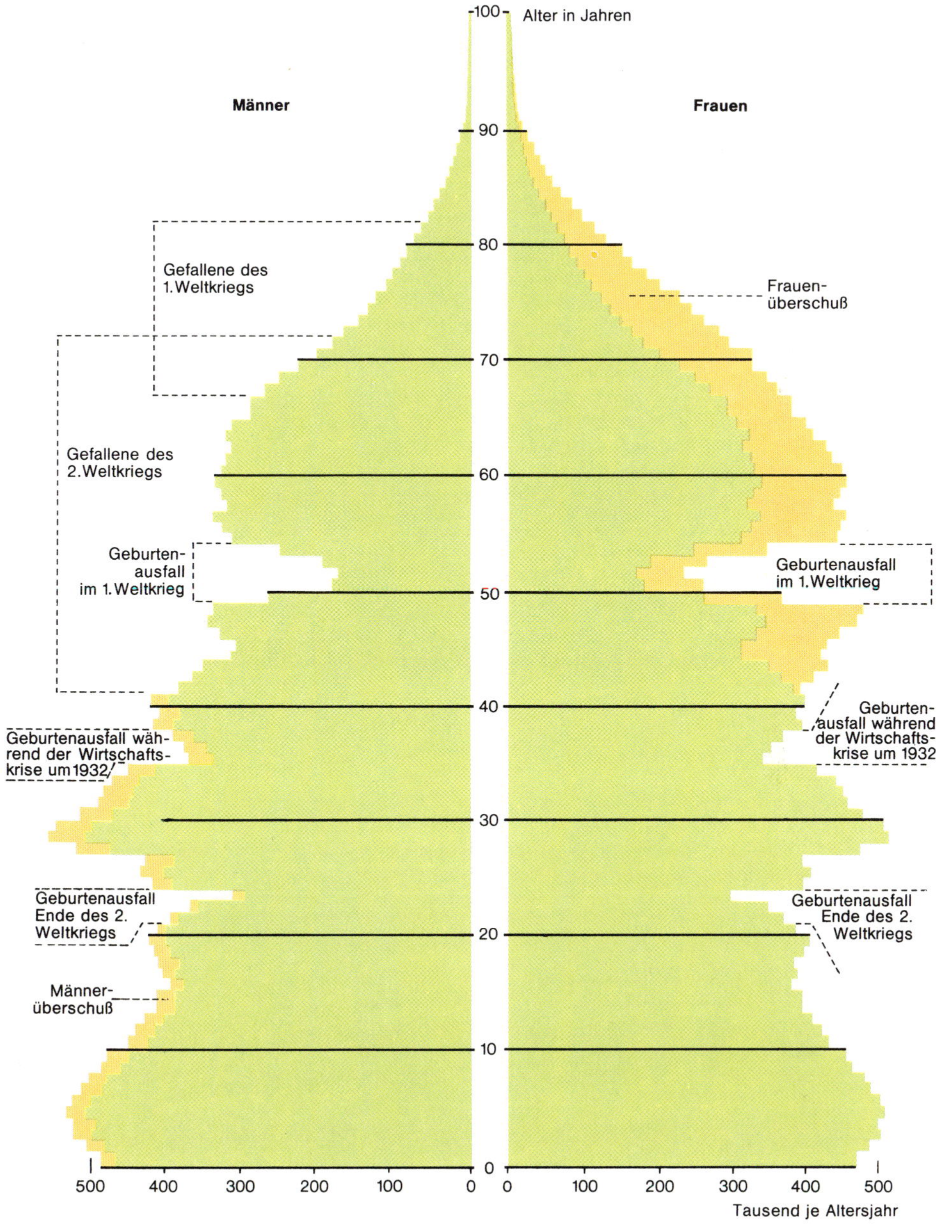

Alterspyramide: Altersaufbau der Wohnbevölkerung der BRD

Schwangerschaft, Dauer

Normale Schwangerschaftsdauer	266 Tage
Normale Schwangerschaftsdauer vom 1. Tag der letzten Menstruation an gerechnet (rd. 10 normale Menstruationszyklen)	280 Tage
Untere Grenze für Frühgeburten	7 Monate (nach der 28. Schwangerschaftswoche)
Mindestgewicht einer Frühgeburt	1000 g
Mindestlänge einer Frühgeburt	35 cm

Schwangerschaftskalender

Letzte Periode		Tag der Geburt		Letzte Periode		Tag der Geburt	
Januar	1	Oktober	8	Juli	5	„	12
„	5	„	12	„	10	„	16
„	10	„	17	„	15	„	21
„	15	„	22	„	20	„	26
„	20	„	27	„	25	Mai	1
„	25	November	1	„	28	„	4
Februar	1	„	8	August	1	„	8
„	5	„	12	„	5	„	12
„	10	„	17	„	10	„	17
„	15	„	22	„	15	„	22
„	20	„	27	„	20	„	27
„	25	Dezember	1	„	25	Juni	1
März	1	„	6	„	28	„	4
„	5	„	10	September	1	„	8
„	10	„	15	„	5	„	12
„	15	„	20	„	10	„	17
„	20	„	25	„	15	„	22
„	25	„	30	„	20	„	27
„	28	Januar	2	„	25	Juli	2
April	1	„	6	„	28	„	5
„	5	„	10	Oktober	1	„	8
„	10	„	15	„	5	„	12
„	15	„	20	„	10	„	17
„	20	„	25	„	15	„	22
„	25	„	30	„	20	„	27
„	28	Februar	2	„	25	August	1
Mai	1	„	5	„	28	„	4
„	5	„	9	November	1	„	8
„	10	„	14	„	5	„	12
„	15	„	19	„	10	„	17
„	20	„	24	„	15	„	22
„	25	März	1	„	20	„	27
„	28	„	4	„	25	September	1
Juni	1	„	8	„	28	„	4
„	5	„	12	Dezember	1	„	7
„	10	„	17	„	5	„	11
„	15	„	22	„	10	„	16
„	20	„	27	„	15	„	21
„	25	April	1	„	20	„	26
„	28	„	4	„	25	Oktober	1
Juli	1	„	8	„	28	„	4

Gewichtsveränderungen während der Schwangerschaft

Gewichtszunahme bis zur 40. Woche	13,9 kg	= 24,10%
Gewichtsverlust vor der Geburt	1,11 kg	= 1,58%
Gewichtsverlust während der Geburt	5,35 kg	= 7,74%
Gewichtsverlust während der ersten 10 Tage nach der Geburt	2,30 kg	= 3,77%
Gewichtsverlust während der 3.–8. Woche nach der Geburt	0,68 kg	= 1,11%

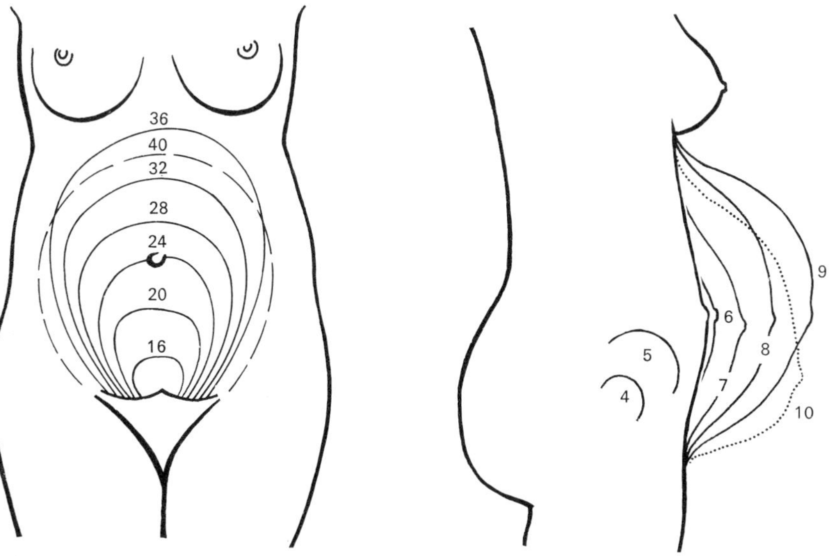

Wachstum der Gebärmutter im Verlauf der Schwangerschaft (links) und Vorwölbung des Leibes während der 10 Schwangerschaftsmonate (rechts)

Embryo, Länge und Gewicht

Alter	Länge Scheitel bis Steiß	Scheitel bis Ferse	Gewicht	Alter	Länge Scheitel bis Steiß	Scheitel bis Ferse	Gewicht
1 Woche	0,01 cm (Länge der Keimscheibe)	–	–	12 Wochen	5,6 cm	7,3 cm	14 g
				16 Wochen	11,2 cm	15,7 cm	105 g
2 Wochen	0,02 cm (Länge der Keimscheibe)	–	–	20 Wochen	16,0 cm	23,9 cm	310 g
				24 Wochen	20,3 cm	29,6 cm	640 g
3 Wochen	0,2 cm	–	–	28 Wochen	24,2 cm	35,5 cm	1080 g
4 Wochen	0,5 cm	–	0,02 g	32 Wochen	27,7 cm	40,9 cm	1670 g
5 Wochen	0,8 cm	–	–	36 Wochen	31,3 cm	45,8 cm	2400 g
6 Wochen	1,2 cm	–	–	40 Wochen (Geburt)	35,0 cm	50,0 cm	3300 g
7 Wochen	1,7 cm	1,9 cm	–				
8 Wochen	2,3 cm	3,0 cm	1 g				

Kinder, Länge und Gewicht

Knaben Gewicht	Knaben Länge	Alter	Mädchen Länge	Mädchen Gewicht	Knaben Gewicht	Knaben Länge	Alter	Mädchen Länge	Mädchen Gewicht
3,25 kg	50 cm	Geburt	49 cm	3,15 kg	9,8 kg	74 cm	1 Jahr	74 cm	9,0 kg
4,0 kg	52,5 cm	1 Monat	52 cm	3,7 kg	12,5 kg	85 cm	2 Jahre	85 cm	12,0 kg
4,6 kg	56 cm	2 Monate	55 cm	4,2 kg	14,4 kg	94,5 cm	3 Jahre	93 cm	14,1 kg
5,3 kg	59 cm	3 Monate	58 cm	5,0 kg	16,2 kg	101 cm	4 Jahre	100 cm	15,6 kg
6,0 kg	62 cm	4 Monate	61 cm	5,6 kg	18,0 kg	107 cm	5 Jahre	106 cm	17,4 kg
6,6 kg	64 cm	5 Monate	63 cm	6,1 kg	19,9 kg	113 cm	6 Jahre	112 cm	19,4 kg
7,1 kg	66 cm	6 Monate	65 cm	6,7 kg	21,8 kg	118,5 cm	7 Jahre	118 cm	21,6 kg
7,6 kg	68 cm	7 Monate	67 cm	7,2 kg	23,8 kg	123 cm	8 Jahre	124 cm	23,9 kg
8,1 kg	69 cm	8 Monate	69 cm	7,6 kg	26,1 kg	128 cm	9 Jahre	129 cm	26,1 kg
8,6 kg	71 cm	9 Monate	70 cm	8,0 kg	28,5 kg	134 cm	10 Jahre	134 cm	28,6 kg
9,1 kg	72 cm	10 Monate	71,5 cm	8,4 kg	31,1 kg	138,5 cm	11 Jahre	138,5 cm	31,0 kg
9,4 kg	73 cm	11 Monate	73 cm	8,8 kg	34,1 kg	143,5 cm	12 Jahre	143,5 cm	33,9 kg

Zoologische Gärten in Mitteleuropa
mit Gründungsjahr

Die Zoologischen Gärten als Stätten der öffentlichen Schaustellung – vor allem exotischer und seltener Tiere – haben in den letzten Jahrzehnten eine bedeutende Entwicklung erlebt. Früher wurden die Tiere in engen Käfigen, oft unzulänglich ernährt, als »Bestien« vorgestellt, bis um die Jahrhundertwende Carl Hagenbecks »patentierte Panorama-Freilichtanlage« die Wende zu einer möglichst natürlichen Haltung der Tiere brachte. Besonders fortschrittlich sind heute die »Landschaftszoos«, wie München-Hellabrunn.

Phasen der Geburt

Normaler Geburtsablauf mit seinen verschiedenen Phasen: a Geburtsbeginn, b Eröffnungsperiode, c Beginn der Austreibungsperiode, d das »Einschneiden« des Kopfes, e das »Durchtreten« des Kopfes, f die »Entwicklung« der Schultern.

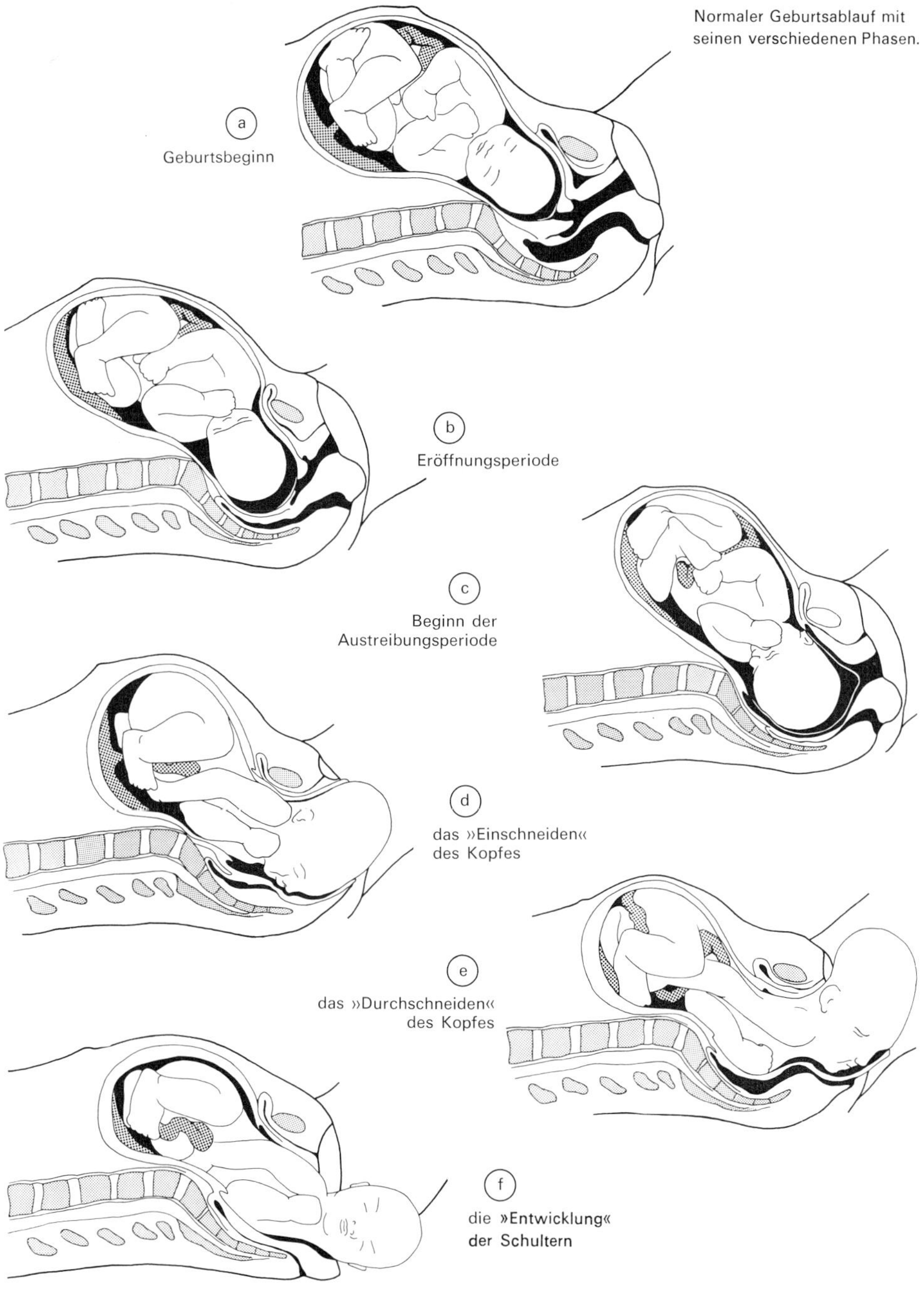

Normaler Geburtsablauf mit seinen verschiedenen Phasen.

Dauer der Geburt

	bei Erstgebärenden	bei Mehrgebärenden
Eröffnungszeit	12–14 h	6–10 h
Austreibungszeit	ca. 2 h	½– 2 h
Nachgeburtszeit	¼– 2 h	¼– 2 h
Gesamtdauer	14–18 h	8–12 h
Obere Grenze der Geburtsdauer	24–26 h	–
Gesamtdauer unter sehr günstigen Bedingungen	6– 8 h	2– 4 h

Sexualproportion

In den meisten Ländern überwiegt bei der Geburt das männliche Geschlecht: auf 100 Mädchen kommen im allgemeinen 106 Jungen. Nach Kriegen und Notzeiten steigt der Anteil der männlichen Geburten noch höher. Mit wachsendem Alter verschiebt sich dieses Verhältnis: infolge der größeren Sterblichkeit des männlichen Geschlechts schon im Säuglingsalter und später, u. a. infolge anstrengenderer Beschäftigungen. Der Ausgleich tritt zwischen 15 und 20 Jahren ein. Im höheren Alter überwiegt der weibliche Bevölkerungsteil um 5–10 Jahre. Dabei werden Frauen durchschnittlich um 30% häufiger krank als Männer.

Die wichtigsten Kinderkrankheiten

Krankheit	Dauer	Häufigste Nachkrankheiten
Keuchhusten	9–16 Wochen	Lungenentzündung
Masern	3–5 Wochen	Ohren-, Lungenentzündung, große Anfälligkeit für Tuberkulose (Tbc)
Ziegenpeter (Mumps)	1–2 Wochen	Hodenentzündung
Röteln	4–5 Tage	–
Windpocken	14 Tage	–
Scharlach	6–8 Wochen	Nierenentzündung, Mittelohrentzündung
Diphtherie	2–6 Wochen	Herzmuskel-, Lungen-, Nierenentzündung, Lähmungen (z. B. der Kehlkopfmuskeln)
Genickstarre	3–4 Wochen	Augen-, Ohrenentzündung, Sehstörungen
Spinale Kinderlähmung	bis 1½ Jahre	Lähmungen

Das hormonale System

Die verschiedenen Organsysteme – die Zellen und Organe des menschlichen Körpers – stehen untereinander in vielfältigen Wechselbeziehungen, die über das Nervensystem und den Blutkreislauf gesteuert werden.
Von besonderer Bedeutung für die Ausbildung und die Funktion der Organe sind die Hormone, die von bestimmten Drüsen gebildet und in das Blut abgegeben werden, also auf *humoralem* Wege zum Ort ihrer Wirksamkeit gelangen (= *innere Sekretion*) (→ Hormon).

Hormone

Drüse	Hormonbezeichnung	Wirkung
Hypophysen-Vorderlappen (HVL)	Gonadotropine z. B.:	steuern die Tätigkeit der Keimdrüsen
	follikelstimulierendes Hormon (FS)	steuert bei der Frau die Bildung der Eifollikel, beim Mann die der Samenzellen
	Luteinisierungshormon (LH, ICSH)	reguliert die Tätigkeit hormonbildender Zellen von Hoden und Ovar
	Luteotropin (LTH)	bewirkt Milchbildung und unterhält Gelbkörperfunktion
	Adrenokortikotropin (ACTH)	regelt die Tätigkeit der Nebennierenrinde
	Thyreotropin (TSH)	regt Schilddrüsenfunktion an
	Somatotropin (STH)	regelt das Wachstum; wirkt auf Eiweiß-, Kohlenhydrat- und Fettstoffwechsel und Wasserhaushalt

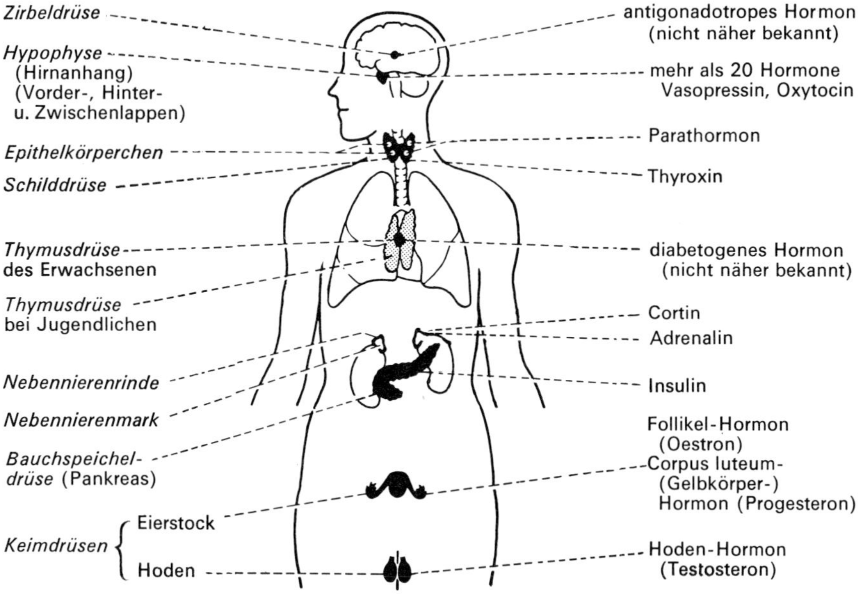

Drüse	Hormonbezeichnung	Wirkung
Hypophysen-Mittellappen	Melanophorenhormon (MSH)	verleiht wechselwarmen Tieren die Fähigkeit, ihre Körperfarbe der Umgebung anzupassen; bei Warmblütern ist die Funktion noch nicht geklärt
Hypophysen-Hinterlappen (HHL)	Oxytozin	wirkt gebärmutterkontrahierend und blutdrucksenkend, veranlaßt Milchsekretion
	Vasopressin	bewirkt Blutdruckerhöhung und reguliert den Wasserhaushalt
Schilddrüse	Thyroxin	reguliert den Kohlenhydrat-, Eiweiß- und Fettstoffwechsel und den Mineral- und Wasserstoffwechsel
Nebenschilddrüse (Epithelkörperchen)	Parathormon	reguliert den Phosphat- und Calciumspiegel
Bauchspeicheldrüse (Pankreas)	Insulin	reguliert den Kohlenhydratstoffwechsel, besonders die Kohlenhydratverteilung; bewirkt den Aufbau von Glukose zu Glykogen
	Glukagon	Kohlenhydratstoffwechsel; bewirkt Glykogenolyse
Nebennierenmark (NNM)	Adrenalin	steuert die Blutverteilung und wirkt auf den Stoffwechsel und im vegetativen Nervensystem bei der Innervierung von Muskeln
	Noradrenalin	reguliert den Blutdruck und beeinflußt den Kreislauf
Nebennierenrinde (NNR)	Kortikosteroide (Kortexon, Kortikosteron, Kortisol, Aldosteron)	wirken auf den Kohlenhydrat-, Eiweiß- und Mineralstoffwechsel
männliche Keimdrüsen (Hoden)	Testosteron	bildet die sekundären männlichen Geschlechtsmerkmale aus
weibliche Keimdrüse (Eierstock)	Östradiol, Östron, Östriol	regulieren die Sexualfunktionen, bilden und erhalten die sekundären weiblichen Geschlechtsmerkmale; sind für 1. Hälfte des Menstruationszyklus bestimmend; bewirken Proliferation der Uterusschleimhaut
Gelbkörper	Progesteron	bereitet in der 2. Hälfte des Menstruationszyklus die Uterusschleimhaut das befruchtete Ei vor.
Plazenta	Choriongonadotropine	wirken ähnlich wie LH und FSH
Verdauungstraktus	Sekretin	regt die Sekretion des Verdauungssaftes der Bauchspeicheldrüse an
	Cholezystokinin	regt die Gallenblasenkontraktionen an

Nahrungsmittel (B →S. 92, Nahrungskette)

Nutzungswert der Nährstoffe

1 g Eiweiß entspricht 17,2 kJ
1 g Kohlenhydrat entspricht 17,2 kJ
1 g Fett entspricht 39,1 kJ
1 frühere „Große Kalorie" (kcal) entspricht etwa 4,2 Kilojoule (kJ)

Ernährung

Täglicher Nährstoff- und Kalorienbedarf

	Gewichtsbasis	Eiweiß	Fett	Kohlenhydrate	Kilojoule
Männer, bei schwerster Muskelarbeit	100 kg	100 g	110 g	750 g	18900
schwerer Muskelarbeit	90 kg	90 g	95 g	550 g	14700
leichter Muskelarbeit	80 kg	80 g	78 g	450 g	12180
sitzender Beschäftigung	70 kg	70 g	67 g	390 g	10500
Frauen bei schwerer Muskelarbeit	70 kg	70 g	75 g	500 g	12600
leichter Muskelarbeit	65 kg	65 g	62 g	485 g	11760
geringer Beschäftigung	60 kg	60 g	58 g	350 g	9240

	Gewichtsbasis	Eiweiß	Fett	Kohlenhydrate	Kilojoule
Jugendliche, männlich					
9–12 Jahre	35 kg	65 g	65 g	420 g	10500
12–15 Jahre	50 kg	75 g	75 g	535 g	13440
15–18 Jahre	60 kg	85 g	90 g	590 g	15120
Jugendliche, weiblich					
9–12 Jahre	35 kg	60 g	60 g	340 g	9660
12–15 Jahre	50 kg	65 g	65 g	445 g	10080
15–18 Jahre	55 kg	70 g	70 g	350 g	10920
Kinder					
1–3 Jahre	12 kg	30 g	40 g	170 g	5040
3–6 Jahre	18 kg	40 g	50 g	215 g	6300
6–9 Jahre	25 kg	50 g	55 g	320 g	8400

Nährstoff- und Kaloriengehalt von Lebensmitteln

Tierische Erzeugnisse

100 g enthalten	Eiweiß	Fett	Kohlenhydrate	Kilojoule
Kuhmilch	3,5 g	3,5 g	4,7 g	277
Frauenmilch (Muttermilch)	1,2 g	4,1 g	6,9 g	298
Entrahmte Milch (Mager-)	3,5 g	0,1 g	4,8 g	147
Kondensmilch	8 g	9,3 g	10 g	680
Rahm (Sahne)	2,2 g	27 g	3,2 g	1163
Milchpulver (Trockenmilch)	34 g	4 g	51 g	1613
Emmentaler Käse 45% Fett i. T.	26 g	29 g	3 g	1646
Gouda-Käse 45% Fett i. T.	23 g	26 g	4 g	1516
Tilsiter Käse 20% Fett i. T.	36 g	11 g	3 g	1113
Edamer Käse 10% Fett i. T.	15 g	7 g	3 g	592
Camembert-Käse 45% Fett i. T.	19 g	23 g	2 g	1260
Limburger Käse 20% Fett i. T.	36 g	10 g	2 g	1050
Doppelrahmfrischkäse 60% Fett i. T.	15 g	31 g	2 g	1487
Speisequark, mager	17 g	1 g	2 g	369
Harzer Käse	27 g	3 g	4 g	806
Schmelzkäse 45% Fett i. T.	14 g	24 g	6 g	1281
Hühnerei (Gesamtei)	11 g	10 g	1 g	617
Entenei (Gesamtei)	12 g	13 g	1 g	739
Hammelfleisch, mittelfett	13 g	20 g	–	1033

100 g enthalten	Eiweiß	Fett	Kohlenhydrate	Kilojoule
Kalbfleisch, mittelfett	16 g	9 g	–	588
Rindfleisch, mittelfett	15 g	18 g	–	1004
Schweinefleisch, mittelfett	10 g	37 g	–	1634
Leber	19 g	4 g	5 g	571
Hase	17 g	2 g	–	416
Gans	10 g	20 g	–	962
Huhn	15 g	4 g	–	449
Blutwurst (Zungenw.)	9 g	19 g	–	907
Dosenwürstchen	13 g	20 g	–	1004
Cervelatwurst	21 g	45 g	–	2163
Schinken, gekocht	19 g	20 g	–	1151
Schinken, roh, gesalzen	16 g	29 g	–	1445
Speck, durchwachsen	8 g	60 g	–	2541
Schellfisch	10 g	–	–	193
Schleie	7 g	–	–	143
Aal	9 g	18 g	–	878
Hering	11 g	12 g	–	676
Speisekrabbe (Garnele)	8 g	1 g	–	176
Bückling	14 g	9 g	–	613
Hering, mariniert (Bismarck)	17 g	13 g	–	853
Ölsardinen	14 g	14 g	–	1008
Speisefette und Öle				
Butter	1 g	84 g	1 g	3297
Margarine	1 g	80 g	–	3293
Schmalz, Talg, Öl, Pflanzenfette	–	100 g	–	3906
Speck, fett	9 g	73 g	–	3007

Pflanzliche Erzeugnisse

100 g enthalten	Eiweiß	Fett	Kohlenhydrate	Kilojoule
Gerstengraupen, -grütze, -mehl	10 g	1 g	74 g	1554
Haferflocken, -grütze, -mehl	14 g	7 g	66 g	1688
Roggenmehl, hell	8 g	1 g	75 g	1525
Roggenmehl, dunkel Roggenschrot	11 g	2 g	70 g	1499
Weizenmehl, hell Weizengrieß	11 g	1 g	74 g	1546
Weizenmehl, dunkel	12 g	2 g	69 g	1546
Stärkemehl (Kartoffel-, Mais-, Reis-, Weizen-)	1 g	–	85 g	1533
Eierteigwaren	13 g	3 g	72 g	1638
Kommißbrot	7 g	1 g	53 g	1079
Roggenvollkornbrot	7 g	1 g	46 g	1004
Brötchen (Semmeln)	7 g	1 g	58 g	1163
Weizenvollkornbrot	8 g	1 g	47 g	1012
Knäckebrot	10 g	1 g	77 g	1613
Pumpernickel	7 g	1 g	49 g	1037
Zwieback, eifrei	10 g	4 g	76 g	1688
Möhren (Karotten)	0,8 g	0,2 g	6 g	122
Kartoffeln	1,6 g	0,1 g	15,1 g	286
Spargel	1,4 g	0,1 g	2,2 g	63
Rotkohl (Blaukraut)	1,2 g	0,1 g	3,7 g	88
Wirsingkohl	2,1 g	0,3 g	3,2 g	101
Kopfsalat	1,1 g	0,2 g	1,1 g	42
Tomaten	0,9 g	0,2 g	3,2 g	76
Bohnen, grün	2,1 g	0,2 g	4,7 g	134
Erbsen, reif, geschält	22 g	1 g	59 g	1504
Linsen, getrocknet	23,5 g	1,4 g	56 g	1487
Erbsen, grün, in Dosen	3,5 g	0,4 g	11,2 g	277

100 g enthalten	Eiweiß	Fett	Kohlenhydrate	Kilojoule
Sauerkraut	1,4 g	0,3 g	4 g	109
Champignon	2,5 g	0,2 g	2,6 g	92
Pfifferling	0,9 g	0,3 g	1,8 g	59
Steinpilz, getrocknet	20 g	3 g	44 g	1189
Äpfel	0,3 g	0,3 g	11,2 g	202
Birnen	0,5 g	0,4 g	12,4 g	231
Pflaumen	0,7 g	0,1 g	11,6 g	210
Kirschen, sauer	0,8 g	0,4 g	11,6 g	223
Pfirsiche	0,7 g	–	10 g	176
Erdbeeren	0,9 g	0,4 g	7,6 g	155
Weintrauben	0,7 g	0,5 g	15,5 g	294
Ananas	0,3 g	0,1 g	7,5 g	134
Apfelsine (Orange)	0,7 g	0,2 g	6,6 g	164
Bananen	0,8 g	0,1 g	14,3 g	256
Zitronen	0,5 g	0,4 g	4,5 g	76
Trockenobst, Rosinen	2 g	1 g	64 g	1142
Marmelade	1 g	–	65 g	1151
Apfelgelee	–	–	73 g	1260
Pflaumenmus	2 g	–	55 g	966
Zucker	–	–	100 g	1655
Traubenzucker	–	–	99 g	1701
Honig	–	–	81 g	1281
Kunsthonig	–	–	80 g	1264
Kakaopulver, schwach entölt	20 g	25 g	38 g	1982
Schokolade, 40% Kakaomasse	2 g	32 g	62 g	2314
Milchschokolade	9 g	33 g	55 g	2365
Apfelsaft	0,1 g	–	11,2 g	197
Traubensaft	0,3 g	–	18,2 g	311
Zitronensaft	0,3 g	–	7,9 g	101
Himbeersirup	–	–	70 g	1197

Vitamine

Name	Funktion	entdeckt	Mangelerscheinungen	Vorkommen in
Vitamin-A-Gruppe (Retinol, früher Axerophthol)	Epithelschutzstoff (notwendig für normalen Zustand der Haut, der Schleimhäute und der Netzhaut)	1931	Augen (Netzhaut: Nachtblindheit; Bindehaut), Oberhaut, Schleimhäute, Schweiß- und Tränendrüsen. Es schützt gegen bestimmte Augenerkrankungen (Hornhauteintrocknung und ihre Folgeerscheinungen); es mindert Anfälligkeit für einige Infektionskrankheiten	Milch (nicht in Magermilch), Milchprodukten (Butter, Fettkäse; im Winter weniger als im Sommer, da kein Grünfutter), fettreichen Fischen (Lebertran), Leber, Niere, Herz; Carotin (Vorstufe des Vitamin A) in grünen Pflanzenteilen (Spinat), Karotten, vielen Früchten, Eigelb
Vitamin B_1 (Thiamin, früher auch Aneurin)	ermöglicht normalen Ablauf des Kohlenhydratstoffwechsels; Nervenschutzstoff (insbesondere gegen Beriberi)	1936	Nerven, Herz, Muskulatur; Kohlenhydrat-, Eiweiß-, Fettstoffwechsel und Wasserhaushalt sind gestört. Es schützt gegen die Beriberikrankheit, bei Allergien, eine Nervenentzündung, die sich in Lähmungen äußert	Getreide (Vollkornmehl, wesentlich weniger in Feinmehlen), Reis (unpoliert!), Kleie, Kartoffeln, Gemüse, Muskulatur, Eigelb, Leber, Niere, Fisch, Milch

Name	Funktion	entdeckt	Mangelerscheinungen (Ausfallerscheinungen)	Vorkommen in
Vitamin B_2 (Riboflavin, früher auch Lactoflavin)	Bestandteil des gelben Atmungsfermentes; für den gesamten Stoffwechsel unentbehrlich	1935	besonders an Haut, Schleimhäuten und Augen; ferner tritt Wachstumsstillstand ein; selten	jeder tierischen und pflanzlichen Zelle; vor allem in Hefe, Getreidekeimlingen, Leber, Niere,
Pantothensäure	Baustein für Fermente	1940	Bei Tieren krankhafte Veränderung an Nebennieren, Haut und Schleimhäuten; Ergrauen der Haare, Wachstumsstörungen	Sehr verbreitet; besonders reichlich in Hefe, Leber, Niere, Eigelb, Kleie. Kann von Darmbakterien gebildet werden
Folsäure (Pteroglutaminsäure)	beeinflußt Blutbildung	1946	Fehlen hat die Bildung atypischer roter Blutkörperchen zur Folge. (Es besteht enge Beziehung zum Vitamin B_{12}.)	Spinat, Kartoffeln, Hefe, Leber, Nieren, Muskeln
Nicotinsäure(amid)	Bestandteil wasserstoffübertragender Fermente	1937	an Haut, Verdauungskanal, Zentralnervensystem. Es schützt gegen die Krankheit Pellagra, die vor allem dort auftritt, wo Mais Hauptnahrungsmittel ist	Leber-, Muskeln, Milch, Weizenkeimlingen, Hefe, Maisgenuß erfordert besonders große Zufuhr von Nikotinsäureamid
Vitamin B^6-Gruppe (Pyrdoxin, früher auch Adermin)	als Fermentbestandteil wichtig für den Eiweißstoffwechsel	1939	an Haut, Nervensystem, Blut (bisher nur im Tierversuch beobachtet). Wird mit zur Bekämpfung der Pellagra verwendet	Hefe, Leber, Weizenkeimlingen, Dorschrogen, Heringsmilch, Sojabohnen, Muskulatur
Vitamin B_{12}-Gruppe (Cobalamin)	entspricht dem Extrinsicfaktor; wichtig für Blutbildung	1948	Fehlen führt zur perniziösen Anämie, es werden atypische rote Blutkörperchen gebildet	vorwiegend Leber, Muskeln; von vielen Bakterien und niederen Pilzen gebildet (Darm, Streptomyzinproduktion)
Vitamin C (Askorbinsäure)	aktiviert viele Fermente; schützt körpereigene Stoffe vor Oxydation; Skorbutschutzstoff	1932	an Blutgefäßen, Zahnhalteapparat, Knochen, Mangel führt zu Skorbut, Blutungen, Möller-Barlowscher Krankheit (bei Säuglingen), erhöhter Anfälligkeit für Infektionskrankheiten	Milch, grünen Pflanzen (Salaten, Kohlarten), Kartoffeln, Zwiebeln, Radieschen, Zitronen, Orangen, Paprikaschoten, Hagebutten. Wird beim Kochen z. T. zerstört
Vitamin-D-Gruppe (Calciferol)	unentbehrlich für normalen Kalk- und Phosphorstoffwechsel (Knochenaufbau)	1935	Knochen Es fördert den Kalkeinbau in den Knochen, verhütet und heilt Rachitis bei Säuglingen	Lebertran, Fischen, Eigelb, Vollmilch, Butter, grünen Pflanzen. Entsteht bei Ultraviolettbestrahlung in der Haut, in Pilzen (Hefe) aus seinen Vorstufen (z. B. Ergosterin)
Vitamin E (Tocopherol)	setzt Sauerstoffverbrauch herab; bei Tieren nötig zur Fortpflanzung	1938	bei Tieren an Blutgefäßen, Keimdrüsen, Muskulatur; es kommt zu Fehlgeburten und Sterilität	Getreidekeimlingen, Vollkornmehl, Weizenkeimöl, Leinöl, Oliven, Salat, Brunnenkresse, Fleisch, Leber, Schweinefett, Milch, Butter, Eidotter
Vitamin H (Biotin)	unentbehrlicher Wuchsstoff für zahlreiche Organismen	1943	an Haut und Schleimhäuten vermehrter Bedarf an Vitamin H bei Genuß großer Mengen rohen Eiklars	Eigelb, Milch; Leber, Niere (Kochen verbessert Ausnützung); Hefe, Reiskleie. Wird von Darmbakterien gebildet
Vitamin K (Phyllochinon)	ermöglicht Bildung eines Blutgerinnungsfermentes	1939	Verlangsamung der Blutgerinnung; es kommt leichter zu größeren, auch inneren Blutungen	grünen Pflanzenteilen, Leber, Muskeln, Eigelb. Wird von Darmbakterien gebildet

Vitaminbedarf (im Durchschnitt)

	Alter (Jahre)	Gewicht	Größe	Vitamine A (I.E.)	B1	B2	Nikotin-säure	C	D (I.E.)
Männer	25	65 kg	170 cm	5000	1,6 mg	1,6 mg	16 mg	75 mg	
	45	65 kg	170 cm	5000	1,5 mg	1,6 mg	15 mg	75 mg	
	65	65 kg	170 cm	5000	1,3 mg	1,6 mg	13 mg	75 mg	
Frauen	25	55 kg	157 cm	5000	1,2 mg	1,4 mg	12 mg	70 mg	
	45	55 kg	157 cm	5000	1,1 mg	1,4 mg	11 mg	70 mg	
	65	55 kg	157 cm	5000	1,0 mg	1,4 mg	10 mg	70 mg	
Schwangere im letzten Drittel				6000	1,5 mg	2,0 mg	15 mg	100 mg	400
Stillende				8000	1,5 mg	2,5 mg	15 mg	150 mg	400
Säuglinge	1.– 3. Monat	6 kg	60 cm	1500	0,3 mg	0,4 mg	3 mg	30 mg	400
	4.– 9. Monat	9 kg	70 cm	1500	0,4 mg	0,7 mg	4 mg	30 mg	400
	10.–12. Monat	10 kg	75 cm	1500	0,5 mg	0,9 mg	5 mg	30 mg	400
Kinder	1– 3	12 kg	87 cm	2000	0,6 mg	1,0 mg	6 mg	35 mg	400
	4– 6	18 kg	109 cm	2500	0,8 mg	1,2 mg	8 mg	50 mg	400
	7– 9	27 kg	129 cm	3500	1,0 mg	1,5 mg	10 mg	60 mg	400
Jungen	10–12	35 kg	144 cm	4500	1,3 mg	1,8 mg	13 mg	75 mg	400
	13–15	49 kg	163 cm	5000	1,6 mg	2,1 mg	16 mg	90 mg	400
	16–20	63 kg	175 cm	5000	1,9 mg	2,5 mg	19 mg	100 mg	400
Mädchen	10–12	36 kg	144 cm	4500	1,2 mg	1,9 mg	12 mg	80 mg	400
	13–15	49 kg	160 cm	5000	1,3 mg	2,0 mg	13 mg	80 mg	400
	16–20	54 kg	162 cm	5000	1,2 mg	1,9 mg	12 mg	80 mg	400

Essentielle Aminosäuren

Essentielle Aminosäuren sind vom Körper selbst nicht synthetisierbar, müssen ihm also als unentbehrliche Bestandteile der Nahrung zugeführt werden.

Aminosäure	wichtig für (als)	Ausfallerscheinungen Mangelerscheinungen	Tagesbedarf 10-18 jähr.	Erw.
Valin	Nervensystem	erhöhte Schmerzempfindlichkeit, Krämpfe, gestörte Muskelbewegungen	4,3 g	2,8 g
Leucin	Plasma- und Gewebseiweiß	Verlust an Körpergewebe	9,0 g	5,6 g
Isoleucin	Verwertung der	rapide Gewichtsabnahme	unbekannt	
Threonin	Nahrungsaminosäuren			
Methionin	Körper- und Haarwachstum, Leberschutzstoff Globinaufbau	Leberverfettung, Anämie, Haarschwund, Muskelschwund	3,8 g	2,4 g
Cystin	Entgiftung von giftigen Stoffwechselprodukten, Insulinbildung	Leberschrumpfung, Haarausfall, Neigung zu Infektionskrankheiten	2,6 g	1,6 g
Arginin	Harnstoffaufbau, schnelles Wachstum	Wachstumshemmung	1,3 g	0,8 g
Lysin	Längenwachstum, Milchabsonderung	Zwergwuchs, Störung des Sexualzyklus der Frau	6,4 g	4,0 g
Phenylalanin	Bildung der Schilddrüsen- und Nebennierenhormone (Thyroxin und Adrenalin), Pigmentbildung	Funktionsstörungen der Schilddrüse und der Nebennieren, Störungen in der Pigmentbildung	4,3 g	2,8 g
Tryptophan	Fortpflanzung, Milchabsonderung, Bildung des Augenpigments	Grauer Star, Haarausfall, Verkümmerung der Hoden, Fehlbildung der Samenzellen, Zahnschmelzdefekte	1,3 g	0,8 g
Histidin	Aufbau des roten Blutfarbstoffes, Nucleinsäureaufbau	Anämie	2,6 g	1,6 g

Krankheit und Tod
(B →S. 93, Alterspyramide)

Die wichtigsten Infektionskrankheiten

Krankheit	Krankheitszeichen	Übertragungsart	Inkubationszeit	Erreger und Jahr seiner Entdeckung
Grippe	Fieber, Katarrh, Schmerzen	Einatmen	1–3 Tage	Virus, 1933
Keuchhusten	Krampfhusten, erschwertes Atmen, glasiger Schleim Erbrechen	Einatmen Berühren	1–2 Wochen	Haemophilus pertussis, 1906
Masern	Fieber, Schnupfen, Lichtscheu, rote Hautflecke	vorwiegend durch Berühren	9–11 Tage	Virus, 1905
Scharlach	Fieber, Halsentzündung, zusammenfließende rote Hautflecke	Einatmen, vorwiegend Berühren	3–5 Tage	Streptococcus und Virus
Diphtherie	Fieber, Rachenbelag, Atembeschwerden	Einatmen, Berühren	2–7 Tage	Corynebacterium diphtheriae, 1884
Ruhr (Bakterienruhr)	blutiger Durchfall, Fieber	Berühren Verschlucken	3–8 Tage	Shigella dysenteriae, 1898
Typhus (Unterleibstyphus)	Fieber, Hautflecke, besonders am Bauch, Durchfall	Berühren Verschlucken	7–20 Tage	Salmonella typhi, 1880
Paratyphus (Sammelname)	plötzliches Erbrechen, Schüttelfrost, Durchfall, Fieber, Hautflecke	Verschlucken	1–8 Tage	Gruppe der Paratyphusbazillen
Fleckfieber	Fieber-, Kopf- und Gliederschmerzen, Hautflecke	Stich der Kleiderlaus	11–12 Tage	Reckettsia prowazeki, 1910
Lungenentzündung	Fieber, erschwertes Atmen, Husten	Einatmen	wenige Std. bis Tage	Meist Pneumokokken, 1884
Malaria (→S. 190)	Wechselfieber	Stich der Malariamücke	9–17 Tage	Plasmodium (3 Arten), 1880
Cholera	Durchfall, Erbrechen, Fieber, Wadenkrampf	Berühren, Verschlucken	12–48 Std.	Vibrio comma, 1882
Pocken	Fieber, Kreuzschmerzen, Hautpusteln	Berühren, Einatmen	10–14 Tage	Virus
Pest	Fieber, Kopfschmerz, Drüsenschwellungen, Hautbeulen, Lungenentzündung	Einatmen, Stich des Rattenflohs	2–5 Tage	Pasteurella pestis, 1894
Lungentuberkulose	Abmagerung, Lungenkatarrh	Einatmen	mehrere Wochen	Mycobacterium tuberculosis, 1882
Spinale Kinderlähmung	Fieber, Lähmung	Einatmen, Verschlucken	9–17 Tage	Virus
Weilsche Krankheit	Gelbsucht, Fieber, Kopf- und Muskelschmerzen, Nierenentzündung	durch Rattenurin verunreinigtes Wasser	3–21 Tage	Leptospira icterohaemorrhagiae, 1915
Gelbsucht, epidemisch	Fieber, Kopfschmerz, Appetitmangel	Verschlucken	1–4 Wochen	Virus
Aussatz (Lepra)	Hautzerfall, Hautknoten	Berühren	2 bis mehrere Jahre	Mycobacterium leprae, 1873
Genickstarre	Fieber, Bewußtseinstrübung, Nackensteifigkeit	Einatmen	2–3 Tage	Neisseria meningitidis 1887
Starrkrampf	schmerzhafte Muskelkrämpfe	Wundverunreinigung	3–20 Tage	Clostridium tetani, 1884
Syphillis	Geschwüre an der Infektionsstelle, Drüsenschwellung, Hautflecken	meist Geschlechtsverkehr	14–23 Tage	Treponema pallidum, 1905
Tripper	eitriger Ausfluß, Harnröhrenbrennen	Geschlechtsverkehr	1–3 Tage	Neisseria gonorrhoeae, 1879
Tollwut	Atembeschwerden, Schlingmuskelkrämpfe, Wutanfälle	Biß erkrankter Tiere	14–60 Tage	Virus

Krebshäufigkeit (nach Altersklassen)

Sitz des Krebses	30–39 Jahre	40–49 Jahre	50–59 Jahre
Brustkrebs	2,3	5,0	8,3
Gebärmutter			
A. Corpus	0,3	1,0	3,1
B. Halsteil	3,6	6,7	6,0
Magen (männl.)	0,2	1,2	4,0

Sitz des Krebses	30–39 Jahre	40–49 Jahre	50–59 Jahre
Lunge (männl.)	0,2	1,8	4,5
Haut	0,4	1,2	2,5
Lippe (männl.)	0,3	0,8	1,3

(Die Zahlen sind auf 10000 Lebende berechnet)

Sterbetafel

Auszug aus den Deutschen Sterbetafeln in abgekürzter Form.
Bis 1932–34: Allgemeine Deutsche Sterbetafeln für das Reichsgebiet; ab 1949: Bundesrepublik Deutschland.
Die Sterbetafel gibt in der »Absterbeordnung« an, wie viele von 100000 Lebendgeborenen jeweils ein bestimmtes Alter (von 1 bis 90 Jahren) erreichen bzw. wie viele in einem bestimmten Alter sterben. Die mittlere Lebensdauer (Lebenserwartung) für jedes Lebensalter wird dadurch ermittelt, daß die Anzahl der von der Gesamtheit zu durchlebenden Jahre durch die Zahl der Lebenden der betreffenden Altersjahre geteilt wird. Die Lebenserwartung aller Altersjahre ist in den letzten Jahrzehnten stark angestiegen.

Vollendetes Altersjahr	Männlich 1901/10	1924/26	1932/34	1949/51	1960/62	1964/66	Weiblich 1901/10	1924/26	1932/34	1949/51	1960/62	1964/66
						Absterbeordnung						
0	100000	100000	100000	100000	100000	100000	100000	100000	100000	100000	100000	100000
1	79766	88462	91465	93823	96467	97286	82952	90608	93161	95091	97222	97878
5	74211	85855	89654	92880	95929	96828	77334	88169	91535	94270	96782	97515
10	72827	85070	88793	92444	95620	96532	75845	87452	90753	93937	96579	97325
15	72007	84469	88244	92079	95388	96290	74887	86877	90270	93701	96434	97177
20	70647	83268	87298	91466	94812	95689	73564	85808	89490	93295	96188	96943
25	68881	81429	86032	90531	93948	94902	71849	84275	88390	92711	95884	96660
30	67092	79726	84715	89518	93166	94169	69848	82597	87139	92039	95485	96318
35	65104	78111	83234	88428	92322	93331	67679	80847	85754	91221	94949	95829
40	62598	76313	81481	87102	91218	92223	65283	78917	84135	90225	94184	95117
45	59405	74032	79285	85342	89659	90617	62717	76704	82211	88901	93081	94041
50	55340	71006	76322	82648	87230	88169	59812	73943	79620	86991	91442	92435
55	50186	66818	72147	78562	83221	84209	55984	70236	76038	84225	89063	90058
60	43807	60883	66293	72852	76652	77735	50780	65076	70984	80166	85484	86555
65	36079	52715	58106	64999	66941	67895	43540	57671	63712	73875	79839	80972
70	27136	41906	47059	54394	54461	54801	34078	47255	53184	63994	70840	72243
80	8987	16066	19122	25106	24156	24324	12348	19711	23500	31787	38507	40984
90	683	1599	1966	3175	3092	3461	1131	2356	2868	4815	6480	7818

Vollendetes Altersjahr	Männlich 1901/10	1924/26	1932/34	1949/51	1960/62	1964/66	Weiblich 1901/10	1924/26	1932/34	1949/51	1960/62	1964/66
						Lebenserwartung in Jahren						
0	44,82	55,97	59,86	64,56	66,86	67,58	48,33	58,82	62,81	68,48	72,39	73,48
1	55,12	62,24	64,43	67 80	68,31	68,46	57,20	63,89	66,41	71,01	73,46	74,07
5	55,15	60,09	61,70	64,47	64,68	64,77	57,27	61,52	63,56	67,61	69,78	70,34
10	51,16	55,63	57,28	59,76	59,88	59,96	53,35	57,11	59,09	62.84	64,93	65,47
15	46,71	51,00	52,62	54,98	55,02	55,11	49,00	52,47	54,39	57,99	60,02	60,57
20	42,56	46,70	48,16	50,34	50,34	50,44	44,84	48,09	49,84	53,24	55,17	55,71
25	38,59	42,70	43,83	45,83	45,78	45,83	40,84	43,92	45,43	48,55	50,33	50,86
30	34.55	38,56	39,47	41,32	41,14	41,17	36,94	39,76	41,05	43,89	45,53	46,03
35	30,53	34,30	35,13	36.80	36,50	36,52	33,04	35,56	36,67	39,26	40,78	41,26
40	26,64	30,05	30,83	32,32	31,91	31,93	29,16	31,37	32,33	34,67	36,09	36,55
45	22,94	25,90	26,61	27,93	27,41	27,44	25,25	27,20	28,02	30,14	31,48	31,83
50	19,43	21,89	22,54	23,75	23,10	23,13	21,35	23,12	23,85	25,75	27,00	27,44
55	16,16	18,09	18,69	19,85	19,08	19,09	17,64	19,20	19,85	21,50	22,65	23,10
60	13,14	14,60	15,11	16,20	15,49	15,46	14,17	15,51	16,07	17,46	18,48	18,92
65	10,40	11,46	11,87	12,84	12,36	12,32	11,09	12,17	12,60	13,72	14,60	15,04
70	7,99	8,74	9,05	9,84	9,60	9,64	8,45	9,27	9,58	10,42	11,12	11,54
80	4,38	4,77	4,84	5,24	5,24	5,41	4,65	5,06	5,15	5,57	5,85	6,15
90	2,35	2,68	2,63	2,66	2,69	2,89	2,59	2,92	2,72	2,89	3,03	3,26

Aufbau der Ahnentafel

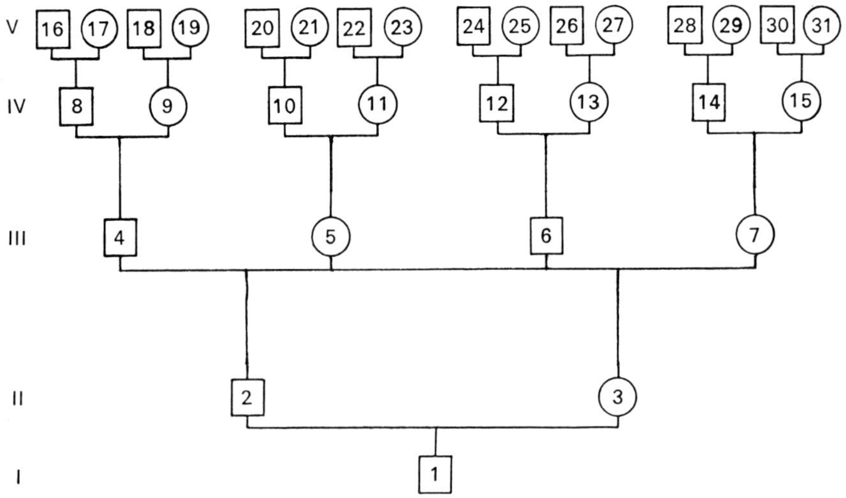

Die Ahnentafel führt die Ahnen einer Person auf (während die Stammtafel die von einer Person abstammenden Personen aufzeichnet) und hat (im Gegensatz zur Stammtafel) eine feststehende Form (s. Schema; es kann natürlich nach oben verlängert werden), da jeder Mensch zwei Eltern, vier Großeltern usw. hat.
1 ist der Proband, der Mensch, für den die Ahnentafel aufgestellt wird; er bildet die Ahnenreihe I (Generation). Die II. Ahnenreihe sind die Eltern, die III. die Großeltern, die IV. die Urgroßeltern, die V. die Ur-Ur-Großeltern (Alteltern) usw.
Jede männliche Person hat eine gerade Nummer und wird durch ein Rechteck gekennzeichnet; die weiblichen Personen sind durch ungerade Nummern und Kreise gekennzeichnet. Der Vater hat stets die doppelte Zahl seines Kindes; die Zahl einer Frau ist immer um 1 höher als die ihres Mannes.

Übliche sippenkundliche Zeichen:

* = geboren	~ = getauft	o = verlobt	o|o = geschieden
† = gestorben	▭ = begraben	∞ = verheiratet	

Die Tiere

Allgemeine Daten und Fakten ([B] →S. 124f Vergleichende Anatomie)

Tierreich, ungefähre Artenzahlen [B] →S. 109ff; Säuger →S. 163ff)

Aristoteles beschrieb 335 v. Chr. 520 Tierarten. 1758 gab Linné 4236 Tierarten wissenschaftliche Namen. Eine Übersicht über die heute bekannten ungefähren Artenzahlen einiger wichtiger Gruppen des *Tierreichs* gibt die folgende Zusammenstellung:

Einzeller	20000	Ringelwürmer	9000	Stachelhäuter	4000
Schwämme	5000	Spinnentiere	36000	Rundmäuler und Fische	20600
Hohltiere	9000	Krebsartige	25000	Lurche und Kriechtiere	8700
Fadenwürmer	10000	Insekten	780000	Vögel	8600
Plattwürmer	12000	Weichtiere	128000	Säugetiere	6000

Tiergruppen

und ungefähre Anzahl der Tierarten, die in Deutschland und in den angrenzenden Meeren leben

Tiergruppe	Artenzahl	Tiergruppe	Artenzahl
insgesamt	40300	Haarlinge, Federlinge	200
davon		Schnabelkerfe	1800
Wirbellose	39600	Hautflügler	10000
Einzeller	3200	Köcherfliegen	263
Schwämme	28	Schmetterlinge	3000
Hohltiere	130	Zweiflügler	6000
Strudelwürmer	215	Käfer	6800
Saugwürmer	400	Weichtiere	500
Bandwürmer	450	Schnecken	380
Rädertiere	550	Muscheln	100
Fadenwürmer	1140	Kopffüßer	15
Gliederfüßer	32300	Stachelhäuter	34
Krebse	900	Manteltiere	21
Spinnentiere	2280	Wirbeltiere	750
Spinnen	750	Fische	195
Milben	1400	Lurche	19
Tausendfüßler	200	Kriechtiere	12
Insekten	28900	Vögel (davon 240 Arten als Brutvögel)	400
primär ungeflügelte Insekten	178		
Geradflügler	97	Säugetiere	121

Tiefseefauna

Funde verschiedener Tiergruppen nach Wassertiefe

Gruppe	Tiefe	Gruppe	Tiefe	Gruppe	Tiefe
Foraminiferen	10500 m	Ruderfußkrebse	10000 m	Schnecken	10700 m
Schwämme	8700 m	Rankenfüßer	7000 m	Muscheln	10700 m
Hydrozoen	8300 m	Flohkrebse	10700 m	Kopffüßer	8100 m
Oktokorallen	8700 m	Asseln	10700 m	Seesterne	7600 m
Hexakorallen	10700	Schwebgarnelen	7200 m	Schlangensterne	8000 m
Schnurwürmer	7200 m	Zehnfußkrebse	5300 m	Seeigel	7300 m
Fadenwürmer	10700 m	Gespenstkrebse	6900 m	Seegurken	10700 m
Ringelwürmer	10700 m	Moostierchen	5900 m	Haarsterne	9700 m
Muschelkrebse	7650 m	Armfüßer	5500 m	Seescheiden	7200 m
				Fische	7600 m

Laufbeinzahl einiger Tiergruppen (B →S. 128, Gliedertiere)

Vögel	2	Kriechtiere	4	Insekten	6	Hummer	10	Wasserflöhe	8–12
Säugetiere	4	Lurche	4	Spinnentiere	8	Flußkrebse	10	Tausenfüßler bis	278

Gewichte von Tieren

Kolibri	0,002 kg	Karpfen	bis 25 kg	Elch	400 kg
Turmfalke	0,18–0,275 kg	Biber	30 kg	Grislybär	450 kg
Bussard, männl.	0,6–0,9 kg	Hecht	bis 35 kg	Suppenschildkröte	450 kg
Habicht, männl.	0,65–0,729 kg	Wolf	35–50 kg	Thunfisch	bis 500 kg
Bussard, weibl.	0,7–1,2 kg	Lachs	bis 45 kg	Rochen (Manta)	600 kg
Habicht, weibl.	1,05–1,25 kg	Strauß	100 kg	Wisent	700 kg
Landdschildkröte	2,5 kg	Löwe	130 kg	Eisbär	800 kg
Forelle	bis 5 kg	Rentier	150 kg	Walroß	1000 kg
Bartgeier	5–6 kg	Tiger	180 kg	Hausen (Fisch)	bis 1300 kg
Fuchs	6–10 kg	Wildschwein	200 kg	Nashorn	2000 kg
Schleie	bis 7 kg	Rothirsch	220 kg	Nilpferd	2500 kg
Höckerschwan	bis 20 kg	Brauner Bär	250 kg	Elefant	4000 kg
Dachs	20 kg	Stör	250 kg	Wal	bis 100000 kg
Reh	26 kg	Wels	300 kg		
Kabeljau	bis 25 kg	Seekuh	400 kg		

Größe von Tieren (durchschnittliche Länge bzw. Höhe)

Säugetiere	
Ameisenbär	100 cm
Bären:	
Brauner Bär	225 cm
Grislybär	250 cm
Eisbär	270 cm
Biber	100 cm
Dachs	75 cm
Elch	280 cm
Elefant	350 cm
Feldhase	70 cm
Fledermaus	45 cm
Fliegender Hund	40 cm
Frettchen	45 cm
Fuchs	100 cm
Giraffe	600 cm
Gorilla	200 cm
Hase (Feldhase)	70 cm
Hirsch (Rot-H.)	200 cm
Löwe	200 cm
Marder	50 cm
Maulwurf	15 cm
Maus (Feldmaus)	11 cm
Nashorn	500 cm
Nilpferd	400 cm
Orang-Utan	170 cm
Reh	130 cm
Rentier	200 cm
Schimpanse	150 cm
Schnabeltier	60 cm
Seehund	200 cm
Tiger	200 cm
Wale:	
Blauwal	3000 cm
Grönlandwal	2000 cm
Pottwal	2000 cm
Tümmler	200 cm
Walroß	450 cm
Wildschwein	150 cm
Wolf	115 cm
Vögel	
Auerhahn	100 cm
Buntspecht	24 cm
Bussard	60 cm
Kondor	100 cm
Kranich	120 cm
Pinguin	100 cm
Schleiereule	35 cm
Storch	85 cm
Strauß	275 cm
Fische	
Aal	125 cm
Flußbarsch	40 cm
Forelle	bis 90 cm
Haie:	
Dornhai	100 cm
Heringshai	350 cm
Menschenhai	400–500 cm
Riesenhai	1000 cm
Hausen	900 cm
Hecht	100 cm
Hering	15–35 cm
Kabeljau	bis 150 cm
Karpfen	30–100 cm
Lachs	150 cm
Rochen (Manta)	400 × 600 cm
Sonnenfisch	300 cm
Stör	400 cm
Thunfisch	bis 400 cm
Wels	300 cm
Zander	120 cm
Zitteraal	200 cm
Kriechtiere	
Alligator	450 cm
Chamäleon	30 cm
Eidechsen:	
Smaragdeidechse	40 cm
Zauneidechse	18 cm
Feuersalamander	20 cm
Gavial	500 cm
Klapperschlage	150 cm
Kobra	180 cm
Kreuzotter	50–60 cm
Krokodil	600 cm
Leguan	150 cm
Riesenschlange	900 cm
Riesensalamander	150 cm
Ringelnatter	100 cm
Schildkröte	bis 230 cm
Teichschildkröte	35 cm
Sonstige	
Auster	10 cm
Bandwurm	bis 1000 cm
Flußkrebs	15 cm
Frosch	8 cm
Gespenster-heuschrecke	30 cm
Goliathfrosch	25 cm
Hummer	50 cm
Krebs	15 cm
Ochsenfrosch	20 cm
Regenwurm	35 cm
Skorpion	22 cm
Teichmuschel	22 cm
Tintenfisch	35 cm
Vogelspinne	9 cm

Tierreich, systematische Übersicht

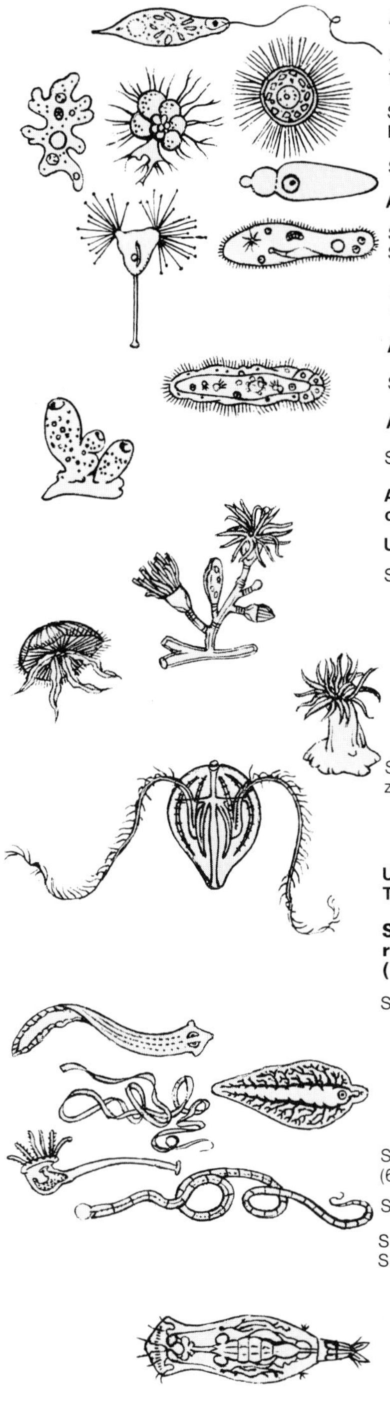

Unterreich Protozoa-Urtiere(20.000 Arten)

Abteilung Cytomorpha

Stamm Flagellata oder Mastigophora-Geißeltierchen oder Geißelträger

Stamm Rhizopoda-Wurzelfüßer (Amöben, Foraminiferen, Heliozoen, Radiolarien)

Stamm Sporozoa-Sporentierchen

Abteilung Cytoidea

Stamm Ciliata-Wimpertierchen (Euciliaten, Suctorien)

Unterreich Metazoa-Vielzeller oder Zellverbandstiere (1 050 000 Arten)

Abteilung Mesozoa (50 Arten)

Stamm Mesozoa

Abteilung Parazoa (5 000 Arten)

Stamm Porifera oder Spongia-Schwämme

Abteilung Histozoa oder Eumetazoa-Gewebetiere oder Echte Vielzeller (1 044 000 Arten)

Unterabteilung Coelenterata oder Radiata-Hohltiere

Stamm Cnidaria-Nesseltiere (8 900 Arten)

Klasse Hydrozoa (2 700 Arten, davon 700 mit freilebenden Quallen)

Klasse Scyphozoa-Schirm- oder Scheibenquallen (200 Arten)

Klasse Anthozoa-Blumen- oder Korallentiere, Blumenpolypen (80 Arten)

Stamm Acnidaria-Hohltiere ohne Nesselzellen (80 Arten)

Klasse Ctenophora-Rippen- oder Kammquallen

Unterabteilung Bilateralia-Zweiseitig-symmetrische Tiere (1 035 000 Arten)

Stammreihe Protostomia oder Gastroneuralia-Urmund- oder Bauchmarktiere (984.000 Arten)

Stamm Plathelminthes-Plattwürmer (12 500 Arten)

Klasse Turbellaria-Strudelwürmer (3 000 Arten)

Klasse Trematoda-Saugwürmer (600 Arten)

Klasse Cestoda-Bandwürmer (3 400 Arten)

Stamm Kamptozoa oder Entoprocta-Kelchwürmer (60 Arten)

Stamm Nemertini-Schnurwürmer (800 Arten)

Stamm Nemathelminthes oder Aschelminthes-Schlauchwürmer (12 500 Arten)

Klasse Nematodes-Rund- oder Fadenwürmer (10 000 Arten)

Klasse Rotatoria-Rädertiere (1 500 Arten)

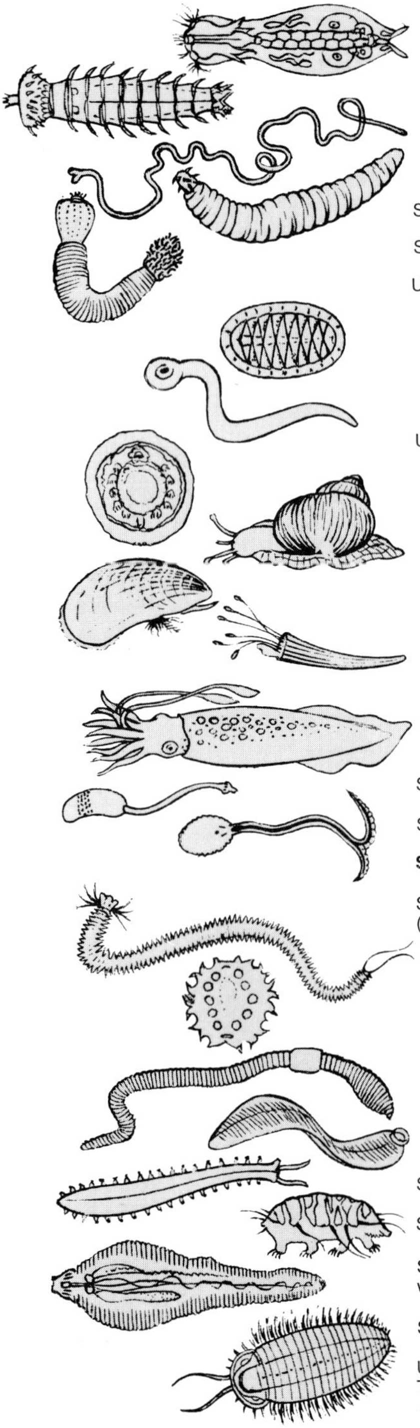

Klasse Gastrotricha-Bauchhaarlinge oder Flaschentierchen (150 Arten)

Klasse Kinorhyncha (100 Arten)

Klasse Nematomorpha oder Gordiacea-Saitenwürmer (230 Arten)

Klasse Acanthocephala-Kratzer (500 Arten)

Stamm Priapulida-Priapswürmer (4 Arten)

Stamm Mollusca-Weichtiere (128 000 Arten)

Unterstamm Amphineura-Urmollusken (1 150 Arten)

Klasse Polyplacophora, Placophora oder Loricata-Käferschnecken (1 000 Arten)

Klasse Solenogastres oder Aplacophora-Wurmmollusken (150 Arten)

Unterstamm Conchifera (126 000 Arten)

Klasse Monoplacophora (2 Arten)

Klasse Gastropoda-Schnecken oder Bauchfüßer (105 000 Arten)

Klasse Bivalvia oder Lamellibranchiata-Muscheln (20 000 Arten)

Klasse Scaphopoda oder Solenoconcha-Kahnfüßer, Grabfüßer, Zahnschnecken oder Röhrenschaler (350 Arten)

Klasse Cephalopoda-Kopffüßer oder Tintenfische (730 Arten)

Stamm Sipunculida-Spritzwürmer (250 Arten)

Stamm Echiurida-Igelwürmer (150 Arten)

Stammgruppe Articulata – Gliedertiere

Stamm Annelida-Ringel- oder Gliederwürmer (8 700 Arten)

Klasse Polychaeta-Vielborster (4770 Arten)

Klasse Myzostomida-Saugmünder (rd. 30 Arten)

Klasse Oligochaeta-Wenigborster (3 500 Arten)

Klasse Hirudinea-Egel oder Blutegel (400 Arten)

Stamm Onychophora-Stummelfüßer (70 Arten)

Stamm Tardigrada-Bärtierchen (200 Arten)

Stamm Linguatulida- oder Pentastomida-Zungenwürmer (60 Arten)

Stamm Arthropoda-Gliederfüßer (816 000 Arten)

Unterstamm Trilobitomorpha-Dreilapper oder Trilobiten †

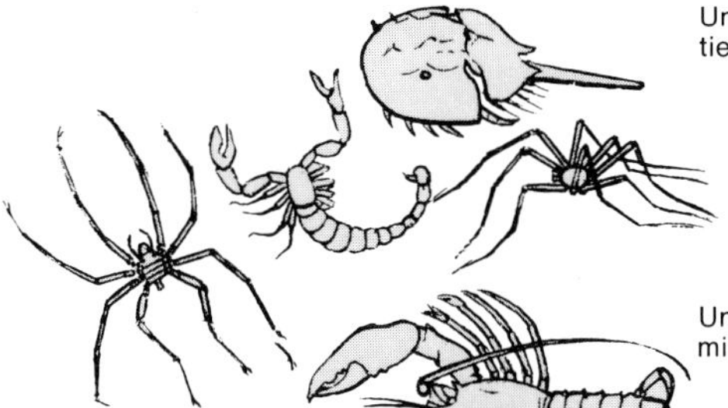

Unterstamm Chelicerata-Fühlerlose oder Spinnentiere i. w. S.

Klasse Merostomata-Merostomen (5 Arten)

Klasse Arachnida-Spinnentiere (36 000 Arten)

Klasse Pantopoda-Asselspinnen (500 Arten)

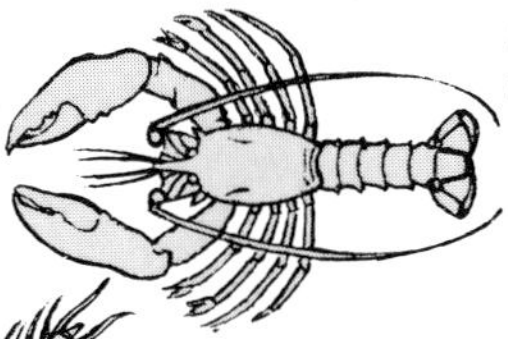

Unterstamm Branchiata oder Diantennata-Tiere mit 2 Antennenpaaren

Klasse Crustacea-Krebstiere (20 000 Arten)

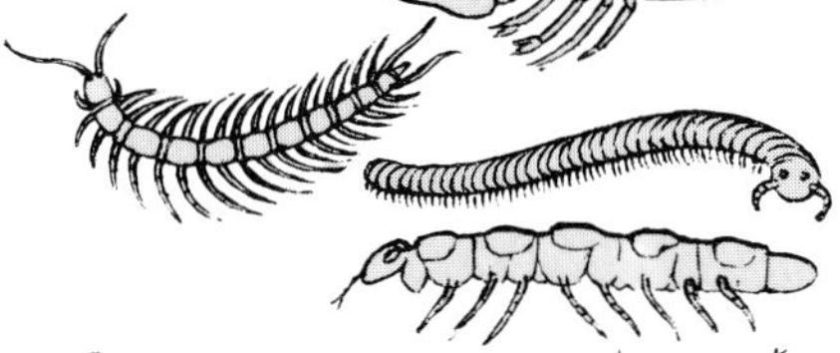

Unterstamm Tracheata-Tracheentiere

Klasse Chilopoda-Hundertfüßler (2 800 Arten)

Klasse Diplopoda,Tausendfüßler oder Doppelfüßler (250 Arten)

Klasse Pauropoda-Wenigfüßler (500 Arten)

Klasse Symphyla-Zwergfüßler (130 Arten)

Klasse Insecta-Insekten oder Kerbtiere (800 000 Arten)

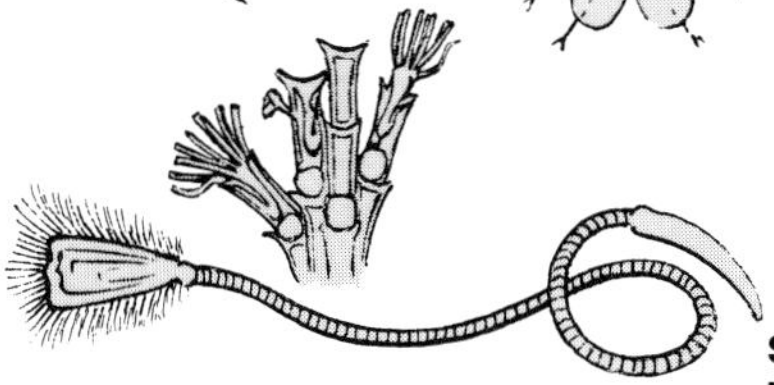

Stamm Tentaculata oder Lophophorata-Kranz- oder Armfühler (280 Arten)

Klasse Phoronidea-Hufeisenwürmer (18 Arten)

Klasse Byrozoa, Ectoprocta oder Polyzoa-Moostierchen (25 000 Arten)

Klasse Brachiopoda-Armfüßler (280 Arten)

Stammreihe Deuterostomia oder Notoneuralia-Neumund- oder Rückenmarktiere

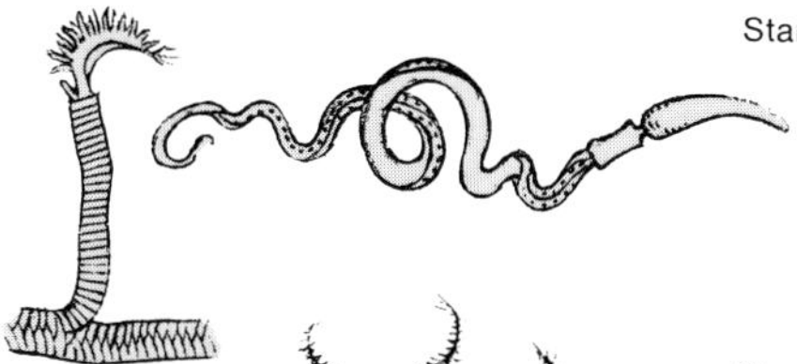

Stamm Branchiotremata oder Hemichordata

Klasse Enteropneusta-Eichelwürmer (60 Arten)

Klasse Pterobranchia (20 Arten)

Klasse Planctosphaeroidea

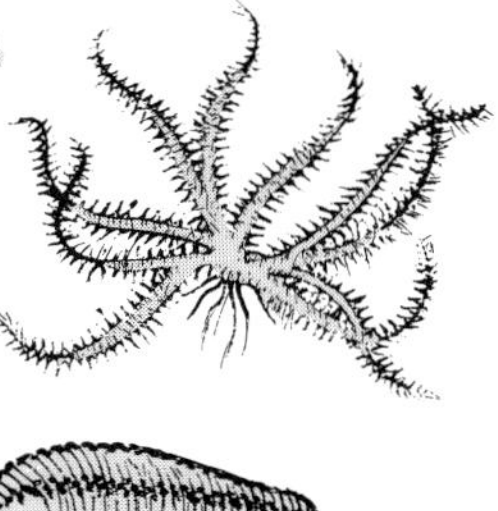

Stamm Echinodermata-Stachelhäuter (6 000 Arten)

Unterstamm Pelmatozoa-Gestielte Stachelhäuter

Klasse Crinoidea-Seelilien und Haarsterne (620 Arten)

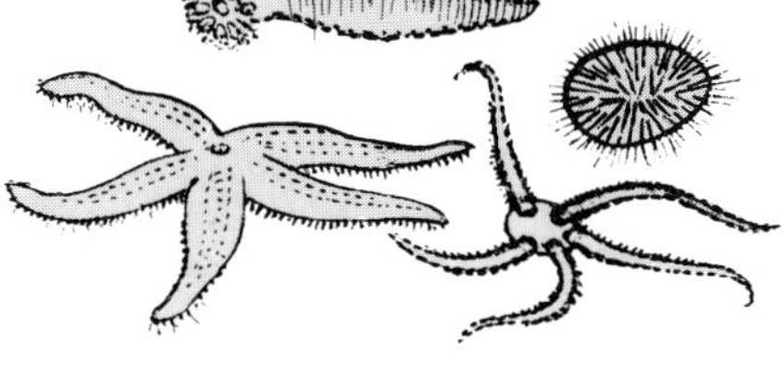

Unterstamm Eleutherozoa oder Echinozoa-Freilebende Stachelhäuter

Klasse Holothuroidea-Seewalzen oder Seegurken (1 100 Arten)

Klasse Echinoidea-Seeigel (860 Arten)

Klasse Asteroidea-Seesterne (1 500 Arten)

Klasse Ophiuroidea-Schlangensterne (1 900 Arten)

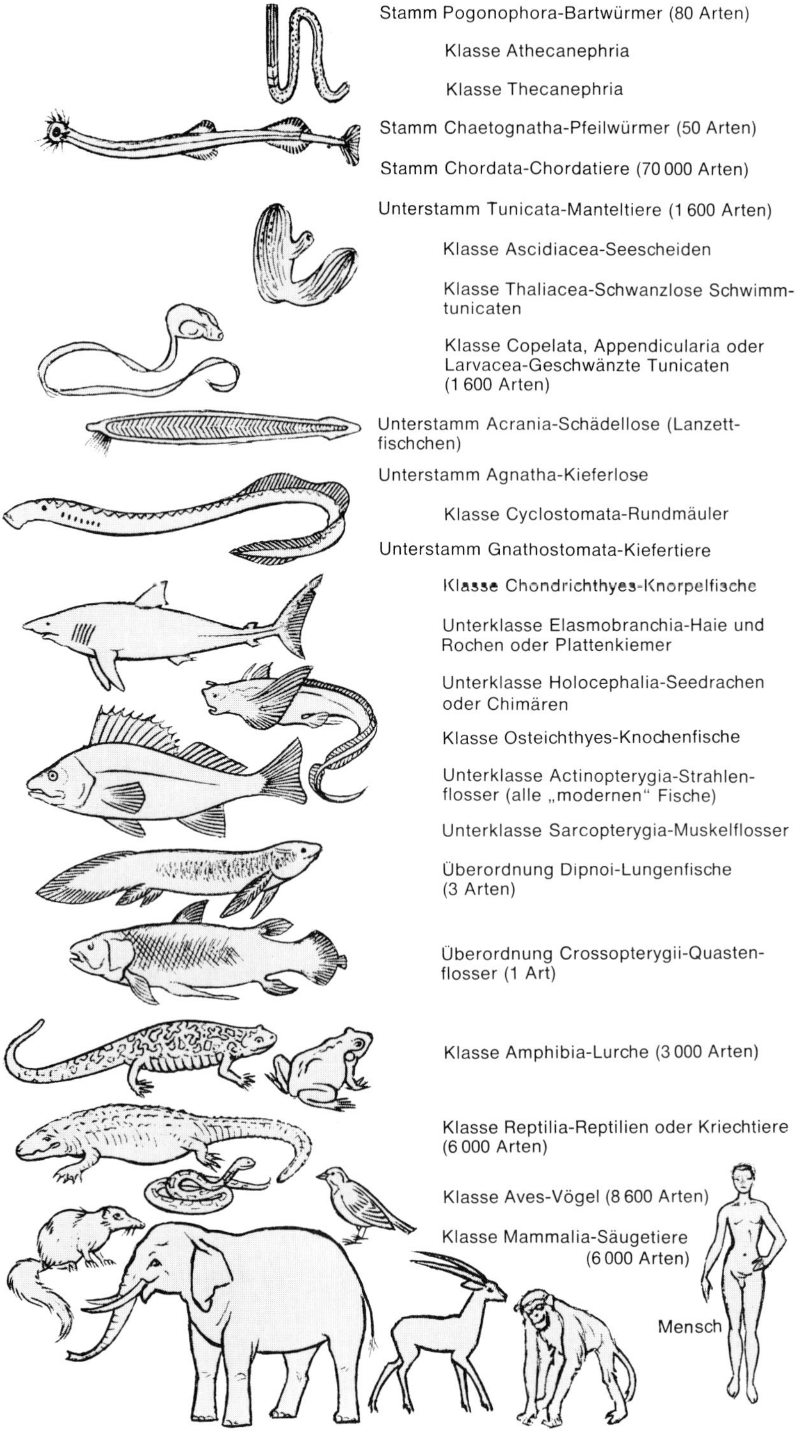

Stamm Pogonophora-Bartwürmer (80 Arten)

Klasse Athecanephria

Klasse Thecanephria

Stamm Chaetognatha-Pfeilwürmer (50 Arten)

Stamm Chordata-Chordatiere (70 000 Arten)

Unterstamm Tunicata-Manteltiere (1 600 Arten)

Klasse Ascidiacea-Seescheiden

Klasse Thaliacea-Schwanzlose Schwimmtunicaten

Klasse Copelata, Appendicularia oder Larvacea-Geschwänzte Tunicaten (1 600 Arten)

Unterstamm Acrania-Schädellose (Lanzettfischchen)

Unterstamm Agnatha-Kieferlose

Klasse Cyclostomata-Rundmäuler

Unterstamm Gnathostomata-Kiefertiere

Klasse Chondrichthyes-Knorpelfische

Unterklasse Elasmobranchia-Haie und Rochen oder Plattenkiemer

Unterklasse Holocephalia-Seedrachen oder Chimären

Klasse Osteichthyes-Knochenfische

Unterklasse Actinopterygia-Strahlenflosser (alle „modernen“ Fische)

Unterklasse Sarcopterygia-Muskelflosser

Überordnung Dipnoi-Lungenfische (3 Arten)

Überordnung Crossopterygii-Quastenflosser (1 Art)

Klasse Amphibia-Lurche (3 000 Arten)

Klasse Reptilia-Reptilien oder Kriechtiere (6 000 Arten)

Klasse Aves-Vögel (8 600 Arten)

Klasse Mammalia-Säugetiere (6 000 Arten)

Mensch

Alter von Tieren

Höchstalter in Jahren

Säugetiere		Wolf	15	Gaukler	55
Schimpanse	bis 60	Fuchs	10	Tauben	40–53
Orang-Utan	bis 60	Honigdachs	20	Möven	40–44
Gorilla	bis 60	Löwe	30–40	Kranich	40–50
Pavian	24	Tiger	mehr als 20	Kuckuck	40
Kapuziner	41	Eisbär	33	Amsel	18
Elefant	120	Braunbär	50	Star	14
Pferd	40–61	Biber	50	Kanarienvögel	24
Maultier	45	Stachelschwein	21		
Esel	50–100	Meerschweinchen	8	*Fische*	
Rind	30	Feldhase	8	Hecht	250
Dromedar	40–50	Kaninchen	7	Karpfen	150
Trampeltier	25	Wanderratte	3	Scholle	80
Lama	15	Nordamerikan. Katzenhörnchen (Sciurus cinereus)	15	Hering	15
Hausschaf	20				
Hausziege	20	Hausmaus	5–6	*Weichtiere*	
Gemse	20–25			Riesenmuschel	60–100
Steinbock	30	*Vögel*		Auster	10
Rothirsch	30	Gänsegeier	118	Meeresperlmuschel	8
Reh	16	Aasgeier	101	Flußperlmuschel	100
Damwild	20	Goldadler	104	Standschnecke (Littorina)	20
Ren	16	Hausgans	80	Weinbergschnecke	6–7
Elch	20	Adler	60–80		
Wildschwein	20–30	Storch	70	*Gliederfüßer*	
Flußpferd	40	Eulen	60–70	Ohrwurm	5
Ind. Nashorn	45	Fischreiher	60	Amerikan. Flußkrebs	20–30

Fast alle der angegebenen Zahlen gehen auf die Zusammenstellungen von Korschelt zurück, der aber ausdrücklich bei vielen Werten Einschränkungen macht. Einwandfrei wissenschaftlich belegt nach neueren Quellen sind folgende Zahlen:

Säugetiere		Stockente	20	*Lurche*	
Katze	bis 35	Rotkehlchen	11	Alpenmolch	15
Hund	bis 34			Riesensalamander (Megalobatrachus)	40
Pferd	bis 61	*Reptilien*		Laubfrosch	22
Elefant	bis 70	Schildkröten:			
		Sumpfschildkröte	bis 120	*Fische*	
Vögel		Landschildkröte	bis 116	Stör	bis 150
Aaskrähe, Kakadu	100	Elefantenschildkröte	150	Hecht	60–70
Austernfischer	29	Kobra	28		
Kolkrabe	69	Lacerta spec	5–8	*Insekten*	
Silbermöwe	31	Blindschleiche	33	Bienenkönigin	7
Graureiher	24	Krokodile	44	Ameisenkönigin	20
Mauersegler	21			Ameisenarbeiterin	6

Geschwindigkeiten im Tierreich

Pantoffeltierchen	2–3 mm/sec	Abendpfauenauge	6 m/sec	Lachs (auf der Wanderung)	5 m/sec
Seestern	0,16 mm/sec	Honigbiene	6,5 m/sec	Finnwal	5 m/sec
Weinbergschnecke	0,9 mm/sec	Libelle	4–15 m/sec	Pferd im Schritt	2 m/sec
Ackerschnecke	2 mm/sec	Schwärmer	bis 15 m/sec	Pferd im Trab	3,75 m/sec
Stubenfliege	1,5–2 m/sec	Brieftaube	18–19 m/sec	Pferd im Galopp	10 m/sec
Kohlweißling	1,8–2,3 m/sec	Schwalbe	50–60 m/sec	Elefant	6,5 m/sec
Maikäfer	2,2–3 m/sec	Mauersegler	80 m/sec	Mensch, Schritt	1,40 m/sec
Hummel	3–5 m/sec	Grönlandwal	2 m/sec	Mensch, schneller Lauf	8–10 m/sec

1 m/sec = 3,6 km/Std

Sprungweiten

Floh	0,6–1 m	Springmaus	2,5 m	Tiger	5 m
Heuschrecke	2 m	Löwe	4–5 m	Känguruh	6–10 m
Ochsenfrosch	2 m				

Massenvermehrung (Kalamität)

Eine Massenvermehrung von Schädlingen findet nicht jedes Jahr statt; z. B. die Fluktuation der Feldmaus. Population in Niedersachsen 1947–1965; die Zahlen links an der Graphik bedeuten die Anzahl der Tiere in einem bestimmten Fanggebiet

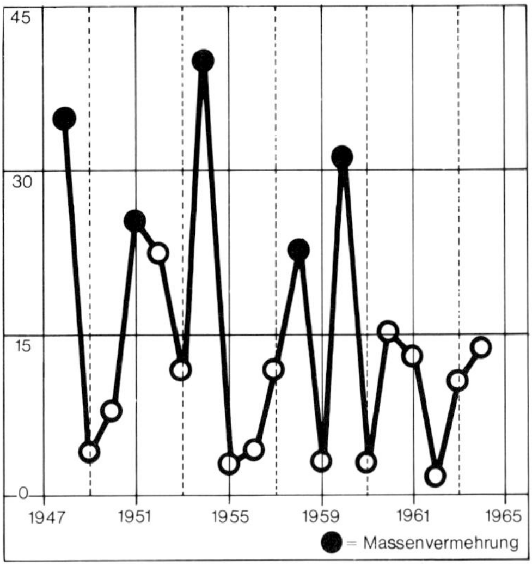

Samenzellen

Verschiedene Typen begeißelter Spermien (schwarz = Chromatin): 1 Sumpfdeckelschnecke (Paludina), 2 Seeigel, 3 Teichmolch, 4 Feuerbauchunke, 5 Schildkröte, 6 Chamäleon, 7 Buchfink, 8 Haushuhn, 9 Känguruh (Bettongia), 10a Meerschweinchen (von der Seite), 10b Meerschweinchen (von vorn), 11 Maus, 12a Mensch (von der Seite), 12b Mensch (von vorn)

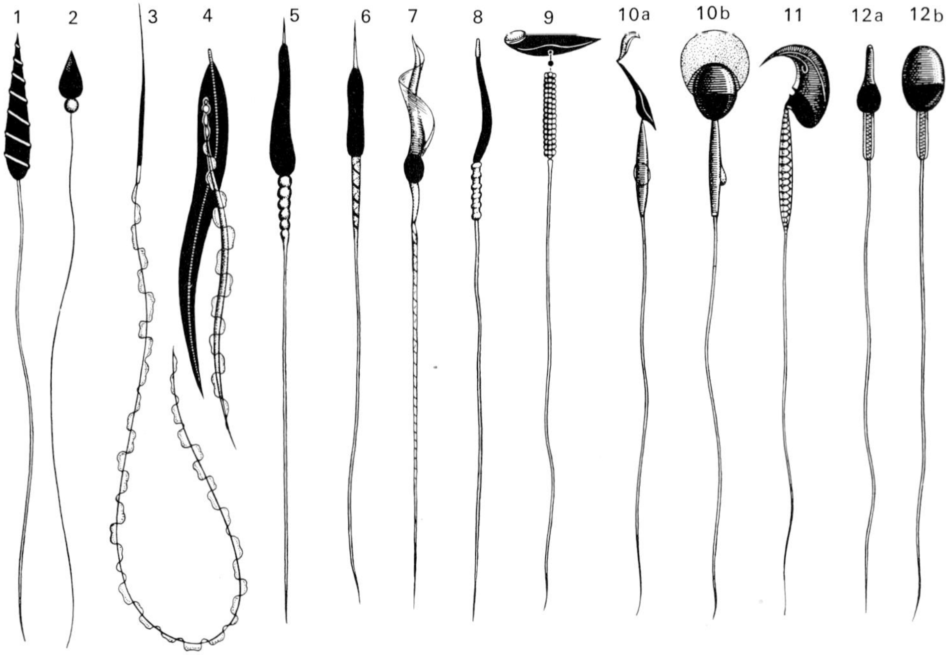

Atemzüge (B →S. 125, Atmungsorgane)

Mensch	16–20/min	Schaf, Ziege	12–20/min	Taube	50–70/min
Hund	10–36/min	Ratte, Meerschweinchen	100–150/min	Schildkröte	2–5/min
Pferd	8–16/min	Kaninchen	38–60/min	Eidechse	4–60/min
Schwein	8–18/min	Maus	84–230/min	Grille	10–36/min
Rind	10–30/min	Huhn	40–50/min		

Hörvermögen von Tieren (obere Grenze)

Mensch (Kind)	20000 Hz	Eidechse	8000 Hz	Heuschrecke	28000 Hz
Schimpanse	33000 Hz	Frosch	10000 Hz	Schmetterlingsraupe	1000 Hz
Hund, Katze	40000 Hz	Zwergwels	13000 Hz		
Fledermaus	75000 Hz	Elritze	7000 Hz		

Lichtsinnesorgane verschiedener Tiere

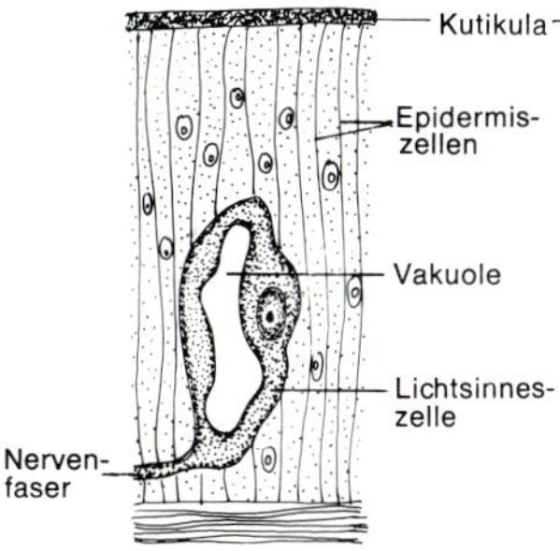

Lichtsinneszelle
Regenwurm

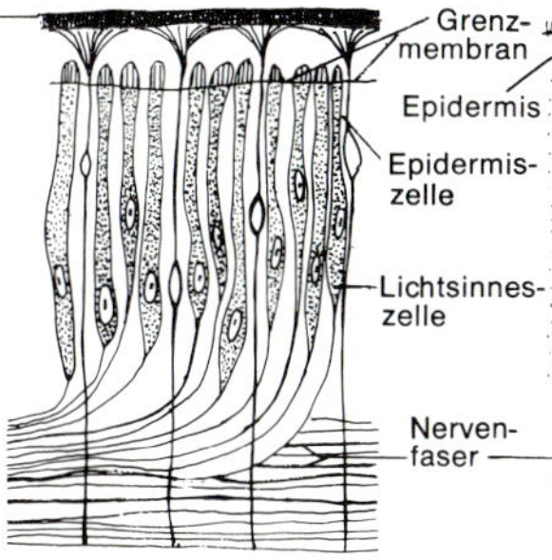

Flachauge
Seestern (Augenfleck)

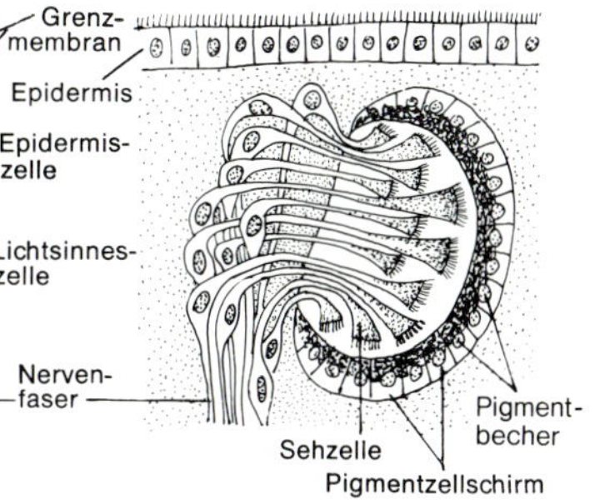

Pigmentbecher-Ozelle
Planarie

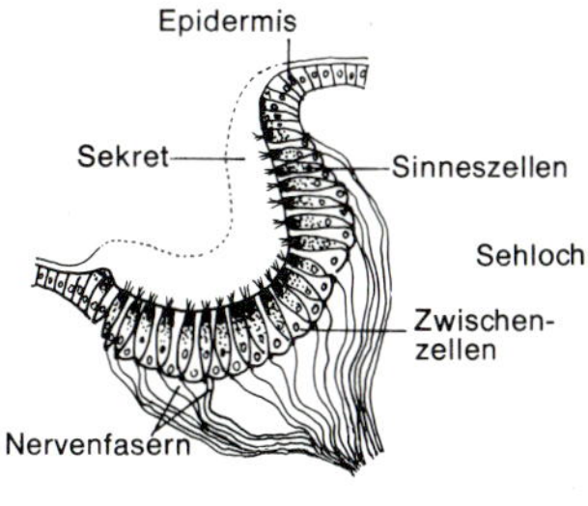

Grubenauge
Schnecke (Napfschnecke)

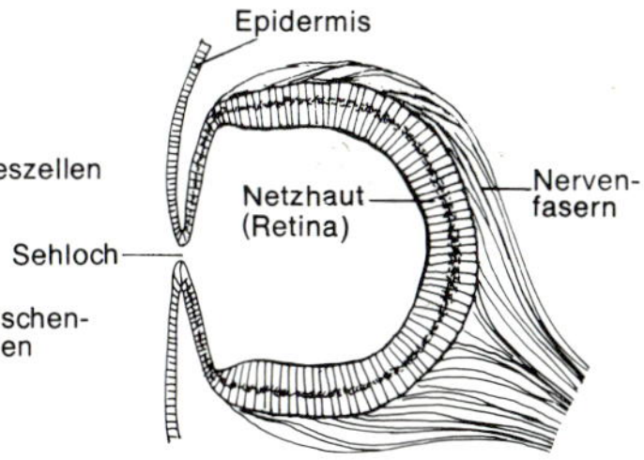

Bläschenauge
Kopffüßer (Nautilus)

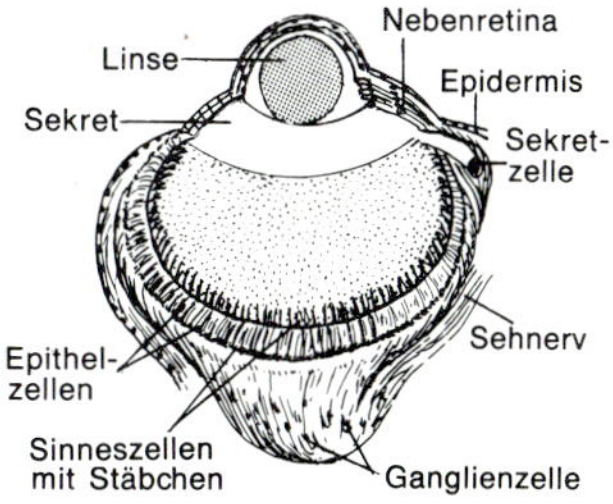

Linsenauge
Ringelwurm (Alciope)

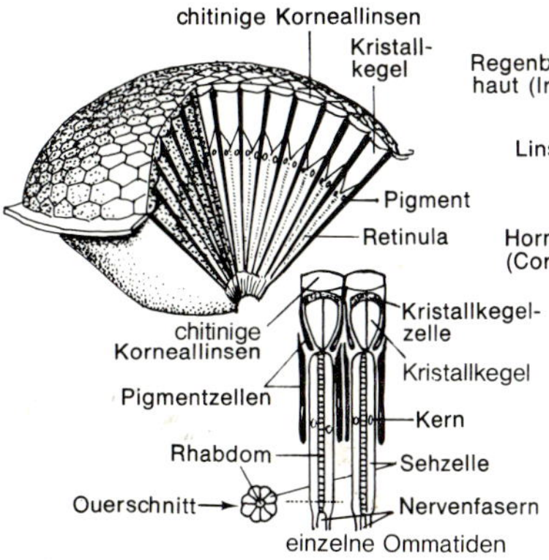

Komplexauge
Insekt (Facettenauge)

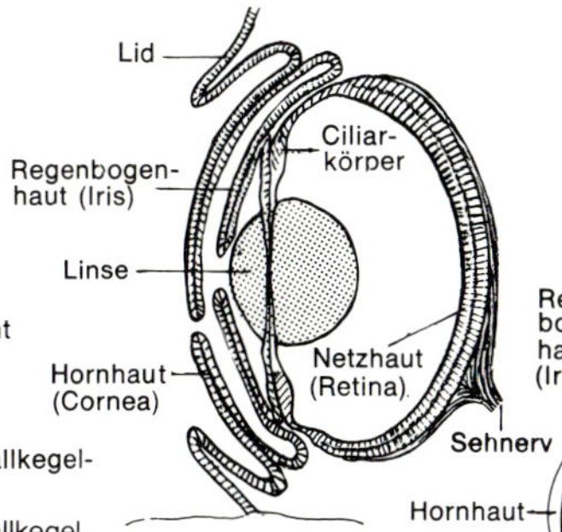

Linsenauge
Kopffüßer (Kalmar)

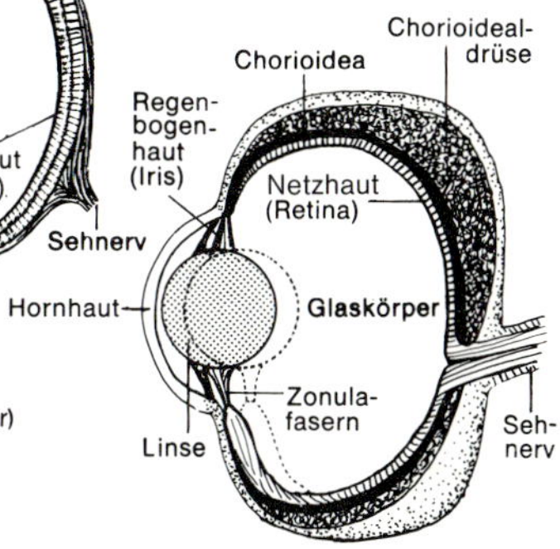

Linsenauge
Wirbeltier (Fisch)

Körpertemperaturen der Tiere (→auch S. 119 oben)

Temperaturunterschied zwischen Wirbellosen und ihrer Umgebung

Tierart	Zahl der gemessenen Individuen	Wasser-temperatur °C	Tier wärmer als Wasser um °C Minimum	Maximum	Mittel
Strandkrabbe, *Carcinus maenas*	59	12–13	0,0	0,2	0,034
Taschenkrebs, *Cancer pagurus*	40	12–13	0,0	0,3	0,12
Hummer, *Homarus gammarus*	1	12–13	–	–	0,1
Seestern, *Asterias rubens*	8	12–13	0,0	0,0	0,0
Seeigel, *Echinus esculentus*	45	12–13	0,0	0,2	0,029

Temperaturunterschied zwischen Fischen und ihrer Umgebung

Messung in der Kloake

Fischart	Wasser-temperatur °C	Fisch wärmer als Wasser um °C Minimum	Maximum	Mittel
Kabeljau, *Gadus morrhua*	11,2–11,4	0,2	0,7	0,4
Leng, *Molva molva*	11,2–11,4	0,4	0,6	0,56
Plattfische, *Pleuronectes*	4,6–6,8	0,0	0,2	0,028
Hering, *Clupea harengus*		0,0	0,2	0,06
Katzenhai, *Scyliorhinus catulus*		0,0	0,0	0,0

Obere Temperaturgrenze des Lebens der Wirbeltiere

Art	Temperatur	Verhalten
Fische		
Barsch, *Perca fluviatalis*	+ 23–25 °C	Stirbt
Forelle, *Trutta fario*, jüngere	26 °C	Stirbt
Forelle, *Trutta fario*, ältere	27 °C	Überlebt
Hecht, *Esox lucius*	27 °C	Stirbt
Karpfen, *Cyprinus carpio*	35 °C	Wird ertragen
Weißfische, *Leuciscus*	26–28 °C	Sterben bei schnellem Erwärmen
Weißfische, *Leuciscus*	29–30 °C	Sterben bei langsamem Erwärmen
Seeskorpion, *Myoxocephalus greenlandicus*	27 °C	Stirbt
Zitterwels, *Malapterurus electricus*	37 °C	Stirbt
Gründling, *Fundulus heteroclitus*	35 °C	Tödlich; wird nach Vorgewöhnung bei 27 °C unbegrenzt ertragen
Amphibien		
Leopardfrosch, *Rana pipiens*	18 °C	Lebt unbegrenzt
Leopardfrosch, *Rana pipiens*	19–40 °C	Stirbt nach verschieden langer Zeit
Kröte, *Bufo lentiginosus*	40,3 °C	Wärmestarre der bei 15 °C gehaltenen Kaulquappen
Kröte, *Bufo lentiginosus*	43,5 °C	Wärmestarre der bei 25 °C gehaltenen Kaulquappen
Wasserfrosch, *Rana esculenta*	37–39 °C	Unerregbar, aber keine Wärmestarre
Kloakentiere, *Monotremata*		
Schnabeltier, *Ornithorhynchus*	35 °C	Wird bewußtlos
Ameisenigel, *Tachyglossus*	37 °C	Stirbt
Beuteltiere, *Marsupialia*		
Bettongia	40 °C	Wird bewußtlos
Säuger, *Mammalia*		
Kaninchen	44–45 °C	Todestemperatur bei langsamer Erwärmung
Hund	44–45 °C	Todestemperatur bei langsamer Erwärmung

Temperaturunterschied zwischen Wechselwarmen (Poikilothermen) und ihrer Umgebung

Tierart	Wassertemperatur	Maximale Temperaturdifferenz zwischen Tier und Wasser	
Regenwurm	15–25 °C	+ 0,046 °C	– 0,0298 °C
Teichmuschel	18–24 °C	+ 0,0798 °C	– 0,042 °C
Salamander	16–35 °C	+ 0,0210 °C	0,0 °C
Goldfisch	21–25 °C	+ 0,0168 °C	– 0,0126 °C

Körpertemperatur frei lebender Polartiere und die Temperatur ihrer Umgebung

Tierart	Körpertemperatur	Außentemperatur	Unterschied
Polarfuchs	38,3 °C	– 35,6 °C	73,9 °C
Polarfuchs	41,1 °C	– 35,6 °C	76,7 °C
Polarfuchs	39,4 °C	– 32,8 °C	72,2 °C
Wolf	40,5 °C	– 32,8 °C	73,3 °C
Schneehase	38,3 °C	– 29,4 °C	67,7 °C
Schneehuhn	42,4 °C	– 19,7 °C	62,1 °C
Schneehuhn	43,3 °C	– 38,8 °C	82,1 °C
Schneehuhn	43,3 °C	– 35,8 °C	79,1 °C

Temporalvariation

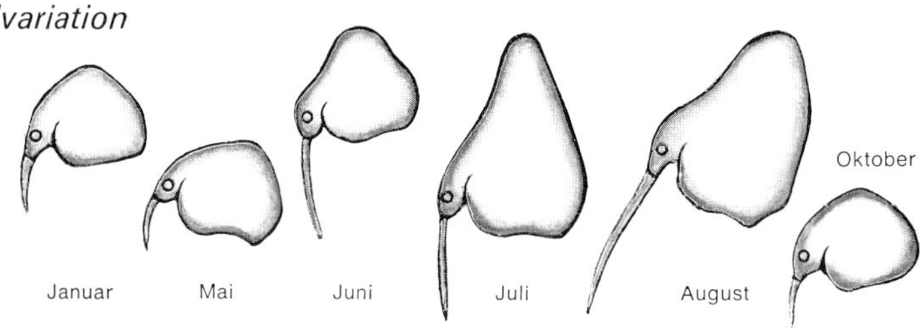

Wasserflöhe sind, wie hier Bosmina, durch ihre dünnwandigen Schalen an das Schweben angepaßt. Die Form der Schalen verändert sich im Jahresgang in charakteristischer Weise (Temporalvariation oder Cyclomorphismus)

Temperaturgrenzen der Nerven- und Muskeltätigkeit

Organ und Vorgang	Temperaturgrenze untere	obere
Eintritt der Leitungsfähigkeit des Nervs		
Frosch-Ischiadicus	–7 °C	
Ischiadicus von *Rana hexadactyla*	+5 °C	
Frosch-Ischiadicus		46–47 °C
Frosch-Ischiadicus schnell erwärmt		40–41 °C
Frosch-Ischiadicus langsam erwärmt		36,5 °C
Ischiadicus von *Rana fusca* bei verschiedener Vorbehandlung		33,3–35,5 °C
Frosch-Ischiadicus, sensible Fasern*)		44–48 °C
Frosch-Ischiadicus, sensible Fasern*)		47–55 °C
Warmblüternerven	+6 °C	
Hunde-Ischiadicus		49–50 °C
Kaninchennerven, sensible Fasern*)		50–54 °C
Warmblüter-Nervenzellen		50 °C
Verlust der Erregbarkeit der Skelettmuskeln		
Wasserfrosch, *Rana esculenta*		38,5–42,0 °C
Grasfrosch, *Rana temporaria*		35,5–39,5 °C
Salamander, *Salamandra*		35,0–39,0 °C
Weinbergschnecke, *Helix*		45,0–50,0 °C
Posthornschnecke, *Planorbis*		47,0–47,5 °C
Flußkrebs, *Astacus*		31,5–38,5 °C
Wasserkäfer, *Dytiscus*		31,5–41,5 °C

*) Die sensiblen Fasern werden schneller leitungsunfähig als die motorischen.

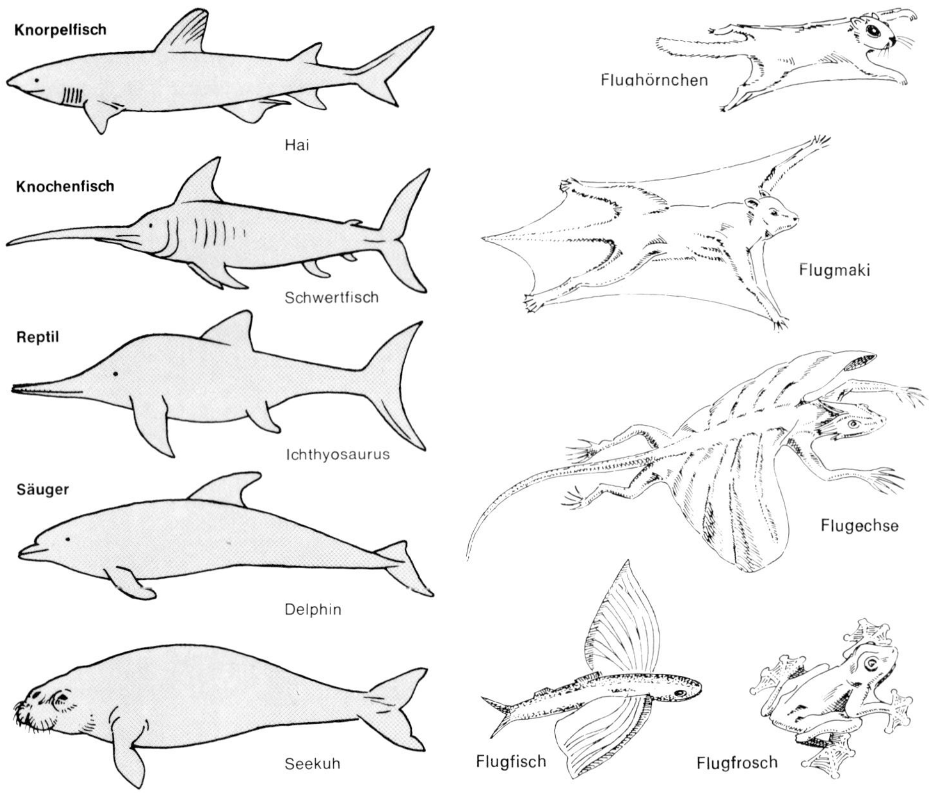

Funktionsgestalten als analoge Anpassungen in verschiedenen Tiergruppen: Tischtyp (links) und Gleitflieger (rechts)

Fettgehalt von Tierkörpern

	Körpergewicht g	Gesamt-Lecithingehalt g
Kaninchen	1460	5,2946 = 0,3236 % des Lebendgewichts
Kaninchen	3480	15,586 = 0,4478 % des Lebendgewichts
Mittel	2350	9,644 = 0,389 % des Lebendgewichts
Igel	420	3,2788 = 0,7995 % des Lebendgewichts

	Fettgehalt frisch %	Fettgehalt der Trockensubstanz %
Katze neugeboren	1,65	8,42
Katze 9 Tage	3,96	19,48
Katze 22 Tage	7,10	27,10
Katze 103 Tage	7,97	23,92
Hund neugeboren	1,37	6,9
Hund 9 Tage	5,10	34,55
Hund 20 Tage	13,36	42,30
Hund 59 Tage	12,96	44,01
Hund 100 Tage	8,39	26,60
Kaninchen neugeboren	1,25	8,29
Kaninchen erwachsen	–	24,28
Kaninchen erwachsen	–	33,22

	Fettgehalt frisch %	Fettgehalt der Trockensubstanz %
Meerschweinchen Embryo	–	20,55
Meerschweinchen neugeboren	–	32,58
Ratte ausgewachsen	7,77	26,10
Maus ausgewachsen	7,18	23,7
Schlachttiere (künstliche Mast)		
Kalb	14,8	40,0
Hammel	23,5	47,1
Schwein mager	23,2	51,7
Schwein fett	42,2	71,9

Körpertemperaturen von Warmblütern (im Durchschnitt)

Mensch	36,2–37,4 °C	Hunde	37,5–39,0 °C	Hühner	40,5–42,0 °C
Schimpanse	36,3–37,8 °C	Katzen	37,2–39,5 °C	Enten	41,0–43,0 °C
Pferde	37,2–38,1 °C	Kaninchen	37,5–39,5 °C	Gänse	40,0–41,0 °C
Rinder	37,5–39,5 °C	Blauwal	35,6–35,8 °C	Tauben	41,0–43,0 °C
Schafe	37,2–40,5 °C	Känguruh	35,0–36,8 °C	Fasan	41,9–42,5 °C
Ziegen	37,8–40,5 °C	Ratte	32,1–38,1 °C	Haussperling	39,8–43,5 °C
Schweine	38,0–40,3 °C	Hausmaus	35,2–37,9 °C		

Fortpflanzungsgeschwindigkeit der Erregung im Muskel

Mensch, Armmuskel	10 –13	m/sec
Mensch, *Sartorius*	3,3– 6,4	m/sec
Schildkröte, *Retractor colli*	15	cm/sec
Hund, *Retractor penis*	0,9– 7	mm/sec
Länge der Erregungswelle:	12 mm	

Zuckungsdauer einiger Muskeln

	Sekunden
Fledermausmuskeln	0,5
Froschmuskeln	
Hyoglossus	0,24
Gastrocnemius	0,12
Semimembranosus	0,11
Triceps	0,1
Muskeln der Sumpfschildkröte, *Emys*	
Pectoralis major	1,8
Biceps	0,9
Omohyoideus	0,55
Retractor colli bei 19 °C	0,6
Retractor colli bei 8 °C	3,5
Oberschenkelmuskeln von Käfern	
Maikäfer, *Melolontha*	0,53
Kolbenwasserkäfer, *Hydrophilus*	0,35
Gelbrandkäfer, *Dytiscus*	0,11
Flügelmuskeln des Kohlweißlings (höchst.)	0,11
Flügelmuskeln der Libelle	0,039
Flügelmuskeln der Wespe	0,009
Flügelmuskeln der Biene	0,005
Flügelmuskeln der Hummel	0,004
Flügelmuskeln der Stubenfliege	0,003

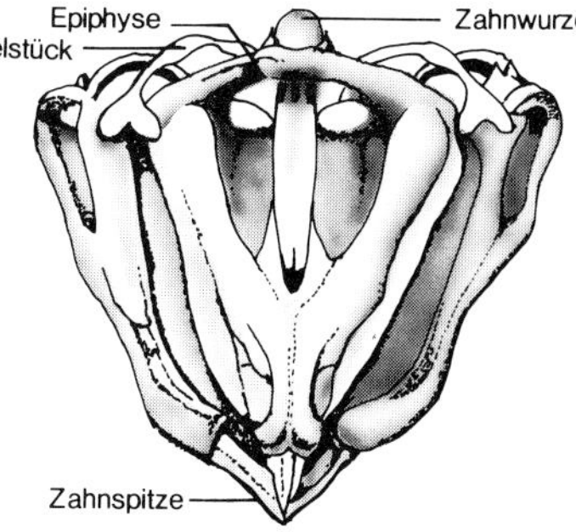

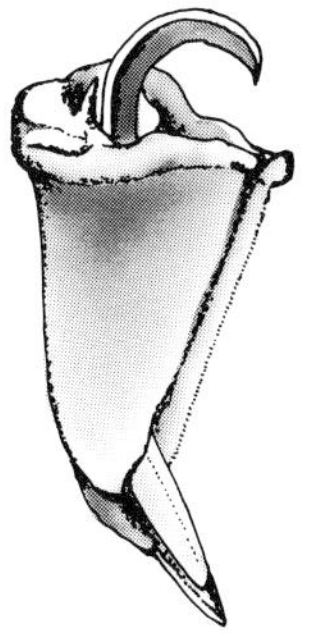

Gebiß des Seeigels, sog. Laterne des Aristoteles: Vollständiger Kieferapparat (oben) und einzelner »Zahn«, der Meißel innen ist gegen die Zahnscheide beweglich

Elementare Zusammensetzung des Muskels

Asche- und frettfreie Fleisch-Trockensubstanz enthält in Teilen:

	C	H	N	S	O	Wärmewert f. 1 g Substanz in Mikrojoule
Ochse (Halsmuskel)	52,62	7,20	16,56	0,54	23,08	23777,0
Ochse (Hinterschenkel)	52,86	7,11	16,55	0,46	23,02	24086,2
Kalb A (Hinterschenkel)	52,11	7,16	16,67	0,58	23,48	23687,2
Kalb B (Hinterschenkel)	52,58	7,10	16,90	0,50	22,92	23832,5
Schwein A (Rippenstück)	52,64	7,10	16,72	0,56	22,98	23863,6
Schwein B (Vorderschenkel)	52,77	7,23	16,47	0,61	22,92	23812,7
Hammel A (Keule)	52,40	7,27	16,42	0,67	23,24	23599,4
Hammel B (Keule)	52,65	7,11	16,85	0,71	22,68	23765,7
Kaninchen (im Vakuum getrocknet)	52,82	7,09	16,88	–	–	23520,4
Kaninchen (im Soxhlet getrocknet)	52,82	7,11	16,92	0,42	22,73	23659,0
Huhn A (alt)	52,53	6,95	16,88	0,48	23,16	23582,6
Huhn B (jung)	52,18	7,02	16,88	0,52	23,40	23602,3
Pferd A (Brust)	52,85	7,18	15,68	0,65	23,64	23438,5
Pferd A (Hinterschenkel)	52,29	7,00	15,45	0,70	24,56	23383,9
Pferd B (Hinterschenkel)	52,77	7,11	15,51	0,58	24,03	23725,4

Absolute Muskelkraft in kg pro cm² Faserquerschnitt (Durchschnittswerte)

Quergestreifte Muskeln

Tierart	Muskel	kg
Mensch	Wadenmuskel	9–10
Mensch	Wadenmuskel	6,24
Mensch	Fußstrecker	5,9
Mensch	Unterschenkelbeuger	7,78
Mensch	Armbeuger	6,67
Mensch	Armbeuger rechts	8,991
Mensch	Armbeuger links	7,380
Frosch	Wadenmuskel	0,692
Frosch	Wadenmuskel	2,8–3,0
Frosch	Wadenmuskel	0,4
Laufkäfer, *Carabiden*	Mandibularbeuger	2,674
Kurzflügler, *Staphyliniden*	Mandibularbeuger	2,525
Schwimmkäfer, *Dytisciden*	Mandibularbeuger	2,549
Wasserkäfer, *Hydrophiliden*	Mandibularbeuger	3,904
Hirschkäfer, *Lucaniden*	Mandibularbeuger	5,000
Schwarzkäfer, *Tenebrioniden*	Mandibularbeuger	4,249
Bockkäfer, *Cerambyciden*	Mandibularbeuger	4,586

Dauer des Gesamtkreislaufes bei Tieren

(B → S. 124 f)

Tier	Gemessen an	Zeit (Sek.)
Pferd	Halsschlagader-Halsschlagader	26,2
Hund	Halsschlagader-Unterschenkel	18,08
Hund	Halsschlagader-Oberschenkel	15,1
Hund	Linke Herzkammer-Oberschenkel	7,1
Hund	ganzer Kreislauf	7,8
Hund	Halsschlagader-Halsschlagader	10,9 (8,9–12,8)
Fuchs	Halsschlagader-Halsschlagader	16,32
Kaninchen	ganzer Kreislauf	4,71

Man nimmt an, daß $^{1}/_{5}$ des ganzen Blutes mit einer um $^{2}/_{5}$ langsameren Geschwindigkeit fließt und erhält so für die mittlere Kreislaufdauer:

Kaninchen	=	7,46 Sekunden
Ziegenböckchen	=	14,14 Sekunden
Hund	=	16,7 Sekunden
Pferd	=	31,5 Sekunden
Mensch	=	23,1 Sekunden

Die mittlere Dauer des Kreislaufes entspricht bei allen Tieren ca. 25–29 Herzschlägen.

Muskel, elementare mineralische Bestandteile

In Teilen auf tausend Teile frisches Fleisch (‰)

	K	Na	Fe	Ca	Mg	P im Ganzen	P im wässr. Ausz.	P im alkohol. Ausz.	P im Rückstand	Cl
Menschenfleisch	3,2019	0,7993	0,1470	0,0748	0,2116	2,0342	1,4326	0,3829	0,2188	0,7008
Schweinefleisch	2,5385	1,5595	0,0590	0,0806	0,2823	2,1275	1,5274	0,3687	0,2315	0,4844
Kalbfleisch	3,6617	0,6522	0,2466	0,0211	0,2434	1,7014	1,2180	0,2833	0,2002	0,5666
Kalbfleisch	3,8006	0,8594	0,0877	0,1444	0,3044	2,1970	1,4591	0,4221	0,3158	0,6724
Hirschfleisch	3,3595	0,7042	0,1045	0,0959	0,2906	2,4859	1,7967	0,4205	0,2688	0,4048
Kaninchenfleisch	3,9811	0,4576	0,0537	0,1832	0,2869	2,5311	2,0581	0,2967	0,1863	0,5111
Hundefleisch	3,2546	0,9431	0,0454	0,0685	0,2370	2,2346	1,5144	0,4802	0,2400	0,8052
Katzenfleisch	3,8283	0,7289	0,0925	0,0846	0,2863	2,0157	1,5397	0,2901	0,1859	0,5662
Hühnerfleisch	4,6487	0,9510	0,0933	0,1051	0,3713	2,5819	2,0393	0,2498	0,2928	0,6021
Fischfleisch	3,0797	0,5523	0,0623	0,1566	0,2353	1,8620	1,5232	0,2070	0,1318	0,4025
Schellfischfleisch	3,3448	0,9906	0,0579	0,2202	0,1670	1,3679	1,1473	0,1268	0,0938	2,4093
Aalfleisch	2,4052	0,3179	0,0544	0,3913	0,1782	1,7698	1,4687	0,2027	0,0985	0,3448
Hechtfleisch	4,1600	0,2939	0,0431	0,3977	0,3102	2,1305	1,7122	0,1556	0,2528	0,3139

Blutgerinnungszeit

Mensch	5 Minuten	Schwein	3,5 Minuten
Pferd	11,5 Minuten	Hund	2,5 Minuten
Rind	6,5 Minuten	Schaf	2,5 Minuten
Huhn	4,5 Minuten	Ziege	2,5 Minuten
Kaninchen	4 Minuten	Taube	1,5 Minuten

Gleichgewichtssinnesorgane

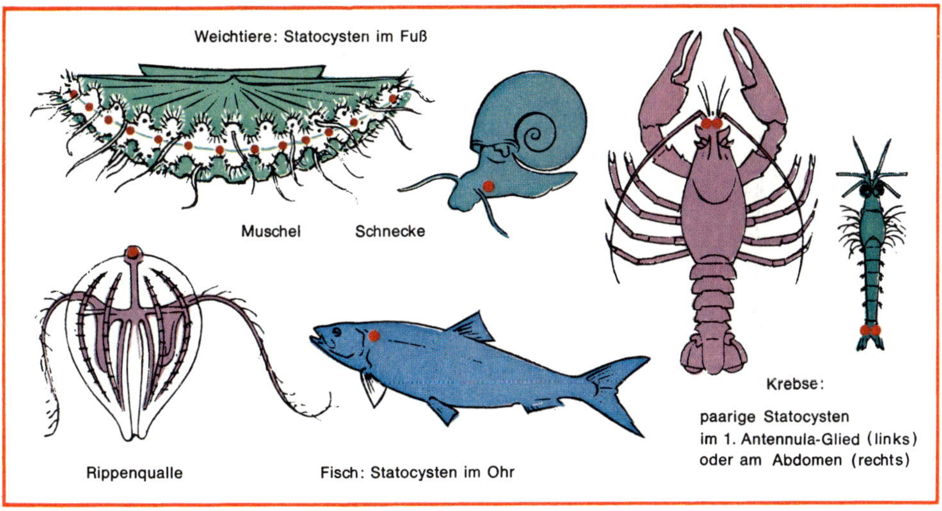

Lage der Statocysten (rote Punkte) bei verschiedenen Tiergruppen

Haut, Elementaranalyse der Hornsubstanzen

	C	H	N	S
Fußsohle (Mensch)	50,3 %	6,8 %	17,2 %	–
Haare (Mensch)	50,2 %	6,7 %	17,9 %	–
Büffelhorn	50,9 %	6,7 %	17,3 %	–
Nägel	51,0 %	6,94 %	17,51 %	2,8 %
Federn	51,9 %	7,2 %	17,8 %	–
Ochsenhorn	50,7 %	6,7 %	16,2 %	–
Schildpatt	54,9 %	6,6 %	16,8 %	2,2 %
Fischbein	51,9 %	6,9 %	15,7 %	3,6%
Wolle	50,6 %	7,0 %	17,7 %	–
Eierschalenhaut	49,78 %	6,64 %	16,43 %	4,25 %
Horn (Mittelzahl)	50,86 %	6,94 %	–	3,2 %
Albumin aus Eiweiß	52,25 %	6,9 %	15,25 %	1,93 %

Pulsfrequenz

Alle Angaben über Pulsfrequenz bedeuten die Zahl der Herzschläge in einer Minute.
Die Frequenz ist sehr stark abhängig von Bewegungen des Tieres und, namentlich bei poikilothermen (wechselwarmen) Tieren, von der Temperatur. Die Angaben beziehen sich, sofern nichts anderes bemerkt ist, auf Ruhe und Zimmertemperatur.

Die Pulsfrequenz verschiedener Tiere

Tier	Frequenz
Gliederfüßer, Arthropoden	
Ligusterschwärmer, Raupe, *Sphinx ligustri*	39–82
desgl., *Imago*	40–50
Totenkopf, Raupe, *Acherontia atropos*	40–50
Seidenspinner, Raupe, *Bombyx mori*	30–40
Kreuzspinne, *Araneus diadematus*	130–134
Weberspinne, *Pholcus phalangcides*	130–134
Taschenkrebs, *Cancer pagurus*	90–120
Flußkrebs, *Aastacus astacus*	60
Schwertschwanz *Limulus polyphemus*	18–28
Hummer, *Homarus gammarus*	30–87 (50)
Wasserfloh, *Daphnia*	140
Weichtiere, Mollusken	
Käferschnecke, *Cryptochiton*	5–7
Nacktkiemer, *Pleurobranchus*	20–30
Aplysia	8–15
Montereina	20–30
Nacktschnecke, *Arion*	35–40

Pulsfrequenz

Tier	Frequenz
Weinbergschnecke, *Helix*	30–55
Meerschnecke, *Pterotrachea*	36–37
Bernsteinschnecke, *Succinea*	26
Teichmuschel, *Anodonta*	3–6
Miesmuschel, *Mytilus*	10–15
Klaffmuschel, *Mya*	5–10
Herzmuschel, *Cardium*	15–17
Manteltiere, Tunicata	26–30
Salpa maxima	26–37
Cyclosalpa pinnata	27–37
Salpa democratica	107
Molgula manhattensis	43
Clavelina	30–50
Wechselwarme Wirbeltiere, Poikilotherme	
Fische:	
Katzenhai, *Scyliorhinus caniculus*	65
Katzenhai, *Scyliorhinus stellaris*	16–50
Zitterrochen, *Torpedo*	16–50
Rochen, *Raja*	16–50
Goldfisch, *Carrassius*	36–40
Kabeljau, *Gadus morrhua*	30–40
Döbel, *Leuciscus cephalus*	18
Aal, *Anguilla*	25–68
desgl., im Winterschlaf	1–2
Barbe, *Barbus fluviatilis*	60–68
Hecht, *Esox lucius*	30–42
Amphibien:	
Frosch, *Rana*	37,5–60
Kröte, *Bufo*	40–50
Reptilien, Schildkröten:	
Sumpfschildkröte, *Emys*	9–60
Seeschildkröte, *Thalassochelys*	11
Schmuckschildkröte, *Pseudemys*	21–44
Griech. Landschildkröte, *Testudo graeca*	10–20
Schlangen:	
Ringelnatter, *Natrix natrix*	23–68
Kreuzotter, *Vipera berus*	40
Blindschleiche, *Anguis fragilis*	64
Eidechse, *Lacerta viridis*	60–66
Krokodil, *Crocodylus*	70

Tier	Frequenz Grenzen	Mittel
Vögel, Aves		
Truthahn	–	93
Geier	–	199
Ente	133–268	212
Stockente, *Anas platyrhynchos*	299–420	317
Huhn	178–458	312
Habicht, *Accipiter gentilis*	–	347
Milan, *Milvus migrans*	–	258
Bussard, *Buteo buteo*	206–351	301
Papagei	–	320
Sturmmöve, *Larus canus*	360–483	401
Nebelkrähe, *Corvus corone cornix*	312–492	378
Saatkrähe, *Corvus frugilegus*	352–440	380
Dohle, *Coloeus monedula*	326–358	342
Taube, *Columba*	141–360	225
Rötelfalke, *Falco naumanni*	–	367
Grünfink, *Carduelis chloris*	703–848	773
Sperling, *Passer domesticus*	745–850	804
Kanarienvogel, *Serinus serinus*	–	1000
Goldfink, *Carduelis elegans*	914–925	920

Ausscheidungsorgane

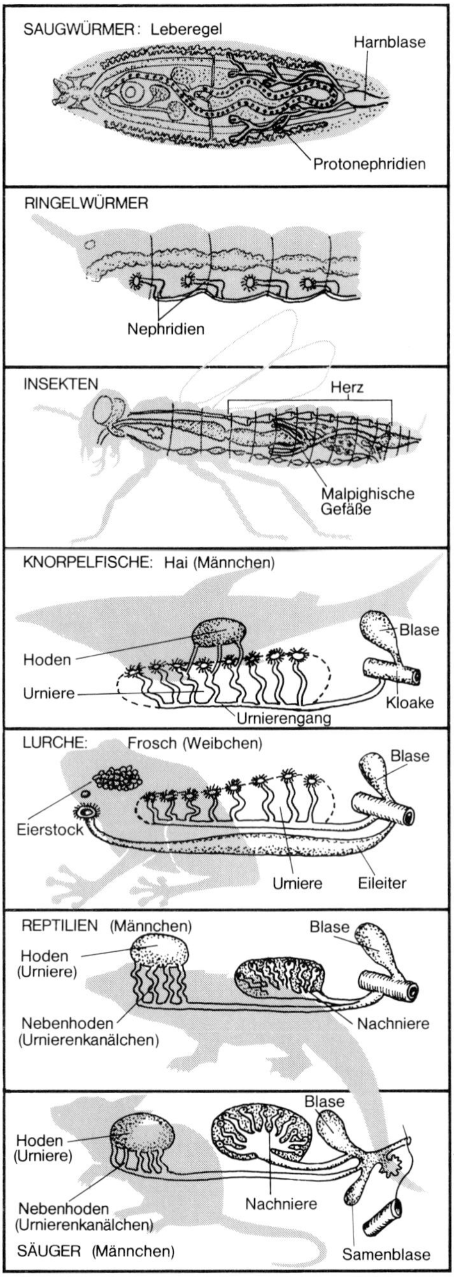

Saugwürmer besitzen Protonephridien, bei Insekten dienen Malpighische Schläuche und der Herzbeutel als Ausscheidungsorgan. Ringelwürmer haben nur Metanephridien. Die Wirbeltiere besitzen ein Urogenitalsystem, das Harn- und Geschlechtswege umfaßt.

Tier	Frequenz	Tier	Frequenz
Säugetiere, Mammalia		Hyäne, *Hyaena*	55
Elefant, *Elephas maximus*	25–28	Hund, *Canis lupus familiaris*	70–120
Kamel, *Camelus*	25–32	Hund, groß	100–200
Giraffe, *Camelopardalis giraffa*	66	Katze, *Felis silvestris catus*	120–140
Pferd, *Equus caballus*	23–46	Opossum, *Didelphis masurpialis*	120
Rind, *Bos*	30–120	Murmeltier, *Marmota*	80
Esel, *Equus asinus*	45–50	Kaninchen, *Oryctolagus*	120–160
Maulesel	46–50	Igel, *Erinaceus*	280–320
Tapir, *Tapirus*	44	Meerschweinchen, *Cavia porcellus*	132–288
Delphin, *Delphinus delphis*	150	Ratte, *Rattus norvegicus*	400–780
Löwe, *Panthera leo*	40	Maus, *Mus musculus*	300–700
Tiger, *Panthera tigris*	64	Haselmaus, *Muscardinus avellanarius*	175
Panther, *Panthera pardus*	60	Fliegender Hund, *Pteropina*	175
Schwein, *Sus scrofa*	60–80	Ohrenfledermaus, *Plecotus auritus*	600–900
Schaf, *Ovis ammon aries*	60–80	Kleine Fledermaus, *Nannugo pipistrella*	230–972
Ziege, *Capra ibex hircus*	60–80		

Abhängigkeit der Pulsfrequenz vom Lebensalter der Tiere

Pferde

Alter	Frequenz Grenzen	Mittel
1–2 Tage	100–120	–
14 Tage	80–96	–
8–10 Wochen	60–79	71
6 Monate	60–71	63
10–12 Monate	50–68	60
2 Jahre	44–65	46
3 Jahre	39–62	43
4 Jahre	36–59	40
5 Jahre	36–57	38
5–10 Jahre	30–59	39
10–15 Jahre	30–60	40
20–25 Jahre	30–60	44

Rinder

Alter	Frequenz Grenzen	Mittel
Fetus	154–175	161
Neugeborenes	118–148	141
6–12 Stunden	115–136	127
2–4 Tage	110–125	116
8–14 Tage	105–115	109
1 Monat	100–115	106
3 Monate	90–105	99
6 Monate	85–103	96
1 Jahr	80–98	92

Mittlerer arterieller Blutdruck

Tier	Druck mm Hg	Tier	Druck mm Hg
Wirbellose Tiere		Aal, *Anguilla*	65–70
Hummer, *Homarus gammarus*	8,5	Ringelnatter, *Natrix natrix*	89
Teichmuschel, *Anodonta*	0,8–2,7	Erdkröte, *Bufo terrestris*	48
Krake, *Octopus*	25–80	Frosch, *Rana*	37–55
Moschuspolyp, *Eledone*	40	Grüner Wasserfrosch, *Rana esculenta*	40–60
Wechselwarme Wirbeltiere, Poikilotherme		desgl. im Winter	24–30
Zitterrochen, *Torpedo*	16–18	Ochsenfrosch, *Rana catesbeiana*	5–30
Kleiner Katzenhai, *Scyliorhinus caniculus*	30–37	Reptilien	
Rochen, *Raja*	20	Schildkröten	
Hecht, *Esox lucius*	35–84	Schmuckschildkröte, *Pseudemys rugosa*	18–35
Lachs, *Salmo*	47–120	Landschildkröte, *Testudo*	30–50
Barbe, *Barbus fluviatilis*	42	Krokodil, *Crocodylus*	30–50

Druck in der Lungenarterie (Arteria pulmonalis)

Tierart	Blutdruck mm Hg Grenzen	Mittel	Bemerkungen
Pferd	33–58	–	
Katze	7,5–24,7	17,6	künstliche Atmung
	9–23	14,4	künstliche Atmung Curare
Hund	27–31	29,6	künstliche Atmung
	10–33	16,9	Curare
	16–24	19,4	Curare

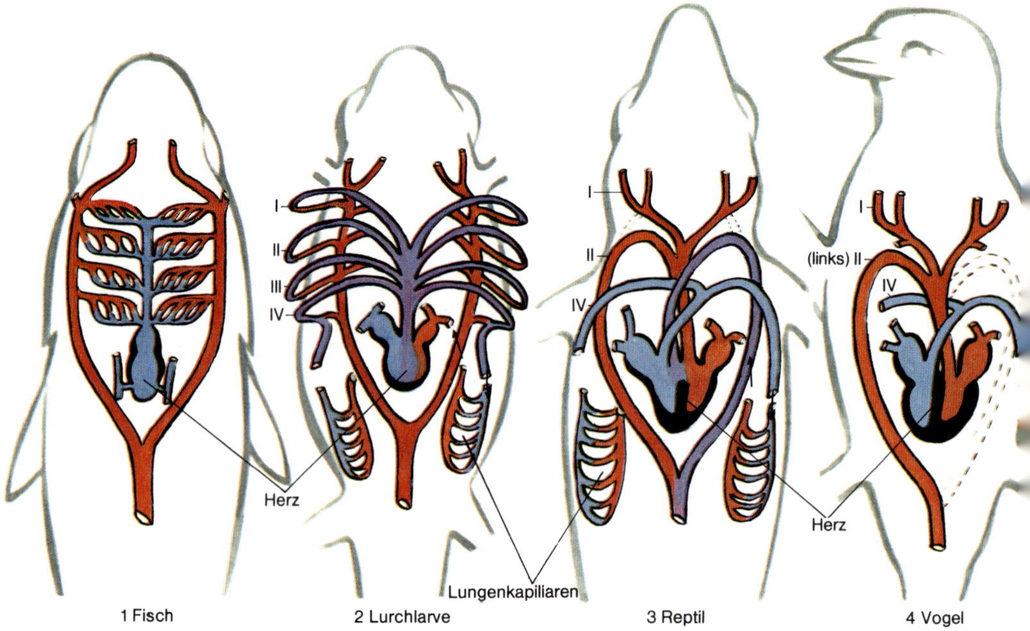

Blutkreislauf verschiedener Wirbeltiere und seine Entwicklung. I, II, III, IV, ursprüngliche Zahl und Reihenfolge der Kiemenbögen. Arterielles Blut = rot, venöses Blut = blau, gemischtes Blut (1–3) = violett

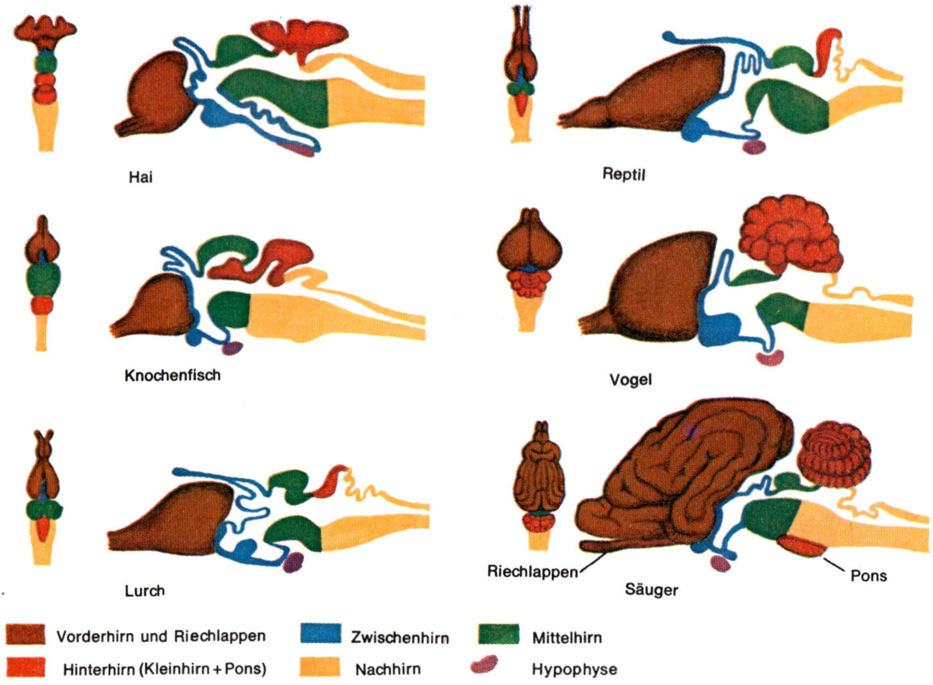

Gehirne der Wirbeltiere, Aufsicht und Längsschnitt; bei Vorderhirn und Kleinhirn ist die Oberflächenstruktur angedeutet

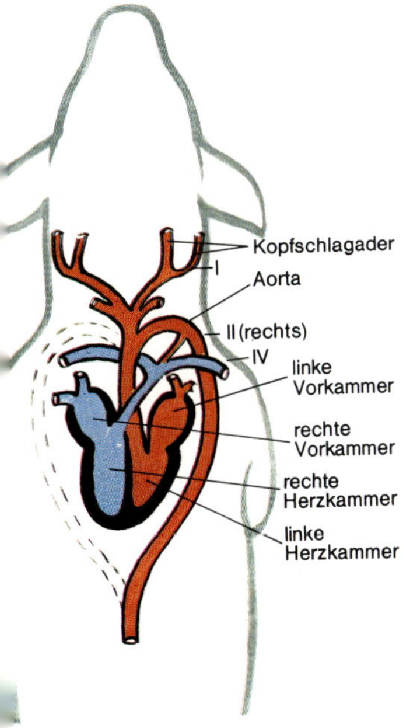

5 Säuger

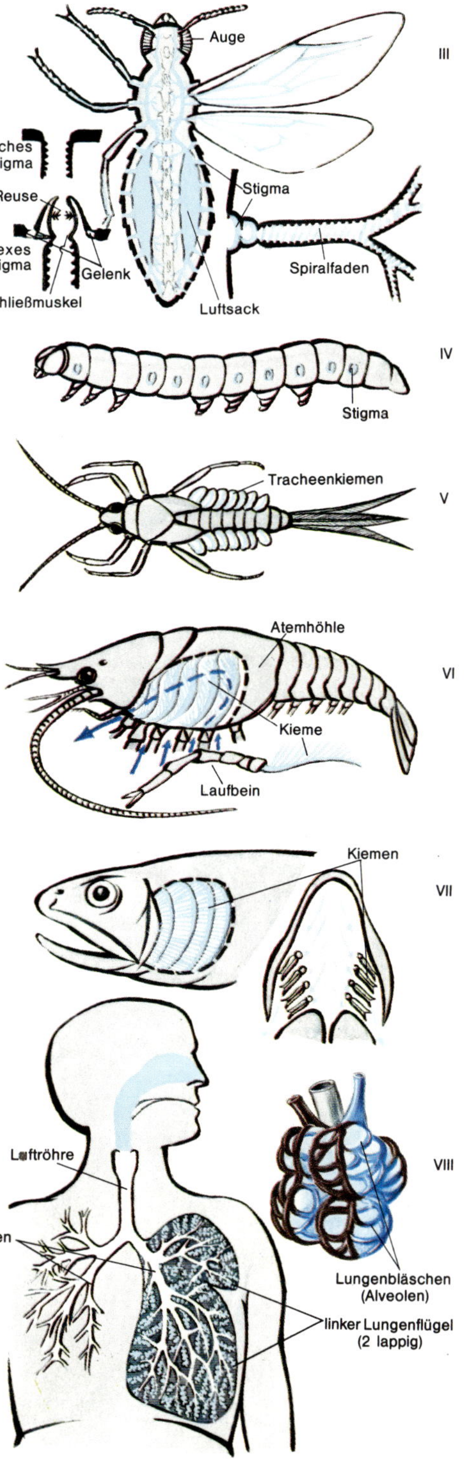

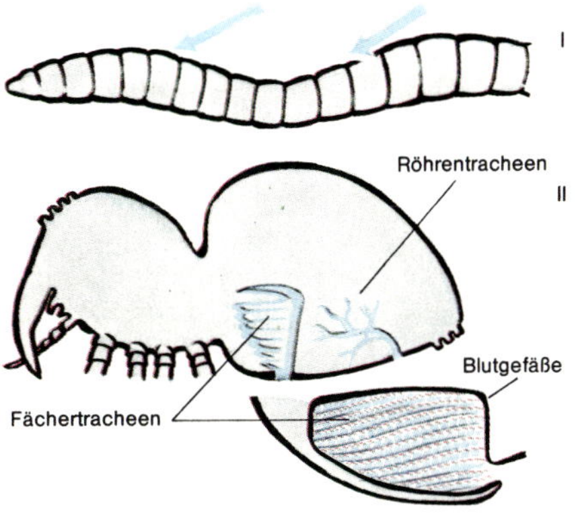

I. Hautatmung eines Regenwurms, II. Fächer- und Röhrentracheen einer Spinne, III. Tracheen-System eines Insekts, IV. Stigmenanordnung einer Schmetterlingsraupe, V. Tracheenkiemen einer im Wasser lebenden Eintagsfliegenlarve, VI. Kiemenbeine eines Krebses, VII. Kiemenapparat eines Knochenfisches, VIII. Lunge der Säugetiere, z. B. des Menschen

Blutdruck

Bussard	200 mm Hg	Katze	150 mm Hg	Meerschweinchen	75 mm Hg
Pferd	180 mm Hg	Kaninchen	100 mm Hg	Fledermaus	50 mm Hg
Haifisch	40 mm Hg	Hummer	8 mm Hg		
Tintenfisch	40 mm Hg	Mensch	120 mm Hg		

Angaben in mm Hg (Millimeter Quecksilbersäule).

Blutmenge

in Teilen des Körpergewichts

bei Säugern	$^1/_{15}$	bei Kriechtieren	$^1/_{17}$	bei Fischen	$^1/_{40}$
bei Vögeln	$^1/_{12}$	bei Lurchen	$^1/_{21}$		

Blutkörperchen

Rote Blutkörperchen, Größe und Anzahl

	Größe	Anzahl		Größe	Anzahl
Rochen	27.20 μm	0,23 Mill./mm³	Strauß	14,3...9,1 μm	1,62 Mill./mm³
Neunauge	15.15 μm	0,13 Mill./mm³	Taube	13,7...6,8 μm	2,40 Mill./mm³
Aal	15.12 μm	1,10 Mill./mm³	Buchfink	12,4...7,5 μm	3,66 Mill./mm³
Scholle	12, 9 μm	2,00 Mill./mm³			
			Elefant	9,4 μm	2,02 Mill./mm³
Olm	58.34 μm	0,036 Mill./mm³	Mensch	6,6...9,2 μm	4,05...5.5 Mill./mm³
Feuersalamander	43.25 μm	0,095 Mill./mm³	Rind	6,0 μm	6,28 Mill./mm³
Grasfrosch	23.16 μm	0,40 Mill./mm³	Hauskatze	4,5...7,1 μm	8,22 Mill./mm³
Gemeine Kröte	22.16 μm	0,39 Mill./mm³	Schaf	3,9...5,9 μm	9,13 Mill./mm³
			Lama	7,6...4,4 μm	13,19 Mill./mm³
Ringelnatter	17,6...11,1 μm	0,97 Mill./mm³	Ziege	3,2...5,4 μm	18,50 Mill./mm³
Mauereidechse	15,4...10,3 μm	0,96 Mill./mm³			
Zauneidechse	15,9... 9,9 μm	1,42 Mill./mm³			

Angaben in μm ($^1/_{1000}$ Millimeter) und Mill./mm³ (Millionen pro Kubikmillimeter)

Weiße Blutkörperchen, Anzahl in mm³ Blut

Huhn	28000	Ziege	12000	Hund	9000	Mensch	7000
Schwein	15000	Schaf	10000	Pferd, Rind	8000		

Darmlängen von Tieren

Tierart		Minimum	Maximum	Mittel
Pflanzenfresser	Rind	51 m	63 m	57 m
	Pferd	27 m	40 m	30 m
	Schaf, Ziege	20 m	41 m	33 m
Allesfresser	Schwein	19 m	26 m	23 m
	Mensch	3,6 m	5 m	4,3 m
Fleischfresser	Hund	2,3 m	7,3 m	4,8 m
	Katze	1,6 m	2,3 m	2,1 m

Galle

Tiere mit Gallenblase: Kuh, Schaf, Ziege, Schwein, Wildschwein, Maus, Geomys bursamis, Falke, Eule.
Tiere ohne Gallenblase: Pferd, Reh, Pekari, Ratte, Taube.
Wechselndes Verhalten: Giraffe.

Eizahl bzw. Größe von Gelegen

Spulwurm, *Ascaris*	64000000	Bienenkönigin, *Apis mellifica* während des Lebens	40000–50000
Karpfen, *Cyprinus carpio*	200000–700000	Lachs, *Salmo salar*	10000–40000
Schlammpeitzger, *Cobitis*	100000–150000	Moräne, *Coregonus lavaretus*	10000
Quappe, *Lota lota*	100000	Forelle, *Salmo trutta*	1500–2000
Wels, *Silurus glanis*	60000		

Lederschildkröte, *Dermochelys*	1 000	Kohlmeise, *Parus major*	6–10
Flußkrebs, *Astacus fluviatilis*	100–300	Elster, *Pica pica*	6–8
Huhn, *Gallus domesticus*, im Jahr	200	Schleiereule, *Tyto alba*	4–8
Nilkrokodil, *Crocodylus niloticus*	90–100	Graugans, *Anser anser*	4–7
Stichling, *Gasterosteus*	80–100	Singdrossel, *Turdus philomelos*	5–6
Netzschlange, *Python reticulatus*	96	Haussperling, *Passer domesticus*	5–6
Alligator, *Alligator mississippiensis*	30–60	Rauchschwalbe, *Hirundo rustica*	4–5
Ringelnatter, *Natrix natrix*	15–35	Habicht, *Accipiter gentilis*	3–5
Afrikanischer Strauß, *Struthio camelus*	30	Nebelkrähe, *Corvus corone cornix*	3–5
Rebhuhn, *Perdix perdix*	10–20	Mäusebussard, *Buteo buteo*	2–4
Kuckuck, *Cuculus canorus*	10–15	Mauersegler, *Apus apus*	2–3
Elefantenschildkröte, *Testudo*	10–14	Silbermöve, *Larus argentatus*	2–3
Gänsesäger, *Mergus merganser*	7–14	Uhu, *Bubo bubo*	2–3
Zauneidechse, *Lacerta agilis*	4–14	Steinadler, *Aquila chrysaëtos*	2–3
Krickente, *Anas crecca*	8–12	Große Trappe, *Otis tarda*	2
Sumpfschildkröte, *Emys orbicularis*	9–11	Fregattvögel, Pinguine, Sturmvögel,	
Auerhahn, *Tetrao urogallus*	6–10	Lummen, Nashornvögel, Kiwi	1

Brutdauer eierlegender Tiere

Vögel

Grasmücke	10–13 Tage	Amsel	12–17 Tage	Zaunkönig	14–17 Tage
Feldlerche	11 Tage	Stieglitz, Rotschwänzchen	13 Tage	Eichelhäher	16–19 Tage
Kuckuck (durch Pflegeeltern)	11–13 Tage	Grünfink, Sperling	13–14 Tage	Elster	17–18 Tage
Buchfink, Bachstelze, Singdrossel	12–14 Tage	Heidelerche	13–15 Tage	Saatkrähe	17–20 Tage
		Rotkehlchen, Pirol, Rauchschwalbe	14–16 Tage	Kolkrabe	20–23 Tage
				Schwan	40–42 Tage
				Strauß	ca. 40 Tage

Reptilien

Zauneidechse	48 Tage	Äskulapnatter	58 Tage	Griech. Landschildkröte	80 Tage
Spitzkopfeidechse	55 Tage	Ringelnatter	63 Tage	Krokodil	40–60 Tage
Smaragdeidechse	65 Tage	Sumpfschildkröte	48 Tage	Chamäleon	133 Tage
Perleidechse	90 Tage	Schmuckschildkröte	70 Tage		

Zahl der Flügelschläge fliegender Tiere

Marienkäfer	75– 91/sec	Kohlweißling	9/sec	Taube	9/sec
Honigbiene	180–200/sec	Bläuling (Schmetterling)	11/sec	Kolibri	bis 50/sec
Hummel	240/sec	Taubenschwanz (Schmetterl.)	72/sec	Haussperling	13/sec
Stechmücke	295/sec	Pelikan	1¼/sec	Rabenkrähe	3–4/sec
Stubenfliege	200–330/sec	Storch	1¾/sec		

Entwicklung der rechten Vorderextremität der Höheren Wirbeltiere

Die Stammformen waren Quastenflosser, die mit primitiven Knochenfischen, wie dem Schlammfisch, nur die Anlage des Schulterblatts gemeinsam haben. Mit frühen Lurchen, wie Eryops, verbinden sie aber bereits die Anlage von Elle und Speiche (in der Abb. unten schwarz), Schlüsselbein, Schulter- und Oberarmknochen.

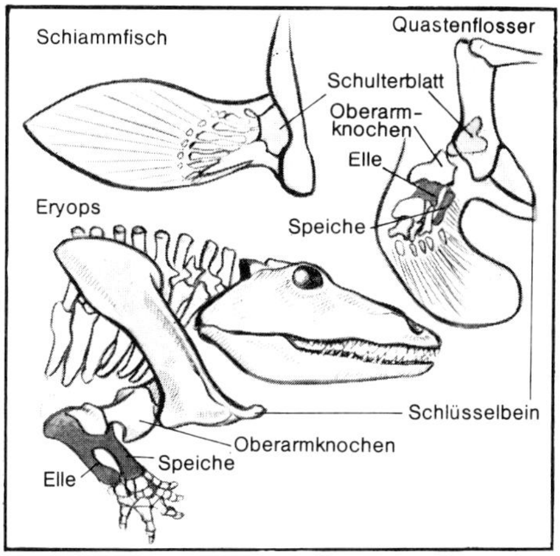

Konvergenz der Anpassung (Mundwerkzeuge)

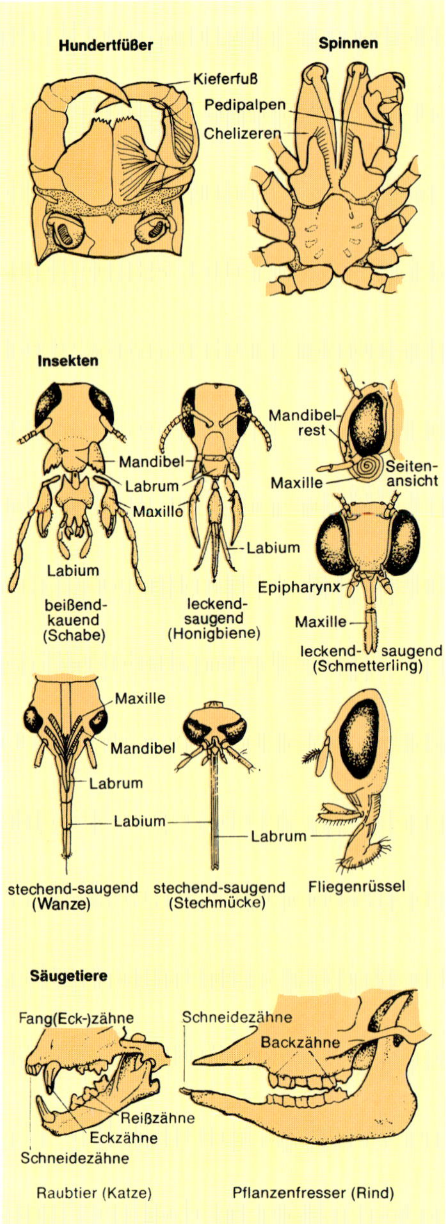

Abwandlung eines Bauplans (Gliedertiere)

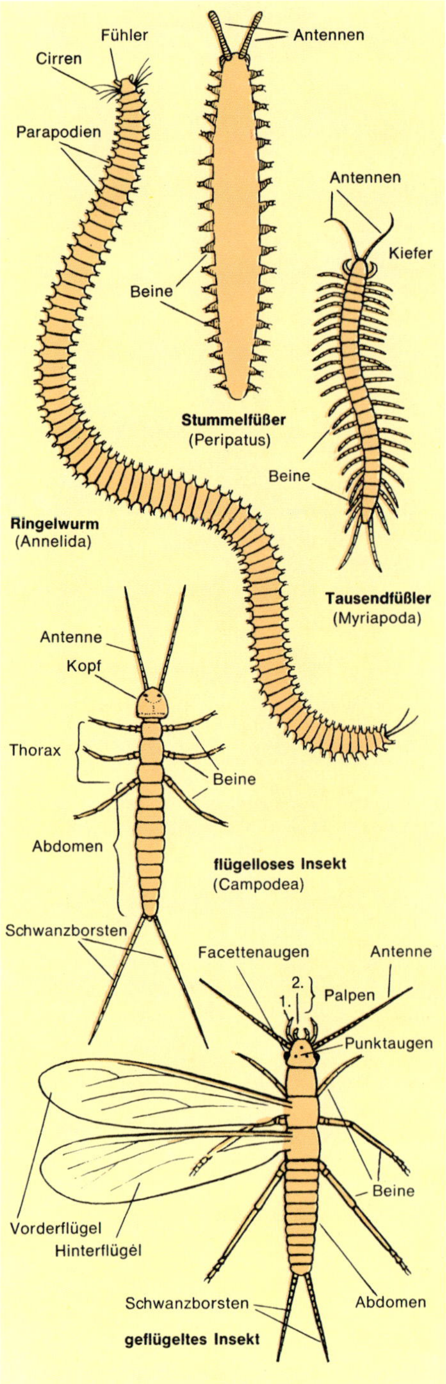

Während die Abb. links eine Anpassung an den Zweck der Nahrungsaufnahme zeigt, ohne daß die zu Mundwerkzeugen umgewandelten Organe sich entwicklungsgeschichtlich entsprechen (Analogie), ist dagegen auf der Abb. rechts die Abwandlung desselben Grundbauplans (Homologie) bei Gliedertieren zu sehen

Pflanzliche Zelle

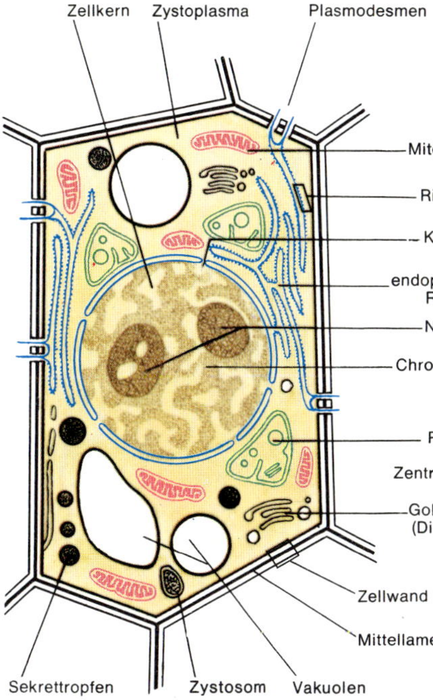

Tierische Zelle

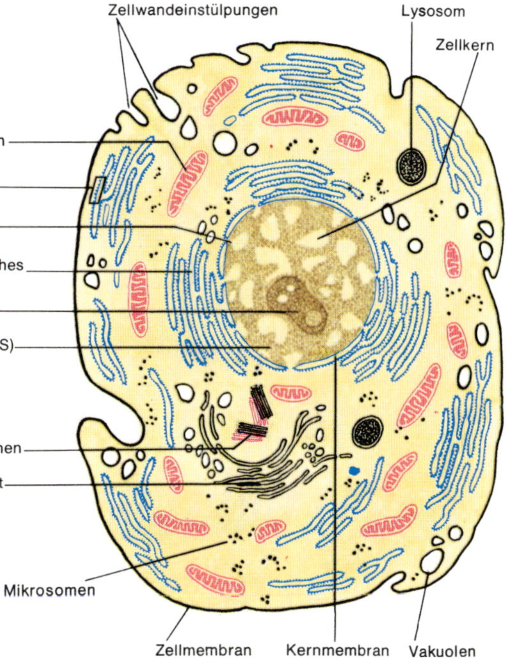

Die tierische und die pflanzliche Zelle sind im Prinzip gleich gebaut. Die Pflanzenzelle hat gegenüber der Tierzelle zusätzlich feste Zellwände, die durch Plasmodesmen durchbrochen sind, grüne Plastiden (zur Assimilation der Stärke) und weite Vakuolen

Flugtiere, Gewichte und Tragflächen

Name	Gewicht des Tieres	Flächeninhalt des Schattenbildes	Gewicht pro cm² Tragfläche
Insekten			
Florfliege, *Chrysopa*	0,0080 g	1,66 cm²	0,0048 g
Kohlweißling, *Pieris brassicae* ♂	0,1000 g	15,80 cm²	0,0063 g
Kohlweißling, *Pieris brassicae* ♀	0,0818 g	9,78 cm²	0,0084 g
Weißer C-Falter, *Vanessa C-album*	0,0388 g	3,43 cm²	0,0113 g
Kleiner Fuchs, *Vanessa urticae*	0,1140 g	8,80 cm²	0,0129 g
Schwalbenschwanz, *Papilio machaon*	0,2350 g	16,90 cm²	0,0139 g
Schlankjungfer, *Agrion*	0,0450 g	3,05 cm²	0,0147 g
Eintagsfliege, *Ephemera vulgata*	0,0308 g	1,59 cm²	0,0194 g
Zuckmücke, *Chironomus stercorarius*	0,0012 g	0,05 cm²	0,0240 g
Taubenschwänzchen, *Macroglossum stellatarum*	0,16 g	5,5 cm²	0,0290 g
Skorpionfliege, *Panorpa communis*	0,0300 g	0,97 cm²	0,0310 g
Marienkäfer, *Cocinella septempunctata*	0,0310 g	0,93 cm²	0,0333 g
Bachmücke, *Tipula oleracea*	0,0500 g	1,40 cm²	0,0343 g
Libelle, *Libellula depressa*	0,5200 g	14,90 cm²	0,0349 g
Fliege, *Musca domestica*	0,0115 g	0,31 cm²	0,0371 g
Heuschrecke, *Stenobothrus*	0,1000 g	2,44 cm²	0,0409 g
Wiesenschnacke, *Pachyrhina pratensis* ♂	0,0410 g	0,94 cm²	0,0436 g
Schmeißfliege, *Calliphora*	0,0650 g	1,18 cm²	0,0551 g
Wespe, *Vespa vulgaris* ♀	0,0780 g	1,36 cm²	0,0573 g
Ligusterschwärmer, *Sphinx ligustri*	1,7400 g	25,50 cm²	0,0682 g

Name	Gewicht des Tieres	Flächeninhalt des Schattenbildes, Beleuchtung oben	Gewicht pro cm² Tragfläche
Honigbiene, *Apis mellifica* ♀	0,0670 g	0,90 cm²	0,0744 g
Fleischfliege, *Sarcophaga carnaria*	0,0690 g	0,92 cm²	0,0750 g
Maikäfer, *Melolontha vulgaris* ♂	0,6668 g	8,15 cm²	0,0818 g
Wolfsmilchschwärmer, *Deilephia euphorbiae*	0,8000 g	9,20 cm²	0,0870 g
Schwimmkäfer, *Colymbetes fuscus*	0,2755 g	3,15 m²	0,0887 g
Hummel, *Bombus*	0,1180 g	1,18 cm²	0,1000 g
Schlammfliege, *Eristalis rupium*	0,0882 g	0,66 cm²	0,1337 g
Mistkäfer, *Geotrupes stercorarius*	0,9039 g	5,90 cm²	0,1564 g
Schwarzer Wasserkäfer, *Hydrophilus piceus*	4,8200 g	29,50 cm²	0,1634 g
Vögel			
Eichelhäher, *Garrulus glandarius*	180 g	900 cm²	0,2000 g
Spatz, *Passer domesticus* ♂	27 g	134 cm²	0,2001 g
Mauersegler, *Apus apus*	33 g	159 cm²	0,2088 g
Möwe, *Larus melanocephalus*	232 g	1039 cm²	0,2123 g
Taube, *Columba livia* ♀	202 g	837 cm²	0,2413 g
Ziegenmelker, *Caprimulgus*	62 g	403 cm²	0,1538 g
Bussard, *Buteo buteo*	900 g	3570 cm²	0,2521 g
Hühnerhabicht, *Accipites gentilis*	290 g	1030 cm²	0,2718 g
Rabe, *Corvus corax*	625 g	2045 cm²	0,3056 g
Schwan, *Ciconia alba*	2140 g	6152 cm²	0,3480 g
Wanderfalk, *Falco peregrinus*	580 g	1542 cm²	0,3761 g
Geier, *Gyps fulvus*	7501 g	10445 cm²	0,7182 g
Ente, *Anas boxchas* ♀	880 g	1141 cm²	0,7713 g
Birkhuhn, *Tetrao tetrix* ♀	730 g	881 cm²	0,8286 g
Schneehuhn, *Lagopus alpinus*	650 g	730 cm²	0,8904 g
Fliegender Fisch *Exocoetus rufipinis*	165 g	298 cm²	0,5536 g

Für den Segelflug der Insekten darf der Körper nicht in vollem Ausmaß in Rechnung gestellt werden. Als nahezu spindelförmiger Körper hat er bei horizontaler Lage annähernd so viel Abtrieb wie Auftrieb; die Lage ist freilich meist nicht horizontal, sondern nach vorne aufgerichtet.

Entwicklungsphysiologie

Embryonalentwicklung

(B →S. 136)

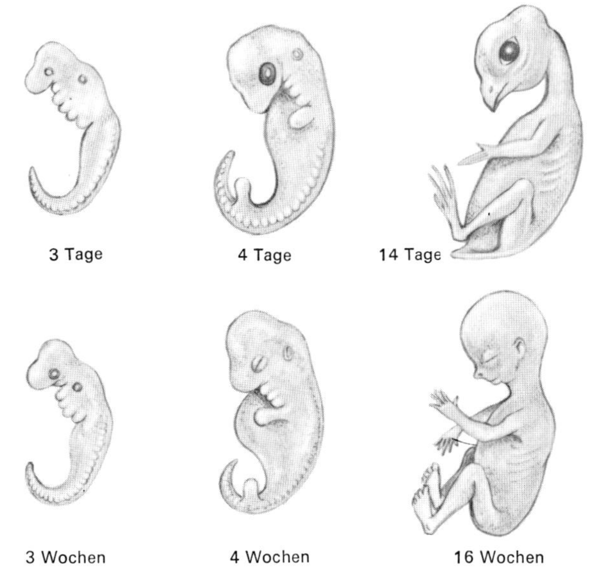

Vergleich der Embryonalentwicklung beim Huhn (oben) und beim Menschen (unten). Am Beginn verlaufen beide Entwicklungen äußerlich fast identisch ab und weisen hin auf einen gemeinsamen Ursprung. Erst im fortgeschrittenen Stadium der Organdifferenzierung wird der Unterschied ersichtlich

Aus der Eizelle bildet sich die Blastula, in dieser das Mesenchym, das die Achsenskelette der lateralsymmetrischen Pluteus-Larve vorbildet. Erst die Imengo ist radialsymmetrisch

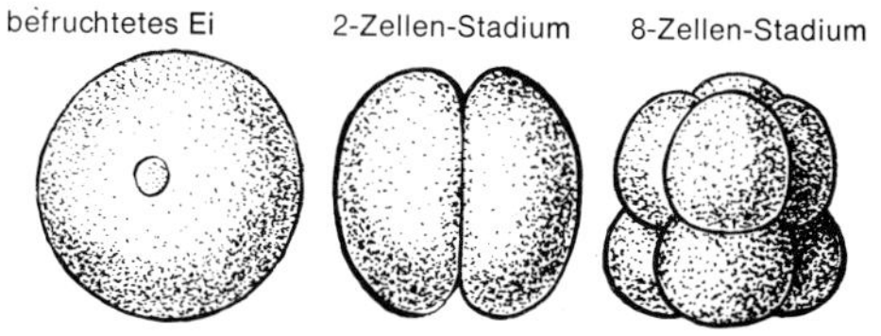

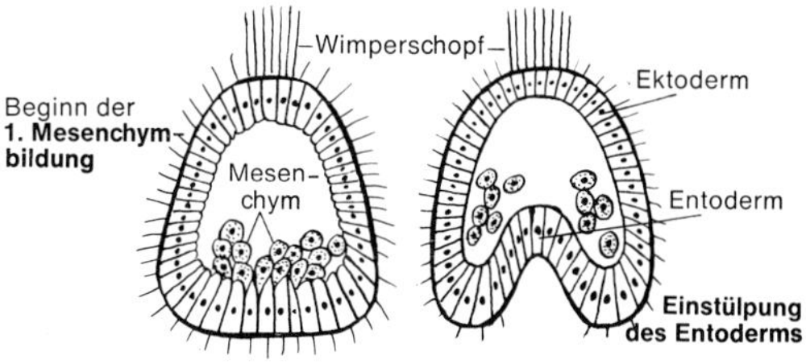

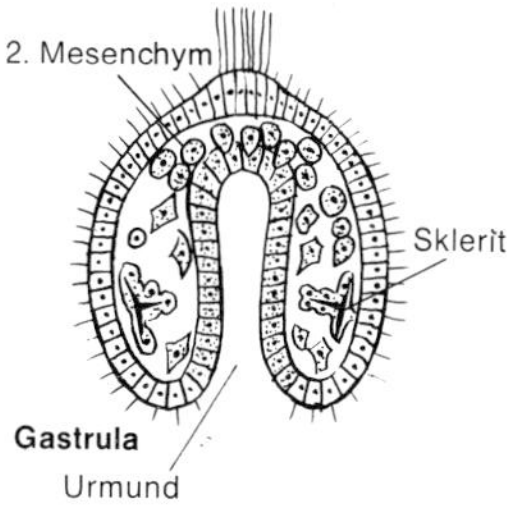

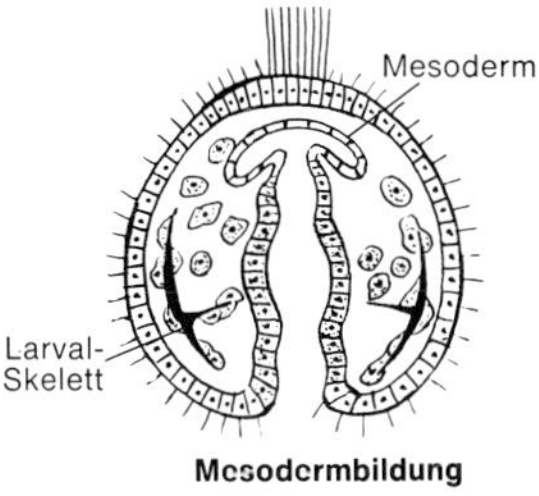

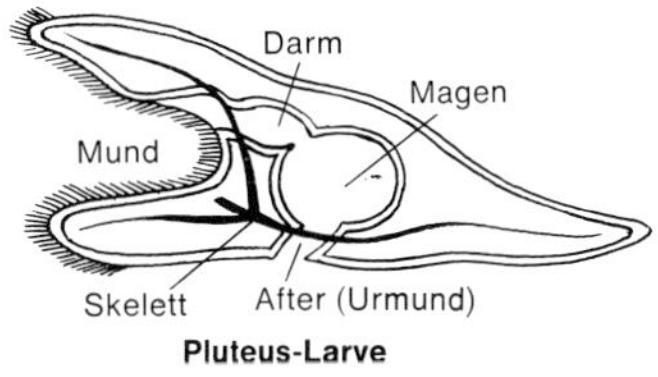

Larvenformen verschiedener Tiergruppen

Tiergruppe	Bez. der Larven	Tiergruppe	Bez. der Larven
Borstenwürmer, Meerschnecken	= Trochophora	Bienen, Fliegen	= Maden
Eichelwürmer	= Tornaria	Blattwespen	= Afterraupen
Stachelhäuter	= Pluteus	Schmetterlinge	= Raupen
Meerschnecken	= Veliger	Neunauge	= Querder
Flußmuscheln	= Glochidia	Schwanzlurch, Frosch	= Kaulquappe
Krebstiere	= Nauplius und Zoëa		

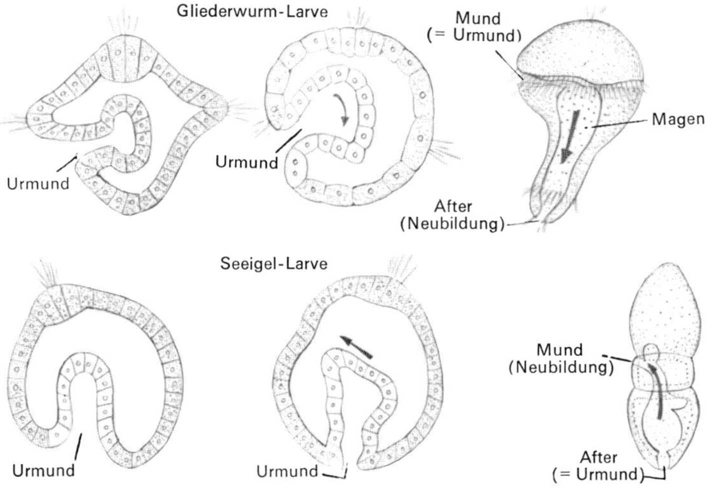

Vergleich Protostomier (Urmünder) – Deuterostomier (Neumünder): Bei den Protostomiern (hier Ringelwurm) wird der Urmund zum bleibenden Mund, und das After wird neu gebildet; bei den Deuterostomier (hier Seeigel, aber auch bei den Menschen) ist es umgekehrt

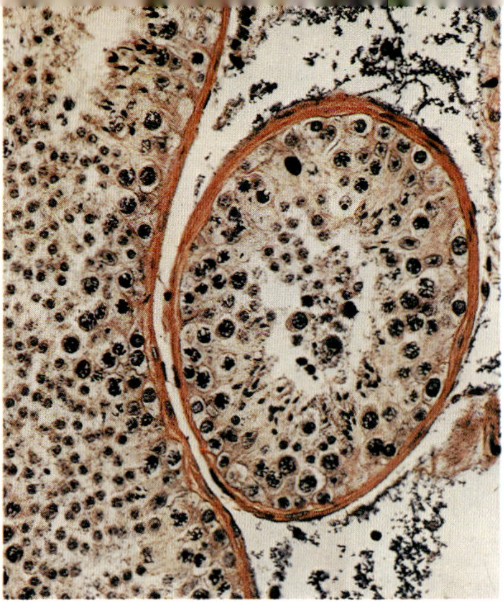

Hoden, Querschnitt

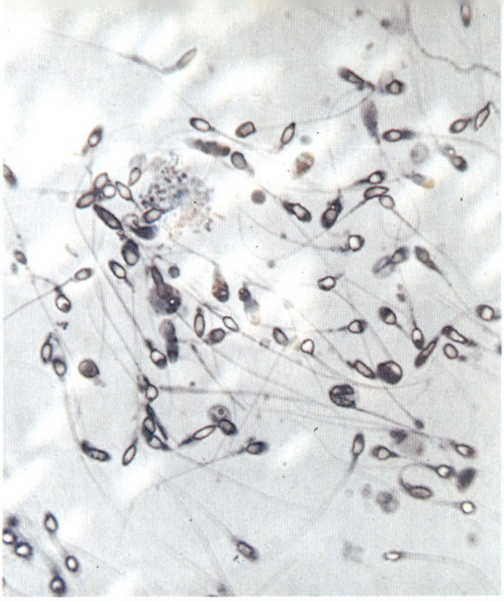

Sperma

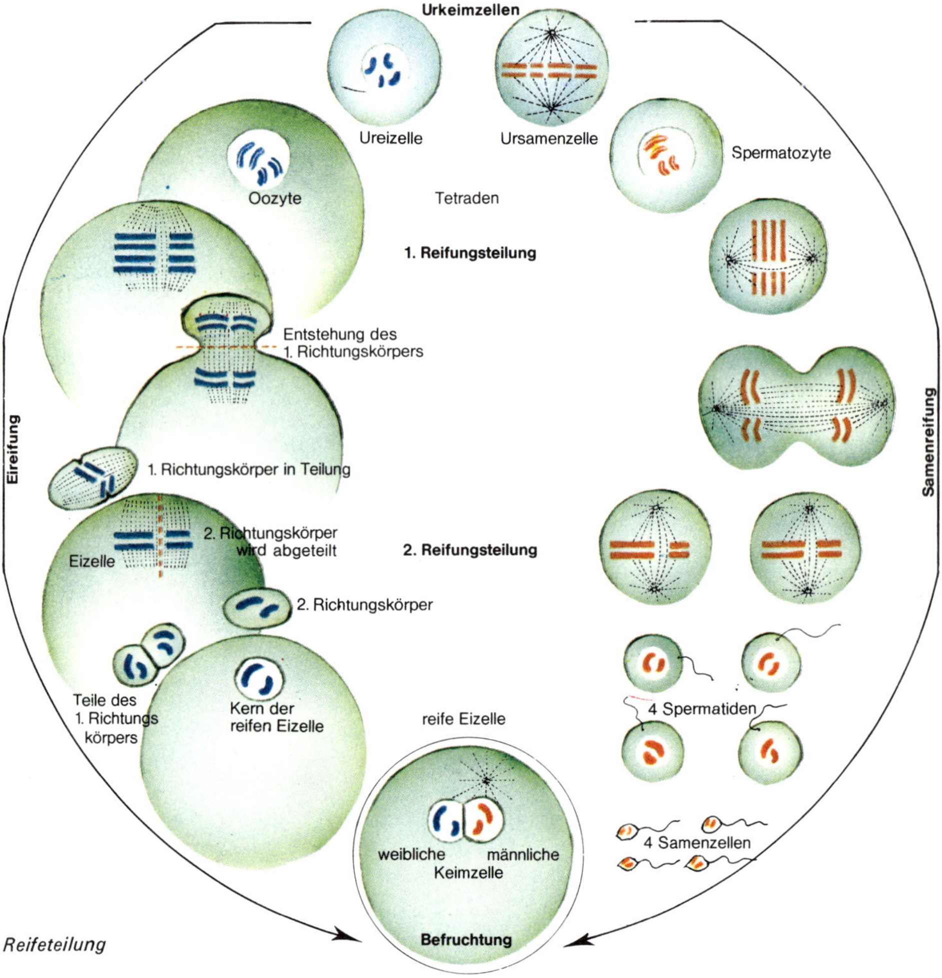

Reifeteilung

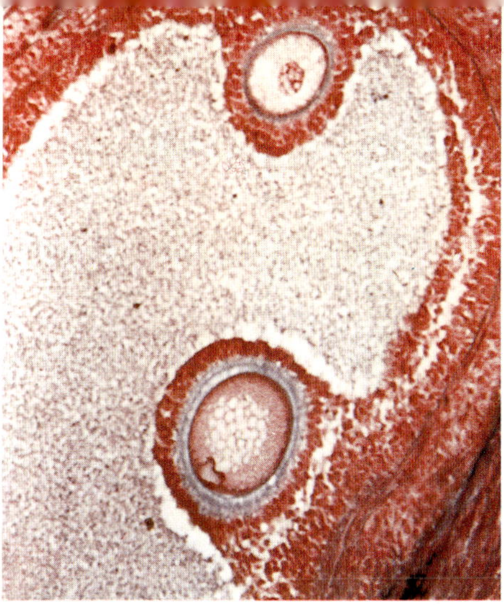

Graafscher Follikel mit 2 Eizellen

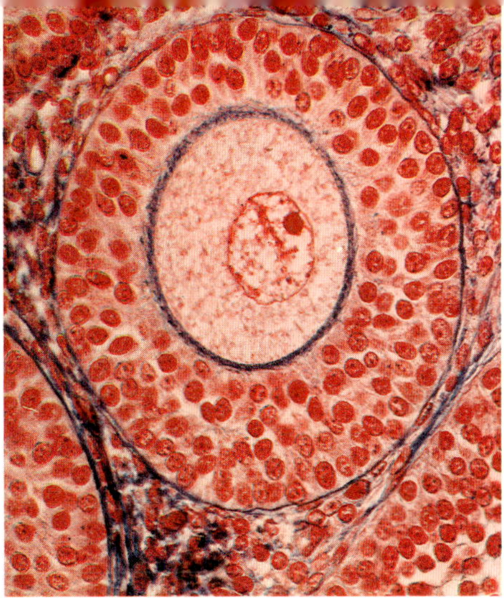

Reife Eizelle

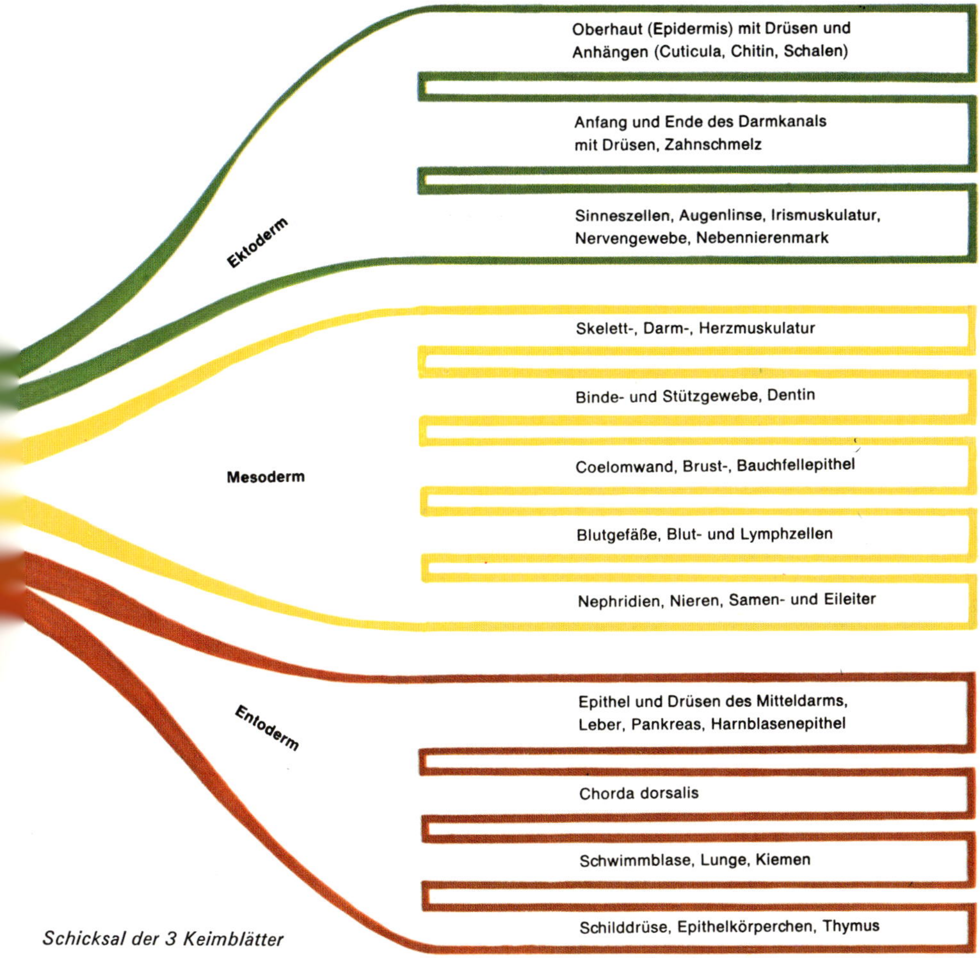

Schicksal der 3 Keimblätter

Wirbeltiere

Blutmenge wechselwarmer Wirbeltiere

Tierart	Blutmenge in % des Körpergew. Grenzen	Mittel
Meerneunauge, *Petromyzon marinus*	–	4,9
Knochenfische, *Teleostei*	1,3–1,8	1,5
Olm, *Proteus anguineus*	–	2,9
Wassermolch und Erdmolch, *Triturus* und *Salamandra*	5,5–6,8	6,1
Brauner Grasfrosch, *Rana temporaria*	4,7–6,3	5,6
Frosch, *Rana*	3,0–3,8	3,5
	4,2–4,9	4,6
Ringelnatter, *Natrix natrix*	–	7,7
Blindschleiche, *Anguis fragilis*	3,8–6,7	5,2
Eidechse, *Lacerta*	4,7–7,0	5,8
	2,8–3,5	3,0

Blutmenge warmblütiger Wirbeltiere

Tierart	Blutmenge in % des Körpergew. Grenzen	Mittel
Kleine Vögel	7,7–8,5	8,1
Taube	7,7 11,1	9,2
Maus	4,6–7,0	5 8
	10,0–11,4	10,5
Schwein	2,3–8,7	4,6
Schaf	6,6–10,4	8,1
Rind	6,0–10,0	7,7
Pferd	5,9–13,5	9,8
	7,3–10,2	8,8
Affe	7,4–9,0	8,2
Siebenschläfer, *Glis*	5,3–6,0	5,8
Wilde Ratte	4,5–5,4	4,8
Zahme Ratte	4,7–7,8	6,3
Meerschweinchen	3,3–5,2	4,1
große Rasse	6,3–8,3	7,7
Kaninchen	4,8–6,1	5,5
große Rassen	6,4–16,7	8,1
Wilde Kaninchen	4,1–4,6	4,4
Hase	6,4–8,1	7,5
Fledermaus, *Verpertilio noctiluca*	6,9–9,1	8,0
Katze	4,6–4,8	4,7
andere Rassen	5,5–9,6	7,8
Hund	6,6–7,9	7,4
andere Rassen	7,4–10,5	8,6

Laichzeiten (K →S. 141, Fischwanderung)

der wichtigsten einheimischen Fische

Bachforelle	Mitte Oktober bis Mitte Februar
Felchen	November bis Dezember
Flunder	Februar bis Mitte April
Hecht	Mitte Februar bis Mitte April
Hering	je nach Rasse: Frühjahr bis Herbst
Kabeljau	Februar
Karpfen	Mai bis Juni
Lachs	Mitte Oktober bis Mitte Februar
Maräne	November bis Dezember
Plötze	Mitte April bis Mitte Juni
Regenbogenforelle	Mitte Januar bis Mitte Mai
Schleie	Mai bis Juni
Zander	April bis Mitte Juni

Nahrung von Wirbeltieren

Die Angaben über die bevorzugte Nahrung entstammen den Untersuchungen von Mageninhalten einer größeren Anzahl von Tieren.

Tier	Nahrung
Schädellose, Acrania	
Fam. Branchiostomatidae	Einzellige Pflanzen und Tiere. Partikelfresser
Lanzettfischchen, *Branchiostoma lanceolata*	Detritus, Diatomeen und Infusorien

Tier	Nahrung
Rundmäuler, *Cyclostomata*	
Inger, *Fam. Myxinidae*	
Myxine glutinosa	Parasit auf Meeresfischen, vorwiegend auf geschwächten Tieren (Kabeljau)
Neunaugen, *Fam. Petromyzontidae*	
Lamprete, *Petromyzon marinus*	Parasit auf Fischen, auf toten Tieren und Detritus
Flußbricke, *Petromyzon fluviatilus*	
Zwergbricke, *Petromyzon planeri* und Larvenform der Bricken, *Ammocoetes*	Partikelfresser
Fische, Pisces	
Plattenkiemer, *Elasmobranchii*	
Haie und Rochen, *Selachii*	
Haie, *Squaliformes*	
Katzenhai, *Scyliorhinus canicula*	Vorwiegend Tintenfische (Octopus, Loligo), Krabben und Anneliden (Spirographis)
Heringshai, *Lamna nasus*	Fische und Kopffüßer (Loligo)
Fuchshai, *Alopias vulpes*	Vorwiegend Fische (Sardinen und Sprotten)
Riesenhai, *Cetorhinus maximus*	Kleinere Seetiere, Tange, Medusen
Rauhhai, *Rgincodon typicus*	Wie Riesenhai
Blauhai, *Prionace glaucus*	Größere Fische, Kopffüßer (Octopus, Loligo), Krebse
Hundshai, *Galeorhinus galeus*	Kopffüßer (Loligo, Octopus, Calmar) Muscheln, Stachelhäuter, kleine Fische
Hammerhai, *Sphyrna zygaena*	Bodentiere von schlammigem Boden
Dornhai, *Squalus acanthias*	Fische, auch Kopffüßer (Loligo)
Eishai, *Somniosus microcephalus*	Fische, besonders Plattfische, Kabeljau und Verwandte
Sägefische, *Pristiophorus*-Arten	Grundeln mit ihrem langen Rostrum im Schlamm nach allerhand kleinem Getier
Rochen, *Rajiformes*	
Meerengel, *Rhina squatina*	Bodenfische (Rochen und Plattfische)
Dornroche, *Raja clavata*	Junge Plattfische und Garneelen
Stechroche, *Dasyatis pastinaca*	Kleine Fische, Krebse und Weichtiere
Adlerroche, *Myliobates aquila*	Garneelen und kleine Fische
Hornroche, *Dicerobates giorna*	Kopffüßer und Fische
Seedrachen, *Holocephali*	
Spöke, *Chimaera monstrosa*	Muscheln, Krebse und kleine Fische der tiefen Gründe
Knochenfische, *Osteichthyes*	
Lungenfische, *Dipnoi*	
Australischer Lungenfisch, *Ceratodus forsteri Krefft*	Kleinere Süßwassertiere, zusammen mit Blättern aufgenommen; letztere aber nicht verdaut
Amerikanischer Molchfisch, *Protopterus*	Frösche, Krebse und andere Süßwassertiere
Schuppenmolch, *Lepidosiren paradoxus*	Vorwiegend große Schnecken (Ampullaria gigas), auch pflanzliche Nahrung
Branchiopterygii	
Flösselhechte, *Polypterus*	Fische, Krebse und Insektenlarven
Calamoichthys calabricus	Insekten und Krebstiere
Strahlenflosser, *Actinopterygii*	
Chondrostei	
Löffelstör, *Polyodon spathula*	Süßwasserplankton, Krebse, Insektenlarven und einzellige Algen
Störe, *Acipenser*-Arten	Kleine Arten: Würmer, Schnecken usw., große Arten: Fische, z. B. Karpfen
Holostei	
Schlammfisch, *Amia calva*	Gewaltiger Räuber, hauptsächlich Fische, auch Krebse und Muscheln
Kaimanfisch, *Lepisosteus osseus*	Fische
Echte Knochenfische, *Teleostei*	
Fam Percidae	

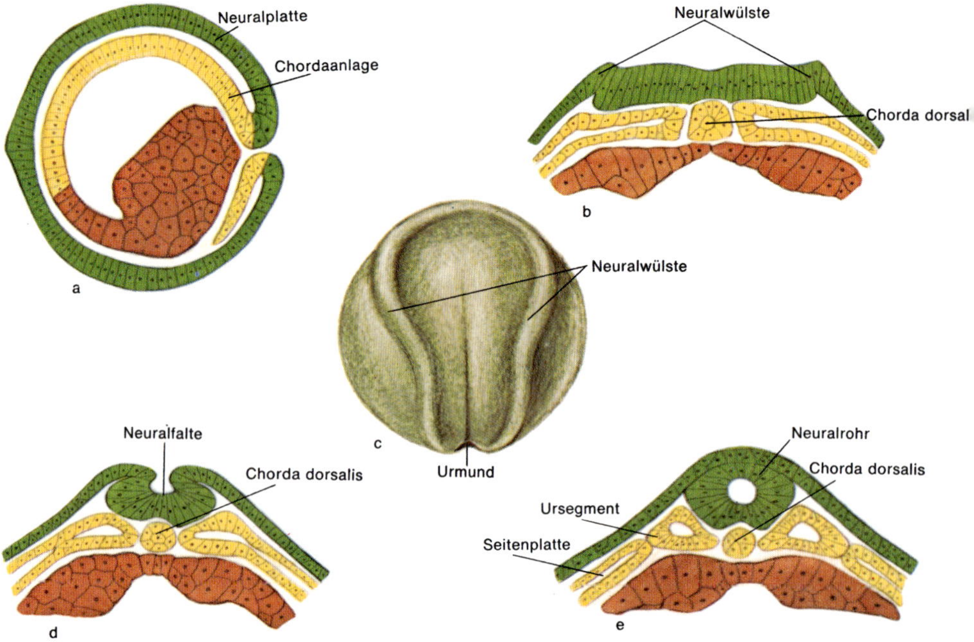

Bildung der Keimblätter und der Achsenorgane beim Molch (rot = Entoderm, gelb = Mesoderm, grau = Ektoderm):
a Gastrula-Stadium, Querschnitt;
b Neurula: Aus dem Mesoderm ist die Chorda dorsalis abgetrennt; die Neuralplatte bildet Neuralwülste;
c Neurula-Stadium, Aufsicht;
d Neurula-Stadium: Die Neuralwülste stülpen sich ein zur Neuralfalte;
e Späte Neurula: Die Neuralfalte schließt sich zum Neuralrohr; das Mesoderm differenziert sich in Ursegmente und Seitenplatten

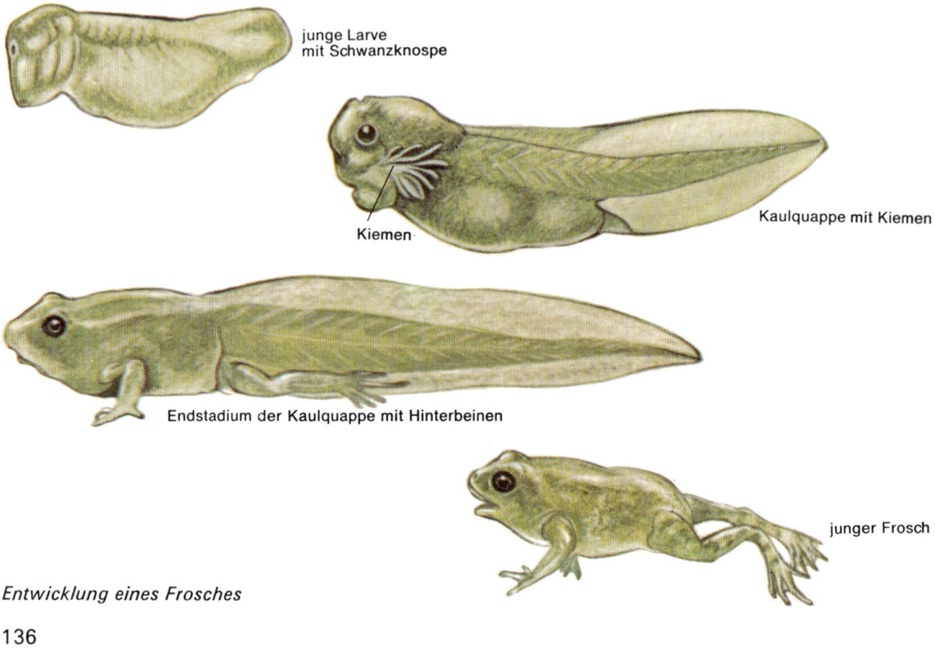

Entwicklung eines Frosches

Vogelzug

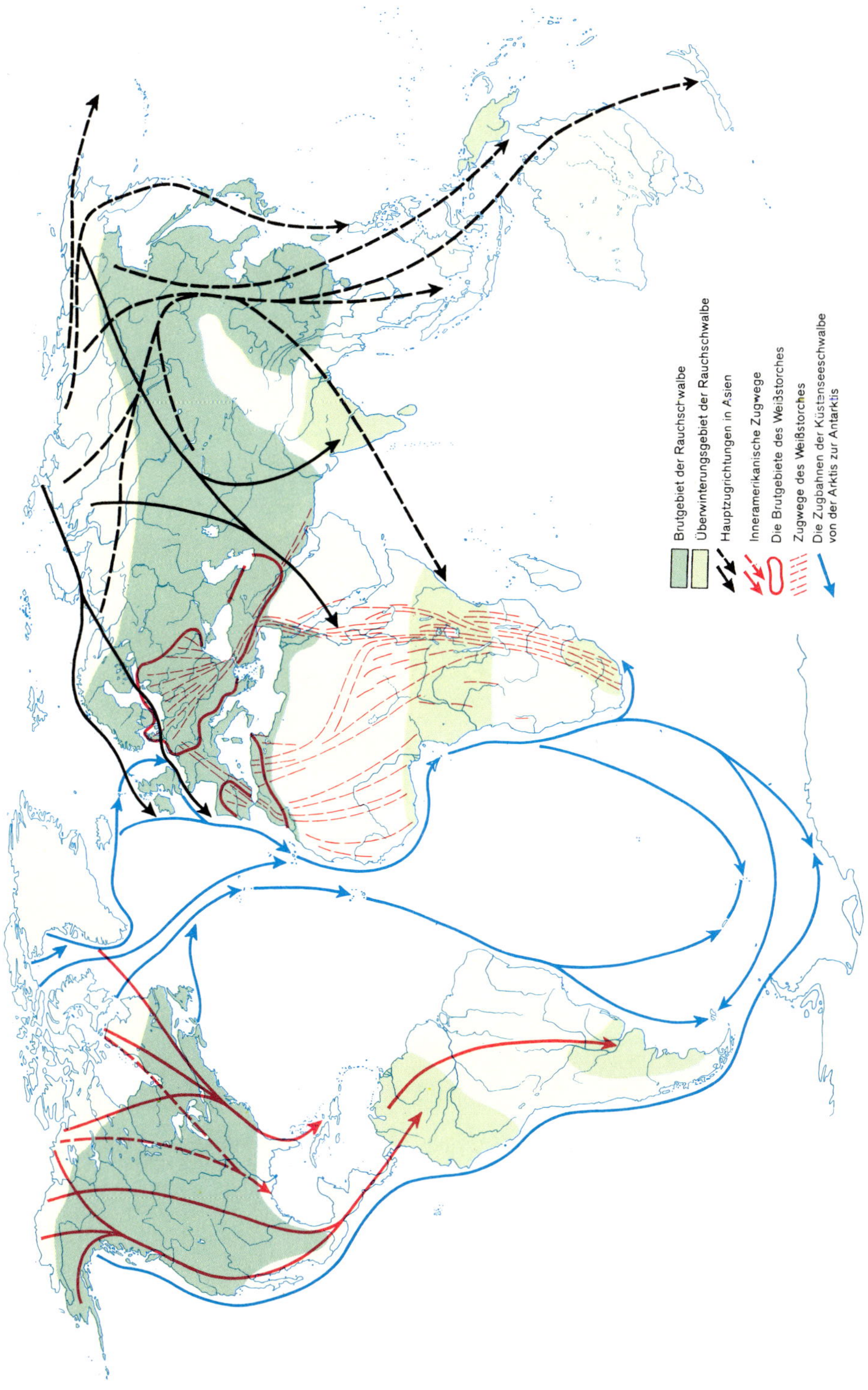
Brutgebiet der Rauchschwalbe
Überwinterungsgebiet der Rauchschwalbe
Hauptzugrichtungen in Asien
Inneramerikanische Zugwege
Die Brutgebiete des Weißstorches
Zugwege des Weißstorches
Die Zugbahnen der Küstenseeschwalbe von der Arktis zur Antarktis

Tier	Nahrung
Flußbarsch, *Perca fluviatilis*	In der Jugend Würmer und Kerbtierlarven, später Fische, Krebse und Lurche, sogar Wasserratten
	Kleine Tiere vorwiegend Plankton, größere auch Fische, im Winter auch Plankton
	Nahrung einsommeriger Tiere besteht hauptsächlich aus Wasserflöhen
	Zuckmücken und Eintagsfliegen, auch Larven
	Nahrung größerer Tiere besteht aus Krebsen und kleineren Fischen (Plötze, Blei, Stint, Gründling)
Zander, *Perca lucioperca*	Kleine Fische und wirbellose Tiere, auch eigene Brut
Spindelbarsch, *Zingel aspes*	Würmer und kleine Tiere
Schroll, *Acerina cernua*	Fischlaich, junge Fische und andere kleine Wassertiere, Gras und Ried
Seebarsch, *Labrax lupus*	Krebse, Würmer und kleine Tiere
Kaulbarsch, *Acerina cernua*	Gammariden und Copepoden, auch Mysideen, Oligochaeten und Insektenlarven
Fam. Squamipinnes	
Borstenzähner, *Chaetodon*-Arten	Weiche Seetiere, Quallen, Seerosen, Korallentierchen, Kerbtiere und Algen
Fam. Mullidae	
Rotbart, *Mullus barbatus*	Weichtiere und kleine Krebse
Fam. Sparidae	
Ringelbrassen, *Sargus annularis*	Hartschalige Tiere
Goldstrich, *Chrysophrys aurata*	Muscheln und Würmer
Scharfzähner, *Pagellus centrodontus*	Tierische Nahrung und grünes Seegras
Box salpa	Pflanzliche Nahrung
Blöker, Box boops	Pflanzen (Fucus und Zostera)
Fam. Sciaenidae	
Umber, *Umbrina cirrhosa*	Kleine Fische und Weichtiere, Würmer und Seegras
Adlerfisch, *Sciaena aquila*	Sardellen
Meerrabe, *Corvina nigra*	Kleine Krebstiere und Tange
Fam. Makrelen, *Scombridae*	
Makrele, *Scomber scomber*	Brut anderer Fische (Sardinen und Sprotten)
Heringskönig, *Zeus faber*	Tintenfische, Krebse
Schwertfisch, *Xiphias gladius*	Fische und Tintenfische
Kopfsauger, *Echeneis naucrates*	Krebse, Muscheln, Fische
Fam. Trachinidae	
Sternseher, *Uranoscopus scaber*	Kleinere Fische
Petermännchen, *Trachinus draco*	Garneelen, Fische(?)
Fam. Lophiidae	
Seeteufel, *Lophius budegassa*	Größere Fische
Fam. Cottidae	
Panzerfisch, *Perestedion cataphractum*	Schalenlose Weichtiere und Quallen, kleine Krebse
Knurrhähne, *Trigla*-Arten	Krebse, Muscheln, Quallen
Drachenköpfe, *Scorpaena*-Arten	Ziemlich große Krabben und Fische (Syngnathus)
Ulkfische, *Sebastes*-Arten	Fische und Krebse
Cottus gobio	Kleine Fische und Laich anderer Fische, Libellenlarven, auch eigene Brut
Seeskorpion, *Myoxocephalus*	Fische, Krebse, Krabben, Abfall von den Schiffen
Fam. Gobiidae	
Meergründeln, *Gobius*-Arten	Würmer, Garneelen, Fischeier und Tange
Leierfisch, *Callionymus lyra*	Würmer, Muscheln und andere Weichtiere
Aalmutter, *Zoarces viviparus*	Fische, Muscheln, Würmer und Laich
Schleimfische, *Blennius*-Arten	Muscheln und andere Weichtiere

Tier	Nahrung
Fam. Mugilidae	
Meeräschen, *Mugil*-Arten	Organische Stoffe, mit Schlamm und Sand vermischt
Fam. Gasterosteidae	
Stichling, *Gasterosteus aculeatus*	Laich und Brut anderer Fische, junge Blutegel, Motten und Schmetterlinge
Fam. Centriscidae	
Seeschnepfe, *Centriscus scolopax*	Kleine Muscheln und andere Weichtiere, Fischlaich
Fam. Labridae	
Papageifische, *Scarus*-Arten	Pflanzenstoffe von Felsen gepflückt
Lippfisch, *Labrus turdus*	Kleine Krebse und Muscheln
Labrus jutis	Schalentiere und junge Fische
Riffische, *Fam. Pomacentridae*	Kleine Meerestiere und Zoophyten von Korallenbänken
Fam. Cyclopteridae	
Seehase, *Cyclopterus lumpus*	Fischlaich, Mollusken, kleine Krebse, Quallen und Würmer
Ansauger, *Lepadogaster biciliatus*	Kleine Krebse und Fische
Fam. Gadidae	
Kabeljau, *Gadus morrhua*	Fische (Mallotus villosus und Heringe), Schal-, Weich- und Krebstiere, Tang, Seegras und eigene Brut
Wittling, *Merlangus merlangus*	Krebse, Würmer und kleine Fische
Aalquappe, *Gadus lota*	In der Jugend Fischlaich, Würmer usw., später kleinere Fische, eigene Brut und schwache Artgenossen
Seequappen, *Onos*-Arten	Krebse und kleine Fische
Flachfische, *Fam. Pleuronectidae* (Schollen, Heil-, Steibutt u. ä.)	Fleischfressende Räuber. Größere Arten: Fische, selbst von der Größe des Kabeljaus, kleinere Arten: Krebse, Muscheln, Würmer. Auch Kannibalismus kommt vor
Fam. Cyprinidae	
Karpfen, *Cyprinus carpio*	Hauptsächlich Würmer, Larven und Kerbeltiere, selbst Lurche und ähnliche Wasserbewohner; auch Pflanzenstoffe, vermoderte Teile der Wasserpflanzen, faulige Früchte, gekochte Kartoffeln, Brot usw. Im Meer hauptsächlich Würmer und Muscheltiere
Barbe, *Barbus barbus*	Kleine Wassertiere, Fischlaich und Krebsbrut, kleine Fische, Würmer und Schlamm
Gründling, *Gobio gobio*	Fischbrut, Würmer, faulendes Fleisch und Pflanzenstoffe
Schleie, *Tinca tinca*	Wie Karpfen
Rotauge, *Leuciscus rutilus*	Würmer, Kerfe, Fischrogen, kleinere Fische
Rotfeder, *Scardinius erythrophthalmus*	Kerbtiere, Würmer und Wasserpflanzen
Döbel, *Leuciscus cephalus*	In der Jugend Würmer und Kerbtiere, später Fische, Frösche, Mäuse und Früchte (Kirschen)
Nase, *Chondrostoma nasus*	Festsitzende Wasseralgen und kleine Tiere
Brassen, *Abramis brama*	Hüpferlinge, Wasserflöhe und Tubifex, auch Pflanzenstoffe
Güster, *Blicca bjoerkna*	Hüpferlinge, Wasserflöhe, Flohkrebse, Mysideen, Mollusken (Sphaerien), Oligochäten, gelegentlich auch Insektenlarven
Zährte, *Vimba vimba*	Hüpferlinge, Wasserflöhe und Mollusken (Sphaerien)
Aland, *Leuciscus idus*	Hüpferlinge, Wasserflöhe, Flohkrebse und Mollusken (Schnecken und Muscheln)
	Mollusken (Limnaea-Arten, Planorbis, spec., Valvata, Vivipara, Bythinia). Auch Pflanzenstoffe (Potamogeton- und Chara-Arten)

Tier	Nahrung
Ukelei, *Alburnus alburnus*	Kleinkrebse (Hüpferlinge), auch Planktonalgen als Notnahrung
Plötze, *Rutilus rutilus*	Oligochäten und Hüpferlinge, auch Schwämme und Polypenstöckchen
Fam. Cobitidae	
Schlammbeißer, *Cobitis fossilis*	Würmer und vermoderte Tier- und Pflanzenteile
Schmerle, *Neomacheilus barbatulus*	Wassergewürm, Kerflarven, Kerbtiere und Pflanzenstoffe
Fam. Characidae	
Piranhas, Sägesalmler, *Pyrgocentrus, Serrasalmus*	Fallen manchmal mit ungeheurer Gier alles Tierische an, das in ihren Bereich kommt, vergreifen sich auch an großen Säugetieren und Menschen
Fam. Siluridae	
Wels, *Silurus glanis*	Wassertiere, vor allem Fische, auch Krebse, Frösche, Wasservögel usw., auch Aas
Fam. Clupeidae	
Hering, *Clupea harengus*	Hauptsächlich winzige Krebstiere, auch Fische (besonders Sprotten), Eier und Larven der eigenen Art
Pilchard, Sardine, *Clupea pilchardus*	Kleine Garneelen, Würmer
Maifisch, *Alosa vulgaris*	Kleine Fische und weichschalige Krebstiere
Fam. Esocidae	
Hecht, *Esox lucius*	Fische, Lurche, Enten, Gänse, Wasserratten und größere Säugetiere
Fam. Scombresocidae	
Fliegender Fisch, *Exocoetus volitans*	Kleinere Fische, Krebse und Weichtiere
Hornhecht, *Belone vulgaris*	Kleine Fische (Stichlinge)
Makrelenhechte, *Scombresox*	Weiche, pelagische Tiere
Fam. Salmonidae	
Lachs, *Salmo salar*	Im Meer Krebse, Fische (Sandaale, Stichlinge, Heringe); im Süßwasser frißt er nur während der Jugendzeit Im Winter Stichlinge, im Frühling Sandaale, im Sommer Heringsarten
Bachforelle, *Salmo trutta*	Junge Tiere nähren sich außer von Plankton auch von gröberer Nahrung, wie Bodenkrebschen, Oligochäten und Tendipedenlarven. Larven der Kerbtiere, Würmer, Egel, Schnecken, Fischbrut, kleine Fische und Frösche. Als Seeforellen: Köcherfliegenlarven, Flohkrebse und Eintagsfliegen
Regenbogenforelle, *Salmo gairdneri*	Posthornschnecken, daneben auch Eintagsfliegenlarven
Aesche, *Thymallus vulgaris*	Wasserkerfe, deren Larven, Wasserschnecken und Fischbrut
Saibling, *Salmo salvelinus*	Verschiedene Schmarotzerkrebse und kleinere Fische
Maräne, *Coregonus lavaretus*	Hauptsächlich Larven von Eintagsfliegen (87,9% der Nahrung) und Larven von Krebsen
Huchen, *Salmo hucho*	Groppen, Ellritzen und Barben, gelegentlich auch Netzflüglerlarven
Stint, *Osmerus eperlanus*	Wasserflöhe, auch größere Nahrungstiere, wie Flohkrebse, Zuckmücken und Eintagsfliegen
Fam. Anguillidae	
Sandaal, *Ammodytes tobianus*	Würmer, Krebstiere, Fischbrut
Fam. Ophidiidae	
Schlangenfisch, *Ophidium barbatum*	Kleine Krabben und Fische
Fam. Gymnotidae	
Zitteraal, *Gymnotus electricus*	Fische, Krabben, Kerbtiere und Lurche

Tier	Nahrung
Fam. Muraenidae	
Aal, *Anguilla anguilla*	Hauptsächlich niedere Tiere (Würmer, Krebse zur Zeit der Häutung, Fischlaich), kleine Fische, Frösche und das Aas größerer Tiere
Seeaal, *Conger vulgaris*	Beschalte Muscheln, Hummer und andere große Krebse
Muräne, *Muraena helena*	Fische, Krebse und Tintenfische
Fam. Sclerodermidae	
Hornfische, *Balistes*-Arten	Muscheln, Korallen, Tange
Kofferfische, *Ostracion*-Arten	Krebse und Weichtiere
Fam. Tetraodontidae	
Kugelfisch, *Tetraodon hispidus*	Korallen, hartschalige Weich- und Krustentiere
Mondfisch, *Tetradon mola*	Kleine, pelagische Krustentiere, Meerespflanzen
Fam. Syngnathidae	
Seenadel, *Syngnathus acus*	Junge, dünnschalige Krebse, kleinere Weichtiere, Würmer usw.
Lurche, Amphibia	
Blindwühlen, *Gymnophiona*	
Fam. Caeciliidae	
Hautwühle, *Dermophis thomensis*	Kerbtiere und deren Larven, Tausendfüßler und Schlangen (Gattung Typhlops)
Fischwühle, *Ichthyophis glutinosus*	Schlangen (Familien Typhlopidae und Uropeltidae) und Regenwürmer
Schwanzlurche, *Urodela, Caudata*	
Asiat. Riesensalamander, *Megalobatrachus maximus*	Würmer, Insekten, Fische und Frösche
Amerikan. Riesensalamander, *Cryptobranchus alleghaniensis*	Fische, Würmer, Frösche, vorwiegend Krebse
Aalmolch, *Amphiuma means*	Würmer, Krebstiere, Mollusken und Fische
Querzahnmolch, *Ambystoma*	Flohkrebse, Wasserschnecken, kleine Muscheln, Regenwürmer, kleine Krebsarten, Wasserflöhe, Ameisenpuppen, Erdwürmer, Kaulquappen und kleine Fische

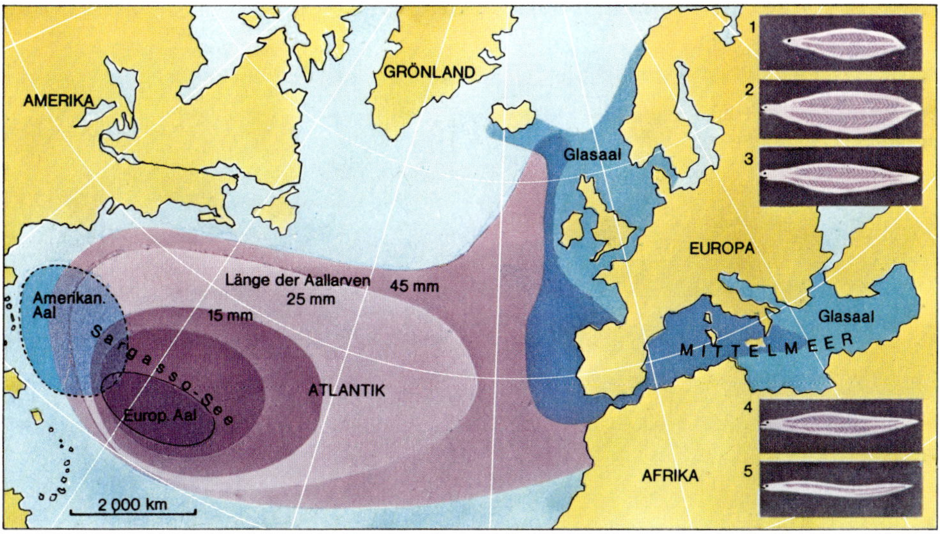

Fischwanderungen: Wanderungen des europäischen Aals, Anguilla anguilla; 1–5 Wandlung der weidenblattförmigen Leptocephalus-Larve (1–4) zum kleineren, kompakten Glasaal (5)

Tier	Nahrung
Winkelzahnmolch, *Hynobius keyserlingi*	Regenwürmer
Wurmsalamander, *Batrachoseps attenuatus*	Kleine Fliegen, Enchytraeen, Brut von Schnecken und jungen Asseln
Brunnenmolch, *Typhlomolge rathbuni*	Kleine Krebse
Salamander, *Salamandra salamandra*	Schnecken und Regenwürmer
Furchenmolch, *Necturus maculatus*	Krebstiere, kleine Fische, Würmer, Insekten und Frösche
Armmolch, *Siren lacertina*	Regenwürmer, kleine Fische, Kaulquappen
Frösche, *Anura, Salientia*	
Fam. Pipidae	
Xenopus-Arten	Insektenlarven, Würmer und kleine Fische
Larven von *Xenopus laevis*	Flagellaten (Gattung Chlamidomonas)
Fam. Pelobatidae	
Megalophys carinensis	Insekten und kleinere Säugetiere
Pelobates fuscus	Käfer, Spinnen, Schaben, Grillen, Fliegen, Raupen, Würmer und Schnecken
Engmaulfrösche, *Fam. Microhylidae*	
Dermatonotus muelleri	Im Magen eines erwachsenen Tieres 386 Arbeiter und 17 Krieger einer Termitenart
Stereocyclops incrassatus	Termiten
Kurzkopffrosch, *Breviceps mossambicus*	Termiten
Phrynomantis microps	Termiten und Ameisen
Callula pulchra	Termiten, Ameisen, kleine Käfer, kleine Schmetterlinge, Grillen, kleine Heuschrecken
Scheibenzüngler, *Fam. Discoglossidae*	
Bombinator igneus und *B. pachypus*	Insekten, Schnecken und kleine Würmer
Larven von denselben	Schlamm und Algen nach Art der Wasserschnecken
Kröten, *Fam. Bufonidae*	
Bufo americanus	In 3 Monaten 9936 Insekten, darunter 1988 (16%) Engerlinge
Erdkröte, *Bufo bufo*	Nacktschnecken, Würmer, alle Arten Insekten außer Schmetterlingen
Aga-Kröte, *Bufo marinus*	Mehl- und Regenwürmer, Grillen, große Heuschrecken, Käfer, kleine Eidechsen
Schwarznarbenkröte, *Bufo melanostictus*	Käfer, Termiten, Ameisen, Grillen, Heuschrecken
Bufo asper	Kleine Käfer und Küchenschaben
Pantherkröte, *Bufo regularis*	Insekten, Würmer und Mäuse
Nasenkröte, *Rhinophrynus dorsalis*	Ausschließlich Termiten
Schildkrötenfrosch, *Myobatrachus gouldii*	Termiten
Hornfrosch, *Ceratophrys cornuta*	Mäuse, Frösche, Schnecken, Insekten
Hornfrosch, *Ceratophrys dorsata* Hornfrosch, *Ceratophrys ornata*	Kleinere Frösche
Paludicola fuscomaculata	Wasserkäfer
Laubfrösche, *Fam. Hylidae*	
Goldlaubfrosch, *Hyla aurea*	Ausschließlich andere Frösche, besonders Laubfrösche. Wöchentlich ein 3–4 cm langer Frosch, im Sommer wöchentlich deren 2
Grillenfrosch, *Acris gryllus*	Fliegen
Laubfrosch, *Hyla arborea*	Besonders Fliegen, Spinnen, Käfer, Schmetterlinge, glatte Raupen
Korallenfinger, *Hyla caerulea*	Große Fliegen und Heuschrecken, andere Frösche, kleine Eidechsen, kleine Fische, große Insekten, Schnecken (auch mit Gehäuse), Spinnen, Regenwürmer. In 1 Stunde 87 Ochsenbremsen; 1 Mahlzeit 45 Heuschrecken
Fam. Ranidae und *Polypedatidae*	
Rana guppyi	Ausschließlich große Krebse
Ochsenfrosch, *Rana catesbeiana*	Insekten, Land- und Süßwasserschnecken, kleinere Frösche, junge Enten, Küken usw.

Tier	Nahrung
Reisfrosch, *Rana limnocharis*	Geflügelte Termiten und andere Insekten
Grabfrosch, *Rana adspersa*	In der Jugend Insekten und Würmer, im Alter Frösche und Mäuse
Ruderfrosch, *Rhacophorus spinosus*	Vorzugsweise Ameisen
Kriechtiere, Reptilia	
Brückenechsen, *Rhynchocephalia*	
Brückenechse, *Sphenodon punctatus*	Insekten (Deinacrida-Arten), Würmer Maoridrilus), Fische, Krebse und Schnecken (Janella schauinslandi)
Schildkröten, *Testudines*	
Schnappschildkröte, *Chelydra serpentina*	Fische, Frösche, Enten und Gänse
Schlammschildkröte, *Cinosternum pensilvanicum*	Insekten, Würmer, Fische und Molche
Indische Dachschildkröte, *Kachuga tecta*	Ausschließlich Wasserpflanzen
Geomyda punctularia	Früchte
Höckerschildkröte, *Malaclemys centrata*	Krabben und Krebse
Maurische Wasserschildkröte, *Clemmys leprosa*	Frösche, Kaulquappen, Fische und andere kleine Wirbeltiere
Sumpfschildkröte, *Emys orbicularis*	Würmer, Wasserkerfe, Frösche, Molche und Fische
Dosenschildkröte, *Terrapene carolina*	Schnecken, Regenwürmer, Maden, nackte Raupen, Nacktschnecken und Früchte
Waldschildkröte, *Testudo tabulata*	Hauptsächlich abgefallene reife Baumfrüchte
Strahlenschildkröte, *Testudo radiata*	Früchte und Stämme des Feigenkaktus
Elefantenschildkröte, *Testudo daudini*	Gras und Früchte einer Pandanus-Art
Griechische Landschildkröte, *Testudo hermanni*	Hauptsächlich verschiedene Kräuter und Früchte, nebenbei Schnecken, Würmer und Kerbtiere
Maurische Schildkröte, *Testudo graeca*	Regenwürmer und Pflanzenkost
Testudo horsfieldi	Ausschließlich Pflanzen (Salat, Kohl- und Rhabarberblätter)
Suppenschildkröte, *Chelonia midas*	Vorwiegend Seepflanzen (Tange und Seegras) und schwimmende Wasserpflanzen (Pistia stratiotes)
Karette, *Eretmochelys imbricata*	Seetiere, wie Muscheln und Fische
Unechte Karette, *Caretta caretta*	Seefische und Seekrebse
Lederschildkröte, *Dermochelys coriacea*	Vorwiegend Fische, Krebse und Weichtiere
Halswender, *Pelomedusa galeata*	Fische, Regenwürmer, Schnecken
Matamata, *Chelus fimbriatus*	Fische und Frösche
Panzerechsen, *Loricata, Crocodylia*	
Gangesgavial, *Gavialis gangeticus*	Vorzugsweise Fische
Panzerkrokodil, *Crocodylus cataphractus*	Fische, Lurche und Kriechtiere
Crocodylus americanus	Fische und Wasserschweine
Nilkrokodil, *Crocodylus niloticus*	Fische, kleine Säugetiere, Wasservögel, größere Säugetiere (Esel, Pferd, Kamele) und Aas
Leistenkrokodil, *Crocodylus porosus*	Fische und Säugetiere (Hirsche, Schweine. Hunde, Ziegen, Affen usw.) und Aas
Hechtalligator, *Alligator mississippiensis*	Hauptsächlich Fische, gelegentlich Säugetiere
Chinaalligator, *Alligator sinensis*	Fische, Frösche und Wasserschnecken (Vivipara, an denen die Gewässer Chinas sehr reich sind
Mohrenkaiman, *Caiman niger*	Fische
Caiman latirostris	Fische, Wasservögel und Wasserschnecken
Schuppenechsen, *Squamata*	
Eidechsen, *Sauria (Lacertilia)*	
Gonatodes humeralis	Termiten
Schuppenfinger, *Lepidodactylus lugubris*	Schmetterlinge, Ameisen und andere Insekten
Halbzeher, *Hemidactylus frenatus*	In 51 Magen gefunden: 39 Grillen und Heuschrecken, 25 Käfer, 10 Fliegen, 7 Mücken, 13 Schmetterlinge, 17 Zikaden, 8 geflügelte Termiten, 18 Ameisen, 1 Libelle, 7 Spinnen, 5 Süßwasserkrebse (Palaemon)

Hauptverbreitung der Nutzpflanzen in den warmen Zonen

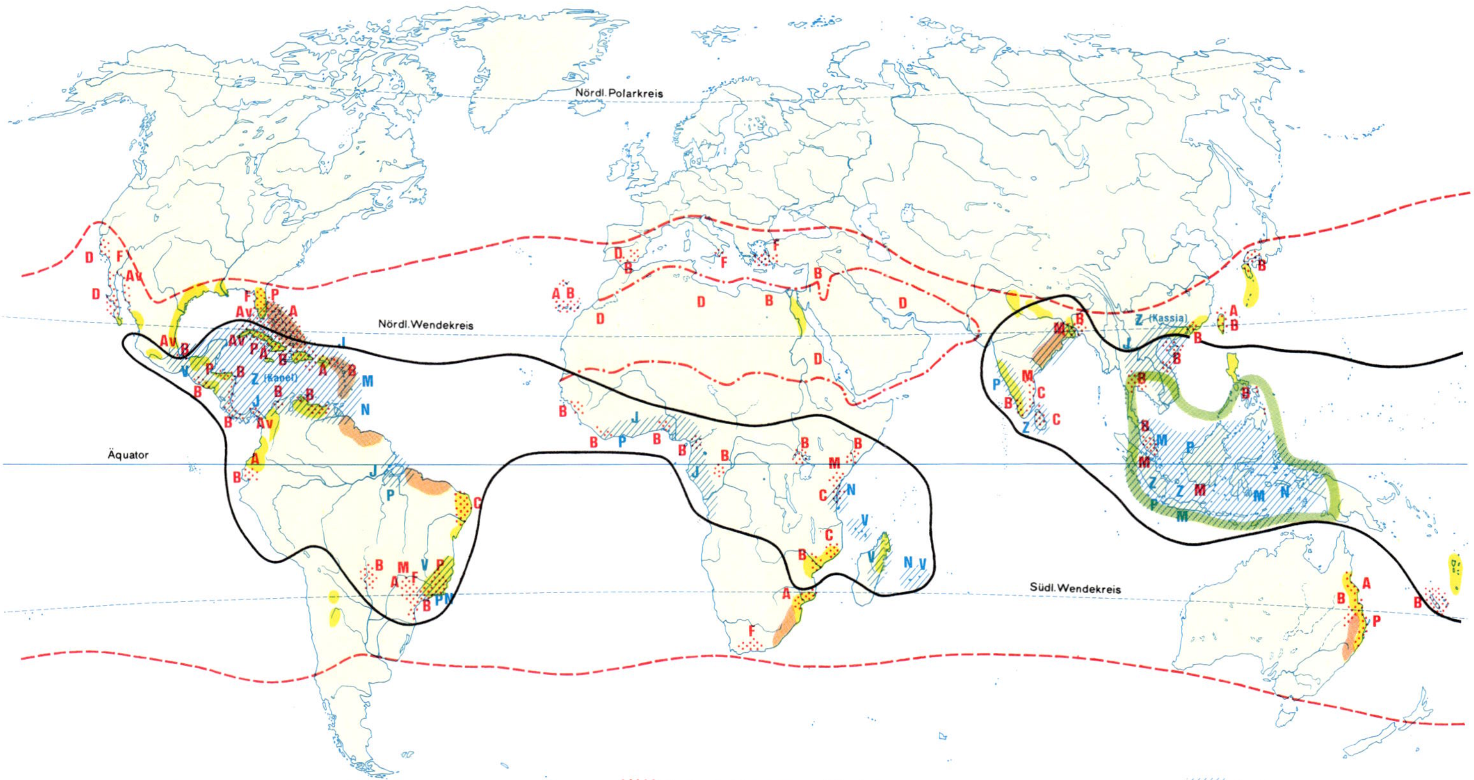

Zucker- und stärkehaltige Pflanzen
- Zuckerrohr
- Pfeilwurz
- Sagopalme
- Grenzen des Maniokanbaus

Tropische Obstarten und Früchte
- A Ananas
- Av Avocado
- B Banane
- C Acajou
- D Dattel
- F Feige
- M Mango
- P Papaya
- Grenzen des Agrumen-Anbaus
- Grenzen des Dattel-Anbaus in Afrika und Vorderasien

Gewürze
- M Muskatnuß
- N Gewürznelken
- P Pfeffer
- Z Zimt
- J Ingwer
- V Vanille

Tier	Nahrung
Mauergecko, *Gekko gecko*	In 19 Magen gefunden: 30 Rüsselkäfer, 5 Bockkäfer, 9 Schaben, 7 Grillen und Heuschrecken, 1 Skorpion, 1 Tausendfüßer
Plattschwanzgecko, *Uroplates fimbriatus*	Schaben und Heuschrecken
Flossenfuß, *Pygopus lepidopus*	Insekten und andere Eidechsen (Amphibotorus)
Flugdrachen, *Draco spilopterus*	In 23 Magen gefunden: 400 Ameisen (Formicidae), 100 Ameisen (Odontomachus), 6 Rüsselkäfer
Blutsaugeragamen, *Calotes marmoratus*	In 10 Magen gefunden: 30 Rüsselkäfer, 1 Sandlaufkäfer, 2 Käfer (Passalidae), 21 Heuschrecken und Grillen, 50 Ameisen, 1 Biene, 1 Fliege, 2 Mücken, 2 Doppelfüßer
Agamen, *Agama*-Arten	Kerbtiere, Früchte, Gräser und Baumblätter
Sonnengucker, *Phrynocephalus helioscopus*	Flügellose Käfer (heilige Pillendreher)
Kragenechse, *Chlamydosaurus kingii*	Käfer
Wasseragame, *Physignatus lesueuri*	Insekten (Schaben, nackte Raupen und Heuschrecken)
Segelechse, *Hydrosaurus amboinensis*	Körner, Blätter, Blumen, Beeren, Wasserpflanzen, Würmer
Dornschwanz, *Uromastix aegypticus*	Blätter und Blüten
Dornteufel, *Moloch horridus*	Vorzusgweise Ameisen
Mabuye, *Mabuya multifasciata*	In 19 Magen gefunden: 13 Heuschrecken, 8 Grillen, 2 Käfer, 4 Puppen von Schmetterlingen, 10 geflügelte Termiten, 1 Ameise, 3 Spinnen, 1 Süßwasserschnecke
Kielskink, *Tropidophorus grayi*	In 10 Magen gefunden: 10 Heuschrecken und Grillen, 18 Ameisen, 4 Käfer, 3 Libellen
Halsbandleguan, *Crotaphytus collaris*	Kleine Eidechsen (Lacerta muralis), Käfer und Schmetterlinge
Meerechse, *Amblyrhynchus cristatus*	Seetange
Drusenkopf, *Conolophus subcristatus*	Kaktusstücke und Baumblätter (Acacia)
Leguan, *Iguana tuberculata*	Beeren und Blätter
Wirbelschwanz, *Cyclura lophoma*	Pflanzen (Perlhuhngras)
Schwarzer Leguan, *Ctenosaura acanthura*	Vorwiegend Blätter
Krötenechse, *Phrynosoma cornutum*	Sandkäfer
Schleichen, Fam. *Anguidae*	Kerbtiere, Spinnen, Asseln, Nachtschnecken und Würmer
Glasschleiche, *Ophisaurus ventralis*	Kerfe, junge Eidechsen
Blindschleiche, *Anguis fragilis*	Glatte Raupen, Heuschrecken
Gilatier, *Heloderma suspectum*	Ungeflügelte Kerfe, Tausendfüßer, kleine Frösche und Eier der Leguane
Nilwaran, *Varanus niloticus*	Kleine Säugetiere und Vögel, Eier und kleine Schildkröten
Kapwaran, *Varanus albigularis*	Kerbtiere, Krebse, Frösche und kleine Säugetiere
Teju, *Tupinambus teguixin*	Mäuse, Frösche und Vögel
Ameiva dorsalis	Verschiedene Kerbtiere, Beeren
Ringelechsen, *Amphibisbaenidae*	Ameisen, Termiten und Würmer
Eidechsen, *Lacerta*-Arten	Kerbtiere, Regenwürmer, Spinnen, kleine Eidechsen, Schmetterlinge, Grillen, Heuschrecken, Käfer und deren Larven, Früchte
Skink, *Scincus officinalis*	Insekten und Skorpione
Chamaeleon-Arten	Insekten
Schlangen, *Serpentes* (*Ophidia*)	
Blödauge, *Typhlops vermicularis*	Tausendfüßer und Ameisen
Tigerschlange, *Python molurus*	Nagetiere
Felsenschlange, *Python sebae*	Hasen, Eichhörnchen, Ratten und andere Nagetiere, Vögel (Perlhuhn, Kraniche)

Tier	Nahrung
Rautenschlange, *Morelia argus*	Kleinere Beuteltiere, Ratten, Mäuse und Vögel
Sandschlange, *Eryx jaculus*	Kleine Eidechsen, Nagetiere, Schnecken
Königsschlange, *Boa constrictor*	Kleine Vögel und Säugetiere (Agutis, Pakas, Ratten und Mäuse)
Anakonda, *Eunectus murinus*	Wasserschweine, Agutis, Pakas und ähnliche Tiere
Korallenrollschlange, *Anilius scytale*	Kleine Kriechtiere (Blindschlangen)
Rotschlange, *Cylindrophus rufus*	Kerfe, Würmer und Blindschlangen
Schildschwänze, *Uropeltidae*	Fast ausschließlich Würmer
Ringelnatter, *Natrix natrix*	Vorzugsweise Frösche, auch kleine Fische (Schmerlen, Gründlinge und junge Schleien)
Kielschwanznatter, *Helicops*-Arten	Lurche und Fische
Wolfsnattern, *Lycophidium*-Arten	Kleine Schlangen und Eidechsen
Zornschlangen, *Zamenis*-Arten	Kleine Säugetiere, Vögel und Eidechsen
Äskulapnatter, *Elaphe longissima*	Vorzugsweise Mäuse, auch Vögel und Fische
Sipo, *Chironius carinatus*	Hauptsächlich Lurche
Glatte Natter, *Coronella austriaca*	Mauer-, Berg- und Zauneidechsen, Waldmäuse usw.
Kettennatter, *Coronella getula*	Ausschließlich Eidechsen
Zwergschlange, *Calamaria linnaei*	Kerbtiere und Würmer
Raubnatter, *Dasypeltus scabra*	Vogeleier
Eteirodipsas colubrina	Mäuse und Frösche
Katzenschlange, *Tarbophis fallax*	Eidechsen und kleine Säugetiere
Leptodira annulata	Wespen, Grillen und Frösche
Eidechsennatter, *Malpolon monspessulanus*	Vögel, Mäuse und Eidechsen
Prunkottern, *Elaps*-Arten	Eidechsen, Vögel, Mäuse und Frösche
Brillenschlange, *Naja naja*	Eidechsen, Frösche und Kröten, Fische und Insekten
Uräusschlange, *Naja haje*	Feld-, Renn- und Springmäuse, Vögel und Eidechsen
Schwarzotter, *Pseudechis porphyriacus*	Kleine Säugetiere, Vögel, Kriechtiere und Lurche
Todesotter, *Acanthophis antarcticus*	Kleine Vögel und Frösche
Seeschlange, *Laticanda colubrina*	Tintenfische
Dickkopfschlangen, *Amblycephalidae*	Ausschließlich Schnecken, und zwar nackte wie gehäusetragende Arten
Krötenotter, *Causus resimus*	Kröten und Frösche
Karstotter, *Vipera macrops*	Heuschrecken
Steppenotter, *Vipera renardi*	Echte Mäuse und Wühlmäuse
Kreuzotter, *Vipera berus*	Vorzugsweise warmblütige Tiere, vor allem Mäuse, Maulwürfe und junge Vögel
Sandotter, *Vipera ammodytus*	Ausschließlich Mäuse
Kettenviper, *Vipera russelli*	Mäuse, Ratten, Vögel, Frösche und Kröten
Bitis arietans	Ratten, Mäuse und andere kleine Nagetiere
Hornviper, *Cerastes cerastes*	Kleine Nagetiere (Spring- und Rennmäuse)
Efa, *Echis carinatus*	Mäuse, Skorpione und Skolopendern
Wasserotter, *Ancistrodon piscivorus*	Fische und Lurche
Lanzenschlange, *Lachesis lanceolatus*	Eidechsen, Frösche, Mäuse und Ratten
Kettenklapperschlange, *Sisturus catenatus*	Nur warmblütige Tiere (Mäuse und kleine Vögel)
Klapperschlange, *Crotalus horridus*	Kleine Säugetiere, Vögel und Lurche
Gehörnte Klapperschlange, *Crotalus cerastes*	Nagetiere (Dipodomys und Perognathus)
Vögel, Aves	
Strauße, *Struthiones*	
Strauß, *Struthio camelus*	Gras, Kräuter, Kerbtiere, junge Vögel und Wüstenratten
Nandus, *Rheae*	
Nandu, *Rhea americana*	Klee und Insekten
Kasuare, *Casuarii*	
Emu, *Dromaius novaehollandiae*	Früchte
Helmkasuar, *Casuarius casuarius*	Saftige Früchte (von Palmen)

Tier	Nahrung
Kiwis, *Apteryges*	
Südkiwi, *Apteryx australis*	Samen, Insekten und Würmer
Tauchvögel, *Podicipediformes*	
Haubensteißfuß, *Podiceps cristatus*	Fische und Kerbtiere
Seetaucher, *Gaviiformes*	Fische
Pinguinvögel, *Sphenisciformes*	
Pygoscelis-Arten	Fische
Sturmvögel, *Tubinares*	
Albatrosse, *Diomedea*-Arten	Verschiedene pelagische Tiere (Weichtiere und Quallen)
Riesensturmvogel, *Macronectes giganteus*	Fische und Vögel
Eissturmvogel, *Fulmarus glacialis*	Seetiere und Pflanzen (Löffelkraut)
Sturmschwalbe, *Hydrobates pelagicus*	Weichtiere, Krebse und Fische
Pelikanvögel, *Steganopodes*	
Tropikvogel, *Phaëton aethereus*	Fast ausschließlich Fische, auch Kopffüßer
Rotschnabeltropikvogel	
Tölpel, *Sulidae*	Fliegende Fische
Schlangenhalsvögel, *Anhinga*-Arten	Fische
Fregattvögel, *Fregatidae*	Fliegende Fische
Pelikane, *Pelecanus*-Arten	Fische und andere Wirbeltiere (Schwimmvögel)
Storchvögel, *Gressores*	
Purpurreiher, *Ardea purpurea*	Die bedeutendste Nahrung ist die Fischnahrung, 17 Arten von Fischen wurden in 113 Magen gefunden, z. B. Flußbarsch, Karausche, Bitterling, Hecht usw., also aus fischereilichen Gesichtspunkten wertlose Fische Kleine Säugetiere, besonders Feldmäuse, Wühlmäuse, Larven großer Wasserkäfer
Fischreiher, *Ardea cinerea*	Kleine Säugetiere wie Ratten, Mäuse und Maulwürfe, verschiedene Fische und größere Wasserinsekten
Rohrdommel, *Botaurus stellaris*	Fische (Schlammbeißer, Schleien und Karauschen), Frösche, Unken, Wasserlurche, junge Vögel und kleine Säugetiere
Weißer Storch, *Ciconia ciconia*	Kleine Säugetiere (Maulwürfe), junge Vögel (Fasanen), Wollhandkrabben, mehrere Wasserkäfer, Libellen, Schnecken (Paludina und Planorbis)
Marabu, *Leptoptilus crumeniferus*	Viele Wirbeltierarten, Abfall
Ibisse, *Threskiornithidae*	Fische, Krebse und Weichtiere
Löffler, *Platalea leucorodia*	Fische, Krebse, Muscheln und Schnecken
Flamingos, *Phoenicopteridae*	
Flamingo, *Phoenicopterus*-Arten	Würmer, Mückenlarven, Muscheln und Schnecken
Gänsevögel, *Anseriformes*	
Zwergsäger, *Mergus albellus*	Kleine Fische, Insekten
Eiderente, *Somateria mollissima*	In der Jugend kleine Krebsarten und Weichtiere; später fast ausschließlich Muscheln
Trauerente, *Melanitta nigra*	Weichtiere (besonders Muscheln), Insekten, Würmer und kleine Fische
Tafelente, *Aythya ferina*	Im Sommer: Wurzelknollen, Blätter, Blüten und Samen; während des Zuges: tierische Nahrung
Schellente, *Bucephala clangula*	Wasserschnecken, Muscheln, Flohkrebse, Larven von Köcherjungfern und Libellen, Blutegel, Frösche, Wasserspitzmäuse und Pflanzenstoffe
Eisente, *Clangula hyemalis*	Weichtiere aller Art, junge Schollen, Larven von Stechmücken
Stockente, *Anas platyrhynchos*	Zarte Blätter, Knospen verschiedener Sumpfgewächse, Getreidekörner und viele wirbellose Tiere

Tier	Nahrung
Knäkente, *Anas querquedula*	Insekten, Würmer, Schnecken, Fischbrut, junge Frösche und Pflanzen
Löffelente, *Anas clypeata*	Würmer, Insekten und Schnecken
Rostgans, *Casarca casarca*	Wasserpflanzen, Getreide, Schnecken, Fische und Frösche
Brandente, *Tadorna tadorna*	Zarte Teile der Seegewächse und tierische Stoffe
Graugans, *Anser anser*	Wurzeln, Keime, Schlößlinge, Blätter und Getreidekörner
Schneegans, *Anser caerulescens*	Wurzeln, Rauschbeeren
Rottgans, *Branta bernicla*	Hauptsächlich Algen (Ulva), Seegras
Sporengans, *Plectropterus gambensis*	Fische und andere Wassertiere
Moschusente, *Cairina moschata*	Waldpflanzen
Brautente, *Aix sponsa*	Körner, Wasserpflanzen, Würmer, Weichtiere und Insekten
Singschwan, *Cygnus cygnus*	Wurzeln, Blätter, Samen, Früchte und Wassertiere
Raubvögel, *Accipitres*	
Kondor, *Vultur gryphus*	Aas
Königsgeier, *Sarcorhampnus papa*	Aas
Sekretär, *Sagittarius serpentarius*	Vornehmlich Schlangen
Geier, *Vulturidae*	Aas, lebende Tiere, wie Lämmer
Bartgeier, *Gypaetus barbatus*	Knochen, Aas und lebende Tiere (Schildkröten)
Geierseeadler, *Gypohierax angolensis*	Fische, Muscheln, Vögel
Seeadler, *Haliaeetus*-Arten	Fische, Meeresvögel
Schreiseeadler, *Haliaeetus vocifer*	Fische, Frösche, Wasserschlangen und Aas
Seeadler, *Haliaeetus albicilla*	Blessen, Haubentaucher, Stockenten, Hasen, Hechte, Rehe, Eichhörnchen, Fischadler, Fischreiher, Kormorane, Gänse, Säger, Haushühner, Amseln, Nebelkrähen, Ringeltauben, Lachmöwen, Hornhechte (Belone)
Gaukler, *Theratopius ecaudatus*	Schlangen und Eidechsen
Zwergadler, *Hieraaëtus pennatus*	Kleine Vögel, Säugetiere (Mäuse) und Kriechtiere
Habichtsadler, *Eutolmaeetus fasciatus*	Hühner und kleine Säugetiere
Steinadler, *Aquila chrysaëtos*	Vornehmlich Säugetiere, wie Nagetiere usw., Hasen, Rehe, Fasanen, Füchse und Vögel
Schreiadler, *Aquila pomarina*	Tauben, Kiebitze, größere Vögel, Kaninchen, Wasserratten, Feldmäuse, Käfer (Geotrupus, Carabus, Aphodius) Mäuse, Hamster, Spitzmäuse, Maulwürfe, Haushühner, Rebhühner, Bachstelzen, Zaunkönige, Eidechsen, Ringelnattern, Maikäfer und Wasserkäfer
Mäusebussard, *Buteo buteo*	Maulwürfe, Spitzmäuse, Eichhörnchen, Mäuse, besonders Feldmäuse, Ratten, Hamster, Wiesel, Krähe, Eichelhäher, Elster, Eule, Spechte, Kuckucke, Ammern, Sperlinge, Lerchen, Drosseln, Frösche, Unken, Eidechsen, Blindschleichen und viele Insekten
Wespenbussard, *Pernis apivorus*	Hauptsächlich Wespen, auch Bienen, Hornissen, Hummeln, Laufkäfer
Roter Milan, *Milvus milvus*	Bettelt dem Habicht oder dem Wanderfalken Beute ab. Hamster, Mäuse, Hasen, Kaninchen, Hühner, Lerchen, selten Fische, Aas
Schwarzer Milan, *Milvus migrans*	Hasen, Eichhörnchen, Mäuse, Ratten, kleinere Vögel, Fische und Käfer, Aas
Kornweihe, *Circus cyaneus*	Mäuse, kleinere Vögel und Insekten
Wiesenweihe, *Circus pygargus*	Lerchen, Ammern, Pieper, Buchfinken
Steppenweihe, *Circus macrourus*	Mäuse und Kleinvögel
Rohrweihe, *Circus aeruginosus*	Mäuse, junge Hasen, Hühner, Enten, Krähen und kleinere Vögel

Tier	Nahrung
Sperber, *Accipiter nisus*	Während des Zuges: Steinschmätzern, Trauerfliegenschnäpper, Gartengrasmücken, Gartenrotschwänzchen, Wiesenpieper, Baumpieper und Blaukehlchen Bei 28 Horsten gefunden: 116 Säugetiere (wovon 93 Feldmäuse), 1931 Vögel In Parklandschaft: Kohlmeisen, Blaumeisen, Goldammern, Kleiber, Neuntöter, Stare, Dorngrasmücken, Waldbaumläufer, Buntspechte, Segler, Sumpfmeisen, Wiedehopfe und Wendehälse In Kiefernlandschaft: Baumpieper, Heidelerchen, Fliegenschnäpper, Fitislaubsänger, Gimpel, Misteldrosseln, Tannenmeisen und Fichtenkreuzschnäbel In Kulturlandschaft: Rauchschwalben, Feldsperlinge, Hausschwalben, Haustauben, Hausrotschwänze, weiße Bachstelzen, Zaunkönige, Feldlerchen
Habicht, *Accipiter gentilis*	Feldmäuse, weniger Vögel, Hasen
Wanderfalke, *Falco peregrinus*	Brieftauben, Kuckucke, Haustauben, Stare, Lachmöwen, Zwergtaucher, Wacholderdrosseln, Singdrosseln, Feldlerchen, Hausspatzen, Buchfinken, Wasserrallen, Wachtelkönige, Waldschnepfen
Baumfalke, *Falco subbuteo*	Sperlinge, Goldammern, Grasmücken, Tannenmeisen, Bachstelzen, Schwalben, Wendehälse, Drosseln, Laubsänger, Grauammern und Zeisige, Mistkäfer, Lauf- und Maikäfer, Schwimm- und Waldkäfer, Bockkäfer, Libellen, Heuschrecken, Grashüpfer
Zwergfalke, *Falco columbarius*	Meise, Lerchen, Ammern, Grünfinke, Baumläufer
Rotfußfalke, *Falco vespertinus*	Mäuse und Käfer
Hühnervögel, *Galli*	
Rostkehl-Laufhühnchen, *Turnix sylvatica*	Insekten und Samen
Großfußhuhn, *Megapodius*	Samen, Beeren, Schnecken, Würmer
Hammerhuhn, *Macrocephalon maleo*	Kleine Tiere und Früchte
Hokkos, *Crax*-Arten	Früchte
Baumwachtel, *Colinus virginianus*	Insekten und Früchte
Truthahn, *Meleagris gallopavo*	Getreide, Beeren, Früchte
Perlhühner, *Numida*-Arten	Insekten, Beeren usw.
Pfau, *Pavo cristatus*	Pflanzen und kleinere Tiere, wie Würmer, auch Schlangen
Hühner, *Gallus*-Arten	Knospen, Körner, Insekten
Edelfasan, *Phasianus colchicus*	Pflanzenstoffe der verschiedensten Art, Schnecken, Würmer usw. In 16 Magen junger Tiere: Besonders Käfer und andere Insekten, auch kleinere Schnecken (Trichia hispida)
Glanzhuhn, *Lophophorus impeyanus*	Kräuter, Wurzeln, Insekten
Wachtel, *Coturnix coturnix*	Körner, Blätter, Knospen, Insekten
Rebhuhn, *Perdix perdix*	Untersuchung von 285 Magen: Neben Pflanzensamen viele schädliche Insekten, wie Ophonus-Arten, Harpalus-Arten, Anisoplia-Arten, Apion-Arten, Sitona-Arten In einem Magen 94 Exemplare der Feuerwanze (Pyrrhocoris apterus) Ameisenarten, wie Formica rufa, Lasius alienus und L. niger

Tier	Nahrung
Rebhuhn, *Perdix perdix*	In 20 Magen gefunden: Pflanzliche Nahrung 99,4%, besonders Blätter und Samen von Ranunculus-Arten und Trifolium-Arten. Wenige Käfer und Heuschrecken
Rothuhn, *Tetrates bonasia*	Beeren, Grasspitzen, Knospen
Präriehuhn, *Tympanuchus cupido*	Besonders Heuschrecken
Birkhuhn, *Lyrurus tetrix*	Im Sommer: Heidel-, Preisel-, Himbeeren und Brombeeren Im Winter: Wacholderbeeren, Hagebutten, Knospen von Birken, Espen, Haselbüsche, Erlen, Weiden, Buchen, Schnecken, Ameisenlarven, Fliegen, Käfer
Auerhahn, *Tetrao urogallus*	Baumknospen, Blätter, Kleeblätter und Insekten
Moorhuhn, *Lagopus lagopus*	Im Winter: Blattknospen der Birken und Weiden Im Sommer: Blätter, Blüten und Insekten
Schneehuhn, *Lagopus mutus*	Knospen verschiedener Alpenpflanzen
Rallen, *Rallidae*	
Wasserralle, *Rallus aquaticus*	Insekten und deren Larven, Schnecken und Würmer
Teichhuhn, *Gallinula chloropus*	Käfer, Libellen, Wasserwanzen und Pflanzen
Kranichvögel, *Grues*	
Kranich, *Grus grus*	Getreidekörner, Knospen, Wurzeln
Seriema, *Cariama cristata*	Insekten, Schlangen, Eidechsen
Kagu, *Rhynochetos jubatus*	Schnecken und Würmer
Regenpfeifervögel, *Laro-Limicolae*	
Kiebitz, *Vanellus vanellus*	Regenwürmer, Insektenlarven Schnecken
Steinwälzer, *Arenaria interpres*	Meerestiere, die er aus dem Sande bohrt oder durch Umdrehen der Steine erbeutet
Krummschnabel, *Recurvirostra avosetta*	Würmer, Garneelen und kleine Kruster
Glutt, *Glottis nebularis*	Insekten und deren Larven, Libellen, Würmer und Krebstiere
Waldschnepfe, *Scolopax rusticola*	Insektenlarven, Würmer und Nacktschnecken
Regenbrachvogel, *Numenius phaeopus*	Würmer, Schnecken und Krebstiere
Skuamöwe, *Stercorarius skua*	Fische, junge Pinguine
Mantelmöwe, *Larus marinus*	Fische, Aas von Säugetieren, Lemminge, junge Vögel, Eier
Silbermöwe, *Larus argentatus*	Krebse und Fische, auch Eier von kleineren Möwenarten. Bisweilen junge Vögel (Stare)
Lachmöwe, *Larus ridibundus*	Kleine Fische, Insekten, Würmer
Dreizehenmöwe, *Rissa tridactyla*	Fische und pelagische Tiere
Alke, *Alcae*	
Riesenalk, *Pinguinus impennis*	Fische, besonders Heringe
Krabbentaucher, *Plautus alle*	Garnelen, Flohkrebse
Papageitaucher, *Fratercula arctica*	Garnelen, Fische (Sandaale und Tobiasfische)
Tauben, *Columbae*	
Sperbertäubchen, *Geopelia striata*	Samen von Reis und anderen Pflanzen, bisweilen Insektenpuppen
Ringeltaube, *Columba palumbus*	Im Frühling: Blätter von Wiesenschaumkraut, Hahnenfuß, Klee usw. Im Sommer: Getreide und Samen mehrerer Unkräuter (Vicia-Arten). Früchte von Seidelbast und Geißblatt Samen der Nadelhölzer, Buchen usw., Getreidekörner und Blätter
Kuckucksvögel, *Cuculi*	
Kuckuck, *Cuculus canorus*	Vorwiegend Raupen, auch solche mit Gifthaaren (Prozessionsspinnerraupen)
Madenfresser, Ani, *Crotophaga ani*	Heuschrecken, Schmetterlinge, Fliegen, auch Beeren und andere Früchte
Papageie, *Psittaci*	
Kaka, *Nestor meridionalis*	Nektar, Beeren und Früchte

Tier	Nahrung
Erzlori, *Lorius domicella*	Honig, Baumfrüchte (Bananen)
Stringops habrotilus	Wurzeln, Moose
Ararakakadu, *Probosciger aterrimus*	Besonders Kerne der Kanarinüsse
Ararauna, *Ara ararauna*	Früchte der Palmen und Capacajabäume
Wellensittich, *Melopsittacus undulatus*	Grassämereien
Rackenvögel, *Coraciidae*	
Blauracke, *Coracia garrulus*	Kerbtiere, Lurche, Würmer, kleine Frösche und Eidechsen
Eisvögel, *Halcyones*	
Eisvogel, *Alcedo atthis*	Fische, Kerbtiere, Krebse
Bienenfresser, *Meropes*	
Bienenfresser, *Merops apiaster*	Bienen, Wespen, Hummeln und Hornissen
Hopfe, *Upupae*	
Hornrabe, *Bucorvus abyssinicus*	Kleine Wirbeltiere und Kerfe
Tok, *Lophoceros erythrorhynchus*	Früchte, Samen, Vögeleier, kleine Säugetiere
Baumhopf, *Irrisor erythrorhynchus*	Wanzen, Raupen, fliegende Ameisen
Eulen, *Striges*	
Schleiereule, *Tyto alba*	Mäuse, Ratten, Spitzmäuse, Maulwürfe, kleine Vögel und große Insekten
Steinkauz, *Athena noctua*	Mäuse, Lerchen, Sperlinge, Insekten
Sperbereule, *Surnia ulula*	Vögel, Lemminge, Waldmäuse
Waldkauz, *Strix aluco*	Ausschließlich Mäuse
Schneeule, *Nyctea scandiaca*	Lemminge, Eichhörnchen, Pfeifhasen, Biberratten
Uhu, *Bubo bubo*	Hasen, Kaninchen, Auer-, Birk-, Hasel- und Rebhühner, Enten, Gänse und Igel
Fischeule, *Scotopelia peci*	Fische, Krabben, bisweilen Insekten
Nachtschwalben, *Caprimulgi*	
Riesenschwalm, *Podargus papuensis*	Schnecken und andere kleine Wassertiere, auch junge Vögel
Guacharo, Fettschwalm, *Steatornis caripensis*	Früchte der Nektandrabäume
Riesenschwalm, *Nyctibius grandis*	Große Schmetterlinge
Nachtschwalbe, *Caprimulgus europaeus*	Insekten verschiedener Art
Kolibris, *Trochilidae*	Blumenhonig und kleine Insekten aus Blumen
Spechte, *Piciformes*	
Honiganzeiger, *Indicator indicator*	Bienenhonig
Riesentukan, *Ramphastos toco*	Früchte
Spechte, *Picidae*	Fast ausschließlich Ameisen, auch Raupen
Großer Buntspecht, *Dendrocopos maior*	Bisweilen Kleinvögel (Baumläufer)
Sperlingsvögel, *Passeriformes*	
Feuerauge, *Pyriglena leucoptera*	Ameisen, Heuschrecken
Leierschwanz, *Menura alberti*	Tausendfüßler, Käfer und Schnecken
Rauchschwalbe, *Hirundo rustica*	Fliegen, Mücken, Netzflügler, Schmetterlinge und Käfer
Fliegenschnäpper, *Muscicapa striata*	Fliegen, Mücken, Schmetterlinge
Rohrdrossel, *Acrocephalus arundinaceus*	Verschiedene Insekten, auch Beeren
Gelbspötter, *Hippolais icternia*	Kleine Käfer und Fliegen
Winter-Goldhähnchen, *Regulus regulus*	Spinnen, Tausendfüßler und schädliche Insekten, wie Rüsselkäfer und Blattkäfer-Arten und die Zirpen Idiocerus und Deltocephales
Dorngrasmücke, *Sylvia communis*	Insekten: Glanzkäfer, Schnellkäfer, Blattkäfer, Kohlerdfloh und verschiedene Raupen
Rohrdrossel, *Acrocephalus arundinaceus*	Maikäfer, Getreidelaubkäfer, Cyphon variabilis, Eichenerdfloh; Larven der Blattwespen und Libellen
Waldlaubsänger, *Phylloscopus sibilatrix*	Larven von Insekten, Salat- und Saatschnellkäfer
Mönchsgrasmücke, *Sylvia atrivapilla*	Insekten, auch Früchte
Spottdrossel, *Mimus polyglottus*	Während des Sommers Insekten, im Herbst auch Beeren

Tier	Nahrung
Drosseln, *Turdus*-Arten	Insekten, Schnecken, Würmer, auch Früchte und Beeren
Steinschmätzer, *Saxicola torquata*	Laufkäfer, Würmer, Schnecken
Hausrotschwanz, *Phoenicurus ochruros*	Insekten, besonders Spinnen
Nachtigall, *Luscinia megarhynchos*	Ameisenpuppen, Raupen
Zaunkönig, *Troglodytes troglodytes*	Insekten, Spinnen, auch Beeren Hauptsächlich Käfer, aber auch Ameisen, Raupen, Fliegen, Blattwanzen, Spinnen und kleine Schnecken
Schwarzdrossel, Amsel, *Turdus merula*	Hauptsächlich Insekten, mit im Winter auch verschiedene Beeren. Laufkäfer, Maikäfer, Schnellkäfer und deren Larven, viele Rüsselkäfer. Auch Geradflügler (Ohrwürmer). Außer Spinnen und Tausendfüßler, auch Schnecken
Pestvogel, *Bombycilla garrulus*	Im Sommer Insekten (Mücken), im Winter Beeren usw.
Neuntöter, *Lanius colluxio*	Käfer, Heuschrecken, Grillen, Schmetterlinge und Raupen
Rotkehlchen, *Erithacus rubecula*	Im Sommer hauptsächlich Insekten, darunter viele Schädlinge, wie Kanalkäfer, Kohlglanzkäfer, Schnellkäfer und verschiedene Rüsselkäfer und Blattkäfer (Haltica und Phyllotreta). Auch Raupen, Blattwespen und kleinere Schnecken, Feldwanzen, Tausendfüßler usw.
Kolkrabe, *Corvus corax*	Insekten, Schnecken, Vogeleier, auch kleinere Säugetiere, Aas
Nebelkrähe, *Corvus corone cornix*	Untersuchung an 275 Mageninhalten: Vegetarische Nahrung, wie Mais, Weizen und Gerste hauptsächlich in der kalten Jahreszeit. Im Sommer vorwiegend tierische Nahrung, vor allem Käfer. Auch viele Feldmäuse und bisweilen junge Vögel
Saatkrähe, *Corvus frugilegus*	Untersuchung von 200 Mageninhalten: 740 Engerlinge, 874 Rüben-Rüsselkäfer, 1383 Otiorhynchus ligustici, 170 andere Rüsselkäfer, 10 Raupen der Saateule, 78 Grillen, 22 Erdböcke, 24 Aaskäfer, 6 Mistkäfer, 7 Feldwanzen, 2 Feldmäuse Die vegetabelische Nahrung bestand aus etwa 50 Kirschkerne und 300 Maiskörnern In den Magen einiger jungen Tiere: Reste von Goldlaufkäfer und Schildwanze Reste von Goldlaufkäfer und Wanzen (Schildwanze, Eurygaster maura) Inhalt von 68 Magen: Pflanzliche Nahrung 87,9 %, hauptsächlich Getreide-Arten und Samen von Polygoneen Tierische Nahrung 12,1 %, hauptsächlich Insekten und deren Larven, wenige Schnecken
Elster, *Pica pica*	Untersuchungen an 351 Magen: Im Winter mehr pflanzliche Nahrung, im Sommer hauptsächlich tierische Nahrung. Getreidekörner, vielmals aus dem Dünger der Pferde, verschiedene Mistkäfer (Geotrupes, Copris, Onthophagus, Aphodius), kleine Säugetiere (Mäuse, Feldmäuse und Spitzmäuse). Viele Insektenarten (Maikäfer, Anisoplien, Drahtwürmer, Grillen, Feldheuschrecken) Eier mehrerer Vögel und Jungen der Singvögel
Tannenhäher, *Nucifraga caryocatactes*	Hasel- und Zirbelnüsse, Eicheln, Bucheckern, Tannen- und Fichtensamen, Getreide, Vogel-, Weißdorn-, Faulbaum-, Erd-, Heidel- und Preiselbeeren.

Tier	Nahrung
Eichelhäher, *Garrulus glandarius*	Kleinere Säugetiere, junge Vögel, Eier, Samen usw.
Blauer Paradiesvogel, *Paradisaea rudolphi*	Früchte, Samen und Insekten
Pirol, *Oriolus oriolus*	Raupen, Schmetterlinge, Kirschen, Beeren
Madenhacker, *Buphagus erythrorhynchus*	Larven von Fliegen und Zecken (in der Nähe von Rinderherden)
Rohrammer, *Emberiza schoeniclus*	Im Sommer: Insekten, im Herbst und Winter: Samen von Rohr, Schilf, Binsen und Seggengras
Buchfink, *Fringilla coelebs*	Samen verschiedener Unkräuter, Insekten
Tannenkreuzschnabel, *Loxia curvirostra*	Samen der Nadelhölzer
Wilder Kanarienvogel, Girlitz, *Serinus serinus*	Samen, zartes Grün, saftige Früchte, besonders Feigen
Zeisig, *Carduelis spinus*	Samen der Erlen
Stieglitz, *Carduelis carduelis*	Samen der Birken, Erlen und besonders der Disteln
Grünling, *Carduelis chloris*	Ölige Samen, Rübsamen, Hanfsamen
Webervogel, *Ploceidae*	Gras, Halmgewächse
Reisvogel, *Padda orzivora*	Samen, Würmer, Insekten
Poë, *Prosthemadera novaezeelandiae*	Insekten, Früchte und Honig aus verschiedenen Blumen
Erzhonigsauger, *Nectarinia metallica*	Kleine Insekten aus Blumen von Mimosa, auch Honig
Blütenpicker, *Dicaeidae*	Loranthusbeeren, kleine Kerbtiere, kleine Arachniden und Tipula-ähnlichen Zweiflüglern
Meisen, *Paridae*	Insekten, Samen, Beeren und besonders gern das Fett von toten Tieren
Kleiber, *Sitta europaea*	Insekten, Spinnen, Samen, Beeren
Bachstelze, *Motacilla alba*	Insekten, Larven und Puppen
Lerche, *Alaudidae*	Im Frühling: Insekten und Pflanzenstoffe. Im Sommer: Insekten und Spinnen. Im Herbst und Winter: Getreidekörner und Pflanzensamen
Star, *Sturnus vulgaris*	Nahrung junger Tiere: Eidechsen, Molche, Frösche, 25 Arten von Spinnen, 65 Arten von Fliegen, 131 Arten von Käfern, 40 Arten von Schmetterlingen und anderen Insekten, 15 Arten von Schnecken und mehrere Würmer
Säugetiere, Mammalia	
Kloakentiere, *Monotremata*	
Schnabeligel, *Tachyglossus aculeatus*	Hauptsächlich Ameisen, auch andere Insekten
Schnabeltier, *Ornithorhynchus anatinus*	Würmer, Krebse, Insektenlarven, Schnecken und Muscheln
Beuteltiere, *Marsupialia*	
Opossum, *Didelphys virginiana*	Kleine Säugetiere und Vögel, Eier, Lurche und Kerfe
Zwergbeutelratte, *Marmosa pusilla*	Kleine Gliedertiere, Käfer, Schmetterlinge
Schwimmbeutler, *Chironectes minimus*	Kleine Fische, Fischlaich
Ameisenbeutler, *Myrmecobius fasciatus*	Hauptsächlich Ameisen, auch andere Insekten
Beutelmarder, *Dasyurus viverrinus*	Tote Tiere, die das Meer ausgeworfen hat, Waldvögel
Beutelteufel, *Sarcophilus harrisi*	Hühner, Gänse und kleine Säugetiere
Beutelhund, *Thylacinus cynocephalus*	Beuteldachse, Schnabeligel und andere kleine Säugetiere
Beutelmaulwurf, *Notoryctes typhlops*	Ameisen, Larven von Käfern und Schmetterlingen
Beuteldachs, *Peragale lagotis*	Insekten, deren Larven, Wurzeln von Sträuchern und Kräutern
Rüsselbeutler, *Tarsipes rostratus*	Blumenhonig und kleine Insekten
Zwergflugbeutler, *Acrobates pymaeus*	Honig aus den Blumen der Eukalypten
Kurzkopf-Flugbeutler, *Petaurus breviceps*	Blatt- und Blütenknospen, Honig und Insekten
Kuskus, *Phalanger maculatus*	Würzige Früchte
Thrichosurus vulpecula	Insekten, Eier, junge Vögel und grüne Pflanzenteile

Tier	Nahrung
Beutelbär, Koala, *Phascolarctos cinereus*	Knospen und junge Blätter von Eukalyptusbäumen
Wombat, *Vombatus ursinus*	Binsenartiges Gras, Kräuter und Wurzeln
Känguruhratte, *Potorous tridactylus*	Knollen, Gewächse und Wurzeln
Känguruhs, *Macropodinae*	Gras- und Baumblätter, Wurzeln, Baumrinden, Knospen, Früchte und Känguruhgras
Plazentäre Säugetiere, *Monodelphia*	
Insektenfresser, *Insectivora*	
Tanrek, *Centetes ecaudatus*	Kerfe, Schnecken, Würmer, Früchte
Otterspitzmaus, *Potamogale velox*	Fische
Goldmulle, *Chrysochloris stuhlmanni*	Schädliche Larven und Raupen
Waldspitzmaus, *Sorex araneus*	Insekten, Spinnen, Würmer und Schnecken
Zwergspitzmaus, *Sorex minutus*	Spinnen und Fliegen
Feldspitzmaus, *Crocidura leucodon*	Insekten, Spinnen, Würmer
Desman, *Myogale moschata*	Blutegel, Würmer, Wasserratten und Larven anderer Insekten
Maulwurf, *Talpa europaea*	Würmer, Asseln, Insektenlarven
Igel, *Erinaceus europaeus*	Heuschrecken, Grillen, Küchenschaben, Maikäfer, Nacktschnecken, Frösche, Kröten und junge Vögel
Tana, *Tupaia tana*	Insekten und Früchte
Flattertiere, *Chiroptera*	
Fliegender Hund, *Pteropus celaeno*	Verschiedene Früchte, besonders Feigen und Mangos
Flugfuchs, *Pteropus medius*	Feigen, Datteln, Bananen, Insekten, Schlangen
Palmenflughund, *Eidolon helvum*	Früchte von Eukalyptusbäumen
Fischerfledermäuse, *Noctilionidae*	Insekten, Asseln, Früchte
Blattnasen, Phyllostomidae	Saugen Blut von Vögeln und Säugetieren
Hufeisennase, *Rhinolophus hipposideros*	Schmetterlinge und Fliegen
Glattnasen, *Vespertilionidae*	Hauptsächlich Insekten, Früchte
Erdferkel, *Tubulidentata*	
Erdferkel, *Orycteropus capensis*	Termiten
Schuppentiere, *Pholidota*	
Manis-Arten	Ameisen und Termiten
Gürteltiere, *Xenarthra*	
Tatusinae und *Dasypodinae*	Ameisen, Termiten, auch Aas
Riesengürteltier, *Priodontes giganteus*	Käfer, Raupen, Maden und Würmer
Ameisenbär, *Myrmecophaga tridactyla*	Ameisen und Termiten
Faultiere, *Bradypus*-Arten	Knospen und Früchte
Hasentiere, *Lagomorpha*	
Zwergpfeifhase, *Ochotona pusillus*	Steppenflanzen (Artemisia-Arten)
Kaninchen, *Oryctolagus cuniculus*	Gräser, Kräuter, Rinde und Sprosse verschiedener Waldbäume
Polarhase, *Lepus arcticus*	Hirschzungenpilze, Flechten, Zweige arktischer Zwergbäume
Schneehase, *Lepus timidus*	Viele Kleearten, Mutterkraut, Scharfgarben, Violen, Zwergweiden und Rinde des Seidelbastes
Feldhase, *Lepus europaeus*	Kleearten, Kohlblätter, Baumrinde, Gräser
Nagetiere, *Rodentia*	
Wollmaus, *Chinchilla laniger*	Körner und saftige Pflanzen
Meerschweinchen, *Cavia porcellus*	Wurzeln, Blätter, Körner, frische saftige Pflanzen
Maza, *Dolichotus patagonica*	Gräser
Aguti, *Dasyprocta aguti*	Holzige Früchte, Palmnüsse, auch Eier und junge Vögel
Paka, *Coelogenys paca*	Zuckerrohr und Melonenpflanzen
Baumstachler, *Coendu villosus*	Früchte, Knospen, Blätter und Wurzeln
Urson, *Erethizon dorsatus*	Baumrinde (Ulmen, Pappeln, Tannen)
Stachelschwein, *Hystrix cristata*	Verschiedene Kräuter (Disteln), Wurzeln und Früchte
Biberratte, »Nutria«, *Myocastor coypus*	Vornehmlich Gras, Wurzeln, Knollenfrüchte, Blätter, Körner

Tier	Nahrung
Springnager, *Jaculidae*	Wurzeln, Zwiebeln, Körner, Samen, Früchte, Blätter, Kräuter, Insekten, sogar kleine Vögel
Mullmäuse, *Myotalpinae*	Knollen und Zwiebeln
Lemming, *Lemmus lemmus*	Gebirgspflanzen, Kätzchen der Zwergbirken
Wasserratte, *Arvicola terrestris*	Rohrstengel
Feldmaus, *Microtus arvalis*	Bucheln und Nüsse, Getreidekörner, Gräser und Kräuter
Hamster, *Cricetus cricetus*	Getreidekörner, junge Pflanzen, kleine Säugetiere und Vögel. Hülsenfrüchte, Wurzeln, mehrere Kräuter, Insekten, junge Vögel usw.
Siebenschläfer, *Glis glis*	Eicheln, Bucheckern, Walnüsse, Baumrinde, Vogeleier
Biber, *Castor fiber*	Baumrinde und Holz, Blätter und Knospen
Biberhörnchen, *Aplodontidae*	Wasserpflanzen (Stengel von Wasserlilien)
Murmeltiere, *Marmota*-Arten	Gras, Kräuter, junge Pflanzen, Samen, Beeren, Wurzeln, Knollen, Zwiebeln
Ziesel, *Citellus pygmaeus* und *Citellus fulvus*	Pflanzen: Beifuß-Arten, Kochia protrata Tiere: Ameisen, Käfer und andere Insekten (besonders in der trockenen Jahreszeit)
Präriehund, *Cynomys socialis*	Kurzes Gras und Wurzeln
Eichhörnchen, *Sciurus vulgaris*	Früchte, Samen (von Fichten, Tannen, Buchen), Zapfen der Nadelhölzer, Beeren, Pilze, auch Insekten. Eier und junge Vögel
Bisamratte, *Ondathra zibethica*	Wasser- und Uferpflanzen, besonders deren stärkereiche Wurzeln
Waldmaus, *Apodemus sylvaticus*	Getreide und Hülsenfrüchte, Insekten und Würmer, auch Eier kleinerer Vögel
Hausmaus, *Mus musculus*	Brot, Käse, Samen, Getreide, Speck usw.
Gartenschläfer, *Eliomys quercinus*	Fettreiche Samen, Früchte, Schnecken, Eier, kleinere Vögel und Insekten
Raubtiere, *Carnivora*	
Flossenfüßer, *Pinnipedia*	
Walroß, *Odobaenus rosmarus*	Vornehmlich Bodentiere, wie Muscheln, Krebse, Priapuliden, Fische (Polardorsch), Teile von toten Wirbeltieren, Seevögel
Seehund, *Phoca vitulina*	Kabeljau, Hering, Plattfische, Kapelan, Sandaal, Lachs und Forellen. Auch Weichtiere und Tintenfische. Täglicher Nahrungsbedarf 5,5 bis 7,5 kg
Ringelrobbe, *Phoca hispida*	Fische (Heringe, Kapelan, Dorschfische), pelagische Krebse, Meerasseln (Chiridotea), keine Bodentiere
Phoca hispida aciba	Kleine Fische und Krebse (Crangon, Mesilothea)
Sattelrobbe, *Phoca groenlandica*	Fische (Kapelan, Dorschfische, Heringe), Tintenfische, Tiefwasserkrebse, ganz junge niedere Krebse
Bartrobbe, *Erignathus barbatus*	Bodentiere: Krebse (Hyas, Hippolyte, Sabinea, Sclerocrangon, Anonyx ampulla), Muscheln, Anneliden, Seewalzen, daneben Fische: Kapelan, Rotbarsch, Schleimfische, Lachs
Graurobbe, *Halichoerus grypus*	Fische (Heilbutt, Lengfische, Doggerscharbe, Dorsche, Lachs, Hering), Krabben
Klappmütze, *Cystophora cristata*	Fische (Rotbarsch, Dorsche, Heilbutt, Lachs), pelagische, freischwimmende Tintenfische (Gonatus fabricii)
Histriophoca fasciata	Hauptsächlich Fische
Seebär, *Callorhinus ursinus*	Vornehmlich Fische
Landraubtiere, *Fissipedia*	
Zibetkatze, *Viverra zibetha*	Früchte, Insekten, Frösche, Schlangen, Eier, Vögel

Tier	Nahrung
Musang, *Paradoxurus hermaphroditus*	Früchte von Kaffeesträuchern und Palmen, auch Vögel
Ichneumon, *Herpestes ichneumon*	Eier, Blut und Gehirn von Vögeln und Säugetieren
Kusimanse, *Crossarchus obscurus*	Käfer, deren Larven und Würmer
Erdwolf, *Proteles cristatus*	Nur Insekten (Termiten)
Hyänen, *Hyaenidae*	Aasfresser
Löwe, *Panthera leo*	Größere Säugetiere
Tiger, *Panthera tigris*	Wildschweine, Hirsche, Antilopen
Puma, *Puma concolor*	Kleinere Säugetiere
Leopard, *Panthera pardus*	Säugetiere, Vögel und Lurche
Wildkatze, *Felis sylvestris*	Mäuse und kleine Vögel
Luchs, *Lynx lynx*	Dachse, Murmeltiere, Hasen, Kaninchen, Mäuse und Vögel
Löffelhund, *Otocyon megalotis*	Besonders Wanderheuschrecken
Fuchs, *Vulpes vulpes*	Mäuse, Hasen, Vögel, Eier, Fische, Eidechsen, Insekten und Früchte
Wolf, *Canis lupus*	Kleinere Säugetiere, krankes Hochwild
Marder, *Mustelidae*	Kleine Säugetiere, Vögel, Lurche, Kerbtiere, einzelne auch Fische, Krebse und Muscheln
Vielfraß, *Gulo gulo*	Mäuse, besonders Lemminge
Dachs, *Meles meles*	Kleinere Säugetiere, Vögel, auch Insekten, Honig
Fischotter, *Lutra lutra*	Fische und Eier, auch Wasservögel, Frösche, Mäuse
Waschbär, *Procyon lotor*	Früchte, Vögel, Fische, Muscheln und Krebse
Bären, *Ursidae*	Früchte, Beeren, Körner, Wurzeln, Fische, Vögel, Säugetiere
Mauswiesel, Mustela nivalis	Spitzmäuse, Maulwürfe, Ratten, Mäuse, Kaninchen, junge Vögel, Frösche
Iltis, *Putorius putorius*	Eier, Ratten und Mäuse, Vögel, Schlangen und Frösche
Wale, *Cetacea*	
Nordwal, *Balaena mysticetus*	Planktonische Pteropoden und Krebse, niedere Krebse (Cetochilus arcticus, C. septrionales, Arpacticus kronii)
Buckelwal, *Megaptera novaeangliae*	Im Sommer: Krebse (Krill). Im Frühjahr und Herbst: Fische (Kapelan, Hering)
Nordkaper, *Eubalaena glacialis Bonn.*	Pelagische Krebse (Krill)
Zwergwal, *Balaenoptera acutorostrata*	Leuchtkrebse und Fische (Hering, Dorschfische, Kapelan)
Nordkaper, *Eubalaena glacialis*	Pelagische Krebse (Krill)
Zwergwal, *Balaenoptera acutorostrata*	Krebse (Krill) und Fische (Hering, Dorsche, Kapelan)
Finnwal, *Balaenoptera physalus*	Im Sommer Plankton: Meganyctiphanes norvegicus, Thysanoessa inermis, Clanus finmarchicus Im Frühjahr: Hering und Kapelan
Blauwal, *Balaenoptera musculus*	Plankton: Thysanossa inermis, Meganyctiphanes norvegicus
Seiwal, *Balaenoptera borealis*	Vornehmlich Krebse: Calanus finmarchicus, weniger Thysanoessa inermis
Pottwal, *Physeter catodon*	Tintenfische (riesige Exemplare von Architeuthis), weniger oft Fische
Zwergpottwal, *Kogia breviceps*	Tintenfische, Krebse (Carcinus maenas)
Entenwal, *Hyperoodon ampullatus*	Tintenfische, daneben Fische (Heringe)
Weißwal, *Delphinapterus leucas*	Im Kara-Meer: hauptsächlich Dorsche und Maränen Im weißen Meer: Kapelan, Heringe Im östlichen Eismeer: Keta-Lachs, Hering Auch: Pattfische, Stint, Neunaugen, Seehase, Garnelen

Tier	Nahrung
Narwal, *Monodon monoceros*	Tintenfische (Gonatus fabricii), auch Fische (Dorsch-Arten, Schwarzer Heilbutt), sogar Seewalzen
Braunfisch, Kleiner Tümmler, *Phocaena phocaena*	Fische (junge Heringe, Markelen, Dorsche, Lachse, Kapelan, Krebse und Tintenfische)
Schwertwal, *Orcinus orca*	Fische (Heringe, Lachse), Robben, Wale
Schwarzwal, *Globicephala melaena*	Tintenfische
Delphin, *Delphinus delphis*	Tintenfische, sonst Fische (Scopelidae)
Furchenzahndelphine, *Steno*	Fische, Blöker, Oblada, Stöcker aus Netzen
Gestreifter Delphin, *Grampus griseus*	Tintenfische (Kraken, Gonatus fabricii)
Nordischer Delphin, *Lagenorhynchus acutus*	Hering, junge Makrelen, Lachs, Kapelan und Tintenfische
Großer Tümmler, *Tursiops truncatus*	Fische
Rüsseltiere, *Proboscidea*	
Elefant, *Elephas maximus*	Baumzweige und Blätter
Seekühe, *Sirenia*	
Lamantin, *Trichechus manatus*	Seegras
Dugong, *Halicore dugong*	Tang und Seegras
Klippschliefer, *Hyracoidea*	
Klippdachse, *Procavia*	Gebirgs- und Alpenpflanzen
Unpaarhufer, *Mesaxonia*	
Nashorn, *Rhinoceros unicornis*	Baumzweige, Disteln, Sträucher, Steppengras
Tapire, *Tapiridae*	Baumblätter
Zebra, *Equus [zebra]*	Verschiedene Kräuter
Paarhufer, *Artiodactyla*	
Wildschwein, *Sus scrofa*	Trüffeln, Kerbtierlarven, Würmer, Schnecken, Mäuse, Eicheln, Bucheckern, Haselnüsse, Kastanien, Rüben, Getreide, Hülsenfrüchte
Warzenschwein, *Phacochoerus africanus*	Wurzeln, Knollen, auch Larven, Würmer und Aas
Flußpferd, *Hippopotamus fluviatilis*	Wasserpflanzen, Rohr und Schilf
Dromedar, *Camelus dromedarius*	Wüstenpflanzen
Trampeltier, *Camelus ferus*	Steppenpflanzen, besonders Salzpflanzen
Moschustier, Moschus moschiferus	Baumflechten, Alpenkräuter
Reh, *Capreolus capreolus*	Blätter und Zweige der Eiche, Ulme, Birke und Nadelhölzer
Elch, *Alces alces*	Baumrinde (Eiche, Buche, Birke)
Rentier, *Rangifer tarandus*	Im Sommer: Blätter und Blüten der Schneeranukel usw. Im Winter: Flechten
Damhirsch, *Dama dama*	Baumrinde
Giraffe, *Giraffa reticulata*	Blätter der Mimosa-Arten
Säbelbock, *Antilocapra americana*	Kurzes, saftiges Präriegras
Gemse, *Rupicapra rupicapra*	Sprosse der Nadelbäume, Weißtannen und Latschen
Wisent, *Bison bonasus*	Gräser, Blätter, Knospen und Baumrinde
Primates	
Halbaffen, *Lemuroidea*	
Makis, *Lemur*-Arten	Früchte wilder Dattelbäume
Loris, *Loridae*	Blätter, Schößlinge und Früchte, auch Vögel und Eier
Affen, *Anthropoidea*, *Simia*	
Krallenaffen, *Callitrichidae*	Früchte, Samen, Blätter und Blüten, auch wirbellose Tiere
Hundsaffen, *Papio*, *Macaca*	Zwiebeln, Knollengewächse, Gräser, Früchte, Eier, kleine Tiere
Gibbons, *Hylobatidae*	Früchte
Orang Utan, *Pongo pygmaeus*	Früchte, u. a. des Zibetbaumes (Durio zibethinus) und der Mangostane (Garcinia mangostane)
Schimpanse, *Pan*-Arten	Früchte, Blätter, Knospen, andere Affen
Gorilla, *Gorilla gorilla*	Pflanzenstoffe

Farbensehen der Wirbeltiere

In den folgenden Übersichten sind in den Fällen, wo positive und negative Ergebnisse vorliegen, auch die negativen Ergebnisse zitiert, obwohl ihre Beweiskraft geringer ist als die einwandfreier Versuche mit positivem Ausfall. Für die Verhaltensforschung sind beide von Bedeutung, da sie zeigen, wann Farben im Verhalten beachtet werden.
Farbensehen ist bei Säugern, Vögeln, Reptilien, Amphibien und Fischen einwandfrei nachgewiesen worden. In allen Gruppen gibt es aber auch Arten, die sehr wahrscheinlich farbenblind sind.
Außer den altbekannten Methoden zum Nachweis eines Farbensinnes (phototaktische Reaktionen, Anpassung der Körperfarbe an die Farbe der Umgebung, partielle Ermüdung des Auges durch Licht bestimmter Wellenlänge, instinktive Bindung an Gegenstände von bestimmter Farbe, Dressurmethode) sind in den letzten Jahren mit Erfolg zwei weitere Methoden angewandt worden: Optomotorische Reaktionen in der Drehtrommel: Auf einem drehbaren Zylinder, in dessen Mittelpunkt sich das Versuchstier befindet, alternieren farbige mit grauen Streifen. Die Helligkeit des Grau ist variabel. Findet sich keine Graustufe, bei der das Versuchstier nicht mehr auf die Drehung des Zylinders reagiert, muß die Farbqualität, nicht ihre Helligkeit, die Reaktion bestimmen; z. B. bei Amphibien und Eidechsen. Heterochromatisches Flimmern in Verbindung mit elektrophysiologischer Beobachtung der Aktionsströme des Auges, z. B. beim Frosch und bei Schildkröten. Beim Kaninchen wurde die Atmung (bedingter Reflex) in Abhängigkeit von farbigen Lichtreizen zur Prüfung des Farbensinnes benutzt.
Besonders zu beachten ist das Purkinje-Phänomen, die von J. E. von Purkinje 1825 beschriebene Erscheinung, daß verschiedenfarbige Flächen, die bei Tag gleich hell erscheinen, bei Dämmerung Helligkeitsunterschiede aufweisen. Das P. rührt daher, daß wir Farben bei hellen Objekten mit den *Zapfen* in der Netzhaut unserer Augen sehen; bei geringerer Lichtstärke verlagert sich das Sehen dagegen mehr und mehr zu den viel empfindlicheren farbenblinden *Stäbchen* der Netzhaut, die gegenüber den Zapfen mehr im blauen und weniger im roten Farbbereich empfindlich sind. Bei verschiedenfarbigen, sehr schwach leuchtenden oder beleuchteten Objekten erscheint der Helligkeitsunterschied daher meist verfälscht.
Ein simultaner Farbkontrast ist bei Bienen, Schimpansen, Hühnern und Süßwasserknochenfischen vorhanden.
Während bei Reptilien (Schlangen, Eidechsen, Schildkröten) seit langem Netzhäute bekannt sind, die nur Zapfen enthalten, sind neuerdings auch Säuger mit reinen Zapfenretinae bekannt geworden: Murmeltiere, Ziesel und Eichhörnchenarten. Ihr Farbensehen wurde nicht besonders geprüft, da die Zapfen ohnehin nur dem Farbensehen dienen können.

Art	Methode	Farbenempfindlichkeit
Säuger:		
Affen, Simiae	1. Dressur	
Schimpanse, *Pantroglodytes*		Farbunterschiedsempfindlichkeit bei 500 mμ gleich der des Menschen, bei 589 mμ und 640 mμ ist Unterschiedsschwelle etwa doppelt so groß wie beim Menschen. Komplementärfarben 610 und 495 mμ; 610 mμ weniger gesättigt als beim Menschen
	2. Dressur	simultaner Farbkontrast
Makake, *Pithecus fascicularis*	Dressur	Farbunterschiedsempfindlichkeit bei 589, 490, 535 mμ entspricht der des Menschen
Rhesusaffe, *Pithecus rhesus*	1. Dressur	wie beim Makaken, *Pithecus fascicularis*
	2. Dressur	Unterschiedsempfindlichkeit wie beim Schimpansen (s. o.)
Kapuzineraffe, *Cebus*	Dressur	Farbensehen entspricht dem protanomalen Menschen
Halbaffen, *Prosimiae*		
Echte Mongoz, *Lemur mongoz*	Dressur	Farbenblind, vielleicht auf Blau dressierbar
Huftiere, *Ungulata*		
Pferd	Dressur	Kann Rot, Gelb, Grün, Blau als Farben sehen
Zebu, *Buckelrind*	Dressur	Violett, Blau, Grün, Gelb, Orange, Rot werden von Grau unterschieden. Orange, Gelb, Grün gehören einer Farbqualität an
Raubtiere, *Carnivora*		
Hund	Dressur	Farbenblind

Art	Methode	Farbempfindlichkeit
Katze	1. Spiel in Verbindung mit Dressur	Rot, Orange, Gelb, Grün, Blau, Violett werden von Grau und untereinander unterschieden. Violett dem Rot ähnlich
	2. Dressur	keine farbspezifischen Reaktionen
	3. Dressur	keine farbspezifischen Reaktionen
		Zapfen vorhanden; 2 Sehfarbstoffe
Zibetkatze, *Viverricula*	Dressur	Rot, Grün werden als Farben gesehen, Gelb und Blau mit Grau verwechselt
Ichneumon, *Herpestes ichneumon*	Dressur	Rot, Orange, Gelb, Grün, Blau, Violett werden als Farben gesehen
Ginsterkatze, *Genetta suahelica*	Dressur	Farbenblind
Nager, *Rodentia*		
Eichhörnchen, *Sciurus vulgaris*	1. Dressur	Farbentüchtig
	2. Dressur	Rot, Gelb, Grün, Blau erscheinen farbig und werden voneinander unterschieden
Ziesel, *Citellus citellus*	Dressur	Rot und Blau werden als Farben gesehen
		Netzhaut enthält nur Zapfen
Mittelhamster, *Mesocricetus auratus*	Dressur	Total farbenblind
Ratte *Rattus norvegicus*	1. Dressur	Farbenblind
	2. Dressur	Albinoratte soll Farben sehen, Methode nicht einwandfrei
	3. Dressur	Soll Farben sehen, Methode nicht einwandfrei
	4. Dressur	Albinoratte soll Farben sehen
Hausmaus, *Mus musculus*	optomotorische Reaktionen	Gelb und Rot erscheinen vielleicht farbig
Maus, Albinos	optomotorische Reaktionen	Farbenblind
Waldmaus, *Sylvaemus sylvaticus*	Dressur	Farbenblind
Rötelmaus, *Clethrionomys glareolus*	Dressur	Gelb-Rot-Unterscheidung
		Grün-Rot-Unterscheidung
		Grün und Blau gleichwertig
Meerschweinchen, *Cavia porcellus*	1. Dressur	Rot, Gelb, Grün, Blau werden als Farben gesehen
	2. optomotorische Reaktionen	Können Rot, Gelb, Grün und Blau als Farben sehen und unterscheiden
	3. Dressur	Total farbenblind
		Zapfen vorhanden
		4 photosensible Komponenten im Auge vorhanden
		Elektrophysiologisch nachgewiesen Dominator bei 500 mμ (Sehpurpur)
Kaninchen *Oryctologus cuniculus*	bedingte Reflexe	640 und 490 mμ können unterschieden werden
		Zapfen vorhanden
	1. Dressur	Farbenblind
	2. Dressur	Farbenblind
Insektenfresser, *Insectivora*		
Igel, *Erinaceus europaeus*	Dressur	Farbentüchtig, sieht aber anscheinend Farben (zumindest Gelb) weniger gesättigt als der Mensch
Beuteltiere, *Marsupialia*		
Opossum, *Didelphis marsupialis*	Dressur	Farbenblind
Vögel, *Aves*		
Huhn, *Gallus gallus*		Spektrale Empfindlichkeit sinkt bereits von 527 mμ zum kurzwelligen Bereich und ist bei 458 mμ besonders stark herabgesetzt
Taube, *Columba domestica*	Dressur	Unterschiedsschwelle für spektrale Farben ähnelt der des Menschen
Wellensittich, *Melopsittacus undulatus*	Dressur	Farbensinn ähnlich dem des Menschen

Art	Methode	Farbempfindlichkeit
Drossel, *Turdus e. ericetorum*	Dressur	kann Rot, Gelb, Grün, Blau als Farben sehen
Steinkauz, *Athene noctua*	Dressur	farbentüchtig für Rot, Gelb, Grün, Blau
Reptilien		
Zierschildkröte, *Chrysemys picta* Rotwangenschmuck-schildkröte, *Pseudemys scripta elegans*	Aktionspotentiale	Können 622, 579, 528 und 451 mμ voneinander unterscheiden
Kaspische Wasserschildkröte, *Clemmys caspica*	Dressur	gute Farbunterscheidung zwischen 400 und 760 mμ. Maximum der Unterschiedsempfindlichkeit bei 634 mμ, Nebenmaxima bei 504 mμ und im Violett
Seychellen-Riesenschildkröte, *Testudo gigantea* Galapagos-Riesenschildkröte, *Testudo elephantopus vicina*	Dressur	gute Farbunterscheidung spektraler Lichter
Europ. Halbzehergecko, *Hemidactylus turcius*	optomotorische Reaktionen	farbenblind, jedoch soll ein Purkinje-Phänomen vorhanden sein (Maximum soll sich bei geringeren Helligkeiten nach Rot verschieben)
Rotkehl-Anolis, *Anolis carolinensis*	optomotorische Reaktionen	Rot, Gelbgrün und Grün werden als Farben gesehen, Blau und Gelb nicht, Purkinje-Phänomen fehlt
Blindschleiche, *Anguis fragilis*	optomotorische Reaktionen	Farbenblind, kein Purkinje-Phänomen
Zauneidechse, *Lacerta agilis*	Dressur	Rot, Orynge, Gelbgrün, Seegrün, Eisblau, Ultramarin, Violett werden gut unterschieden. Unterschiedsempfindlichkeit optimal im Rot und Blau, gering im Grün
Lurche, Amphibien		
Salamander, *Salamandra maculosa*	optomotorische Reaktionen	trichromatischer Farbensinn
Larve	optomotorische Reaktionen	farbentüchtig
Teichmolch, *Triturus vulgaris*	optomotorische Reaktionen	Rot und Blau werden als Farben gesehen, Farblücken im Gelb-Gelbgrün-Grün
Bergmolch, *Triturus alpestris*	optomotorische Reaktionen	Rot und Blau werden als Farben gesehen, Farblücken im Gelb-Gelbgrün-Grün
Fadenmolch, *Triturus helveticus*	optomotorische Reaktionen	trichromatischer Farbensinn
Kammolch, *Triturus cristatus*	optomotorische Reaktionen	nur Blau und Blaugrün werden der Qualität nach beantwortet
Afrikan. Krallenfrosch, *Xenopus laevis*	optomotorische Reaktionen	Farbenblind
Gelbbauchunke, *Bombina variegata*	optomotorische Reaktionen	trichromatischer Farbensinn
Rotbauchunke, *Bombina bombina*	optomotorische Reaktionen	trichromatischer Farbensinn
Geburtshelferkröte, *Alytes obstetricans*	optomotorische Reaktionen	Farbenblind
Knoblauchkröte, *Pelobates fuscus*	optomotorische Reaktionen	Farbenblind
Messerfuß, *Pelobates cultripes*	optomotorische Reaktionen	Farbenblind
Punktierter Schlammtaucher, *Pelodytes punctatus*	optomotorische Reaktionen	Farbenblind
Erdkröte, *Bufo bufo*	Ermüdung von Richtungsbeweg.	Normaler trichromatischer Farbensinn

Art	Methode	Farbempfindlichkeit
Singende Wechselkröte, *Bufo viridis*	optomotorische Reaktionen	Farbenblind (auch bei Dressur)
Kreuzkröte, *Bufo calamita*	optomotorische Reaktionen	Farbenblind (auch bei Dressur)
Präriekröte, *Bufo cognatus*	optomotorische Reaktionen	Farbenblind
Ähnl. Kreuzkröte, *Bufo coccifer*	optomotorische Reaktionen	Farbenblind
Grauer Laubfrosch, *Hyla arborea*	1. optomotorische Reaktionen	Soll nur Blau und Blaugrün und auch nur in einem mittleren Intensitätsbereich (zwischen 0,07 und 30 Lux) farbig sehen
	2. optomotorische Reaktionen	Farbenblind; sehr feine Helligkeitsunterscheidung (daher das Ergebnis von 1.)
Königslaubfrosch, *Hyla regilla*	optomotorische Reaktionen	Farbenblind
Nordamerikan. grüner Laubfrosch, *Hyla cinerea*	optomotorische Reaktionen	Farbenblind
Amerikan. Hornfrosch, *Ceratophrys americana*	optomotorische Reaktionen	Rot und Blau
Tasmanischer Sumpffrosch, *Limnodynastes tasmaniensis*	optomotorische Reaktionen	Nur Blau
Augenpfeiffer, *Leptodactylus ocellatus*	optomotorische Reaktionen	Rot, Blaugrün und Blau
Australischer Unkenfrosch, *Adelotus brevis*	optomotorische Reaktionen	Farbenblind
Grasfrosch, *Rana temporaria*	optomotorische Reaktionen	Rot und Blau werden als Farben gesehen. Für Gelb und Grün lassen sich Graugleichungen aufstellen (im Gegensatz zu *R. esculenta*)
Grasfrosch, *Rana temporaria*, Larven s. o.	optomotorische Reaktionen	Blau wird als Farbe erst im Larvenstadium III, Rot erst im Stadium IV gesehen
Wasserfrosch, *Rana esculenta*	optomotorische Reaktionen	Voll farbentüchtig
Italien. Springfrosch, *Rana latastei*	optomotorische Reaktionen	Rot, Orange, Blaugrün, Blau farbig; für Gelb Gelbgrün Graugleichungen
Leopardfrosch, *Rana pipiens*	optomotorische Reaktionen	Voll farbentüchtig
Schreifrosch, *Rana clamitans*	optomotorische Reaktionen	Voll farbentüchtig
Singfrosch, *Polypedates buergeri*	optomotorische Reaktionen	Rot, Blaugrün und Blau farbig (?)
Fische		
Ellritze, *Phoxinus laevis*	Dressur	Komplementärfarben können zu Unbunt addiert werden
Dreistachliger Stichling, *Gasterosteus aculeatus*; Schleie, *Tinca tinca*; Rotfeder, *Scardinius erythrophthalmus*; Teilgürtelbarbe, *Barbus partipentazona*; Skalar, *Pterophyllum eimekei*; Roter Cichlide, *Hemichromis bimaculatus*	Dressur	simultaner Farbkontrast vorhanden

In der Retina zahlreicher Wirbeltiere finden sich Ganglienzellen, die auf Reizung der Rezeptoren mit Impulsen antworten. Die Abhängigkeit der Zahl dieser Impulse von der Wellenlänge monochromatischen (quantengleichen) Lichtes ist bei verschiedenen Ganglienzellen der gleichen Retina verschieden. Man bezeichnet diese Elemente als Modulatoren der Helligkeitsrezeptoren (Dominatoren) des Dämmerungs- bzw. Tagessehens (skotopische bzw. photopische Dominatoren). Sie hängen sehr wahrscheinlich mit dem Farbensehen zusammen; über die Art dieses Zusammenhanges kann noch nichts ausgesagt werden.

Giftige Wirbeltiere

Säugetiere

Schnabeltier, Ornithorhynchus anatinus
(einziges Säugetier mit Giftwaffe)

Giftapparat	Bewegl. Sporn an beiden Hinterfüßen, durchbohrt von einem 2 mm weiten Kanal
Giftreservoir	Lobuläre Drüse in der Hüftgegend, 20–30 mm, mit Ausführungsgang zum Sporn
Chemie des Giftes	Lösung von Eiweißstoffen, viel Albumine, wenig Albumosen, keine Nucleo-Albumine. Träger der Giftwirkung unbekannt
Reaktion des Giftes	Neutral
Menge des Giftes	3 Paar Drüsen geben 0,4 g Alkohol-Fällung
Wirkung des Giftes	
subkutan	0,05 g (Fällung) erzeugt beim Kaninchen starke örtliche Schwellung, allgemeine Mattigkeit, etwas Temperatursteigerung, keine Blutveränderung, Heilung in 5 Tagen
intravenös	0,06 g (Kaninchen) Blutdrucksenkung, erst rapid, dann langsamer, Respiration beschleunigt und vertieft, dann Stillstand. Blut im ganzen venösen System geronnen. Gesamtbild intravaskuläre Blutgerinnung
Verwandtschaft mit Schlangengiften	Intravaskuläre Blutgerinnung, in vitro Gerinnung von Oxalatplasma, Vernichtung der koagulierenden Wirkung durch Erhitzen auf 80°
Verschiedenheit von Schlangengiften	Fehlen von proteolytischen und hämatolytischen (eiweiß- bzw. blutzersetzenden) Eigenschaften

Reptilien

a) *Eidechsen*

Krustenechsen, Heloderma, einzige giftige Eidechsengattung (2 Arten)

Giftwaffe	Scharfe gefurchte Zähne
Giftdrüse	Im Unterkiefer
Dimension	25 · 15 · 5 mm
Gewicht	0,7–1,0 g (Tiere von K.G. 500–600 g)
Tödliche Dosis für:	
Meerschweinchen	3,0 mg subcutan; Tod in 8–10 Std.
Maus	16 mg oder mehr (subcutan) pro kg Körpergewicht
Hund (klein)	5–6 Tropfen frisches Gift; Tod in 15–18 min (intravenös)
Sperling	0,5 mg intramusk.; Tod in 10–15 min
Aspisviper (75 g)	3 mg Trockengift; Tod in 22 Stunden
Wirkungskomplex	Lokaler Schmerz, Ödem, Speichelfluß, Harndrang, Würgen, Erbrechen, profuser Schweiß, Atemlähmung (Todesursache), Herzlähmung, Muskellähmung, bisweilen Krämpfe
Hämolyse in vivo und in vitro	Bei den meisten Warmblütern (nicht bei Kaltblütern)
Coagulation	erst beschleunigt (bisweilen Thrombosebildung), dann verlangsamt
Subletale Dosen	Sehr starke Abmagerung
Immunität	Keine wechselseitige Immunität von Vipera und Heloderma (trotz Ähnlichkeit der Wirkung)
Zusammensetzung des Giftes	Die immunisierende Komponente wird durch Erhitzen auf 80° (5') zerstört, die toxische bleibt erhalten. (Unterschied zu Viperngift)

b) *Schlangen*

Einteilung der Giftschlangen
Giftnattern, *Colubridae*

Zahntyp	Gruppe	Giftapparat	Bemerkungen
Verdächtige Schlangen, *Opistoglypha*	2 Unterfamilien der Nattern, *Colubridae:* a) Trugnattern wie Baumschlangen, *Boiginae* b) Wassertrugnattern, *Homalopsinae*	im Oberkiefer vorn furchenlose Zähne, hinten geriefte Giftzähne	Gefährlichkeit für den Menschen gering; doch einzelne Todesfälle

Zahntyp	Gruppe	Giftapparat	Bemerkungen
Furchen-Zähner, *Proteroglyphae*	a) Seeschlangen, *Hydrophiidae*	Geriefte, sehr kleine Giftzähne	Produzieren sehr starke Gifte. Nach Lebensweise für den Menschen wenig gefährlich
	b) Echte Giftnattern wie Kobras, Mambas u. a., *Elapidae*	Starke, gefurchte Giftzähne. Meist stark entwickelte Drüsen	Gruppe enthält die gefährlichsten und größten Giftschlangen; aber meist sehr scheu
Ottern, Vipern, *Viperidae*			
Röhren-Zähner, *Solenoglypha*	a) Grubenottern wie Lanzen- und Klapperschlangen, *Crotalinae*	In sehr kleinem Oberkiefer jederseits ein von einem Kanal durchzogener Giftzahn	Sehr gefährlich, da recht häufig und relativ aggressiv
	b) Vipern wie Sandvipern, Kreuzotter, *Viperinae*		

17% aller Schlangen, d. h. rd. 510 Arten, sind Giftschlangen
Widerstandsfähigkeit verschiedener Tiere gegen Krustenechsen (Heloderma-)Gift

Widerstandsfähigkeit verschiedener Tiere gegen Krustenechsen (Heloderma-Gift)

Art	K.G. gr	Trockengift mg	Ausgang	Kleinste tödl. Dosis pro kg K.G. mg
Frosch	20	7	Tod nach 12 Std.	350
Grüne Eidechse	20	1	:	>50
Vipera aspis	75	4	Tod nach 22 Std.	40
Igel	570	19	Tod nach 24 Std.	33
Gefleckte Eidechse	30	0,8	:	>26,6
Graue Maus	15	0,26	:	>16
Graue Ratte (jung)	52	0,40	Tod nach 24 Std.	7,70
Kaninchen	1500	10,8	:	7,2
Meerschweinchen	500	3	Tod nach 8 Std.	6
Mensch	60 kg	5	Tod nach einig. Std.	0,08

K.G. = Körpergewicht   : = überlebt

Säugetiere

Klasse Mammalia – Säugetiere, Systematische Übersicht

Unterklasse Prototheria – Ursäuger
    Ordnung Monotremata – Kloakentiere
        Familie Ornithorhynchidae – Schnabelsäuger
        Familie Tachyglossidae – Ameisenigel
Unterklasse Theria – Eigentliche Säuger
  Teilklasse Metatheria – Beutelsäuger
    Ordnung Marsupialia – Beuteltiere
  Teilklasse Eutheria – Höhere Säuger
    Ordnung Insectivora – Insektenfressende Säugetiere
       Überfamilie Erinaceoidea – Igelartige
        Familie Erinaceidae – Igel
       Überfamilie Soricoidea – Spitzrüßlerartige
        Familie Soricidae – Spitzrüßler
        Familie Talpidae – Maulwürfe
    Ordnung Dermoptera – Großgleitflieger
        Familie Cynocephalidae – Pelzflatterer
    Ordnung Chiroptera – Flattertiere

Ordnung Primates – Herrentiere, Primaten
  Unterordnung Prosimii – Halbaffen
    Teilordnung Lemuriformes – Lemurenähnliche
        Familie Tupaiidae – Spitzhörnchen
      Überfamilie Lemuroidea – Lemurenartige
        Familie Lemuridae – Lemuren
        Familie Indridae – Indris
        Familie Lorisidae – Loris
    Teilordnung Tarsiiformes – Gespenstaffen
        Familie Tarsiidae – Koboldmakis
  Unterordnung Anthropoidea – Affen
      Überfamilie Ceboidea – Neuweltaffenartige
        Familie Callithricidae – Krallenäffchen
        Familie Cebidae – Greifschwanzaffen
      Überfamilie Cercopithecoidea – Altweltaffenartige
        Familie Cercopithecidae – Tieraffen
          Unterfamilie Colobinae – Schlankaffen
          Unterfamilie Cercopithecinae – Meerkatzen
          Unterfamilie Cynopithecinae – Hundsköpfige Tieraffen
      Überfamilie Hominoidea – Menschenartige
        Familie Pongidae – Menschenaffen
          Unterfamilie Hylobatinae – Gibbons oder Langarmaffen
          Unterfamilie Ponginae – Eigentliche Menschenaffen
        Familie **Hominidae – Menschen**
          Unterfamilie **Australopithecinae – Vormenschen †**
          Unterfamilie **Euhomininae Echte Menschen**
Ordnung Edentata – Zahnarme Tiere
  Unterordnung Xenarthra – Nebengelenkträger
    Teilordnung Pilosa – Panzerlose Zahnarme
      Überfamilie Myrmecophagoidea – Ameisenbärenartige
        Familie Myrmecophagidae – Ameisenbären
      Überfamilie Bradypodoidea – Faultierartige
        Familie Bradypodidae – Faultiere
    Teilordnung Cingulata – Gepanzerte Zahnarme
      Überfamilie Dasypodoidea – Gürteltierartige
        Familie Dasypodidae – Gürteltiere
Ordnung Pholidota – Schuppentiere
        Familie Manidae – Tannenzapfen –, Schuppentiere
Ordnung Lagomorpha – Hasentiere
        Familie Ochotonidae – Pfeifhasen
        Familie Leporidae – Hasen
Ordnung Rodentia – Nagetiere
  Unterordnung Sciuromorpha – Hörnchenverwandte
      Überfamilie Sciuroidea – Hörnchenartige
        Familie Sciuridae – Hörnchen
          Unterfamilie Pteromyinae – Flughörnchen
          Unterfamilie Sciurinae – Baum- und Erdhörnchen
      Überfamilie Castoroidea – Biberartige
        Familie Castoridae – Biber
  Unterordnung Myomorpha – Mäuseverwandte
      Überfamilie Muroidea – Mäuseartige
        Familie Cricetidae – Wühler
          Unterfamilie Cricetinae – Hamster
          Unterfamilie Microtinae – Wühlmäuse
        Familie Spalacidae – Blindmäuse
        Familie Muridae – Echte (Langschwanz-)Mäuse
      Überfamilie Gliroidea – Bilchartige
        Familie Gliridae – Bilche
      Überfamilie Dipodoidea – Springmausartige
  Unterordnung Hystricomorpha – Stachelschweinverwandte
      Überfamilie Hystricoidea – Stachelschweinartige
        Familie Hystricidae – Stachelschweine
      Überfamilie Erethizontoidea – Baumstachlerartige
        Familie Erethizontidae – Baumstachler

- Überfamilie Cavioidea – Meerschweinchenartige
- Überfamilie Chinchilloidea – Chinchillaartige
  - Familie Chinchillidae – Chinchillas
- Überfamilie Octodontoidea – Trugrattenartige

- Ordnung Cetacea – Wale
  - Unterordnung Odontoceti – Zahnwale
  - Unterordnung Mysticeti – Bartenwale

- Gruppe Ferungulata – Fleischfresser und Huftträger
  - Überordnung Ferae – Fleischfresser
    - Ordnung Carnivora – Raubtiere
      - Unterordnung Fissipedia – Landraubtierverwandte
        - Überfamilie Canoidea – Hundeartige
          - Familie Canidae – Hunde
          - Familie Ursidae – Bären
          - Familie Procyonidae – Kleinbären
          - Familie Mustelidae – Marder
        - Überfamilie Feloidea – Katzenartige
          - Familie Viverridae – Schleichkatzen
          - Familie Hyaenidae – Hyänen
          - Familie Felidae – Echte Katzen
      - Unterordnung Pinnipedia – Robbenverwandte
          - Familie Otariidae – Ohrenrobben
          - Familie Phocidae – Hundsrobben
          - Familie Odobaenidae – Walrosse
  - Überordnung Protungulata – Urhufer
    - Ordnung Tubulidentata – Röhrenzahntiere
          - Familie Orycteropodidae – Erdferkel
  - Überordnung Paenungulata – Vorhufer
    - Ordnung Hyracoidea – Schlieferartige
          - Familie Procaviidae – Kletterschliefer
    - Ordnung Proboscidea – Rüsseltiere
      - Unterordnung Elephantoidea – Elefantenverwandte
          - Familie Elephantidae – Elefanten
    - Ordnung Sirenia – Sirenentiere
      - Unterordnung Trichechiformes – Echte Sirenen
          - Familie Trichechidae – Rundschwanzsirenen
          - Familie Dugongidae – Gabelschwanzsirenen
  - Überordnung Mesaxonia – Mittelzeher
    - Ordnung Perissodactyla – Unpaarhufer
      - Unterordnung Hippomorpha – Pferdeverwandte
        - Überfamilie Equoidea – Pferdeartige
          - Familie Equidae – Pferde
      - Unterordnung Ceratomorpha – Nashornverwandte
        - Überfamilie Tapiroidea – Tapirartige
          - Familie Tapiridae – Tapire
        - Überfamilie Rhinocerotoidea – Nashornartige
          - Familie Rhinocerotoidae – Nashörner
  - Überordnung Paraxonia – Spreizzeher
    - Ordnung Artiodactyla – Paarhufer
      - Unterordnung Suiformes – Schweineverwandte
        - Teilordnung Suina – Borstenschweine
          - Überfamilie Suoidea – Schweineartige
            - Familie Suidae – Schweine
            - Familie Tayassuidae – Nabelschweine
        - Teilordnung Ancodonta – Flußpferdähnliche
          - Überfamilie Anthracotherioidea – Flußpferdartige
            - Familie Hippopotamidae – Flußpferde
      - Unterordnung Tylopoda – Schwielensohler
            - Familie Camelidae – Kamele
      - Unterordnung Ruminantia – Wiederkäuer
        - Teilordnung Tragulina – Hirschferkel
          - Überfamilie Traguloidea – Zwergböckchenartige
            - Familie Tragulidae – Zwergböckchen

Teilordnung Pecora – Stirnwaffenträger
Überfamilie Cervoidea – Hirschartige
Familie Cervidae – Hirsche
Unterfamilie Cervinae – Echte Hirsche
Überfamilie Giraffoidea – Giraffenartige
Familie Giraffidae – Giraffen
Überfamilie Bovoidea – Hornträgerartige
Familie Antilocapridae – Gabelhornträger
Familie Bovidae – Rinder
Unterfamilie Cephalophinae – Ducker
Unterfamilie Neotraginae – Böckchen oder Zwergantilopen
Unterfamilie Antilopinae – Echte Antilopen
Unterfamilie Gazellinae – Gazellen
Unterfamilie Saiginae – Saigas
Unterfamilie Pantolopinae – Tschirus
Unterfamilie Caprinae – Böcke
Unterfamilie Ovibovinae – Moschusochsen
Unterfamilie Bovinae – Echte Rinder

Fortpflanzungsbiologie von Säugetieren, Mammalia

Brunstzeiten

Da die Jungen der Tiere in Gegenden mit Jahreszeiten immer so geboren werden, daß sie die ganze gute Jahreszeit vor sich haben, damit sie möglichst kräftig in den Winter gehen können, ist die Brunstzeit von der Länge der Trächtigkeitsdauer insofern abhängig, als sie gewissermaßen die Satzzeit minus Trächtigkeitsdauer ist; z. B. Reh Juli, Rothirsch Oktober, Wildschwein Dezember, Fuchs Februar usw. Bei Tropentieren ist die Fortpflanzungszeit häufig nicht an die Jahreszeit gebunden und erstreckt sich über das ganze Jahr (vgl. auch die Haustiere und den Menschen).
Werden Säugetier-Weibchen nicht befruchtet, so tritt meist nach etwa 14 Tagen bis 4 Wochen neue Brunst ein. Bei solchen Formen, die an Jahreszeiten gebunden sind, wiederholt sich dies nur wenige Male, und die Fortpflanzungsmöglichkeit ruht dann bis zum Eintreten der für die Art regulären Brunstzeit. Beim Wolf, Fuchs und meist auch beim Haushund tritt dies Umbrunften nicht ein, ebenso anscheinend beim Seehund (*Phoca*) und dem Seelöwen (*Zalophus*). Über diese Verhältnisse in Freiheit ist wenig bekannt, da sie nur in Gefangenschaft zu beobachten sind. Viele Nager (Meerschweinchen, Ratten, Mäuse, Kaninchen) werden unmittelbar nach dem Werfen der Jungen hitzig; werden sie dann nicht befruchtet, so verstreicht wieder einige Zeit bis zur nächsten Brunst.
Stuten werden gewöhnlich etwa 11 Tage nach dem Abfohlen wieder gedeckt. Hier wird also trotz der sehr langen Trächtigkeitsdauer jedes Jahr ein Junges erzeugt, dessen Entwicklung vor sich geht, während das vorige gesäugt wird. Im Gegensatz dazu wirft die Bärin anscheinend nur alle 2 Jahre.
Wie aus den Tabellen zu ersehen, ist die Trächtigkeitsdauer durchaus nicht immer von der Größe eines Tieres oder von der Entwicklungsstufe der Jungen abhängig. (Vgl. z. B. das größte Rind, den Wisent, mit 9 Monaten und die Anoa mit gegen 10 Monaten oder Wildschwein mit 4 Monaten und sehr zahlreichen Jungen und Hirscheber mit nur 2 Jungen und 5monatiger Tragzeit. Es hat den Anschein, als wenn wenig gefährdete Formen (z. B. Insel-Formen) sich eine längere Trächtigkeitsdauer (= langsamere Zellteilung) »leisten« könnten. (Vgl. auch die Brutdauer der Vögel.)

	Trächtigkeitsdauer	Gewicht des Weibchens	Gew. des Neugeborenen	Zahl der Jungen im Wurf	Entwicklungszust. d. Neugeborenen	Alter der Fortpflanzungsfähigkeit	Bemerkungen
Affen und Halbaffen, *Simiae u. Prosimiae*							
Gelbgrüne Meerkatze, *Cercopithecus callitrichus*	4½ Mon.	3½ kg	–	1	Nesthocker	3–4 J.	
Mandrill, *Mandrillus sphinx*	4½ Mon.	6¾ kg	–	1	Nesth.	8–12 J.	
Schimpanse, *Pan troglodytes*	–	45 kg	775 g (+175 g Placenta)	1	Nesth.	–	

	Trächtigkeits-dauer	Gewicht des Weibchens	Gew. des Neu-gebo-renen	Zahl der Jun-gen im Wurf	Ent-wick-lungs-Zust. d. Neu-gebo-renen	Alter der Fort-pflan-zungs-Fähig-keit	Bemerkungen
Mohrenmaki, *Lemur macaco*	3¾ Mon.	–	–	1	Nesth.	–	
Catta, *Lemur catta*	3¾ Mon.	gegen 2 kg	73 g	1	Nesth.	–	
Raubtiere, *Carnivora*							
Löwe, *Panthera leo*	geg. 3½ Mon.	100 kg	1½ kg	2–3	Nesth.	3–5 J.	
Tiger, *Panthera tigris*	geg. 3½ Mon.	115 kg	ca. ¾ kg	2–4	Nesth.	3–5 J.	Die Gewichtsangaben gelten f. d. Beng. Tiger
Puma, *Puma concolor*	ca. 3 Mon.	–	–	–	Nesth.	–	
Jaguar, *Panthera onca*	ca. 3⅓ Mon.	geg. 75 kg	1200 g	2(–3)	Nesth.	–	
Leopard, *Panthera pardus*	3 Mon.	50 kg	506 g	2–4	Nesth.	–	
Hauskatze, *Felis domestica*	64–65 Tage	3 kg	80-90 g	2–6	Nesth.	1 J.	
Cusimanse, *Crossarchus*	geg. 63 Tage	–	42 g	–	–	–	
Gestreifte Hyäne, *Hyaena hyaena*	3 Mon.	ca. 32 kg	–	2	Nestfl.	–	
Gefleckte Hyäne, *Hyaena crocuta*	3⅓ Mon.	–	–	2	Nestfl.	3 J.	
Rotwolf, *Cuon alpinus*	8 Wochen	16 kg	–	–	Nesth.	–	
Wolf, *Canis lupus*	9 Wochen	30 kg	350 g	3–9	Nesth.	–	
Nordafrikanischer Schakal *Thos anthus*	9 Wochen	ca. 10 kg	175 g	5–8	Nesth.	–	
Haushund, *Canis familiaris*	9 Wochen	–	–	2–10	Nesth.	ca. 1 J.	
Deutsche Dogge	–	35–40 kg	420 g	–		–	
Neufundländer	–	30 kg	–	–		–	
Terrier	–	8 kg	250 g	–		–	
Hühnerhund	–	25 kg	630 g	–		–	
Frettchen, *Mustela putorius*	6 Wochen	800 g	–	5–8	Nesth.	–	
Hermelin, *Mustela erminea*	10–11 Wo.	150 g	–	5–8	Nesth.	–	Junge bis 5½ Wochen blind
Dachs, *Meles meles*	ca. 6 Mon.	10 kg	–	3–5	Nesth.	–	
Nasenbär, *Nasua narica*	10 Wochen	6 kg	–	3–5	Nesth.	–	
Waschbär, *Procyon lotor*	9 Wochen	–	–	4–6	Nesth.	–	1,0 geboren: 9.7.05 8¾ kg 27.7.17½ kg 2.8.22½ kg 13.8.21 kg 19.8.19½ kg 26.8.17 kg 17.9.19 kg
Eisbär, *Thalarctos maritimus*	8 Monate	250 kg	–	1–2(3)	Nesth.	–	
Braunbär, *Ursus arctos*	7 Monate	120 kg	500 g	1–2(3)	Nesth.	2½ J.	
Seelöwe, *Zalophus gillespii*	ca. 11 Mon.	–	–	1	–	–	
Seehund, *Phoca vitulina*	ca. 11½ Mon.	60 kg	8¾ kg	1	–	4 J.	
Fledermäuse, *Chiroptera*							
Palmen-Flughund, *Eidolon helvum*	geg. 3½ Mon.	–	–	1	Nesth.	–	
Nagetiere, *Rodentia*							
Waldmaus, *Mus sylvaticus*	25 Tage	ca. 30 g	–	4–6(8)	Nesth.	–	
Dickschwanzmaus, *Pachyuromys duprasi*	24 Tage	45 g	–	–	Nesth.	–	Junge werden m. 14 Tagen sehend, am 10. Tag schw.-gelbe Zeichng. sichtba
Hamster, *Cricetus cricetus*	20 Tage	–	–	5–7	Nesth.	–	
Wanderratte, *Rattus norvegicus*	21 Tage	400 g	–	4–12 (22)	Nesth.	2½ M.	
Hausmaus, *Mus musculus*	21 Tage	20 g	–	4–8	Nesth.	6 Wo.	
Cubanische Baumratte, *Capromys pilorides*	72 Tage	ca. 6 kg	–	–	Nesth.	–	
Sand-Rennmaus, *Psammomys obesus*	36 Tage	–	–	5–6	Nesth.	–	Neugeborene 40 Tage blind
Hüpfmaus, *Jaculus jaculus*	27 Tage	–	–	–	Nesth.	–	
Kaninchen mittlerer Größe, *Oryctolagus cuniculus*	28–30 Tage	ca. 3 kg	ca. 50 g	3–10 (1–12)	Nesth.	6–7 M.	Neugeb. 45 g 1. Woche 60 g 2. Woche 100 g 4. Woche 200 g 6. Woche 300 g 8. Woche 370 g
Meerschweinchen, *Cavia porcellus*	9 Wochen	ca. 700 g	ca. 60 g	2-5 (1-6)	Nest-flüchter	ca. 6 Wo.	Neugeb. 60 g 1. Woche 75 g 2. Woche 95 g 3. Woche 140 g 4. Woche 170 g 5. Woche 210 g 6. Woche 260 g
Rüsseltiere, *Proboscidea*							
Indischer Elefant, *Elephas maximus*	20–23 Mon.	3500 kg	121 kg	1	Nestfl.	20-24 Jahre	

	Trächtigkeitsdauer	Gewicht des Weibchens	Gew. des Neugeborenen	Zahl der Jungen im Wurf	Entwicklungs-Zust. d. Neugeborenen	Alter der Fortpflanzungs-Fähigkeit	Bemerkungen
Unpaarzehige Huftiere, *Perissodactyla*							
Amerikanischer Tapir *Tapirus americanus*	13–13½ Mon.	450 kg	–	1	Nestfl.	–	
Schabrackentapir, *Tapirus indicus*	13 Mon.	–	–	1	Nestfl.	–	
Pferd *Equus przewalskii caballus*	11 Mon.	–	–	1 (2)	Nestfl.	1 Jahr	Trakehn. Fohlen
Beberbecker Pferd	–	542,5 kg	ca. 50 kg	–	–	–	bei der Geburt
Vollblut-Pferd		500 kg					durchschnittl.
Belgier-Pferd		700 kg					51,5 kg
Shetland-Pony		170 kg					
Zur Zucht wird die Stute erst mit etw. 3 Jahren, der Hengst mit etw. 4 Jahren eingestellt							
Esel, *Equus domesticus*	12 Mon.	–	–	1 (–2)	Nestfl.	ca. 3 J.	
Somali-Wildesel, *Equus asinus somalicus*	über 12 Mon.	–	–	1	Nestfl.	–	
Haustierkreuzungen: ♂ *Asinus indicus* × ♀ *As. somaliensis*	13 Mon. 9 T.	–	–	1	Nestfl.	–	
♂ *As. africanus* × ♀ *As. somaliensis*	406 Tage		–	1	Nestfl.	–	
Kulan, *Equus hemionus hemionus*	12 Mon. 7 T.	–	–	1	Nestfl.	–	
Burchells Zebra *Equus quagga burchelli*	11⅓–13 Mon.	250 kg	–	1	Nestfl.	3–5 J.	
Paarzehige Huftiere, *Artiodactyla*							
Schweineartige, *Nonruminantia*							
Hausschwein, *Sus scrofa domestica*	gegen 4 Mon.	ca. 150 kg	0,75–1,5 kg	ca. 10	Nestflüchter	10–14	
Kaukasisches Wildschwein, *Sus scrofa*	4 Monate	120 kg	–	6–8	Nestfl.	1½ J.	
Sardinisches Wildschwein, *Sus sardous*	4 Monate	–	–	6–8	Nestfl.	1½ J.	
Flußschwein, *Potamochoerus porcus*	4½ Monate	–	–	–	Nestfl.	–	
Hirscheber *Babirussa babirussa*	160 Tage	90 kg	750 g	2	Nestfl.	–	
Nilpferd *Hippopotamus amphibius*	ca. 8 Monate	ca. 1000 kg	38 g	1	Nestfl.	5–6 J.	
Zwergnilpferd, *Choeropsis liberiensis*	182 Tage	–	–	–	Nestfl.		Junges 4 Tage alt: 7 kg
Wiederkäuer, *Ruminantia*							
Anoa, *Anoa depressicornis*	9½–10 Mon.	–	–	1	Nestfl.	–	
Hausrind, *Bos taurus*	ca. 9 Monate	550 kg	40–50	1 (–2)	Nestfl.	1½–2 J.	
Zebu, *Bos taurus indicus*	ca. 9 Monate	geg. 500 kg	kg	1	Nestfl.		
Innerafrik. Langhornrind, *Bos taurus africanus*	ca. 9 Monate	–	–	–	Nestfl.		
Zahmer Büffel, *Bubalus arnee*	–	ca. 600 kg	–	1	Nestfl.	–	
Gayal, *Bos gaurus frontalis*	ca. 9 Monate	–	–	1	Nestfl.	ca. 2 J.	Junges ♂,
Bison, *Bison bison*	ca. 9 Monate	450 kg	–	1	Nestfl.	ca. 2 J.	3 Tage alt:
Wisent, *Bison bonasus*	ca. 9 Monate	400 kg	–	1	Nestfl.	ca. 2 J.	22½ kg
Yak, *Bos mutus*	ca. 9 Monate	225 kg	–	1	Nestfl.	ca. 2 J.	
Elenantilope *Taurotragus oryx*	8⅓ bis über 9 Monate	ca. 350 kg	30½ kg		Nestfl.	–	
Weißschwanz-Gnu, *Connochaetes gnou*	ca. 8½ Mon.	–	–	1	Nestfl.	–	
Rappenantilope, *Hippotragus niger*	ca. 9 Mon.	ca. 200 kg	–	1	Nestfl.	–	
Wasserbock, *Cobus ellipsiprymnus*	ca. 9 Mon.	200 kg	–	1	Nestfl.	–	

	Trächtigkeitsdauer	Gewicht des Weibchens	Gew. des Neugeborenen	Zahl der Jungen im Wurf	Entwicklungs-Zust. d. Neugeborenen	Alter der Fortpflanzungs-Fähigkeit	Bemerkungen
Beisa, *Oxyx beisa*	8½ b.geg.10 M.	ca. 150 kg	–	1	Nestfl.	–	
Säbelantilope, *Oryx gazella damman*	8 b.geg.8½ M.	–	–	1	Nestfl.	–	
Nilgau, *Boselaphus tragocamelus*	ca. 8 Mon.	ca. 170 kg	–	1	Nestfl.	–	
Kuhantilope, *Alcelaphus boselaphus*	gegen 8 Mon.	–	–	1	Nestfl.	–	
Buntbock, *Damaliscus dorcas dorcas*	ca. 8¼ Mon.	–	–	1	Nestfl.	–	
Bläßbock, *Damaliscus dorcas philippsi*	geg. 7½ Mon.	–	–	1	Nestfl.	–	
Roualeynbuschbock, *Tragelaphus roualeyni*	geg. 7½ Mon.	–	–	1	Nestfl.	–	
Vierhornantilope *Tetraceros quadricornis*	geg. 7½ Mon.	–	–	1	Nestfl.	–	
Zwergantilope, *Cephalophus melanorrheus*	6⅔ Mon.	5 kg	–	1	Nestfl.	–	
Schneegemse *Oreamnos americanus*	177 Tage	ca. 50 kg	3½ kg	1	Nestfl.	–	
Hirschziegenantilope, *Antilope cervicapra*	geg. 6 Mon.	ca. 30 kg	3⅓ kg	1	Nestfl.	–	
Gemse, *Rupicapra rupicapra*	ca. 6 Mon.	–	–	1	Nestfl.	–	
Dorcasgazelle, *Gazella dorcas*	164 Tage	–	–	1	Nestfl.	–	
Springbock, *Antidorcas marsupialis*	5⅔ Mon.	–	–	1	Nestfl.	–	
Mähnenschaf, *Ammotragus lervia*	5¼–6½ Mon.	–	–	1	Nestfl.	1½ J.	
Nubischer Steinbock, *Cabra ibex nubiana*	geg. 5 Mon.	–	–	1	Nestfl.	–	
Hausziege *Capra ibex hircus*	geg. 5 Mon.	–	3,2 kg	1–3	Nestfl.	7-9 M.	
Schaf, *Ovis ammon aries*	geg. 5 Mon.	ca. 40 kg	3,2 kg	1–2	Nestfl.	ca. 1 J.	
Giraffe, *Giraffa camelopardalis*	14–14½ Mon.	850 kg	78½ kg	1	Nestfl.	–	Neugeborenes: 24.8.78½ kg 26.9.92½ kg 30.10.100½ kg mit 16 Mon. 350 kg
Zwerg-Moschustier, *Tragulus meminna*	5⅓ Mon.	2,5 kg	–	1	Nestfl.	–	
Reh, *Capreolus capreolus*	9–9½ Mon.	–	–	2	Nestfl.	ca. 14 M.	
Milu, *Elaphurus davidianus*	9⅓ Mon.	–	–	1	Nestfl.	–	
Großer Rusa, *Rusa hippelaphus*	gegen 9 Mon.	–	–	1	Nestfl.	–	
Pferdehirsch, *Cervus unicolor*	gegen 9 Mon.	–	–	1	Nestfl.	–	
Schweinshirsch, *Axis porcinus*	7½ Mon.	35 kg	–	1	Nestfl.	–	
Barasinga, *Rucervus duvauceli*	8 Mon.	–	–	1	Nestfl.	–	
Leierhirsch, *Rucervus eldi*	8⅓ Mon.	–	–	1	Nestfl.	–	
Edelhirsch, *Cervus elaphus*	7½ Mon.	110 kg	–	1 (–2)	Nestfl.	16 M.	
Wapiti, *Cervus elaphus canadensis*	ca. 8½ Mon.	150 kg	–	1	Nestfl.	–	
Atlashirsch, *Cervus elaphus barbarus*	8⅓ Mon.	ca. 100 kg	–	1	Nestfl.	–	
♂ *Cervus barbarus* × ♀ *C. corsicanus*	8⅓ Mon.	–	–	1	Nestfl.	–	
Elch, *Alces alces*	8 Mon.	425 kg	–	1	Nestfl.	–	
Rentier, *Rangifer tarandus*	8 Mon.	–	–	1	Nestfl.	–	
Damhirsch, *Dama dama*	7¾ Mon.	–	–	1 (–2)	Nestfl.	–	
Axishirsch, *Axis axis*	geg. 8¼ Mon.	–	–	1	Nestfl.	–	
Dybowsky-Hirsch, *Pseudaxis dybowskyi*	geg. 7½ Mon.	–	–	1	Nestfl.	–	
Sika, *Cervus nippon*	7¼ Mon.	–	–	1	Nestfl.	–	
Roter Spießhirsch, *Mazama americana*	7¼ Mon.	21 kg	1100 g	1	Nestfl.	–	
Virginischer Hirsch *Odocoilus virginianus*	geg. 7 Mon.	–	–	1	Nestfl.	–	
Pampashirsch, *Odocoileus bezoarticus*	6½ Mon.	–	–	1	Nestfl.	–	
Pudu, *Pudu pudu*	–	7,5 kg	530 g	1	Nestfl.	–	

	Trächtigkeits-dauer	Gewicht des Weibchens	Gew. des Neugeborenen	Zahl der Jungen im Wurf	Entwicklungs-Zust. d. Neugeborenen	Alter der Fortpflanzungs-Fähigkeit	Bemerkungen
Chinesischer Muntjak, *Cervulus reevesi*	6 Mon.	17 kg	–	1	Nestfl.	–	
Dromedar, *Camelus dromedarius*	13 Mon.	300 kg	60 kg	1	Nestfl.	3 J.	
Zweihöckriges Kamel, *Camelus ferus*	13 Mon.	500 kg	–	1	Nestfl.		
Lama, *Lama glama*	11⅓–13 Mon.	–	–	1	Nestfl.	–	
Guanako, *Lama quenichoe*	11¼ Mon.	60 kg	–	1	Nestfl.	–	
Alpakka, *Lama pacos*	11 Mon.	–	–	1	Nestfl.	–	
Vicugna, *Lama vicugna*	geg. 12 Mon.	60½ kg	–	1	Nestfl.	–	
Ameisenbären und Gürteltiere, *Xenarthra*							
Großer Ameisenbär, *Myrmecophaga tridactyla*	üb. 6 Mon.	–	–	1	–	–	
Gürteltier, *Dasypus villosus*	2 Mon.	–	–	4–6	–	–	
Beuteltiere, *Marsupialia*							
Großes Riesenkänguruh, *Macropus giganteus*	1¼ Mon.	20 kg	–	1	Nesth.	–	

Die Jungen kommen gleich nach der Geburt in den Beutel und verbleiben dort wochenlang

Gebisse und Zahnformeln von Säugetieren

Insektenfresser
Maulwurf

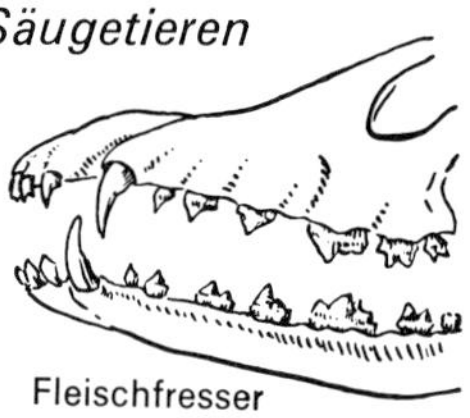
Fleischfresser
Hund

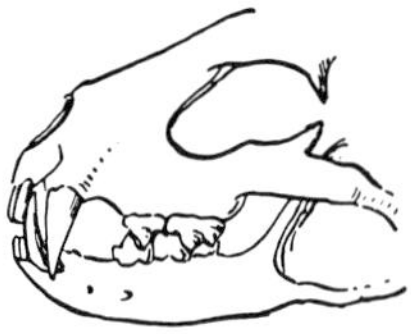
Raubtier
Luchs

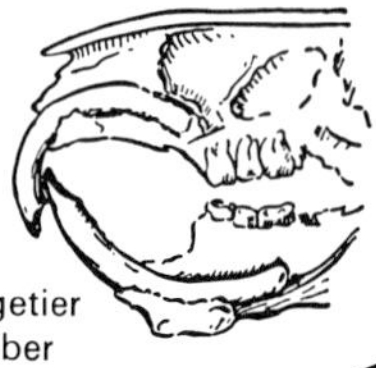
Nagetier
Biber

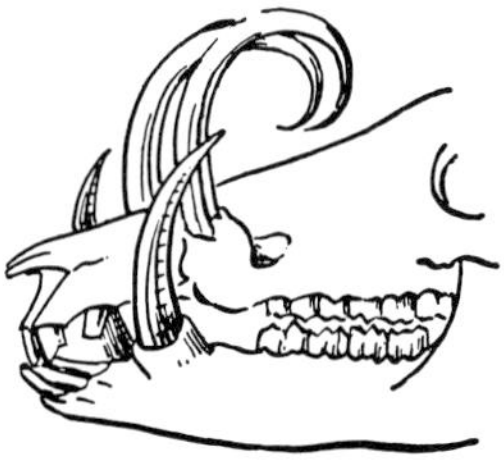
Allesfresser
Hirscheber

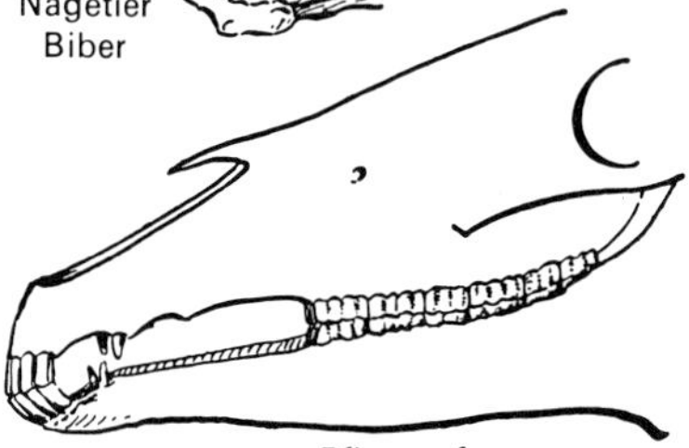
Pflanzenfresser
Pferd

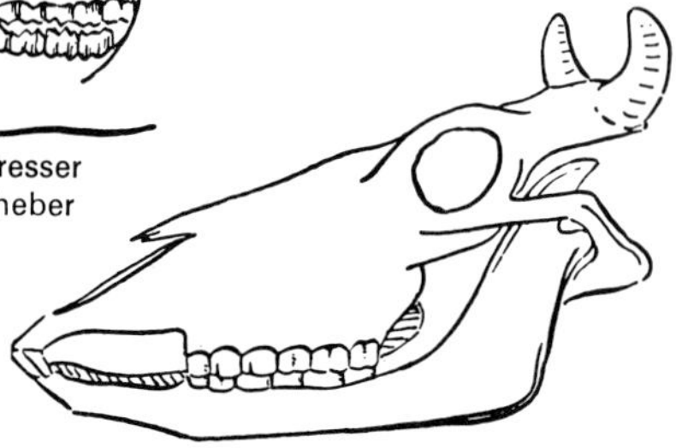
Pflanzenfresser
Rind

Beutelmarder $\frac{4\;1\;2\;4}{3\;1\;2\;4}$

Känguruh $\frac{3\;0\;(-1)\;2(-1)\;4}{1\;\;\;0\;2(-1)\;4}$

Maulwurf $\frac{3\;1\;4\;3}{3\;1\;4\;3}$

Seehund $\frac{3\;1\;4\;1}{2\;1\;4\;1}$

Nashorn $\frac{1\;(-2)\;0\;4\;3}{1\;1\;4\;3}$

Pferd*) $\frac{3\;(1)\;3\;3}{3\;(1)\;3\;3}$

Spitzmaus	$\frac{2\ 1\ 1\ 3}{2\ 1\ 1\ 3}$	Wildschwein	$\frac{3\ 1\ 4\ 3}{3\ 1\ 4\ 3}$
Igel	$\frac{2\ 1\ 3\ 3}{3\ 1\ 2\ 3}$	Kamel	$\frac{1\ 1\ 3\ 3}{3\ 1\ 2\ 3}$
Große Hufeisennase (Fledermaus)	$\frac{2\ 1\ 3\ 3}{3\ 1\ 3\ 3}$	Hirsch, Reh	$\frac{0\ 1\ 3\ 3}{3\ 1\ 3\ 3}$
Hase, Kaninchen	$\frac{2\ 0\ 3\ 3}{1\ 0\ 2\ 3}$	Rind	$\frac{0\ 0\ 3\ 3}{3\ 1\ 3\ 3}$
Eichhörnchen	$\frac{1\ 0\ 2(-1)\ 3}{1\ 0\ \ 1\ 3}$	Maki (Halbaffe)	$\frac{2\ 1\ 3\ 3}{2\ 1\ 3\ 3}$
Maus	$\frac{1\ 0\ 0\ 3(-2)}{1\ 0\ 0\ 3(-2)}$	Fingertier (Halbaffe)	$\frac{1\ 0\ 1\ 3}{1\ 0\ 0\ 3}$
Wolf, Hund	$\frac{3\ 1\ 4\ 2}{3\ 1\ 4\ 3}$	Krallenaffe	$\frac{2\ 1\ 3\ 2}{2\ 1\ 3\ 2}$
Bär	$\frac{3\ 1\ 4\ 2}{3\ 1\ 4\ 3}$	Kapuziner, Wollaffe	$\frac{2\ 1\ 3\ 3}{2\ 1\ 3\ 3}$
Hyäne	$\frac{3\ 1\ 4\ 1}{3\ 1\ 3\ 1}$	Altweltaffen	$\frac{2\ 1\ 2\ 3}{2\ 1\ 2\ 3}$
Katze, Löwe	$\frac{3\ 1\ 3\ 1}{3\ 1\ 2\ 1}$	Mensch	$\frac{2\ 1\ 2\ 3}{2\ 1\ 2\ 3}$
Walroß	$\frac{1\ 1\ 3\ 0}{0\ 1\ 3\ 0}$	Mensch (Milchgebiß)	$\frac{2\ 1\ 2}{2\ 1\ 2}$

Erklärungen siehe S. 54 (Zahnformel des Menschen)
* Nur das männliche Pferd hat Eckzähne

Umbildung des Gebisses bei Walen

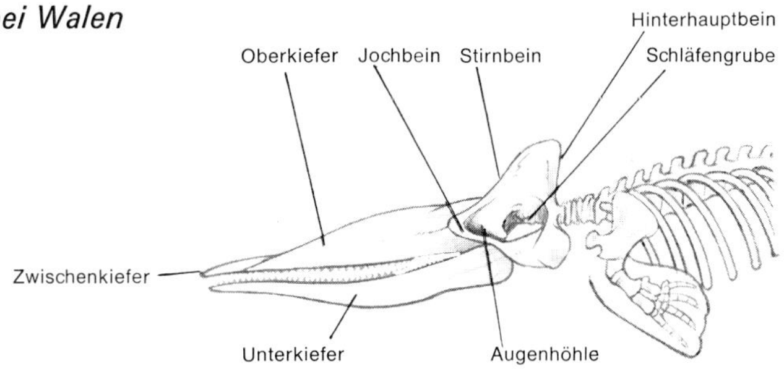

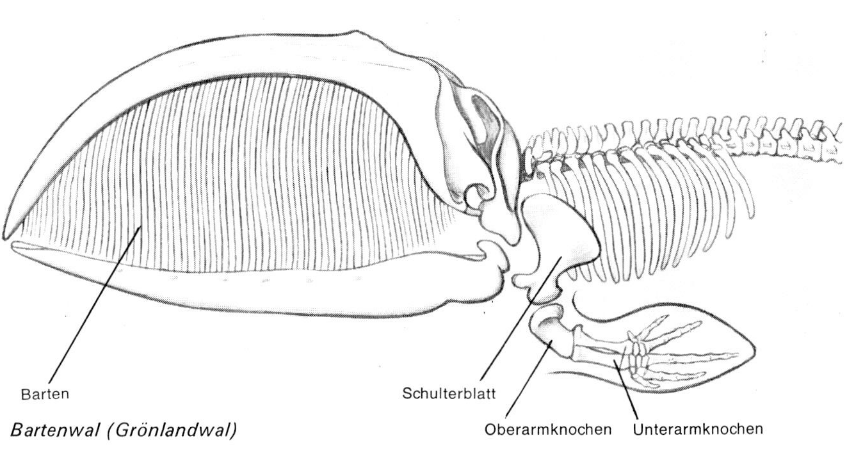

Bartenwal (Grönlandwal)

Gehörnformen bei Huftieren

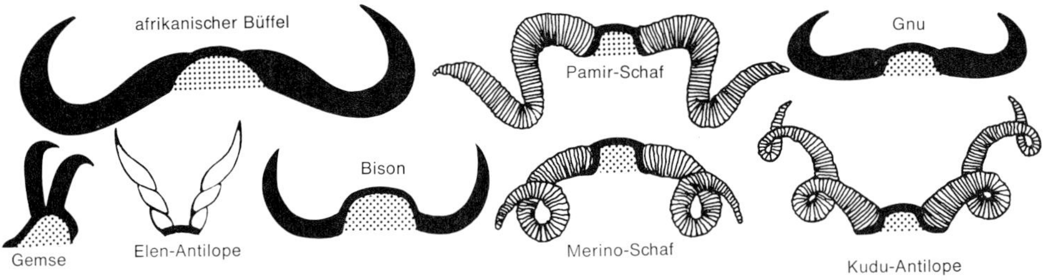

Geweihe bei Hirschverwandten

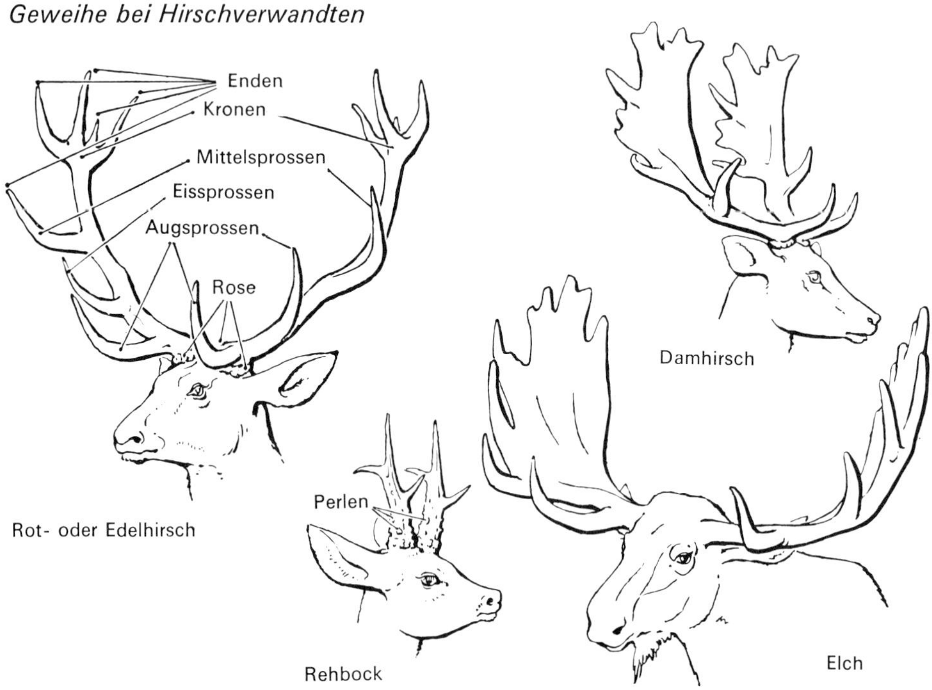

Neubildung des Rehgeweihs (»Gehörns«)

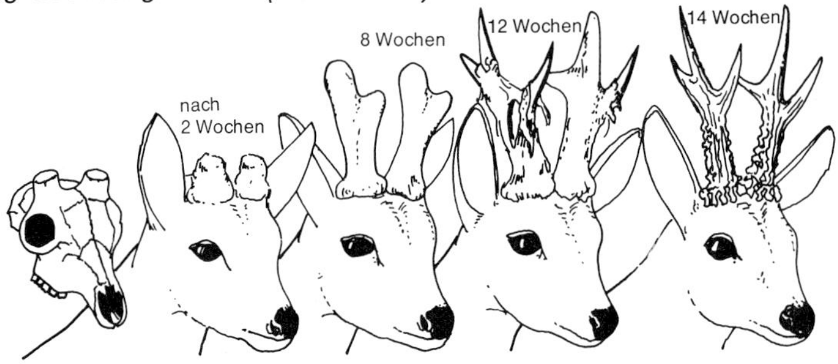

Winterschlaf einheimischer Säugetiere

Tierarten	Dauer	Tierarten	Dauer	Tierarten	Dauer
Igel	3–4 Monate	Eichhörnchen	2–3½ Monate	Ziesel	3–4 Monate
Fledermaus	5–6 Monate	Murmeltier	5–6 Monate	Haselmaus	6–7 Monate
Dachs	3–3½ Monate	Hamster	2–3½ Monate	Siebenschläfer	6–7 Monate

Einige Tiere (z. B. Eichhörnchen, Bären) unterbrechen unter Umständen ihren Schlaf mehrfach; sie halten keinen eigentlichen Winterschlaf, sondern nur eine Winterruhe (→Überwinterung).

Vögel

Einheimische Zugvögel (B →S. 137, Vogelzug)

Bachstelze	Gartenrotschwanz	Mauersegler	Rauchschwalbe	Star
Baumpieper	Gelbspötter	Mäusebussard	Ringeltaube	Storch
Buchfink	Girlitz	Mehlschwalbe	Rotkehlchen	Uferschwalbe
Feldlerche	Hausrotschwanz	Nachtigall	Singdrossel	Weidenlaubsänger
Fischadler	Kranich	Neuntöter	Sprosser	Wiedehopf
Gartengrasmücke	Kuckuck	Pirol		

Der Übergang zwischen Zug- und Standvögeln verwischt sich im Kulturgefolge zunehmend. Immer mehr ehemalige echte Zugvögel werden zu Teilziehern (früher »Strichvögel«): Ein Teil der Population zieht weg, ein anderer Teil aber bleibt im Brutgebiet, dem sich noch weitere Teilzieher aus kälteren Gebieten zugesellen können. Solche Teilzieher sind Finken, Drosseln u. a.

Einheimische Standvögel bzw. Teilzieher

Amsel	Gartenbaumläufer	Haubenlerche	Blaumeise	Stieglitz
Blaumeise	Gimpel	Haussperling	Rebhuhn	Uhu
Buntspecht	Goldammer	Hühnerhabicht	Schwanzmeise	Wanderfalke
Eichelhäher	Grünfink	Kernbeißer	Schwarzspecht	Zaunkönig
Eisvogel	Grünspecht	Kleiber	Spechte	Zeisig
Elster	Hänfling	Kohlmeise	Steinkauz	

Zugstrecken einiger Vögel

Vogelart	Heimat	Winterquartier	Vogelart	Heimat	Winterquartier
Küstenseeschwalbe	Nordpol	Antarktis	Regenpfeifer (Charadrius fulvus)	Alaska	Hawaii
Nachtigall	Mitteleuropa	Zentralafrika	Storch	Skandinavien	Südafrika
Pirol	Mitteleuropa	Sudan	Wasserläufer	Grönland	Südwestafrika
Regenpfeifer (Charadrius dominicus)	Neuschottland	Guayana			

Längste Zugstrecken: Küstenseeschwalbe 17500 km; Regenpfeifer (C. fulvus) 3200 km.

Wandergeschwindigkeit von Vögeln

Durchschnittswerte auf dem Zug

Brieftaube	etwa 90 km/h	Ringeltaube	etwa 50 km/h
Buchfink	etwa 55 km/h	Schnepfen	400–500 km/Tag
Dohle	etwa 60 km/h	Singvögel	40– 70 km/Tag
Enten	etwa 120 km/h	Sperber	etwa 40 km/h
Fichtenkreuzschnabel	etwa 60 km/h	Star	etwa 75 km/h
Heringsmöve	etwa 50 km/h	Storch	120–200 km/Tag
Kranich	etwa 50 km/h	Wanderfalke	etwa 60 km/h
Mauersegler	etwa 150 km/h	Watvögelarten	etwa 90 km/h
Nebelkrähe	etwa 50 km/h	Zeisig	etwa 55 km/h
Neuntöter	etwa 40 km/h		

Die Zuggeschwindigkeit ist im allgemeinen etwas höher als die normale Fluggeschwindigkeit, aber geringer als die beim Beutefang; auch kann – wegen verschiedener Flügelform – die Geschwindigkeit zwischen den Geschlechtern differieren. Der Herbstzug dauert länger als der Frühjahrszug; aber nur, weil mehr Pausen eingelegt werden.

Fluggeschwindigkeiten der Vögel

Gemessen auf Kurzstreckenflügen im Strandrevier.

Art bzw. Gattung	Fluggeschwindigkeit m/sec	Durchschnittsgeschwindigkeit km/st	Art bzw. Gattung	Fluggeschwindigkeit m/sec	Durchschnittsgeschwindigkeit km/st
Felsentaube, *Columba livia*	24,0	86,40	Saatkrähe, *Corvus frugilegus*	13,9	50,04
Star, *Sturnus vulgaris*	20,6	74,16	Nebelkrähe, *Corvus cornix*	13,8	49,68
Schwalbe, *Hirundo rustica*	18,0	64,80	Mantelmöve, *Larus marinus*	13,8	49,68
Dohle, *Corvus monedula*	17,1	61,56	Heringsmöve, *Larus fuscus*	13,63	49,06
Kreuzschnabel, *Loxia*	16,6	59,76	Meisen, *Parus*	10–12	36–43,2
Wanderfalke, *Falco peregrinus*	16,45	59,2	Grün-Specht, *Picus viridis*	10–12	36–43,2
Zeisige, *Carduelis*	14,6	32,56	Sperber, *Accipiter nisus*	11,5	41,4
Sperlinge, *Passer*	12–15	43,2–54			

Damit der Auftrieb für verschieden große Flieger einander gleich ist, müssen sich ihre Geschwindigkeiten wie die Quadratwurzeln aus den linearen Dimensionen verhalten.
1 m/sec = 3,6 km/st

Geringste zum Segeln erforderliche Geschwindigkeit

Art bzw. Gattung	v in m/sec	Art bzw. Gattung	v in m/sec
Kohlweißling, *Pieris brassicae*	1,3	Krähe, *Corvus*	8,8
Zwergfledermaus, *Vesperugo pipistrellus*	3,9	Fasan, *Phasianus*	14,9
Schwalbe, *Hirundo rustica*	5,7	Ente, *Anas*	17,2
Sperling, *Passer*	8,6	Trappe, *Otis*	18,0
Taube, *Columba livia*	8,7		

v im m/sec: Geschwindigkeit in Metern pro Sekunde.

Flughöhe

Durchschnitt bei den meisten Vögeln	100 m über Meer	bei Wanderungen
Mittelgebirge werden niedrig überflogen		bei Wanderungen
Rotkehlchen, Finken, Ammern, Meisen	30–80 m über Meer	bei Wanderungen
Lerchen	1900 m über Meer	Maximal-Höhen
Maximalhöhe für die meisten Vögel	2000 m über Meer	Maximal-Höhen
Adler	3000 m über Meer	Maximal-Höhen
Kondor, Geier gelegentlich (in den Anden und im Himalaya) bis zu	7000[1]) m über Meer	Maximal-Höhen

[1]) Diese Höhen werden vermutlich nur erreicht, wenn der Vogel durch aufsteigende Luftströmungen hochgetragen und in den Höhen gehalten wird.

Arbeitsleistung des fliegenden Vogels

Die Feststellung der Leistungsfähigkeit der Flugmuskeln ergibt bei der Taube z. B. eine größte Arbeit von 2 kgm/sec pro Kilogramm Körpergewicht. Nach 1¼ Stunden war bei 8 Reizungen pro Sekunde noch keinerlei Ermüdungsanzeichen zu erkennen. Aus Stoffwechselversuchen errechnet sich eine mittlere Arbeit von 0,5 kgm/sec.

Flugleistung

Maximaler Weg, der ohne Unterbrechung durchflogen werden kann: für kleinere Vögel 400 bis 500 Kilometer, für größere bis zu 1000 Kilometer.

Dagegen andere »Flugtiere«: Flughecht *Exocoetus*

Flugweite = 100 bis 120 m; Flugdauer 10 bis 12 Sekunden; Fluggeschwindigkeit (bei Annahme annähernd gleicher Geschwindigkeit) = 10 m/sec; Sprunghöhe, von der aus der Gleitflug durchgeführt wird 3 bis 4 m.

Flattermaki: Weite des Gleitflugs 65 m; Fallhöhe hierbei 13 m.

Spannweiten von Vögeln

Wanderalbatros	350 cm	Storch	200 cm	Austernfischer	82 cm	Pelikan	260 cm
Steinadler	200–220 cm	Fischreiher	170 cm	Bläßhuhn	78 cm	Haubentaucher	85 cm
Seeadler	225 cm	Rohrdommel	110 cm	Teichhuhn	55 cm	Stockente	90 cm
Kaiseradler	bis 190 cm	Kranich	240 cm	Lachmöve	95 cm	Krickente	58 cm
Habicht	100–120 cm	Bekassine	43 cm	Mantelmöve	160 cm	Moorente	65 cm
Bartgeier	250 cm	Meerstrandläufer	40 cm	Silbermöve	140 cm	Eiderente	105 cm
Gänsegeier	260 cm	Flußregenpfeifer	35 cm	Baßtölpel	170 cm	Graugans	165 cm
Mönchsgeier	270 cm	Kiebitz	75 cm	Kormoran	135 cm	Singschwan	200 cm
						Höckerschwan	235 cm

Flugbilder

Gewicht der Flugmuskulatur

Art	Flügelsenker sind x mal schwerer als Flügelheber	Flugmuskeln in % des Gesamtkörpergewichts
Taube	5,45	34
Krähe	14	22,4
Silbermöwe		15,7–17,1
Bussard	18	
Falke	50	
(Fledermäuse		7,35)
(Flughecht		3,09)

Schlagfolge pro Sekunde bei Vögeln

Storch	etwa 2
Kranich, Wildschwan	2,5
Krähe	3,0
Mäusebussard	3,0
Möwe mit Wind (von 5–6 m/sec)	3,7
Möwe gegen Wind	2,9
Käuzchen	5,0
Taube	4,0–6,0
Ente	9,0
Sperling	13,0
im Vergleich dazu:	
(Fledermaus	5,0)

Größe von Vogeleiern

Sommergoldhähnchen	13×10 mm
Gartenbaumläufer	15×12 mm
Blaumeise	16×11 mm
Zaunkönig	16×12 mm
Girlitz	17×12 mm
Gimpel	18×13 mm
Gelbspötter	18×13 mm
Gartengrasmücke	18×13 mm
Gartenrotschwanz	18×13 mm
Buchfink	19×15 mm
Rauchschwalbe	20×13 mm
Kuckuck	21×17 mm
Nachtigall	22×15 mm
Goldammer	22×15 mm
Rotrückiger Würger	22×16 mm
Eisvogel	22×18 mm
Singdrossel	27×20 mm
Wachtel	31×24 mm
Turteltaube	32×25 mm
Elster	34×24 mm
Schwarzspecht	35×25 mm
Rebhuhn	35×27 mm
Haselhuhn	40×29 mm
Bekassine	40×29 mm
Turmfalke	40×32 mm
Sperber	40×32 mm
Flußseeschwalbe	41×28 mm
Nebelkrähe	42×29 mm
Ringeltaube	42×30 mm
Waldschnepfe	43×32 mm
Fasan	45×36 mm
Kiebitz	46×33 mm
Kolkrabe	47×35 mm
Waldkauz	47×38 mm
Lachmöwe	52×36 mm
Birkhahn	52×37 mm
Rohrdommel	52×38 mm
Bläßhuhn	54×35 mm
Wanderfalke	54×41 mm
Milan	54×43 mm
Auerhahn	55×42 mm
Habicht	57×44 mm
Mäusebussard	58×46 mm
Kormoran	59×41 mm
Uhu	61×49 mm
Fischreiher	63×44 mm
Steinadler	75×60 mm
Seeadler	76×58 mm
Kranich	98×62 mm
Höckerschwan	106×69 mm
Strauß	160×130 mm

Vogelnester

Vogelart	Standort des Nestes
Amsel	Bäume, Gebüsch, Gebäude
Bachstelze	Mauer-, Fels-, Dammlöcher, hohle Bäume
Eichelhäher	Bäume, meist 4–5 m hoch
Feldlerche	am Boden
Fitislaubsänger	auf dem Boden, im Rasen und im Gebüsch
Goldammer	am Boden oder niedrig im Gebüsch
Hänflinge	Büsche und kleine Bäume, 1,5–2,5 m hoch
Hausrotschwanz	Löcher, Spalten usw. an Gebäuden
Haussperling	Höhlen und Spalten in Gebäuden
Kernbeißer	meist Laubbäume, Höhe wechselnd
Kleiber	Baumhöhlen (Spechtlöcher)
Kohlmeise	Baum-, Erd-, Mauerlöcher, Felsspalten usw.
Nachtigall	am Boden unter Büschen
Pirol	hohe Bäume, in Astgabeln »schwebend«
Rauchschwalbe	Ställe, Hausflure, Bodenkammern
Rotkehlchen	Erdhöhlungen an Gräben, unter Baumwurzeln usw.
Singdrossel	Gestrüpp und Bäume, 1–2 m hoch
Star	Baum- und Mauerhöhlen, Nistkästen
Weidenlaubsänger	dicht über dem Boden in Nadelholzgebüsch, Brombeergestrüpp usw.

Formen von Vogelnestern

Mehlschwalbe

Eissturmvogel

Blaumeise

Uferschwalbe

Schneidervogel

Zaunkönig

Buchfink

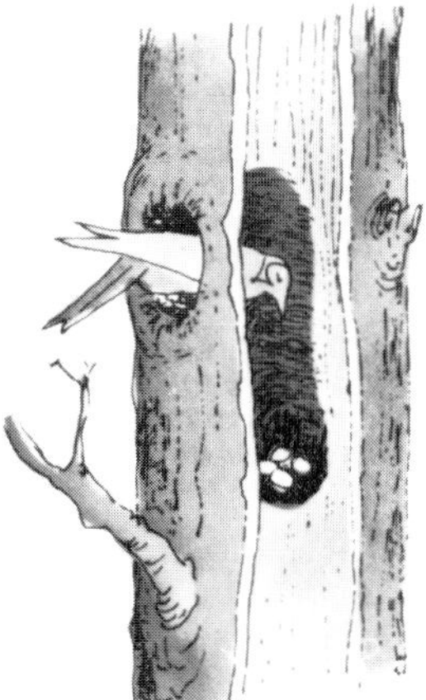

Buntspecht

Kapweber

Mäusebussard

Seidenlaubenvogel

Fortpflanzungsbiologie von Vögeln, Aves

Eigröße und Brutdauer

Mit zunehmender Kleinheit der Vogelarten innerhalb einer Gruppe steigt die relative Eigröße gewöhnlich zunächst langsam, dann aber bei den kleinsten Formen sehr rasch.
Wenn man auch im allgemeinen sagen kann, daß, wie zu erwarten,
Kleinheit des Vogels,
Nest-Flüchtertum, d. h. weit vorgeschrittene Entwicklung des Neugeborenen,
geringe Eizahl im Gelege,
lange Brutdauer
steigernd auf die relative Eigröße wirken, so liegt doch durchaus keine zwingende Notwendigkeit für diese vier Punkte vor. Sie gelten meist nur innerhalb der einzelnen Vogel-Gruppen, und beim Vergleich der Ordnungen und der Familien untereinander finden wir, daß auch manchmal das Gegenteil davon zutrifft.
Sehr lange Brutdauern, besonders bei Nesthockern, sind als etwas Ursprüngliches aufzufassen und haben sich da erhalten, wo die Brut wenig gefährdet ist. Sie sind meist mit langsamer Entwicklung der Nestjungen verbunden.
Kurze Brutdauern werden hervorgerufen durch:
innere Ursachen: absolute Kleinheit des Eies, Nest-Hockertum;
äußere Ursachen: Gefährdung des Eies durch Überschwemmungen, Feinde usw.;
Mehrbrütigkeit.
Bei den meisten Nestflüchtern, die ja größtenteils Bodenbrüter, also stark gefährdet sind, finden wir einen scharfen Wettstreit der inneren und der äußeren Ursachen. Denn die für die sehr fortgeschrittene Entwicklung des Neugeborenen mechanistisch nötige Größe des Eies und die lange Brutdauer werden stark beeinflußt durch die Vieleiigkeit (Gefährdung der Art, es sind meist Beutetiere) und die Zuchtwahl auf Brutkürze (Gefährdung des Nestes).
Das Gewicht des neugeborenen Vogels beträgt bei allen daraufhin untersuchten Gruppen ziemlich genau zwei Drittel des frisch gelegten Eies.
Durch Wägung der gut mit Wasser gefüllten ausgeblasenen Eischale läßt sich die Schwere des frischen Eies recht genau ermitteln.

	Körper-Gewicht des Weibchens	Ei-Gewicht	Verhältnis des Ei-Gewichts z. Körper-Gewicht	Ei-Zahl im Gelege	Verhältnis d. Gelege-Gewichts z. Körper-Gewicht	Brut-Dauer Tage	Bemerkungen
Flachbrustvögel, *Ratites*							
Afrikanischer Strauß, *Struthio camelus*	90 kg	1 1/2 kg	1 1/4%	geg. 15	25%	ca. 42	Dotter, Jolk, ca. 1/3
Nandu, *Rhea americana*	20 kg	575 g	2 3/4%	11 (15)	36%	35 (–40)	
Emu, *Dromaeus novaehollandiae*	40 kg	600 g	1 1/2%	13 (6-8)	20%	56–58	6 frische Eier 585–650 g. Durchschnitt 630 g Eier von 600 u. 660 g, Dotter je 230 u. 238 g = 34–40%. Eiweiß wie Huhn, etwas weicher
Kasuar, mehrere Arten, *Casuarius*	33 kg	550 g	1 3/4%	3-5 (4–6)	7%	ungefähr 8 Wochen	
Süd-Kiwi, *Apteryx australis*	vielleicht 2 1/2 kg	455 g	20% (Süd-, Mantells- und Owens-Kiwi)	1	20%	–	
Mantells-Kiwi, *A. mantelli*	–	415 g		–	–	–	
Owens-Kiwi, *A. oweni*	–	252 g		–	–	–	
Steißfüße, *Podicipediformes*							
Haubensteißfuß, *Podiceps cristatus*	ca. 1 kg	39–45 bis 1,2 Kg wechsld.	ca. 4%	(5–6) meist 4	16%	25	Neugeborene 33,5 u. 25 g. Eiweiß ähnlich Huhn, etw. durchsichtiger, Dotter 40%
Eistaucher, *Glavia immer*	2 kg	177 g	4 1/3%	2	8 1/2%	30	
Pinguinvögel, *Sphenisciformes*							
Brillenpinguin, *Spheniscus demersus*	2 1/2 kg	105 g	4 1/4%	2	8 1/2%	38 (Eudyptes 6 Wo.)	
Sturmvögel, *Procellariiformes*							
Albatros, *Diomedea exulans*	(7 1/2 kg)	470 g	6 1/4%	1	6 1/4%	ungefähr 9 Wochen	

	Körper-Gewicht des Weibchens	Ei-Gewicht	Verhältnis des Ei-Gewichts z. Körper-Gewicht	Ei-Zahl im Gelege	Verhältnis d. Gelege-Gewichts z. Körper-Gewicht	Brut-Dauer Tage	Bemerkungen
Eissturmvogel, *Fulmarus glacialis*	ca. 680 g	105 g	$15^1/_2$%	1	$15^1/_2$%	(56–60?)	
Ruderfüßer, *Pelecaniformes*							
Pelikan, *Pelecanus onocrotalus*	10 kg	165 g	$1^3/_4$%	2–3	$4^1/_3$%	36 (38)	
Tölpel, *Sula bassana*	ca. $3^1/_2$ kg	102 g	2,9%	1	2,9%	43	
Kormoran, *Phalacrocorax carbo*	$2^1/_2$ kg	47 g	geg. 2%	3–4	7%	ca. 23–34	Neugeboren $28^1/_4$ g, 32 g aus Ei von ca. 52 g. Dotter 6,6 g aus Ei von 42 g = 15,5%
Störche, Reiher, Ibisse, *Ciconiae, Ardeae, Ibidae*							
Weißer Storch, *Ciconia ciconia*	$3^1/_2$ kg	118 g	$3^1/_{10}$%	3–5	13%	30	Neugeborene 70, 72 und 77 g
Fischreiher, *Ardea cinerea*	$1^1/_2$ kg	60 g	4%	5	20%	25–26	Neugeboren 39 g
Nachtreiher, *Nycticorax nycticorax*	750 g	36 g	$4^3/_4$%	4–5	20%	21	Neugeboren 25,5 g aus Ei von 38 g. Eiweiß glasartig durchsichtig. Dotter 18%
Zwergrohrdommel, *Ixobrychus minutus*	150 g	12 g	8%	6	48%	16–17	
Flamingos, *Phoenicopteri*							
Flamingo, *Phoenicopterus ruber*	3 kg	160 g	$5^1/_4$%	2 (3)	$10^1/_2$%	(30–32)	
Gänsevögel, *Anseriformes*							
Schellente, *Bucephala clangula*	600 g	62 g	10%	10–12	110%	30	Frisches Mai-Gelege: 55, 56, 58, 65 g. Dotter 22,5 g aus Ei von 56 g = 40%. Neugeborene 34 u. 35 g aus Eiern von 55 und 58 g
Eiderente, *Somateria mollissima*	ca 2 kg	107 g	$5^1/_4$%	4–5 (6–9) (5–7)	25%	28	
Tafelente, *Aythya ferina*	825 g	64 g	$7^3/_4$%	8–10	70%	26	Neugeborene 43 u. 45 g aus Eiern von 66 u. 70 g
Gänsesäger, *Mergus merganser*	1400 g	73 g	5%	8–12	50%	32	
Stockente, *Anas platyrhynchos*	1000 g	53 g	$5^1/_4$%	11	60%	$25^1/_2$–26	Neugeboren 37 g aus Ei von 57 g. Sonst 31–38 g. Eiweiß wie Huhn. Dotter = $^1/_3$
Pfeifente, *Anas penelope*	650 g	44 g	$6^2/_3$%	9–12	67%	23	
Löffelente, *Anas clypeata*	550 g	36 g	$6^2/_3$%	7–12	66%	22-$24^1/_2$	Neugeboren 28 g aus Ei von 42 g
Krickente, *Anas crecca*	330 g	26 g	$7^3/_4$%	8–12	77%	$24^1/_2$, 22	
Brandente, *Tadorna tadorna*	1100 g	87 g	8%	7–12	75%	$28^1/_2$	Frische Eier 83, 83, 86 g. Junge daraus, 1 Tag alt: 51-55 g
Graugans, *Anser anser*	3–$3^1/_2$ kg	175 g	$5^1/_4$%	6–(10)	36%	28–29	Hausgans: Dotter 63 g aus Ei von 175 g = ca. $^1/_3$. Doppelei: 2 Dotter zus. 118 g, Ei 280 g = 42%. Eiweiß ähnlich Huhn, fest. Eier 105–115 g Dotter 33–35 g
Moschusente, *Cairina moschata*	1750 g	70–80 g	$4^2/_3$%	12	geg. 50%	35	Eier 66; 54 g. Dotter 22, 21 g. Neugeboren 47 g aus Ei v. 70 g. Eiweiß ähnlich Huhn
Mandarinente, *Aix galericulata*	500 g	50 g	10%	11–13	120%	31	Dotter 19, 21 u. 22 g aus Eiern von 55, 49 u. 55 g = etwa 40% (auch 36%). Neugeborene 32 u. 35 g. Eiweiß ähnlich Huhn, sehr fest

	Körper-Gewicht des Weibchens	Ei-Gewicht	Verhältnis des Ei-Gewichts z. Körper-Gewicht	Ei-Zahl im Gelege	Verhältnis d. Gelege-Gewichts z. Körper-Gewicht	Brut-Dauer Tage	Bemerkungen
Höckerschwan, *Cygnus olor*	9 kg	350 g	4%	5–8	25%	35½	Ei von etwa 375 g, Dotter 150 g = 40%. Neugeboren durchschnittlich 225 g
Schwarzhalsschwan, *Cygnus melanocoryphus*	4 kg	210 g	5¼%	3–5 (6)	ca. 25%	ca. 35	
Raubvögel, *Falconiformes*							
Kondor, *Vultur gryphus*	11 kg	275 g	2½%	2 (1?)	5%	55–58	Frisch 278 g (Nachgeleg.)
Rabengeier, *Coragyps atratus*	1¾ kg	115 g	6¾%	2 (3)	13¼%	40	
Gänsegeier, *Gyps fulvus*	7 kg	240 g	3⅓%	1	3⅓%	51–52	Neugeboren 200 g (sehr großes Ei)
Seeadler, *Haliaeëtus albicilla*	5 kg	140 g	2¾%	2–3	7%	35 ohne Daten)	Neugeboren 86 g
Steinadler, *Aquila chrysaëtus*	gegen 4½ kg	140 g	3%	2	6%	44	Ei 100 g, Dotter 12 g, Eiweiß etwas durcheinand.
Habicht, *Accipiter gentilis*	1100 g	59 g	5½%	2–4	16%	5 Wochen	Neugeborene 36 u. 38 g
Kornweihe, *Circus cyaneus*	450 g	30 g	6⅔%	4–6	33%	ca. 30	Neugeboren 21 g aus Ei gegen 29 g. ¾ Tag alt 19 g
Sperber, *Accipiter nisus*	250 g	19 g	7%	4–5	31%	31	
Wanderfalke, *Falco peregrinus*	1100 g	52 g	4¾%	3 (4)	14%	29	Neugeboren 31,5 aus Ei von 46 g
Baumfalke, *Falco subbuteo*	230 g	26 g	11%	3–4	38%	28	Neugeboren 17 g
Turmfalke, *Falco tinnunculus*	220 g	19 g	8½%	4–6	43%	28	Neugeboren 16,5 g
Hühnervögel, *Galliformes*							
Laufhühnchen, *Turnices*							
Laufhühnchen, *Turnix atricollis*	60 g	5,4 g	9%	4	36%	13	
Galli, eigentliche Hühnervögel							
Talegalla, *Alectura lathami*	1½ kg	185 g	12½%	–	–	42	
Yarrells Hokko, *Crax carunculata*	2½ kg	180 g	7%	2 (–3)	14%	29	
Hauspfau, *Pavo cristatus dom.*	3 kg	85–100 g	2¾%	6–7 (Wildpfau)	17% 17%	28 Wildpfau 25–26	Pfau, ca. ¾ *cristatus* × ¼ *muticus*, neugeboren 73 u. 78 g. Dotter 40%
Truthuhn, *Meleagris gallopavo*	3½ kg u. mehr	65–82 g u. mehr	1¾%	13	25%	28	Neugeboren ca. 48–57 g je nach Eigröße. Dott. 28%
Hausperlhuhn, *Numida meleagris*	1½ kg	37 g	2½%	ca. 15	37%	24	Neugeboren 23 g. Mischling aus Haushahn u. Perlhenne: Neugeboren 26 g, Brutdauer fast 23 Tage. Dotter 30–34%
Silberfasan, *Gennaeus nycthemerus*	1¼ kg	45 g	3½%	9	31%	26	Dotter 44%
Jagdfasan, *Phasianus colchicus*	900 g	30 g	3,3%	13–17	50%	24	Neugeboren 20 g. Dotter 33%
Haushuhn, *Gallus gallus domesticus*	1½ kg	60 g	4%	–	–	20½	Neugeboren meist 35–40 g. Dotter = ⅓
Zwerghuhn, Schwarze Bantam	½ kg	30 g	6%	–	–	–	
Bankiwahuhn, *Gallus gallus*	550 g	28 g	5%	5–12	50%	18–20	
Sonnerathuhn, *Gallus sonneratii*	550 g	27 g	5%	7–10	43%	–	
Goldfasan, *Chrysolophus pictus*	550 g	25 g	4⅔%	8–12	46%	23–24	
Pfaufasan, *Polyplectrum chinquis*	550 g	39 g	7%	2	14%	21	
Rebhuhn, *Perdix perdix*	375 g	13 g	3⅓%	15	50%	23½	Neugeborene 8,5 g
Schopfwachtel, *Lophortyx californicus*	170 g	10 g	6%	12–16	85%	22½–23	Neugeborene 6–6,5 g
Wachtel, *Coturnix coturnix*	100 g	7 g	7%	8–14	75%	18	
Zwergwachtel, *Excalfactoria chinensis*	45 g	4¾ g	10%	4–6	50%	ca. 17 (18)	
Birkhuhn, *Lyrurus tetrix*	800 g	34 g	4¼%	7–12	42%	ca. 27	10 frische Eier 332 g. Dotter je 13 g = 40%. 4 Neugeborene je 24 g aus Eiern von 35–36 g

	Körper-Gewicht des Weibchens	Ei-Gewicht	Verhältnis des Ei-Gewichts z. Körper-Gewicht	Ei-Zahl im Gelege	Verhältnis d. Gelege-Gewichts z. Körper-Gewicht	Brut-Dauer Tage	Bemerkungen
Kranichvögel, *Gruiformes*							
Rallen, *Rallidae*							
Bläßhuhn, *Fulica atra*	650 g	38 g	6%	5–9	40%	22–23	Neugeborene 20–28 g. Eiweiß wie Huhn. Dotter 25%
Grünfüßiges Teichhuhn, *Gallinula chloropus*	250 g	20 g	$8^{1}/_{3}$%	8–10	75%	20–21	Dotter 5,5 g aus Ei von 18,75 g = 29%. Neugeborenes 14 g. Eiweiß glasiger als Huhn
Wasserralle, *Rallus aquaticus*	110 g	14 g	$12^{1}/_{2}$%	6–10	100%	19–20	Neugeboren 8 g
Kraniche, *Gruiformes*							
Kranich, *Grus grus*	ca. 5 kg	190 g	geg. 4%	2	8%	1 Monat	Neugeboren ca. 125 g
Cariama, *Cariama cristata*	$1^{3}/_{4}$ kg	68 g	geg. 4%	2	8%	25–26	Neugeborene 42 u. 45 g
Regenpfeifervogel, *Charadriiformes*							
Schnepfenartige, *Limicolae*							
Triel, *Burhinus oedicnemus*	400 g	42 g	10%	2	20%	ca. 26	Neugeboren 29 g
Austernfischer, *Haematopus ostralegus*	400 g	48 g	8%	3	24%	$26^{1}/_{2}$	Neugeborene 33 u. 32 g aus Eiern von 50 u. 49 g. Dotter 14, 14 u. 13 g aus Eiern von 43 u. 50 g = 27 u. 33%; Eiweiß ähnlich Huhn, wenig glasiger
Kiebitz, *Vanellus vanellus*	200 g	25 g	$12^{1}/_{2}$%	4	50%	25–26	Neugeboren 16,5 g. Eiweiß milchig durchscheinend. Dotter etwa 35%
Halsbandregenpfeifer, *Aegialitis hiaticola*	60 g	10 g	17%	4	68%	22–23	
Brachvogel, *Numenius arquatus*	900 g	70 g	$7^{3}/_{4}$%	4	33% (ca. 300 g)	$29^{1}/_{2}$	April-Gelege: 70, 73, 73, 75 g. Neugeborene 50, 57, 57, 60 g
Schwarzschwänzige Uferschnepfe, *Limosa limosa*	230 g	39 g	17%	4	68%	ca. 24	Frisches April-Gelege: Ei je 44–45 g. Dotter daraus 13,3 g = 29%. Neugeboren daraus 31,5 g. Nachgelege aus demselben Nest: 36–38 g. Dotter daraus 13 g = 37%. Eiweiß durchscheinend
Rotschenkel, *Totanus calidris*	130 g	22 g	17%	4	68%	$22^{1}/_{2}$	Neugeborene 14,5 u. 13 g
Flußuferläufer, *Tringoides hypoleucus*	45 g	13,3 g	$29^{1}/_{3}$%	4	117%	22	Neugeboren 9 g
Waldschnepfe, *Scolopax rusticola*	275 g	26 g	$9^{1}/_{2}$%	4	38%	20	Neugeboren 17 g
Bekassine, *Gallinago gallinago*	100 g	16 g	17%	4	68%	$19^{1}/_{2}$	Neugeborene 10–11 g. Dotter 33%
Möwen, *Laridae*							
Silbermöwe, *Larus argentatus*	1 kg	90 g	9%	3	27%	26	Neugeborene 50, 63, 78 g aus Eiern von 80, 90, 103 g. Eiweiß glasig, Dotter 22%
Lachmöwe, *Larus ridibundus*	250 g	38 g	$15^{1}/_{2}$%	3	46%	24	Dotter durchschnittl. 25%: 9,5 g (Dotter 9, 10, 9 g aus Eiern von 43, 35, 30 g). Neugeborene 23, 26, 27 g. Eiweiß ähnlich Huhn
Flußseeschwalbe, *Sterna hirundo*	135 g	20 g	14%	(2–) 3	ca. 40%	$22^{1}/_{2}$	Dotter 4,8 u. 6,1 g aus Eiern von 20 g = 25 u. 30%. Neugeborene 13,5, 13,5 (Ei 20 g), 11,5, 12 g
Dunkle Seeschwalbe, *Sterna anaestheta*	(ca. 100 g)	34 g	34%	1 (2)	34%	–	
Flügeltaucher, *Alcidae*							
Tordalk, *Alca torda*	geg. 900 g	90 g	10%	1	10%	30	
Papageitaucher *Fratercula arctica*	650 g	60 g	9%	1	9%	36	

	Körper-Gewicht des Weibchens	Ei-Gewicht	Verhältnis des Ei-Gewichts z. Körper-Gewicht	Ei-Zahl im Gelege	Verhältnis d. Gelege-Gewichts z. Körper-Gewicht	Brut-Dauer Tage	Bemerkungen
Taubenvögel, *Columbiformes*							
Steppenhuhn, *Syrrhaptes paradoxus*	300 g	20 g	$6^2/_8$%	2–3	18%	–	
Ringeltaube, *Columba palumbus*	500 g	18 g	$3^1/_2$%	2	7%	$15^1/_2$	
Felsentaube, *Columba livia*	300 g	17 g	$5^1/_2$%	2	11%	17	Neugeboren 11 g
Mittelgroße Haustaube	400 g	19 g	$4^3/_4$%	2	$9^1/_2$%	17	Dotter 2,75 u. 4,5 g aus Eiern von 15 u. 19 g = ca. 18–22%
Hohltaube, *Stretpopelia oenas*	gegen 300 g	16 g	geg. 5%	2	10%	16	Neugeborenes 12,75 g (Ei 17 g) (Eiweiß durchs.)
Turteltaube, *Turtur turtur*	160 g	9 g	$5^1/_2$%	2	11%	$14^1/_2$	
Diamanttäubchen, *Geopelia cuneata*	35 g	2,4 g	$6^2/_3$%	2	13%	14	
Kuckucksvögel, *Cuculiformes*							
Straußkuckuck *Coccystes glandarius*	135 g	12 g	9%	–	–	–	
Kuckuck, *Cuculus canorus*	100 g	3 g	3%	–	–	$12^1/_4$	
Papageien, *Psittaciformes*							
Ararauna, *Ara ararauna*	ca. 1 kg	35 g	$3^1/_3$%	2	7%	23–25	
Graupapagei, *Psittacus erithacus*	400 g	21 g	$5^1/_4$%	3–4	18%	30	
Wellensittich, *Melopsittacus undulatus*	30 g	2,3 g	$7^3/_4$%	4–6	40%	18	Eiweiß durchsichtig, zäh
Rackenvögel, *Coraciiformes*							
Blauracke, *Coracias garrulus*	140 g!	14 g	10%	4–5	45%	ca. 19	Neugeboren 10 g aus Ei von 13,65 g
Rieseneisvogel, *Dacelo gigantea*	360 g	30 g	$8^1/_4$%	3	25%	21	
Eulen, *Striges*							
Uhu, *Bubo bubo*	$2^1/_2$–3 kg	75 g	$2^3/_4$%	2–3	7%	25, 33–34, 34 u. 36 mehrmals	Frische Eier, 2. Gelege, 11. März. 1. Ei = 72 g, Dotter daraus 12,5 g = 19%. 3. Ei: 17. März = 84 g. 4. Ei: 22. März = 72 g
Waldkauz, *Strix aluco*	500 g	40 g	$7^3/_4$%	3–4 (5)	30%	$28^1/_2$	Neugeboren 28 g
Schleiereule, *Tyto alba*	ca. 330 g	18,5 g	55%	4–7	25%	30	Eier 19,5 u. 20,25 g. Neugeborene daraus 13,5 u. 14,1 g. Ei von 16,5 g, Dotter 3,5 g = 22%. Eiw. fast wasserhell, aber fest
Waldohreule, *Asio otus*	300 g	25 g	$8^1/_4$%	6	50%	27	Drei fast frische Eier je 27 g, Neugeborene daraus 19 g
Steinkauz, *Athene noctua*	175 g	16 g	9%	6 (4–7)	54%	28	Neugeborene 12–13 g
Ziegenmelker, *Caprimulgidae*							
Ziegenmelker, *Caprimulgus europaeus*	geg. 80 g	8 g	10%	2	20%	16	Neugeboren 5,5 g
Segler, *Cypselidae*							
Mauersegler, *Apus apus*	43 g	3,6 g	$8^1/_3$%	2 (3)	17%	20, 18	
Kolibris, *Trochilidae*							
Zwergkolibri, *Mellisuga minima*	ca. 2 g	ca. 0,18–0,2 g	10%	2	20%	–	
Spechte, *Picidae*							
Schwarzspecht, *Dryocopus martius*	ca. 300 g	10–12 g	3–4%	3–5	14%	13?	Neugeboren 9 g
Sperlingsvögel, *Passeriformes*							
Singvögel, *Oscines*							
Kolkrabe, *Corvus corax*	1300 g	30 g	$2^1/_4$%	4–6	11%	20–21	Dotter 5,3 g aus Ei von durchscheinend, aber fest
Raben- und Nebelkrähe, *Corvus corone* u. *cornix*	geg. 500 g	14–22 g	$3^1/_3$%	4 (–5)	14%	(17–18) geg. 18	Eiweiß glashell. Neugeboren 11 g. Dotter 17%
Elster, *Pica pica*	200 g	10 g	5%	5–8	33%	18	Eiweiß glasartig. Dotter 20%

Insekten

Schmetterlinge Mitteleuropas

Schmetterling	Flugzeit	Raupe	Futterpflanzen
Schwalbenschwanz	April–Mai; Juli–September	Juni–Juli; August	Möhre und andere Doldenblütler
Segelfalter	April–Juni; August	Juni–Herbst	Schlehe
C-Falter	April–Juni; August bis Oktober; nach dem Überwintern im zeitigen Frühjahr	Mai–Juni; August–September	Stachelbeere, Johannisbeere, Hopfen, Brennessel
Abendpfauenauge	April–Juli	Juni–September	Weide, Pappel, Linde, Apfel-, Birnbaum
Kiefernschwärmer	April–Juli	Juni–Herbst	Kiefer, Fichte
Wolfsmilchschwärmer	Mai–Herbst	Juni–Oktober	Zypressenwolfsmilch
Lindenschwärmer	April–Juli	Juni–September	Linde
Kleines Nachtpfauenauge	Mai–Juni	Mai–August	Brombeere, Himbeere, Heidelbeere, Heidekraut, Rose
Kohlweißling	Mai–Juni; Juli–Herbst	Mai–August	Kohlarten
Admiral	Mai–Juni; August–September	Mai–Juni; Juli–September	Brennessel, Distel
Mondvogel	Mai–Juli	Juni–Oktober	Linde, Pappel, Eiche
Distelfalter	Mai–September	Mai–September	Distel, Brennessel
Brauner Bär	Juni–August	Herbst–Juni	vielerlei Pflanzen, Kräuter und Sträucher
Schachbrettfalter	Juni–August	Mai–Juni	Gräser
Großer Schillerfalter	Juni–August	im Herbst; nach dem Überwintern bis Mai	Salweide
Großer Fuchs	Juni–Oktober; nach dem Überwintern im zeitigen Frühjahr	Juni–August	Obstbäume, Weide, Ulme, Pappel
Kleiner Fuchs	Juni–Oktober	Juni–Oktober	Brennessel
Tagpfauenauge	Juni–Spätherbst; nach dem Überwintern im März–April	Mai–Juni; August–September	Brennessel, Hopfen
Hausmutter	Juni–November	Frühjahr	Gräser und Kräuter
Totenkopf	Sommer	Juli–September	Kartoffel
Nonne	Juli–August	April–Juni	alle Laub- und Nadelhölzer
Schwammspinner	Juli–September	April–Mai	Obstbäume
Rotes Ordensband	Juli–September	Mai–Juni	Weide, Pappel
Zitronenfalter	Juli–Herbst; nach dem Überwintern im zeitigen Frühjahr	Mai–Juni	Kreuzdorn, Faulbaum
Trauermantel	Juli–Herbst; nach dem Überwintern bis zum April	Mai–Juli	Weide, Pappel, Birke, Ulme

Maximale Tragkraft fliegender Insekten

	Eigengewicht	Größte Last	Verhältnis (Maxim.)
Stubenfliege, *Musca domestica*	0,013 g	0,023 g	1,77
Libelle, *Libellula*	0,115 g	0,157 g	1,62
Schlammfliege, *Eristalis tenax*	0,097 g	0,144 g	1,48
Libelle, *Aeschna grandis*	0,873 g	0,691 g	1,17
Honigbiene, *Apis mellifera*	0,085 g	0,065 g (normale Pollen-Last, 0,02 bis 0,03 g)	1,00
Hummel, *Bombus*	0,214 g	0,134 g	0,87

Insekten, Insecta, biologische Daten

Art	Eigröße (größter Durchmesser)	Eizahl	Dauer der Embryonalentwicklung	Zahl der Häutungen	Dauer der Metamorphose		Zahl der Generationen	Nahrungsmenge	Körpergröße der Imago ♂	♀
Deutsche Schabe, *Blatella germanica*	–	16–42 in 1 Kokon	etwa 24 Tage	6	5–6 Monate bei + 22 °C		–	–	13 mm	14 mm
Körperlaus, *Pediculus vestimenti*	1 mm	etwa 200 (bei 30–37 °C in 35–40 Tagen)	5–6 Tage bei 35–37° 8–10 Tage bei 25–30° 12–16 Tage bei 10–20°	3	Im Mittel 20 Tage (Hase)		Von Temperatur und der Ernährung abhängig	Nahrungsbedürfn. groß. Bei 30–35 °C alle 2–3 Std. Saugakt bis ½ Std.	3–3½ mm	4–4½ mm
Bettwanze, *Cimex lectularius*	0,80-1,31 mm	bis 5 Eier pro Tag	15–29 Tage b. + 14–18° 5–12 Tage b. + 22–26° 4– 7 Tage b. + 35–37°	5	6–7 Wochen (bei 20–25°)		Bei dauernd hoh. Temperatur und bester Ernährung ununterbrochene Generationsfolge möglich	Larve bei 1. Stich 0,36 mg Blut. Mittelgr. Larve, 4,3 mg. ♂ bei 1 Mahlzeit 3,9 mg ♀ bei 1 Mahlzeit 4,3 mg	etwa 5 mm (4,9–6,4 mm)	etwa 6 mm (4,8–8,4 mm)
Mehlmotte, *Ephestia Kuehniella*	0,125-0,5 mm	150–200	7 Tage bei 20°	4	Larve 35 Tage bei 18–22° C (abhängig von Temperatur)	Puppe 18–19 Tage	Knapp 3 in Deutschland	–	24–27 mm Flügelspannung, 10–14 mm Körperlänge	
Kleidermotte, *Tineola biseliella*	410–70 μ	bis 221 (Zahl von Ernährung der Raupe abhängig)	Bei + 20 °C 12 Tage bei + 20–25° 7 Tage	etwa 17	meist mehrere Monate	14–44 Tage	jährlich 3–4 in geheiztem Raum	1 Larve braucht insgesamt 0,0454–0,0993 g Stoff	Maximum ♂ 7,6 mm ♀ 9,5 mm Minimum 3,5 mm, Durchschnitt 4.75–6,5 mm	
Nonne, *Lymantria monacha*	1 mm	bis 265 in Häufchen von je 20–100	3–4 Wochen (Räupchen überwintert im Ei, so daß Eizeit 3–4 Tage + 33 Wochen dauert)	4 oder 5	46 oder 56 Tage	♂ 19 T. ♀ 16½	1	1 Raupe zerfrißt bis zur Verpuppung 600 bis 1400 Nadeln (Escherich)	Spannweite 33–45 mm	40–55 mm
Stubenfliege, *Musca domestica*	etwa 1 mm	mehrmals jährlich etwa 200	12–24 Stunden (bei niedriger Temperatur bis 4 Tage)	–	6–7 Tage	8 Tage	12–13 in Mittelmeerländern	–	6,5–8,75 mm	
Wadenstecher, *Stomoxys calcitrans*	1,1–1,2 mm	wie vorher Juni 86–130 Aug. 87–118	wie vorher	–	wie vorher	wie vorher	–	Saugt an einem Tage soviel Blut, daß eine neue Nahrungsaufnahme erst am 2. oder 3. darauffolgenden Tage stattfindet	6–7 mm	
Hundefloh, *Ctenocepialides canis*	1 mm	–	wie vorher	1	bis 140 Tage	7–354 Tage	–	Stundenlange, unterbroch. Nahrungsaufnahme	wie vorher	wie vorher

Art	Eigröße (größter Durchmesser)	Eizahl	Dauer der Embryonalentwicklung	Zahl der Häutungen (Larve)	Dauer der Metamorphose Larve	Dauer der Metamorphose Puppe	Zahl der Generationen	Nahrungsmenge	Körpergröße der Imago ♂	Körpergröße der Imago ♀
Menschenfloh, *Pulex irritans*	1 mm	bis etwa 8 Eier pro Tag (von Temp. u. Ernährung abhängig)	8–14 Tage	1	bis 200 Tage	7–235 Tage	–	Alle 2 Std. Saugakt von ¼ Stunde Dauer	2,0–2,5 mm	bis 4,0 mm
Kornkäfer, *Calandra granaria*	0,5–0,6 mm	etwa 150	8–9 Tage (Juli, Aug.) 10–12 Tage (Sept., Okt.)	3	etwa 4 Woch.	etwa 8 Tage	2, in südlichen Breiten 3	Larve etwas wenig. als Inhalt eines Getreidekornes	3,5–4,5 mm	
Apfelblütenstecher, *Anthonomus pomorum*	0,6–0,67 mm	etwa 30	6 Tage (bei kühlem Wetter 9 Tage)	3	2–3 Wochen	8–15 Tage	1	Larve frißt Staubgefäße, Stempel und Blütenboden, „Rote Mütze“	2,5–4,5 mm	
Mehlkäfer, *Tenebrio molitor*	–	–	8–10 Tage bei + 25 °C	bis 16 u. mehr (abhängig v. Temper. u. Nahr.)	187–405 Tage	9–12 Tage bei + 25 °C	–	–	10–15 mm	
Rapsglanzkäfer, *Meligethes aeneus*	0,67-0,77 mm	15–20	4 Tage	3	8–20 Tage (von Temperatur abhängig)	11–17 Tage	1 (2?)	–	1,5–2,7 mm	
Gelbrandkäfer, *Dytiscus marginalis*	6,5–7,5 mm	in einer Lege-Periode 500–1000	Im Freien: 4–6 Wochen u. mehr (Februar, März), bis 14 Tage (Apr.–Juni) In Gefangenschaft: bei +19 °C 11 Tage, bei +10 bis 11 °C 29 Tage	3	bei +14 °C 6 Wo., bei +20 °C 21 Tage	bei +27 °C 2 Wo., bei +6 °C 6 Monate	1	Gesamtverbrauch: 1 Larve von Geburt bis Verpuppung im Durchschnitt 300 bis 500 Kaulquappen, d. h. 25–40 g Durchschnittskonsum	30–35 mm	
Goldlaufkäfer, *Carabus auratus*	4,4–5,5 mm	6–10	3–15 Tage	3	1½ Monate	etwa 14 Tage	1	–	20–27 mm	
Maikäfer, *Melolontha melolontha*	Im Mittel 2,75 mm	60–80 zu je 10–30	4–6 Wochen	?	etwa 3–5 J.	4–8 Wochen	–	–	20–25 mm (Reitter)	
Honigbiene *Apis mellifera*	1,3–1,5 mm	1500000 während des ganzen Lebens	3 Tage für ♂, ♀, ☿	5	—10,5–12 T., ♀ 7 T. ☿ 9 Tage	—10 T. —5–7 T. —9–15 Tage	1	–	15–17 mm	♀ 15–20 mm ☿ 12–14 mm
Im Vergleich dazu: Flußkrebs, *Astacus astacus*	2–3 mm	36–300 (je nach Größe des ♀)	9–10 Monate Nov./Dez. bis Juni/Juli	–	–		–	–	14–16 cm	12–14 cm

Insektenflug, Schlagfolge und Geschwindigkeit

Art bzw. Gattung	v in m/sec	Schlagfolge pro Sek.
Schwärmer, *Sphingiden*	bis zu 15	
Rinderbremse, *Tabanus bovinus*	bis zu 14	
Schlankjungfer, *Agrion*	bis zu 14 normal 1–2	25,3–29 (fixiert)
Libelle *Libellula depressa*	normal 4; schneller Flug 6–10	
Eintagsfliege, *Cloëon dipterum*		41– 44 (fix.)
Mistkäfer, *Geotrupes*	7	
Hummel, *Bombus*	3–5	220
Pelzbiene, *Anthophora*	4	
Honigbiene, *Apis mellifera*	3,7 (Abflug vom Stock)	180–203 (fix.)
Schwalbenschwanz, *Papilio machaon*	3,5 (bis 4)	
Kleine Faltenwespe, *Odynerus parietum*	3,4	
C-Falter, *Polygonia C-album*	3,3	
Junikäfer, *Anomala horticola*	3,3	
Gr. Schlupfwespe, *Trogus exaltatorius*	3,0	
Maikäfer, *Melontha melolontha*	2,2 (bis zu 3)	
Schlammfliege, *Eristalis tenax*	2,7	177–188 (fix.) 177–193 (frei)
Schmeißfliege, *Calliphora vomitaria*	2,7	155 (fixiert) 161–165 (frei)
Stubenfliege, *Musca domestica*	2,0 bis 2,3	115–167 (fix.) 180–197 (frei)
Solitäre Biene, *Halictus*	2,3	
Blasenkäfer, *Lytta*	2,3	
Weißling, *Pieris brassicae*	1,8 bis 2,3	9
Bläuling, *Lycaena argiolus*		11 (fix.)
Sandkäfer, *Cicindela*	2,2	
Leichenfliegen	2,1	
Kohlschnaken, *Tipulidae*	2	44–73 (fix.)
Wespen, *Vespa germanica*	1,8	
Vespa vulgaris	1,9	110
Hosenbiene *Dasypoda*	1,8	
Solitäre Biene, *Nomada*	1,6	
Skorpionfliege, *Panorpa*	1–4	
Schnepfenfliege *Chrysopilus*	1,3	
Spanner, *Gnophos*	1,3	
Kleine Eule, *Brephos nota*	1,2	
Köcherfliege, *Phryganea striata*	1,2 (bis 1,4)	
Faltenmücke, *Psychoptera*	1,1	
Erlenblattkäfer *Agelastica alni*	0,9	
Florfliege, *Chrysopa*	0,6	
Köcherfliegen, *Phryganiden*		38 (fix.)
Heuschrecke, *Stenobothrus biguttulus*		33–34 (fix.)
Taubenschwänzchen, *Macroglossa*		70
Spanner, *Acidalia*		32 (fix.)
Marienkäfer, *Cocinella septempunctata*		75–91 (fix.)

v in m/sec = Geschwindigkeit in Meter pro Sekunde (1 m/sec = 3,6 km/st)
fix., fixiert: das untersuchte Tier war an die Meßanordnung angeheftet.

Soziale Insekten (Tierstaaten) (B →S. 216)

Sie bilden einjährige »Sommerstaaten« (ein Weibchen überwintert und legt im Frühling einen neuen Staat an; verschiedene Wespen und Hummeln) oder Dauerstaaten (Ameisen, Bienen, tropische Wespen, Hummeln, Termiten).

Die Staaten bestehen
bei der Feldwespe aus einigen Dutzend Tieren,
bei der gewöhnlichen Wespe aus einigen hundert Tieren,
bei der Hornisse aus einigen hundert Tieren,
bei der Hummel aus 300–400 Tieren,
bei der deutschen Wespe aus bis 4000 Tieren,
bei der Honigbiene aus 20000–80000 Tieren,
bei den Ameisen und Termiten aus bis zu mehr als 1 Million Tieren.

Der Bienenstaat besteht aus einer Königin, die mit einem »Schwarm« von 10000–15000 Bienen den Stock verläßt und einen neuen »Staat« gründet, mehreren hundert (männlichen) Drohnen und den Arbeiterinnen (unfruchtbaren Weibchen), die eine genau geregelte Arbeitsordnung und -teilung haben: Zuerst reinigen sie die Zellen, dann füttern sie bis zum 5. Lebenstag die älteren Larven mit Blütenstaub und Honig; am 6. Tag entwickeln sich bei ihnen Speicheldrüsen, aus denen sie die jungen Larven füttern. Vom 10. Tag an stellen sie die Brutpflegetätigkeit ein; sie nehmen den heimkehrenden Bienen den Nektar und den Blütenstaub und füllen damit die Zellen; sie scheiden aus neugebildeten Drüsen Wachs aus und bauen Waben; sie halten den Stock rein; schließlich übernehmen sie den Wachdienst am Flugloch. Erst nach 20 Tagen werden sie Flug- und Sammelbienen und tragen Nektar und Blütenstaub ein. Nach 35 Tagen sterben sie ab.
Der Hummelstaat ist einjährig; er wird von einem überwinterten, befruchteten Weibchen (Königin) gegründet. Nach den ersten im Mai schlüpfenden Arbeiterinnen tauchen im Frühsommer Männchen auf. Im Spätsommer entstehen aus Larven der Königin neue Weibchen. Die alte Königin stirbt ab. Die Zellen bestehen aus Wachs und Pollen und haben ringförmigen Querschnitt im Gegensatz zu den sechseckigen Bienenzellen. Die häufigsten Hummelarten in Deutschland sind: die Erdhummel (Bombus terrestris) und die Steinhummel (Bombus lapidarius).
Der Wespenstaat ist ebenfalls einjährig. Im Gegensatz zu Bienen und Hummeln besteht das Nest aus Papiermasse, die vom Speichel aus Holz gebildet wird. Die wichtigsten Wespen in Deutschland sind: die Hornisse, die Deutsche Wespe (Vespa germanica) und die Gewöhnl. Wespe (Vespa vulgaris). Auch in den Ameisenstaaten gibt es Königinnen (oft mehrere in einem Staat), (geflügelte, nicht arbeitende) Männchen und (ungeflügelte) Arbeiterinnen, bei denen sich durch besondere Ernährung noch »Soldaten« (mit starken Kiefern) ausbilden können, die die Verteidi-

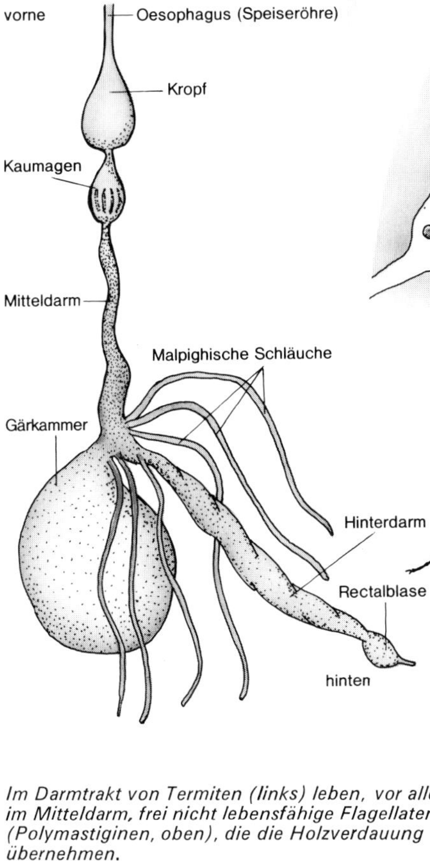

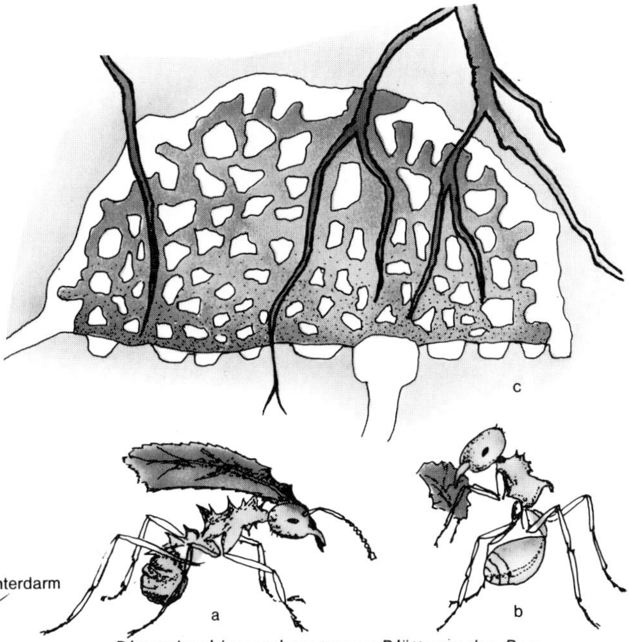

Blattschneiderameisen tragen Blätter in den Bau ein (a), zerkleinern sie (b) und verwenden sie als Substrat für unterirdische Pilzgärten (c), aus denen sie sich verpflegen.

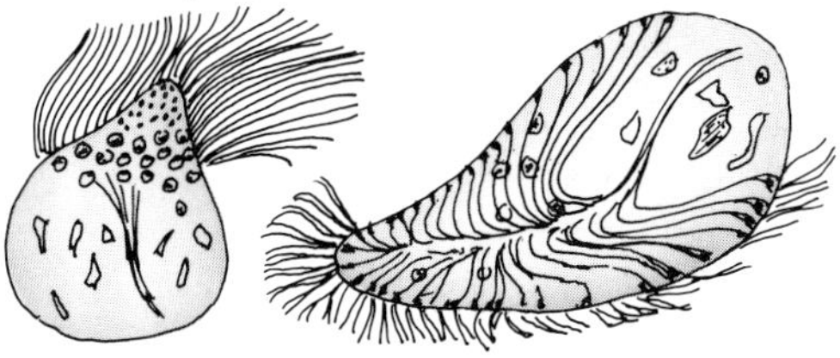

Im Darmtrakt von Termiten (links) leben, vor allem im Mitteldarm, frei nicht lebensfähige Flagellaten (Polymastiginen, oben), die die Holzverdauung übernehmen.

gung des Staates übernehmen. Die Ameisen halten Blattläuse als »Haustiere«, um ihre zuckerhaltigen Ausscheidungen zu bekommen; manche Arten speichern Blattlauszucker im Darm bestimmter Arbeiterinnen (»Honigtöpfe«) auf; manche züchten Pilze; andere rauben fremde Ameisenpuppen und halten die ausschlüpfenden Arbeiterinnen als »Sklaven«.
Die Termiten, deren Staaten riesige Größe annehmen können, haben eine Königin und einen König, ferner unfruchtbare Arbeiter (Altlarven) beiderlei Geschlechts mit unterschiedlichen Aufgaben und von verschiedener Größe und Soldaten mit Kieferzangen oder Klebevorrichtung.

Formen von Antennen (Fühlern) bei Insekten

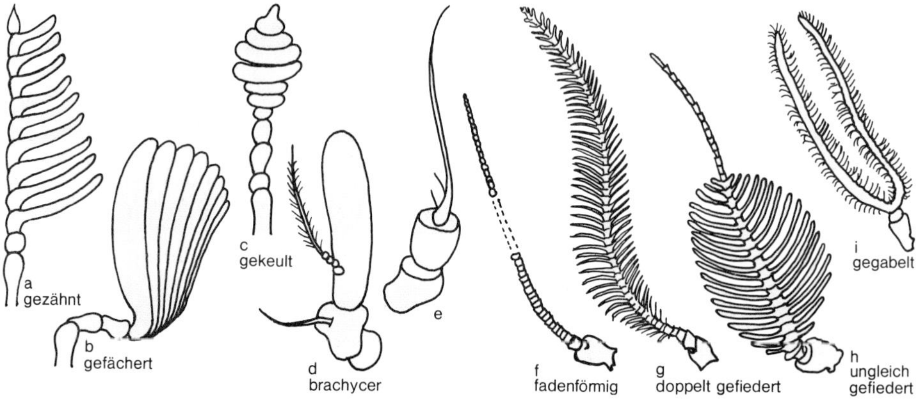

a Schnellkäfer, b Maikäfer, c Bohrkäfer, d und e Fliegen, f Maulwurfgrille, g Gabelschwanz, h Blausieb, i Blattwespe Sterictiphora spec.

Schwämme

Geißelkammern

	Geißelkammern mm Durchmesser	Gestalt
Lederschwamm, *Chondrosia reniformis*	0,03	kugelig
Brotschwamm, *Halichondria panicea*	0,034	rundlich
Petrosia hispida	0,029	kugelig
Reniera	0,024	kugelig
Chalinopsilla	0,03	birnenförmig
Phyllospongia	0,02–0,038	kugelig
Leiosella	0,032–0,037	kugelig od. birnenf.
Badeschwamm, *Euspongia*	0,03–0,04	birnenförmig
Pferdeschwamm, *Hippospongia*	0,032	kugelig
Thorecta	0,045	kugelig
Aplysinopsis	0,034	kugelig
Aplysina	0,026–0,035	kugelig
Oligoceras	0,04	birnenförmig
Dysideopsis	0,04–0,048	kugelig
Halme	0,016–0,024	kugelig
Stelospongia	0,041–0,048	kugelig
Hircinia	0,022–0,04	kugelig
Mycale murrayi	0,024	rundlich
Mycale gelatinosa	0,034	rundlich
Esperiopsis challengeri	0,043	rundlich
Myxilla nobilis	0,048	rundlich
Aulena	0,027	kugelig
Hyattella	0,03	kugelig
Ephydatia fluviatilis	0,028–0,05	kugelig
Acanthella stipitata	0,0067–0,0083	kugelig

Zahl der Geißelkammern

Leucandra aspera var. *gigantea:* Für ein 7,1 cm langes Exemplar schätzt man die Zahl der Geißelkammern auf 2¼ Millionen mit einer Fläche von 52,5 cm², die Zahl der zuführenden Kanäle auf 81 000, der abführenden Kanäle auf 5200.

Oscula-Durchmesser

Syconen: 1–2 mm.
Geodia barretti: 8–10 mm.
Hornschwämme
Cornacuspongida: meist 1–5 mm.
Stylotella heliophila (lebend, am Fundort): bei maximaler Öffnung 4½ mm.

Größe der Kragen-Geißelzellen

Kalkschwamm
Leucosolenia coriacea (lebend): 12–13 × 5–6 μ. Kragen 10–11 μ. Geißel 25–27 μ.
Leucosolenia sp.: 22,13 × 5 μ. Geißel 25,5 μ.
Sycon ciliatum (einschl. des Kragens): 27,3 × 8,55 μ. Geißel 40,6 μ.
Grantia compressa (lebend): 12 × 6,6 μ basale Breite. Weite des aus etwa 30 durch ein Häutchen vereinigten Fäden bestehenden Kragens 4,6 μ. Geißel 30–50 × 1/5–1/10 μ.
Sycon raphanus: 7 × 5 μ.

Verteilung von Wasser, anorganischer und organischer Substanz

Es enthalten 100 g Lebendgewicht des Tieres:

	Wasser	anorganische Substanz	organische Substanz
Lederschwamm, *Chondrosia reniformis*	84,00 g	4,668 g	11,332 g
Desmacidon fruticosus	91,10 g	8,90 g i. T.	
Ancorina cerebrum (Stelletta wagneri)	77,5 g	14,505 g	7,995 g
Meerorange, *Suberites domuncula*	78,6 g	9,61 g	11,79 g
Suberites domuncula	77,5 g	14,9 g	7,6 g
Suberites massa	85,5 g	4,4 g	7,1 g
Suberites massa	82,2 g	7,807 g	9,993 g
Kugelschwamm, *Tethya aurantium*	74,535 g	11,8 g	13,665 g

Elementarzusammensetzung des Schwamm-Gesamtkörpers

Z. B. der Korkschwamm *Meerorange, Suberites domuncula*

	% des Tieres	% der festen Stoffe	% des organischen Anteils	% der Asche
Wasser	73,23	–	–	–
Feste Bestandteile	26,76	–	–	–
Organische Bestandteile	–	39,29	–	–
Mineral-Bestandteile	–	60,71	–	–
C	–	20,64	52,53	–
H	–	3,13	7,95	–
Si	–	53,01	–	87,32
J	–	0,001	–	–
Br	–	0,044	–	–
Cl	–	2,16	–	3,56
S	–	0,66	–	1,09
P	–	0,06	–	0,10
As	–	0	–	–
Fe	–	0	–	–
Mn	–	Spuren	–	–

Protozoen

Dauer des Teilungsaktes bei Protozoen

Wechseltierchen, *Amoeba crystalligera*	3	Minuten
Pyxidicula operculata	10	Minuten
Cochliopodium pellucidum	30	Minuten
Glockentierchen, *Vorticella microstoma*	30	Minuten
Opalina ranarum	40–50	Minuten
Glockentierchen, *Vorticellinen, im allgemeinen*	45–60	Minuten
Pantoffeltierchen, *Paramecium caudatum*	ca. 1	Stunde
Wechseltierchen, *Amoeba vespertilio*	1	Stunde
Stylonychia mytilus	1–2	Stunden
Euglypha alveolata	2	Stunden
Pantoffeltierchen, *Paramecium aurelia*	ca. 2	Stunden
Dileptus anser	ca. 2	Stunden
Trompetentierchen, *Stentor polymorphus*	ca. 2	Stunden
Geißeltierchen, *Euglena viridis*	ca. 3–4	Stunden
Pelomyxa binucleata	7½	Stunden
Hyalopus dujardini	1–3	Wochen

Die Malaria-Parasiten des Menschen

Größen werden häufig im Verhältnis zum Durchmesser eines roten Blutkörperchens (normal ca. 6–8,5 μ) angegeben (abgekürzt Bkd).

Parasit	Plasmodium vivax (Grassi u. Feletti 1890)	Plasmodium malariae (Laveran 1881)	Plasmodium immaculatum (Grassi u. Feletti 1890)
Krankheit	Tertiana	Quartana	Tropica
Entwicklung der Schizonten	48 Stunden	72 Stunden, mitunter weniger	24 bis ca. 48 Stunden
Inkubation bei natürlicher Infektion	12–20, meist 15–19 Tage, auch bis 22 Tage	12–14 Tage	9–17 Tage, durchschnittlich 13
Inkubation bei Blut-Überimpfung	8–12, meist 10–11 Tage	durchschnittlich 18 Tage	3–6,5 Tage
im peripheren Blut	alle Stadien der Schizogonie	alle Stadien der Schizogonie	meist nur Ring-Formen (Weiterentwicklung i. Knochenmark, Milz usw.)
Verhalten der infizierten Blutkörperchen	vergrößert und abgeblaßt, mit Schüffnerscher Tüpfelung	nicht wesentlich verändert	nicht wesentlich verändert, evtl. mit Maurerscher Fleckung
Jüngste Parasiten	Ringe: (Siegelringform) ohne Pigment. Größe: 0,25–0,33 Bkd. = 1,50–3 μ, Kern 0,50–1,25 μ, Bewegung lebhaft	ähnlich wie P. vivax	sehr feine Ringe ohne Pigment. Größe: ca. 0,17 Bkd. oder weniger = 1–1,5 μ, Bewegung lebhaft
Halberwachsene Parasiten	große Ringe od. amöboide Formen mit Pigm. Größe: 0,50–0,75 Bkd.; n. 24 Std. ca. 0,75 Bkd. = 5–7 μ, Bewegung sehr lebhaft	Ringe, Scheiben- od. sog. Band-Form mit Pigm. Größe: 0,33–0,66 Bkd., Bewegung gering	feine Ringe mit sehr feinem Pigm. Größe: n. 6–12 Std. ca. 0,33–0,25 Bkd.; nach 20–24 Std. ca. 0,33 Bkd., Bewegung läßt nach
Erwachsene Parasiten (Schizonten)	runde, ovale od. unregelmäßige Scheiben mit reichlichem Pigm. Größe: 1,25–1,50 Bkd. = ca. 10 μ; Kern bis 3 μ; Pigm.-Körnchen unmeßbar bis 0,50 μ, Bewegung hört auf	ähnlich wie P. vivax. Größe: ca. 1 Bkd., nicht größer als ca. 8 μ, Beweg. hört auf, Kernteilung beg. oft schon von der 48.–50. Std. an	selten im peripheren Blut. Scheibenform mit feinem Pigment. Größe: 0,50 bis 0,66, höchstens 0,75 Bkd.

Parasit	Plasmodium vivax	Plasmodium malariae	Plasmodium immaculatum
Krankheit	Tertiana	Quartana	Tropica
Teilungs-Form	Morula-Form	meist Gänseblümchen-Form	unregelmäßig oder ähnlich der Morula-Form
Anzahl der Merozoiten aus einem Schizonten	14–18, meist 16, seltener 12–25, mitunter 32 (?), sogar 46 (?)	6–12 oder 15, gewöhnlich 8	6–25, meist 10–20, oft 8–10; in Kultur bis 32
Geschlechtsformen allgemein	Form: rund, oval od. unregelmäßige Scheiben. Größe: bis 1,5 Bkd., 12–16 μ. Entwicklungsdauer ca. doppelt so lang wie die der Schizonten	Form: rund, oval oder unregelmäß. Scheiben. Größe: ca. 1 Bkd.	Übergangsformen 7–12 zu 3 μ; Halbmonde 9–14 zu 2–4 μ; Entwicklungsdauer 7–9, meist 8 Tage
Mikrogametozyten	Kern bis 10 zu 3–4 μ, Pigmentkörnchen manchmal größer und weniger zahlreich als bei Makrogametozyten	–	–
Mikrogameten	20–25 μ lang, unmeßbar bis zu 1 μ breit; 4–8 meist 6 aus jeder Mikrogametozyte	–	–
Makrogameten	12–14 μ, Kern kugelig 4–5 μ oder länglich 7–8 zu 1–2 μ, Pigmentkörnchen 0,5–1,5 μ	10–12 μ	in Italien 7–10 μ, in Westafrika 7 μ
Ookinet	18–24 zu 3–5 μ, mit den beiden Geschlechtskernen, die erst 5–8 Std. nach der Befruchtung verschmelzen	–	kleiner als der Vivax-Ookinet
Oozyste	anfangs 5 μ, reif 40–70 μ Durchmesser, nach Darling am 4. Tage 12–16,5 μ, am 9. 48 μ; mitunter nur bis 34 μ	–	anfangs 4–5 μ; reif 30–60 μ, selten 70–90 μ, z. T. am 2.–5. Tag 5 μ, am 12. Tag bis 30 μ; mitunter nur bis 44 μ
Sporozoiten	10–20, meist 14–15 μ lang, 1–2 μ breit; viele Tausende in derOozyste	–	in der Oozyste mehrere 100 bis über 10000

Haustiere

Anzahl der Zuchtrassen

Hund	200	Schaf	50	Nerz	12	Enten	30
Rind	120	Schwein	35	Silberfuchs	6	Gänse	20
Kaninchen	90	Ziege	20	Tauben	200	Truthühner	6
Pferd	60	Esel	15	Hühner	150		

Hunderassen ([B] → 213, Rassemerkmale)

Wildhunde
In der Nähe menschlicher Siedlungen wildlebende oder verwilderte Hunde.
Dingo
Tenggerhund

Pariahunde
Canaan Dog

Primitivhunde
Basenji
Batak-Spitz
Baganda Hunting Dog
Douarhund
Kuri
Neuirland-Hund
Phu Quoc Dog
Schensihund

Nordlandhunde
In Freiheit immer wieder mit Wolfsblut vermischt; keine einheitlichen Rassen, sondern Gebrauchstypen.

Schlittenhunde
(*Polarhunde*)
Alaskan Malamute

Eskimo-Hund
Nordöstlicher Schlittenhund
Samojede
Siberian Husky

Elchhunde
Dyrehund
Grahund
Jämthund

Bärenhunde
Karelischer Bärenhund
Thal-Tan Bear Dog

Vogelhunde
Finnenspitz
Lundehund

Laika
Herkunft
Russisch-finnischer Laika
Russisch-europäischer Laika
Westsibirischer Laika
Ostsibirischer Laika
Nordrussischer Samojeden-Laika

Spitze
Sehr urtümlicher, seit der frühen Bronzezeit nachweisbarer kleiner, langhaariger Hundetyp mit Ringelrute.

Europäische Spitze
Deutscher Großspitz
Deutscher Kleinspitz
Isländer Spitz
Keeshond
Lapphund
Norwegischer Buhund
Schipperke
Västgötaspets
Volpino Italiano

Chinesische Spitze
Chow-Chow
Smooth Chow

Japanische Spitze
Akita-Inu
Nippon-Inu
Shiba-Inu
Mikawa-Inu

Pinscher und Schnauzer
Aus dem Spitztyp entstanden als Raubzeugbekämpfer.

Pinscher
Affenpinscher
Belgische Zwerggriffons
Brabançon
Griffon belge
Griffon Bruxellois
Pinscher
Dobermann
Harlekinpinscher
Österreichischer Pinscher
Zwergpinscher

Schnauzer
Schnauzer
Riesenschnauzer
Zwergschnauzer
Smoushond

Terrier
Dem Spitz nahestende scharfe Jagd- und Erdhunde.

Hochläufige Terrier
Airedale Terrier
Bedlington Terrier
Boston Terrier
Bull Terrier
Staffordshire Bull Terrier
Zwerg-Bull Terrier
Welsh Terrier
Deutscher Jagdterrier
Fox Terrier
Irish Terrier
Kerry Blue Terrier
Kromfohrländer
Lakeland Terrier
Soft-coated Wheaten Terrier

Niederläufige Terrier
Australian Terrier
Border Terrier
Cairn Terrier
Dandie Dinmont Terrier
Manchester Terrier
Norwich Terrier
Person Jack Russel Terrier
Scottish Terrier
Sealydale Terrier
Sealyham Terrier
Skye Terrier
West Highland Terrier
Yorkshire Terrier

Sonderformen
Chihuahua
Mexican Hairless
Afrikanischer Nackthund
Chinese crested Dog

Doggen
Große, kräftige Hunde mit stark überhängenden, dikken Oberlippen, die einen Kälteschutz bedeuten und eine Abkunft von Polar- und Gebirgshunden (Tibet!). nahelegen.
Bernhardiner
Bordeauxdogge
Boxer
Bullmastiff
Deutsche Dogge
English Bulldog
Fila Brasileiro
Französische Bulldogge
Hovawart
Leonberger
Mastiff
Mastiñ Espagñol
Mastino Napolitano
Mops
Neufundländer
Landseer
Tibetdogge

Treibhunde
Dienten ursprünglich im Gegensatz zu Hirten- und Schäferhunden zum Treiben von Vieh über weite Strecken (Alpenpässe!); später auch als Ziehhunde vor Karren verwendet, wofür aber die weichen Hundeballen schlecht geeignet sind.

Schweizer Treibhunde
Appenzeller Sennenhund
Berner Sennenhund
Entlebucher Sennenhund
Großer Schweizer Sennenhund

Treibhunde anderer Länder
Bouvier des Ardennes
Bouvier des Flandres
Rottweiler
Vlaamsche Trekhond

Hirtenhunde
Große, kräftige Hunde, die im Gegensatz zu den Schäferhunden hauptsächlich zur Verteidigung des Hirten und seiner Herden gegen Räuber und Raubtiere bestimmt waren.

Italienische Hirtenhunde
Cane da Pastore Bergamasco
Cane da Pastore dell'Italia Centrale

Jugoslawische, griechische und rumänische Hirtenhunde
Rumänischer Hirtenhund

Sar planine
Sar tip
Spartiate

Polnische Hirtenhunde
Owczarek Podhalanski
Owczarek Nizinny

Portugiesische und spanische Hirtenhunde
Berger de Serra da Estrela
Gos d'Atura
Gos d'Atura Cerda
Mastiñ de los Pirineos
Rafeiro do Alentejo

Russische Oftscharki
Transkaukasischer Oftscharka
Nordkaukasischer Steppen-Oftscharka
Mittelasiatischer Oftscharka
Südrussischer Oftscharka

Ungarische Hirtenhunde
Komondor
Kuvasz
Puli
Pumi

Tibetische Kleinformen
Lhasa Apso
Shih-Tzu
Tibet Terrier

Schäferhunde
Seit der mittleren Bronzezeit zum Beschützen und vor allem Zusammenhalten der Herden gehaltene, äußerlich oft sehr verschiedene Hundetypen.

Belgische Schäferhunde
Groenendael
Laekenois
Malinois
Tervueren

Deutsche Schäferhunde
Deutscher Schäferhund
Hütespitz
Pommerscher Hütehund
Schafpudel

Französische Schäferhunde
Berger de Beauce
Berger de Brie
Bergers du La guedoc
Farou
Berger de la Camargue
Berger de la Grau
Berger des Carrigues
Berger du Larzac
Berger Picard
Bergers des Pyrénées
Berger de Labeda
Berger d'Azun
Berger d'Arbazile
Berger de Saint-Béat
Berger de Bagnères
Berger de Savoie

Englische Schäferhunde
Bobtail
Cumberland Sheepdog
Collie
Bearded Collie
Border Collie
Shetland Sheepdog
Welsh Corgi (Cardigan)
Welsh Corgi (Pembroke)

Niederländische Schäferhunde
Nederlandsche Herdershond
Nederlandsche Schapendoes

Portugiesische Schäferhunde
Berger da Serra de Aires
Berger da Castro Laboreiro

Schäferhunde anderer Länder
Armant
Hrvatski ovčarski pes
Kelpie und Heeler
Lapsk vallhund
Mudi

Windhunde
Auf Schnelligkeit gezüchtete Luxushunde für die Jagd in Wüste und Steppe; schon aus Alt-Ägypten bekannt.

Nördliche Windhunde
Deerhound
Greyhound
Irish Wolfhound
Whippet

Östliche Windhunde
Barsoi
Chortaj
Südrussischer Steppenwindhund
Tasy
Tajgan
Tschika

Südliche Windhunde
Afghanischer Windhund
Australischer Windhund
Galgo Español
Griechischer Windhund
Italienisches Windspiel
Magyar agár
Saluki
Sloughi

Bracken oder Laufhunde
Sie verfolgen das Wild lautgebend ausdauernd mit der Nase; z. T. früher als Meutehunde verwendet.

Deutsche Laufhunde
Bayerischer Gebirgsschweißhund
Dackel (Dachshund, Teckel)
Deutsche Bracke
Hannoverscher Schweißhund
Westfälische Dachsbracke

Österreichische Laufhunde
Alpenländisch-Erzgebirgler Dachsbracke
Österreichische Bracke
Tiroler Bracke
Steirische rauhhaarige Hochgebirgsbracke

Belgische und französische Laufhunde
Große Laufhunde
Chien de Saint Hubert
Billy
Chambray
Grand Bleu de Gascogne
Grand Gascon Saintongeois
Haut Poitou
Levesque
Poitevin-Normand
Grand Griffon Nivernais
Grand Griffon Vendéen
Hasenmeutehunde
Ariégois
Artésien-Normand
Briquet Griffon Vendéen
Chien d'Artois
Porcelaine
Petit Bleu de Gascogne
Petit Gascon-Saintogeois
Griffon Bleu de Gascogne de petite taille
Griffon Fauve de Bretagne

Englische Laufhunde
Basset Hound
Beagle
Kerry Beagle
Bloodhound
Foxhound
Harrier

Otter Hound
Staghound
Welsh Hound

Abkömmlinge englischer Laufhunde in den USA, Australien und Südafrika
American Foxhound
Bluetick Coonhound
English Coonhound
Plott Hound
Rebdone Hound
Treeing Walker Hound
Walker Hound
Känguruh Hound
Rhodesian Ridgeback

Laufhunde französisch-englischer Kreuzung
Anglo-Français
Anglo-Normand
Anglo-Poitevin
Anglo-Saintongeois
Anglo-Français
Harrier-Poitevin
Harrier-Porcelaine

Bassets (Französische Niederlaufhunde)
Basset Artésien-Normand
Basset Bleu de Gascogne
Basset Fauve de Bretagne
Basset Griffon Vendéen

Niederländische, italienische und spanische Laufhunde
Nederlandse Steenbrak
Segugio
Alano
Sabueso

Skandinavische Laufhunde
Drever
Dunker
Finnenbracke
Hamilton Stövare
Hygen Bracke
Schiller Stövare
Småland Stövare

Schweizer Laufhunde
Berner Laufhund
Luzerner Laufhund
Schweizer Laufhund
Juga-Laufhund
Schweizer Niederlaufhunde

Mediterrane Laufhunde
Cirnego dell'Etna
Podenco Espagnol
Podenco Ibicenco (Pharaonenhund)
Podenco Portugues

Südöstliche Laufhunde
Balkanski goniči
Dalmatiner
Erdélyi kopó
Istrski goniči
Keltski gončiči
Polski Ogar
Posavski gonici
Slovensky kopov

Laufhunde des Ostens
Chinesische Bracke
Russische Laufhunde
- Estnischer Laufhund
- Russischer Laufhund
- Fahlgelber russischer Laufhund

Vorstehhunde
Zeigen dem Jäger lautlos, durch bestimmte Körperhaltung (»Vorstehen«) das Versteck des Wildes an; seit dem Altertum bekannt.

Deutsche Vorstehhunde
Deutsch Drahthaar
Deutsch Kurzhaar
Deutsch Langhaar
Deutsch Stichelhaar
Griffon
Großer Münsterländer
Kleiner Münsterländer
Pudelpointer
Weimaraner

Britische Vorstehhunde
English Setter
Gordon Setter
Irish Setter
Welsh Setter
Pointer

Französische Vorstehhunde
Braque de l'Ariège
Braque d'Auvergne
Braque du Bourbonnais
Braque Dupuy
Braque Français
Braque Français de petite taille
Braque Saint-Germain
Épagneul Breton
Épagneul Français
Épagneul Picard
Épagneul Bleu de Picardie
Épagneul de Pont Audemer
Barbet
Griffon à poil dur
Griffon à poil laineux

Italienische Vorstehhunde
Bracco
Spinone

Niederländische Vorstehhunde
Drentse patrijshond
Staby

Portugiesische Vorstehhunde
Cao de Agua Portugues
Perdigeiro Portugues

Spanische Vorstehhunde
Braco Carlos VIII.
Pachón de Vitoria
Perdiguero burgalés

Vorstehhunde anderer Länder
Braque Belge
Fousek
Magyar Vizsla

Apportierhunde
bringen dem Jäger das erlegte Wild.
Chesapeake Bay Retriever
Coated Retriever
Golden Retriever
Labrador Retriever

Stöberhunde oder Spaniels
Sucht das Wild unter dem Gewehr, stöbert es auf und apportiert es.

Amerikanische Stöberhunde
American Cocker Spaniel
American Water Spaniel
Brittany Spaniel

Deutscher Stöberhund
Deutscher Wachtelhund

Englische und irische Stöberhunde
Clumber Spaniel
English Cocker Spaniel
Field Spaniel
Irish Water Spaniel
English Springer Spaniel
Sussex Spaniel
Welsh Springer Spaniel

Niederländische Stöberhunde
Koikerhond
Wetterhond

Zwergformen der Stöberhunde
Asiatische Zwergformen
Japan Chin
Peking Palast-Hund
Tibet Spaniel

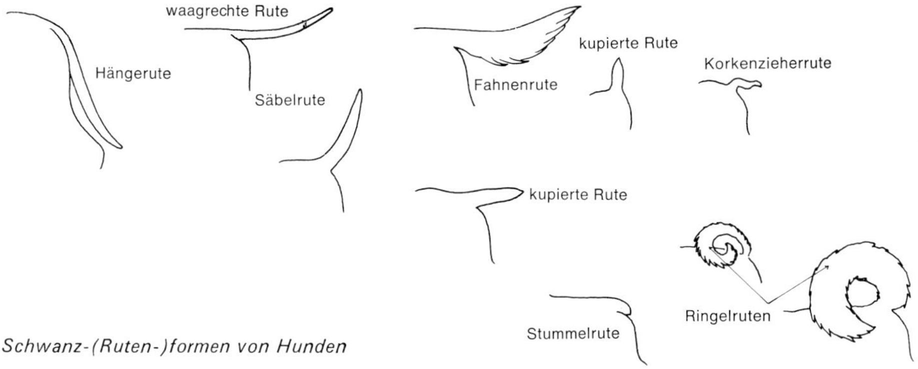

Schwanz-(Ruten-)formen von Hunden

Belgische Zwergspaniels
Épagneul nain à oreilles tombantes
Papillon

Englische Toy-Spaniels
Cavalier King Charles Spaniels
- Black and tan
- Blenheim
- Ruby
- Tricolor

King Charles Spaniels
- Blenheim
- King Charles
- Prince Charles
- Ruby

Pudelähnliche
entstanden aus mittelgroßen rauhhaarigen Hütehunden; erste »Begleithunde«, die aber bei der Jagd auch Wasserarbeit leisteten.

Pudel
Großpudel
Kleinpudel
Zwergpudel
Bichons
Bologneser
Havaneser
Malteser
Teneriffe

Verbreitete Hühnerrassen Mitteleuropas

Landhühner

Einfachkämmige Rassen
Deutsche Hühner
- Ostfriesische Silber- und Goldmöven
- Lakenfelder
- Ramelsloher
- Thüringer Pausbäckchen
- Bergische Kräher

Mittelmeerhühner
- Italiener
- Leghorns
- Minorka
- Andalusier

Englische Hühner
- Sussex
- Dorking

Rosenkämmige Rassen
Rheinländer Huhn
Hamburger Huhn
Rotkappen
Dominikaner
Hollen- oder Haubenhühner
Holländer Weißhauben
Paduaner
Brabanter

Riesenhühner
- Cochins (Cochinchinas)
- Brahma
- Plymouth-Rocks
- Rhodeländer
- Wyandotten
- Langschan
- Orpingtons
- Mechelner Huhn
- Lachshuhn
- Deutsches Reichshuhn

Malaienhühner
- Belgische Kämpfer
- Englische Kämpfer
- Malaien

Zwerghühner
- Gartenhühner
- Chabos
- Bantams

Körpertemperaturen der Haustiere (Messung 5 min, anal)

Pferd	37,5–38,0 °C	Ziege	38,5–40,5 °C	Katze	38,0–39,5 °C	Ente	41,0–43,0 °C
Rind	37,5–39,5 °C	Schwein	38,0–40,0 °C	Huhn	40,5–42,0 °C	Taube	41,0–43,0 °C
Schaf	38,5–40,0 °C	Hund	37,5–39,0 °C	Gans	40,0–41,0 °C		

Leistungen einiger Haustiere (Durchschnittswerte)

Eine Kuh gibt pro Jahr	4000–5000 l Milch
eine Kuh (Ochse) hat ein Schlachtgewicht von	245 (320) kg
ein Milchschaf gibt pro Jahr	500–700 l Milch
ein Schaf hat ein Schlachtgewicht von	23 kg
eine Ziege gibt pro Jahr	600–800 l Milch
eine Ziege hat ein Schlachtgewicht von	18 kg
ein Schwein hat ein Schlachtgewicht von	90 kg
ein Bienenstock liefert pro Jahr	6–12 kg Honig
ein Huhn legt pro Jahr	240 Eier

Diese Leistungen gelten für die Spitzenzuchten der Industriestaaten. In Indien gibt z. B. eine Kuh nur 200–300 l Milch pro Jahr.

Honigbiene, Entwicklungszeiten

	Ei zu Larve	Larve zu Puppe	Puppe zu Vollinsekt (Imago)	insgesamt
Königin	3 Tage	7 Tage	6 Tage	16 Tage
Arbeiterin	3 Tage	8 Tage	10 Tage	21 Tage
Drohne	3 Tage	10 Tage	11 Tage	24 Tage

Während eine Arbeitsbiene in der Haupttrachtzeit nur etwa 4–6 Wochen alt wird, kann die Königin ein Alter von 6 Jahren erreichen.

Die wichtigsten deutschen Gestüte

Hauptgestüte:

Graditz (gegr. 1686 bzw. 1722)
Marbach b. Münsingen (gegr. 1573)
Neustadt a. d. Dosse (gegr. 1788)
Trakehnen (gegr. 1732)
(jetzt Rantzau b. Plön/Holstein)

Landgestüte:

Achselschwang	Dillenburg	Labes i. P.	Schwaiganger
Braunsberg	Freiburg i. Br.	Leubus b. Wohlau	Traventhal
Celle	Georgenburg	Marienwerder	Warendorf
Cosel	Harzburg	Osnabrück	Wickrath
Darmstadt	Kreutz bei Halle	Rastenburg	Zweibrücken

Wild, Jagdzeiten

Wildarten	Jagdzeit
Rotwild	
Kälber	1.8.–28.2.
Schmalspießer	1.6.–28.2.
Schmaltiere	1.6.–31.1.
Hirsche und Alttiere	1.8.–31.1.
Dam- und Sikawild	
Kälber	1.9.–28.2.
Schmalspießer	1.7.–28.2.
Schmaltiere	1.7.–31.1.
Hirsche und Alttiere	1.9.–31.1.
Rehwild	
Kitze	1.9.–28.2.
Schmalrehe	16.5.–31.1.
Ricken	1.9.–31.1.
Böcke	16.5.–15.10.
Gamswild	1.8.–15.12.
Muffelwild	1.8.–31.1.
Schwarzwild	16.6.–31.1.
Feldhasen	1.10.–15.1.
Stein- und Baummarder	16.10.–28.2.
Iltisse, Hermeline, Mauswiesel	1.8.–28.2.
Dachse	1.8.–31.10.
Seehunde	1.9.–31.10.

Wildarten	Jagdzeit
Auer-, Birk- und Rackelhähne	1.5.–31.5.
Rebhühner	1.9.–15.12.
Fasanen	1.10.–15.1.
Wildtruthähne	15.3.–15.5.
und	1.10.–15.1.
Wildtruthennen	1.10.–15.1.
Ringel- und Türkentauben	1.7.–30.4.
Höckerschwäne	1.9.–15.1.
Graugänse	1.8.–31.8.
und	1.11.–15.1.
Bläß-, Saat-, Ringe- und Kanadagänse	1.11.–15.1.
Stockenten	1.9.–15.1.
alle übrigen Wildenten außer Brand-, Eider-, Eis-, Kolben-, Löffel-, Moor-, Schell- und Schnatterenten	1.10.–15.1.
Waldschnepfen	16.10.–15.1.
Bläßhühner	1.9.–15.1.
Lachmöwen	16.7.–30.4.
Sturm-, Silber-, Mantel- und Heringsmöwen	16.8.–30.4.

Fährten – Spuren – Geläufe

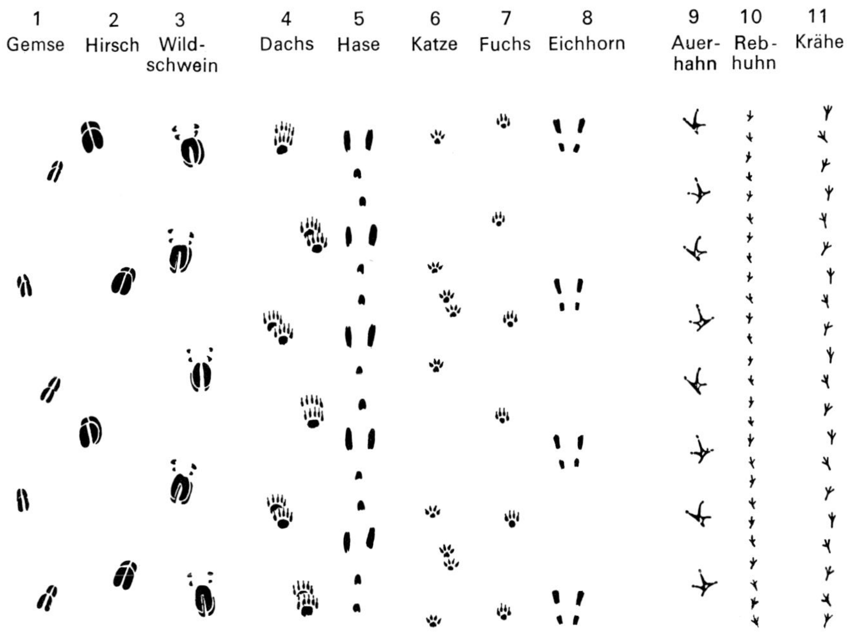

1–3 = Fährten (Hochwild) 4–8 = Spuren (Niederwild) 9–11 = Geläufe (Wildgeflügel)

Die Spuren sind im Freiland kaum so ausgeprägt und typisch wie auf der Abb. Das Erkennen erfordert einen weichen Untergrund wie Schnee oder Schlamm; auch die Bewegungsart des Tieres – ob Flucht oder langsames Schreiten – verändert die Fährten

Fortpflanzung des Wildes

(A = Anfang, M = Mitte, E = Ende)

	Begattung	Tragezeit Wochen	Junge	Setzt bzw. wirft im
Rotwild	September–Oktober	33–40	1	Mai
Elchwild	September	36–40	1–2	Mai
Rentier	Oktober	38–40	1	Juni
Damwild	Oktober	35–38	1–2	Juni
Reh	M Juli–M August	40	1–2	Mai
Gemse	November–A Dezember	21	1–2	E April–A Mai
Steinbock	E Dezember–Januar	21	1	Mai–Juni
Mufflon	Herbst	21	1	Frühjahr
Wildschwein	Spätherbst	18–20	5–12	Februar–April
Hase	Februar–August	4	2–5	3–5mal März–September
Kaninchen	Februar–August	4	4–10	5–7mal März–September
Murmeltier	April–Mai	6	3–4	Juni
Fuchs	Februar	9	3–7	April
Dachs	Juli–August	31–32	3–5	Februar–März
Marder	E Juli–A August	36	2–4	März–April
Iltis	Februar	9	3–6	April
Großes Wiesel	Februar–März	5	3–6	April
Kleines Wiesel	März	5	3–5	April
Fischotter	E Februar und Juli	8–9	2–4	A Mai und September

Tierschutz

In Deutschland geschützte Tierarten

Säugetiere: Igel, Spitzmaus (außer der Wasserspitzmaus), alle Fledermausarten, Siebenschläfer, Haselmaus, Baumschläfer, Gartenschläfer.

Vögel: alle in Deutschland freilebenden Vögel außer: Nebelkrähe, Rabenkrähe, Saatkrähe, Eichelhäher, Elster, Feldsperling, Haussperling. Aber auch sie dürfen nicht mit Hilfe künstlicher Lichtquellen, mit Leim, Schlingen, Pfahleisen, Selbstschüssen, Netzen, geblendeten Lockvögeln oder Gift gejagt werden.

Kriechtiere: Sumpfschildkröte, Mauereidechse, Smaragdeidechse, Zauneidechse, Bergeidechse, Blindschleiche, Ringelnatter, Würfelnatter, Schlingnatter, Äskulapnatter.

Lurche: Feuersalamander, Alpensalamander, alle Kröten und Unken, Frösche.

Insekten: Segelfalter, Apollofalter, Hirschkäfer, Rote Waldameisen, Wiener Nachtpfauenauge, Alpenbockkäfer, Puppenräuber, Pechschwarzer Kolbenwasserkäfer.

Zur eigenen Haltung dürfen gefangen werden:

Vögel: a) Körnerfresser: Kernbeißer, Grünfink, Stieglitz, Erlenzeisig, Bluthänfling, Birkenzeisig, Dompfaff, Kreuzschnäbel, Buchfink, Bergfink, Ammern (außer Zaun-, Zipp-, Gartenammer);
b) Weichfresser: Grasmücken (außer Sperber- und Zaungrasmücke), Gartenspötter, Rotkehlchen, Seidenschwanz, Rotrückiger Würger, Baumpieper, Hauben- und Heidelerche, Star, Gartenrotschwanz

Kriechtiere: Zauneidechse, Blindschleiche, Ringelnatter.

Lurche: Feuer-, Alpensalamander, Kröten und Unken, Laubfrosch.

Zoologische Gärten

sind dem Zweck der Haltung von Großtieren zur Volksbelehrung und Unterhaltung sowie zur Forschung dienende Einrichtungen, meist durch staatliche, städtische oder private Zuschüsse erhalten. Einige bekannte Tiergärten sind mit Tierhandelsfirmen verbunden (z.B. Carl *Hagenbeck*, Hamburg, und *Ruhe*, Gelsenkirchen). Bekannte Tiergärten der Welt sind in Bronx (New York), San Diego (California), Whipsnade (England), Kopenhagen, Basel, Frankfurt, Hamburg (Stellingen), München (Hellabrunn), Berlin, Rotterdam, Helsinki.
Zoologische Gärten in Mitteleuropa (mit Gründungsjahr): [K] →S. 96.

Die Pflanzen

Systematik (= Taxonomie) des Pflanzenreiches

Vereinfachte Übersicht ([B] →S. 205, Stammbaum)

Besonders die höhere Systematik der Pflanzen, d. h. die wirkliche stammesgeschichtliche Verwandtschaft, ist z. T. noch sehr unsicher, so daß – im Gegensatz zum Tierreich – verschiedenste Gliederungen möglich sind, von denen hier nur eine wiedergegeben werden kann.

Abteilung, Klasse	Beispiel
I. Bakterien *(Bacteriophyta)*	Tuberkelbazillus
II. Blaualgen *(Cyanophyta)*	Wasserblüte
III. Leuchtalgen *(Glaucophyta)*	
IV. Schleimpilze *(Myxophyta)*	Lohblüte
V. Augentierchen *(Euglenophyta)*	Schönauge
VI. Zweigeißelalgen *(Pyrrophyta)*	Meeresleuchten
VII. Goldgelbe Algen *(Chrysophyta)*	
Goldalgen *(Chrysophyceae)*	
Gelbalgen *(Heterocontae)*	
Kieselalgen *(Diatomeae)*	Diatoma
VIII. Grünalgen *(Chlorophyta)*	Kugeltierchen, Meersalat
IX. Armleuchteralgen *(Charophyta)*	Chara
X. Braunalgen *(Phaeophyta)*	
Isogeneratae	Cutleria
Heterogeneratae	Jodalge
Cyclosporeae	Blasentang
XI. Rotalgen *(Rhodophyta)*	Agar-Agar-Alge
XII. Pilze *(Fungi)*	
Urpilze *(Archimycetes)*	Kartoffelkrebs
Algenpilze *(Phycomycetes)*	Mehltau
Schlauchpilze *(Ascomycetes)*	Schimmel
Ständerpilze *(Basidiomycetes)*	Steinpilz
XIII. Flechten *(Lichenes)*	Isländisch Moos
XIV. Moose *(Bryophyta)*	
Lebermoose *(Hepaticae)*	Marchantia
Laubmoose *(Musci)*	Torfmoos
XV. Farnpflanzen *(Pteridophyta)*	
Bärlappgewächse *(Lycopsidae)*	Bärlapp, Brachsenkraut
Psilotopsida	Psilotum
Schachtelhalme *(Articulatae)*	Ackerschachtelhalm
Farne *(Filices)*	Adlerfarn
Blütenpflanzen	
XVI. Nacktsamer *(Gymnospermae)*	
Palmfarne *(Cycadopsida)*	Kaffernbrot, Ginkgo
Nadelhölzer *(Coniferopsida)*	Kiefer, Tanne, Wacholder
Eiben *(Taxopsida)*	Eibe
Mantelsamer *(Chlamydospermae)*	Ephedra
XVII. Bedecktsamer = Höhere Blütenpflanzen *(Angiospermae)*	
Zweikeimblättrige Pflanzen *(Dicotyledonae)*	Erbse, Linde, Heidekraut
Einkeimblättrige Pflanzen *(Monocotyledonae)*	Lilie, Gras, Kokospalme

Systematik der Höheren Blütenpflanzen (Auswahl)

A. Zweikeimblättrige Pflanzen (Dicotyledonae)

Reihe (= Ordnung), Familie	Beispiel
Juglandales	
Walnußgewächse *(Juglandaceae)*	Walnußbaum
Gabelgewächse *(Myricaceae)*	Gagelstrauch
Salicales	
Weidengewächse *(Salicaceae)*	Pappel, Korbweide
Fagales	
Birkengewächse *(Betulaceae)*	Birke, Erle
Buchengewächse *(Fagaceae)*	Buche, Eiche
Urticales	
Ulmengewächse *(Ulmaceae)*	Ulme
Maulbeergewächse *(Moraceae)*	Hanf, Hopfen
Nesselgewächse *(Urticaceae)*	Brennessel
Santalales	
Mistelgewächse *(Loranthaceae)*	Mistel
Leinblatt- und Sandelbaumgewächse *(Santalaceae)*	Bergflachs
Polygonales	
Knöterichgewächse *(Polygonaceae)*	Rhabarber, Sauerampfer
Centrospermae	
Nelkengewächse *(Caryophyllaceae)*	Nelke
Gänsefußgewächse *(Chenopodiaceae)*	Runkelrübe, Spinat
Cactales	
Kaktusgewächse *(Cactaceae)*	
Magnoliales	
Magnoliengewächse *(Magnoliaceae)*	Magnolie
Muskatnußgewächse *(Myristicaceae)*	Muskatnußbaum
Lorbeergewächse *(Lauraceae)*	Lorbeerbaum, Zimtbaum
Ranunculales	
Hahnenfußgewächse *(Ranunculaceae)*	Windröschen
Sauerdorngewächse *(Berberidaceae)*	Berberitze
Seerosengewächse *(Nymphaeaceae)*	Lotosblume
Hornblattgewächse *(Ceratophyllaceae)*	Hornblatt
Piperales	
Pfeffergewächse *(Piperaceae)*	Pfefferstrauch
Guttiferales	
Teegewächse *(Theaceae)*	Teestrauch
Papaverales	
Mohngewächse *(Papaveraceae)*	Klatschmohn
Kreuzblütler *(Cruciferae)*	Kohl, Rettich, Goldlack
Rosales	
Platanengewächse *(Platanaceae)*	Platane
Hamamelisgewächse *(Hamamelidaceae)*	Zaubernuß
Steinbrechgewächse *(Saxifragaceae)*	Stachel-, Johannisbeere
Dickblattgewächse *(Crassulaceae)*	Hauswurz
Rosengewächse *(Rosaceae)*	Rose, Himbeere, Apfel, Pflaume
Schmetterlingsblütler *(Leguminosae)*	Hülsenfrüchte, Klee, Lupine
Geraniales	
Leingewächse *(Linaceae)*	Flachs
Storchschnabelgewächse *(Geraniaceae)*	Pelargonie
Wolfsmichgewächse *(Euphorbiaceae)*	Wolfsmilch
Rutales	
Rautengewächse *(Rutaceae)*	Citrusfrüchte
Sapindales	
Ahorngewächse *(Aceraceae)*	Feldahorn
Roßkastaniengewächse *(Hippocastanaceae)*	Roßkastanienbaum

Reihe (= Ordnung), Familie	Beispiel
Celastrales	
Spindelbaumgewächse *(Celastraceae)*	Stechpalme, Buchsbaum
Rhamnales	
Weinrebengewächse *(Vitaceae)*	Weinstock
Malvales	
Lindengewächse *(Tiliaceae)*	Linde
Malvengewächse *(Malvaceae)*	Wegmalve, Baumwollstrauch
Thymelaeales	
Seidelbastgewächse *(Thymelaeaceae)*	Seidelbast
Violales	
Veilchengewächse *(Violaceae)*	Veilchen, Feldstiefmütterchen
Cucurbitales	
Kürbisgewächse *(Cucurbitaceae)*	Kürbis, Gurke, Melone
Myrtiflora	
Weiderichgewächse *(Lythraceae)*	Blutweiderich
Nachtkerzengewächse *(Onagraceae)*	Weidenröschen, Nachtkerze
Umbelliflorae	
Doldengewächse *(Umbelliferae)*	Möhre, Sellerie, Fenchel
Ericales	
Heidekrautgewächse *(Ericaceae)*	Erika, Heidelbeere, Azalee
Primulales	
Primelgewächse *(Primulaceae)*	Schlüsselblume, Alpenveilchen
Oleales	
Ölbaumgewächse *(Oleaceae)*	Flieder, Jasmin, Olivenbaum
Gentianales	
Enziangewächse *(Gentianaceae)*	Enzian, Tausendgüldenkraut
Rötegewächse *(Rutaceae)*	Kaffeebaum, Waldmeister
Tubiflorae	
Windengewächse *(Convolvulaceae)*	Ackerwinde, Batate
Rauhblattgewächse *(Boraginaceae)*	Vergißmeinnicht, Gurkenkraut
Lippenblütler *(Labiatae)*	Salbei, Pfefferminze, Lavendel
Nachtschattengewächse *(Solanaceae)*	Kartoffel, Tomate, Tabak
Rachenblütler *(Scrophulariaceae)*	Leinkraut, Ehrenpreis, Fingerhut
Dipsacales	
Geißblattgewächse *(Caprifoliaceae)*	Schneeball, Rapunzel, Baldrian
Campanulales	
Glockenblumengewächse *(Campanulaceae)*	Frauenspiegel, Lobelie
Korbblütler *(Compositae)*	Sonnenblume, Astern, Dalien

B. Einkeimblättrige Pflanzen (Monocotyledonae)

Helobiae	
Froschlöffelgewächse *(Alismataceae)*	Pfeilkraut, Schwanenblume
Froschbißgewächse *(Hydrocharitaceae)*	Wasserpest
Laichkrautgewächse *(Potamogetonaceae)*	
Liliiflorae	
Liliengewächse *(Liliaceae)*	Tulpe, Hyazinthe
Narzissengewächse *(Amaryllidaceae)*	Schneeglöckchen, Amaryllis
Schwertliliengewächse *(Iridaceae)*	Gladiole, Krokus
Juncales	
Binsengewächse *(Juncaceae)*	Binsen
Bromeliales	
Ananasgewächse *(Bromeliaceae)*	Ananas
Palmales	
Palmen *(Palmae)*	Dattelpalme, Sagopalme, Ölpalme
Spathiflorae	
Aronstabgewächse *(Araceae)*	Aronstab, Philodendron
Orchidales	
Orchideengewächse *(Orchidaceae)*	Knabenkraut, Waldhyazinthe, Frauenschuh, Vanille

Allgemeine Daten und Fakten

Verbürgtes Höchstalter einiger Pflanzen

Niedere Pflanzen

Bakterien	20–30 Minuten	Hefepilze	3 Wochen bis 3 Monate (bis 4 Jahre)
Kieselalgen	5 Stunden bis 5 Tage	Blaualge Nostoc (eingekapselt)	70 Jahre

Moose und Farne

Bärlapp	5–7 Jahre	Widertonmoos	5–10 Jahre	Eichenfarn	7 Jahre	Mondraute	30 Jahre

Kräuter und Sträucher

Glockenheide	10 Jahre	Hartriegel	50–80 Jahre	Buchsbaum	150 Jahre
Berberitze	24 Jahre	Alpenrose	54 Jahre	Kornelkirsche	300 Jahre
Seidelbast	26 Jahre	Alpenveilchen	60 Jahre	Rose	400 Jahre
Heidelbeere	28 Jahre	Kreuzdorn	100 Jahre	Weißdorn	400 Jahre
Heidekraut	42 Jahre	Haselnuß	120 Jahre	Wacholder	500 Jahre
Schlehe	47 Jahre	Weinrebe	130 Jahre		

Bäume

Eberesche	80 Jahre	Birne	300 Jahre	Edelkastanie	700 Jahre
Holunder	100 Jahre	Esche	300 Jahre	Ölbaum	700 Jahre
Magnolie	100 Jahre	Pappel	300 Jahre	Tanne	800 Jahre
Birke	120 Jahre	Kirsche	400 Jahre	Rotbuche	900 Jahre
Stechpalme	120 Jahre	Walnuß	400 Jahre	Linde	900–1000 Jahre
Hainbuche	150 Jahre	Kiefer	500 Jahre	Fichte	1000 Jahre
Weide	150 Jahre	Ulme	500 Jahre	Eiche	1200 Jahre
Espe	150 Jahre	Lärche	600 Jahre	Libanonzeder	1200–1300 Jahre
Apfel	200 Jahre	Schwarzkiefer	600 Jahre	Platane	1300 Jahre
Bergahorn	200 Jahre	Spitzahorn	600 Jahre	Mammutbaum	3500 Jahre
				Borstenkiefer	4600 Jahre

Wurzel, durchschnittliche Länge

Löwenzahn	0,30 m	Getreide (Saat)	bis 1,20 m	Weizen (Einzelpflanze)	bis 2,80 m
Schwarzwurzel	0,30 m	Roggen (Einzelpflanze)	2,00 m	Waldbäume, Palmen	5–10 m
Eberwurz	1,00 m	Erbse, Lupine, Rotklee	2,00 m	Weinstock	12–16 m
		Hafer (Einzelpflanze)	2,60 m	Trockenpflanzen	10–20 m

Sukkulenten

Sukkulenten (lat.), Saftpflanzen, Fettpflanzen, an trockene Standorte angepaßte wasserspeichernde Pflanzen mit fleischig-saftiger Beschaffenheit (Sukkulenz) der wasserspeichernden Gewebe.

	Art	Familie
Stammsukkulenten	*Euphorbia*-Arten	Wolfsmilchgewächse
	Stapelia-Arten	Schwalbenwurzgewächse
	Kleinia stapeliaeformis	Korbblütler
	Cissus cactaeformis	Weinrebengewächse
	Kakteen	Kaktusgewächse
Blattsukkulenten	Fetthenne *(Sedum acre)*	Dickblattgewächse
	Hauswurz *(Sempervivum tectorum)*	Dickblattgewächse
	Agaven	Amaryllisgewächse
	Aloe-Arten	Liliengewächse
	Palmlilien *(Yucca-Arten)*	Liliengewächse
	Mesembryanthemum-Arten	Eiskrautgewächse
	Lithops-Arten (»Lebende Steine«)	Eiskrautgewächse
Wurzelsukkulenten	*Asparagus*-Arten	Liliengewächse
	Fockea-Arten	Schwalbenwurzgewächse
	Pachypodium-Arten	Hundsgiftgewächse
	Oxalis-Arten	Sauerkleegewächse

Baumtypen

Eiche

Buche

Ulme

Birke

Roßkastanie

Pyramidenpappel

Ahorn

Linde

Trauerweide

Kopfweide

Fichte

Tanne

Kiefer

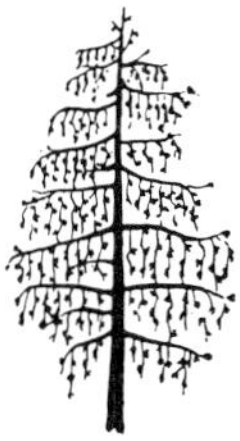
Lärche

Wacholder

Lebensbaum

Kokospalme

Fächerpalme

Ölbaum

Pinie

Blattformen und -stellung (B →S. 208f; Blatt und Sproß, Sukkulenz)

Formen

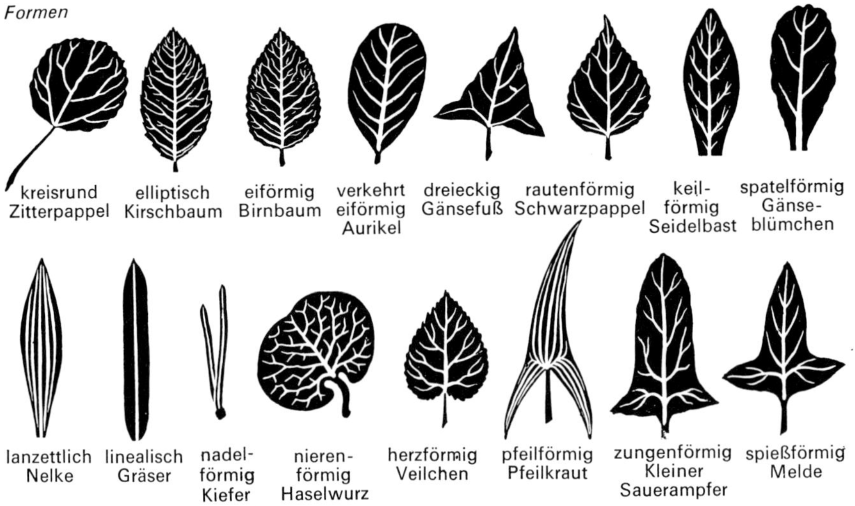

Ränder

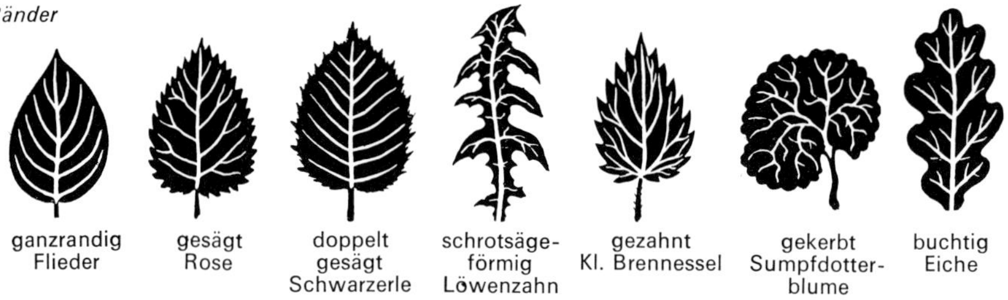

Teilung

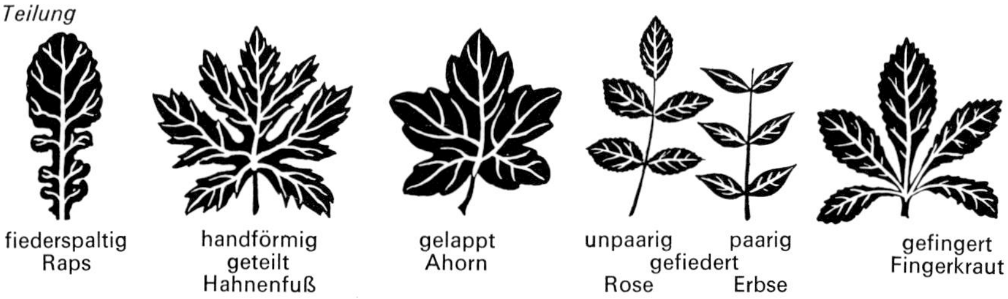

Stellung

Stammbaum des Pflanzenreiches

Das pflanzliche Leben hat höchstwahrscheinlich einen gemeinsamen Ursprung mit dem tierischen auf der Stufe einzelliger Flagellaten (Geißeltierchen); noch heute gibt es dort Arten, die je nach Umweltbedingungen wie Pflanzen mit Hilfe von Chlorophyll assimilieren oder auch als farblose Tiere auf Beutefang gehen. Bakterien, Blau- und Rotalgen stehen abseits von dieser Entwicklungslinie. Alle höheren Landpflanzen, von den Farnen ab, haben sich aus Psilophyten (»Nacktfarnen«) entwickelt, die – noch untergetaucht wurzelnd – Vegetationskörper für das Landleben ausbildeten.

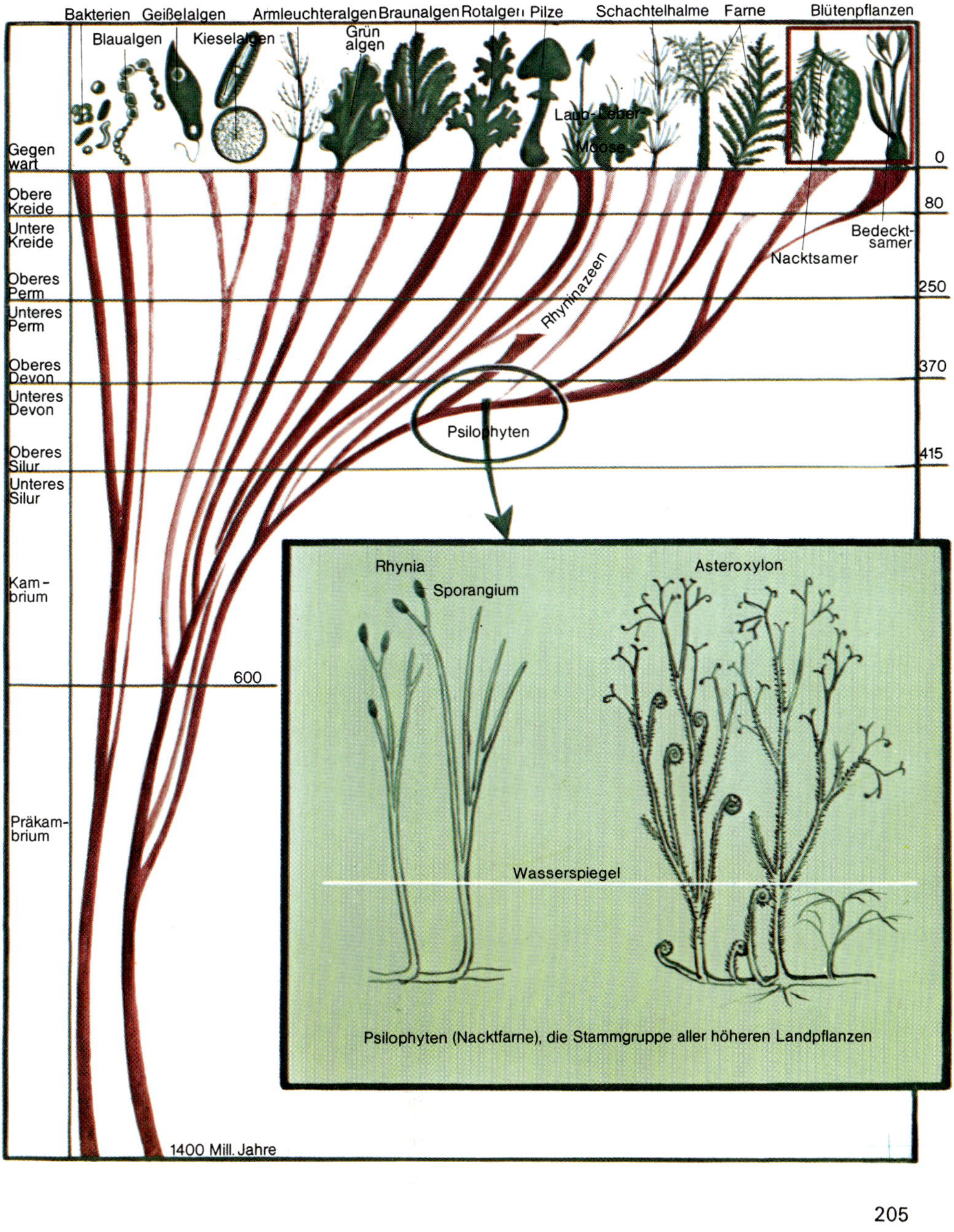

Psilophyten (Nacktfarne), die Stammgruppe aller höheren Landpflanzen

Blüte

Teile der Blüte

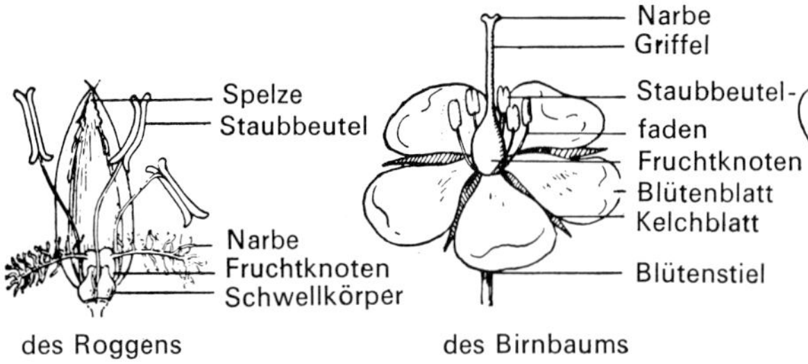

Stellung des Fruchtknotens

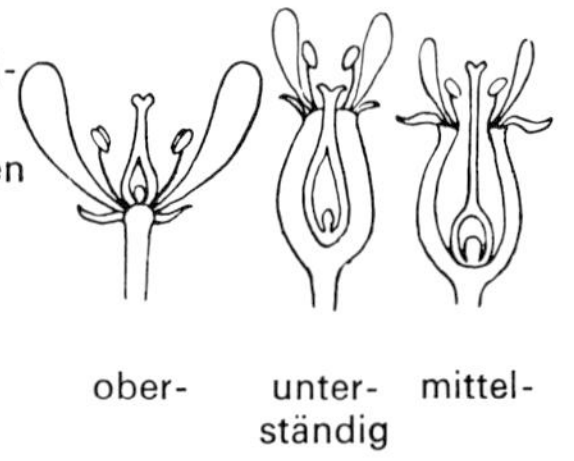

Gestalten der Blütenkrone

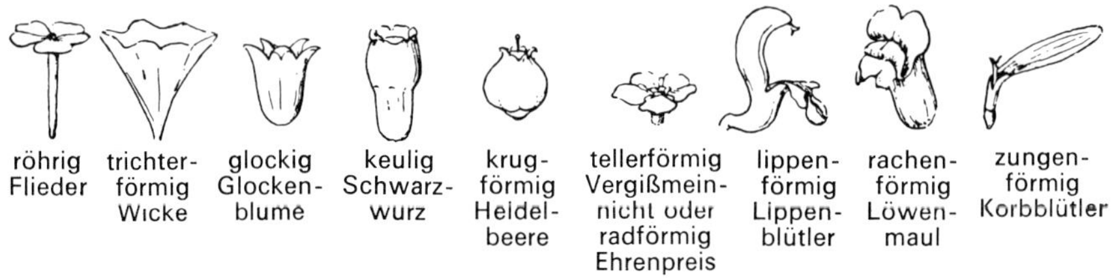

Blütenstände

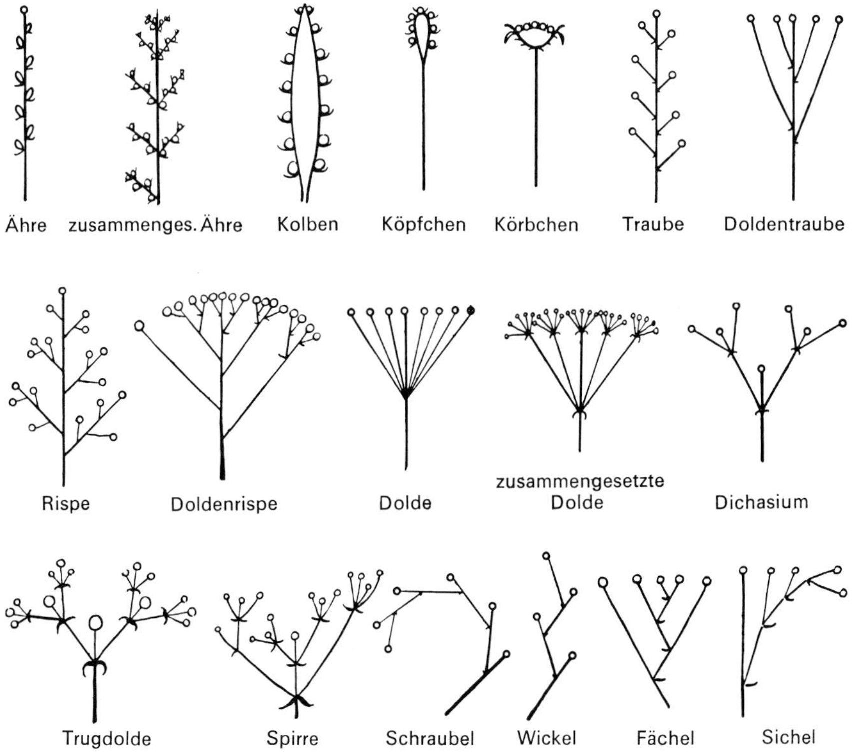

Früchte

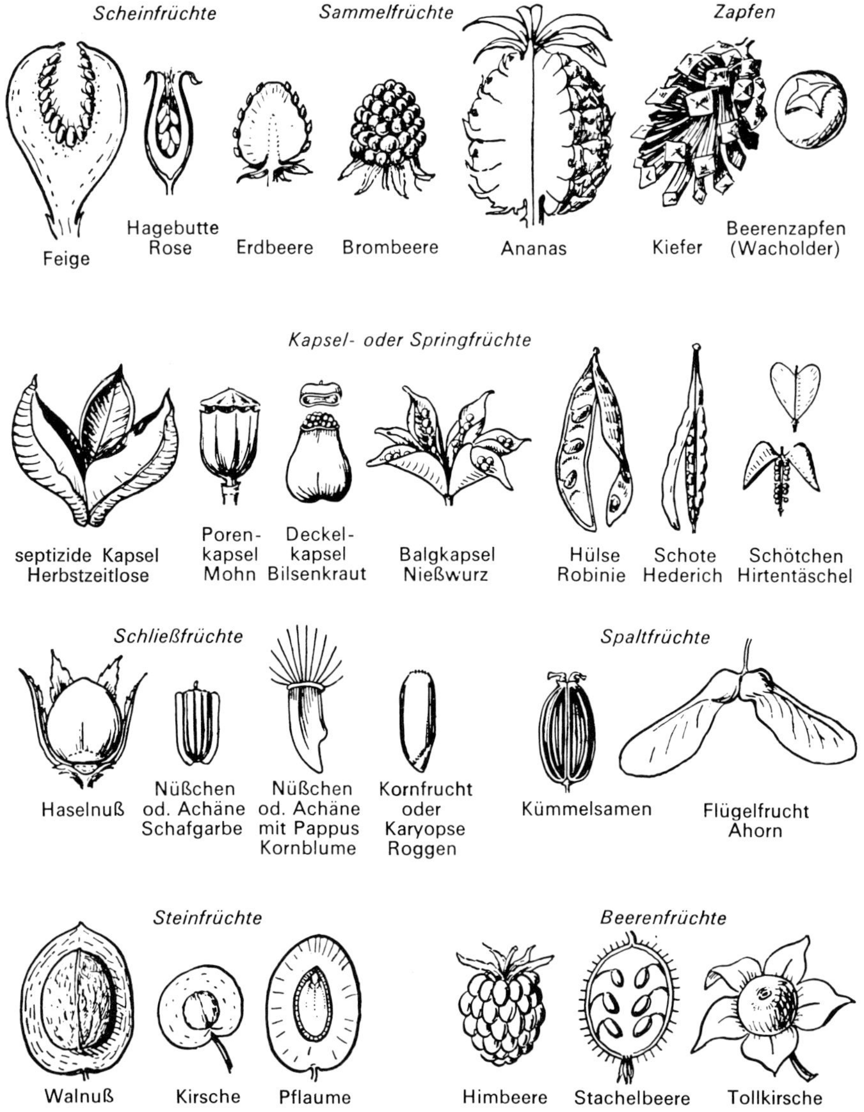

Lebensdauer von Laubblättern

Efeu, *Hedera helix*	1–2¼ Jahre	Douglasie, *Pseudotsuga menziesii*	3½ Jahre
Liguster, *Ligustrum japonicum*	1–3 Jahre	Lorbeer, *Laurus nobilis*	4 Jahre
Oleander, *Nerium oleander*	1–3 Jahre	Wacholder, *Juniperus communis*	4– 5 Jahre
Preiselbeere, *Vaccinium vitis-idaea*	2 Jahre	Tanne, *Abies alba*	5–10 Jahre
Kiefer, *Pinus sivestris*	2–3 Jahre	Bergkiefer, *Pinus mugo*	5–13 Jahre
Stechpalme, *Ilex aquifolium*	2–4 Jahre	Eibe, *Taxus baccata*	6– 8 Jahre
Mammutbaum, *Sequoia gigantea*	2–4 Jahre	Zimmertanne, *Araucaria excelsa*	15 Jahre
Zirbelkiefer, *Pinus cembra*	2–6 Jahre	Welwitschie, *Welwitschia*	100 Jahre
Fichte, *Picea abies*	3–5 Jahre		

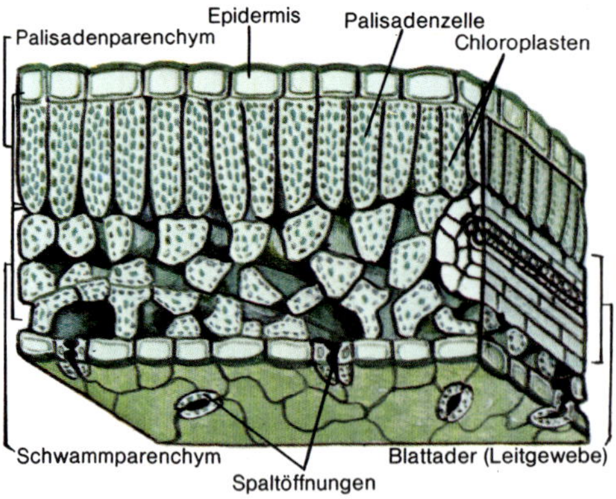

Innerer Bau eines Laubblatts: Die Epidermis schließt das Blatt nach oben ab; darunter das Palisaden- als Assimilationsparenchym; darunter wiederum das lockere Schwammparenchym. Es dient zur Speicherung der Assimilate und der Klimatisierung, die nach außen durch die Spaltöffnungen gewährleistet wird

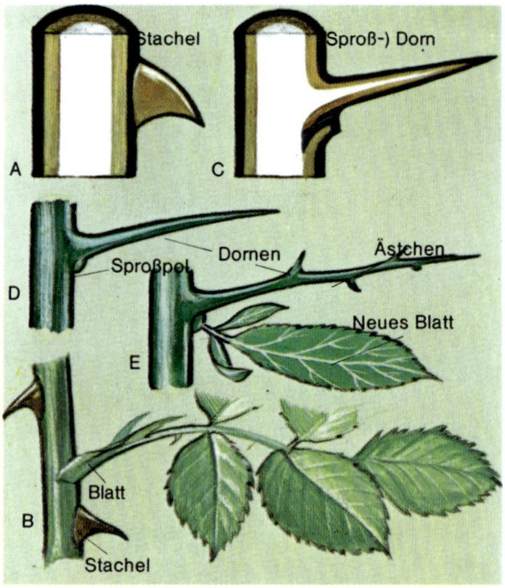

Stacheln werden von Rindengewebe gebildet (A Längsschnitt): sie stehen unabhängig vom Blatt- oder Astansatz (B Rosenzweig mit Stacheln; keine »Dornen!«). Dornen stehen als rückgebildete Blätter neben dem Sproßpol eines neuen Blattes und sind von Leitgeweben durchzogen (C Längsschnitt). Dornen können verholzen (D) oder zu neuen Ästchen auswachsen (E). Solche (Sproß-) Dornen besitzen auch Kakteen (keine »Stacheln«)

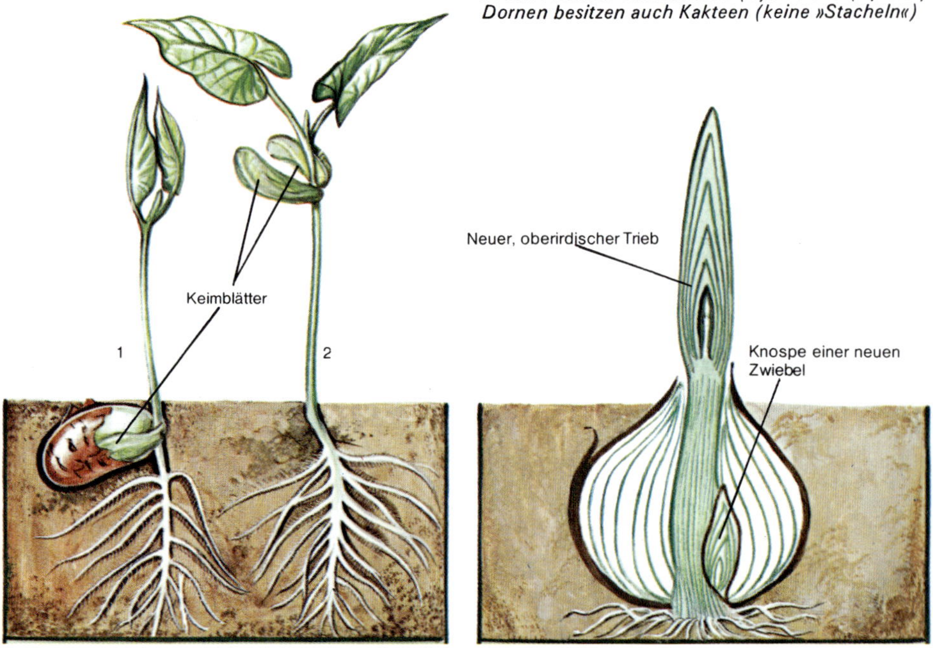

Keimung: Zwiebelkeimung einer Monokotyledone aus einer Zwiebel, einem verkürzten Sproß, dessen Blätter als Speicher ausgebildet sind (rechts). Keimung von Dikotyledonen (zweikeimblättrige Pflanzen): 1. Keimung der Feuerbohne (Phaseolus coccineus): Die Keimblätter (Kotyledonen) bleiben unterirdisch (hypogäisch). 2. Keimung der Gartenbohne (Phaseolus vulgaris): Die Keimblätter wachsen über die Erdoberfläche hinaus (epigäische Keimung; links)

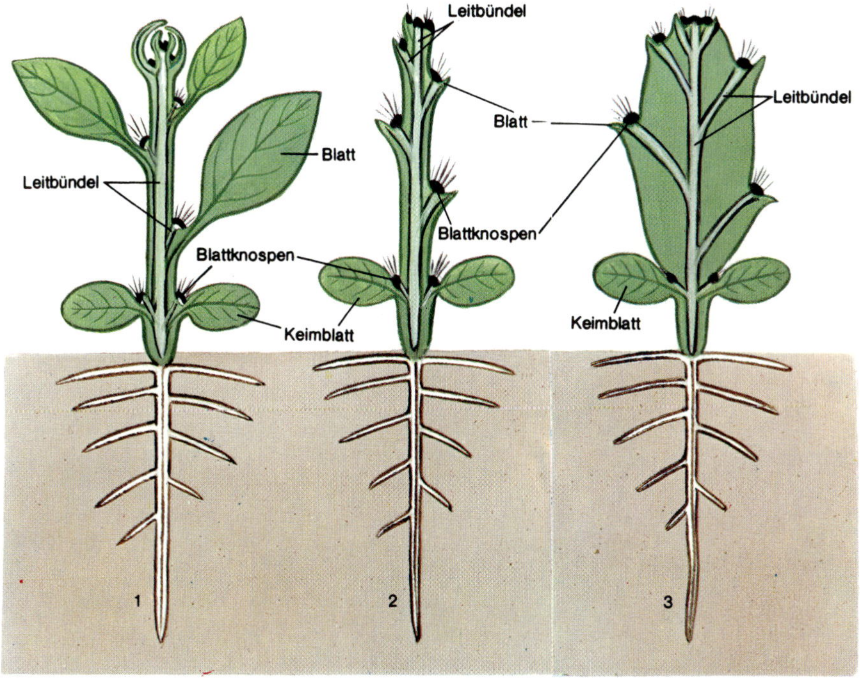

Entwicklung bis zur Stammsukkulenz unter dem Einfluß warmer, trockener Klimate mit kurzen, ergiebigen Regenzeiten (Speicherpflanzen): Bis auf die Keimblätter werden die Laubblätter fortschreitend zu unscheinbaren Anhängseln und die Blattknospen zu Dornenbüscheln (Areolen) reduziert, während das Rindengewebe zu einem Wasserspeicher erweitert wird. 1 Peireskia, 2 Opuntia, 3 Cereus (nach Troll, vereinfacht)

Der »Kaktus«-Typ (Stammsukkulenz) in verschiedenen Pflanzenfamilien (nach Strasburger u. a., vereinfacht): 1 Kaktusgewächs (Cereus) – 2 Wolfsmilchgewächs (Euphorbia) – 3 Seidenpflanzengewächs (Heurnia). – 4 Korbblütler (Senecio) – 5 Weinrebengewächs (Cissus)

Größte gemessene Wuchshöhen

Wacholder	15 m	Robinie	25 m	Kokospalme	32 m	Lärche	53 m
Eibe	15 m	Edelkastanie	25 m	Bergahorn	40 m	Fichte	60 m
Eberesche	16 m	Birke	25 m	Zeder	40 m	Araukarie	60 m
Affenbrotbaum	18 m	Roßkastanie	30 m	Rotbuche	44 m	Tanne	75 m
Walnußbaum	20 m	Esche	30 m	Kiefer	48 m	Douglasie	127 m
Hainbuche	20 m	Platane	30 m	Stieleiche	50 m	Mammutbaum	132 m
Baumfarn	22 m	Schwarzerle	30 m	Zypresse	52 m	Rieseneukalyptus	152 m

Größte gemessene Stammdurchmesser

Feldahorn	0,7 m	Lärche	1,6 m	Ulme	3 m	Edelkastanie	8 m
Birke	0,8 m	Esche	1,7 m	Spitzahorn	3 m	Sommerlinde	9 m
Wacholder	0,9 m	Fichte	2 m	Silberpappel	4,5 m	Mammutbaum	11 m
Hainbuche	1 m	Rotbuche	2 m	Eibe	4,9 m	Affenbrotbaum	15 m
Kiefer	1 m	Tanne	3 m	Eiche	7 m		

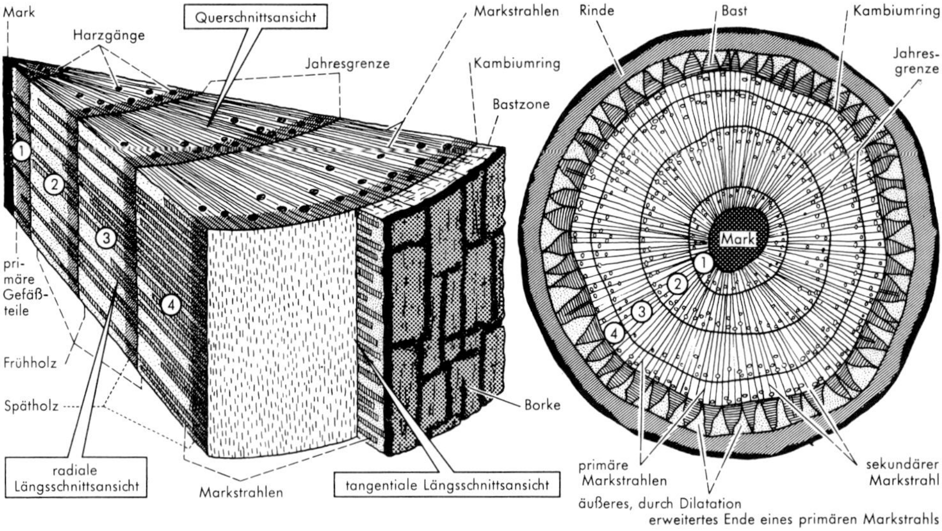

Aufbau des Stammes eines Nadelbaumes

Botanische Zeichen

⊙	einjährige Pflanze	♂	männl.	≷	Kletternde Pflanze
(••)	zweijährige Pflanze	♀	weibl.	≷	Ampelpflanze
♃	ausdauernde Pflanze, Staude	☿	Zwitter	+	Gift- bzw. Arzneipflanze
h	Halbstrauch	×	Kreuzung, Bastard	○	Sonnenpflanze
ħ	Strauch	∞	Freilandpflanze	⊖	Halbschatten-pflanze
ħ	Baum	⁀∞	Freilandpflanze mit Winterschutz		

Schattenpflanze	Moor- und Sumpfpflanzen	im Frühjahr blühend
Fels-, Steingarten-pflanze	Kalthauspflanze	im Sommer blühend
Wasserpflanze	Warmhauspflanze	im Herbst blühend
	Topfpflanze	im Winter blühend

Schmarotzerpflanzen

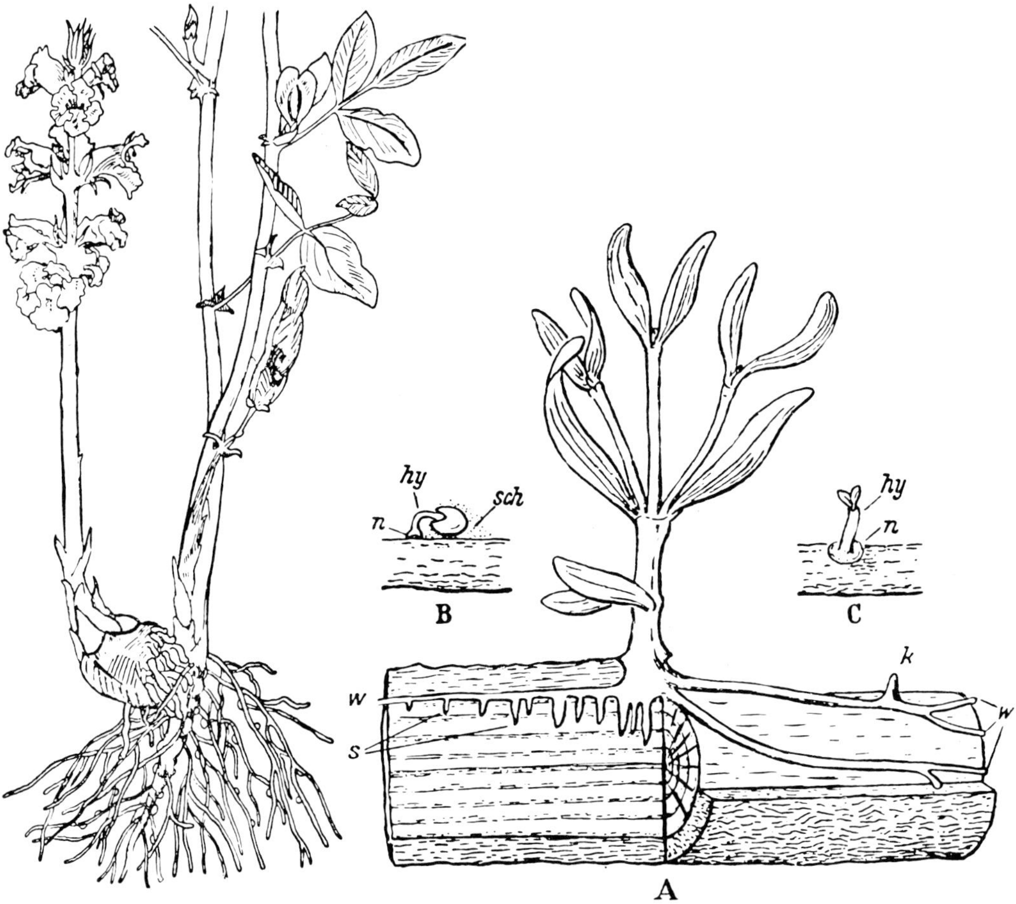

Würger auf einer Saubohne schmarotzend, Wurzeln zu Saugfortsätzen umgebildet, Blätter nur als braune Schuppen entwickelt (links)

Mistel (rechts): A auf einem Ast schmarotzende junge Pflanzen mit Wurzeln (w), die zwischen Rinde und Holzkörper entlanglaufen; s vom Holzkörper umschlossene Senker, die mit den Gefäßen des Astes in Verbindung treten; k Wurzelknospe (Der Ast ist links halb aufgeschnitten, rechts mit abgelöster Rinde dargestellt). B und C Keimstadien: Durch den Schleim (sch) der Mistelbeere wird der Samen aufgeklebt und heftet sich mit der Haftscheibe (n) der Keimwurzel fest: hy Hypokotyl = Keimstengel

Knospenformen einiger Bäume

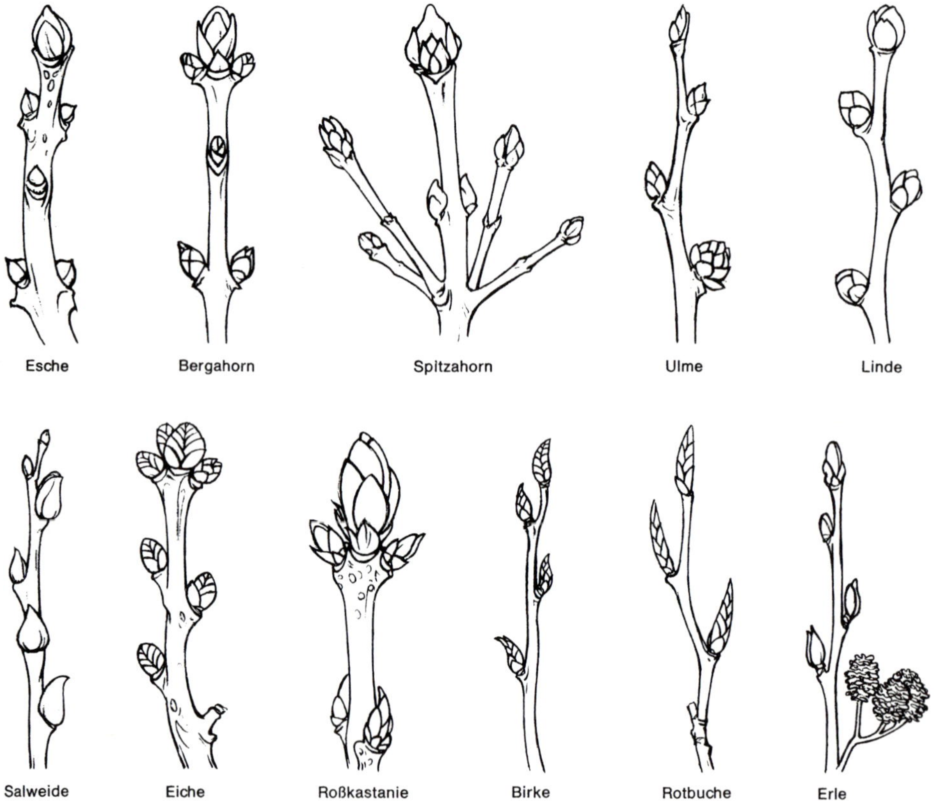

Pollenkörner, Größe

Vergißmeinnicht	2,5–3,4 mm	Birke	30 mm	Stiefmütterchen	62– 71 mm
Erle	20 mm	Aloe	35–50 mm	Zaunwinde	76– 84 mm
Flieder	24–34 mm	Fuchsschwanzgras	36 mm	Roggen	80 mm
Schwarzpappel,		Yucca	55–65 mm	Mais	100 mm
Edelkastanie	25 mm	Kiefer	60 mm	Kürbis	190–240 mm

Samen, Gewichte

Birke	0,0006 g	Schwarzkiefer,		Ahorn	0,1 g
Erle	0,002 g	Robinie	0,02 g	Rotbuche, Zirbelkiefer	0,22 g
Fichte	0,007 g	Hainbuche	0,035 g	Bärenklau	0,4 g
Kl. Springkraut,		Tanne	0,04 g	Feuerbohne	0,5 g
Ulme	0,008 g	Esche	0,07 g	Eiche	3 g
Douglasie	0,01 g	Lupine	0,08 g	Berthollectia excelsa (Paranuß)	bis 25 g

Jährliche Samenerzeugung einiger Kräuter

Frauenflachs *(Linaria vulgaris)*	31 000	Färberkamille *(Anthemis tinctoria*	40 000
Mädesüß *(Filipendula ulmaria)*	34 000	Kratzdistel *(Cirsium arvense)*	40 000
Schöllkraut *(Chelidonium majus)*	36 000		

Charakteristische Merkmale von Rassehunden: Kopf- und Körpermaße sowie Ohrformen

Laubhölzer, Blütezeit und Samenreife

	Blütezeit	Samenreife
Espe (Zitterpappel)	März/April	Mitte/E Mai
Silber- und Graupappel	E Februar/März	Mai
Birke	April	E Juli/ September
Sommereiche	E April/Mai	E September/ A Oktober
Roteiche	E Mai	Oktober des 2. Jahres
Bergahorn	Mai/Juni	September
Linde	Juni/Juli	September/ A Oktober
Robinie	E Mai/Juni	Oktober/ November
Rotbuche	Mai	September A Oktober
Hainbuche	Mai	Oktober
Vogelbeerbaum	Mai	September/
Esche	A Mai	September/ Oktober

	Blütezeit	Samenreife
Schwarzerle	März/April	Oktober/ A November
Ulme	März/April	E Mai/A Juni
Haselnuß	E Februar/März	September/ Oktober
Weißdorn	Mai/Juni	September/ Oktober
Traubenkirsche	E April	E Juli
Kornelkirsche	E Februar/März	E August/ September
Hartriegel	Mai/Juni	September
Holunder	Mai/Juni	August/ September
Heckenkirsche	Mai/Juni	E Juni/Juli
Liguster	Juni/Juli	August/ September
Heidelbeere	April/Juni	Juli
Brombeere	Juni/Juli	August/ September

Nadelhölzer, Samenreife und Samenabfall

	Samenreife	Samenabfall
Douglasie	E September–A Oktober	Oktober–November
Fichte	Oktober	Dezember–April
Kiefer	November des 2. Jahres	Winter–Mai
Lärche	Oktober–November	Winter–Mai
Tanne	E September–A Oktober	bald nach der Reife

A = Anfang; E = Ende

Dauer der Keimfähigkeit

Pappeln, Weiden	einige Tage
Ulmen	4 Wochen
Tannen, Eichen, Buchen	6 Monate
Ahorn, Weißbuchen	1½ Jahre
Eschen, Linden, Birken	2 Jahre
Lärche, Erle	3 Jahre
Bohnen, Möhren, Sellerie, Spinat	3–4 Jahre
Salat	4 Jahre
Kohl	4– 5 Jahre
Erbsen, Kürbis, Tomaten; Fichte, Kiefer	4– 6 Jahre
Hafer, Gerste, Weizen	40– 50 Jahre
Hirse, Roggen	66– 80 Jahre
Kleegewächse, Seerosen	80–160 Jahre
Indische Lotosblume (größte Keimkraftdauer)	200–400 Jahre

Oberflächenentwicklung einer Buche

115jährige Buche von 27 m Höhe. Stammdurchmesser = 40 cm

Beim einzelnen Blatt ist:	Schattenblätter	Sonnenblätter
Oberfläche (beiderseitig)	72 cm^2	50 cm^2
Volumen	0,338 cm^3	0,458 cm^3
Oberfläche/Volumen	213 cm^2/cm^3	109 cm^2/cm^3
Zahl der Spaltöffnungen	400 000	800 000
Palisadenoberfläche	410 cm^2	542 cm^2
Schwammparenchym	205 cm^2	271 cm^2
Oberfläche der Chloroplasten der Palisaden	360 cm^2	875 cm^2

Der ganze Baum umfaßt:

Anzahl der Blätter	200 000
Trockengewicht	22 400 g
Zahl der Spaltöffnungen	$120 \cdot 10^9$
Blattoberfläche	1220 cm^2
Absorbierende Zellwandfläche	15 000 cm^2
Chloroplastenoberfläche	18 000–20 000 cm^2

Blattzahl und Blattoberfläche bei Laub- und Nadelhölzern

Stamm-Durchmesser in 1,3 m Höhe in cm	Alter in Jahren	Bemerkungen	Höhe des Baumes in m	Ges.-masse cm^3	Blätterzahl in Millionen	Beiderseitige Blattoberfläche in m^2	pro ha Bodenfläche: Anzahl der Stämme	Anzahl der Blätter	Beiderseitige Oberfläche der Blätter
				Buche					
37	96	Mittelstamm des Bestandes	26,6	1,758	0,119	285	198	$24 \cdot 10^6$	5,6 ha
				Tanne					
41	157	–	29,4	2,464	20,170	930	–	–	–
				Fichte					
34	55	stärkster Probestamm	28,4	1,495	11,720	351	790	$4128 \cdot 10^6$	12,8 ha
24	55	Mittelstamm	23,0	0,597	5,327	160	–	–	–

Schwankung der Blattgröße und Oberflächenentwicklung in verschiedener Baumhöhe

Baumart und Höhe		Mittlere Blattgröße cm^2	Verhältnis	Mittlere Oberflächenentwicklg. cm^2/g Frischgew.	Verhältnis
Winterlinde	3 m	54,8	1,54	194	1,58
	20 m	35,6	1,54	123	1,58
Stieleiche	2 m	61,0	1,50	159	1,56
	12 m	40,6	1,50	102	1,56

Spaltöffnungen

Zahl und Größe der Spaltöffnungen (Stomata) des Weizens an der Basis, Mitte und Spitze der Blattober- und Unterseite von Triticum vulgare

	Blattpartie	Zahl der Stomata pro 1 mm^2 Oberseite	Unterseite	Länge der Stomata in μ Oberseite	Unterseite
1. Blatt	Basis	48	10	47,50	51,00
	Mitte	42	23	62,00	59,35
	Spitze	35	16	70,00	78,75
2. Blatt	Basis	63	4	50,65	51,50
	Mitte	57	14	53,33	57,50
	Spitze	48	23	61,89	68,25

Zahl und Größe der Spaltöffnungen der mittleren Blattpartien

	Zahl der Stomata pro 1 mm^2 Oberseite	Unterseite	Länge der Stomata in μ Oberseite	Unterseite
1. Blatt	42	23	62,00	59,35
2. Blatt	57	14	53,33	57,50

Physiologie

Wasserverbrauch in einer Vegetationsperiode

Mais etwa 200 l   Birke etwa 7000 l   100jährige Buche etwa 9000 l

Verdunstung an einem Tag bei durchschnittlicher Witterung

Gräser	0,004–0,010 l	Kohlpflanze	2–3 l	Buche	50 l
Sonnenblume	1 l	Hopfen	20 l	Birke	70 l

Soziale Insekten

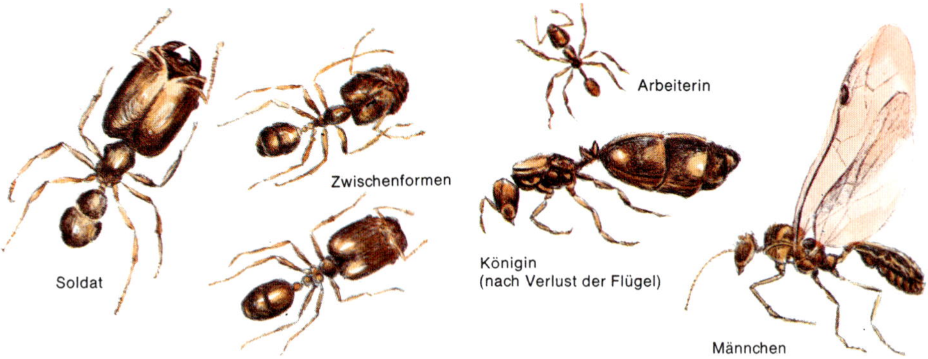

Polymorphismus (Kastendifferenzierung) bei einer tropischen Ameise

Termiten, Isoptera, schützen sich, wie hier in Kenya, durch harte, meterhohe Erdbauten (oben). Freigelegte Termiten-Königin, deren Leib durch Hypertrophie des Eierstocks auf das Vielfache aufgebläht ist (links) – Termiten-Soldat mit wehrhaften Kieferzangen (rechts)

Wassergehalt von lebenden Pflanzen und Pflanzenteilen

Harte, reife Samen	7–10 %	Buche	39 %	Fichte	56 %
Andere Samen	10–15 %	Ahorn	39 %	Kiefer	61 %
Holz, lufttrocken	10–20 %	Apfel	43 %	sonstige holzige Pflanzenteile	50 %
Frischholz von		Weide	43 %		
Esche	27 %	Birke	48 %	saftige Kräuter	70–80 %
Robinie	29 %	Roßkastanie	48 %	Protoplasma	75 %
Pflaume	34 %	Lärche	50 %	Kartoffelknolle	75 %
Ulme	34 %	Erle	50 %	Früchte	85–95 %
Eiche	34 %	Linde	52 %	Kakteen u. andere Sukkulente	90–95 %
Hainbuche	37 %	Pappel	52 %	Wasserpflanzen (Algen)	95–98 %

Stickstoffgehalt der Wurzelknöllchen und knöllchenfreien Wurzeln bei der Lupine

	Stickstoff-Gehalte der Trockensubstanz in %		
	zur Zeit der Blüte	zur Zeit des Frucht-Ansatzes	nach erlangter Reife der Frucht
Wurzelknöllchen	5,2	2,6	1,7
knöllchenfreie Wurzeln	1,6	1,8	1,4
	Gehalt der Trockensubstanz der Knöllchen an Stickstoff in Form von		
	Eiweiß	Amiden	Asparagin
Blütezeit	3,99	0,35	0,34
nach Fruchtreife	1,54	0,15	Spuren

Die stärkste Stickstoffproduktion in den Knöllchen findet offenbar zur Zeit der Blütenbildung statt.

Stickstoffbindung durch die Knöllchenbakterien bei der Erbse

Zum Vergleich die Stickstoffbilanz vom Hafer

	Stickstoffgehalt des Samens und Bodens in g	Stickstoff der Ernte in g	Stickstoffbilanz der Ernte in g
I. Nicht sterilisiert, nicht geimpft			
Ohne besondere N-Düngung:			
Hafer	0,027	0,007	–0,020
Erbse	0,041	1,283	1,242
Mit $Ca(NO_3)_2$ gedüngt (N = 0,112 g)			
Hafer	0,139	0,090	–0,049
Erbse	0,153	0,700	0,547
II. Geimpft mit Erdaufschwemmung, nicht sterilisiert			
Ohne besondere N-Düngung:			
Hafer	0,027	0,007	–0,020
Erbse	0,038	0,459	0,421
Mit $Ca(NO_3)_2$ (N = 0,112 g)			
Hafer	0,139	0,088	–0,051
Erbse	0,150	0,220	0,070
III. Geimpft und dann sterilisiert			
Ohne besondere N-Düngung:			
Erbse	0,038	0,015	–0,023
Mit N-Düngung (N = 0,112 g)			
Erbse	0,045	0,014	–0,031

Atmungsenergie verschiedener Pflanzen und Pflanzenteile

Pflanzen-Objekt	Atmungs-Energie in 24 Stunden*
Bacillus mesentericus vulgatus	1164,3 cm² O_2 absorbiert
Ganz junge Weizenwurzeln bei 15–18°	67,9 cm² O_2 absorbiert
Ältere Weizenwurzeln bei 15–18°	82,8 cm² O_2 absorbiert

Pflanzen-Objekt	Atmungs-Energie in 24 Stunden*
Ganz junge Reiswurzeln bei 14–17°	44,4 cm^2 O_2 absorbiert
Ältere Reiswurzeln bei 14–17°	55,1 cm^2 O_2 absorbiert
Wurzeln von Lamium album bei 18–19°	62,5 cm^2 O_2 absorbiert
Wurzeln von Mentha aquatica bei 18–19°	37,2 cm^2 O_2 absorbiert
Wurzeln von Caltha palustris bei 18–19°	19,1 cm^2 O_2 absorbiert
Blätter von Phleum pratense bei 20–21°	27,2 cm^2 O_2 absorbiert
Blätter von Lolium italicum bei 19–20°	24,8 cm^2 O_2 absorbiert
Blätter von Phragmites communis bei 19–20°	12,8 cm^2 O_2 absorbiert
Blätter von Veronica beccabunga bei 16–17°	24,8 cm^2 O_2 absorbiert
Blattknospen von Syringa vulgaris bei 15°	35,0 cm^2 CO_2 ausgeschieden
Blattknospen Ribes nigrum bei 15°	48,0 cm^2 CO_2 ausgeschieden
Blattknospen von Tilia europaea	66,0 cm^2 CO_2 ausgeschieden
Sphagnum cuspidatum (Moos)	32,9 cm^2 CO_2 ausgeschieden
Hyphnum cupressiforme (Moos)	17,2 cm^2 CO_2 ausgeschieden
Keimende Samen von Sinapis nigra bei 16°	58,0 cm^2 CO_2 ausgeschieden
Keimende Samen von Lactuca sativa bei 16°	82,5 cm^2 CO_2 ausgeschieden
Keimende Samen von Papaver somniferum bei 16°	122,0 cm^2 CO_2 ausgeschieden
Azotobacter chroococcum	709,5 cm^2 CO_2 ausgeschieden
Aspergillus niger, 4tägige Kultur auf China-Säure	276,1 cm^2 CO_2 ausgeschieden
Aspergillus niger, 3tägige Kultur auf China-Säure	682,0 cm^2 CO_2 ausgeschieden
Aspergillus niger, 2tägige Kultur auf China-Säure	1751,0 cm^2 CO_2 ausgeschieden
Aspergillus niger, 2tägige Kultur auf China-Säure	1800,0 cm^2 CO_2 ausgeschieden
Aspergillus niger, 2tägige Kultur auf China-Säure	1874,0 cm^2 CO_2 ausgeschieden

* Bezogen auf 1 g Trockensubstanz.

Assimilation

des Luftkohlendioxids (CO_2) bei verschiedener Lichtintensität durch 8jährige Fichtennadeln

Lichtintensität	CO_2-Verbrauch/Std.	Lichtintensität	CO_2-Verbrauch/Std.
25%	0,54 mg/g	49%	0,41 mg/g
33%	0,18 mg/g	70%	0,23 mg/g
16%	0,40 mg/g	60%	0,60 mg/g
43%	1,36 mg/g	27%	0,14 mg/g
9%	0,47 mg/g	27%	0,17 mg/g
28%	0,90 mg/g	50%	0,21 mg/g
3%	0,13 mg/g	62%	0,26 mg/g
7%	0,07 mg/g	100%	–0,25 mg/g
86%	0,13 mg/g	18%	0,30 mg/g
66%	0,9 mg/g	43%	0,20 mg/g
37%	0,30 mg/g	90%	0,26 mg/g
	–	86%	0,63 mg/g

Assimilationsleistung verschiedener Blätter unter Bedingungen von maximalem Licht und CO_2

Versuche mit 10 g frischen Blättern

Material		Trok-ken-gew.	Tem-pera-tur	CO_2 (g) assimiliert während der 1. Std.	2. Std.	3. Std.	4. Std.
Geranie, *Pelargonium peltatum* (junge Blätter)	Ende Febr.	0,6 g	30 °C	0,118	0,119		0,118
Geranie, *Pelargonium zonale* (j. Bl.)	Ende Febr.	1,0 g	30 °C	0,092	0,093		0,093
Eschenahorn, *Acer negundo*, gelb (alte Blätter)	Mitte Juni	1,9 g	30 °C	0,150	0,154	0,154	0,144
Eschenahorn, *Acer negundo*, grün (alte Blätter)	Mitte Juni	2,0 g	30 °C	0,260	0,188	0,152	–
Ulme, *Ulmus*, gelb (alte Blätter)	17. Juli	2,3 g	25 °C	0,099	–	–	0,096
Ulme, *Ulmus*, grün (alte Blätter)	21. Juli	3,0 g	25 °C	0,135	–	–	0,116

Material		Trok-ken-gew.	Tem-pera-tur	CO_2 (g) assimiliert während der 1. Std.	2. Std.	3. Std.	4. Std.
Eibe, *Taxus baccata*, gelb (j. Zweige)	26. Juni	2,5 g	25 °C	0,020	0,019	0,019	0,019
Eibe, *Taxus baccata*, grün (j. Zweige)	27. Juni	2,8 g	25 °C	0,066	0,062	0,056	–
Eibe, *Taxus baccata*, grün (vorj. Zw.)	28. Juni	3,5 g	25 °C	0,051	0,047	0,040	–
Lorbeerbaum, *Laurus nobilis* (j. Bl.)	30. Juni	3,1 g	25 °C	0,075	0,072	0,071	–
Lorbeerbaum, *Laurus nobilis* (vorjährige Blätter)	1. Juli	5,0 g	25 °C	0,078	0,070	0,065	–
Lorbeerkirsche *Prunus laurocerasus* (alte Blätter)	Mitte Febr.	2,9 g	30 °C	0,080	0,067		0,050

Dissimilation

Dissimilation bei der Keimung der Sonnenblumen-Samen

	In 100 Gewichts Teilen Samen g	In 88,98 Gewichtsteilen (aus 100 g Samengewicht) Keimpflanzen (g)
Eiweiß	24,06	13,34
Nucleinsäuren	0,96	4,05
Asparagin und Glutamin	–	3,60
Lecithin	0,44	0,71
Fett	55,32	21,82
Rohrzucker	3,78	13,12
Lösliche organische Säuren	0,56	2,16
Cellulose	2,54	10,25
Hemicellulosen	–	3,41

Dissimilation bei der Keimung von je 1000 Kürbissamen

Bestandteile	a	b	c	d
Öl	136,65 g	103,51 g	56,43 g	12,98 g
Zucker	Spuren	3,81 g	9,48 g	12,98 g
Gummi	Spuren	2,56 g	3,55 g	6,13 g
Stärke	–	8,89 g	17,50 g	6,63 g
Cellulose	8,34 g	9,33 g	12,23 g	21,20 g
Eiweiß	110,07 g	109,60 g	98,33 g	94,62 g
Asche	14,08 g	14,14 g	14,57 g	18,08 g
Extraktiv-Stoffe, Pektine, Bitterstoffe usw.	6,86 g	22,96 g	33,01 g	43,48 g

a) ruhender Zustand vor der Keimung, b) Würzelchen 2–4 cm lang, c) die ersten 5–6 Nebenwurzeln 2–3 cm lang, d) Primordiablätter groß und ausgebreitet.

Dissimilation als Substanzverlust von Erbsensamen nach der Keimung

In je 1000 Gew.-Teil. von bei 100° getrocknet. Erbsen enthalten	Ruhe-Zustand g	Keimung nach 114 Stunden g	nach 184 Stunden g
Fett	22,7	22,4	20,3
Dextrin	65,0	50,3	54,1
Zucker	–	–	–
Stärke	421,1	377,8	330,0
Cellulose	71,3	78,7	81,0
Eiweiß	238,4	238,4	237,1
Asche	40,8	40,8	40,8
Sonstiges	137,6	153,6	157,4
Verlust	–	34,9	76,2

Wärmeproduktion von 1 kg Gerste in 1 Minute

	Wärmemenge	CO_2/O_2
1. Gequollene Samen	13 Kilojoule	1,00
2. Anlage von Wurzeln	189 Kilojoule	0,65
3. Hauptwurzeln von 3 mm	130 Kilojoule	0,80
4. Ende der Keimung	50 Kilojoule	0,95
5. Erwachsene, beblätterte Stengelteile	13 Kilojoule	1,00

Aus 1 kg Erbsensamen in der Minute produzierte Wärme:

1. Gequollene Samen	38 Kilojoule
2. Junge Keimpflanzen (Wurzellänge 5 mm)	525 Kilojoule
3. Junge Keimpflanzen (Wurzellänge 50–60 mm)	315 Kilojoule
4. Junge Keimpflanzen (ein grüner Stengel von 20 mm)	252 Kilojoule
5. Junge Keimpflanzen (die Keimblätter schrumpfen ein)	92 Kilojoule
6. Die Pflanze erhält nichts von den Keimblättern (Kotyledonen)	25 Kilojoule

Zusammensetzung des Weizenkorns

in seinen wichtigsten Geweben und Teilen

	Fruchtschalen		Samenschalen		Aleuronschicht		Mehlkern		Keim	
Haupt-bestandteile	In % vom Korn	% in der Schale	In % vom Korn	% in der Schale	In % vom Korn	% in der Aleu-ron-schicht	In % vom Korn	% im Mehl-kern	In % vom Korn	% im Keim
Wasser	0,50	11,2	0,13	11,8	1,03	11,8	11,26	13,20	0,16	11,2
Rohfaser	3,50	78,6	0,73	66,3	4,29	48,8	0,24	0,28	0,45	31,4
Protein	0,35	7,8	0,18	16,3	2,20	25,0	8,60	10,10	0,56	39,2
Asche	0,09	2,4	0,06	5,6	0,48	5,3	0,40	0,47	0,08	5,6
Fett	–	–	–	–	0,80	9,7	0,79	0,94	0,18	12,6
Stärke	–	–	–	–	–	–	62,91	75,01	–	–
Summe	4,45	100	1,10	100	8,80	100	84,20	100	1,43	100

Mittlere chemische Zusammensetzung des Weizenkorns:
Wasser ca. 12%, Asche bis 2%, Proteine bis 15%, Rohfaser bis 2,5%, Fett bis 2%, Stickstofffreie Extraktstoffe (hauptsächlich Stärke) ca. 75%.

Elementare Zusammensetzung der Weizenkornasche

Elemente	Gehalt in %	Elemente	Spurenelemente in millionsten Teilen
Asche	1,860	Zink	100
Kalium	0,571	Nickel	35
Phosphor	0,428	Eisen	31
Schwefel	0,194		
Magnesium	0,173	Mangan	24–39
Chlor	0,055	Bor	16
Calcium	0,048	Kupfer	6–9
Natrium	0,009		
Silicium	0,006	Aluminium	3
		Brom	2
		Jod	0,06–0,1
		Kobalt	0,1

Pflanzenbewegungen

Verhalten von Mimosa pudica auf äußere Reize

Die ausgeprägteste Pflanzenbewegung (Nastie), bei der man schon von einer Erregungsleitung sprechen kann, zeigt Mimosa pudica, die »Sinnpflanze«, aus Indien. Sie klappt auf Berührungs-, Temperatur- u. a. Reize zuerst ihre Blattfiedern nach oben zusammen und danach die Blätter als ganzes nach unten.

Reaktion und Erholung bei Mimosa pudica bei mechanischer Reizung

Dauer der Reaktion des ganzen Blattes	3	sek
Dauer der Erholung des ganzen Blattes	16	min
Maximale Geschwindigkeit der Reaktionsbewegung	24	mm/sec
Maximale Geschwindigkeit der Erholungsbewegung	0,09	mm/sec
Durchschnittliche Geschwindigkeit der Reaktionsbewegung	15	mm/sec
Durchschnittliche Geschwindigkeit der Erholungsbewegung	0,045	mm/sec

Einfluß der Temperatur auf die Geschwindigkeit der Reaktionsbewegung von Mimosa pudica (Abwärtsbewegung des ganzen Blattes)

Temperatur	Geschwindigkeit
22 °C	10 mm/sec
25 °C	105 mm/sec
31 °C	115 mm/sec

Abhängigkeit zwischen Tageszeit, Temperatur und Reizbarkeit bei Mimosa pudica

Uhrzeit	Temperatur	Amplitude der Reaktion	Tageszeit	Temperatur	Amplitude der Reaktion
		Frühjahrspflanze			
17 Uhr	28,0 °C	28,0 mm	17 Uhr	20,0 °C	5 mm
18 Uhr	25,5 °C	28,0 mm	18 Uhr	20,5 °C	4,2 mm
19 Uhr	24,5 °C	27,0 mm	19 Uhr	21,0 °C	3,5 mm
20 Uhr	23,0 °C	23,5 mm	20 Uhr	22,0 °C	2,5 mm
21 Uhr	22,0 °C	21,5 mm	21 Uhr	24,0 °C	0 mm
22 Uhr	21,0 °C	18,0 mm	22 Uhr	26,0 °C	6,0 mm
23 Uhr	20,5 °C	15,0 mm	23 Uhr	26,5 °C	15,5 mm
0 Uhr	20,0 °C	13,0 mm	0 Uhr	28,0 °C	22,5 mm
1 Uhr	20,0 °C	10,0 mm	1 Uhr	28,0 °C	26,0 mm
2 Uhr	20,0 °C	8,0 mm	2 Uhr	28,5 °C	28,0 mm
3 Uhr	20,0 °C	7,5 mm	3 Uhr	28,5 °C	28,0 mm
4 Uhr	19,5 °C	6,0 mm	4 Uhr	29,0 °C	28,0 mm
		Sommerpflanze			
13 Uhr	38,0 °C	22,0 mm	13 Uhr	26,0 °C	21,5 mm
14 Uhr	38,0 °C	23,0 mm	14 Uhr	26,0 °C	20,0 mm
15 Uhr	38,0 °C	24,5 mm	15 Uhr	25,5 °C	18,5 mm
16 Uhr	37,0 °C	28,0 mm	16 Uhr	25,5 °C	17,0 mm
17 Uhr	35,5 °C	29,0 mm	17 Uhr	25,5 °C	16,0 mm
18 Uhr	33,0 °C	27,0 mm	18 Uhr	26,0 °C	15,0 mm
19 Uhr	31,0 °C	26,0 mm	19 Uhr	27,0 °C	14,0 mm
20 Uhr	30,0 °C	26,0 mm	20 Uhr	29,0 °C	13,0 mm
21 Uhr	29,0 °C	25,0 mm	21 Uhr	30,5 °C	11,0 mm
22 Uhr	27,0 °C	24,5 mm	22 Uhr	33,0 °C	16,0 mm
23 Uhr	27,0 °C	22,0 mm	23 Uhr	35,0 °C	17,0 mm
0 Uhr	26,5 °C	22,5 mm	0 Uhr	37,0 °C	21,0 mm

Minimale Temperaturdifferenzen, auf die Blüten noch mit Bewegungen reagieren

Blüte	Minimale Temperatur-differenz	Öffnungsgrad
Variationsbewegungen		
Schlauchenzian, *Gentiana utriculosa*	0,25–0,30 °C	Bewegung bis zu 2 mm
Frühlingsenzian, *Gentiana verna*	1,0 °C	
Stengelloser Enzian, *Gentiana acaulis*	1,5 °C	
Wachstumsbewegungen		
Krokus, *Crocus vernus*	0,5 °C	leichte Schwankungen (bis 3°)
Tulpe, *Tulipa gesneriana*	2,0 °C	leichte Schwankungen
Frühlings-Teufelsauge, *Adonis vernalis*	5–10 °C	reagieren mit merklicher Bewegung
Dolden-Milchstern, *Ornithogalum umbellatum*	5–10 °C	
Herbstzeitlose, *Colchicum autumnale*	5–10 °C	

Blüte	Minimale Temparatur-differenz	Öffnungsgrad
Scharbockskraut, *Ranunculus ficaria*	5–10 °C	reagieren etwas schwächer
Buschwindröschen, *Anemone nemorosa*	5–10 °C	
Sauerklee, *Oxalis rosea*	5–10 °C	mit geringer Bewegung
Seerose, *Nymphaea alba*	5–10 °C	
Löwenzahn, *Taraxacum officinale*	5–10 °C	

Schleimpilze, Myxomycetes

Abgabe von je 1 cm^3 Kohlendioxid, (CO_2) bzw. der Aufnahme von 1 cm^3 Sauerstoff (O_2) entsprechenden Wärmemengen

CO_2 abgeschieden	O_2 absorbiert	$\frac{CO_2}{O_2}$	Wärme erzeugt	Auf je 1 cm^3 CO_2 Wärme	Auf je 1 cm^3 O_2 Wärme
6,175	5,842	1,06	127,3 Joule	20,62 Joule	21,80 Joule
4,883	4,354	1,12	82,7 Joule	16,93 Joule	19,03 Joule
4,625	4,507	1,03	82,3 Joule	17,81 Joule	18,27 Joule

Lichtmengen und Spektralbereiche in Wäldern

Alter in Jahren	Baum- oder Bestandshöhe m	Kronenschluß und Belaubungsgrad	Durchgegangenes Licht, Farbe rot 652 $\mu\mu$ %	gelb 589 $\mu\mu$ %	grün 520 $\mu\mu$ %	hellbl. 472 $\mu\mu$ %	dunkel blau 440 $\mu\mu$ %	Bemerkungen
Laubhölzer								
Buche								
35–50	8–16	Junge und mittelalte, dicht geschlossene Bestände	3,5	6,6	5,4	2,6	2,4	Nicht sonnenbeschienene Kronenpartien
30–60	8–16	desgl.	7,0	13,8	11,2	4,4	2,8	Sonnenbeschien. Kronenpartien
70–100	25–30	Alte, geschlossene, langschäftige Bestände oder Baumgruppen mit hoch angesetzten Kronen, dicht belaubt	4,5	6,4	4,9	3,6	3,1	Nicht sonnenbeschienen Kronenpartien
Birke								desgl.
18	35–58	Geschlossene Gruppen und Bestände, gut belaubte Kronen	22,2	28,4	27,2	20,4	20,8	
Nadelhölzer								
Fichte								
45	–	Undurchforstete oder sehr schwach durchforst. Bestände	4,2	5,2	5,5	4,1	4,0	desgl.
Föhre								
120	26	Geschlossener Bestand. Geradschäftig, hoch angesetzte Kronen, schwach durchforstet	32,0	32,6	31,4	32,6	30,0	desgl.
Weißtanne								
25 u. 90	25	Junge u. mittelalte, dicht geschlossene Bestände, schwach durchforstet	4,2	5,0	4,6	2,0	1,8	desgl.

In den Nadelwäldern sind die Messungen unter den Lichtlücken an der Grenze der Baumkronen ausgeführt; unter den Baumkronen selbst sind Lichtmessungen nicht möglich. Die Werte der Nadelhölzer sind daher mit denen der Laubhölzer nicht direkt vergleichbar.

Flugleistungen bei Pflanzen

Es gibt nur Schwebeflug zur Verbreitung von Sporen, Samen und Früchten durch den Wind. Die Flugfähigkeit wird erreicht durch möglichste Reduzierung des absoluten oder spezifischen Gewichtes und durch Entfaltung großer spezifischer Oberfläche (mikroskopische Kleinheit, Ausbildung besonderer haar- oder federartiger Schwebeorgane oder dünner Gleitflächen).

Die Flugstrecke (= Verbreitungsgebiet) ist bei gleicher horizontaler Windgeschwindigkeit um so beträchtlicher, je größer die Schwebefähigkeit, d. h. je geringer die Fallgeschwindigkeit in ruhender Luft ist.
Die Fallgeschwindigkeit (oder besser ihr reziproker Wert) ist also ein Maß für die absolute Flugtüchtigkeit.
Als Leistungsgröße bezeichnet man den reziproken Wert für das Verhältnis der beobachteten Fallgeschwindigkeit zu dem aus den Dimensionen der wirksamen Widerstandsflächen für senkrechten Fall unter Berücksichtigung des Luftwiderstandes errechneten theoretischen Wert. Die Leistungsgröße ist demnach ein Maß für die Vorteilhaftigkeit der besonderen Konstruktion und Bewegungsart – ein Maß der relativen Flugtüchtigkeit.

Formen der Flugeinrichtungen

Typ	Prinzip	Beispiele
Staub-Flieger	Mikroskopisch klein. < 0,1 mm Fallverzögerung durch adhärierende Lufthülle.	Bakterien, Sporen von Pilzen, Moosen u. Pteridophyten, Flechtensoredien, Pollen der Windblütler
Körnchen-Flieger	Kleine Körper verschied. Form, > 0,1 mm; Einfluß der Lufthülle unwesentlich	Kleine Samen vieler Orchideen, Bromeliaceen, Orobancheen, Papaveraceen, Pirolaceen, Saxifragaceen, Caryophyllaceen, Sibbaldia procumbens
Blasen-Flieger	Oberflächenvergrößerung durch Bildung lufterfüllter Hohlräume. Fall nur schwach verzögert	Einzelne Orchideen, Valerianella-Arten, Atriplex inflata, Aristolochia Sipho, Astralagus-Arten, Rhus cotinus u. a.
Haar-Flieger	Einfaches, in der Mitte belastetes Haar, dessen Fall durch Lufthülle stark gebremst wird	Samen verschiedener Bromeliaceen, Aeschynanthes speciosus
Napf-Flieger	Runde Körper mit ringsum gehendem, etwas gewölbtem häutigem bzw. haarigem Saum	Paliurus aculeata, Terminalia ciptera, Ptelea trifoliata, Eccremocarpus scaber, Dianthus cochlearis
Schirm-Flieger	Objekte mit sitzendem oder gestieltem häutigem bzw. aus dicht verzweigten Haaren gebildetem Fallschirm	Dipsaceen, Plumbaginaceen, viele Kompositen, Asterocephalus
Segel-Flieger	Flache Samen etwa in der Mitte der langen Kante einer gestreckten häutigen Segelfläche	Bignoniaceen, Zaninia javanica, Ternstroemiaceen
Scheibendreh-Flieger	Flache kreisrunde Samen z. T. mit häutigem Flügelrand	Alnus, Betula, Ulmus, Peltaria, Iridaceen, Liliaceen, Aspidosperma
Walzendreh-Flieger	Drei- bis mehrflügelige Objekte von sternförmigem Querschnitt. Fallbewegung unter Rotation	3 Flügel: Polygonum, Rheum, Thalictrum aquilegifolium, 4 Flügel: Halesia, Spathelia, Reisseckia, Roepera, Tetrapterygium, 5 Flügel: Pentaptera, Chuncoa, 6 Flügel: Hexaptera, viele Flügel: Malpighiaceen
Plattendreh-Flieger	Objekte in der Mitte einer dünnen ebenen Segelfläche von länglicher Form. Fall unter Rotation stark verlangsamt	Ailanthus glandulosos, Martia parvifolia, Dalbergia variabilis, Platimyscium, Hymenolobium
Schraubendreh-Flieger	Längliche Segelfläche mit belasteter Kurzkante. Fall unter Drehung verlangsamt	Fraxinus, Plenckia, Liriodendron
Schrauben-Flieger	Segelfläche länglich; Schwerpunkt in Quer- und Längsrichtung stark verschoben. Flügel an der Vorderkante versteift. Fall unter Drehung stark gebremst.	Acer, Malpighiaceen, Sapindaceen, Leguminosen, Carpinus, Koniferen, Casuarinaceen, Proteaceen u. a.

Jährliche Periodizität der Knospenentwicklung einiger Holzpflanzen

Pflanze	Austreiben der Winterknospen	Anlage der Knospen-Schuppen der neuen Knospe	Auftreten der Laubblatt-anlagen in den neuen Knospen	Winterknospen fertig entwickelt
Traubenkirsche, *Prunus padus*	Anfang März	Mitte März bis Ende Juni	Ende Juni	Im Herbst
Flieder, *Syringa vulgaris*	Mitte März	Im Lauf des April vollständige Knospe; diese stirbt ab im Laufe des Mai, an ihre Stelle Seitenknospen a. d. Basis des jüngsten Internodiums	Ende Juli	(Ersatzknospen) im Herbst
Ahorn, *Acer*	April	2. Hälfte des April	Im Juli	Im Herbst
Elsbeere, *Sorbus torminalis*	Mitte April	2. Hälfte des April bis Ende Juni	Im Juni	Im Herbst
Cornus mas	Letztes Drittel des April	Letztes Drittel des April	Juni bis Ende Juli	Im Herbst
Pappel, *Populus*	Ende April	Im Laufe des Mai	Mitte Juli	Im Herbst
Esche, *Fraxinus excelsior*	Letztes Drittel des April	Ende April (Anfang Mai) bis Ende Mai	Im Juni	Im Herbst
Eibe, *Taxus baccata*	Ende April bis Anfang Mai	Anfang Juni	Im Juli	Im Herbst

Periodizität der Blattentwicklung immergrüner Pflanzen

Pflanze	Lebensdauer der Blätter in Monaten
Lorbeerkirsche, *Prunus laurocerasus*	15
Hemlocktanne, *Tsuga canadensis*	18–42, meist 30
Weymouthskiefer, *Pinus strobus*	18–54, meist 30
Gewöhnliche Kiefer, *Pinus silvestris*	24–36
Stechpalme, *Ilex aquifolium*	25
Efeu, *Hedera helix*	28
Preißelbeere, *Vaccinium vitis-idaea*	29
Douglastanne, *Pseudotsuga menziesii*	Am Haupttrieb: 30–54, meist 30–42 Am Seitentrieb: 42–78, meist 42–66, selten 90
Zirbelkiefer, *Pinus cembra*	42, selten 54
Spanische Tanne, *Abies pinsapo*	Am Haupttrieb: 42 Am Seitentrieb: 114–150
Gummibaum, *Ficus elastica*	48
Gelbkiefer, *Pinus ponderosa*	48
Küstentanne, *Abies excelsior*	48
Gewöhnlicher Wacholder, *Juniperus communis*	48–60
Eibe, *Taxus baccata*	48–60
Latsche, *Pinus mugo*	Am jungen Baum: 54–100, meist 60 Am alten Baum: 66–126, meist 90
Weißtanne, *Abies alba*	60–84
Rotfichte, *Picea abies*	72

Eintreten der Blühreife bei einigen Holzpflanzen

Name	Eintritt des blühfähigen Alters freistehend mit Jahren	im Bestand mit Jahren
Weißtanne, *Abies alba*	60	–
Schwarzerle, *Alnus glutinosa*	12–20	40
Weißbirke, *Betula alba*	15–20	–
Moorbirke, *Betula pubescens*	10–12	30

Name	Eintritt des blühfähigen Alters freistehend mit Jahren	im Bestand mit Jahren
Sandbirke, *Betula verrucosa*	10–12	30
Weißbuche, *Carpinus betulus*	20–30	–
Eßkastanie, *Castanea sativa*	20–30	40–60
Haselnuß, *Corylus avellana*	10	–
Rotbuche, *Fagus silvatica*	40–50	60–80
Lärche, *Larix europaea*	15–20 im Gebirge 20–30	–
Fichte, *Picea abies*	30–40	–
Latsche, *Pinus mugo*	4–5	–
Gewöhnliche Kiefer, *Pinus silvestris*	15 auf trockenem warmem Boden	30–40
Espe, *Populus tremula*	20	–
Stieleiche, *Quercus robur*	40	80–100
Eibe, *Taxus baccata*	20	–

Blühperioden (Samenjahre) einiger Holzpflanzen

Pflanze	Zwischenraum zwischen zwei Massen-Blüten in Jahren	Bemerkungen
Ahorn-Arten, *Acer*	1–2	–
Roßkastanie, *Aesculus hippocastanum*	1–2	–
Götterbaum, *Ailanthus glandulosa*	1–2	–
Schwarzerle, *Alnus glutinosa*	1–2	–
Berberitze, *Berberis vulgaris*	1–2	–
Weißbuche, *Carpinus betulus*	1–2	–
Geißklee, *Cytisus battandieri*	1–2	–
Gewöhnliche Esche, *Fraxinus excelsior*	1–2	–
Sanddorn, *Hippophaë*	1–2	–
Lärchen, *Larix*	1–2	–
Paulownie, *Paulownia*	1–2	–
Pappeln, *Populus*	1–2	–
Schlehe, *Prunus spinosa*	1–2	–
Lederstrauch, *Ptelea trifoliata*	1–2	–
Kreuzdorn, *Rhamnus frangula*	1–2	–
Sumach-Arten, *Rhus*	1–2	–
Robinie, *Robinia pseudacacia*	1–2	–
Weiden, *Salix*	1–2	–
Flieder, *Syringa vulgaris*	1–2	–
Eibe, *Taxus baccata*	1–2	–
Linden, *Tilia*	1–2	–
Wacholder, *Juniperus*	1–2	–
Eßkastanie, *Castanea sativa*	3–5	–
Eßkastanie, *Castanea sativa*	2–3	im Süden
Haselnuß, *Corylus avellana*	2–3	–
Walnuß, *Juglans regia*	2–3	–
Ulmen, *Ulmus*	2–3	–
die meisten Obstbäume	2–3	–
Weißtanne, *Abies alba*	2–5	in milder Gegend
Weißtanne, *Abies alba*	6–8	in rauher Gegend
Weißbirke, *Betula alba*	3	–
Moorbirke, *Betula pubescens*	3	–
Sandbirke, *Betula verrucosa*	3	–
Rotbuche, *Fagus silvatica*	3–4	»Spreng-Mast«
Gewöhnliche Kiefer, *Pinus silvestris*	3–5	–
Stieleiche, *Quercus robur*	3–7	»Voll-Mast«
Fichten, *Picea*	5–7	–
Rotbuche, *Fagus silvatica*	10–15	»Voll-Mast«

Blühperioden einiger außereuropäischer Pflanzen bringen sogenannte »Massenblüten«

Pflanze	Zwischenraum zwischen zwei Massenblüten in Jahren	Bemerkungen
Strobilanthes sessilis	4–5	–
Strobilanthes kunthianus	5–6	–
Shorea	6	–
Hopea	6	–
Strobilanthes gossypinus	10	–
Dendrocalamus strictus	13	in Rio Grande do Sul u. Sta. Caratina
Bambusa arundinacea	30–32	Westküste Vorderindiens
Chusquea abietifolia	30–34	Jamaika
Phyllostachys puberula	60 oder ein Vielfaches davon	Japan

Blumenuhr

Tagesperiodische Phänomene bei Pflanzen

Bei der großen Abhängigkeit der Pflanzen von den Umweltbedingungen gibt es eine ganze Reihe von Phänomenen wie den Wechsel zwischen Assimilations- und Dissimilationsphase, die unmittelbar von dem täglichen Gang der Umweltfaktoren gesteuert werden. Diese Rhythmen finden in dem folgenden keine Berücksichtigung, sondern nur die Vorgänge, die auf Grund unserer heutigen Kenntnisse als weitgehend autonom anzusprechen sind. Am längsten bekannt sind die tagesperiodischen Bewegungen vieler Laub- und Blütenblätter, die bereits Linné 1787 veranlaßte, von einem Pflanzenschlaf zu sprechen und zu der Aufstellung der Blumenuhr führte. Die erste Blumenuhr stammt von Carl von Linné. Diese hier ist für unsere Breiten geltend abgeändert.

Blumenuhr

Pflanzen	Öffnen	Schließen
Wiesenbocksbart, *Tragopogon pratense*	2–3 Uhr	9–10 Uhr
Taghammerstrauch, *Cestrum diurnum*	3–4 Uhr	
Dreifarbige Winde, *Convolvulus tricolor*	3–4 Uhr	
Dachpippau, *Crepis tectorum*	4–5 Uhr	11–12 Uhr
Natterkopfartiges Wurmkraut, *Helminthia* (*Picris*) *echioides*	4–5 Uhr	
Knolliger Löwenzahn, *Leontodon tuberosum*	4–5 Uhr	15–16 Uhr
Blaue Rasselblume, *Catananche coerulea*	4–5 Uhr	
Wilde Zichorie, *Cichorium intybus*	4–5 Uhr	11–12 Uhr
Sibirischer Mohn, *Papaver nudicaule*	4–5 Uhr	18–19 Uhr
Sanddistel, *Sonchus oleraceus*	4–5 Uhr	11–12 Uhr
Braunrote Taglilie, *Hemerocalis fulva*	5–6 Uhr	20–21 Uhr
Gewöhnl. Löwenzahn *Taraxacum officinale*	5–6 Uhr	9 Uhr
Rotes Habichtskraut, *Hieratium rubrum*	5–6 Uhr	
Alpenpippau, *Crepis alpina*	5–6 Uhr	11–12 Uhr
Krokusblättriger Bocksbart, *Tragopogon crocifolium*	5–6 Uhr	11–12 Uhr
Hecken- oder Zaunwinde, *Convolvulus sepium*	5–6 Uhr	
Tingitanische Gänsedistel, *Picridium tingitanum*	5–6 Uhr	10 Uhr
Sichelsalat, *Lampsana rhagadiolus*	5–6 Uhr	
Purpurroter Hasenlattich, *Prenanthes purpurea*	5–6 Uhr	
Wiesenferkelkraut, *Hypochoeris pratensis*	6–7 Uhr	17 Uhr
Savoyer Habichtskraut, *Hieratium sabaudum*	6–7 Uhr	17–18 Uhr
Doldenförmiges Habichtskraut, *Hieratium umbellatum*	6–7 Uhr	13–14 Uhr
Kriechendes Habichtskraut, *Hieratium pilosella*	6–7 Uhr	13–15 Uhr
Mauerhabichtskraut, *Hieratium murorum*	6–7 Uhr	14–15 Uhr
Roter Pippau, *Crepis rubra*	6–7 Uhr	12–13 Uhr
Ackergänsedistel, *Sonchus arvensis*	6–7 Uhr	11–12 Uhr
Sumpfgänsedistel, *Sonchus palustris*	6–7 Uhr	

Pflanzen	Öffnen	Schließen
Weiße Seerose, *Nymphaea alba*	6–7 Uhr	18 Uhr
Gelbe Teichrose, *Nuphar luteum*	6–7 Uhr	
Ringelblume, *Calendula officinalis*	6–7 Uhr	
Spießförmiger Löwenzahn, *Leontodon hastile*	7–8 Uhr	
Herbstlöwenzahn, *Leontodon autumnum*	7–8 Uhr	19–20 Uhr
Alpenmilchsalat, *Sonchus alpinum*	7–8 Uhr	12–13 Uhr
Ästige Graslilie, *Anthericum ramosum*	7–8 Uhr	15–16 Uhr
Weiße Graslilie, *Anthericum album*	7–8 Uhr	15–16 Uhr
Schlauchförmiges Steinkraut, *Alyssum utriculatum*	7–8 Uhr	
Abgebissenes Habichtskraut, *Hieratium praemorsum*	7–8 Uhr	
Geflecktes Ferkelkraut, *Hypochoeris maculata*	7–8 Uhr	14–15 Uhr
Bärtige Mittagsblume, *Mesembryanthemum barbatum*	7–8 Uhr	13–14 Uhr
Echtes Habichtskraut, *Hieratium auricula*	8–9 Uhr	
Ackergauchheil, *Anagallis arvensis*	8–9 Uhr	15–16 Uhr
Sprossende Nelke, *Dianthus prolifer*	8–9 Uhr	12–13 Uhr
Kahles Ferkelkraut, *Hypoichoeris glabra*	8–9 Uhr	
Ackerringelblume, *Calendula arvensis*	9–10 Uhr	
Mesembryanthemum cristallinum	9–10 Uhr	15–16 Uhr
Rotblühende Sanddistel, *Arenaria rubra*	10–11 Uhr	14–15 Uhr
Gelbe Taglilie, *Hemerocallis flava*	10–11 Uhr	
Doldenblütige Vogelmilch, *Ornithogalum umbellatum*	10–11 Uhr	
Malven, *Malva*, fast alle Arten	10–11 Uhr	
Ringelblume, *Calendula chrysanthemifolia*	10–11 Uhr	15–16 Uhr
Rote oder Pfauenlilie, *Tigridia pavonia*	11–12 Uhr	

In den Mittagsstunden von 12–16 Uhr sind nur Blumen zu verzeichnen, die sich schließen.

Pflanzen	schließen
Zweiteilige Wunderblume (u. Abarten), *Mirabilis dichotoma*	16–17 Uhr
Nachtkerze, verschiedene Arten, *Oenothera*	17–18 Uhr
Stochschnabel, *Geranium daucifolium*	18–19 Uhr
Königin der Nacht, *Cereus grandiflorus*	18–19 Uhr
Trauernder Kranichschnabel, *Pelargonium triste*	18–19 Uhr
Cestrum nocturnum	19–20 Uhr
Nycterium cordifolium	19–20 Uhr
Nycterinia capensis	19–20 Uhr
Mesembryanthemum noctiflorum	20–21 Uhr
Nächtliche Silene, *Silene nocturna*	21–22 Uhr

Tägliche Blühzeiten und -temperaturen einiger Getreidearten

Mais, *Oryza sativa*	Tägliche Blütezeit	8 Std. bei 27–28 °C
	Temperatur-Minimum	25 °C
	Temperatur-Optimum	30 ± 2 °C
	Temperatur-Maximum	35 °C
Roggen, *Secale cereale*	Tägliche Blütezeit	6–7 Std.
	Temperatur-Minimum der Blütenöffnung 14 °C	
	Ganze Dauer der Blütenöffnung 15–20 Minuten	
Kolbenhirse, *Setaria italica*	Die Blüten öffnen sich zweimal täglich und zwar von 1–3 Uhr und von 19.30–22.30 Uhr	
	Dauer der Öffnung 2–2½ Stunden, selten 1 oder 4 Stunden	
Weizen, *Triticum sativum*	Tägliche Blütezeit 4.30–6.30 Uhr	
	Hauptöffnungszeit 5–5.30 Uhr.	
	Temperatur-Minimum der Blütenöffnung 16 °C.	

Samenruhe und ihre Abkürzung

Ruheperiode bei Samen (Samenruhe) von Holzpflanzen
Sofort nach dem Samenfall im Sommer keimen die Samen von Birke, *Betula*, Pappel, *Populus*, Weide, *Salix*, Ulme, *Ulmus* (keine Samenruhe).

Bei natürlicher Überwinterung (in der Erde) keimen nach dem Samenfall im Herbst oder Winter im nächsten Frühjahr oder Sommer zum größten Teil die Samen von

Ahorn, *Acer*
Roßkastanie, *Aesculus*
Erle, *Alnus*
Pflaume, *Prunus*
Tanne, *Abies*
Birke, *Betula* (z.T.)
Eßkastanie, *Castanea*
Zürgelbaum, *Celtis*
Scheinzypresse, *Chamaecyparis*
Haselnuß, *Corylus*
Rotbuche, *Fagus*
Sanddorn, *Hippophaë*,
Walnuß, *Juglans*
Lärche, *Larix*
Fichte, *Picea*
Kiefer, *Pinus*
Platane, *Platanus*
Douglastanne, *Pseudotsuga*
Birnbaum, *Pirus*
Lederstrauch, *Ptelea*
Eiche, *Quercus*
Eberesche, *Sorbus*
Eibe, *Taxus*
Lebensbaum, *Thuja*
Hemlocktanne, *Tsuga*

Bei künstlicher Überwinterung und Frühjahrssaat keimen

2–3 Wochen nach der Aussaat: Maulbeere, *Morus*; Ulme, *Ulmus*

3–4 Wochen nach der Aussaat: Tanne, *Abies*; Roßkastanie *Aesculus*; *Carya*; Haselnuß, *Corylus*; Walnuß, *Juglans*; Lärche, *Larix*; Fichte, *Picea*; Kiefer, *Pinus*; Patane, *Platanus*; Eberesche, *Sorbus*

4–6 Wochen nach der Aussaat: Rotbuche, *Fagus*; Eiche, *Quercus*; Robinie, *Robinia*; *Spartium*; Stechginster, *Ulex*

6–8 Wochen nach der Aussaat: *Abies cephalonica*; Lebensbaum, *Thuya orientalis*; Scheinzypresse, *Chamaecyparis*; Ginkgo, *Ginkgo*; Zirbelkiefer, *Pinus cembra*; Latsche, *Pinus mugo*; Pinie, *Pinus pinea*; Weymouthskiefer, *Pinus strobus*

Die Samen ruhen teilweise eine ganze Vegetationsperiode (»liegen über«) von:

Pflaume, *Prunus*
Zürgelbaum, *Celtis*
Cercis
Scheinzypresse, *Chamaecyparis*
Colutea
Tulpenbaum, *Liriodendron*
Zirbelkiefer, *Pinus cembra*
Douglastanne, *Pseudotsuga*
Ptelea trifoliata
Rhamnus
Essigbaum, *Rhus*
Robinie, *Robinia*
Holunder, *Sambucus*
Hemlocktanne, *Tsuga canadensis*
Stechginster, *Ulex*

Die Samen ruhen durchweg eine ganze Vegetationsperiode, keimen erst ein Jahr nach der Aussaat von:

Ahorn, *Acer*
Berberitze, *Berberis*
Weißbirke, *Betula lenta* (oft bis 5 Jahre)
Weißbuche, *Carpinus*
Weißdorn, *Crategus*
Esche, *Fraxinus excelsior* (*Fr. pubescens* u. *Fr. americana* keimen sofort)
Stechpalme, *Ilex*
Wacholder, *Juniperus*
Liguster, *Ligustrum*
Kiefer, *Pinus*
Pflaume, *Prunus*
Sciadopytis
Eberesche, *Sorbus*
Pimpernuß, *Staphylea*
Eibe, *Taxus* (2, oft 3–4 Jahre)
Linde, *Tilia*
Mistel, *Viscum*

Pollendarbietung der Blüten einiger Pflanzen bei gutem Wetter

Pflanzen	Maximum Uhrzeit	Minimum Uhrzeit
Klatschmohn, *Papaver rhoeas*	5½–10	–
Schlafmohn, *Papaver somniferum*	6 –9½	ca. 11
Großblumige Königskerze, *Verbascum thapsiforme*	6 –10	ca. 17
Windblumen-Königskerze, *Verbascum phlomoides*	6½– 9½	ca. 14
Kriechende Rose, *Rosa arvensis*	6½–10	ca. 11
Büschelrose, *Rosa multiflora*	6½–10½	ca. 13½
Eisenkraut, *Verbena officinalis*	7 –11½	ca. 14
Dreifarbige Winde, *Convolvulus tricolor*	8 –14	ca. 16

Nutzpflanzen

Herkunft der verbreitetsten Kulturpflanzen (K →S. 144)

Pflanze	Herkunft	Pflanze	Herkunft
Kohl, Lupine, Zuckerrübe	Mittelmeergebiet	Apfelsine, Zitrone, Hirse,	Indien
Weizen- und Gerstensorten	Äthiopien bis	Zuckerrohr, Baumwolle	
	Zentralasien	Aprikose, Pfirsich, Gurke,	
Apfel, Birne, Quitte, Feige,		Rhabarber, Mohn, Hanf,	
Wein, Mandel, Walnuß,		Sojabohnen, Maulbeerbaum	China
Weizen, Roggen, Flachs,		Mais, Tomate, Kürbis,	
Erbse, Linse, Luzerne,		Bohne, Kakao, Tabak,	
Rotklee, Möhre, Spinat	Vorderasien	Baumwolle	Mittelamerika
		Kartoffel, Sonnenblume	Bolivien, Peru

Als Kulturpflanzen kultuviert seit:

Lein	etwa 7000 v. Chr.	Baumwolle	etwa 1000 v. Chr.	Wirsing	um 1600
Emmer-Weizen	etwa 6000 v. Chr.	Kohl	etwa 400 v. Chr.	Rosenkohl	um 1750
Gerste	etwa 6000 v. Chr.	Kartoffel	etwa 400 v. Chr.	Kaffee	etwa 1500
Mais	etwa 4000 v. Chr.	Ölpalme	etwa 400 v. Chr.	Zuckerrübe	nach 1800
Reis	etwa 3000 v. Chr.	Pfeffer	etwa 400 v. Chr.	Süßlupine	1930
Roggen	etwa 1200 v. Chr.				

Zugfestigkeit versponnener Pflanzenfasern

Baumwolle	3–3,5 kp/mm²	Jute	2–5 kp/mm²	Zum Vergleich:
Flachs	bis 10 kp/mm²	Ramie bis	10 kp/mm²	Nylon, Perlon 57 kp/mm²
Hanf	bis 10 kp/mm²	Sisal bis	10 kp/mm²	

Angaben in kp/mm² (Kilopond pro Quadratmillimeter)

Gemüsebau

Gemüseart	Aussaat*	Pflanzung*	Reihenweite der Aussaat ins Freiland cm	Pflanzweite cm	Erntezeit
Mohrrübe	März–Juni	–	30–40	–	Juli–Okt.
Petersilie	März–Mai	–	30	–	Aug.–April
Sellerie	Febr./März	M Mai–A Juni	50	50×50	Sept.–Nov.
Meerrettich	–	März/April	–	30×70	Okt.–April
Pastinake	März–Mai	–	40–50	–	Oktober
Schwarzwurzel	Aug. oder April	–	40	–	Okt.–März
Rote Rübe	April–Juni	Mai–A Juli	40	20×40	Aug.–Okt.
Rettich, Radieschen	April–A Sept.	–	10–25	–	Mai–Okt.
Kohlrübe	April–Juni	Mai/Juni	30–40	30×40	Sept./Okt.
Zwiebel (Saat)	März	–	25	–	September
Steckzwiebel	(Juni)	April	–	10×25	Juli/Aug.
Porree	März/April	Mai/Juni	25	20×35	Aug.–Nov.
Gurke	Mai	M Mai	100	120×30	Aug./Sept.
Kürbis	April/Mai	M Mai	–	100×150	Oktober
Tomate	März	M Mai	–	60×100	Juli–Okt.
Kopfkohlarten	März–Mai	April–Juni	–	50×50	Juli–Okt.
Blumenkohl	März–A Juni	April–Juni	–	50×50	Juni–Okt.
Grünkohl	Mai/Juni	Mai/Juni	–	50×50	Okt.–Febr.
Rosenkohl	Mai	Mai/A Juni	–	50×50	Okt.–Febr.
Kohlrabi	März–Juli	April–Juli	–	25×30	Mai–Okt.
Salat, Sommerendivie	März–Juli	April–Juli	–	30×30	Mai–Okt.
Winterendivie	Juli	August	30	–	Okt./Nov.
Feldsalat	Aug./Sept.	–	20	–	Okt.–März
Winterspinat	E Aug./A Sept.	–	25	–	April/Mai
Frühjahrsspinat	März/April	–	25	–	Mai/Juni
Herbstspinat	E Juli/A Aug.	–	25	–	Sept.–Nov.

Gemüseart	Aussaat*	Pflanzung*	Reihenweite der Aussaat ins Freiland cm	Pflanzweite cm	Erntezeit
Neuseel. Spinat	März	Mai	–	50×100	Juni–Aug.
Mangold	März–Juni	April–Juni	30	30×50	Aug.–Okt.
Erbsen	März–Juli	–	25/40–60	–	Mai–Sept.
Buschbohnen	A Mai–A Juli	–	40	–	Juli–Sept.
Stangenbohnen	Mai	–	50×100	–	Aug./Sept.
Puffbohnen	März/April	–	40	–	Juli/Aug.
Spargel	April	April	–	50×120	Mai/Juni
Rhabarber	–	Oktober	–	130×130	April–Juni
Dill	April/Mai	–	30	–	Juni–Aug.
Thymian	April	Mai	–	15×25	Juli–Sept.
Majoran	März/April	Mai	–	15×25	Juli–Sept.
Bohnenkraut	April	–	25	–	Juli–Sept.
Schnittlauch	April	Mai/Juni	–	20×20	Juli–Sept.

* A = Anfang, E = Ende, M = Mitte

Mittlere Zusammensetzung der Getreidearten

Getreideart	Wasser	Stickstoffsubstanz	Fett	Kohlenhydrate	Rohfaser	Asche
Weizen	13,37 %	12,04 %	1,85 %	68,65 %	2,31 %	1,78 %
Roggen	13,37 %	10,81 %	1,77 %	70,21 %	1,78 %	2,06 %
Gerste	14,05 %	9,66 %	1,93 %	66,99 %	4,95 %	2,42 %
Hafer	12,11 %	10,66 %	4,99 %	58,37 %	10,58 %	3,29 %
Mais	13,35 %	9,45 %	4,29 %	69,33 %	2,29 %	1,29 %
Reis (geschält)	12,58 %	6,73 %	0,88 %	78,48 %	0,51 %	0,82 %
Hirse (geschält)	12,04 %	7,40 %	3,87 %	74,21 %	1,37 %	1,11 %
Buchweizen (geschält)	12,68 %	10,18 %	1,90 %	71,73 %	1,65 %	1,86 %

Getreidearten

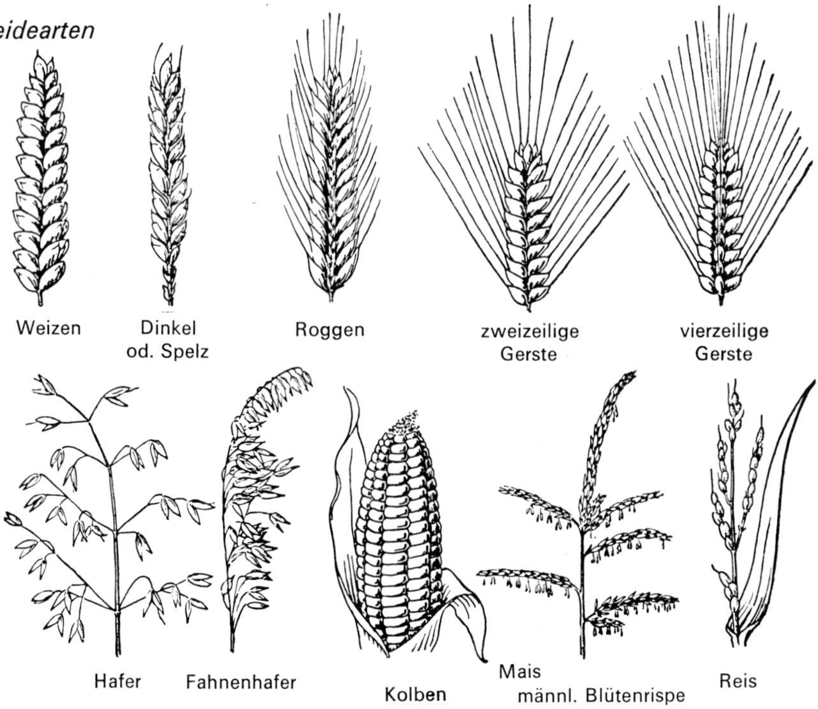

Wasserbedarf einiger Nutzpflanzen (für 1 g Trockensubstanz)

Hirse	293 g Wasser	Gerste	534 g Wasser	Roggen	685 g Wasser
Mais	368 g Wasser	Sonnenblume	569 g Wasser	Klee	797 g Wasser
Zuckerrübe	397 g Wasser	Dicke Bohne	571 g Wasser	Luzerne	844 g Wasser
Weizen	435 g Wasser	Hafer	597 g Wasser	Flachs	905 g Wasser
Baumwolle	462 g Wasser	Kartoffel	636 g Wasser		

Bezeichnung heranwachsender Forstbäume

unter 20 cm Länge Kleinpflanzen	151–200 cm Länge Halbheister
21– 50 cm Länge Halbloden	201–250 cm Länge Heister
51–100 cm Länge Loden	über 250 cm Länge Starkheister
101–150 cm Länge Starkloden	

Durchschnittlicher Höhenzuwachs einiger Forstbäume pro Jahr

	1.–20. Jahr	21.–40. Jahr	41.–60. Jahr	61.–80. Jahr	81.–100. Jahr	101.–120. Jahr
Tanne	12,5 cm	54,0 cm	48,0 cm	27,5 cm	20,0 cm	11,0 cm
Fichte	30,5 cm	48,0 cm	38,0 cm	25,0 cm	16,0 cm	11,5 cm
Kiefer	44,5 cm	40,0 cm	27,0 cm	19,0 cm	19,0 cm	11,5 cm
Buche	27,5 cm	40,5 cm	34,0 cm	27,0 cm	14,0 cm	13,5 cm
Eiche	46,5 cm	45,0 cm	29,5 cm	19,5 cm	17,0 cm	10,0 cm
Erle	72,5 cm	32,0 cm	16,0 cm	7,0 cm	–	–

Geschützte Pflanzen

Völlig geschützte Pflanzen

Straußfarn (Struthiopteris germanica)
Hirschzunge (Scolopendrium vulgare)
Königsfarn (Osmunda regalis)
Federgras (Stilpa pennata)
Türkenbundlilie (Lilium martagon)
Schachblume (Fritillaria meleagris)
Schwertlilie oder Siegwurz (Gladiolus), alle heimischen Arten
Orchideen (Orchidaceae), alle heimischen Arten: Knabenkräuter, Frauenschuh, Waldvögelein, Riemenzunge usw.
Pfingst- oder Felsennelke (Dianthus caesius)
Narzissen-Anemone oder Berghähnlein (Anemone narcissiflora)
Alpen-Anemone, Teufelsbart oder Petersbart (Anemone alpina)
Großes Windröschen (Anemone silvestris)
Akelei (Aquilegia), alle heimischen Arten
Kuhschelle oder Osterblume (Anemone pulsatilla)
Frühlings-Adonis oder Teufelsauge (Adonis vernalis)
Weiße und gelbe Seerosen (Nymphaea und Nuphar), alle heimischen Arten
Diptam (Dictamnus albus)
Seidelbast oder Steinröschen (Daphne), alle heimischen Arten
Stranddistel oder Seestrand-Mannstreu bzw. Blaudistel oder Alpenmannstreu (Eryngium maritimum u. Eryngium alpinum)
Alpenveilchen (Cyclamen europaeum)
Aurikel (Primula auricula) und alle rotblühenden Arten der Gattung Primula
Gelber Fingerhut (Digitalis ambigua und Digitalis lutea)
Enzian (Gentiana), folgende Arten:
Stengelloser Enzian (Gentiana acaulis)
Gefranster Enzian (Gentiana ciliata)
Lungen-Enzian (Gentiana pneumonanthe)
Gelber Enzian (Gentiana lutea)
Ungarischer Enzian (Gentiana pupurea)
Punkt-Enzian (Gentiana punctata)
Schlauch-Enzian (Gentiana utriculosa)
Edelweiß (Leontopodium alpinum)
Edelrauten (Artemisia), alle Hochgebirgsarten
Alpenrose (Rhododendron), alle heimischen Arten
Blaue Schwertlilie (Iris sibirica)

Teilweise geschützte Pflanzen (Ausgraben der Wurzel verboten)

Maiglöckchen (Convallaria majalis)
Zweiblättriger Blaustern (Scilla bifolia)
Traubenhyazinthe (Muscari), alle heimischen Arten
Gemeines Schneeglückchen (Galanthus nivalis)
Großes Schneeglöckchen, Märzenbecher (Leucolum vernum)
Grüne und Schwarze Nieswurz (Helleborus viridis und Helleborus niger)
Alle rosetten- und polsterbildenden Arten der Gattungen:
Leimkraut (Silene)
Hauswurz (Sempervivum)
Steinbrech (Saxifraga)
Mannsschild (Androsace)
Schlüsselblume (Primula), alle Arten, die nicht schon völlig geschützt sind.

Hefe

Zusammensetzung

Abgepreßte Bierhefe: 20–30% Trockensubstanz.
Diese enthält: 30–75% stickstoffhaltige Substanz
15–69% stickstofffreie Extraktstoffe und Rohfasern
1–10% Asche

Fettgehalt der Kulturhefen: 2–5% in der Trockensubstanz. Palmitin, Stearin und entsprechende Fettsäuren. $C_{18}H_{34}O_2$, $C_{12}H_{22}O_2$, $C_{15}H_{30}O_2$ und Arachinsäure.
Nicotinsäure, Kopro-Porphyrin, Ergosterin, Vitamin B, Vitamin D

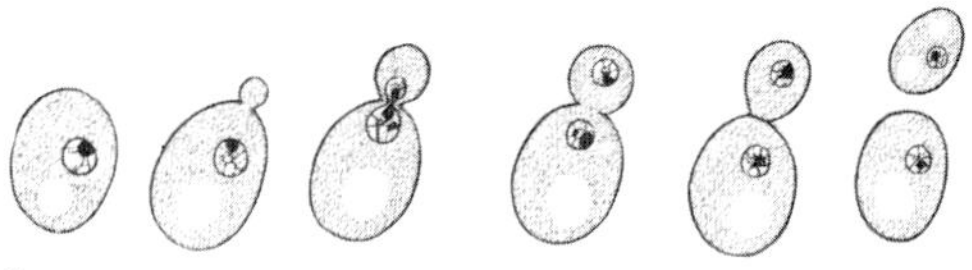

Sprossung einer Hefezelle

Elementar-Zusammensetzung

Hefeart	C	H	N	O	S	P
Bierhefe I	30,5	4,5	7,6		45,4	
Bierhefe II	50,6	7,3	15,0		27,1	
Bierhefe obergärig I	49,8	6,7	12,4	31,1	–	–
Bierhefe obergärig II	48,6	7,1	7,8	36,6	–	–
Bierhefe untergärig	49,3	8,2	10,5	32,0	–	–

Die Hefe bildet viele verschiedene Rassen, die sich entsprechend in ihrer chemischen Zusammensetzung unterscheiden.

Quantitative Zusammensetzung der Stickstoffverbindungen der Hefe (ober- und untergärige Hefe)

Gesamtstickstoff:
8 % in Form von Ammoniak
4 % in Form von Guanin
4 % in Form von Adenin
2,4% in Form von Cytosin
1,6% in Form von Uracil
10 % in Form von Histidin und Arginin
10 % in Form von Lysin
0,5% in Form von Cholin
0,5% in Form von Glukosamin
0,5% in Form von Tryptophan
4,5% in Form von Oxyprolin

Gesamtstickstoff:
0,5% in Form von Glykokoll
10–15% in Form von Alanin
10–15% in Form von Valin
5–10% in Form von Leucin
2 % in Form von Prolin
8 % in Form von Phenylalanin
3,5 % in Form von Asparagin-Säure
6 % in Form von Glutamin-Säure
2 % in Form von Tyrosin
2 % in Form von Cystin

Spaltprodukte der Hefe-Autolyse

Spaltprodukte	Ober-gärige Hefe I	Ober-gärige Hefe II	Ober-gärige Hefe III
Bernsteinsäure	+	+	+
Milchsäure	–	+	+
Thymin	+	+	+
Leucin	+	+	+
Adenin	+	+	+
Xanthine	Spur	Spur	+
Histidin	+	–	–
Uracil	–	+	+

Spaltprodukte	Ober-gärige Hefe I	Ober-gärige Hefe II	Ober-gärige Hefe III
Asparagin	+	+	+
Glutaminsäure	+	Spur	Spur
Arginin	+	–	–
Guanidin	+	–	–
Lysin	+	+	+
Cholin	–	+	+
Tetramethylendiamin	+	+	+

Analyse der Hefenasche

Phosphorsäure	51,0–59,0%	Kieselsäure	0,0 –1,6 %
Kalium	28,0–40,0%	Eisenoxid	0,1 –0,34%
Natriumcarbonat	0,5– 1,9%	Schwefelsäure	0,6 –6,0 %
Magnesiumcarbonat	4,0– 8,1%	Chlor	0,03–0,1 %
Calciumcarbonat	1,0– 4,5%		

Vergärbarkeit der verschiedenen Zuckerarten durch verschiedene Hefepilze

Bezeichnung der Reinkultur	Inulin	Dextrin	Glukose	d-Mannose	d-Galaktose	Fruktose	Trehalose	Rohrzucker	Maltose	Milchzucker	Melibiose	Raffinose	α-Methylglukosid	β-Methylglukosid
Saaz, untergärige Bierhefe	–	–	3	3	2	3	?	3	3	–	2	3	3	–
Frohberg, untergärige Bierhefe	–	–	3	3	3	3	2	3	3	–	3	3	3	–
Rasse II, obergärige Brennereihefe	–	2	3	3	1	3	3	3	3	–	–	1	3	–
Saccharomyces hyalosporus	–	–	–	–	–	–	–	–	–	–	–	–	–	–
S. membranaefaciens	–	–	1	–	–	1	–	–	–	–	–	–	–	–
S. bailii aus Jopenbier	–	–	2	–	–	2	–	–	–	–	–	–	–	–
S. farinosus aus Jopenbier	–	–	1	–	–	3	–	–	–	–	–	–	–	–
S. apiculatus	–	–	1	1	1	3	–	–	–	–	–	–	–	–
S. anomalus belgicus	–	–	1	1	1	1	–	–	–	–	–	–	–	–
S. ludwigii	–	–	3	2	1	3	–	3	–	–	–	1	–	–
S. marxianus	3	–	2	2	1	3	–	2	–	–	–	1	–	–
S. cartilaginosus (aus Kefir-Körnern)	–	–	3	3	1	3	?	3	3	–	–	1	–	–
S. delbrücki	–	–	2	2	1	2	–	–	–	–	–	–	–	–
S. thermantitonum	3	2	3	3	1	3	3	3	3	?	–	3	3	–
S. exiguus	?	1	3	–	1	3	–	2	–	–	–	1	–	–
Torula pulcherrima	–	–	3	2	1	3	–	–	–	–	–	–	–	–
Monilia candida	–	1	3	2	2	3	3	3	3	–	–	–	–	–
Monila variabilis	–	3	3	–	2	3	3	3	3	?	–	2	2	1
Sachsia suaveolens	–	3	3	1	2	3	–	3	3	2	–	1	–	2
Mucor rouxii	–	3	3	3	3	3	3	–	3	–	–	–	1	–
Rhizopus japonicus (Amylomyces β)	3	2	3	3	3	2	–	3	2	–	2	2	–	–
Rhizopus tonkinensis (Amylomyces γ)	–	3	3	3	3	2	3	–	2	–	–	–	–	–
Milchzuckerhefe	–	–	2	1	1	2	–	2	–	1	–	2	–	–
Logos	1	3	3	3	2	3	–	3	3	–	3	1	1	–
Schizosaccharomyces pombe	2	2	3	–	–	3	–	3	3	–	–	2	2	–
Schizosaccharomyces octosporus	–	3	2	2	1	3	–	–	2	–	–	1	1	–

Zeichenerklärung: – keine Gärung; 1 = schwache Gärung; 2 = mäßig starke Gärung; 3 = starke Gärung.

Bakterien

Bakterien, Lebensfähigkeit über ein Jahr nach Austrocknung

Tetanus-Bazillen, *Clostridium tetani*, (im Eiter) über	2 Jahre 0 Monate
Tetragenus, *Gaffkya tetragena*, (in Mäuseblut)	2 Jahre 0 Monate
Mäuse-Typhus, *Salmonella typhi-murium*, (in Mäuseblut)	1 Jahr 10 Monate
Diphtherie-Bakterien, *Corynebacterium diphtheriae*, (Serumkultur)	1 Jahr 11 Monate
Staphylokokken, (Abszeß-Eiter)	1 Jahr 5 Monate
Kurze Streptokokken, (Peritonitis)	1 Jahr 4 Monate
Schweine-Rotlauf, *Erysipelothrix rhusiopathiae*, (Mäuseblut)	1 Jahr 5 Monate
Grenze:	1 Jahr 10 Monate
Milzbrand-Bazillen, *Bacillus anthracis*, (Meerschweinchenblut)	2 Jahre 5 Monate

Teilung der Bakterienzelle

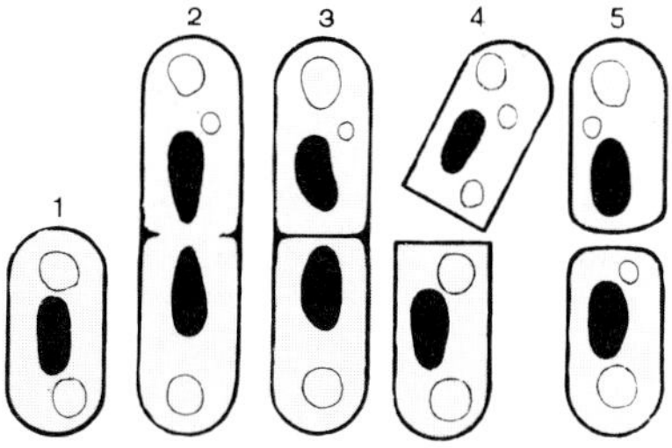

1 Ursprungszelle, 2 Streckung der Zelle, vollzogene Teilung der Nukleoide, Beginn der Trennwandbildung, 3 vollzogene Trennwandbildung, 4 Ablösung der beiden Tochterzellen, 5 Tochterzellen in ihrer endgültigen Gestalt

Generationsdauer von Typhus- und Coli-Bakterien

bei 37°	in Bouillon	in Pepton-Wasser
für Escherichia coli	23 min 24 sec	32 min 50 sec
für Salmonella typhi	33 min 24 sec	45 min 37 sec

Tötungszeit
Bei 100° Maximum 8–10 Minuten.

Temperatureinfluß

auf Auskeimung und Sporenbildung bei Bacillus-Arten

Temperatur	Bacillus anthracis Zeit der Auskeimung Tage	Bacillus anthracis Sporenbildung Tage	Bacillus subtilis Zeit der Auskeimung Tage	Bacillus subtilis Sporenbildung Tage	Bacillus tumescens Zeit der Auskeimung Tage	Bacillus tumescens Sporenbildung Tage
8°	–	–	8	–	–	–
10°	–	–	6	14	8	
12°	6	–	5	14	8	14
14°	4	10	4	12	5	8–10
15°	4	8	3	8	4	8
	Stunden	Stunden	Stunden	Stunden	Stunden	Stunden
20°	24	96	26	96	22	90
25°	24	84	20	80	15	72
30°	12	62	10	55	8	48
34°	10	48	7	45	5	45
37°	8–10	40	5	36–40	5	40
40°	8	36–40	5	36	8	40
42°	12	40	5	34	8	48
45°	15	–	5–7	30–34	12	–
47°	–	–	7	36	–	–
50°	–	–	10	–	–	–

Nährsubstrat: 1% Fleisch-Extrakt-Lösung + 1% Pepton

Sauerstoffbedürfnis für Sporenbildung
Minimum 1–5 mg Maximum 7500–11 000 mg

Sporengröße von Bazillen (Bacillus tumescens)
(auf normalem Dextrose-Agar)
Nach 40 Stunden = 2,21 μ
Nach 3 Wochen = 2,08 μ
Nach 3 Monaten = 1,52 μ
} Mittelwerte. Kleinerwerden durch Nachkeimung

(auf 1/3 Dextrose-Agar)

2 Monate alte Kultur	2,17 μ
gleiche, 6 Monate alte Kultur	1,62–1,65 μ
12 Tage alte Kultur: auf Salpeter-Glycerin	1,11 μ
auf Ammoniumtartrat-Glycerin	1,53 μ

Bewegungsfähigkeit von Bakterien

Geschwindigkeit der Eigenbewegung in mm/sec

Vibrio cholerae	0,030	Proteus vulgaris	0,014	Bacillus subtilis	0,010
Salmonella typhi	0,018	Clostridium tetani	0,011	Bacillus megatherium	0,0075

Maße und Arbeitsleistung eigenbeweglicher Bakterien

	Vibrio cholerae	Salmonella typhi	Bacillus subtilis
Länge (μ)	2	2,1	2,1
Breite (μ)	0,4	0,7	1,0
Spezifisches Gewicht	1,30	1,14	1,12
Volumen des Individuums (ccm)	$2{,}5 \cdot 10^{-13}$	$7{,}7 \cdot 10^{-13}$	$1{,}6 \cdot 10^{-12}$
Gewicht des Individuums (g)	$3{,}3 \cdot 10^{-13}$	$8{,}6 \cdot 10^{-13}$	$1{,}8 \cdot 10^{-12}$
Auftrieb (g)	$7{,}5 \cdot 10^{-14}$	$1{,}1 \cdot 10^{-14}$	$2{,}0 \cdot 10^{-13}$
Eigenbewegung (mm/sec)	0,03	0,018	0,010
Sedimentierungs-Geschwindigkeit (cm/sec)	$2{,}66 \cdot 10^{-6}$	$3{,}3 \cdot 10^{-6}$	$6{,}5 \cdot 10^{-6}$
Kraft der Eigenbewegung (g)	$8{,}6 \cdot 10^{-11}$	$6{,}5 \cdot 10^{-12}$	$3{,}0 \cdot 10^{-11}$
Kraft: Auftrieb	1100 : 1	600 : 1	150 : 1
Leistung (gcm/sec)	$2{,}6 \cdot 10^{-13}$	$1{,}2 \cdot 10^{-14}$	$3{,}0 \cdot 10^{-14}$
Gramm-Kalorien/sec	$6{,}1 \cdot 10^{-18}$	$2{,}8 \cdot 10^{-19}$	$7{,}0 \cdot 10^{-19}$
1 g Bact. leistet pro sec g/cm	$7{,}9 \cdot 10^{-1}$	$1{,}3 \cdot 10^{-2}$	$1{,}6 \cdot 10^{-2}$
1 g Bact. leistet pro sec g/cal	$1{,}9 \cdot 10^{-5}$	$3{,}2 \cdot 10^{-7}$	$3{,}8 \cdot 10^{-7}$

Formtypen von Bakterien

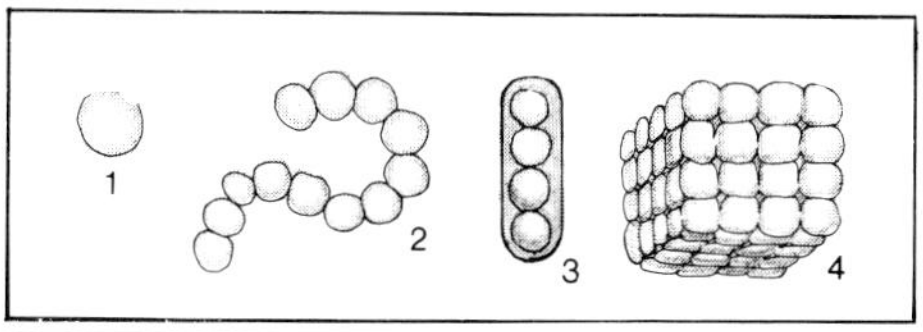

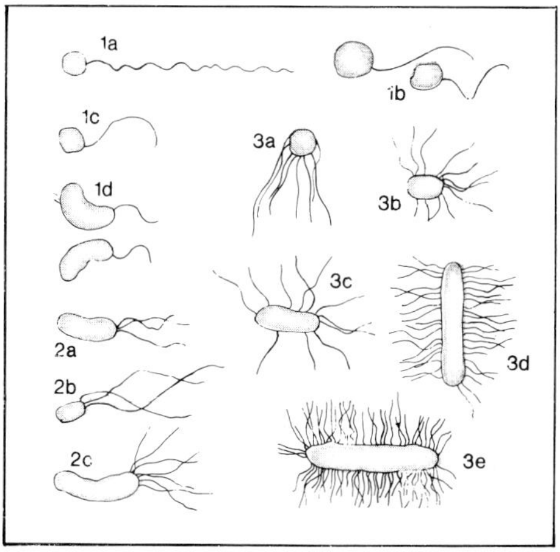

Gesellschaftstypen von Bakterien, oben: 1 einzelne Zelle, z. B. Kokke; 2 Kette, z. B. Streptokokken; 3 Schleimkolonie, Coenobium: ein Teilungsstadium; 4 kompakte Kolonie, z. B. Sarcina. – Begeißelungstypen von Bakterien, unten: 1 Bakterien mit einer Geißel (monotriche Bakterien): 1a, 1b Nitrobakterien; 1c Mikrokokke, Micrococcus; 1d Cholerabakterium, Vibrio comma. – 2 Bakterien mit Geißelbündeln (lophotriche Bakterien): 2a Vibrio neocistes; 2b Pseudomonas cerevisiae; 2c Spirillum volutans. – 3 Bakterien mit Geißelkranz (peritriche Bakterien): 3a Sarcina aurantiaca; 3b Typhusbakterium, Salmonella thyphosa; 3c Bacillus subtilis, Einzelzelle; 3d Bacillus subtilis, Zellkolonie; 3e Tetanus-Bakterium, Clostridium tetani

Kurzlexikon von Fachbegriffen

Aasfliegenblumen, *Ekelblumen,* locken durch fauligen Geruch ihrer Blüten vorwiegend Aasfliegen zur Bestäubung an.
Aberration, über das gewöhnliche Maß der individuellen Variation (→Variabilität) hinausgehende Abweichung eines Individuums von den Artmerkmalen.
Ableger, junge Pflanze, die sich durch *vegetative Vermehrung* aus Brutknospen oder Brutsprossen der Mutterpflanze entwickelt.
abrichten →Dressur.
Abstammungslehre, *Deszendenztheorie, Evolutionstheorie,* von *Lamarck* u. *Darwin* begründete Lehre, nach der im Gegensatz zur übernatürl. Schöpfungslehre eine kausale Entwicklung aller Lebewesen durch Umbildung der Arten stattgefunden hat. Die Höherentwicklung u. Spezialisierung geht dabei im Sinne eines verzweigten Stammbusches von wenigen Stammformen aus. Die früheren Lebewesen sind z. T. primitiver als die heutigen. Die Grundaussage der A., daß die Organismen sich im Lauf der Erdgeschichte verändert haben, kann mit wissenschaftlichen Gründen heute nicht mehr bestritten werden. Die Tatsache, daß Organismen nur als Nachkommen von Organismen entstehen, daß mindestens im Tierreich die zweigeschlechtliche Fortpflanzung die Regel ist u. daß sich diese im Rahmen begrenzter Fortpflanzungsgemeinschaften, der Arten (*Species*), vollzieht, hat zur Folge, daß sich die Veränderung (*Evolution, Entwicklung*) der Organismen als Stammesentwicklung (*Phylogenese, Phylogenie*) darstellt. →auch Entwicklungsgeschichte. →S. 29, 40f.
B e w e i s e für die A. sind unter vielen anderen: in der vergleichenden Anatomie die Auffindung rudimentärer u. homologer Organe; in der Embryologie die *biogenetische Grundregel*; in der Physiologie die Zurückführbarkeit heute verschiedener Lebensansprüche auf früher gemeinsame, die dem Grund- u. Ausgangstyp entsprechen; in der Paläontologie die Auffindung von Entwicklungsreihen, die die allmähliche Umbildung von Merkmalen im Lauf der geolog. Zeitalter zeigen (z. B. Pferdereihe), und die Zwischenformen, die zwischen Eidechsen u. Vögeln (der *Archaeopteryx*), Fischen u. Amphibien u. einigen anderen Tiergruppen vermitteln.
Aufgabe der Stammesgeschichtsforschung (*Phylogenetik*) ist zunächst die Ermittlung des histor. Ablaufs der Stammesentwicklung u. die Darstellung der Ergebnisse in den monophyletischen (aus einer Stammart hervorgegangen) Artengruppen des phylogenet. Systems der *biolog. Systematik.*
Abundanz = Populationsdichte.
Acaricide, Mittel zur Bekämpfung von *Milben* (*Acari*).
Adaptation, 1. Anpassung der Sinnesorgane an bestimmte Reizstärken. *Physiologische A.* beruht auf einer Empfindlichkeitsänderung der Sinneszellen (Erhöhung oder Senkung der *Reizschwelle*). Bei der *physikalischen A.* wird die Menge des auszuwertenden Reizes verändert, z. B. beim Auge des Wirbeltiers durch Schließen u. Öffnen der Pupille oder durch Wanderungen von Pigmenten, die bei zu starker Helligkeit die Sehzellen abdecken. Die Lichtempfindlichkeit des menschlichen Auges kann durch beide Möglichkeiten der A. um das 1500 bis 8000fache gesteigert werden. – 2. → Anpassung.
Adventivbildungen, *Adventivknospen,* Sproßanlagen, die an ungewöhnl. Stellen von Stengeln, Wurzeln u. Blättern entspringen.
Adventivpflanzen, in ein neues Verbreitungsgebiet eingedrungene oder eingeschleppte Pflanzen.
Aerenchym [a:er-; das; grch.], bei Sumpf- u. Wasserpflanzen häufig vorkommendes lockeres »Durchlüftungsgewebe« mit weiten Interzellularen.
Aërobier [grch.], *Aërobionten, Oxybionten,* vom Sauerstoff der Luft lebende Mikroorganismen.
Afterdrüsen, *Analdrüsen, Analbeutel,* bei vielen Tieren verbreitete, im oder am After mündende Duftdrüsen.
Afterflosse, unpaare Flosse der Fische, meist unmittelbar hinter dem After.
Afterraupen, Larven der *Blattwespen,* mit 6–8 Fußpaaren vom 2. Hinterleibssegment an, während die Afterfüße der *echten Raupen* der *Schmetterlinge* erst vom 3. Hinterleibssegment an auftreten.
Agglutination, Zusammenballung einer organismusfremden organischen Verbindung (*Antigen*), z. B. Eiweiß, mit dem vom Körper dagegen produzierten Schutzeiweiß aus der Gruppe der Globuline (→Antikörper). Das Antigen wird durch die A. zu einem unlöslichen, ungefährlichen Komplex neutralisiert.
Aggression →Kampf.
Ährchen, Teilblütenstand der Gräser.
Akinesie, Bewegungslosigkeit, Totstellen (*Thanatose*) von Tieren.
Akklimatisation, Anpassung eines Lebewesens an einen neuen Standort, dessen Lebensbedingungen von denen des bisherigen Standorts abweichen, also nicht nur Anpassung an ein anderes Klima.
Akkomodation, die Fähigkeit des Auges bei

Wirbeltieren u. Tintenfischen, verschiedene Gegenstandsweiten auszugleichen u. ein scharfes Bild auf der Netzhaut zu erzeugen: 1. durch Veränderung des Abstands zwischen der Linse u. der Netzhaut. Tintenfische verschieben mit dem dahinter liegenden Glaskörper die Linse; *Fische* u. *Lurche* bewegen die Linse durch direkt angreifende Muskulatur. – 2. durch Krümmungsveränderung der Linse u. damit veränderter Brechkraft. *Vögel* u. *Kriechtiere* drücken mit ihrem an der Linse befestigten *Ciliarmuskel* die Linse selbst ein, bei *Säugern* beruht die Krümmungsveränderung auf einem komplizierten Zusammenspiel zwischen Ciliarmuskel u. Linse.

Aktionspotential, Umkehrung der elektrischen Spannung (*Ruhepotential*) zwischen dem Inneren des Nervs u. seiner äußeren Umgebung bei Erregung. Das A. entsteht bei höheren Tieren an den *Ranvierschen Schnürringen,* die in Abständen die den *Nerv* umgebende Schutzschicht der *Schwannschen Scheide* unterbrechen. Wird an dem der Sinneszelle benachbarten Ranvierschen Schnürring durch Reizung der Sinneszelle das Ruhepotential in ein A. umgewandelt, beeinflußt es durch die Umkehrung der elektr. Ladung in diesem Bereich den nächsten Schnürring (*Depolarisation*), so daß fortlaufend ein A. entsteht.

Aktionsstoffe, die im Nerv zur Entstehung u. Weiterleitung von *Nervenleitung* vorkommenden Neurohormone. Bei Wirbeltieren befindet sich *Acetylcholin* in der Nervenmembran, in den Synapsen u. in den motorischen Endplatten. Es wird durch das Enzym *Cholinesterase* wieder abgebaut. Einige Nerven besitzen bei Wirbeltieren auch *Noradrenalin.*

Aktionsstrom, bei allen physiolog. Vorgängen in lebenden Organismen auftretender elektr. Strom; auf die Bildung von *Aktionspotentialen* bei den chem. Vorgängen innerhalb der Zellen u. an den Zellgrenzen zurückzuführen. Aktionsströme werden z.B. beim Elektrokardiogramm u. beim Elektroenzephalogramm gemessen.

Albinismus [lat. *albus,* »weiß«], erblicher Mangel an Pigmenten in der Körperbedeckung (Haut, Haar, Augen), der in allen Tiergruppen einschl. des Menschen auftritt. *Teilweiser A.* tritt als Scheckung oder schwarze Färbung der Haarspitzen (»Russenfärbung«) auf.

Albino →Albinismus.

Albumen [das; lat.], wasserlösliche Eiweiße.

Aleuron [das; grch.], Reserveeiweiß in Früchten, z.B. in Getreidekörnern, Erbsen, Bohnen. Die A.- oder Proteinkörner sind feste Körner aus Eiweiß. Sie werden in fettreichen Samen besonders groß. Sie entstehen aus vielen kleinen Vakuolen, deren Eiweißgehalt durch Wasserverlust erstarrt ist.

Allele [grch.; Mz.], Zustandsformen eines *Gens,* die phänotyp. Unterschiede hervorrufen, aber in homologen Chromosomen an homologen Orten lokalisiert sind. Von vielen Genen sind 2 A. bekannt, häufig jedoch Serien multipler A. (z.B. Blutgruppen-A.).

Allensche Regel →Klimaregeln.

Allianz, gelegentliches u. lockeres Zusammenleben verschiedener Tierarten zu beiderseitigem Vorteil, z. B. von Straußen mit gutem Sehvermögen u. Zebras mit gutem Witterungsvermögen. →auch Vergesellschaftung.

Allometrie [grch.], *allometrisches Wachstum,* →Wachstum.

Allopatrie [grch., »anders« + »Abstämmigkeit«], das Auftreten von genetisch verschiedenen Populationen einer Art oder nahe verwandter Arten in getrennten geograph. Gebieten. Derartige geograph. Isolation führt zur Bildung geograph. Rassen u. zur *Artentstehung.*

Alpenpflanzen, Pflanzen, die insbes. den Gürtel zwischen der Baumgrenze u. der Schneeregion besiedeln. Sie sind den ökolog. Gegebenheiten dieser Zone – starke Lichteinstrahlung, Windeinwirkung, kurze Sommer – bes. angepaßt, haben durchweg einen gedrungenen Wuchs u. Einrichtungen zum Schutz gegen zu starke Verdunstung.

Alpentiere, *alpische Tiere,* z. B. Alpenhase, Felsenschneehuhn, deren Verbreitung streng auf die Alpen u. evtl. andere Gebirge mit ähnl. Bedingungen beschränkt ist.

Altersbestimmung, Feststellung des Alters von Lebewesen; z. B. bei Fischen an den »*Jahresringen*« der Schuppen, bei Säugetieren am Verknöcherungszustand des Skeletts, durch das Zahnalter bei Pferd, Rind u. Hund.

Altersimmunität, größere Widerstandskraft alter Tiere gegenüber Parasitenbefall.

ambivalentes Verhalten, *Konfliktverhalten,* auf zwei gleichzeitig aktivierten inneren Antrieben beruhende Verhaltensweisen. Rufen zwei Reize (→Auslöser) gleichzeitig zwei verschiedene Reaktionen hervor, kann a.V. auftreten: z.B. tragen Silbermöwen zur Brutzeit rote Gegenstände aus dem Nest, runde Körper wie ein Ei werden bebrütet. Legt man ein rotes Ei in das Nest, will die Möwe im Konflikt der beiden Verhaltensweisen das Ei aus dem Nest entfernen u. plustert sich gleichzeitig, um es zu bebrüten.

Ameisenhege, Ansiedlung u. Förderung von *Waldameisen* zur biolog. Schädlingsbekämpfung im Forstbereich. Brauchbar ist vor allem die *Kleine Rote Waldameise, Formica polyctena,* wegen ihrer hohen Vermehrungsfähigkeit (bis 5000 Weibchen pro Nest können bis zu 1,5 Mill. Tiere Nachwuchs im Monat erzeugen) u. wegen ihrer Fähigkeit, Zweignester (Ableger) zu bilden; die Ableger lassen sich künstl. vermehren.

Amitose [die; grch.], direkte →Kernteilung.

Amnion [das; grch.], *Schafhaut,* die innere gefäßlose →Embryonalhülle der höheren Wirbeltiere (Reptilien, Vögel, Säugetiere), in der sich der Embryo entwickelt.

Amphigonie [grch.], *Gamogonie, geschlechtliche Fortpflanzung* durch Ei- u. Samenzellen; Gegensatz: *Monogonie.*

Amphimixis [grch.], Verschmelzung der Gameten getrenntgeschlechtlicher Individuen u. Vereinigung väterl. u. mütterl. Erbguts in der *Zygote.*

Anabiose [die; grch., »Wiederaufleben«], die Fähigkeit vieler Tiere u. Pflanzenkeime, nach einem Zustand äußerl. völliger Leblosigkeit wieder zum aktiven, normalen Leben zurückzukehren.

Anaërobier [Mz.; grch.], *Anaerobionten, Anoxibionten*, Organismen, die ohne Sauerstoffzufuhr den Stoffabbau (*Dissimilation, anaerobe Glykolyse*) vornehmen.

Anagenese [die; grch.], Höherentwicklung; →Abstammungslehre.

Analogie [grch.], *Konvergenz*, Ordnungsprinzip, nach dem Organe oder Organteile unabhängig von ihrer Entwicklungsgeschichte nach ihren Leistungen beurteilt werden. Aufgrund gleicher Leistungen kommt es zur Ausbildung analoger Merkmale oder Gestalten (*Funktionsgestalten*) bei Lebewesen verschiedener systemat. Stellung, die deswegen miteinander nicht verwandt sind. Gegensatz: *Homologie*. 🄱 →S. 29, 40f.

Anaphase [die; grch.], Phase der →Kernteilung.

Anatomie [grch.], Lehre vom Bau tierischer u. pflanzl. Körper, deren Aufbau aus Organen, Geweben u.a. sie beschreibt (*beschreibende, deskriptive A.*) u. durch das System aller Lebewesen verfolgt (*vergleichende A.*); gleichzeitig die experimentelle Grundlage als (wörtl.) »Zergliederungskunst«.

Androgynie [grch.], 1. Einhäusigkeit (*Monözie*), d.h. das gleichzeitige Auftreten rein männl. u. rein weibl. Blüten auf einer Pflanze; 2. Vorkommen männl. Blüten an sonst rein weibl. Blütenständen; 3. Hintereinanderauftreten männl. u. weibl. Blüten am gleichen Blütenstand.

Anemochorie [grch.], Verbreitung pflanzl. Früchte oder Samen durch den Wind.

Anemogamie [grch.], Windblütigkeit, Übertragung der Pollenkörner durch den Wind.

angeborener Auslösemechanismus, Abk.: *AAM, angeborenes auslösendes Schema*, Mechanismus im Zentralnervensystem, der eine Hemmung von Verhaltensweisen hervorruft. Durch den AAM wird ermöglicht, daß nicht alle Verhaltensweisen gleichzeitig erscheinen, sondern nur, wenn sie zur Situation passen.

angewandte Botanik, der Teil Botanik, der sich mit wirtschaftlich praktischen Problemen befaßt, z. B. Züchtung von Kulturpflanzen, land- u. forstwissenschaftl. Botanik, Gärtnerei, Arzneipflanzen u. Pflanzendrogen, Giftpflanzen, pflanzl. Genußmittel, Pflanzenkrankheiten.

angewandte Biologie, der Teil der biolog. Wissenschaften, der sich nicht mit zweckfreier Forschung, sondern mit den für den Menschen prakt. bedeutsamen Pflanzen u. Tieren beschäftigt u. die Grundlagen der Haltung u. Ausnutzung von Nutzpflanzen u. -tieren bzw. der Bekämpfung von Schädlingen erarbeitet.

angewandte Entomologie, Wissenschaft von den Insekten, die für den Menschen als Schädlinge oder Nützlinge von Bedeutung sind; wegen des Umfangs der Insektengruppe ein wichtiger Teil der *angewandten Zoologie*: wegen der großen Zahl höchst bedeutender Schädlinge (z.B. Pflanzenschädlinge, blutsaugende Insekten) u. Nützlinge (z.B. Parasit-Insekten) oder Nutztiere (Bienen, Seidenraupen) frühzeitig selbständiger Wissenschaftszweig.

angewandte Zoologie, Teil der zoolog. Wissenschaft, der die Tiere vom Standpunkt der Nützlichkeit oder Schädlichkeit für den Menschen betrachtet. →Nutztiere, →Schädlinge.

Anisogamie →Keimzellen.

Anisotropie [grch.], die ungleichmäßige Verteilung des Dotters im *Ei*: bei anisotropen Eiern ist ein *animaler Pol* (Keimanlage) u. ein *vegetativer Pol* (Dotter) zu unterscheiden.

annuell [lat.], jährlich, einjährig; Pflanzen.

Anomalie, funktionelle oder morphologische Abweichung von der normalen Beschaffenheit.

Anoxybionten [Mz., grch.], →Anaerobier.

Anpassung, *Adaptation, Adaption*, 1. die auf die jeweiligen Umweltbedingungen abgestimmte Zweckmäßigkeit in der Organisation aller Lebewesen. *Lamarck* wollte die Entstehung der A.en durch direkte, bisher nicht bewiesene Vererbung erworbener Eigenschaften erklären. *Darwin* geht von erbl. Varianten (heute: *Mutationen*) aus, von denen innerhalb einer großen Zahl von Nachkommen die zweckmäßigsten durch natürl. Auslese (*Selektion*) erhalten bleiben, während die ungeeigneten ausgemerzt werden. Dies führt zu einer allmähl. Umbildung der Lebewesen im Sinn einer sich stetig vervollkommnenden A. an die Umwelt.

Anthere [die; grch.], Staubbeutel der Staubblätter in der *Blüte*.

Anthropographie, Beschreibung der menschl. Rassenmerkmale.

Anthropologie [grch.], Wissenschaft von der Abstammung des Menschen, von der Entwicklung, Differenzierung u. Ausbreitung seiner Art. Sie umfaßt die menschl. Abstammungslehre, Erblehre (*Humangenetik*) u. Rassenkunde. Außer dieser biologischen, früher »physischen« A. gehört zur A. auch die *Ethnosoziologie* zur Erforschung anthropolog. Auswirkungen in menschl. Gemeinschaften. Im angelsächs. Sprachgebrauch wird auch die Völkerkunde in den Begriff der A. einbezogen. Methoden der A.: 1. Anthropometrie (Vermessung von Körpermerkmalen); 2. morphognostische (plastische) Beschreibung der Formen; 3. Lichtbilder in bestimmten Normen; 4. Abformungen einzelner Körperteile; 5. Bestimmung von Farbe u. Struktur der Iris, der Haare der Hautfarbe anhand von Farbtafeln; 6. Abdrücke der Hautleisten (Papillarmuster) auf den Fingerbeeren, Handflächen, Zehen u. Fußsohlen; 7. serologische Untersuchung auf Verteilung von Blutgruppen u. Blutfaktoren zum Vergleich anthropolog. Gruppen; 8. mathemat. Bearbeitung der Befunde.

Antikörper, im Organismus erzeugte Eiweißverbindungen aus der Gruppe der *Globuline*: sie verkleben (*Agglutination*) mit eingedrungenen fremden organischen Verbindungen (*Antigene*) zu einem ungefährlichen Komplex. A. werden in den Lymphknoten der höher entwickelten Tiere u. des Menschen gebildet.

apokrine Drüsen [grch.], Drüsen, die Zellteile u. geformte Elemente absondern, z.B. Milch- u. Schweißdrüsen.

Aorta [die, Mz. *Aorten*: grch.], *Hauptkörperschlagader* der höheren Wirbeltiere u. des Menschen, die das Blut von der (linken) Herzkammer zu den Körperorganen führt; von ihr zweigen alle Schlagadern

(*Arterien*) ab. Entwicklungsgeschichtlich ist die A. aus dem 2. u. 3. der vier Arterienbögen (Kiemenarterien) der Fische entstanden. Bei den Schwanzlurchen sind beiderseits noch zwei Aortenbögen, bei den schwanzlosen Lurchen (Fröschen) u. Kriechtieren nur noch ein paariger Aortenbogen erhalten. Von diesem Paar wird bei den Vögeln der linke, bei den Säugetieren der rechte Aortenbogen zurückgebildet.

Appetenzverhalten, Verhaltensweisen, die eine bestimmte *Endhandlung* ansteuern. Kann diese ausgeführt werden, ist der Antrieb dazu verbraucht, d.h., das A. erlischt. So suchen Vögel zur Brutzeit einen geeigneten Brutplatz; ist er gefunden, erlischt das Suchen. Die Suche nach der Auslösesituation u. damit das A. ist variabel, es kann aus *Erbkoordination* u. *Lernen* bestehen.

Appositionswachstum →Dickenwachstum.

Aquakultur, Kultur von nutzbaren Wasserorganismen (Fische, Algen, Krebse u.a.) unter möglichst kontrollierten z.T. künstlichen Umweltbedingungen.

Aquarium [das; Mz. *Aquarien:* lat.], Wasserbehälter mit durchsichtigen Wänden, in dem man lebende Wassertiere (Fische, Krebse, Schnecken, Insektenlarven u.a.) u. Wasserpflanzen halten kann.

Äquationsteilung [lat.], indirekte →Kernteilung.

Arbeitsteilung, 1. die Differenzierung ursprüngl. gleichartiger u. gleich funktionierender Organe durch Übernahme verschiedener Funktionen, wenn z.B. von ursprüngl. gleichartigen Beinpaaren das eine zum Greifen von Beute, das andere zum Gehen dient; 2. bei Tierstaaten die Übertragung verschiedener Funktionen auf verschiedene Individuen des Staates, z.B. im Staat der Termiten auf einen »König« u. eine »Königin« u. unfruchtbare Kastentiere beiderlei Geschlechts.

Archegonium [das; Mz. *Archegonien;* grch.], weibl. Geschlechtsorgan bei Moosen u. Farnpflanzen (*Archegoniaten*).

Areal, Verbreitungsgebiet einer bestimmten Tier- oder Pflanzengruppe.

Arillus [der; Mz. *Arilli;* lat.], ein der Verbreitung des pflanzl. Samens dienender *Samenmantel.*

Art, *Spezies, Species,* die grundlegende systemat. Kategorie der Biologie, ursprüngl. rein morpholog. definiert nach äußerl. Merkmalen als einheitl. Gruppe, die stets deutl. von den nächsten Verwandten zu unterscheiden u. in sich nicht weiter zu gliedern ist. Diese einseitige Festlegung wurde erweitert, für die Botanik als Gesamtheit aller Individuen, die in allen wesentlichen Merkmalen untereinander u. mit ihren Nachkommen übereinstimmen, u. für die Zoologie als eine natürl., kontinuierl. Fortpflanzungsgemeinschaft.

Arterien [grch.], die Schlagadern.

Arterienbögen, die ursprüngl. vier Kiemenarterien der Fische, die bei den lungenatmenden Wirbeltieren um- u. rückgebildet werden.

Arteriolen [grch.], feinste Verzweigungen der Schlagader-(Arterien-)Äste.

Artikulation [die; lat., »Gliederung«], gelenkige Verbindung.

Assimilation, die Aufnahme körperfremder Stoffe durch den Organismus u. die Überführung in körpereigene; 1. *Zoologie:* der tierische Stoffwechsel; 2. *Botanik:* der Aufbau organischer Substanzen aus anorganischen Stoffen, speziell die *Photosynthese, Chemosynthese, Stickstoffassimilation.*

Assoziation, 1. Grundeinheit der *Pflanzengesellschaften.* – 2. die an einem bestimmten Ort anzutreffende Tiergesellschaft.

Atavismus [lat.], Rückschlag zu stammesgeschichtl. ursprünglicheren Eigenschaften, z.B. Ausbildung eines dichten Haarkleids beim Menschen.

Atemfrequenz, Anzahl der Atemzüge in der Minute bei Lungenatmern (Amphibien, Reptilien, Vögel, Säuger). Die A. wird durch das Atemzentrum im Nachhirn geregelt.

Atemgifte, giftige Stoffe mit hohem Dampfdruck, die über die Atmungsorgane (Lunge, Tracheen u.a.) in den Körper von Tieren gelangen. →Pestizide.

Atemwurzeln, *Pneumatophoren,* aus dem Boden herausragende Wurzeln bei den Bäumen der *Mangrovevegetation;* A. dienen vor allem der Sauerstoffversorgung.

Atemzentrum, bei Wirbeltieren eine umschriebene Stelle des verlängerten Marks (*Medulla oblongata,* →Gehirn), von der aus die Atemtätigkeit gesteuert wird.

äthiopische Region, tiergeograph. Festlandsgebiet, das Afrika südl. der Sahara mit den vorgelagerten Inseln sowie das südl. Arabien umfaßt. – K →S. 48 (Biogeographische Regionen).

Atlas [der; grch.], der erste (oberste) Halswirbel der Wirbeltiere, der den Schädel trägt.

Atmung, der unter Sauerstoffverbrauch ablaufende Abbau von organ. Substanzen im Rahmen der →Dissimilation (*innere Atmung*) u. die Aufnahme von Sauerstoff durch den Organismus (*äußere A., Respiration*). Meist wird der Sauerstoff molekular aus der Luft aufgenommen (*aerobe A.*), bei einigen Mikroorganismen jedoch aus organ. Verbindungen (*anaerobe A.*). Durch die Nahrung aufgenommene oder in der Assimilation gewonnene Energiespeicher wie Zucker, Fette u. Eiweiß werden bei der A. unter Energiegewinn zu Wasser u. Kohlendioxid zurückverwandelt.

Atmungsorgane, tierische Organe, in denen der Gasaustausch zwischen Körperflüssigkeit u. Außenwelt stattfindet. Im einfachsten Fall können Tiere auf besondere A. verzichten: Hautatmung kommt vor allem bei kleinen Tieren u. bei Wasserbewohnern vor, aber auch bei Tieren mit ausgebildeten A.n (z.B. Amphibien) oder mit rückgebildeten A.n. Wichtigste A. von Wassertieren sind die *Kiemen,* andere A. von Wassertieren die *Tracheenkiemen,* in denen Tracheen statt Blutgefäßen die Atemgase übernehmen (Insektenlarven), u. die *Wasserlungen* der Seewalzen.

Die A. von luftatmenden Tieren bilden zwei Gruppen: durch die *Tracheen,* die charakteristischen A. der Tausendfüßer u. Insekten (*Tracheata*), wird die Atemluft unmittelbar an die inneren Organe herangebracht; in den *Lungen* der luftatmenden Wirbeltiere wird die Atemluft an einen hochentwickelten Blutkreislauf übergeben, der die Transportfunktion übernimmt.

Atrophie [grch.], Verkleinerung bis Schwund von Zellen, Geweben oder Organen aufgrund allgemeiner oder örtl. Ernährungsstörungen, bei Nichtgebrauch u.a.
Attractives, *Attractants* = Lockstoffe.
Attrappenversuch, Experiment mit künstlichem *Auslöser*, um den natürlichen auf seine Wirksamkeit zu überprüfen. So löst z.B. der rote Fleck auf dem Schnabel der Silbermöwe das Daraufpicken der Jungen aus, wie durch verschieden gefärbte u. geformte Schnäbel bewiesen werden konnte.
Auge, 1. → S. 59f. – 2. *schlafendes A.*, ruhende Knospe, die längere Zeit entwicklungsfähig bleibt (bei der Eiche über 100 Jahre) u. nur unter bes. Bedingungen austreibt.
Ausbreitung, Dispersion des Gebiets, das eine Organismenart besiedelt, ausgehend von einem *A.szentrum*. Die A. einer Organismenart hängt von ihrer A.sfähigkeit, (*Vagilität*), ab, d.h. von ihrer Beweglichkeit einerseits u. den Umweltbedingungen andererseits. – Pflanzen breiten sich meist durch Wind (*Anemochorie*) oder durch Tiere (*Zoochorie*) aus, seltener durch Wasser (z.B. schwimmende Kokosnüsse).
ausdauernd, *mehrjährig, perennierend,* heißen Pflanzen, deren Leben nicht nach einmaliger Blütenbildung abgeschlossen ist.
Ausdrucksbewegung, Verhaltensweisen, die unter Artgenossen (*intraspezifisch*) oder zwischen verschiedenen Arten (*interspezifisch*) Information mitteilen. Sie gehören in den Bereich der *Auslöser;* z.B. das Ducken des Kopfes bei jungen Vögeln als *Demutsverhalten*, das Putzen der Flügel bei der *Balz* von Enten.
Ausdrucksverhalten = Ausdrucksbewegung.
Ausläufer, *Stolon*, der ungeschlechtl. Fortpflanzung der Pflanzen dienender Seitensproß.
Auslese, unter A. versteht man sowohl 1. die züchterische Selektion von bestimmten erblichen Merkmalen u. Leistungen, die mit der Weiterzüchtung bestimmter Eigenschaften von Tieren erstrebt werden (*künstl. Zucht*), als auch 2. die Auswahl der lebenstüchtigsten Individuen durch den Daseinskampf, bes. bei Umweltveränderungen, z.B. Temperatur, Feuchtigkeit, Krankheitserreger u. Parasiten (*natürl. Auslese*). →Selektion.
Auslöser, *Schlüsselreiz*, Reize der Außenwelt, die ein bestimmtes Verhalten hervorrufen, indem sie die hemmenden Faktoren (= angeborener Auslösemechanismus, Abk. *AAM*) beseitigen. Der A. paßt zum AAM wie ein Schlüssel in ein bestimmtes Schloß. A. können die verschiedensten Reize sein: Der rote Fleck auf dem Schnabel der Silbermöwen löst das Hinpicken der Jungen aus; die bunte Farbe der Korallenfische bewirkt innerartliche Aggression.
Ausscheidungsorgane, *Exkretions-, Harnorgane*, tierische Organe, die der Ausscheidung von unverwertbaren oder schädlichen Stoffwechselprodukten (*Exkrete*) dienen (zu unterscheiden von der Ausscheidung [*Sekretion*] der Drüsen u. der *Exkrementation* [*Defäkation*] von Stoffen, die nur im Darmkanal enthalten sind). A. sind 1. die *Protonephridien*, blind endende Schläuche, in deren Ende eine Wimperflamme steht: bei Plattwürmern, Rädertieren, Larven von Ringelwürmern u. Weichtieren; 2. die *Metanephridien*, ursprüngl. segmental (Ringelwürmer) angeordnete Schläuche, die mit Wimpertrichtern zur Leibeshöhle (*Coelom*) hin offen sind: Nierenorgane der Weichtiere, Vor- u. Urnierenkanälchen der Wirbeltiere; 3. die *Malpighischen Gefäße* der Insekten, blind endende, meist unverzweigte Schläuche, die in charakteristischer, meist gerader Zahl an der Grenze zum Mitteldarm in den Enddarm münden; 4. die *Nieren* der Wirbeltiere, die von *Metanephridien* abgeleitet sind.
Die *Nieren* der Wirbeltiere treten in drei Typen auf:
1. Die *Vorniere* (Pronephros, Stammniere, Kopfniere) funktioniert nur bei Rundmäulern u. primitiven Knochenfischen zeitlebens, bei Fischen u. Amphibien nur als larvales, bei den übrigen Wirbeltieren als embryonales, Nierenorgan.
2. Die *Urniere, Mesonephros,* ist das bleibende Nierenorgan der Fische u. Amphibien; ursprüngl. *offene Metanephridien*, deren Kanäle sich seitlich vorwölben (Bowmannsche Kapsel), die Glomeruli umfassen u. in das Nierengewebe einbeziehen (innere Glomeruli). Der *Urnierengang* (Wolffscher Gang) wird bei den männlichen Fischen u. Amphibien zusätzl. zum Ausleitungsgang der Hoden (*Urogenitalsystem*). Bei den höheren Wirbeltieren (Amnioten) bilden im männl. Geschlecht die Reste der *Urniere* die *Nebenhoden*, der *Wolffsche Gang* den *Samengang* (Vas deferens), im weibl. Geschlecht wird beides zurückgebildet.
3. Die *Nachniere, Metanephros,* ist das bleibende Nierenorgan der *Amnioten;* die Nierenkanälchen beginnen stets mit einer Bowmannschen Kapsel; ihr eigener Ausleitungsgang ist der *sekundäre Harnleiter, Ureter,* der auch das *Nierenbecken* bildet. →S. 87, 122.
Aussterben, das gänzliche Verschwinden von Tier- u. Pflanzengruppen infolge mangelnden Anpassungsvermögens an veränderte Umweltbedingungen (Klima-Änderungen, Änderung in der Verteilung von Wasser u. Land, Parasiten, Verdrängung durch Nahrungskonkurrenten, Vernichtung durch Raubtiere oder Ausrotten durch den Menschen).
australische Region, *Notogäa*, tiergeograph. Festlandsgebiet, das Australien, Neuseeland sowie die pazifische Inselwelt umfaßt. Im O wird sie durch ein breites Übergangsgebiet mit der orientalischen Region verbunden. Das Gebiet von Hawaii wird als besondere Region abgetrennt. →Tiergeographie. – [K] →S. 48 (Biogeographische Regionen).
Autökologie, Betrachtungsweise der →Ökologie, die von dem Einzelorganismus als Individuum in seiner Umwelt ausgeht.
Autotomie [grch.], *Selbstabschneidung, Selbstverstümmelung,* die Fähigkeit zahlreicher Tiere, Teile ihres Körpers an Sollbruchstellen abzubrechen. A. dient ihnen beim Festgehaltenwerden zur Befreiung oder im Gefahrenfall zur Ablenkung des Feindes. Bes. bekannt ist die A. von Spinnenbeinen u. Eidechsenschwänzen.
autotroph [grch., »sich selbst ernährend«], Organismen betreffend, die die zu ihrem Leben notwendige Energie nicht durch den Abbau oder Umbau

schon vorhandener organischer Verbindungen gewinnen (*heterotroph*), sondern andere Energieformen dafür nutzen. A. sind die Mehrzahl der Pflanzen (ausgenommen Pilze, die meisten Bakterien), heterotroph sind alle Tiere.

Autotropismus [grch.], Tendenz der Pflanzenorgane, nach *Reizbewegungen* die Ausgangslage wieder einzunehmen.

Avifauna [lat.], die Vogelwelt eines bestimmten Gebiets.

azinöse Drüsen, *alveoläre Drüsen, traubige Drüsen,* ein Typ vielzelliger *Drüsen,* bei dem das blinde Ende des Drüsenschlauchs die sekretorischen Zellen in einer beerenförmigen Anschwellung enthält, z. B. Speicheldrüsen, Talgdrüsen.

Backentaschen, Ausbuchtungen der Mundhöhle zum Transport von Nahrungsvorräten bei bestimmten Säugetieren, z. B. Hamster.

Backzähne, *Backenzähne* →Zahn.

Bakteriologie [grch.], Teilgebiet der *Mikrobiologie,* das sich nur mit den Bakterien befaßt: die *medizin. B.* mit den krankheitserregenden Bakterien, die *techn. B.* mit den industriell nutzbaren Bakterien.

Balgfrucht, Streufrucht mit einer Naht, aus nur einem Fruchtblatt hervorgegangen (z. B. Rittersporn).

Balz [die], Teil des Fortpflanzungsverhaltens, bei dem durch die verschiedenartigsten Werbezeremonien Kontakt zwischen den Geschlechtspartnern aufgenommen wird, indem der Partner angelockt, seine Kontaktscheu abgebaut u. das Verhalten derart abgestimmt wird, daß eine Begattung möglich ist; häufig durch Zurschaustellung auffälliger Körpermerkmale oder durch Einhaltung bestimmter Bewegungsabläufe, wobei →Ritualisation möglich ist. Meist balzen Männchen u. Weibchen, ersteres ist jedoch im allg. aktiver.

Bartel, mit Tast- u. Geschmacksinnesorganen besetzte Fäden am Mund vieler Fische, z. B. beim Wels.

Barten, aus Querfalten des Gaumendachs hervorgehende, gefranste Hornplatten der *Bartenwale.*

Basidie [grch., »Ständer«], sporenbildendes Fortpflanzungsorgan der Ständerpilze (*Basidiomyzeten*).

Bast, *sekundäre Rinde,* alles Gewebe, das beim sekundären Dickenwachstum vom *Kambium* der pflanzl. Sprosse nach außen hin neu gebildet wird; dient zur Leitung u. Speicherung von Assimilaten.

Bastard, *Hybride,* ein Individuum, das aus der Vereinigung ungleicherbiger Geschlechtszellen hervorgegangen ist.

Bastfaser, Faser aus Cellulose; aus dem *Bast* zweikeimblättriger Pflanzen stammend; auch Sklerenchymfasern einiger einkeimblättriger Pflanzen.

Bauchfell, *Peritoneum,* die die Bauchhöhle der Wirbeltiere auskleidende Membran aus Coelomepithel. →auch sekundäre Leibeshöhle.

Bauchfüße, *Abdominalfüße, Pleopoden,* Gliedmaßen am Hinterleib von Krebsen.

Bauchmark, das auf der Bauchseite gelegene Zentralnervensystem der als »B.tiere« (*Gastroneuralia*) bezeichneten Gruppe (*Protostomier*) zweiseitig-symmetr. Tiere; bei Gliedertieren (Artikulaten) in Form eines *Strickleiternervensystems* ausgebildet, bestehend aus zwei oder vier Längssträngen, die durch segmentale Nervenknoten (*Ganglien*) u. Querverbindungen (*Kommissuren*) das Bild einer Strickleiter ergeben. Am Vorderende liegt eine Ganglienmasse oberhalb des Vorderdarms (Oberschlundganglion), eine weitere Ganglienmasse darunter (Unterschlundganglion), beide sind verbunden durch den Darm ringförmig umgebende Stränge. (*Schlundkonnektive*)

Bauchspeicheldrüse, *Pankreas,* Anhangdrüse des Mitteldarms bei den Wirbeltieren, liefert Verdauungssäfte für Fette, Eiweiß u. Kohlenhydrate (*Trypsin, Diastase, Lipase*), ist aber gleichzeitig auch eine inkretor. Drüse, da die in der B. verstreuten *Langerhansschen Inseln* das *Insulin* zur Regulierung des Zuckerstoffwechsels bilden.

Becherkeim, *Gastrula,* →Embryonalentwicklung.

bedingte Reflexe, Reflexe, die nur unter gewissen Bedingungen entstehen; z. B. die Speichelabsonderung bei Geruch von Nahrung.

Befruchtung, Vereinigung von →Keimzellen, d. h. einer männl. u. einer weibl. Geschlechtszelle, also von Samen- u. Eizelle (*Gametogonie*) oder der entspr. Zellkerne (*Karyogamie*). Bei den im Wasser lebenden Tieren geht der B. meist eine freie Besamung voraus: Samen- u. Eizellen werden ins Wasser entleert u. treffen sich dort durch die anlockende Wirkung der Besamungsstoffe (*Gamone*); diese sind z. B. bei Seeigeln u. Fischen genauer bekannt. Bei anderen Vielzellern des Land-, aber auch des Wasserlebens wird das Ei im mütterl. Körper entwickelt, so daß der Samen durch *Begattungsorgane* (Penis, Zirrus) in den weibl. Körper befördert werden muß (*Begattung, Kopulation*), z. B. bei Plattwürmern, Mollusken, Insekten, Reptilien, Vögeln, Säugern. Der Samen wird entweder in Form einer milchigen Flüssigkeit oder mit Umhüllungshaut in Form einer *Samenpatrone* (*Spermatophore,* z. B. bei Molchen) übertragen. Bei vielen Insekten, Schnekken u. a. wird der Samen in der *Samentasche* (*Receptaculum seminis*) aufbewahrt, bis die Eier reif sind. – Beim Eindringen des Samenfadens in das Ei bildet dieses eine *B.shaut,* die das Eindringen weiterer Samenfäden verhindert. Nach Verschmelzen von Ei- u. Samenzellkern (mütterl. u. väterl. Anlagen werden vererbt) setzt meist die Furchung des Eies ein, u. die Entwicklung des Embryos beginnt.

Bei der Reifung der männl. Geschlechtszellen entstehen aus einer Urgeschlechtszelle vier gleichwertige Samenzellen, bei der weibl. Geschlechtszellenreifung dagegen aus einem »*Vorei*« nur ein befruchtungsfähiges Ei u. drei zugrunde gehende »*Richtungskörper*« (*rudimentäre Eizellen*). Durch diese Reife- bzw. Reduktionsteilung wird die Zahl der Chromosomen halbiert, was nötig ist, da sonst bei jeder Verschmelzung von Samenfaden u. Ei eine Verdoppelung einträte.

Begattung →Befruchtung.

Benthos [das; grch.], *Benthal*, die Pflanzen- u. Tierwelt am Boden der Meere u. Süßwasserseen.
Bergmannsche Regel →Klimaregeln.
Besamung, der Befruchtung vorangehende Heranbringung der männl. Geschlechtszellen (Samen) an die weibl. Geschlechtszellen; entweder als freie B. im Wasser oder als Begattung (*Kopulation*).
Beschädigungskampf →Kampf.
Beschwichtigungsverhalten, die Aggression des Partners dämpfende Verhaltensweise; besteht aus *Demutsverhalten* u. anderen Beschwichtigungsgebärden wie Herbeitragen von Nistmaterial (Kormorane, Reiher) oder Abwenden der Waffen (Klappern der Störche, Schnabelabwenden bei Dohle, Rabe, Lachmöwe). Schimpansen beruhigen einander durch Umarmung.
Bestäubung, Übertragung des Blütenstaubs (*Pollen*); bei nacktsamigen Pflanzen direkt auf die freiliegende Samenanlage, bei bedecktsamigen auf die Narbe des Fruchtknotens. Wird der Pollen innerhalb einer zwittrigen Blüte übertragen u. ist er befruchtungsfähig, spricht man von *Selbstbestäubung* (*Autogamie*). Meist findet die B. jedoch zwischen verschiedenen Blüten statt, entweder als *Nachbar-B.* (*Geitonogamie*) zwischen Blüten derselben Pflanze oder als *Fremd-B.* (*Xenogamie*) zwischen eingeschlechtigen Blüten, die auf verschiedene Pflanzen verteilt sind. Bei Fremd-B. ist der Befruchtungserfolg am größten; Selbst-B. wird daher oft durch besondere Mechanismen (z. B. Dichogamie, Selbststerilität) verhindert. Die B. erfolgt durch den Wind (Anemogamie, Windblütler), seltener durch Wasser (*Hydrogamie*), vorwiegend jedoch durch Tiere (*Zoogamie*). Daran sind mit einigen Ausnahmen (Fledermäuse u. Kletterbeutler) nur Insekten (*Entomogamie*, →Insektenblütler) u. Vögel (*Ornithogamie*, Vogelblumen) beteiligt. Die Blumen locken die Tiere durch Farben u. Düfte an u. bieten ihnen Nahrung (Nektar, Pollen). Durch Blütenbau, Lage der →Honigdrüsen u. bes. mechan. Einrichtungen (*Klemmfallenblumen*) sind viele Blumen an bestimmte Tiere oder Tiergruppen angepaßt.
Beute, *Bienen-B.*, im eigentl. Sinn als Bienenwohnung (Stock) benutzte hohle Baumstämme (*Klotzbeute*); heute Bez. für alle Bienenwohnungen, gleich, aus welchem Material sie gefertigt sind.
Bevölkerungslehre, *Gradologie*, biolog. Teildisziplin, die sich mit der Erscheinung des *Massenwechsels* beschäftigt. Handelt es sich um Schädlinge, spricht man auch von *Epidemiologie*. →Populationsökologie.
Bildungsgewebe, *Meristem*, pflanzl. Gewebe, das im Gegensatz zum *Dauergewebe* noch teilungsfähig ist, z. B. die Zellverbände an den Sproß- u. Wurzelspitzen.
Bindegewebe, das die tier. Organe umhüllende, verbindende u. stützende Gewebe, das außerdem dem Stoffwechsel, der Speicherung von Wasser u. Fett, der Abwehr von Krankheitskeimen u. der Wundheilung dient. Seine Stammzellen treten in den Hintergrund gegenüber der von ihnen ausgeschiedenen Interzellularsubstanz. Diese besteht aus einer gallertigen Grundmasse.
Bindehaut, *Conjunctiva*, im Wirbeltierauge die Schleimhaut, die den von den Augenlidern u. der Augenvorderseite gebildeten *B.sack* auskleidet. Der B.sack ist von Tränenflüssigkeit erfüllt. Die B. kann als Falte ein drittes Augenlid, die *Nickhaut* bilden.
Biocoenose = Biozönose.
biogenetische Grundregel, *Rekapitulationstheorie*, von E. *Haeckel* (1866) formulierte, aber schon mehreren Vorgängern bekannte Regel über entwicklungsgeschichtl. Gesetzmäßigkeiten. Die b. G. besagt, daß »die Einzelentwicklung (*Ontogenie*) eine Wiederholung der Stammesentwicklung (*Phylogenie*) ist«. Danach wiederholt sich z. B. bei den Amphibienlarven, die wie Fische im Wasser leben u. durch Kiemen atmen, die Entwicklungsgeschichte der Amphibien u. beim menschl. Embryo, der vor der Geburt ein dichtes Haarkleid, einen Schwanz u. Greiffüße hat, die des Menschen, der mit dem Affen gemeinsame Vorfahren hat. Auch psych. Eigenschaften sind nach der b.n G. zu erklären.
Die Gültigkeit der b.n G. ist begrenzt. Die stammesgeschichtl. Veränderungen der Organismen werden in ihrer Ontogenese weder vollständig noch immer in ihrer ursprüngl. Reihenfolge wiederholt. Auch treten nicht die Merkmale der erwachsenen Vorfahren, sondern nur die der entsprechenden ontogenet. Entwicklungsstadien auf; z. B. bei flügellosen Insekten nicht die wirkl. Flügel wie bei den Vorfahren, sondern nur die Flügelanlagen.
Biogenie, *Biogenesis*, *Biogenese* [grch.] = Entwicklungsgeschichte.
Biokatalysator →S. 30, 59 (Enzyme).
Bioklimatologie, *Bioklimatik*, die Lehre von den Zusammenhängen zwischen Witterungs- u. Lebensvorgängen, z. B. vom Einfluß von Strahlungen, Luftströmungen (Föhn) oder Luftfeuchtigkeit auf die Lebewesen.
Biologe, *i. w. S.* Erforscher der belebten Natur; *i. e. S.* Beruf, der sich mit der →Biologie beschäftigt. Werdegang: Studium der Biologie (Fachrichtung Zoologie, Botanik, u. a.), dazu als Wahlfächer Chemie, Physik, Mathematik; nach 5 Semestern Vorexamen (Vordiplom), das Voraussetzung für das Diplom oder das Doktorexamen ist. →S. 23.
Biologie [grch.], die Lehre vom Leben; befaßt sich mit den *Organismen* u. den sich an ihnen abspielenden Vorgängen. Die B. umfaßt *Botanik* (Pflanzenkunde), *Zoologie* (Tierkunde) u. *Anthropologie* (Menschenkunde). Die *allg. B.* erforscht die allen Lebewesen gemeinsamen Eigenschaften: stoffl. Zusammensetzung, Individualität, Gestalt, Stoffwechsel, Reizbarkeit, Bewegung, Fortpflanzung u. Entwicklung, Vererbung, Evolution. Aufgabe der B. ist es, über reines Beschreiben hinaus durch vergleichende Betrachtung u. Experimente zu Zusammenhängen, Regeln u. Gesetzen zu kommen.
biologische Reinigung, Reinigung des *Abwassers* von organischen Substanzen durch lebende Organismen (Bakterien, Plankton, Kleinlebewesen); geschieht in Flußläufen automatisch (Selbstreinigung), wenn nicht zuviel oder zu konzentriertes Abwasser zugeleitet wird.

biologische Schädlingsbekämpfung, Maßnahmen zur Bekämpfung von tier. u. pflanzl. Schädlingen mit Hilfe ihrer natürlichen Feinde: krankheitserregenden Mikroorganismen (z.B. Viren, Bakterien), Parasiten (z.B. Schlupfwespen) u. Räuber (z.B. Ameisen, Vögel). Zur b.n S. gehört auch der Einsatz von Pflanzenfressern gegen Unkräuter (z.B. Kleinschmetterlinge gegen Opuntia-Kakteen in Australien. – Die Maßnahmen der b.n S. wirken in der Regel vorbeugend: Sie schützen Nützlinge u. fördern ihre Lebensbedingungen (z.B. *Ameisenhege*, das Anbringen von *Nistgeräten* für Vögel), führen zusätzliche Feinde ein (z.B. Parasit-Insekten) oder bezwecken die Massenzucht u. Ausbringung von Feindorganismen (z.B. Bakterien, Eiparasiten der Gattung Trichogramma). – Die b.S. ist schwieriger u. kostspieliger als die schnell wirkende u. billige chemische Schädlingsbekämpfung, ist aber ungefährlich für die Umwelt. Die Verbindung der b.n S. mit chemischen Maßnahmen, die aber gezielt sind u. darum Nützlinge schonen, bezeichnet man als *integrierte Bekämpfung.*

biologische Stationen, meist staatl. unterhaltene, der Erforschung von Pflanzen u. Tieren dienende Stationen an bes. aufschlußreichen u. günstig gelegenen Orten. Bes. zahlreich sind die Meeresstationen u. die Süßwasserstationen (*limnolog. Stationen*), letztere z.B. in Friedrichshagen am Müggelsee, Langenargen am Bodensee, Neusiedel am See, Krefeld-Hülserberg u. Schlitz (Hessen). Andere b.S. dienen der Urwald-, Wüsten- u. Höhlenforschung.

Biolumineszenz [grch. + lat.], die Fähigkeit mancher Bakterien, Pilze u. Tiere, Licht zu erzeugen. Unter den Tieren sind leuchtende Vertreter aus allen großen Tierstämmen bekannt, bes. sind es die meeresbewohnenden Vertreter. Das Licht verschiedener Färbung dient dem Anlocken von Beute, dem Abschrecken eines Verfolgers u. dem Finden der Geschlechter. B. entsteht durch Reaktion von hauptsächl. zwei organ. Stoffen, die bei den einzelnen Organismen verschiedener chem. Natur sind: *Luziferin* (lichtaussendende Substanz) u. *Luziferase* (mitwirkendes Ferment).

Bionik, Kurzwort aus *Biokybernetik*, 1. Grenzgebiet zwischen Biologie u. Technik, das biolog. Erkenntnisse auf techn. Probleme anwendet. – 2. die Anwendung der *Regelkreis-* u. *Informationstheorie* auf Erscheinungen im Organismus.

biophag [grch.], lebende Substanz fressend.

Biophylaxe = Lebensschutz.

Bioprotektion = Lebensschutz.

Biorhythmik, *Periodizität*, period. Schwankungen von Lebensvorgängen. Die Grundlage der B. bilden angeborene period. Stoffwechselvorgänge (»*Innere Uhr*«, *endogener Rhythmus*); als Zeitgeber dienen verschiedene äußere (*exogene*) Faktoren wie Licht, Temperatur u. Luftfeuchtigkeit, wobei immer ein Faktor überwiegt. Als Vermittler der B. auf die Zellen des Organismus vermutet man hormonale (durch Hormone) oder/u. nervöse (durch das Nervensystem) Mechanismen, die den Eigenrhythmus des Zellstoffwechsels beeinflussen. Am verbreitetsten sind 1. Tages-B. (*Tagesperiodizität*), z. B. Schlaf- u. Spaltöffnungsbewegungen bei Pflanzen, Aktivitäts- u. Schlafverhalten bei Tieren, u. 2. Jahres-B. (*Jahresperiodizität*), z. B. Laubabwurf von Pflanzen, Winterschlaf u. period. Wanderungen bei Tieren. Daneben gibt es noch u.a. die Gezeiten-B. vieler Küstenbewohner (z.B. Wanderungen von Käferschnecken) oder die Mond-B. (*Lunarperiodizität*), die oft mit der Gezeiten-B. einhergeht (z.B. Lege- u. Schlüpfverhalten mariner Zuckmücken).

Biosoziologie [grch.], die Lehre von den Tier- u. Pflanzengesellschaften (Tiersoziologie, Pflanzensoziologie).

Biotonus →Vitalität.

Biotop [der; grch.], Lebensraum (z.B. ein Tümpel) einer *Biozönose*, durch relativ einheitl. Lebensbedingungen gekennzeichnet. →auch Ökologie.

Biotopologie, die Lehre von den Lebensräumen (*Biotopen*). →Ökologie.

Biozönologie, *Biocoenologie*, die Lehre von den Lebensgemeinschaften (*Biozönosen*). →Ökologie.

Biozönose, *Biocoenose*, *Lebensgemeinschaft*, das Gefüge der verschiedenen Arten von Lebewesen, die eine Lebensstätte (*Biotop*) bevölkern. Dieses Gefüge befindet sich in einem bewegl. (dynam.) Gleichgewicht (*biozönotisches Gleichgewicht*), das sich unter bestimmten Lebensbedingungen einstellt u. auf Ernährungsbeziehungen zwischen den Gliedern der B. beruht. Innerhalb dieser Beziehungen unterscheiden sich drei Typen von Organismen: 1. *Produzenten*, die organ. Material aufbauen (grüne Pflanzen); 2. *Konsumenten*, die organ. Material verbrauchen (Tiere); 3. *Destruenten*, die organ. Material abbauen (Bakterien u.a.). Eine B. ist *geschlossen* (*autark*), wenn alle drei Typen vorhanden sind; sie ist *offen* (*abhängig*), wenn ein Typ fehlt (z.B. fehlen die Produzenten am Boden eines tiefen Sees). Das Gefüge einer B. bleibt auch bei einem Wechsel einzelner Glieder erhalten; ihre Zusammensetzung ist von zahlreichen Umweltfaktoren abhängig, von denen der *Minimumfaktor* den größten Einfluß hat. Wechsel in der Zusammensetzung einer B. bezeichnet man als *Aspektfolge* (z.B. jahreszeitl. Rhythmus); ziehen sich solche Wechsel über längere Zeit hin u. führen sie zu Veränderungen innerhalb der B., spricht man von *Sukzessionen* (z.B. Verlanden eines Sees). →auch Ökologie.

Bipeden [lat.], Zweifüßer, zweifüßige Lebewesen.

bipolare Verbreitung, insbes. bei frei schwimmenden Meerestieren u.a. die Verbreitung sowohl im arkt. als auch antarkt. Gebiet ohne Verbindung im äquatorialen Seebereich.

Bisexualität [lat., »Zweigeschlechtigkeit«], *Getrenntgeschlechtigkeit*, das Auftreten der beiden verschiedenen Geschlechtsformen an zwei verschiedenen Individuen. (→Sexualität); bei Pflanzen: *Zweihäusigkeit* (→Blüte).

Blase, *Cystis*, mit Flüssigkeit gefüllter Hohlraum, der von Deckzellenschichten, *Epithelzellen*, der Haut umgeben ist. Als Hohlorgane z.B. *Harnblase*, *Gallenblase*.

Blasenaugen, Lichtsinnesorgane: die einfachen *Kameraaugen*.

Blastem [das; grch.], embryonales Bildungsgewebe; z. B. bei Regenerationsvorgängen das *Regenerations-B.*, eine Zellwucherung an der Wundstelle als erste Anlage des Regenerats.

Blastoderm [das; grch.], →Embryonalentwicklung.

Blastula [die; grch. + lat.], *Hohlkeim, Bläschenkeim,* →Embryonalentwicklung.

Blatt, neben Stengel u. Wurzel das Hauptorgan der höheren Pflanzen (*Kormophyten*), das der Assimilation, dem Gaswechsel u. der Transpiration dient. Die ersten Blätter der jungen Pflanze sind die *Keimblätter*, die bereits im Keimling vorhanden sind; auf diese folgen entweder farblose oder grüne Schuppen (*Niederblätter*) oder sofort die Laubblätter; zur Blütenregion hin können bes. *Deckblätter* für Blüten oder Blütenstände (*Hochblätter*) folgen. Das typ. Laubblatt gliedert sich in die dünne, flächige, grüne B.spreite (*Lamina*), den B.stiel u. den B.grund, der als stengelumgreifende B.scheide ausgebildet sein kann oder Nebenblätter trägt.

Äußerer Bau: nach der B.aufteilung unterscheidet man ungeteilte, geteilte (fieder- u. fingerspaltige) u. aus Teilblättern zusammengesetzte Blätter; letztere können paarig, unpaarig, doppelt gefiedert oder handförmig sein. Nach der Randbeschaffenheit unterscheidet man ganzrandige, gekerbte, gezähnte, gesägte, doppelt gesägte u. gelappte Blätter; nach dem Umriß unterscheidet man nadel-, lanzett-, ellipsen-, nieren-, herz-, pfeil-, schildförmige u.a. Blätter. Die B.stellung ist wechselständig, wenn an jedem Knoten nur ein B. steht, gegenständig bzw. kreuzweise gegenständig, wenn an einem Knoten sich 2 Blätter gegenüberstehen, quirlständig, wenn mehr als 2 Blätter einem Knoten entspringen.

Innerer Bau: ein auf beiden Seiten von der Oberhaut (*Epidermis*) begrenztes Grundgewebe (*Parenchym*), das sog. *Mesophyll* des B.s; dies ist auf der B.oberseite zu einem chloroplastenreichen Assimilationsparenchym (*Palisadenparenchym*) auf der B.unterseite zu einem unregelmäßigen Schwammparenchym ausgebildet, dessen Interzellularen mit den zahlreichen Spaltöffnungen der unteren Epidermis in Verbindung stehen.

Blättermagen, *Psalter,* →Wiederkäuen.

Blattgrün, *Chlorophyll,* vorwiegend in den Blättern vorhandener grüner Farbstoff aus magnesiumhaltigem Porphyrin, lokalisiert in den *Chloroplasten* innerhalb dicht gestapelter, hochorganisierter Membranen (*Thylakoide*); kommt in den beiden Komponenten Chlorophyll a u. b vor, doch scheint das Chlorophyll a das bedeutendere für die →Photosynthese zu sein. Chlorophyll b fehlt manchen Algengruppen ganz. Beide B.e besitzen ein etwas verschiedenes Absorbtionsspektrum für Licht mit Gipfeln im blauen u. roten Spektralbereich, d. h. die Energie von rotem u. blauem Licht wird bevorzugt aufgenommen. Die Bildung von B. erfolgt im Licht. Im Dunkeln gehaltene Pflanzen besitzen keine grünen Sproßteile. Überwiegen andere Farbstoffe in der Pflanze (Anthocyane, Carotinoide), so färben sich die Blätter blau, violett, rot oder gelb. Die *Herbstfärbung* der Blätter wird durch den Zerfall des B.s vor den anderen Farbstoffen verursacht. Bei den Blau-, den Braun- u. den Rotalgen wird die Farbe durch verschiedene weitere Chloroplastenfarbstoffe bestimmt.

Blesse, partieller →Albinismus am Kopf zwischen den Nasenflügeln der Großtiere.

Blinddarm, lat. *Coecum,* grch. *Typhlon,* blind endender Darmteil an der Mündung des Mitteldarms (Dünndarm) in den Enddarm (Dickdarm).

Blume, von Tieren bestäubte Blütenpflanze oder deren Blütenstand.

Blut [grch. *haima,* lat. *sanguis*], die in einem geschlossenen Röhrensystem (B.gefäßsystem) zirkulierende, von einem Motor (Herz) bewegte Körperflüssigkeit der Wirbeltiere, Ringelwürmer u. Kopffüßer. Funktionen: Transport von Sauerstoff, Kohlendioxid, Nähr-, Exkret- u. Wirkstoffen; Wärmetransport (bes. bei Warmblütern); Abwehr (Phagozytose, Antikörperbildung); Wundverschluß; Erhaltung des hydrostat. Binnendrucks. Die B.-menge beträgt bei den Amniontieren 7–10% des Körpergewichts (Mensch 5–6 l). B. ist eine wäßrige Lösung, in der Zellen suspendiert sind. Die *B.flüssigkeit* (*B.plasma*) enthält 90–95% Wasser, kolloidal gelöste Eiweiße u. Salze, die in einem ähnlichen Verhältnis zueinander stehen wie beim Meerwasser. Beim Gerinnen des B.es an der Luft scheidet sich der *B.faserstoff* (*Fibrin*) ab. Die restl. schwach gelbl. Flüssigkeit wird als *B.serum* bezeichnet. Wichtige B.bestandteile sind die sauerstoffübertragenden (respiratorischen) Stoffe, meist Farbstoffe, die an *Blutkörperchen* gebunden sein können (z. B. das Hämoglobin in den Erythrozyten der Wirbeltiere) oder im Blutplasma gelöst sind (z. B. das Hämocyanin mancher Krebse, Spinnentiere u. Weichtiere). An den im Blut befindl. Zellen unterscheidet man *Leukozyten* u. *Chromozyten.* Die amöboid bewegl. Leukozyten dienen der Vernichtung von Fremdkörpern u. Bakterien durch *Phagozytose* u. der Antikörperbildung. Bei Wirbeltieren sind für Blutgerinnung u. Wundverschluß die kernlosen *Blutplättchen* (*Thrombozyten*) spezialisiert. →S. 73.

Die Chromozyten der Wirbeltiere, die roten Blutkörperchen (*Erythrozyten*), sind bei Säugetieren sekundär kernlose, scheibenförmige Zellen, die sich oft in Geldrollenform aneinanderlegen. Sie enthalten ein von einer Membran umhülltes Eiweißgerüst, in dessen Maschen sich das *Hämoglobin* befindet. Dieses bindet den Sauerstoff der Luft u. erhält dadurch eine hellrote Farbe. Die Erythrozyten transportieren den Sauerstoff zum Gewebe, wo er abgegeben wird u. Kohlendioxid aufgenommen wird; hierdurch erhält das Hämoglobin eine dunkelblaurote Färbung. Das Kohlendioxid wird zu den Lungen bzw. Kiemen transportiert u. dort gegen Sauerstoff ausgetauscht. Beim Eindringen artfremden Eiweißes (*Antigene*) in das B. werden in Plasmazellen des Knochenmarks u. im lymphat. Gewebe hochspezifische Abwehrstoffe (*Antitoxine, Antikörper*) gebildet u. in das B. abgegeben. Die im B.serum enthaltenen Agglutinine können fremde Erythrozyten verklumpen u. dienen zur Unterscheidung von Blutgruppen. →S. 75 (Blutgruppen).

Blutadern, *Venen,* zum Herzen hinführende Gefäße (→S. 66f, Blutgefäßsystem); stehen unter geringerem Druck als die *Schlagadern* (*Arterien*) u. pulsieren nicht. Ihre Wände sind dünner u. weicher als die der Arterien, ihre Innenhaut hat in Abständen als Klappen ausgebildete Falten (Venenklappen), die den Rückfluß des Blutes verhindern. Die B. führen im allg. verbrauchtes, mit Kohlensäure beladenes, nur die Lungen-B. (Lungenvenen) arterielles, sauerstoffreiches Blut.

Blutauffrischung, eine *Reinzuchtmethode,* bei der Tiere der gleichen Rasse, aber verschiedener Herkunft gepaart werden. Ziel ist nicht die Erhöhung einer bestimmten Leistung, sondern die Steigerung der allg. Vitalität.

Blutdrüsen, Drüsen, die ihre Wirkstoffe direkt in die Blutbahn abgeben. →Sekret.

Blüte, Sproß mit begrenztem Wachstum, dessen Blätter der geschlechtlichen Fortpflanzung dienen u. entsprechend umgestaltet sind: die Staubblätter mit den Pollensäcken bilden das männl. Geschlechtsorgan (*Androezeum*), die →Fruchtblätter mit den Samenanlagen das weibl. (*Gynaezeum*). Die B.n der nacktsamigen Pflanzen sind eingeschlechtig u. tragen die Staub- oder Fruchtblätter in großer Zahl an einer langen Achse (Zapfenblüten); eine B.nhülle fehlt meist. Die B.n der bedecktsamigen Pflanzen sind zwittrig, d.h. tragen sowohl Staub- als Fruchtblätter, oder auch eingeschlechtig; letztere können auf einem Individuum stehen (einhäusige Pflanzen) oder auf verschiedene Individuen verteilt sein (zweihäusige Pflanzen); sie besitzen meist eine B.nhülle (*Perianth*), die dem Schutz der inneren B.nteile u. der Anlockung der bestäubenden Tiere dient.

Die B.nhüllblätter können alle gleich gestaltet sein (*Perigonblätter, Tepalen*) oder in die äußeren, grünen Kelchblätter (*Sepalen,* Gesamtheit *Kelch* oder *Kalyx*) u. die meist andersfarbigen Kronblätter (*Petalen,* Gesamtheit *Krone* oder *Korolle*) gesondert sein. Sind die B.nhüllblätter verwachsen, spricht man von *sympetaler* B., sind sie voneinander getrennt, von *choripetaler* B. Nach den Symmetrieverhältnissen unterscheidet man *strahlige* (*radiärsymmetrische, aktinomorphe*) *B.n,* durch die mehr als 2 Symmetrieachsen legbar sind, *bilateralsymmetrische B.n* mit einer, *dorsiventrale* (*zygomorphe*) *B.n* mit zwei, *asymmetrische B.n* ohne Symmetrieachse. →S. 206.

Blütenbildung, Ausbildung der Fortpflanzungsorgane bei *Blütenpflanzen.* Voraussetzung ist die Blühreife. Erst dann können die Blüten embryonal angelegt werden. Die Entfaltung der Blütenblätter ist von lebhaften Wachstumserscheinungen begleitet. Es wird angenommen, daß Teile der Erbsubstanz (*Blühgene*), die bisher nicht in Funktion waren, durch bestimmte Faktoren aktiv werden u. die Ausbildung der Blütenanlage hervorrufen. Manche Pflanzen blühen bei Einfluß des in den heranwachsenden Blättern entstehenden Blühhormons *Florigen.* Bei vielen Pflanzen hat die Länge der täglichen Licht- u. Dunkelperiode entscheidenden Einfluß auf die Bildung des Blühhormons. *Kurztagpflanzen* kommen nur nach einer gewissen Anzahl von Kurztagen zur B. Umgekehrt benötigen *Langtagpflanzen* eine bestimmte Anzahl von Langtagen.

Blütenbiologie, Lehre von den Beziehungen zwischen Blütenpflanzen u. blütenbesuchenden Tieren (Insekten, Vögel, Fledermäuse, in Australien auch Kletterbeutler). Die Blüten bieten den Tieren Nahrung (Pollen, Nektar) u. werden dabei bestäubt; sie bilden verschiedene Vorrichtungen zum Anlocken der Tiere (Farbe, Düfte u.a.) u. zur Sicherung der Bestäubung aus (Anordnung von Nektardrüsen, Staubblättern u. Narben u.a.). Bestimmte Blüten sind an bestimmte Blütenbesucher angepaßt, indem nur bestimmte Gruppen von Tieren zugelassen oder angelockt werden.

Blütenstand, *Infloreszenz,* gesetzmäßige Anordnung von mehreren Blüten zu einer Blütengemeinschaft. Man unterscheidet 1. *razemöse* oder *monopodiale* Blütenstände, die eine durchgehende, allen Seitentrieben übergeordnete Hauptachse besitzen: Traube, Ähre, Kolben, Köpfchen, Körbchen, Dolde (ohne oder mit einfachen Seitenachsen), Rispe, Doppeldolde (mit verzweigten Seitenachsen); 2. *zymöse* oder *sympodiale* Blütenstände, bei der die Hauptachse vorzeitig die Entwicklung einstellt u. die Seitenzweige die Führung übernehmen; entsteht durch Weiterentwicklung nur einer Seitenachse eine scheinbare Hauptachse, spricht man von einem *Monochasium* (Wickel, Schraubel, Fächel); setzen zwei oder mehr Seitenachsen die Entwicklung fort, spricht man von einem *Dichasium* oder *Pleiochasium* (Trugdolde).

Blutgefäßsystem, Hohlraumsystem im Körper höher entwickelter Tiere, in dem eine Flüssigkeit (*Blut*) strömt, die dem *Stoff- u. Gastransport* dient (*Blutkreislauf*). Ohne B. kommen Tiere aus, bei denen Darm, Ausscheidungsorgane u.a. im ganzen Körper verzweigt sind (z.B. Plattwürmer), oder bei denen Leibeshöhlenflüssigkeit (z.B. Hohlwürmer) oder Coelomflüssigkeit (z.B. Egel) ungebahnt Nahrungs- u. Ausscheidungsstoffe transportiert. Mit zunehmender Konzentration der inneren Organe u. mit wachsender Größe der Tiere steigen die Leistungsansprüche an das B., bes. bei den Wirbeltieren. →S. 66f., 124.

Blutgerinnung, *Koagulation,* komplizierter fermentativer Vorgang bei Säugetieren, der in drei Phasen abläuft. In der 1. zerfallen die *Blutplättchen,* wobei das Ferment *Thrombokinase* frei wird. Dieses wandelt in Gegenwart von Calcium-Ionen das im Blut vorhandene *Prothrombin* in das Ferment *Thrombin* um; dieses bildet aus dem im Blut gelösten *Fibrinogen* den Faserstoff *Fibrin* (2. Phase). Mit den Blutzellen bildet sich daraus in der 3. Phase der Blutkuchen (*Thrombus*), der sich langsam zusammenzieht u. das Blutserum auspreßt. Durch Ausfällen des Blutcalciums mit Citronensäure oder Oxalsäure wird die Gerinnung verhindert; durch Schlagen kann der Faserstoff entfernt u. das Blut flüssig erhalten werden. Ferner verhindern *Heparin* u. *Hirudin* – Substanzen des Medizin. Blutegels – die B. Bei Blutern ist die B. in der 1. Phase gestört.

Blutkörperchen →Blutzellen.

Blutkreislauf, *Blutzirkulation,* der Blutumlauf im

Blutgefäßsystem, der dem Transport von Nahrungs- u. Abfallstoffen sowie von Atemgasen dient (außer bei Tieren, bei denen das Tracheensystem diese Funktion übernimmt). Der Antrieb des B.s erfolgt in bestimmten *kontraktilen Gefäßabschnitten* oder in einem zentralen Antriebsorgan wie dem *Herzen*. Der B. verläuft stets nur in einer Richtung, auch bei offenen Gefäßsystemen, bei denen das Blut im Körper mit Hilfe von Gewebslücken (*Lakunen*) oder Scheidewänden (*Diaphragmen*) geleitet wird.

Blutplasma, die Blutflüssigkeit, in der die *Blutzellen* (Blutkörperchen) suspendiert sind; leicht gewinnbar durch Abzentrifugieren der Blutkörperchen. B. ist eine eiweißreiche Flüssigkeit (6–8%). Man unterscheidet *Albumine* u. *Globuline*, daneben enthält das B. viele anorgan. u. organ. Bestandteile. Da das Blut das wichtigste Transportmittel für den Organismus ist, findet man die meisten Substanzen oder deren Zwischenprodukte im B., so die Nährstoffe, Stoffwechselprodukte u. Hormone. Dabei funktionieren die Eiweiße als Beförderungsmittel, sie verbinden sich mit den zu transportierenden Stoffen, z.B. die Albumine mit Fettsäuren u. Farbstoffen, die Globuline mit Vitaminen u. Eisen, ferner mit den wasserunlösl. *Sterinen* u. *Lipiden*.

Blutplättchen, *Thrombozyten*, an der *Blutgerinnung* beteiligte *Blutzellen* der Wirbeltiere.

Blutsauger, alle blutsaugenden Tiere (*Ektoparasiten*), z.B. *Blutegel*, *Zecken*, viele *Insekten* (bestimmte *Wanzen*, *Flöhe*, *Läuse*, *Mücken*, *Stechfliegen*, *Bremsen* u.a.), auch amerikan. *Fledermäuse* (echte *Vampire*, Gattung *Desmodus*).

Blutserum, die sich bei normalem Blut bei der *Blutgerinnung* von selbst aus dem geronnenen Blutkuchen abscheidende klare Flüssigkeit, die nunmehr ungerinnbar ist, aber noch wichtige Immunstoffe u. Mineralien enthält.

Blutzellen, freie Zellen in der Körperflüssigkeit (Blut) bei verschiedenen Tiergruppen. Weit verbreitet sind amöboid bewegl. *Wanderzellen*, die dem Stofftransport, der Vernichtung von Fremdkörpern u.a. dienen (*weiße Blutkörperchen* [*Leukozyten*] der Wirbeltiere), sowie *gefärbte Zellen* (*Chromozyten*), die *roten Blutkörperchen*.

Bodenanzeiger, *Indikatorpflanzen*, auf eine bestimmte Bodenart hinweisende Pflanzen.

Bodenbakterien, im Boden saprophytisch oder parasitisch lebende Bakterien; zusammen mit den Bodenpilzen verantwortl. für die Zersetzung organ. Substanz (Fäulnis u. Verwesung) u. damit für die Mineralisation u. Humusbildung.

bodenholde Pflanzen →bodenvage Pflanzen.

Bodensäure, im Boden befindliche, durch Umsetzungen frei gewordene Säuren mineralischer u. organ. Art sowie von Pflanzenwurzeln ausgeschiedene Säuren.

bodenstete Pflanzen →bodenvage Pflanzen.

bodenvage Pflanzen stellen an die Bodenverhältnisse keine bes. Ansprüche. Dagegen sind *bodenstete Pflanzen* an ganz bestimmte Bodenverhältnisse angepaßt u. gedeihen unter anderen Umständen nicht. *Bodenholde Pflanzen* zeigen auch eine Vorliebe für bestimmte Böden, fehlen aber auf anderen nicht.

Bogengänge, Gleichgewichtssinnesorgane, →S. 63 (Ohr).

Borke, abgestorbene Teile der sekundären Abschlußgewebe der Sprosse.

Borsten, 1. bei Pflanzen einzellige →Haare mit stark verdickten, starren Wänden u. stechender Spitze. – 2. mit dicken Schäften versehene Haare bestimmter Säugetiere, oder auch steif-elast., haarartige Gebilde in der Kutikula von Insekten.

Botanik, *Pflanzenkunde*, Wissenschaft von den Pflanzen, Teilgebiet der →Biologie. Die *Pflanzenmorphologie* (Lehre vom Bau) einschl. der *Anatomie* (Organlehre), *Histologie* (Gewebelehre) u. *Zytologie* (Zellenlehre) bedient sich ausschl. beschreibender u. vergleichender Methoden. Die *Pflanzenphysiologie* (Lehre von den Funktionen), die *Ontogenie* (Entwicklungsgeschichte) u. die *Genetik* (Vererbungslehre) arbeiten vor allem experimentell u. kausalanalytisch. Die *Pflanzensystematik* bemüht sich, das Pflanzenreich auf Grund natürl. Verwandtschaftszusammenhänge zu ordnen. Die *Pflanzenökologie* untersucht die Umweltbeziehungen der Pflanzen sowie ihre Anpassung an bestimmte Lebensräume. Die *Pflanzengeographie* (Geobotanik) untersucht die Gesetzmäßigkeiten der Pflanzenverbreitung auf der Erdoberfläche; sie umfaßt die *Floristik*, die die Artenverteilung untersucht u. die *Pflanzensoziologie*, die die Pflanzengesellschaften erforscht. Die angewandte Pflanzenkunde befaßt sich mit der *Pflanzenzüchtung*, *Phytopathologie* u. der *Pharmakognosie* (Lehre von den Heilpflanzen). Die *Paläobotanik* erforscht die Pflanzenwelt früherer Erdperioden.

botanischer Garten, Anlage zur Kultivierung lebender Pflanzen im Freiland u. in Gewächshäusern; dient zur allgemeinen Betrachtung, zum Studium der Pflanzenkunde u. zur Forschung. In botanischen Gärten sind die Pflanzen nach ökologischen (Pflanzengesellschaften), geographischen (Vegetationsgebiete), systematischen (verwandtschaftl. Zusammenhänge) oder wirtschaftl. (Heil-, Futter-, Gemüse-, Gift- u.a. Nutzpflanzen) Gesichtspunkten geordnet. Die größten botanischen Gärten Deutschlands sind in Berlin, Hamburg, München.

Bowmansche Kapsel →Ausscheidungsorgane.

Branchialbögen [grch.] = Kiemenbögen.

Branchien = Kiemen.

Brennhaare, einzellige, bostenartige Haare an Pflanzen, deren ätzende Harzsäuren enthaltende Köpfchen bei Berührung leicht abbrechen.

Bronchien [die; grch.], die beiden Äste der Luftröhre (*Trachea*), die in die Lunge führen; bei den Säugetieren spalten sie sich dort in kleinere *Bronchiolen* auf u. enden schließl. in den Lungenbläschen (*Alveolen*).

Bruchfrucht, eine *Frucht*, die bei der Reife in einsamige Bruchstücke zerfällt, die Teilen von Fruchtblättern entsprechen.

Brücke, lat. *Pons*, Verbindungsfasern der Kleinhirnhälften; →Gehirn.

Brunft →Brunst.

Brunst, *Brunft* [zu *brennen*], ein bei Säugetieren zu bestimmten Zeiten zu beobachtender Zustand der geschlechtl. Erregung, der zu einer Begattungsbereitschaft führt. Während der B.zeit kommt es zu Änderungen des Verhaltens, z. B. Unruhe, Freßunlust, bei Männchen Revierbildung, Kampfneigung. Die Anlockung der Geschlechtspartner – häufig zugleich damit eine Revierabgrenzung – kann durch Lautäußerung (z. B. *B.röhren* bei Hirschen) oder durch Verbreitung eines *B.geruchs* von bestimmten *B.organen* (z. B. das Sekret der *B.feigen* bei Gemsen) erfolgen. Die B. wird durch *Sexualhormone* gesteuert. Die Begattung wird durch *Balz* eingeleitet. →S. 166.

Brust, die vordere Hälfte des Rumpfes der Wirbeltiere, bes. bei den Säugetieren, wo der B.raum vom Bauchraum durch das Zwerchfell getrennt ist. Die B. wird gebildet durch den knöchernen *B.korb* (grch. *Thorax*), der beim Menschen aus den 12 B.-wirbeln, 12 Rippenpaaren u. dem B.bein besteht.

Brustfell, grch. *Pleura*, die den Brustraum der Säugetiere innen auskleidende Membran.

Bruststück, *Brust*, der →Thorax der Insekten.

Brut →brüten; →Brutfürsorge, →Brutpflege.

brüten, den zur Entwicklung abgelegten Eiern von Reptilien u. Vögeln die nötige geregelte Wärme zuführen. Das Brüten wird meist von den Eltern ausgeübt (Vögel, Pythonschlange), u. zwar vom Weibchen, seltener vom Männchen oder von beiden abwechselnd. Krokodile u. Schlangen lassen die Eier von der Sonnenwärme, Großfußhühner von der Gärungswärme eigens aufgetürmter Laubhaufen ausbrüten. – [T] →127, 178 (Brutdauer).

Brutfürsorge, die in fast allen Tierklassen vorkommende indirekte Sorge der Alttiere für ihre Nachkommenschaft. Im Gegensatz zur *Brutpflege* wird B. im voraus geleistet. Sie besteht z. B. im Ablegen der Eier an geschützte Stellen oder dorthin, wo die schlüpfenden Larven gleich das richtige Futter finden (Schmetterlinge, Schlupfwespen).

Brutknospen, Knospen, die sich im Gegensatz zu normalen Knospen von der Mutterpflanze ablösen u. zu neuen Pflanzen heranwachsen können.

Brutparasitismus, bei Insekten u. Vögeln vorkommendes Verhalten, daß das Muttertier nicht selbst für die Brut sorgt, sondern Brutfürsorge u. Brutpflege einer anderen Tierart überläßt; z. B. bei Vögeln das Ausbrütenlassen eigener Eier durch fremde Eltern (*Kuckuck* u.a.); bei Insekten die Kuckucksbienen, die ihre Eier in die Nester von solitären (einzellebenden) Bienen ablegen u. ihre Brut von diesen aufziehen lassen.

Brutpflege, die Sorge der Alttiere um ihre Nachkommenschaft. Zahlreiche B.Handlungen dienen dem Schutz vor Freßfeinden: Einige Buntbarsche brüten die Eier im Maul aus u. nehmen auch die Jungen bei Gefahr wieder in das Maul; Geburtshelferkröten tragen den Laich mit sich herum, bis sich die Larven in den Eiern entwickelt haben; Stichlingsmännchen beschützen die Eier, fächeln ihnen frisches Wasser zu u. kümmern sich um die Jungfische. Solche *Vaterfamilien* gibt es ebenfalls bei Seenadel, Seepferdchen, Odinshühnchen u. Wachtelhuhn. Nur die Mutter kümmert sich um die Jungen (*Mutterfamilie*) bei Kampfläufern, Kolibris u. zahlreichen Säugetieren (Bären, Hamster). Häufiger ist B. durch Arbeitsteilung unter den Geschlechtspartnern: Während der eine Partner den Nachwuchs führt, übernimmt der andere die Verteidigung oder trägt Futter herbei. Bei Herdentieren (→Herde) beschützt oft ein Männchen mehrere Weibchen u. deren Junge. Bei hochentwickelten Insekten ist im Rahmen der Arbeitsteilung die B. bestimmten Gruppen oder Altersstadien überlassen.

Bruttasche, Aufbewahrungsorgan für die Jungen am Körper bestimmter Tiere (z. B. bei Beuteltieren, beim männl. Seepferdchen u. bei Wasserflöhen).

Brutzwiebel, eine *Brutknospe* mit verdickten Blättern.

Bürzel, bei Vögeln die hinterste Rückenpartie; enthält auf der Oberseite die paarige *B.drüse*, die zum Einfetten des Gefieders ein öliges Sekret absondert (vor allem bei Wasservögeln).

Byssus, von *Muscheln* in einer Fußdrüse erzeugte, zähe, hornartige Fäden, mit deren Hilfe sich die frei auf dem Untergrund liegenden Tiere anheften können.

Capillaren = Haargefäße.

Carapax [der; grch.], 1. bei vielen Krebsgruppen vom Hinterrand des Kopfes entspringende verhärtete Hautfalte. – 2. der Rückenschild, der knöcherne Hautpanzer der Rückenseite der Schildkröten.

carnivor, *karnivor* [lat.], fleischfressend.

Cavernicole [lat., »Höhlenbewohner«], →Höhlentiere.

Cecidien = Gallen.

Cephalothorax →Kopfbruststück.

Cerci [grch. *kerkos*, »Schwanz«], fadenförmige Schwanzanhänge der Insekten am letzten, 11. Hinterleibssegment.

Charaktertiere, für eine bestimmte *biograph. Region* oder einen Lebensraum bes. kennzeichnende Tierarten.

chemischer Sinn, die Fähigkeit fast aller Tiere, chemische Reize wahrzunehmen (→Sinn). Spezialisierte Sinneszellen sind bei Weichtieren, Tintenfischen u. Gliederfüßern nachgewiesen: bei Krebsen in den Antennen u. Mundgliedmaßen, bei Spinnen u. Insekten in den Beinen; Schnecken tragen sie in der Mantelhöhle, Kopffüßer in den Fangarmen; Wirbeltiere haben den chem. Sinn als Geruchs- u. Geschmackssinn ausgebildet. Die auslösenden chem. Reizstoffe sind in den einzelnen Tiergruppen unterschiedlich, ebenso die Reaktionen darauf.

chemische Schädlingsbekämpfung, der Einsatz von chem. Mitteln (*Pestiziden*) zur Bekämpfung pflanzlicher u. tierischer →Schädlinge. Die c. S. ist durch die Vielzahl der zur Verfügung stehenden Mittel u. Geräte sehr schnell, leicht u. billig, kann damit allerdings auch eine Gefahr sein: unmittelbare Gefährdung der Umwelt durch langwirkende Mittel u. durch deren Speicherung (DDT); Förderung von Schädlingen durch Pestizide (z. B. Spinnmilben durch DDT); Problem der *Resistenz* gegen synthetische Mittel. Sicherungsmaßnahmen: Überwachung u. Prüfung von Mitteln u. Geräten;

Bestimmung von Toleranzwerten, d. h. von maximal erlaubten Rückstandsmengen chemischer Mittel auf Obst u. Gemüse, u. von Wartezeiten, d. h. von Fristen, die zwischen letzter Begiftung u. Ernte bzw. Verkauf liegen müssen (Kontrolle durch die staatl. Lebensmittel-Überwachung). →biologische Schädlingsbekämpfung, →Pestizide.

Chemonastie [grch.], *Nastien* von auf Pflanzen chemische Reize, z. B. Krümmungen der Randtentakeln u. der Blattspreite von Sonnentaublättern.

Chemosynthese, der Aufbau organischer Verbindungen (Zucker) aus anorganischen Stoffen (Wasser, Kohlendioxid) mit Hilfe von chemischer Energie, die durch Oxydation verschiedener anorganischer Substanzen gewonnen wird (Gegensatz: Nutzung von Sonnenenergie mit Hilfe der *Photosynthese*). Eisenbakterien (*Chrenothrix, Leptotrix*) oxydieren zweiwertige Eisensalze zu dreiwertigen; farblose Schwefelbakterien verwandeln im Wasser vorhandenen Schwefelwasserstoff zu elementarem Schwefel u. weiter zu Sulfat; Methanbakterien verbrennen das Sumpfgas Methan zu Wasser u. Kohlendioxid; Knallgasbakterien setzen mit Hilfe des Enzyms Hydrogenase molekularen Wasserstoff mit Sauerstoff aus der Luft zu Wasser um.

Chemotropismus, der *Tropismus* von Pflanzen, der durch chem. Reize verursacht wird. Man unterscheidet: 1. *positiver C.:* Die Bewegung richtet sich entgegen dem Konzentrationsgefälle; 2. *negativer C.:* Die Bewegung richtet sich auf das Konzentrationsgefälle hin (z. B. die Bewegung von Wurzeln von Giften weg und auf Nährstoffe zu). Spezialfälle von C. sind 3. *Aerotropismus* mit Beziehungen zum Sauerstoffgefälle (z. B. Bewegungen von Hyphen der Schimmelpilze) u. 4. *Hydrotropismus*, Aufsuchen von Flüssigkeit (z. B. durch Wurzeln).

Chiasma, in der *Genetik:* Überkreuzungsstelle gepaarter (konjugierter) u. umeinander gewundener *Chromosomen*. Grundlage für das →Crossing over.

Chlorophyll →Blattgrün.

Chloroplasten →Plastiden.

Chlorose, Gelbfärbung der Blätter infolge mangelnder Chlorophyllbildung. Sie ist u. a. bedingt durch Fehlen von Eisen bei stark kalkhaltigem Boden.

Choanen [ko:-; grch.], paarige innere Nasenöffnungen, Verbindungsgänge vom hinteren Nasenraum zur Mundhöhle bei den Landwirbeltieren (Amphibien, Reptilien, Vögel, Säuger). Bei den Fischen ist die Nase nach innen blind geschlossen.

Cholesterin [ko-; das; grch., »Gallenfett«], rechnet zur Substanzklasse der *Sterine*, zuerst in der Galle gefunden. Es ist am Aufbau der *Zellmembranen* höherer Tiere beteiligt u. bildet den Ausgangsstoff für die Herstellung von Gallensäure, Vitamin D (→Vitamine S. 101 f.), die Stereoidhormone der Nebenniere u. von Sexualhormon (→Hormone 98f.).

Chondriosomen [xɔn-; grch.] = Mitochondrien.

Chordotonalorgane [grch.], *Saitensinnesorgane*, Organe des mechan. Sinnes bei Insekten; regelmäßig in verschiedenen Körperteilen (Mundgliedmaßen, Fühler, Beine, Rumpf, Flügel) angeordnete primäre Sinneszellen mit Sinnesstiften, die meist gebündelt u. saitenartig ausgespannt sind. Sie dienen zur Kontrolle von Eigenbewegungen (innere Lagebeziehungen, Flügelschlagfrequenz usw., sowie der Wahrnehmung von Erschütterungsreizen u. in Form der *Tympanalorgane* dem Gehörsinn.

Chorioidea [kɔ-; die; grch.], *Aderhaut;* →Auge.

Chorographie [grch., »Raumbeschreibung«], *Chorologie, Arealkunde*, Wissenschaft von den Raumbeziehungen von Pflanzen u. Tieren, Teil der Tier- u. Pflanzengeographie.

Chromatiden, die zwei Längselemente, die durch Längsspaltung vor Beginn der Kernteilung aus einem *Chromosom* entstehen.

Chromatin [das; grch.], aufgelockerter, netzförmiger Zustand der →Chromosomen zwischen zwei Kernteilungen.

Chromatophoren [grch., »Farbstoffträger«], 1. farbstofftragende →Plastiden; 2. tierische Pigmentzellen.

Chromomeren →Chromosomen.

Chromonema, Längsstruktur des →Chromosoms, während der Kernteilung durch Spiralisation stark verkürzt.

Chromoplasten →Plastiden.

Chromosomen [grch.], Kernschleifen, bei der Zellteilung sichtbar werdende Kernstrukturen, Träger der →Gene. Sie können mutieren (→Mutation). Ihre Gestalt u. Zahl ist artspezifisch (z. B. Mensch 46, Löwenmaul 14, Fruchtfliege 8). C. vermehren sich durch Verdoppelung. Man nimmt an, daß sie aus einer zentralen Achse, einem spiraligen Faden (*Chromonema*), aus 2 oder 4 Längselementen (*Chromatiden*) u. anhängenden Genschleifen u. Spiralen bestehen. Eine spezielle C.membran existiert nicht. Die Chromonemen tragen knötchenartige Verdickungen, die *Chromomeren* (Chromatinkörperchen). Die →Riesenchromosomen der Zweiflügler enthalten zahlreiche Chromonemen. C. diploider Zellen bestehen aus 2 Sätzen oder *Genomen*. Geschlechtszellen diploider Individuen enthalten einen C.-Satz u. sind haploid. Somatische Zellen (Körperzellen) polyploider Arten können mehr als 2 C.-Sätze enthalten. *Geschlechts-C.* stehen in Beziehung zur Geschlechtsbestimmung, die übrigen werden als *Autosomen* bezeichnet. Die wichtigsten chemischen Bestandteile der C. sind Desoxyribonuclein- u. Ribonucleinsäure, ferner saure u. basische Proteine. Die relative Lage der Erbfaktoren auf den C. läßt sich im Kreuzungsexperiment ermitteln u. ermöglicht die Aufstellung von Gen- bzw. C.-Karten. Viren, Bakterien u. Blaualgen besitzen keine echten Kerne; ihre C. sind einfache oder doppelsträngige Desoxyribonucleinsäure-(DNS-), bei Viren auch Ribonucleinsäure-(RNS-) Moleküle unterschiedlicher Länge. Ringförmige C. kommen bei Bakterien, ringförmige u.a. geometrische Formen bei Bakteriophagen vor. B →S. 33, 36, 45.

Chylus [çy:-; der; grch.], die an emulgierten Fetten reiche Darmlymphe.

Cilien = Wimpern.

Cirrus = Zirrus.

Citronensäurecyclus, *Krebscyclus*, von H. A. *Krebs* 1943 aufgestellter Reaktionskreis. In ihn münden die Bausteine des *Fett-* u. *Zuckerstoffwechsels* (→Stoffwechsel) als aktivierte Essigsäure

(*Acetyl-Koenzym-A*). Sie werden an Oxalessigsäure zu Citronensäure gekoppelt u. über zahlreiche Zwischenverbindungen zu Kohlendioxid u. Wasserstoff abgebaut. Am Ende steht die Oxalessigsäure wieder zur Verfügung. Kohlendioxid wird ausgeatmet, der Wasserstoff an Energiespeicher wie Nicotinamid-adenin-dinucleotid (NAD) gehängt u. zur *Atmungskette* transportiert. Dort erfolgt die schrittweise Vereinigung des Wasserstoffs mit dem durch Einatmung erhaltenen Sauerstoff zu Wasser. Die dabei gewonnene Energie wird als Wärme frei oder chemisch an den Energiespeicher *Adenosintriphosphat* (ATP) gebunden. Sie kann von dort für alle Lebensprozesse (Muskelarbeit, Stoffaufbau, auch C.) herangezogen werden. Auch die Bausteine des Eiweißabbaus gelangen seitlich in den C. So ist der C. Sammelbecken für die Zwischenprodukte des Stoffwechsels u. Ausgangspunkt zum Aufbau neuer Verbindungen. Alle Syntheseketten münden an irgendeiner Stelle wieder in den C. ein.

Clavicula [die; lat.] = Schlüsselbein.

Cleptoparasitismus, Fälle von tierischem *Parasitismus*, in denen ein Parasit die bessere Suchfähigkeit eines anderen Parasiten ausnutzt u. sich von diesem zum (gemeinsamen) Wirt führen läßt; in der Konkurrenz im oder am Wirt ist der Cleptoparasit dann überlegen. Z. B. Schlupfwespen verschiedener Arten, die den Kiefernknospentriebwickler parasitieren.

Cochlea [grch.], Schnecke des Gehörorgans der Säugetiere, →Gehörsinnesorgane S. 63 (Ohr).

Code →genetischer Kode.

Cölom = sekundäre Leibeshöhle.

Columella [die; lat.], 1. bei Schnecken die feste Kalkspindel der Schale, um die die spiraligen Umgänge verlaufen; 2. →S. 63 (Ohr).

Conjunctiva [die; lat.], Bindehaut des Auges →S. 59.

Corium [das; lat.], *Lederhaut*, →S. 80f. (Haut).

Cornea [lat.; die], *Hornhaut*, →S. 59 (Auge).

Corpus luteum →Gelbkörper.

Cortisches Organ →Gehörsinnesorgane S. 63 (Ohr).

Costa [lat.], die Rippe.

Coxa [die; lat., »Hüfte«], 1. das Basisglied der Beine von Gliederfüßern (*Arthropoden*); 2. die Hüfte der Säugetiere.

Crossing-over [-'krɔsiŋ'o:və; engl.], Austausch von Erbfaktoren: durch Bruch u. kreuzweise Wiedervereinigung von gleichen Stücken einander entsprechender *Chromosomen* entstehender Austausch von *Gen-Kopplungsgruppen*; tritt zusammen mit der Längsspaltung gepaarter Chromosomen vor der Reifungsteilung auf. Durch äußere u. innere Einflüsse kann der Faktorenaustausch beeinflußt werden; bei Pflanzen z. B. durch Temperatur, Feuchtigkeit u. Assimilationswerte.

Cuticula = Kutikula.

Cyclomorphismus, *Temporalvariation, Gestaltwechsel*, Veränderungen von Größe, Form, Gewicht u. ä. bei Wasserflöhen u. anderen Süßwassertieren in Abhängigkeit von der Jahreszeit; früher auch →Saisondimorphismus, eine Form des →Polymorphismus. [B] →S. 117.

Darm, *Intestinum*, Hohlraum im Körper vielzelliger Tiere, der der *Verdauung* dient (→Verdauungssystem S. 43); ursprüngl. ein einfacher Hohlraum (Urdarm) mit Verbindung zur Außenwelt (*Hohltiere, Coelenteraten*), dann ein Außenweltkanal (D.kanal, D.trakt), der das ganze Tier (*D.tiere, Bilaterien*) von einer Mundöffnung bis hin zu einer Afteröffnung durchzieht. I. e. S. wird als D. der Abschnitt des D.kanals bezeichnet, der hinter dem Magen beginnt und am After endet (hinterer Mittel-D. u. End-D.; speziell bei Wirbeltieren).

Darmbakterien, Bakterien verschiedener Gruppen, die im Darmkanal des Menschen u. vieler Tiere vorkommen. Manche sind potentielle Erreger von Darmkrankheiten. Symbiose liegt beim Menschen vermutlich nicht vor, wie Sterilaufzuchten beweisen; dagegen sind bei vielen Tieren Blind- und Dickdarm Zuchtstätte symbiontischer D., die Vitamine u. eiweiß- u. cellulosespaltende Fermente liefern. Der Kot des Menschen besteht bis zu 80% aus Bakterienmasse.

Darmflora →Darmbakterien.

Darwinismus, von Charles R. *Darwin* begründete Lehre über die Entstehung der Arten (→Abstammungslehre). Ähnl. Gedanken vertrat etwa zur gleichen Zeit (1859) A. R. *Wallace*. Der D. nimmt an, daß die zu große Nachkommenzahl der Lebewesen zu einem Konkurrenzkampf (»Kampf ums Dasein«) führt, bei dem nur die jeweils am besten angepaßten überleben. Nur diese vermehren sich, woraus eine allmähl. Umbildung der (früher für konstant gehaltenen) Arten u. eine Höherentwicklung folgt. Es ist beim Begriff *D.* stets zu unterscheiden, ob damit die Entwicklung (Abstammungslehre) oder die Erklärung der Entwicklungsfaktoren (Selektionstheorie) gemeint ist.

Dauereier, durch feste Schalen geschützte Eier gewisser Süßwassertiere (Rädertierchen [*Rotatorien*], Strudelwürmer [*Turbellarien*] u. a.), die bei Einsetzen ungünstiger Zeiten (Trockenheit, Kälte u. ä.) gebildet werden.

Dauerformen, 1. →Dauertypen; 2. Formen von Organismen, die durch stark herabgesetzte Stoffwechselleistungen in der Lage sind, widrige Lebensverhältnisse zu überdauern. Kennzeichnend sind Verstärkung der Außenhaut und weitgehende Entwässerung.

Dauergewebe, ausdifferenziertes pflanzl. Gewebe, in dem im Gegensatz zum *Bildungsgewebe* normalerweise keine Zellteilungen mehr stattfinden. Die Zellen des D.s sind relativ groß, arm an Plasma, oft abgestorben u. dann wasser- oder lufthaltig.

Dauermodifikation, die Nachwirkung eines vorübergehenden Umwelteinflusses auf Nachfolgeindividuen, die erst im Lauf der Generationen abklingt; →Modifikation.

Dauersporen, Sporen, die zur Überdauerung ungünstiger Lebensverhältnisse mit derben Membranen ausgestattet sind u. erst unter günstigen Bedingungen auskeimen.

Dauertypen, *Dauerformen*, 1. Tiergruppen, die sich im Laufe langer Zeiten der Erdgeschichte nur wenig verändert haben; z. B. die Gattungen *Nautilus* (Kopffüßer) u. *Lingula* (Armfüßer), die seit dem

Karbon fast unverändert geblieben sind; 2. →Dauerformen.

Daunen, *Dunen, Plumae,* die *Flaumfedern* der Vögel, bei denen die Federäste (→Feder) locker angeordnet sind u. sich nicht zu einer Federfahne zusammenschließen.

Decidua [die; lat.], *hinfällige Haut,* der oberflächl. Teil der Gebärmutter-Schleimhaut, der bei Säugetieren mit ring- oder scheibenförmiger *Plazenta* mit der Zottenhaut (*Chorion*) verwächst.

Deckblatt, *Tragblatt,* Blatt, in dessen Achsel eine *Knospe* steht.

Deckflügel, *Flügeldecken, Elytren,* das vordere Flügelpaar bestimmter Insekten, vor allem bei Käfern, aber auch bei Wanzen als sog. *Halbdecken, Hemielytren* u.a)., das durch eine bes. dicke Kutikula versteift u. zum Fliegen untaugl. ist; dient zum Schutz des hinteren, häutigen Flügelpaars u. des Hinterleibs (Abdomen).

Deckknochen, *Hautknochen,* bindegewebig vorgebildete Knochen; Verknöcherungen der Haut (Cutis), die in die Tiefe sinken u. dem Innenskelett aufgelegt werden.

deferent [lat., *deferens*], herabführend; als Lagebezeichnung in der Anatomie für Nerven, Gefäße u.a. gebraucht.

Degeneration [lat.], 1. *individualgeschichtl.* (*ontogenet.*): Umwandlungen einzelner Zellen u. Organe von Organismen, die zur Minderung der Leistungsfähigkeit führen, z.B. Alterungsprozesse u. natürl. Verschleiß. Die D. ist dabei individuell verschieden stark ausgeprägt, aber nicht krankhaft. Jedoch für eine D., die in kurzer Zeit zu Funktionsminderungen oder zum Tod führt, sind immer krankhafte Prozesse verantwortl.; man spricht hier auch von *Entartung:* z.B. von Geweben durch Krebs.

2. die Rückbildung differenzierter Organisationsformen zu einfacheren. So können bei Parasiten alle Organe bis auf die Geschlechtsorgane zugunsten einer optimalen Anpassung an den Wirtsorganismus aufgegeben werden. Da der Begriff *D.* hier vom Maßstab einer Organisationshöhe im freien Lebensraum ausgeht u. die notwendigen Anpassungen des Parasiten, die parallel zur D. ablaufen, nicht berücksichtigt, spricht man besser von *Rückbildung.* Auch das Entstehen neuer Baupläne (z.B. von Säugetieren oder Vögeln aus Reptilien) ist ohne D. der vorhandenen nicht möglich.

3. teilweiser oder totaler Verlust von Erbeigenschaften (→Gene) des ursprüngl. Typus. D. manifestiert sich am deutlichsten in Erbkrankheiten (Körper- u. Stoffwechselanomalien), z.B. nach Inzucht (Haustierrassen, isolierte Bevölkerung) oder Strahlenschädigungen (Atomverseuchung). Grundsätzl. kann jede differenzierte Eigenschaft (Organe, Instinkte) von Organismen degenerieren, wenn mehrere Generationen sie nicht in der Auseinandersetzung mit der Umwelt ständig zum Überleben brauchen (*Selektion, Darwinismus*). Typisch ist die D. der Haustiere gegenüber der Wildform, die sich als Form- u. Instinktentartung zugunsten einer besseren Nutzung durch den Menschen ergibt.

Demutsverhalten, eine die *Aggression* des Partners dämpfende Verhaltensweise (Teil des *Beschwichtigungsverhaltens*); erscheint häufig als Verkleinerung des Körpers u. damit als Gegenteil des *Drohens* (→Kampf). D. findet sich auch zwischen Jungtieren u. Eltern: Junge Möwen u. Seeschwalben halten sich waagerecht u. ziehen den Kopf bei schräg nach oben weisendem Schnabel ein. Stark ritualisierte Kommentkämpfe (*Ritualisation*) können durch D. des unterlegenen beendet werden; so werfen sich Hunde auf den Rücken, Buntbarsche falten die Flossen, u. Schwäne legen sich flach auf den Boden. Bei der *Balz* dient D. der Kontaktaufnahme zwischen den Geschlechtspartnern.

Dendrit, bäumchenartig verzweigter Plasmafortsatz an der Oberfläche von Nervenzellen. Jede Zelle hat mehrere D.en, durch die sie mit benachbarten Nervenzellen in Verbindung steht.

Dendroklimatologie [grch.], Beurteilung früherer Klimaverhältnisse u. ihrer Schwankungen nach den Jahresringen alter Bäume.

Dendrologie [grch., »Baumkunde«], Gehölzkunde, Züchtung u. Anbau von Nutz- u. Zierhölzern.

Dentin [das; lat.], *Zahnbein,* die Grundsubstanz der *Zähne.*

Depotfett, das als Reservestoff im tier. Körper z.T. in erhebl. Menge gespeicherte Fett aus den Abbauprodukten der Nahrungsfette (Glycerin u. Fettsäuren) D. wird in der *Dissimilation* unter Energiegewinn wieder abgebaut.

Destruenten [lat.], Organismen, die organ. Substanz abbauen (Pilze, Bakterien).

Deszendenztheorie →Abstammungslehre.

Determinante [lat.], hypothetische Einheit, die die Entwicklung eines Eies oder Embryos bestimmt.

Determination [lat., »Begrenzung, Bestimmung«], 1. →Identifikation; 2. das Stadium eines Zellverbandes in einem Keim, in dem seine weitere Entwicklung definitiv festgelegt ist. Die D. nimmt mit fortschreitender *Differenzierung* zu. So entwickeln sich bei Molchen verpflanzte Gewebe der frühen *Gastrula* (→Embryonalentwicklung) noch wie das Gewebe, in das sie verpflanzt wurden. Verpflanzte Gewebe der frühen *Neurula* dagegen entwickeln sich bereits unabhängig davon nach ihrem Herkunftsort. Zwischen Gastrula u. Neurula hat also die D. stattgefunden.

Determinatoren [Ez. der *Determinator*], Faktoren der →Determination (2).

Detritus [der; lat.], feinste Teilchen organ. Substanz u. zerfallender Tier- u. Pflanzenreste als Schwebestoffe oder Bodensatz im Wasser, werden von vielen Tieren (*D.fresser*) gefressen.

Deviation, Abweichung der Merkmale einer Art von denen ihrer Stammart. Die Merkmale jeder Art sind ein Gemisch von ursprünglichen (mit denen der Stammart übereinstimmenden) u. abgeleiteten Merkmalen.

Diagnose [die; grch.], Beurteilung der systemat. Stellung einer Tier- oder Pflanzenart nach ihren Merkmalen.

Diagramm [grch.], *Blüten-D.,* Blütengrundriß, schemat. Grundriß der Blüte.

Diapause, vorübergehende Ruhepause in der Entwicklung von Tieren, gekennzeichnet durch herabgesetzten Stoffwechsel, gehemmte Entwicklung, geringe Wirksamkeit von Umweltreizen; an bestimmten Stellen des Entwicklungsgangs (*Latenzstadien*) u. des Jahresablaufs (Sommer-, Winter-D.). Die D. unterliegt meist einem inneren (endogenen) Rhythmus, kann aber durch Umwelteinflüsse wie Temperatur, Licht, Feuchtigkeit u. Nahrungsangebot ausgelöst oder verhindert werden (*fakultative D.*), oder sie ist erblich festgelegt (*obligatorische D.*). D. i.e.S. nennt man die D. der Insekten, die in jedem Entwicklungsstadium auftreten kann (Embryonal-, Larven-, Puppen-D.) u. oft in Beziehung zur Überwinterung steht.

Diastole [grch.], die auf die Kontraktion (*Systole*) folgende Erschlaffung der Herzkammermuskulatur bei Säugetieren. Dabei zieht die zuvor gedehnte Vorhofmuskulatur die Ventilebene der Segelklappen aus der Hauptkammer in Richtung Vorkammer (→Herzarbeit).

Dichasium [das; Mz. *-sien*; grch.], Sproßverzweigung, z.B. Blütenstand, bei der 2 Seitenachsen die Führung übernehmen.

Dichogamie [grch.], in der Botanik die Erscheinung, daß die Narben u. Staubblätter einer zwittrigen Blüte zu verschiedener Zeit bestäubungsreif werden.

Dichotomie, gabelförmige Verzweigung von Pflanzen.

Dichromie [grch.], *Dichromismus*, Zweifarbigkeit innerhalb derselben Art; z.B. beim Zitronenfalterr ist das Männchen gelb, das Weibchen weiß.

Dickenwachstum, *Appositionswachstum*, wobei Substanz an die pflanzlichen Zellwände angelagert wird (Gegensatz: *Flächenwachstum*).

Differenzierung, die Entwicklung bestimmter Keimbezirke zu morpholog. oder physiolog. verschiedenen Zellverbänden. Die D. schreitet über die Ausbildung der Keimblätter (→Embryonalentwicklung) fort bis zur Organvielfalt des fertigen Organismus.

Differenzierungsmuster, organisches Bau- u. Leistungsgefüge, in das die einzelnen Merkmale eingebaut sind. Die räumliche Verteilung der Differenzierungsbezirke, die Ausgestaltung der Teile dieser Bezirke bis zum Verhalten der einzelnen Zellen kann durch *Mutation* abgewandelt werden.

Digestionsdrüsen, *Verdauungsdrüsen*, die nach außen (z.B. Drüsen fleischfressender Pflanzen) oder in Hohlräume hinein (Verdauungstrakte von Tieren) Verdauungsfermente abscheiden.

Diplohaplonten [grch.], Pflanzen mit *Generationswechsel* zwischen diploider u. haploider Generation.

diploid [grch.], zwei Chromosomensätze besitzend. D.e Organismen (*Diplonten*) sind z.B. Säugetiere u. höhere Pflanzen in ihren Körperzellen.

Disjunktion = diskontinuierliche Verbreitung.

diskontinuierliche Verbreitung, *disjunktive V.*, das Vorkommen von Tier- u. Pflanzengruppen in weit auseinanderliegenden Verbreitungsgebieten; z.B. Beuteltiere in Südamerika u. Australien; die Krähenbeere in Kanada und im Feuerland; →S. 69.

Dissimilation, der Abbau der durch *Assimilation* oder Nahrungsaufnahme gewonnenen Energiespeicher (z.B. Kohlenhydrate, Fette, Eiweiß) über den sekundären Stoffwechsel von Tieren u. Pflanzen. Dabei wird die gesamte Energie durch die Überführung in Kurzenergiespeicher (ATP) oder als Wärme wieder nutzbar. Ist der Abbau mit der Aufnahme von Sauerstoff verbunden, spricht man von *aerober D.* oder *Atmung*. Als Endprodukte erscheinen neben dem Energiegewinn Wasser u. Kohlendioxid.
Am besten untersucht ist die D. der Kohlenhydrate in der Glykolyse: Ausgangssubstanz ist der Zucker Glucose, in den alle anderen Zucker erst umgewandelt werden müssen; als Zwischenprodukt entsteht Brenztraubensäure; am häufigsten ist die Weiterreaktion unter Beisein von Sauerstoff (*aerobe Glykolyse*) zu Acetyl-Koenzym-A u. dessen Übernahme in den *Citronensäurecyclus* u. die *Atmungskette*. – Die *anaerobe Glykolyse* wird z.B. von Milchsäurebakterien u. Hefepilzen vorgenommen u. führt zu den Stoffwechselendprodukten Milchsäure bzw. Alkohol. Die Energieausbeute ist nur gering.

Diurese [grch.], die Entstehung von hypotonischem →Harn in der Niere.

Divertikel, Aussackung, Blindsack, z.B. *Darm-D.* bei blutsaugenden Tieren wie Blutegeln, Zecken.

Dolde, lat. *Umbella*, ein *Blütenstand*, bei dem von einem Punkt der Hauptachse mehrere fast gleich lange Seitenachsen ausgehen.

Domestikation [lat.], *Zähmung, Züchtung*, die Verwandlung eines wilden Tieres in ein Haustier, wobei z.T. durch planvolle Züchtung u. Kreuzung im Lauf der Generationen Veränderungen in Körperbau, Leistung u. Verhalten des Wildtiers eintreten.

Dominanz [lat.], die Eigenschaft gewisser Erbfaktoren, sich gegenüber ihren entspr. Parallelfaktoren (*Allelen*) im Erscheinungsbild durchzusetzen, z.B. die D. dunkler Haare über helle. Gegensatz: *Rezessivität*.

Dopa, Abk. für *Dihydroxyphenylalanin*, entsteht aus *Tyrosin* im Organismus u. kann über das Gewebshormon *Dopamin* zum Hormon des Nebennierenmarks *Noradrenalin* umgebaut werden (→Hormon).

Dorn →Dornen.

Dornen, *Spinae*, starre, pfriemförmige Gebilde der Pflanzen, die durch Umwandlung von Blättern oder Blattorganen (*Blatt-D.*) oder durch Umwandlung von Sproßachsen (*Sproß-D.*) oder in seltenen Fällen aus Wurzeln (*Wurzel-D.*) entstanden sind. D. schützen die Pflanze vor Tierfraß.

dorsiventral, dorsoventral [lat.], vom Rücken zum Bauch hin.

Dotter, Reservestoffe in der *Eizelle*, die dem sich entwickelnden Embryo zur Nahrung dienen. Eiweiße, Fette u. Zucker können schichtweise in Form von D.schalen abgelagert werden.

Dottersack, bei den Embryonen vieler Wirbeltiere ein Nährstoffe enthaltender Sack, der mit dem Darm des Embryos durch den *Dottergang* verbunden ist.

Drehbeschleunigungssinn, *Drehsinn*, die Fähigkeit höherentwickelter Tiere, Veränderungen in der Drehung (Beschleunigung, Verlangsamung) wahrzunehmen. Die Rezeptoren liegen bei Amphibien, Reptilien u. Säugetieren in den *Bogengängen*, die sich von den Seitenlinienorganen der Fische ableiten. Durch Drehung wird in einem der drei in die drei räumlichen Richtungen ausgelegten Bogengänge eine Flüssigkeit bewegt. Doch bleibt diese bei Drehbeginn durch die Trägheit der Masse gegen die Geschwindigkeit des Bogengangs zurück. An einer erweiterten Stelle des Bogengangs (*Ampulle*) ragt eine Gallertscheibe mit Sinneshaaren in die Flüssigkeit (*Copula*). Sie ist an der Wand des Bogengangs festgewachsen u. dreht sich damit ebenfalls bei Drehbeginn schneller als die Flüssigkeit. Sie wird in die Gegenrichtung der Drehung abgebogen. Durch die Knickung der Sinneshaare werden die damit verbundenen Nerven gereizt. Bei andauernd gleichmäßiger Drehung drehen Bogengang u. Flüssigkeit in der gleichen Geschwindigkeit. Es kommt zu keiner Abbiegung der Gallertscheibe u. somit zu keiner Reizung. Bei Verlangsamung der Drehung bewegt sich die Flüssigkeit durch die Trägheit der Massen schneller als der Bogengang u. drückt wiederum die Copula um, jedoch in Drehrichtung. → Gehörsinnesorgane S. 63 (Ohr).

Dressur, das Abrichten von Tieren zur Ausführung bestimmter Handlungen, z. B. Arbeiten oder Kunststücke, die Gewöhnung an bestimmte Töne, Farben oder Nahrung, durch Belohnung u. Bestrafung (*Fremd-D.*) oder durch Erfolg u. Mißerfolg (*Selbst-D.*). D. wird zur Klärung tierpsychologischer u. auch physiologischer Fragen benutzt (z. B. Ermittlung von Sinnesleistungen bei Tieren).

Drillingsnerv, *Nervus trigeminus*, der 5. Gehirnnerv.

Drohstellung, Aggression ausdrückende Körperhaltung (*Auslöser*) von Tieren, oft durch Vergrößerung der Oberfläche; z. B. Reckhaltung, Abwinkeln der Flügel, Aufstellen der Flossen oder Zeigen der Waffen (Kopfsenken der Antilopen). Gegensatz: *Demutsverhalten.*

Drüsen, lat. *Glandulae*, aus spezifischem D.gewebe aufgebaute Organe, die bestimmte Flüssigkeiten (z. B. Milch, Harn, Schweiß, Salzsäure, Verdauungsfermente) oder auch feste Harnkristalle, Talg, Schleim oder Gase (Duftstoffe, Sauerstoff) absondern. D. sind einzellig – bei Wirbellosen, z. B. die Nesselzellen bei Nesseltieren – oder vielzellig. Bei den vielzelligen D. unterscheidet man *schlauchförmige* (*tubulöse*) *D.* (einfache oder verästelte D.-schläuche), z. B. Leber, Niere, Schweißdrüsen beim Menschen, u. *traubige* (*azinöse*, *alveoläre*) *D.*, die am blinden Ende ihres D.schlauches traubig erweitert sind u. dort die sekretorischen Zellen enthalten, z. B. die Speichel-D. von Gliedertieren, Weichtieren u. Wirbeltieren.

Nach ihrer Lage unterscheidet man *epitheliale D.*, die in der Haut oder in der Darmwand liegen, *exoepitheliale* D. außerhalb des Epithels im Bindegewebe u. *subepitheliale* D., vielzellige D., die durch Hauteinstülpungen unter die Oberfläche verlegt sind. Nach der Art ihrer Ausscheidung unterscheidet man *exkretorische D.* (D. äußerer Sekretion) u. *inkretorische D.* (D. innerer Sekretion). Exkretorische D. geben ihre Ausscheidungen – Sekrete (wenn sie dem Körper noch dienlich sind), z. B. Verdauungsfermente, oder Exkrete (Abfallstoffe), z. B. Harn, Schweiß – meist mit einem Ausführgang, manchmal auch ohne (z. B. Schleimzellen in Magen u. Darm) auf die Hautoberfläche oder in den Darmkanal ab. Inkretorische D. haben keinen Ausführgang u. geben ihre Ausscheidungen (Inkrete: →Hormone) direkt ins Blut ab.

Duftdrüsen, *Duftorgane*, bei Insekten u. Wirbeltieren verbreitete Hautdrüsen, deren Sekrete dem sozialen Zusammenhalt dienen, dem Erkennen des Artgenossen, dem Anlocken u. der Erregung des Geschlechtspartners (Sexualduftstoffe), der Reviermarkierung, der Orientierung usw.; zuweilen auch Abschreckungswaffe gegen Feinde (→Stinkdrüsen).

Duplikation, Chromosomenstückverdopplung; kann durch ungleichen Faktorenaustausch bei der *Chromosomenkonjugation* entstehen.

Eckstreben, Teile der Hornkapsel am Hinterrand eines Hufs.

Edaphon [das], die Organismenwelt im Erdboden.

efferent, *efferens* [lat.], ausleitend, wegführend, herausführend.

Efferenz, →Reafferenzprinzip.

Ei, *Ovum*, *Eizelle*, die weibl. Fortpflanzungszelle (→Keimzellen) der (vielzelligen) Lebewesen. Vom »Ei« spricht man hauptsächlich in der Zoologie, von »Eizellen« sowohl in der Medizin u. der Zoologie als auch in der Botanik. Als Fortpflanzungszelle ist das Ei Träger des gesamten mütterlichen Erbguts u. damit eine der wichtigsten Zellarten. Seiner bedeutenden Aufgabe, der Arterhaltung, angepaßt, bildet das Ei eine Riesenzelle. Der Größenunterschied zwischen Ei u. Samenzelle beruht darauf, daß im Ei Reservesubstanz (*Dotter*) für den Embryo gespeichert wird. Hierdurch wird das Ei aktiv unbeweglich. Eier werden bei niederen Lebewesen an beliebiger Stelle des Körpers, bei höheren Pflanzen in Archegonien oder im Embryosack der Samenanlage, bei höheren Tieren im Eierstock gebildet.

Die Anzahl der produzierten Eier schwankt je nach dem Stand der Brutfürsorge u. -pflege u. den feindlichen Umweltbedingungen (hartes Klima, Räuber, Krankheiten, Nahrungsmangel) in weiten Grenzen: Je nach der Art der Verteilung u. Menge des Dotters werden folgende Eitypen unterschieden: 1. *alecithale* oder *oligolecithale* Eier (in der Größenordnung von 0,1 mm im Schnitt), die wenig gleichmäßig verteilten Dotter enthalten (bei Schwämmen, Hohltieren, Stachelhäutern u. Säugetieren, also auch beim Menschen). 2. *mesolecithale* Eier (in der Größenordnung von 1 mm) mit reichlichem Dotter, der sich meist an einem Pol, dem vegetativen Pol (Gegensatz: animaler Pol), ansammelt (bei Weichtieren, Ringelwürmern, Lurchen u. einigen Fischen). 3. *telolecithale* Eier (Größenordnung: 1 cm) mit sehr reichlichem Dotter am vegetativen Pol (bei einigen Fischen, Kriechtieren u. Vögeln). 4. *centro-*

lecithale Eier, bei denen der Dotter im Eiinnern liegt (vor allem bei Gliedertieren). Je nach Eityp erfolgt bei der →Embryonalentwicklung totale oder partielle Furchung.
Der Eizellkern ist mindestens 200mal größer als ein gewöhnlicher Zellkern. Er enthält im Gegensatz zu den meisten gewöhnlichen Zellkernen nur einen einfachen (*haploiden*) Chromosomensatz (→Reifeteilungen). Das Ei ist von der primären Eihülle, der Ei- oder Dotterhaut, umgeben; die Hühnereizelle besteht also aus Keimscheibe (Plasmamasse mit Eizellkern), Dottermasse (*Eigelb*) u. der Dotterhaut.

Eierstock, *Ovar(ium)*, das Bildungsgewebe der Eier bei weibl. Tieren, meist als Keimdrüse an bestimmter Stelle ausgebildet, bei bilateral-symmetrischen Tieren beidseitig angelegt (bei Vögeln u. Schnabeltier auf der rechten Seite sekundär zurückgebildet). – Beim Menschen ist der E. ein paariges, pflaumengroßes Organ, das beiderseits der Beckenwand in einer Bauchfellfalte aufgehängt ist. Beim Heranreifen der Eizellen bildet sich um diese ein Bläschen (*Graafscher Follikel*), in dem das Follikelhormon entsteht. Der Follikel platzt (*Eisprung, Ovulation*) im allg. zwischen 2 Regelblutungen (etwa 12–16 Tage vor Beginn der nächsten) u. stößt das Ei aus, das dann durch die Bauchhöhle in den →Eileiter u. in die Gebärmutter gelangt. Aus den Follikelresten bildet sich der *Gelbkörper* (*Corpus luteum*), dieser gibt das Gelbkörperhormon ab, das die Gebärmutterschleimhaut zur Eiaufnahme vorbereitet. Bei eingetretener Befruchtung des Eies fördert es die Schwangerschaftsentwicklung. Wird das Ei nicht befruchtet, kommt es zur *Menstruation*, u. eine neue Eizelle reift im E. heran, →Geschlechtsorgane S. 87, S. 90f.

Eihäute = Embryonalhüllen.

Eileiter, *Ovidukt*, bei vielen Tieren Ausleitungsgang der weibl. Keimdrüsen (Eierstöcke, Ovarien). →Geschlechtsorgane.

eineiig, aus einer Eizelle stammend; z. B. *eineiige Zwillinge*, die äußerl. u. innerl. übereinstimmen, da sie die gleichen Erbanlagen haben.

Eingeweide, *Entera, Intestina*, die im Körperinneren liegenden inneren Organe.

Eingeweidenervensystem = vegetatives Nervensystem.

einjährige Pflanzen, *annuelle Pflanzen*, Pflanzen, die ihren Entwicklungszyklus innerhalb eines Jahres beenden können.

Eisprung, *Follikelsprung*, lat. *Ovulation*, →Eierstock.

Eizahn, waagerechter, spitzer Zahn an der Schnauzenspitze bei aus dem Ei schlüpfenden Schlangen u. Eidechsen, mit dem die Eischale gesprengt wird u. der danach abgeworfen wird. Bei Vögeln erfolgt das Sprengen der Eischale meist durch die *Eischwiele* an der Schnabelspitze, selten durch einen E. Auch bei vielen Insekten als Vorrichtung zum Öffnen der Eischale vorhanden, hier meist eine Bildung der Kutikula des Embryos oder der Junglarve (*Eisprenger*).

Ektoderm [das; grch.] →Embryonalentwicklung.

Ektoparasiten [grch.], Außenschmarotzer, leben zeitweise (*temporäre E.*: Flöhe, Mücken, Stechfliegen, Blutegel u. a.) oder dauernd (*stationäre E.*: Läuse, Milben u. a.) außen an ihrem Wirt, von dem sie Nahrung aufnehmen. Gestaltliche Anpassungen an die ektoparasitische Lebensweise sind z. B. Ausbildung bestimmter Bewegungstypen (Läuse), Verlust der Flügel bei Insekten (Flöhe, Läuse, Bettwanze), spezielle Ausbildung stechender u. saugender Mundwerkzeuge.

Ektoplasma [das; grch.] →Entoplasma.

Elementarmembranen, submikroskop. Doppelmembranen der Zelle von fast einheitl. Bau u. stoffl. Zusammensetzung, die das Protoplasma, die Zellorganellen, das endoplasmat. Retikulum u. die Vakuolen begrenzen. Durch ihre selektive Durchlässigkeit wird der Stoffaustausch kontrolliert.

Elytren [Mz.; Ez. das *Elytron*; grch.], *Flügeldecken*, verhärtete Vorderflügel von Insekten (Käfer, Ohrwürmer).

Embryo [grch.], Keim, Keimling von Tieren u. Pflanzen; Entwicklungsstadium der menschl. Frucht von der Eiansiedlung bis zum Ende des 2. Monats; danach wird bis zur Geburt die Frucht als *Fetus* bezeichnet.

Embryologie, Wissenschaft von der Keimentwicklung, → Embryonalentwicklung.

Embryonalentwicklung, *Keimesentwicklung*, die Lebensperiode der Gewebetiere von der Befruchtung bis zum Beginn eines selbständigen Lebens; umfaßt Furchung, Keimblätterbildung, Organbildung u. Differenzierung. Die *Furchung* ist eine Folge von Zellteilungen, die zuerst an Furchen auf der Eioberfläche erkennbar sind. Ist wenig Dotter vorhanden, wird der ganze Eizellkörper zerteilt (*totale Furchung*). Bei dotterreichen Eiern kann sich die Furchung auf eine Plasmaansammlung mit Eizellkern an einem Pol des Eies (*Keimscheibe* oder *Keimbläschen*) beschränken (z. B. Vogelei), oder sie erfolgt nur über die Oberfläche des Eies hin, während der Dotter in der Mitte bleibt (z. B. Insektenei). Die Furchungsteilungen führen in der Regel zu einem kugeligen bis ovalen, eine Höhle (Furchungshöhle, *Blastocoel*) umschließenden Keim. Der »Maulbeerkeim« (*Morula*) ist ein Spezialfall u. nicht allgemein verbreitet.
Der entstandene *Hohlkeim* (*Bläschenkeim, Blastula*) hat eine einschichtige Zellage (*Blastoderm*). Nach weiteren Teilungen stülpt sich die Wand der Blastula nach innen ein (*Gastrulation*), wodurch der zweischichtige Becherkeim (*Gastrula*) gebildet wird. Seine beiden Zellschichten, die Keimblätter, das Außenblatt (*Ektoderm*) u. das Innenblatt (*Entoderm*) umgeben den Urdarm. Die Öffnung heißt *Urmund*. Sie entwickelt sich bei den *»Urmündern«* (*Protostomia*), Würmern, Gliederfüßern u. Weichtieren zum definitiven Mund, bei den *»Neumündern«* (*Deuterostomia*), Stachelhäutern u. Chordatieren zum späteren After. Bei den Nesseltieren (Polypen u. Medusen) bleiben Ektoderm u. Entoderm die beiden einzigen Keimblätter. Sie sind auf dieser Stufe des zweischichtigen Körperbaus »stehengeblieben«. Alle anderen Gewebetiere bilden ein drittes Keimblatt, das Mittelblatt (*Mesoderm*), das entweder durch seitl. taschenartige Auswüchse des Urdarms oder in Form von zwei bes. Zellstreifen nahe dem

Urmund entsteht. Durch Wucherungen u. Faltungsprozesse bilden sich aus den Keimblättern Organanlagen, die eine histolog. Ausdifferenzierung erfahren. Aus dem Ektoderm entwickeln sich die Oberhaut mit Drüsen u. Anhängen, das Nervensystem u. die Sinneszellen. Aus dem Entoderm geht der Darm mit Anhangsdrüsen hervor. Das Mesoderm liefert Bindegewebe, Muskeln u. Ausscheidungsorgane. B →S. 130ff.

Embryonalhüllen, *Eihäute, Eihüllen, Fruchthüllen,* die in der Entwicklung der *Amniontiere* (Amnioten: Reptilien, Vögel, Säuger) auftretenden Hüllen, die den Embryo einschließen: das *Amnion* (Schafhaut), die *innere Embryonalhülle,* die die Amnionhöhle bildet, in welcher der Embryo im Amnionwasser (Fruchtwasser, Liquor amnii) schwimmt, u. die *Serosa,* die *äußere Eihülle.* Sie wird bei den höheren Säugetieren, *Plazentatieren, Placentalia,* zu einem Organ der Embryonalernährung, zur Zottenhaut, *Chorion,* die mit der Gebärmutterwand (→Uterus) die Plazenta, den *Mutterkuchen,* bildet. Bei Säugetieren mit Ring- oder Scheibenplazenta verwächst der oberflächliche Teil der Gebärmutterschleimhaut, die sog. hinfällige Haut, *Decidua,* so fest mit der Zottenhaut, daß er mit den E. zusammen nach der Geburt ausgestoßen wird (*Nachgeburt*).
Die aus den E. gebildete Blase wird auch als *Fruchtblase* bezeichnet, welche Embryo u. Fruchtwasser umschließt. – In den Raum zwischen Amnion u. Serosa, das *Exocoel,* hinein wölbt sich die *Allantois,* ein sackförmiges Anhangsorgan, das vom Enddarm des Embryos ausgeht. Sie dient zunächst als embryonale Harnblase, dann als sauerstoffaufnehmendes Organ (Reptilien, Vögel) u. tritt bei Säugern in engere Verbindung zur Serosa, ist also an der Bildung des Mutterkuchens beteiligt.

Embryosack, Embryosackzelle der Samenanlage bei Pflanzen.

Endemit [der; grch.], *endemischer Organismus,* ein Lebewesen (Pflanze oder Tier), das auf ein bestimmtes, meist natürl. begrenztes Gebiet (Insel, Gebirge, Erdteil) beschränkt ist.

Enden →Geweih S. 172.

Endhandlung →Appetenzverhalten.

Endodermis [grch., »Innenhaut«], für wasserlösl. Stoffe schwer durchlässige innerste Rindenschicht der *Wurzel.*

endogener Rhythmus, auf der »inneren Uhr« beruhende →Biorhythmik.

Endokard [das; grch.] = Herzinnenhaut.

Endokarp [das; grch.], innerste Schicht der Fruchtwand bei Pflanzen.

endokrine Drüse [grch.], *Inkretdrüse, Drüse innerer Sekretion;* →Hormon, →Drüsen.

Endometrium [das; Mz. *Endometrien;* grch.], die Gebärmutterschleimhaut; →Uterus.

Endomitose [die; grch.], unvollständige, indirekte →Kernteilung ohne Auflösung der Kernmembran u. ohne anschließende Zellteilung. Es findet zwar die Längsspaltung der Chromosomen statt, nicht aber die geregelte Verteilung der Spalthälften auf Tochterkerne. Die E. führt zur Vervielfachung des Chromosomensatzes (*Endo-Polyploidie,* →Polyploidie). Häufig tritt sie als Endstufe von Gewebedifferenzierungen auf.

Endoparasiten = Entoparasiten.

endoplasmatisches Retikulum [grch. + lat.], unter dem Elektronenmikroskop entdeckte Struktur des *Zytoplasmas* fast aller Zellen; besteht aus einem System kanalförmig miteinander verbundener Membranen, die mit der Zell- u. der Kernmembran verschmelzen können. Ein mit →Ribosomen besetztes e. R. bezeichnet man als *granuläres e. R.* (*Ergastoplasma*) im Gegensatz zum ribosomenfreien, glatten endoplasmat. Retikulum. Funktionen: vermutl. an Eiweißsynthese, Stofftransport u. Erregungsleitung beteiligt.

Endosperm [grch.], Nährgewebe im pflanzl. →Samen.

Endosymbiose, eine *Symbiose* zwischen Gliedertieren u. Mikroorganismen (sog. *Symbionten*), die im Innern ihrer Wirtstiere bes. ausgebildete Wohnstätten besiedeln, z. B. Blindsäcke am Darm oder Symbiontenorgane (*Myzetome*). Zur Symbiontenübertragung sind bes. Einrichtungen ausgebildet. Die Symbionten schließen schwer verdauliche Nahrung auf (z. B. Zelluloseabbau durch Bakterien) u. sind selbst Eiweiß- u. Vitaminquellen für den Symbiontenträger.

Endothel [grch.], das Epithel der Innenflächen tier. Organsysteme, z. B. Leibeshöhle u. Gefäße; meist eine Schicht platter Zellen.

Endwirt →Wirt.

Energide [die; grch.], der *Zellkern* u. der unter seinem physiolog. Einfluß stehende Plasmabereich. Zellen können einkernig (*monoenergid*) oder vielkernig (*polyenergid*) sein.

energiereiche Verbindung, organischer Stoff mit energiereichen Bindungen, z. B. Adenosintriphosphat (*ATP*), Nicotinamid-Adenin-Dinucleotid (*NAD*). Durch Auftrennung der Bindung wird eine größere Energiemenge frei u. kann zu vielen Reaktionen im Organismus verwendet werden, wie Muskelarbeit, Nervenleitung, Stoffaufbau.

Entoderm [das; grch.] →Embryonalentwicklung.

Entökie [die; grch.], *Synökie,* das »Einmieten« einer Tierart (*Einmieter, Inquilinen*) bei einer anderen, z. B. bestimmter Ameisengäste in den Bauten von Ameisen, wobei die eine Art Vorteile genießt, die andere nicht geschädigt wird, d. h. sie selbst, ihre Brut, Nahrung usw. nicht angegriffen werden.

Entomologie [grch.], die Insektenkunde. →auch angewandte Entomologie.

entomophag [grch.] = insektenfressend.

Entoparasiten, *Endoparasiten* [grch.], *Innenschmarotzer,* →Parasiten, die im Körper ihres Wirts, im Darm, in verschiedenen Organen, im Blut u. a. leben. E. zeigen meist Anpassungserscheinungen an ihre Lebensweise, Vereinfachungen der äußeren Gestalt u. Rückbildung der inneren Organisation.

Entoplasma [grch.], *Endoplasma, Plasmasol, Innenplasma;* die innengelegene, flüssigere Komponente des *Protoplasmas,* deutl. unterscheidbar vom außen die Zelle begrenzenden festeren *Ektoplasma* (*Außenplasma, Plasmagel*).

Entwicklung, man unterscheidet zwischen stammesgeschichtl. E. (*Phylogenie:* →Abstammungslehre) u. E. des einzelnen Organismus (*Ontogenie*; →Entwicklungsgeschichte).

Entwicklungsanregung, erfolgreiche Versuche zu einer künstl. *Parthenogenese* (*Jungfernzeugung*), d.h. zu einer Entwicklung unbefruchteter Eier bis zum fertigen Individuum durch künstliche Reize chem., therm. oder mechan. Art.

Entwicklungsgeschichte, *Biogenie*, die Lehre von der Individualentwicklung (*Ontogenie*). Die *deskriptive E.* befaßt sich mit der Beschreibung der *Entwicklung* der Organismen. Sie umfaßt folgende Teilwissenschaften: Die *experimentelle E.*; sie stützt sich auf Versuche (Gewebeverpflanzung u.a.). Die *Entwicklungsmechanik* versucht, die Entwicklung chem. u. physikal. zu deuten. Die *Entwicklungsphysiologie* schließlich ist eine Forschungsrichtung, die sich unter Betonung physiolog. Aspekte mit der Entwicklung der Organismen befaßt.

Entwicklungsgeschwindigkeit, in der →Abstammungslehre die »Geschwindigkeit«, mit der sich die stammesgeschichtl. Veränderung der Organismen vollzieht.

Entwicklungsmechanik, *kausale Embryologie*, die Wissenschaft, die nach den Ursachen der Entwicklung der Lebewesen im individuellen Ablauf forscht, also Wachstum, Ausbildung von Organen u. gegenseitige Beeinflussung der einzelnen Teile des sich entwickelnden Körpers untersucht. Durch die E. wurde die Ursache vieler Mißbildungen geklärt. →auch Entwicklungsgeschichte. –

Entwicklungsphysiologie →Entwicklungsgeschichte.

Enzystierung [grch.], Einkapselung von Kleinlebewesen, die in *Zysten* Perioden ungünstiger Lebensbedingungen überdauern.

Epidermis [die; grch.], 1. *Oberhaut*, die oberste Schicht der Haut der Wirbeltiere. 2. pflanzl. Abschlußgewebe. Die Zellen der meist einschichtigen E. sind lückenlos miteinander verbunden. Die Außenwände der E.zellen können verdickt u. durch Einlagerung von *Kutin* (eine wachsartige Substanz) bes. wasser- u. luftundurchlässig sein; stets sind sie von einem Kutinhäutchen, der *Kutikula*, überzogen. Differenzierungen der E. sind *Spaltöffnungen* u. *Haare*.

Epididymis [grch.] = Nebenhoden.

Epigaion [das; grch.], die Organismenwelt der Bodenoberfläche. – Eigw.: *epigäisch*.

Epiglottis [die; grch.] = Kehldeckel.

epigyn [grch.], Bez. für eine →Blüte mit unterständigem Fruchtknoten.

Epiphyse = Zirbeldrüse.

Epiphyten [grch.], *Auf-*, *Überpflanzen*, Pflanzen, die nicht im Boden wurzeln, sondern auf anderen Pflanzen, meist Bäumen, oft mit Hilfe bes. Haftwurzeln festgewachsen sind. Die meisten E. sind keine *Parasiten*; die als Unterlage dienende Pflanze verschafft ihnen nur günstigere Lichtverhältnisse. Echte E. haben zeitlebens keine Verbindung mit dem Boden. Die *Halb-* oder *Hemi-E.* (z.B. »Baumwürger« der Gattung *Ficus*) bilden zunächst frei in der Luft hängende Nährwurzeln aus, die nach Erreichen des Bodens zu stammähnl. Stütz- oder Stelzwurzeln auswachsen. Die E. sind auf Wasserversorgung durch Niederschläge angewiesen u. können z.T. eine vorübergehende Austrocknung vertragen (wie die einheim. epiphyt. Algen, Flechten u. Moose).

Epithel [das; grch.], ein tier. Gewebe: einschichtige oder (bei Wirbeltieren) mehrschichtige Zellagen, die äußere Oberflächen u. innere Hohlräume begrenzen. Man unterscheidet nach der Form der Zellen *Platten-*, *Pflaster-* u. *Zylinder-E.* Die E.zellen können an ihrer Oberfläche eine Kutikula, an ihrer Basis eine Basalmembran abscheiden; sie können je eine Geißel oder zahlreiche Wimpern tragen (*Flimmer-E.*). Die Kutikula kann ein Außenskelett bilden (z.B. der Chitinpanzer der Insekten). Drüsenzellen sind differenzierte E.zellen, die Sekrete bilden u. absondern. Sie können einzeln stehen oder zusammen ein *Drüsen-E.* bilden. E., das Sinneszellen enthält, wird als *Sinnes-E.* bezeichnet.

Epithelkörperchen, *Nebenschilddrüsen*, *Glandulae parathyreoideae*, Drüsen innerer Sekretion bei Wirbeltieren, die entwicklungsgeschichtl. dem Epithel des Kiemendarms entstammen; beim Menschen vier etwa erbsengroße Drüsen, die hinter der Schilddrüse liegen u. den Kalkstoffwechsel regeln. Unterfunktion oder Fehlen der E. führt zu Übererregbarkeit der Muskeln u. Nerven, Überfunktion zu abnormer Kalkablagerung in den Knochen u. zu Knochengeschwülsten.

Epizoen [Mz., Ez. das *Epizoon;* grch.], Tiere, die auf anderen Tieren oder Pflanzen siedeln, ohne an ihnen zu schmarotzen, z.B. Seepocken, Dreikantmuscheln. →Epökie.

Epökie [grch.], das Benutzen anderer Organismen als Unterlage durch Pflanzen (*Epiphyten*) oder Tiere (*Epizoen*). →auch Vergesellschaftung.

Erbänderung →Mutation.

Erbanlage, *Erbfaktor*, *Anlage* →Gene.

Erbbiologie, *Genetik*, →Vererbung.

Erbfaktoren = Gene.

Erbkoordination, *Instinkthandlung*, *Instinktbewegung*, angeborene, starre u. für eine Art typische Bewegung mit einem inneren Drang zur Ausführung (→Appetenzverhalten), wenn auch meist durch bestimmte Außenreize ausgelöst. So kann z.B. ein frisch geschlüpftes Hühnerküken bereits laufen u. trinken. Doch nicht alle E.en sind bereits bei der Geburt vorhanden, sondern einige werden erst während der Entwicklung ausgebildet, wie etwa das Balzverhalten. Durch die Orientierung in der Umwelt wird aus der E. die Instinkthandlung, wodurch die normalerweise starren angeborenen Bewegungen sich den wandelnden Außenverhältnissen anpassen.

Erblehre, die Lehre von der →Vererbung.

Eremial, die Fauna der Trockengebiete (echte Steppen, Wüsten, Wüstensteppen).

Erfolgsorgan, das Organ, in dem eine bestimmte Reaktion erfolgt.

Ergastoplasma [grch.] →endoplasmatisches Retikulum.

Ernährung, die Zufuhr von Nährstoffen. Sie dient 1. als Energiequelle für alle Lebenserscheinungen wie Muskeltätigkeit, Körperwärme, Stofftransport; 2. liefert sie das Material zum Körperaufbau beim

Wachstum u. schafft 3. Ersatz für im Organismus verbrauchte Substanzen. Die *biolog. Halbwertszeit* ist die Zeit, in der die Hälfte des vorhandenen Materials abgebaut u. erneuert wird. Sie kann durch Markierung von Nährstoffen mit radioaktiven Substanzen ermittelt werden u. beträgt beim Menschen für Eiweiße der Leber etwa 10 Tage, für Eiweiße in Haut, Muskulatur u. Knochen etwa 158 Tage. Grundnährstoffe sind die chem. Energiespeicher Kohlenhydrate, Eiweiße u. Fette. Die Pflanzen stellen sie meist selbst her (→Assimilation); ihre Lebensweise ist *autotroph*. Die Tiere müssen sie direkt (oder indirekt über andere Tiere) von den Pflanzen aufnehmen: *heterotrophe* E.

Erregung, die typ., zeitl. begrenzte Antwort eines Organismus auf äußere oder innere *Reize*. Hierbei wird grundsätzlich nicht die Reizenergie weitergegeben, sondern es wird auch für die E.sleitung gespeicherte innere Energie in Form elektr. Ladungen freigesetzt. Die E. ist vor allem an den Membranen von Nerven- u. Muskelzellen erforscht.

Ersatzknochen, Skeletteile der Wirbeltiere, bei denen die ursprüngl. Knorpelsubstanz erst im Lauf der Entwicklung durch feste Knochensubstanz ersetzt wird. Gegensatz: *Deckknochen*.

Erscheinungsbild →Phänotypus.

erworbene Eigenschaften, während des individuellen Lebens eines Organismus neu entstandene Eigenschaften. Die Annahme einer *Vererbung* e.r E. bildet die unbewiesene Voraussetzung des *Lamarckismus*.

Erythrozyten [grch.], die roten Blutkörperchen der Wirbeltiere; bei Säugern kernlose, runde, bei anderen Wirbeltieren kernhaltige, ovale Scheibchen, die den eisenhaltigen Respirationsfarbstoff *Hämoglobin* enthalten. Sie transportieren den Sauerstoff von den Lungen bzw. Kiemen zu den Geweben u. auf umgekehrtem Weg einen Teil des Kohlendioxids. Sie werden ständig im roten Knochenmark erneuert u. nach höchstens 4 Monaten Lebensdauer in Leber u. Milz abgebaut.

Ethogramm [das; grch.], die genaue Beschreibung des Verhaltensinventars einer Tierart.

Ethologie = Verhaltensforschung.

euryök, Bez. für die Eigenschaft mancher Lebewesen, große Schwankungen ihrer Umweltbedingungen zu ertragen.

euryphag, mit großem Nahrungswahlvermögen; Gegensatz: *stenophag*.

Eustachische Röhre, *Ohrtrompete, Tuba eustachii*, →S. 63 (Ohr).

Euter, paariges Organ weiblicher Paarhufer, das Milchdrüsen zur Ernährung des Nachwuchses enthält; Sekretion physiolog. während der Schwangerschaft u. nach der Geburt, pathologisch bei verschiedenen Krankheiten (*Scheinträchtigkeit*).

eutroph [grch.], nährstoffreich. Gegensatz: *oligotroph*.

Evolution [lat., »Entwicklung«], die Erscheinung, daß die Organismen sich im Lauf der Erdgeschichte verändern; →Abstammungslehre.

Evolution, die Entwicklung von Tierstammesreihen; →Entwicklungsgeschichte.

Evolutionsfaktoren →Abstammungslehre.

Evolutionsgenetik, der Teil der Vererbungslehre, der sich mit dem Problem der Artumwandlung befaßt. Die Mutations- u. Kreuzungsforschung liefern ihr wichtige Ergebnisse.

Evolutionstheorie →Abstammungslehre.

Exafferenz →Reafferenzprinzip.

Exkretdrüsen, Drüsen äußerer Sekretion, die die von ihnen gebildeten Stoffe nach außen (Hautdrüsen) oder in den Darmkanal (Verdauungsdrüsen u.a.) abgeben. Gegensatz: *Inkretdrüsen*.

Exkrete, Produkte des abbauenden Stoffwechsels (→Dissimilation), die nach außen abgegeben werden oder zur Ablagerung in Vakuolen u. Zwischenzellräumen kommen.

Pflanzl. E. lassen sich in drei Gruppen unterteilen: 1. gasförmig ist das bei der Dissimilation freiwerdende *Kohlendioxid*. 2. flüssig sind die *Terpene* u. die von Drüsen nach außen oder in Ölzellen abgegebenen *ätherischen Öle*, zu deren Ausscheidung oft ganze Pflanzenfamilien befähigt sind, z.B. Citrusgewächse oder Doldenblütler (Benutzung in der Parfümindustrie). Die *Harze* werden bei den Nadelhölzern in großem Umfang in bes. Interzellulargängen (Harzgängen) abgelagert. In Milchröhren befindet sich der *Kautschuk*, ein Polyterpen, früher in großem Maß zur Gummigewinnung vom Kautschukbaum, *Hevea brasiliensis*, gewonnen. Milchröhren mit Polyterpenen haben auch Mohn- u. Wolfsmilchgewächse sowie Korbblütler. 3. feste Exkrete sind *Gerbstoffe* u. schwer lösliche *Salze* aus dem Stoffwechsel. – Tierische E. bestehen aus zu reichlichen, unverwertbaren oder schädlichen Stoffwechselprodukten. Sie werden durch *Exkretion* beseitigt, seltener im Organismus gespeichert. Ihre chem. Zusammensetzung ist mannigfaltig, z.B. Kohlendioxid, Harnstoff (→Harn), anorganische Salze, Gifte. Sie werden bei Einzellern, Schwämmen u. Hohltieren über die Körperoberfläche nach außen ausgeschieden; höher entwickelte Tiere haben bes. Exkretions- oder →Ausscheidungsorgane.

Exkretionsorgane = Ausscheidungsorgane.

Exokarp [das; grch.], die äußerste Schicht der Fruchtwand von Pflanzen.

Exotarium [grch., lat.], ein Schauhaus, in dem verschiedene Tiere ausgestellt werden, deren Haltung bes. Einrichtungen erfordert; z.B. das E. im Zoo Frankfurt mit Fischen, Amphibien u. Reptilien, Pinguinen u. Insekten; ein größeres u. erweitertes *Aquarium*.

Explantation [lat.] = Gewebezüchtung.

extraspezifische Selektion →Selektion.

Extremitäten [lat.] = Gliedmaßen.

Facettenauge = Komplexauge; →S. 115 (Lichtsinnesorgane).

Fächel, sympodialer →Blütenstand (viele Schwertlilienarten).

Facialis [der; lat.], *Nervus facialis*, →S. 79, 88 (Gehirnnerven).

Fahne, 1. das hintere Kronblatt der Schmetterlingsblütler, das die beiden seitl. (*Flügel*) u. die beiden vorderen Kronblätter (*Schiffchen*) umgreift. 2. die Seitenteile der Vogelfeder, seitl. des Kiels.

Familie [lat.], in der Systematik der Pflanzen u. Tiere die obligatorische Kategorienstufe zwischen *Gattung* u. *Ordnung*. →S. 29 (Systematik).

Farbensinn, die bei Wirbeltieren, Kopf- u. Gliederfüßern entwickelte Fähigkeit, elektromagnet. Wellen verschiedener Längen als Licht u. Farbe wahrzunehmen. »Farbe« ist eine durch das Zentralnervensystem hervorgebrachte Empfindung. Bei Säugetieren löst der Wellenbereich von etwa 0,4 bis 0,8 μ Farbempfindungen aus (rot, gelb, grün, blau, violett). Bei der Biene z. B. ist der Bereich ins Ultraviolett (»Bienenviolett«) verschoben; Rot sehen sie nicht. Der F. läßt sich durch Dressur auf Farben, durch Ableitung der Retina-Aktionsströme, durch Untersuchungen auf Farbanpassungen u. durch Elektrogramme einzelner Sinneszellen prüfen. Nach der *Duplizitätstheorie* gibt es zwei Arten von Sinneszellen in der Netzhaut: *Stäbchen* u. *Zapfen*, von denen die Zapfen dem Farbensehen dienen. Bei Tieren mit reiner Stäbchenretina (wie Katze u. Fledermaus) gibt es keinen F. Nach der *Dreikomponententheorie* werden drei verschiedene Zapfentypen angenommen, da aus den Farben Rot, Grün u. Violett alle Farbeindrücke mischbar sind. Doch nicht nur die Sinneszelle selbst verarbeitet die Information der verschiedenen Wellenlängen; im Bereich der nachgeschalteten Ganglienzellen befindet sich ein nach dem Gegenfarbenprinzip arbeitender Erregungsmechanismus: bestimmte Ganglienzellen beantworten kurzwelliges Licht mit einer Reaktion (*on-Effekt*), sind gehemmt bei langwelligem Licht (*off-Effekt*) u. geben in mittleren Bereichen gar keine Reaktion oder eine Ein-Aus-Reaktion. Andere werden durch grünes Licht aktiviert u. von rotem Licht gehemmt. Eine Deutung dieser Erscheinungen steht noch aus. →S. 59f. (Auge); →S. 158ff. (Farbensehen der Wirbeltiere).

Farbwechsel, die Fähigkeit von Tieren, ihre Färbung zu ändern, entweder durch langsame Zu- u. Abnahme pigmenthaltiger Zellen (→Pigment), die *Chromatophoren* genannt werden, oder schneller durch Pigmentbewegungen innerhalb der Zelle. Ein Chromatophor enthält jeweils nur ein Pigment, doch können mehrere sich zu *Chromatosomen* zusammenlegen. Ein Chromatosom kann aus verschiedenartigen Chromatophoren bestehen (*polychromatisch*), oder von nur einer Art aufgebaut sein (*monochromatisch*). Zusammenballung in der Zelle verursacht Aufhellung, Ausdehnung eine Dunkelfärbung. Die Reaktionen innerhalb der Chromatophoren werden durch Nervensignale gesteuert (Buntbarsche, Tintenfische) oder hormonell (Würmer, Krebse, Insekten). Die Funktion des F.s ist unterschiedlich: Sieht z. B. ein männl. Tintenfisch ein Weibchen, so wird infolge der optischen Reizung eine Erregung der Gehirnganglien über efferente Nervenbahnen zu den Muskeln an den *Melanophoren* (schwarze Chromatophoren) geschickt. Ziehen diese sich zusammen, wird das Pigment verdichtet; erschlaffen sie, verteilt sich das Pigment auf eine größere Fläche. Dadurch entsteht auf dem anfangs mattgrauen Tintenfisch ein buntes *Hochzeitskleid*. Stimmungen (Aggression, Werbung) bringen auch ohne äußere Reizung ein typ. Farbmuster hervor, das als →Auslöser der innerartlichen Verständigung dient. F. als Tarnung ist z. B. bei Fischen u. beim Chamäleon ausgebildet. Schollen nehmen die im unmittelbaren Kopfbereich auftretenden Farben u. Kontraste mit den Augen wahr u. bestimmen durch Pigmentwanderungen innerhalb der Chromatophoren das Farbmuster des gesamten Körpers, auch wenn dieser in einer ganz anderen Umgebung als der Kopf liegt.

Faszie [lat. *fascia*, »Binde«], bindegewebige Haut, die vor allem die Muskeln einhüllt; auch die sehnenartige Fortsetzung von Muskeln.

Faulschlamm, *Sapropel*, Bodenschlamm stehender Gewässer, auch flacher Meeresteile; besteht aus Resten abgestorbener Tiere u. Pflanzen, die in Fäulnis übergegangen sind, infolge Sauerstoffmangels aber nicht völlig abgebaut werden können.

Fauna [neulat.], die Tierwelt eines bestimmten geographischen Gebietes oder eines bestimmten Lebensraumes (z. B. Süßwasser-F., Steppen-F.).

Faunenschichten, in den tiergeograph. Regionen unterscheidbare Komplexe von Tiergruppen, die zu verschiedenen erdgeschichtl. Zeiten aus anderen Verbreitungsgebieten eingewandert sind. So läßt sich z. B. in Südamerika (neotropische Region) sehr deutlich eine jüngere, im Jungtertiär eingewanderte Faunenschicht von einer älteren, bereits seit dem Alttertiär angesiedelten, trennen.

Faunistik, Teilgebiet der *Tiergeographie*, das sich mit der Feststellung der in einem bestimmten Gebiet lebenden Tierarten beschäftigt.

Feder, *Vogelfeder*, Horngebilde von kompliziertem Bau in der Haut der Vögel, das der Schuppe der Reptilienhaut entspricht. F.n sind als Körperbekleidung der Vögel in *F.fluren* u. *F.rainen* (unbefiederte Stellen) angeordnet. Es gibt 3 Hauptarten von F.n: 1. *Kontur-F.n*, die die Form des Gefieders bestimmen: *Deck-F.n* an Brust u. Bauch, *Schwung-F.n* an den Flügeln, *Steuer-F.n* am Schwanz; 2. *Flaum-F.n* (*Dunen*, *Daunen*), die das weiche Jugendkleid der jungen u. das wärmende Unterkleid der erwachsenen Vögel bilden; 3. *Faden-F.n*, die zwischen den Kontur-F.n stehen u. in ihrer Bedeutung noch unklar sind.

Bau einer F. (Kontur-F.): Von einer festen Achse (*Schaft*, oberer Teil des *F.kiels*) gehen seitliche Äste aus, die zweizeilig stehen u. ihrerseits wieder feine Fortsätze tragen, die sich durch Häkchen fest zur *F.fahne* zusammenschließen. (Daunen haben derartige Häkchen nicht u. damit auch keine F.-fahne.) Die F. ist mit dem unteren Teil des F.kiels, der hohlen *F.spule* in der Haut (*F.balg*) verankert.

Femur, 1. der Oberschenkelknochen der Wirbeltiere u. des Menschen; 2. das auf die *Coxa* (Hüftglied) folgende Beinglied bei Spinnen u. Insekten.

Fermentation [lat.], 1. = Gärung. 2. *Fermentierung*, die Veredelung pflanzl. Rohstoffe (z. B. Tabak, Kakao, Tee) durch Gärungsprozesse, für die Mikroorganismen die Fermente liefern.

Fertilität, Fruchtbarkeit einer (tierischen) Bevölkerung, bestimmt durch ihre Zusammensetzung (Weibchen-Anteil) u. durch die Vermehrungsfähigkeit (z. B. Eizahl) jedes einzelnen Weibchens. →Massenwechsel, →Populationsdichte.

Fetalisation, *Fötalisation, Neomorphose, Paedomorphosis,* die stammesgeschichtl. Übertragung von Merkmalen, die zunächst bei Jugendstadien entstanden sind, auf das erwachsene Tier.

Fetus [der; lat.], *Foetus, Fötus,* Frucht des Menschen oder Tieres einige Wochen nach der Befruchtung der Eizelle; beim Menschen meist vom Ende des 2. Monats an F., davor *Embryo* genannt.

Fettgewebe, fettspeicherndes →Bindegewebe. Seine Zellen sind von Fetttröpfchen mehr oder weniger ausgefüllt.

Feuchtpflanzen →Hygrophyten.

Fibrille [die; lat.], kleine Faser, Fäserchen; eine Differenzierung des Zytoplasmas, die im Zusammenhang mit bestimmten Aufgaben der Zelle (Festigkeit, Kontraktilität) auftritt; hochpolymere Fadenmoleküle (Cellulose, Chitin oder Kollagen) sind hierbei in eine amorphe Grundmasse (Pektine, Hemicellulosen, Hyaluronsäure) eingelagert. Vorkommen z. B. im Bindegewebe, in Muskel- u. Nervenzellen.

Fiederblättchen, die kleinen Blättchen am gefiederten Blatt.

Filament, Staubfaden, Teil der Staubblätter.

Filialgeneration, *Tochtergeneration,* Nachkommen aus einer Bastardkreuzung. Man unterscheidet 1., 2., 3. usw. F. Der Genotypus spaltet sich in den einzelnen Generationen auf. →S. 34 (Mendelsche Gesetze).

Filtrierer, *Strudler,* Wassertiere, die einen Wasserstrom durch ihren Körper lenken (Strudeln mit Hilfe von Geißeln, Wimpern, Tentakeln) u. aus diesem durch Reusen oder Siebe die Algen oder Kleintiere ihrer Nahrung filtrieren wie Muscheln, Manteltiere (*Tunikaten*), viele Fische, die Bartenwale usw.

Filzgallen →Gallen.

Finne, 1. Jugendform bestimmter Bandwürmer, *Cestodes,* geht aus der Larve hervor u. wächst im Endwirt direkt zum Bandwurm aus. F.n sitzen nicht im Darm, sondern meist im Bindegewebe, in der Muskulatur, in der Leber u. a. u. rufen bei dem Wirt oft Entzündungskrankheiten hervor. – 2. Rückenflosse (*Rücken-F.*) von Haien u. Walen, auch die Brustflossen (*Brust-F.n*) der Wale.

Fischereibiologie, der Zweig der Biologie, der sich mit dem Studium der Grundlagen der Fischereiwirtschaft befaßt.

Fischwanderung, regelmäßig im Leben bestimmter Fischarten auftretende Wanderung. Am wichtigsten sind Laichwanderungen von den Fraßplätzen zu den Laichplätzen u. zurück; ferner gibt es Nahrungswanderungen u. temperaturbedingte Wanderungen (z. B. in Winterquartiere). Bei vielen Fischarten ist der Fang auf die Schwarmbildung bei F.en abgestellt. Bes. weitläufig sind die F. der Aale u. Lachse.

Fischzucht, Haltung u. Pflege verschiedener Fischarten zu wirtschaftl. Zwecken. Bei künstl. F. Vermehrung des Fischbestands durch künstl. Befruchtung u. Aufzucht. Eier u. Samen werden durch leichten Druck aus den Fischen gewonnen u. vermischt, die Eier entwickeln sich in flachen Kästen im fließenden Wasser oder in Brutschränken, die Jungfische werden in Teichen ausgesetzt u. gefüttert (*Teichzucht*); vor allem Forelle, Lachs, auch Hecht, Barsch u. a. Bei der natürl. F. wird die natürl. Vermehrung in Laich- u. Brutteichen gefördert. Die aufgezogenen Jungfische werden in freie Gewässer ausgesetzt (Felchen, Forellen, Hecht, Karpfen, Zander u. a.) oder in Teichen bis zur Speisefischgröße gehalten (Karpfen- u. Forellenteichwirtschaft).

Flächenwachstum, Wachstum durch *Intussuszeption,* wobei Substanz in die Wände junger wachstumsfähiger Pflanzenzellen eingelagert wird (Gegensatz: *Dickenwachstum*). Das F. erfolgt meist auf bestimmte Teile der Zellenoberfläche hin. Bei embryonalen Pflanzenzellen wird im Lauf des F.s zuerst die Mittellamelle plastisch gedehnt u. neue Substanz in die bestehende Wandstruktur eingelagert.

fleischfressende Pflanzen →insektenfressende Pflanzen.

Flimmerbewegung, neben der Muskelbewegung vorkommende Bewegungsart durch mikroskopisch kleine, bürstenartig angeordnete, haarförmige Plasmafortsätze des Gewebes. Bei bewimperten Einzellern (Pantoffeltierchen), Strudelwürmern, Larven von Stachelhäutern u. Mollusken dient die F. zur Fortbewegung; die gleiche Funktion erfüllt die einzeln vorkommende Geißel (bei Geißeltierchen, Bakterien u. männl. Keimzellen). Wimpern in oder an Organen bewirken Stofftransport, z. B. von Schleim in der Luftröhre des Menschen.

Flimmerepithel [grch.], mit Wimpern oder Geißeln besetzte Epithelzellen, z. B. in der Luftröhre u. Nasenhöhle.

Flora, Bestand eines Gebiets an systematischen Sippen (im Gegensatz zur *Vegetation,* die die gesamte Pflanzendecke eines Gebiets umfaßt).

Florenelement, Gesamtheit der für ein bestimmtes Areal typischen oder darauf beschränkten Pflanzenarten, z. B. das zahlreiche alpine Arten umfassende alpine F. der europ. Hochgebirge.

Florengebiet, Gebiet mit einer aufgrund der geograph. u. klimat. Verhältnisse einheitl. Pflanzenwelt. →auch Florenreiche.

Florengeschichte, Geschichte der Flora u. Vegetation der Erde; sie umfaßt die phylogenet. Veränderung der einzelnen Pflanzen, aber auch die Wandlung der Pflanzengesellschaften u. ihrer Verbreitung im Verlauf der Erdgeschichte (*Vegetationsgeschichte*). Hauptstufen der F.: Fadenalgen- u. Tangzeit, Pteridophytenzeit, Gymnospermenzeit, Angiospermenzeit. Die F. arbeitet mit Methoden der Paläontologie: Untersuchung von vorzeitl. Pflanzenresten wie Torfen, Seeablagerungen, Kohlen u. vor allem der *Pollenanalyse;* Analyse von Abdrücken u. Versteinerungen.

Florenreiche→Biogeographische Regionen S.48.

Flossenträger, Skelettelemente, die der Befestigung der unpaaren Rücken- u. Afterflosse der Fische dienen. Die paarigen Flossen besitzen ihren Trageapparat in den Extremitätengürteln.

Fluchtdistanz, der von Art zu Art u. auch individuell verschiedene Abstand zwischen *Drohung* u. dem bedrohten Tier, der eben noch Flucht auslöst. Bei Unterschreitung erfolgt häufig Angriff. Die

Zähmung (*Dressur*) von Tieren beginnt mit einer Verringerung der F. durch Gewöhnung (→lernen).

Flug, Tierischer F. als Bewegungsform kommt nur bei Insekten u. Wirbeltieren vor. Wirbeltiere (*Flugsaurier* [ausgestorben], *Vögel* u. *Flattertiere* [Fledermäuse u.a.]) fliegen mit Hilfe der vorderen Gliedmaßen (*Extremitäten*). Der F. der Insekten ist unabhängig von Gliedmaßen; alle Insekten (*Pterygota*) besitzen ursprüngl. zwei Flügelpaare an Mittel- u. Hinterbrust (*Meso-* u. *Metathorax*), entstanden aus seitlichen Hautfalten; sie können auf ein Flügelpaar reouziert sein: z.B. Diptera (Fliegen, Mücken) oder ganz fehlen: z.B. Flöhe, Bettwanzen u.a. – *Flugspringer* (z.B. F.beutler, F.hörnchen) fliegen passiv (Gleit-F.) mit Hilfe von F.häuten.

Flügel, 1. die seitl. Kronblätter der Schmetterlingsblütler. – 2. die zum Fliegen dienenden Körperanhänge bei Insekten u. Wirbeltieren (Vögel, Fledermäuse).

Flügeldecken = Deckflügel.

Flügelfrüchte, mit häutigen Flügeln ausgestattete Früchte, die durch den Wind verbreitet werden, z.B. Flughochblatt der Lindenfruchtstände.

Flughaut, *Patagium,* dünne, haararme u. nervenreiche Hautfalte, die den *Fledermäusen* zum Fliegen dient. Sie führt vom Schwanz über die hintere Extremität zur vorderen Extremität u. wird durch die stark verlängerten Finger (ohne den Daumen) ausgespannt.

Fluortest, Methode zur zeitl. Einordnung vorgeschichtl. Knochenfunde. Das im Knochen enthaltene phosphorsaure Calcium bewirkt eine sehr langsame Umwandlung in Fluor-Apatit, wenn der Knochen ständig mit fluorhaltigem Bodenwasser (z. B. Grundwasser) in Berührung stand; je weiter die Umwandlung fortgeschritten ist, um so älter ist der Knochen.

Fohlen, *Füllen,* das junge Pferd bis zum 3. Jahr.

Follikel [der; lat., »Säckchen«], anatom. Bez. für kleine, kuglige Gebilde, z.B. die Haarbälge, Lymphknötchen der Darmwand; speziell Bläschen, die bei der follikulären Eibildung im *Eierstock* von Insekten u. Säugetieren gebildet werden.

Formation, *Pflanzen-F.,* Zusammenfassung von Pflanzen nach Wuchsformen, die sich aufgrund ähnl. Standortbedingungen entwickelt haben, ohne Rücksicht auf die Artenzugehörigkeit; z.B. sommergrüner Laubwald, Sumpfwiese, Hartlaubgehölz. – Als *Sekundär.-F.* wird eine meist durch die Tätigkeit des Menschen verursachte »neue« Vegetation bezeichnet. So entstehen z.B. der Cerrado Zentralbrasiliens aus einem halbimmergrünen trop. Monsunwald, Sekundärwald durch Wanderhackbau auf verlassenem Kulturland.

Formenkreis, veraltete Bez. für →Rassenkreis.

Fortpflanzung, die Erzeugung von Nachkommen bei Pflanze, Tier u. Mensch. Dabei wird das Erbgut von einer Generation an die nächste weitergegeben u. so die Erhaltung der Art gesichert. Meist ist sie mit einer Vermehrung, d.h. einer Erhöhung der Individuenzahl, verbunden.

Bei der ungeschlechtlichen F. (auch *vegetative* F., da sie vorwiegend bei Pflanzen vorkommt) entstehen die Nachkommen aus Teilstücken nur eines Elternorganismus. Bei den Pflanzen ist die einfachste Form die *Zweiteilung,* die bei den Spaltpflanzen (Bakterien u. Blaualgen) die Regel ist. Bei der *Sprossung,* der typ. Wuchsform der Hefen, wird von der Elternzelle ein Auswuchs abgeschnürt. Algen, Pilze, Moose u. Farnpflanzen bilden bes. Zellen zur ungeschlechtl. F. aus, die *Sporen.* Bei den Blütenpflanzen gibt es ungeschlechtl. F. durch Ablösung ganzer Zellgruppen von der Elternpflanze (*Brustknospen*), durch oberird. oder unterird. *Ausläufer* die an knospentragenden Stellen zu neuen Pflanzen auswachsen, u. durch unterird. Ausbildung von Tochterknollen (→Knolle). Die Fähigkeit vieler höherer Pflanzen zur ungeschlechtl. F. wird in Gartenbau u. Pflanzenzüchtung ausgenutzt. – Auch bei Tieren ist die einfachste ungeschlechtl. F. die Zweiteilung. Sie kommt vor allem bei den Protozoen vor, aber auch bei Gewebetieren, z.B. als Querteilung bei Hohltieren u. als Längsteilung bei Ringelwürmern. Einige parasit. Protozoen (Sporozoen) erzeugen durch *Zerfallsteilung* zahlreiche Tochterzellen. Die *Polyembryonie* ist eine ungeschlechtl. F. auf der Stufe der Frühentwicklung. Bei der *Knospung* werden neue Zellverbände an bestimmten Stellen des Tierkörpers abgeschnürt (z.B. Hydrozoenpolypen). Bleiben die Knospen mit dem Elterntier in Verbindung, kommt es zur Koloniebildung (→Tierstock). – Bei der geschlechtlichen F. (*sexuellen F.*) werden meist zwei Sorten von Keimzellen gebildet (*zweigeschlechtl. F.*), die bei der *Befruchtung* zur Zygote verschmelzen, aus der sich das neue Lebewesen entwickelt. Der große Vorteil der geschlechtl. F. gegenüber der ungeschlechtl. liegt in der ständigen Neukombination der elterl. Erbanlagen bei den Nachkommen, eine wichtige Voraussetzung für die Anpassung. Es können sich aber auch unbefruchtete Eizellen zu neuen Lebewesen entwickeln (*eingeschlechtl.* F., →Jungfernzeugung). Eine regelmäßige Aufeinanderfolge einer ungeschlechtl. u. einer geschlechtl. erzeugten Generation bezeichnet man als →Generationswechsel, →Sexualität.

Fortpflanzungsorgane, alle Organe von Lebewesen, die der Erzeugung von Nachkommen dienen. Vielzellige Pflanzen u. Tiere (Metazoen) besitzen →Geschlechtsorgane S. 87, S. 90f. Einige Tiere (z. B. Hohltiere, Bandwürmer) u. die meisten Pflanzen haben zusätzl. Einrichtungen zur *vegetativen Vermehrung.*

Fötus = Fetus.

Freßzellen, *Phagozyten,* amöboid bewegl. Wanderzellen, die Nahrungspartikel, Fremdstoffe oder Bakterien in sich aufnehmen u. entweder verdauen oder abtransportieren; z.B. die →Leukozyten, weißen Blutkörperchen, die Exkretionszellen der Stachelhäuter oder die Amöbozyten der Schwämme.

Fruchtblatt, *Karpell,* das die *Samenanlage* tragende weibl. Geschlechtsorgan der *Blüte.* Bei den *nacktsamigen Pflanzen* sitzen die Samenanlagen offen auf dem F., bei den *bedecktsamigen Pflanzen* dagegen sind sie im *Fruchtknoten,* der durch Verwachsung der Fruchtblätter entsteht, eingeschlossen. Sind alls Fruchtblätter miteinander verwachsen, spricht man von einem *synkarpen Gynaezeum;*

bildet jedes F. für sich einen Fruchtknoten, liegt ein *apokarpes Gynaezeum* vor. Jeder Fruchtknoten enthält ein bis viele Samenanlagen u. trägt die der Aufnahme u. Keimung des Pollens dienende *Narbe*, die durch den *Griffel* abgehoben sein kann. Fruchtknoten, Griffel u. Narbe werden zusammen als *Stempel* (*Pistill*) bezeichnet. Der Fruchtknoten heißt *oberständig*, wenn die anderen Blütenteile unter ihm stehen. Umwächst die Blütenachse den Fruchtknoten bzw. verwächst sie mit ihm, so daß Blütenhülle u. Staubblätter neben bzw. über ihm stehen, heißt er *mittel*- bzw. *unterständig*.

Fruchtknoten →Fruchtblatt.

Fruchtkörper, aus Flechtgewebe (*Plektenchym*) bestehender, meist oberirdischer Teil der Pilze, der die *Sporangien* trägt; von hut-, becher-, flaschen- oder kugelförmiger Gestalt.

Fungizid [das; lat.], chem. Mittel zur Bekämpfung schädlicher Pilze; →Pflanzenschutzmittel.

Furchung →Embryonalentwicklung.

Galle, Sekret der Leber bei Wirbeltieren u. Mensch; eine gelbgrünliche, bitter schmeckende Flüssigkeit aus Substanzen, die auf diesem Wege ausgeschieden werden, u. aus Stoffen für die Fettverdauung. Die G. wird in der *Gallenblase* gespeichert u. durch Wasserentzug eingedickt.

Gallen [lat. *galla*, »Gallapfel«], *Zezidien*, *Cecidien*, Veränderungen von Pflanzenteilen, mit denen die Pflanze auf die Einwirkung bestimmter Tiere (Tier-G.) oder Pilze (Pilz-G.) reagiert. Die wichtigsten G.erzeuger sind: Gallmilben, Blattläuse, Gallwespen u. Gallmücken. Die Tiere leben meist als Larven, selten (Läuse) auch im erwachsenen Zustand in den G. u. ernähren sich von ihnen.

Galmeipflanzen, Pflanzen, die schwermetallhaltige (vor allem zinkhaltige) Böden bevorzugen.

Gameten [grch.], = Keimzellen.

Gametophyt [grch.], bei Pflanzen mit Generationswechsel die die Geschlechtszellen ausbildende Generation, z.B. bei Moosen die grüne Moospflanze.

Gamone [Mz.; grch.], Substanzen, die von männlichen (*Androgamone*) oder weiblichen (*Gynogamone*) Geschlechtszellen abgegeben werden u. zur Anlockung u. Verklebung der Geschlechtszellen führen. →Befruchtung.

Ganglion [das, Mz. *Ganglien*; grch.], Ansammlung von Nervenzellen, Nervenknoten.

Garigue, *Garrigue* [ga'ri:g; frz.], südfranzös. Bez. für die von Hartlaubgestrüpp durchsetzte Heidevegetation unfruchtbarer Kalkböden im Mittelmeergebiet.

Gastrula [lat., »Becherkeim«] →Embryonalentwicklung.

Gattung, *Genus*, obligatorische Kategorienstufe zwischen *Art* (*Species*) u. *Familie*; →Systematik.

Gebärmutter →Uterus.

Geburt, die Ausstoßung der Leibesfrucht aus dem mütterlichen Körper nach vollendeter Entwicklung. Die G. erfolgt normalerweise, wenn die Frucht imstande ist, außerhalb des mütterlichen Körpers zu leben oder wenn die Fruchtgröße den ihr zur Verfügung stehenden Wuchsraum überschreitet. Die Tiere werden in sehr unterschiedlichem Zustand geboren. Manche sind bei der Geburt noch nackt und blind, z.B. Maus, Kaninchen, andere wiederum, z.B. Meerschweinchen, Kälber und Fohlen, schon voll behaart, sehend und lauffähig. Man unterscheidet eingebärende Tiere (Pferd, Rind) und mehrgebärende Tiere (Schwein, Hund, Katze). Die meisten Tiere gebären im Liegen oder Sitzen. Die Geburtsvorgänge werden hormonal gesteuert. Eine wichtige Rolle spielt dabei das Oxytozin, ein Hormon des Hypophysenhinterlappens. Es setzt im Zusammenwirken mit seinem Gegenspieler, dem Progesteron, die Wehentätigkeit in Gang und bewirkt die Kontraktion des Uterus, wodurch es unter Mitwirkung der Bauchpresse zur Austreibung der Frucht kommt. Der Geburtsvorgang läßt sich in 3 Phasen einteilen: 1. die Eröffnungsperiode, die durch die Erweiterung des Uterus gekennzeichnet ist, 2. die Austreibungsperiode, in der der Durchtritt der Frucht durch die Geburtswege erfolgt, und 3. die Abstoßung der Nachgeburt, der Eihäute. Die Dauer der G. ist sehr unterschiedlich. Bei der Stute dauert das Eröffnungsstadium 10 Stunden, das Austreibungsstadium ½ Stunde, bei Kuh, Schaf oder Ziege dauern die Eröffnungswehen 4 bis 6 Stunden, die Austreibung etwa 3 bis 4 Stunden. Die G. selbst ist in kurzer Zeit beendet, beim Pferd in 5 bis 30, bei der Kuh in 15 bis 60 und bei Schaf und Schwein in 15 bis 30 Minuten, von der Öffnung des Muttermundes angerechnet.

Die G. des Menschen verläuft ähnlich. Sie wird auch als Entbindung oder Niederkunft bezeichnet. →S. 97f. (Geburt).

Gefäße, *Anatomie:* bei Mensch u. Tier die *Adern* (Blut-G.) u. *Lymphgefäße*, bei Pflanzen die *Leitbündel;* →Leitgewebe.

Gegenauslese, die Vernichtung oder Gefährdung der in bestimmter Hinsicht höchstentwickelten Individuen einer Art durch Naturkatastrophen, Kriege u.a.; auch die natürl. starke Vermehrung Minderwertiger oder die Begünstigung der Lebensuntüchtigen.

Gehirn, *Hirn*, *Cerebrum*, *Encephalon*, das Vorderende des Zentralnervensystems höher entwickelter Tiere, bes. der Wirbeltiere, in dem die Sinneszentren u. übergeordnete Schaltzentren (Koordinations- u. Assoziationszentren) zusammengefaßt sind, das in bestimmten Teilen für die Ausbildung komplizierter Instinkthandlungen, für die Fähigkeit des Gedächtnisses u. – im höchsten Fall – der Intelligenz verantwortlich ist. →S. 78, 89, 124 (Gehirn).

Geißel, *Flagellum*, langer beweglicher Plasmafaden, der bestimmten Einzellern (*G.tierchen*, *Flagellaten*) u. den männl. Keimzellen (*Samenzellen*, *Spermatozoen*) vielzelliger Tiere zur Fortbewegung u. bei Schwämmen, in bes. Zellen (*Kragengeißelzellen*) angeordnet, dem Hereinstrudeln von Wasser dient.

Gelbkörper, *Corpus luteum*, eine Inkretdrüse weibl. Säugetiere, die aus den Resten eines gesprungenen *Eierstock-Follikels* gebildet wird, einen gelben Farbstoff (*Lutein*) speichert u. ein weibl.

Sexualhormon, das *G.hormon* (*Corpus-luteum-Hormon*), bildet. Das G.hormon wirkt auf die Gebärmutter ein u. verhindert im Eierstock zunächst weitere Follikelbildung.

Gen [ge:n; das, Mz. *Gene*; grch.], *Erbfaktor*, die kleinste genetische Einheit, im →Chromosom lokalisiert. Die Gesamtheit der in den Chromosomen lokalisierten G.e wird als *Genotyp* bezeichnet (Gegensatz: *Phänotyp*). Dieser legt den Aufbau u. die Reaktionsnorm des Individuums in allen möglichen Umweltverhältnissen fest. G.e haben die Fähigkeit zur Auslösung erblicher Merkmale (*Vererbung*), zur *identischen Reduplikation* u. zur *Mutation*. Die G.e bestehen aus *Desoxyribonucleinsäure* (DNS, →Nucleinsäuren). Jedes G. ist für die Synthese eines bestimmten Eiweißes (meist Enzymeiweiß) verantwortlich (1-Gen-1-Enzym-Hypothese). Die *genetische Information* wird von der DNS auf die Messenger-(Boten-) oder Matrizen-Ribonukleinsäure (m-RNS) übertragen, die aus dem Zellkern zu den *Ribosomen* wandert u. dort unter Einschaltung von Transfer-RNS den *genetischen Code* überträgt. Die Transskriptionseinheit der DNS in Messenger-RNS ist das *Operon*. Hierbei handelt es sich um meist nebeneinander liegende G.e, die zu einer gemeinsamen Synthesekette gehören. Die Enzymproduktion ist abhängig vom Struktur- u. Operator-G., das dem Einfluß von Regulator-G.en unterliegt. Diese können durch Repressor-RNS Struktur- u. Operator-G. blockieren. Die Enzyme sind die nötigen Katalysatoren für den Stoffwechsel u. ermöglichen den für das Wachstum erforderl. Aufbau von Substanzen. Zahl, Art u. zeitliche Aufeinanderfolge der Enzyme bestimmen dann die Gestalt u. Funktion eines Organismus. Erbfaktoren, die außerhalb der Chromosomen lokalisiert sind, werden als *Plasma-G.* oder *Plasto-G.* bezeichnet (*Plastidenvererbung*).

Generationswechsel, der Wechsel der Fortpflanzungsart von Generation zu Generation: 1. *primärer G.*, Wechsel zwischen geschlechtl. u. ungeschlechtl. Generation. Wenn er mit einem *Kernphasenwechsel* verbunden ist, spricht man von *heterophasischem G.* (in unterschiedlicher Ausprägung im Pflanzenreich verbreitet u. bei Foraminiferen). Fehlt der Kernphasenwechsel, liegt *homophasischer G.* vor (*Gregarinen*). – 2. *sekundärer G.*, Wechsel zwischen geschlechtl. u. sekundär ungeschlechtl. Generation, nämlich a) Knospung oder Teilung: *Metagenese* (bei Hohltieren, Würmern, Moostierchen, Salpen); b) *Parthenogenese: Heterogonie* (bei Rädertierchen, Blattläusen, Gallwespen). →auch Sexualität.

Genetik [die; grch.], die Wissenschaft von der *Vererbung* u. der *Variabilität* der Lebewesen. Gegenstand der klass. G. sind die Erscheinungen u. die Physiologie der Vererbung. Ein modernes Gebiet ist die *Molekular-G.*; ihr wichtigstes Untersuchungsobjekt sind Bakteriophagen (daher auch *Phagen-G.*). Bakteriophagen sind Viren; sie weisen die drei fundamentalen Eigenschaften der *Gene* auf: In Wirtszellen haben sie die Fähigkeit 1. zur *identischen Reduplikation*, 2. zur Merkmalsauslösung u. sie können 3. mutieren (→Mutation). Die Molekular-G. untersucht die chemische Natur der Gene, die Art der *genetischen Information* u. der *identischen Reduplikation*. →S. 33ff. (Genetik).

genetische Information, in der Struktur der chemischen Substanz der Erbfaktoren – in den → Nucleinsäuren – gespeicherte »Information«, die bei Zellteilungen unverändert an die nächste Zellgeneration weitergegeben wird u. die in der Individualentwicklung eines Organismus realisiert wird. Sie bewirkt, daß der spezifische Phänotyp einer Art stets wieder ausgebildet wird. Die g. I. wird von Botenstoffen, den sog. *Messenger-Ribonucleinsäuren*, aufgenommen; → Gen.

genetische Manipulation, eine Veränderung von Erbgut aufgrund der Ergebnisse der Molekulargenetik (→Genetik). Bisher ist nur die Einführung synthetischer Gene in die DNS-Sequenz von Hefezellen gelungen.

genetischer Code, die Form, in der die *genetische Information* für die Synthese von Proteinen in den →Nucleinsäuren verschlüsselt ist. Noch ist der genet. Code nicht vollständig entziffert. Den 20 verschiedenen Aminosäuren der Proteine entspricht eine bestimmte Folge von Nucleotiden in den Nucleinsäuren. Diese Folge wird als *Codon* oder *Codierungseinheit* bezeichnet. Die Codierungseinheiten scheinen für alle 20 Aminosäuren gleich lang zu sein u. bei allen Organismen aus 3 Nucleotiden zu bestehen. Der genet. Code wird bei der Proteinsynthese von dem einen Ende der Nucleinsäure her abgelesen. Wird die Reihenfolge der Nucleotiden verändert, wie es bei *Mutationen* geschehen kann, so entstehen andere Proteine, oder die Synthese ist gestört, wenn die neue Folge keine Codierungseinheit bildet.

Genmutation →Mutation, →Gen.

Genom, der haploide Chromosomensatz u. die in ihm lokalisierten →Gene.

Genotyp, *Genotypus* [der; grch.] →Gen.

Genus [das; Mz. *Genera*; lat.] = Gattung.

Genverlust, der natürl. Vorgang des Ausscheidens bestimmter *Gene* oder Gengruppen infolge von Auslesemechanismen bei geringerer Populationsgröße in isolierten Gebieten.

Geobionten [grch.], die im Erdboden lebenden Organismen.

Geobotanik [grch.] = Pflanzengeographie.

Geophyten [Mz.; grch.], *Erdpflanzen*, mehrjährige Stauden, deren Überdauerungsorgane (Rhizome, Knollen, Zwiebeln) im Boden liegen.

Geotaxis [grch.], die am Schwerefeld der Erde orientierte Bewegung freibeweglicher Tiere.

Geruchssinn, die Fähigkeit der Geruchssinneszellen, verschiedenartige in der Luft schwebende Moleküle zu unterscheiden; bloß bei Wirbeltieren u. Insekten nachgewiesen. *Mikrosmatiker* haben ein nur schwach ausgebildetes Geruchsepithel. *Makrosmatiker* können mit ihrem ausgedehnten Geruchsepithel noch geringste Konzentrationen wahrnehmen. Z.T. reagieren Schmetterlinge schon auf ein Molekül Sexualduftstoff.

Geotropismus [grch.], der *Tropismus* von Pflanzen auf die Einwirkung der Erdschwerkraft. *Positiv geotrop* (*erdzugewandt*) wachsen Hauptwurzeln.

Hauptsprosse sind meist *negativ geotrop* (*erdabgewandt*) ausgerichtet. →Reizbewegung.

Geschlecht →Sexualität.

Geschlechtigkeit →Sexualität.

geschlechtsabhängige Merkmale, bei den Geschlechtern verschieden stark ausgeprägte oder für sie typische Merkmale. Zu den g.n M.n gehören die primären u. die sekundären →Geschlechtsmerkmale.

Geschlechtsbestimmung, die Entscheidung über das Geschlecht des Lebewesens, das sich aus einem Keim entwickelt. Man unterscheidet: 1. *genotypische G.*, 2. *phänotypische G.* Zwei Gruppen von Faktoren scheinen hauptsächl. dafür verantwortl. zu sein: 1. genetische, 2. Umweltfaktoren (z. B. Ernährung, Licht, Stoffwechsel). Bei Individuen mit genotypischer G. erzeugt das Männchen (Säuger einschl. Mensch) oder das Weibchen (Vögel) 2 Sorten von Keimzellen, die hinsichtl. ihres Bestands an Geschlechtschromosomen völlig voneinander verschieden sind. Bei der Vereinigung von Ei- u. Samenzelle wird über das Geschlecht des neuen Individuums entschieden. Eine Beeinflussung dieses Vorgangs ist, entgegen alles Theorien, praktisch bis heute nicht möglich gewesen.

Geschlechtshormone, *Sexualhormone*; →Hormon.

Geschlechtsmerkmale, die das männl. vom weibl. Lebewesen unterscheidenden Merkmale, die den Geschlechtsunterschied (Geschlechts-, Sexualdimorphismus) ausmachen. *Primäre G.* sind die unterschiedl. Geschlechtsorgane, *sekundäre G.* sind z. B. unterschiedl. Gestalt u. Größe, Haarbildung, Farbe, Instinkte u. seel. Eigenschaften; bei der Frau Brüste, Fettpolster, zarterer Bau, beim Mann Adamsapfel, tiefe Stimme, Bartwuchs u. a.

Geschlechtsreife, das Entwicklungsstadium, in dem die Tiere in die Fortpflanzungsphase eintreten. G. fällt gewöhnlich mit dem Ausgewachsensein der Tiere zusammen. Sie kann jedoch auf ein früheres Entwicklungsstadium vorverlegt sein, z. B. auf ein Larvenstadium (*Neotenie*).

Geschlechtsteile, die äußeren Geschlechtsorgane; →S. 90f.

Geschlechtstrieb, *Sexualtrieb*, die Gesamtheit der Verhaltensweisen, deren ursprüngl. Ziel die Erhaltung der Art ist (→Sexualität). Der G. folgt bei jeder Art einem spezif. Instinktablauf (→Erbkoordination), der Fehlpaarungen ausschließen soll. Die →Endhandlung ist die Kopulation. Bei den meisten Tieren ist der G. auf bestimmte Brunftzeiten beschränkt, die durch innere Faktoren (Hormone) im Lauf einer →Biorhythmik ausgelöst werden. Oft ist zusätzlich noch die Nähe von Angehörigen des anderen Geschlechts notwendig (Vögel, höhere Säuger). Bei den sozial lebenden Säugetieren sind Verhaltensmuster des G.s auch außerhalb der Paarungszeiten als Gesten sozialer Kommunikation lebendig (z. B. Bespringen von sozial niederrangigen Herdengenossen bei Affen u. Rindern, Darbietung der Genitalregion bei Hundeartigen). Auch beim Menschen weist das Zahlenverhältnis zwischen geschlechtlichen Handlungen zur Häufigkeit der Geburten auf eine überwiegend gemeinschaftsbildende Funktion des G.s hin. → auch Kontaktsuchen.

Geschlechtsumwandlung, Umwandlung des Geschlechtscharakters eines Individuums in denjenigen des entgegengesetzten Geschlechts. *Intersexualität* tritt bei unvollständiger G. auf. In den meisten Fällen sind die Ursachen der G. noch unbekannt; es können z. B. Stoffwechselveränderungen der endokrinen Drüsen oder der Einfluß von Außenfaktoren wie Nahrung u. Temperatur sein. Voraussetzung für eine vollständige G. ist die Umwandlung oder Ersetzbarkeit der Gonaden u. die Umbildung der äußeren Geschlechtsorgane.

Geschlechtszellen →Keimzellen.

Geschmack, *Geschmackssinn*, die Fähigkeit, verschiedenartige wasserlösl. Stoffe auseinanderzuhalten; lebenswichtige Kontrolle der aufzunehmenden Nahrung. Die G.ssinneszellen beim Wirbeltier sind als G.sknospen an bestimmten Stellen der Zunge vereinigt. 4 Qualitäten werden unterschieden: süß, sauer, salzig u. bitter. Durch ihre Kombination u. hinzukommende Wahrnehmungen des Geruchssinns entsteht eine Vielzahl von G.snuancen.

Gewebelehre, *Histologie*, Teilgebiet der Biologie u. Medizin, das die Gewebsstruktur pflanzl., tier. u. menschl. Organe im mikroskop. Bereich erforscht.

Gewebezüchtung, *Explantation*, Untersuchungsmethode der Zell- u. Gewebeforschung; Züchtung lebenden Gewebes außerhalb des Körpers auf einem künstl. Nährboden in einer *Gewebekultur* (lat. *in vitro*, »im Glas«), um Wachstum u. Vermehrung zu studieren u. mit den Vorgängen am lebenden Organismus (lat. *in vivo*, »im Lebenden«) zu vergleichen.

Giftdrüsen, Drüsenzellen oder -organe bei Tieren u. Pflanzen, die Gifte erzeugen; z. B. Drüsenhaare bei Brennesseln u. bei bestimmten Schmetterlingsraupen, Anhangsdrüsen des weibl. Geschlechtsapparats bei Stechimmen, Drüsen am Hinterleibsende von Skorpionen oder in den Oberkiefern von Giftschlangen.

Gigantismus [grch.], durch Störung der Hypophysenfunktion bedingter Riesenwuchs; kann im Versuch durch übermäßige Gaben von Wachstumshormon erzeugt werden.

Glazialrelikte, Tierarten der nördl. Halbkugel mit isoliertem Vorkommen in bestimmten Klimainseln (Moore, Bergkuppen), von denen angenommen wird, daß sie während der letzten Eiszeit weit verbreitet waren u. nach dem Rückzug des Eises an ihren heutigen Wohnplätzen zurückgeblieben sind.

Gleitfallenblume = Kesselfallenblume.

Gliedmaßen, *Extremitäten*, vom Körperstamm abgesetzte u. gegen diesen bewegliche Körperfortsätze von Tieren, die zumeist im Dienst der Fortbewegung, aber auch der Nahrungsaufnahme (Mundwerkzeuge), der Fortpflanzung, der Atmung u. a. stehen. G. kommen bei den Gliederfüßern ursprüngl. an jedem Körpersegment in einem Paar vor (z. B. bei Tausendfüßlern, vielen Krebsen), werden aber häufig auf eine bestimmte Anzahl reduziert.

Glogersche Regel [nach C. W. L. *Gloger*, 1833] →Klimaregeln.

Golgi-Apparat, von *C. Golgi* zuerst beschriebenes Zellorganell; es besteht aus mehreren flachen, aufeinandergeschichteten Membranpaaren (*Dictyosomen*), die in aufgeblähten Erweiterungen enden, die abgeschnürt werden können; es steht im Dienst der Sekretsynthese u. der Exkretion.

Gonaden [grch.], die *Keimdrüsen,* Geschlechtsorgane.

Gradation, Massenvermehrung, starke Häufigkeitszunahme einer Tierart in einem bestimmten Gebiet. Auf eine Phase der Übervermehrung (*Pro-G.*) folgt mehr oder weniger schnell eine Krise (z. B. durch Übervölkerung oder natürliche Feinde) mit einem Zusammenbruch der G. (*Retro-G.*), der die Bevölkerungsdichte der Art auf den Normalbestand verringert. – *G.sgebiet,* Teil des Verbreitungsgebiets einer Tierart, in dem es zu zeitweisen G.en kommt. →Massenwechsel.

Grana [Mz., Ez. das *Granum*; lat., »Korn«] →Plastiden.

Granulozyten [lat. + grch.] →Leukozyten.

Gräten, verknöcherte Skelettelemente wie die Anhänge des Rückgrats u. die feinen Bindegewebsverknöcherungen zwischen den Muskelsegmenten der *Knochenfische.*

graue Substanz, die Masse der relativ durchsichtigen, marklosen Nervenfasern in Teilen des Gehirns u. des Rückenmarks der Wirbeltiere.

Gregärparasitismus →Parasitismus.

Grundumsatz, Abk. *GU,* diejenige Wärmemenge in Kalorien, die von einem Körper in völlig nüchternem Zustand bei absoluter Ruhe innerhalb von 24 Stunden erzeugt wird (*Ruhenüchternwert*); gemessen durch die Bestimmung des in einer bestimmten Zeit (meist 10 min) aufgenommenen Sauerstoffs bzw. des ausgeatmeten Kohlendioxids.

Grundzytoplasma, *Hyaloplasma,* durchscheinende, zäh- bis dünnflüssige, elast. Grundsubstanz der →Zelle, die den Zellkern u. andere Zellorganellen sowie Differenzierungen u. Einschlüsse umgibt; chem. nicht einheitl., sondern ein organisiertes Gemisch vieler anorgan. u. organ. Substanzen, die teils in Wasser gelöst, teils kolloidal verteilt sind. Es kann vom flüssigen Zustand (*Sol*) in einen festeren (*Gel*) übergehen u. umgekehrt.

Gruppenbildung, *Verhaltensforschung:* der Zusammenschluß von Tieren zu bleibenden oder vorübergehenden Verbänden. Einzellebende Landasseln z. B. bilden zur Trockenheit einen Klumpen u. schützen sich so vor Trockenzeit. Schutz vor Feinden gewähren die Fisch- u. Vogelschwärme oder das Brüten in einer Kolonie. *Familienverbände* bilden sich häufig zur Brutpflege (→Balz). Insektenstaaten können durch den Zusammenschluß *Arbeitsteilung* durchführen. *Gruppentiere* zeigen bei Vereinzelung Suchverhalten oder Apathie. Im *anonymen Verband* lernen sich die Tiere einer Gruppe nicht individuell kennen, im Gegensatz zum *individualisierten Verband,* der häufig durch Rangordnung organisiert ist. →Herde, →Brutpflege.

Gruppeneffekt →Interferenz.

Gynäzeum [das; grch.], das weibl. Geschlechtsorgan der →Blüte.

Haare, 1. *Botanik: Trichome,* Anhangsorgane der pflanzl. Oberhaut. Einzellige H. können papillen-, schlauch- oder pfriemförmig sein u. →Borsten oder →Brennhaare bilden. Mehrzellige H. können durch Verzweigungen wolligflockige Überzüge bilden oder zu hakig gebogenen Klimm-H.n bei Kletterpflanzen oder zu Schuppenhaaren ausgebildet sein. Die *Wurzel-H.* dienen der Wasseraufnahme; bes. *Drüsen-H.* scheiden Stoffe verschiedener Art aus; *Fühl-H.* dienen zur Reizaufnahme.
2. *Zoologie:* lat. *Pili,* fadenförmige Gebilde der Außenhaut von Tieren, bes. charakteristisch für Säugetiere, wo sie aus Hornsubstanz bestehen. Bei Insekten sind die H. Bildungen der Kutikula. Beim Menschen (Säugetierhaar) sitzt die zwiebelförmigen *Haarwurzel* im *Haarbalg* auf einer kleinen blutgefäßreichen Verdickung (*Haarpapille*). Von hier aus wird das Haar ernährt u. wächst als *Haarschaft* nach. In den Haarbalg münden kleine Talgdrüsen. Die H. bestehen aus Hornzellen, die in einer Mark- u. einer Rindenschicht angeordnet u. von einem Oberhäutchen überzogen sind. Farbeinlagerungen (Pigmente) in der Rindenschicht bestimmen die *Haarfarbe*; beim Fehlen der Pigmente sind die H. bleich (*Albino*); die *Altersgrauheit* der H. entsteht durch eingesprengte Luftbläschen u. Pigmentverfall. H. entwickeln sich bereits an der Frucht im Mutterleib, die gegen Ende der Schwangerschaft mit zarten *Flaum-H.n* (lat. *Lanugo*) bedeckt ist. Danach entsteht die Dauerbehaarung am Kopf: die *Kopf-H.* (lat. *Capilli*) u. die *Borsten-H.* der Augenbrauen u. Wimpern. Mit der Geschlechtsreife bilden sich *Achsel-H., Scham-H., Bart-H.,* die Behaarung an den Gliedmaßen u. H. in den äußeren Gehörgängen u. im Naseneingang. →S 80, 84, 86 (Haar).

Haargefäße, *Kapillaren,* feinste, dünnwandige Blutgefäße, deren Wand nur von einem flachen Endothel gebildet wird u. in denen der Gas- u. der Stoffaustausch stattfindet. →Blutgefäßsystem.

Haarwechsel, *Abhaaren, Abhären,* der period. Wechsel des Haarbesatzes bei den Säugetieren. Tiere der gemäßigten u. kalten Breiten bekommen im Frühjahr den *Sommerpelz,* im Herbst den *Winterpelz.* Der H. ist oft mit Farbänderungen verbunden.

Habitat [das; lat.], die engste Umwelt eines Tiers; der Ort, an dem eine Tierart oder ein bestimmtes Entwicklungsstadium regelmäßig anzutreffen ist.

Habitus, die Gesamtheit aller für ein Tier oder eine Tiergruppe (Gattung, Familie usw.) charakteristischen, äußerlich erkennbaren Merkmale, wie Größe, Form, Färbung u. Zeichnung, Bewegungsform, Lautäußerung u. a.

Hackordnung →Rangordnung.

Halbschmarotzer, *Halbparasiten,* grüne Pflanzen, die zwar auf anderen Pflanzen parasitieren, aber auch selbst noch zur *Assimilation* befähigt sind. Die parasitische Ernährung beschränkt sich daher auf Wasser u. Nährsalze, die mit Hilfe eines *Haustoriums* der Wirtspflanze entzogen werden, z. B. die Mistel (*Viscum album*).

Halbsträucher, Holzpflanzen von geringer Höhe u. buschartigem Wuchs, deren Zweige nach einer oder zwei Vegetationsperioden absterben u. durch neue ersetzt werden.

Halophyten [grch.] = Salzpflanzen.
Halteren, *Schwingkölbchen,* die rückgebildeten Hinterflügel der Zweiflügler (z.B. Fliegen u. Mükken) oder der Schildlaus-Männchen u. die Vorderflügel von Männchen der Fächerflügler; Stimulationsorgane für die Flugbewegung, z.T. auch Gleichgewichtsorgane.
Hämolymphe [die; grch.], die Körperflüssigkeit von Tieren mit offenem Blutgefäßsystem (Gliederfüßer u. Weichtiere).
haploid [grch.], Bez. für Zellen oder Organismen, die nur einen Chromosomensatz haben (*Haplonten*); z.B. Sporozoen u. einige niedere Pflanzen, aber auch Säugetiere in ihren Geschlechtszellen; Gegensatz: *diploid*; →Polyploidie.
Haptonastie [die; grch.], *Thigmonastie,* die *Nastie* von Pflanzen auf Berührungsreize; z.B. bei den Randtentakeln vom Sonnentau.
Haptotropismus [grch.], *Thigmotropismus,* der Tropismus (Reizbewegung) der Organe festgewachsener Pflanzen auf Berührungsreize; z.B. bei Rankenpflanzen.
Harn [der], *Urin,* flüssiges Ausscheidungsprodukt der Niere. Während der Kohlenstoff der Nährstoffe als Kohlendioxidgas durch die Lunge ausgeatmet wird, wandelt der Körper den Stickstoff (vor allem aus den Eiweißen) in den im Blut löslichen *Harnstoff* um. Aus der ausgeschiedenen Harnstoffmenge ist auf den Eiweißabbau im Körper zu schließen. Das Blutplasma mit Ausnahme der zu großen Eiweißmoleküle wird in die Nierenkörperchen (*Glomeruli*) hineingefiltert. Der entstandene *Primär-H.* wird im Verlauf der Nierenkanälchen durch *Wasserrückresorption* wieder eingedickt (*Sekundär-H.*). Auch für den Körper wertvolle Stoffe wie Zucker u. Aminosäuren werden aktiv zurückgeholt, während Gifte in den H. abgegeben werden. Die Farbe des H.s beruht auf Abbauprodukten des Blutfarbstoffs *Hämoglobin.*
Hartlaubvegetation, an warme, sommertrockene u. winterfeuchte Klimate (*Etesien*) der gemäßigten Breiten angepaßte Pflanzengesellschaften. Charakterist. für die meist immergrünen Pflanzen der H. sind Hartblättrigkeit, filzige Blattbehaarung u. aromat. Stoffe. Die *Hartlaubwälder* sind gekennzeichnet durch Stein- u. Korkeichen, Öl- u. Johannisbrotbäume, Pinien u. Zypressen. Sie gehen vorwiegend durch menschl. Einwirken (Abbrennen, Abholzen, Beweiden) in *Hartlaubgebüsche* (*Macchie, Chaparral*) über, teilweise sogar in Zwergstrauchheiden u. Rasengesellschaften (z.B. die französ. *Garigue*).
Harzfluß, das Ausfließen von Harz aus den Harzgängen aufgrund von Verletzungen; es führt zum Wundverschluß u. schützt durch die antisept. Eigenschaften des Harzes vor Fäulnis.
Hauptwirt →Wirt.
Haustiere, Tiere, die der Mensch wegen ihres Nutzens (→Nutztiere) oder zur Gesellschaft (Hunde, Katzen, Vögel u.a.) im »Hause« hält; Gegensatz: *Wildtiere.* →Domestikation.
Haustorien [Mz.; lat.], die in die Wirtspflanzen eindringenden Saugorgane der Schmarotzerpflanzen.
Hautdrüsen, im Tierreich weit verbreitete Drüsen mit sehr unterschiedlichen Aufgaben, z.B. einzellige *Wehrdrüsen* bei Nesseltieren u. Strudelwürmern, *Schleimdrüsen* bei Wassertieren (z.B. bei Weichtieren u. Amphibien), *Wachsdrüsen* u. *Öldrüsen* bei Insekten, *Speicheldrüsen, Duftdrüsen* u. *Seidendrüsen.* →S. 83.
Hautfarbe, die von Dicke u. Durchblutung der Haut u. von eingelagerten Farbstoffen (Pigmenten) abhängige Eigenfarbe der Haut. Die H. des Menschen ist anlagebedingt individuell u. bei den verschiedenen Rassen unterschiedl. u. reicht von Hellweiß über Gelb u. Braun bis zum tiefsten Braunschwarz.
Hautknochen = Deckknochen.
Hautsinne, in oder nahe der Haut gelegene Nervenzellen. Viele Tiere sind befähigt, auf ihre Haut einwirkende Berührungs-, Druck-, Schmerz- u. Temperaturreize wahrzunehmen (*Schmerzsinn, Tastsinn, Temperatursinn*). Verschiedene Arten von Nervenendigungen nehmen die einzelnen Reize auf.
Häutung, die Erneuerung des obersten Hautgewebes; sie geht entweder dauernd vor sich (z.B. beim Menschen durch dauernde Abgabe kleiner Schuppen) oder gibt von Zeit zu Zeit durch Abwurf des ganzen Hautkleids die darunter liegende neue Haut frei (bei allen Tieren mit verhärteter Oberhaut wie Insekten, Krebsen, Eidechsen, Schlangen). Zwischen dem Abwurf der alten u. dem Erstarren der neuen Haut liegt meist eine intensive, wenn auch kurze Wachstumsperiode des Tieres. Die H. wird bei Insekten von bestimmten *H.shormonen* gesteuert.
Häutungshormone, für die Häutung von Gliedertieren verantwortliche Botenstoffe (→Hormone). Insekten bilden in gewissen Gehirnzellen neurosekretorisch das *adenotrope Hormon* aus; durch dessen Einfluß scheiden die Prothoraxdrüsen das eigentl. Häutungshormon *Ecdyson* aus, das auf die Epidermiszellen einwirkt. Wirkt Ecdyson allein, so häutet sich die Raupe zur Puppe u. diese zum Endstadium (*Imago*). Wird jedoch gleichzeitig das *Juvenilhormon* aus einem Drüsenpaar (*Corpora allata*) in der Nähe des Gehirns abgegeben, so werden nur Häutungen innerhalb des Larvenstadiums ausgelöst.
Heide. Die Zwergstrauch-H. der gemäßigten Breiten hat ihre typische Ausprägung vor allem in Nordwest-Dtschld., wo sie sich vornehmlich aus Beständen der *Gewöhnl. H.,* der *Glocken-H.* u. der *Krähenbeere* zusammensetzt. Hinzu kommen noch einige *Ginsterarten, Gräser, Flechten* u. *Moose.* Häufig gesellen sich den Zwergsträuchern noch *Wacholder* u. *Besenginster* zu, wodurch die H. allerdings den Charakter der reinen Zwergstrauch-H. verliert. Die Zwergstrauch-H. wird z.T. genutzt durch Beweidung, Heid- u. Plaggenhieb u. Bienenzucht.
heliotrop [grch.], *phototrop,* →Phototropismus.
Helophyten [grch.] = Sumpfpflanzen.
Hemielytren →Deckflügel.
Herbarium [das; lat. *herba,* »Kraut«], Sammlung getrockneter u. gepreßter Pflanzen.
Herbivoren [lat.], pflanzenfressende Tiere.

Herbizid [das; lat.], chem. Mittel zur Verhinderung des Pflanzenwuchses. H.e, die selektiv nur Unkräuter vernichten, dienen als →Pflanzenschutzmittel.

Herbstfärbung, die Verfärbung der Blätter im Herbst, →Blattgrün.

Herde, eine Vergesellschaftung von Tieren in Form individueller Verbände, häufig sozial organisiert durch Ausbildung einer →Rangordnung. Diese setzt das Kennen der Tiere untereinander u. ihrer Stellung innerhalb der H. voraus. Ranghöchster in der H. ist das *Leittier.* →Gruppenbildung, →soziale Verständigung.

Hermaphroditismus, *Hermaphrodismus* [grch.], →Zwitterbildung; →auch Androgynie.

Herzarbeit, 1. Druckvolumenarbeit: Ein bestimmtes Blutvolumen wird unter Entwicklung eines bestimmten Drucks verschoben. 2. Beschleunigungsarbeit: gemessen als die nötige Arbeit, um das Blutvolumen in Bewegung zu setzen. Unter normalen Bedingungen ist der erste Anteil ca. 160fach größer. Bei erhöhtem Blutbedarf des Organismus – z. B. beim Sport – steigt die Herzarbeit auf das Mehrfache seiner Ruhearbeit.

Herzmuskel, *Myokard,* zwischen dem Herzbeutel u. der Herzinnenhaut liegender Muskel, die Hauptmasse des Herzens; bewirkt dessen Zusammenziehung u. Erschlaffung.

Herzschlag, →S. 68 (Blutkreislauf).

Herztöne, durch die Herztätigkeit entstehende period. Geräusche. Man unterscheidet zwei H.: Der Kontraktion der Herzkammer entspricht der *Anspannungston,* dem Schließen der Aortenklappen der *Klappenton.*

heterochlamydeisch [grch.], eine in Kelch u. Krone gegliederte Blütenhülle betreffend.

Heterochronie [grch.], eine ungleiche Entwicklungsrate von Organen in der Ontogenie. So können z. B. die Keimdrüsen (*Gonaden*) schon in einem Larvenstadium vollständig entwickelt sein (Axolotl).

Heteromorphose [die; grch.], bei Tieren u. Pflanzen der Ersatz verlorengegangener Teile durch anders organisierte Teile oder Organe, z. B. bei bestimmten Krebsen das Nachwachsen einer Antenne anstelle eines Stielauges; eine Art der →Regeneration.

Heteronomie, ungleichartige Gliederung des Körpers von Tieren; Gegensatz: *Homonomie.*

Heterophyllie [grch.], die verschiedene Ausgestaltung der Laubblätter in den verschiedenen Stockwerken der Triebe einer Pflanze; bei vielen Wasserpflanzen z. B. als Wasser-, Schwimm- u. Luftblätter.

Heterosis [die; grch.] →luxurieren.

Heterosporie [grch.] →Sporen.

heterotroph [grch.] →autotroph.

heterozygot [grch.], in bezug auf ein Merkmal mit ungleichen Erbanlagen ausgerüstet, z. B. braune u. blaue Augen bei den Nachkommen; →S. 34 (Mendelsche Gesetze).

Hexenring, *Elfen-, Feenring, Elfentanzplatz,* eine mehr oder weniger kreisförmige Anordnung von Pilzen, die durch die strahlenförmige Ausbreitung der Pilzmyzelien von einem Zentrum aus zustande kommt. Die Fruchtkörper bilden sich stets am Rand des vordringenden Myzels, während die älteren Teile absterben.

Hilfswirt, ein *Zwischenwirt* (→Wirt), der relativ wenig an der Entwicklung des *Parasiten* beteiligt ist.

Hinterbrust = Metathorax.

Hinterhirn →Gehirn.

Hirn →Gehirn.

Hirnanhangdrüse = Hypophyse; →auch innere Sekretion S. 98.

Hirnnerven →Gehirn.

Histologie [grch.] = Gewebelehre.

Hochzeitsflug, Schwarmflug staatenbildender Insekten zum Zweck der Befruchtung der Königin.

Hochzeitskleid, *Balzkleid,* bei vielen Tieren als Anlockungs- u. Reizmittel in der Brunstzeit auftretende auffällige Färbung, die oft durch bes. Balzgewohnheiten noch unterstützt wird. Das H. der Vögel u. Fische ist bes. auffallend. →Balz.

Höhlenbrüter, in Höhlen brütende Vögel, z. B. die meisten Eulen, Spechte, viele Singvögel.

Höhlentiere, *Höhlenfauna,* an das Leben in lichtlosen Höhlen, einem sehr einseitigen Lebensraum, eng angepaßte Tiere. H. zeigen in ihrem Äußeren eine gewisse Übereinstimmung: Sie sind meist blind oder haben rückgebildete Augen, sind pigmentarm oder farblos; Höhleninsekten haben rückgebildete Flügel u. neigen zur Verlängerung der Körperanhänge (Extremitäten, Fühler).

Holarktis [grch.], zuammenhängende tiergeographische Region auf der Nordhalbkugel. Zusammenfassende Bez. für paläarktische Region u. nearktische Region. [K] →S. 48 (Biogeographische Regionen).

Hologamie [die; grch.] →Keimzellen.

Holzbrüter, holzbrütende *Borkenkäfer.* Die Fraßgänge der Weibchen liegen im Holz (bei sog. *Rindenbrütern* in der Rinde).

homoiotherm [grch.], Bez. für Tiere mit konstanter Körpertemperatur (Vögel, Säugetiere). Gegensatz: *poikilotherm* (wechselwarme Tiere).

homologe Organe, in der Stammesgeschichte diejenigen Organe (allgemeiner: Merkmale) verschiedener Arten, die aus ein u. demselben Organ (Merkmal) der gemeinsamen Stammform hervorgegangen sind; h. O. sind z. B. die Flügel der Vögel, die Vorderbeine der Säugetiere (Arme des Menschen) u. die Brustflossen der Fische. Gegensatz: *analoge Organe.*

Homologie [die; grch.], ein Ordnungsprinzip der Biologie, das – im Gegensatz zur *Analogie* – Organe u. Organteile allein nach ihrer Entwicklungsgeschichte beurteilt u. vergleicht, also gestaltliche Anpassungen an bestimmte Leistungen außer acht läßt. →auch homologe Organe.

homonom [grch.], gleichmäßig in der Aufeinanderfolge von Körperteilen oder Organen, z. B. die homonome Segmentierung bei Ringelwürmern.

homozygot [grch.], mit gleichen Erbanlagen bezüglich eines Merkmals ausgerüstet; Gegensatz: *heterozygot.*

Honigdrüsen, *Nektarien,* Drüsenflächen oder -haare an der Pflanze, die zur Anlockung der die Blüte bestäubenden Tiere (Insekten, Vögel) einen zuckerreichen Saft (Nektar) ausscheiden.

hören, Schallwellen wahrnehmen. →S. 63 (Ohr).
Hörgrenze, die obere bzw. untere Grenze der für das Ohr wahrnehmbaren Schallschwingungen. Schallschwingungen, deren Frequenz unter der unteren H. liegt, werden nicht mehr wahrgenommen; ebenso nicht mehr Töne, deren Frequenz die obere H. überschreitet.
Hormon [das; grch.], ein »Botenstoff« des Körpers zur Informationsübertragung; das zweite Informationssystem neben der *Nervenleitung*. H.e werden meist von inkretorischen →Drüsen abgegeben (*H.-drüsen*), bei Tieren in das Blut, bei Pflanzen in den Saftstrom. H.e sind im allg. nicht artspezifisch, sondern wirkungsspezifisch. (Zuckerkranke können z. B. mit dem H. *Insulin* aus der Bauchspeicheldrüse von Schlachttieren behandelt werden.) Die H.produktion ist bei Tieren wegen der hohen Wirksamkeit meist doppelt abgesichert: durch Nervensignale u. durch Rückkopplung. Bei der Thyreotropinproduktion z. B. bewirkt das von der →Hypophyse ausgeschüttete H. in der Schilddrüse die Abgabe von *Thyroxin*; dieses H. gelangt über die Blutbahn zur Hypophyse zurück u. stoppt dort die Thyreotropinabgabe. In diesem Fall ist die eine H.drüse einer anderen übergeordnet (*hierarchisches Prinzip*). →Hypothalamus.
H.wirkungen sind vielseitig: *Insulin* aus der Bauchspeicheldrüse senkt den Blutzuckerspiegel; Gegenspieler sind *Cortisol* (Nebennierenrinde), *Glucagon* (Bauchspeicheldrüse) u. *Adrenalin* (Nebennierenmark). Adrenalin bewirkt eine gesamte Körpermobilisierung (Notfallreaktion). *Corticostereoide* der Nebennierenrinde regeln den Wasserhaushalt u. den Mineralstoffwechsel. Das Schilddrüsen-H. *Thyroxin* ist unerläßlich für Wachstum u. Entwicklung jugendlicher Gewebe u. hat im erwachsenen Organismus Einfluß auf den gesamten Stoffwechsel (Schilddrüsenüberfunktion, Schilddrüsenunterfunktion). Drei *Hypophysen-H.e* steuern zusammen mit *Östrogen* u. *Progesteron* (Geschlechts-H.e) den Monatszyklus der Frau (*Menstruation*). Das Keimdrüsen-H. *Testosteron* bewirkt die Ausprägung der männl. Geschlechtsmerkmale u. Verhaltensweisen bei Tieren, wie z. B. Imponiergehabe u. Kampf. Aus der Hypophyse stammen auch *Ocytosin* zur Auslösung der Geburtswehen, *Adiuretin* (*Vasopressin*) für die Blutdrucksteigerung u. die Wasserrückresorption in der Niere, *Corticotropin* zur Beeinflussung der H.produktion in der Nebennierenrinde, das Wachstums-H. *Somatropin* u. bei Insekten u. Amphibien *Melanotropin*, das eine Hauptverdunkelung (Farbwechsel) durch Ausbreitung der Pigmentzellen bewirkt. Insekten u. Krebse verfügen über Häutungs-H.e (z. B. *Ekdyson* aus der Prothorax-Drüse bzw. dem Y-Organ). Zwei Sozialkasten-H.e (*Pheromone*) sorgen bei den Termiten für die Ausbildung von Geschlechtstieren oder Arbeitern: Überwiegt das erste in den anfängl. Larvenstadien, so entsteht ein Geschlechtstier; verstärkt sich das zweite, wird ein Arbeiter daraus. – Auch Pflanzen haben H.e, sog. *Phytohormone: Auxin* verursacht das Streckungswachstum, *Gibberellin* beeinflußt Zellwachstum u. Blütenbildung, *Kinine* aktivieren Samen u. Knospen.
Chemisch sind die H.e der Wirbeltiere Proteine, Polypeptide, Aminosäurederivate u. Steroide. Die Aminosäureresequenz einiger Peptid-H.e (Insulin, Glucagon, Oxytozin, Vasopressin u. adrenocorticotropes H.) ist geklärt. H.e, die eine Korrelation zwischen Individuen einer Art herstellen, sind die →Pheromone.
Die Methode der H.untersuchung besteht darin, durch Beobachtung von Ausfallerscheinungen nach operativer Entfernung einer inkretorischen Drüse das Vorhandensein eines hormonellen Faktors nachzuweisen u. das H. aus Drüsenextrakten, die diese Ausfallserscheinungen beseitigen, zu isolieren. Wie ein H. in den Zellstoffwechsel eingreift, ist noch weitgehend unbekannt. In einigen Fällen ist es gelungen, einen H.-Rezeptor (Protein) im Erfolgsorgan zu isolieren. In anderen Fällen konnte die Induktion spezifischer Enzyme im Erfolgsorgan nachgewiesen werden. Übersicht [T] →S. 98 f. (Hormone).
Horst, großes Vogelnest aus Reisig, bes. der Raubvögel.
Hüftnerv = Ischiasnerv.
Hüllblätter, bei den *Laubmoosen* die Blätter, die die Fortpflanzungsorgane einschließen; bei den *Korbblütlern* die die Blütenkörbchen kelchartig umgebenden Blätter (*Hüllkelch*).
Hülle, bei zusammengesetzten *Dolden* die Gesamtheit der Tragblätter, in deren Achseln sich die Teilblütenstände entwickeln.
Hülse, *Frucht*, die aus einem einzigen Fruchtblatt besteht, sich aber sowohl an der Bauchnaht als auch entlang der Mittelrippe (»Rückennaht«) öffnet; vor allem bei den *H.nfrüchtlern* (*Leguminosae*).
Humangenetik [lat.], in die *Anthropologie* integriertes Teilgebiet der *Genetik*, befaßt sich mit der Vererbungslehre beim Menschen. Hauptmethoden sind Familienstammbaum-Analysen u. Zwillingsforschung. Sie gestatten u.a. den Vergleich des Einflusses von Umwelt u. Erbfaktoren beim Menschen. Wichtige Arbeitsgebiete sind: 1. Grundlagen der Vaterschaftsuntersuchungen; 2. Erbkrankheiten; 3. der »Verfall« des menschl. Erbguts durch Ausschaltung der natürl. Selektion u. die Gefahr der Mutationserhöhung, die zu einer Anreicherung biologisch ungünstiger →Allele führt.
Humerus [der; lat.], der Oberarmknochen der vierfüßigen Wirbeltiere u. des Menschen.
Hyaloplasma [das; grch.] = Grundzytoplasma.
hybr., Abk. für *hybrid*, in der Pflanzensystematik gebrauchte Abk., um Artbastarde zu kennzeichnen, deren genaue Zusammensetzung man nicht kennt; weit verbreitet bei Zier- u. Nutzpflanzen, die oft bessere Leistungen hervorbringen als die Stammpflanzen. →auch Bastard.
Hybride [der; grch.] →Bastard.
Hybridisierung, Verschmelzung von Zellen verschiedener Pflanzen- (→Protoplasten) oder Tierarten (→Zellverschmelzung).
Hydathode [die; grch.], Wasserspalte zur aktiven Wasserausscheidung an Pflanzen.
Hydrochorie [-ko:ɪ; grch.], Verbreitung pflanzlicher Früchte oder Samen durch das Wasser.
Hydrogamie [grch.], *Wasserblütigkeit*, die Über-

tragung der Pollenkörner durch das Wasser; bei einigen Wasserpflanzen, z. B. Seegras u. Hornblatt.

Hydrophyten [grch.], die Wasserpflanzen. Sie leben teils völlig untergetaucht (*submers*) wie z. B. *Tausendblatt, Hornblatt, Wasserschlauch*; teils schwimmen ihre Blätter auf der Wasseroberfläche wie bei *Seerose, Froschbiß, Wasserlinse*; oder sie ragen mit einem Teil ihrer Sprosse aus dem Wasser u. leiten so zu den *Sumpfpflanzen* über. Die untergetauchten Sproßteile zeichnen sich durch eine zarte Epidermis, Oberflächenvergrößerung (zerschlitzte Blätter) u. Fehlen von Spaltöffnungen, wasserleitenden Geweben u. Stützgeweben aus.

Hygrophyten [grch.], Pflanzen ständig feuchter Standorte, die über Vorrichtungen zur Förderung der Wasserabgabe (Transpiration) verfügen: Oberflächenvergrößerung der Blattspreite, Wasserspalten zur aktiven Wasserausscheidung (*Hydathoden*), erhöhte Spaltöffnungen, Papillen u. lebendige Haare auf der Epidermis.

Hyperparasitismus →Parasitismus.

Hyperplasie [grch.], die Größenzunahme von Organen durch Zellvermehrung.

Hypoglossus [der; grch.], *Nervus hypoglossus, Zungennerv*, der 12. →Gehirnnerv S. 73, S. 88.

hypogyn [grch., »unterweibig«], Bez. für eine Blüte mit oberständigem Fruchtknoten.

Hypokotyl [das; grch.], Teil des Keimlings der Blütenpflanzen: die Keimachse unterhalb der Keimblätter.

Hypophyse [die; grch.], *Hirnanhangdrüse, Glandula pituitaria*, eine Drüse innerer Sekretion (→S. 98) der Wirbeltiere, die im Bereich des Zwischenhirns an der Schädelbasis liegt u. beim Menschen etwa kirschkerngroß ist. Sie besteht aus einem drüsigen *Vorder-(Haupt-)Lappen* u. einem epithelartigen *Zwischen-(Mittel-)Lappen*, die beide vom ektodermalen Mundepithel herstammen, sowie aus einem aus Nervengewebe bestehenden *Hinterlappen*, der vom *Infundibulum* des Zwischenhirns gebildet wird. Die H. ist die allen anderen Inkretdrüsen übergeordnete Hormondrüse. Die Hormone des Vorderlappens (*ACTH, Somatotropes, Gonadotropes, Thyreotropes, Lactotropes Hormon u. a.*) regeln vor allem die Tätigkeit der Hormondrüsen, die des Hinterlappens (*Oxytocin, Vasopressin, Adiuretin*) beeinflussen Blutdruck, glatte Muskulatur u. Wasserausscheidung. Erkrankungen der H., bes. geschwulstartige Vergrößerungen, haben schwere innersekretorische Störungen zur Folge, z. B. Wachstumsstörungen (Akromegalie, Zwergwuchs), Fettsucht (Fälle der Adipositas, Cushingsche Krankheit, Dystrophia adiosogenitalis), Magersucht, Diabetes insipidus u. a.

Hypoplasie [grch.], die Unterentwicklung eines Organs oder eines Organsystems.

Hypothalamus [der; grch.], der untere Teil der Seitenwände des Zwischenhirns (*Thalamus*; →Gehirn). Im H. liegen bei Säugetieren die wichtigsten übergeordneten Regulations-Zentren des vegetativen Nervensystems. Von hier aus werden Fettstoffwechsel, Blutdruck, Atmung, Wasserhaushalt, Temperatur u. Geschlechtsfunktionen kontrolliert u. gesteuert. Der H. bildet auch die *Releasing factors*, die die Produktion der Hormone des Hypophysen-Vorderlappens regulieren. →Hypophyse, →innere Sekretion S. 98.

hypotonische Lösung, eine Lösung mit niedrigerem osmot. Druck als das Blut.

Identifikation, *Determination, Bestimmung*, die Feststellung der Artzugehörigkeit eines Organismus.

identische Reduplikation, die Fähigkeit der *Nucleinsäuren*, ein ihnen gleichgebautes Molekül zu bilden. Hierbei trennen sich die Fäden der Doppelhelix, u. jeder Strang dient als Matrize, an die sich die komplementären Bausteine anlagern. Nach der Reduplikation besteht jeder Doppelstrang zur Hälfte aus altem u. zur Hälfte aus neuem Material. [B] →S. 44 (Genetik).

Idiotypus [der; grch.], das aus *Genotypus* u. *Plasmotypus* bestehende, ganze Erbgefüge eines Individuums.

Imago [die; Mz. *Imagines*; lat., »Bild«], erwachsene, geschlechtsreife Tiere bei den Insekten, im Gegensatz zu *Larve* u. *Puppe*; auch als *Vollkerfe* bezeichnet.

Immobilisation [lat.], das Unbeweglich-Machen von Tieren zum Einfangen, Festhalten oder Untersuchen; mit mechanisch wirksamen Mitteln (Seile, Fangnetz) oder durch intramuskulären Einschuß von muskellähmenden Substanzen mit Hilfe des Narkosegewehrs.

Immunität, der (erworbene) Zustand eines Organismus, in dem durch Bildung von *Antikörpern* die Reaktionsfähigkeit des Organismus gegenüber einem *Antigen* (Krankheitserreger oder Schädiger) in bestimmter Weise verändert ist. Die Anwesenheit der Antikörper bedingt den Immunzustand; ihre Bildung wird durch das eindringende Antigen ausgelöst. Gelangen später erneut Antigene in den Körper (z. B. bei einer zweiten Infektion), so wirken die Abwehrmaßnahmen durch die noch vorhandenen Antikörper so rasch, daß es meist nicht mehr zu einer Erkrankung kommt. – Zuweilen wird die *Resistenz* als *natürliche I.* bezeichnet, im Gegensatz zur sekundären, erworbenen I. im beschriebenen Sinn.

Immunkörper →Antikörper.

Immunologie [lat. + grch.], *Immunitätslehre*, die Wissenschaft von der →Immunität.

imponieren [lat.], Bez. für ein ritualisiertes Aggressionsverhalten ohne Kampftendenz (→Kampf), im Gegensatz zum *Drohverhalten;* Bestandteil der →Balz.

Impuls →Nervenleitung.

Indikatorpflanzen = Bodenanzeiger.

Individualdistanz, *Individualabstand*, der Mindestabstand zweier Individuen einer Art. Die I. ist wichtig für die Beurteilung des sozialen Gefüges einer Tierpopulation. Sie kann starr sein (Aufreihung von Singvögeln auf Telegraphendrähten) oder je nach Trieblage wechseln. Auffällig gefärbte Tiere halten eine größere I. als unscheinbare. Ein Überschreiten der I. löst Flucht (→Fluchtdistanz) oder Aggression aus. →Auslöser, →Kampf.

Induktion, die Auslösung eines Entwicklungsvorgangs (→Determination, →Differenzierung) an einem Teil des Organismus durch einen anderen Teil. So schnürt z. B. bei Lurchen das Ektoderm (→Embryonalhüllen) die Augenlinse aufgrund eines Reizes der Augenblase ab, die, vom Gehirn her kommend, in die Epidermis einwandert. Entfernt man die Augenblase, ehe sie die Epidermis erreicht hat, so bildet sich keine Linse, während andererseits z. B. ein Stück Bauchhaut, in die Linsenbildungsregion verpflanzt, unter der I. der Augenblase trotzdem zur Linse wird.

Infloreszenz [die; lat.] = Blütenstand.

Informationstheorie. In der Genetik befaßt sich die I. mit dem *genetischen Code* der Erbsubstanz Desoxyribonucleinsäure (DNS). Diese besteht bei Tieren u. Pflanzen aus den vier Basen *Adenin, Guanin, Cytosin* u. *Thymin.* Sie bestimmen die Reihenfolge von etwa 20 Aminosäuren im Eiweißmolekül. 4 Basen enthalten 2 bit Information, 20 Aminosäuren verlangen aber zwischen 4 u. 5 bit ($2^4 = 16$, $2^5 = 32$). Mit 2 bit können nicht mehr als 4 Informationen ausgedrückt werden. Erst wenn die vier Basen in Dreierpaaren (*Tripletts*) kombiniert sind, gibt es 64 verschiedene Möglichkeiten, was einem Informationsgehalt von 6 bit entspricht. So ist nach der I. ein genetischer Code in Form von Tripletts zu fordern (ein Triplett als kleinste Einheit der Erbinformation). – Auch Erscheinungen der Nervenleitung lassen sich durch die I. bearbeiten.

Inkret [das; lat.] →Hormon. →auch Drüsen.

Inkretdrüsen, *Drüsen innerer Sekretion, endokrine Drüsen, Hormondrüsen,* →Drüsen →Hormon.

innere Uhr →Biorhythmik.

Innervation [lat.], die Nervenversorgung u. Einwirkung nervöser Reize auf Organe u. Körpergebiete.

Inquilinen [lat.], *Einmieter,* Tiere, die in Nestern u. Bauten, aber auch in *Gallen, Minen* u. ä. anderer Arten leben; z. B. Brandgänse, die in Fuchsbauten brüten, oder einige Gallwespen, die ihre Eier regelmäßig in die Gallen anderer Arten legen.

Insektenblütler, Pflanzen, deren Blüten durch Insekten (Bienen, Hummeln, Schmetterlinge, Käfer, Fliegen) bestäubt werden. Die I. haben bes. Einrichtungen zur Anlockung der Insekten, wie lebhaft gefärbte Blütenhüllblätter, z. T. mit bes. Saftmalen, Duftstoffe, Nektar oder Überschuß an Pollen. Die Blüten der I. sind oft so gestaltet, daß nur bestimmte Insekten die Bestäubung durchführen können.

insektenfressende Pflanzen, *fleischfressende Pflanzen, Karnivoren,* Pflanzen mit Fangvorrichtungen zum Anlocken u. Festhalten von Insekten u. mit Drüsen, die eiweißabbauende Fermente ausscheiden, so daß der Tierkörper teilweise aufgelöst werden kann. Nach der Beschaffenheit der Fangorgane unterscheidet man *Leimrutenfänger* (z. B. Sonnentau, Fettkraut), *Klappfallenfänger* (z. B. Wasserschlauch, Venusfliegenfalle) u. *Fallgrubenfänger* (z. B. Kannenpflanzen).

Insektenstaat, das Zusammenleben bestimmter (sozialer) Insekten (Termiten, Wespen, Bienen, Ameisen) in selbstgefertigten Bauten, wobei die Aufgaben innerhalb des I.s, z. B. Versorgung u. Schutz der Bewohner oder Pflege der Nachkommen, in einem sinnvollen Zusammenwirken aller Einzeltiere in Arbeitsteilung durchgeführt werden. Verbunden ist damit stets auch eine gestaltliche Trennung (*Polymorphismus*) von Geschlechtstieren u. fortpflanzungsunfähigen »Arbeitern« u. »Soldaten«. Im I. finden sich als Stockinsassen gewöhnlich zahlreiche Fremdtiere (*Entökie, Symphilie, Staatsparasitismus*). →auch soziale Tiere.

Insektivoren [lat.], *Insectivora,* = Insektenfresser.

Insektizide, insektentötende Stoffe, die zur Bekämpfung von Schadinsekten verwendet werden. Sie wirken *mechanisch* durch Zerstörung der Kutikula (z. B. Kieselstaub gegen Kornkäfer) oder chemisch als *Atemgifte* (z. B. Blausäure, Schwefeldioxid, Schwefelkohlenstoff, Globol, Derris), als *Fraßgifte* (z. B. Arsen-, Blei-, Quecksilber-Verbindungen), oder als *Kontaktgifte* (Berührungsgifte, z. B. DDT, E 605).

Inselfauna und Inselflora, die Tier- u. Pflanzenwelt von Inseln. Sie dient oft als Hinweis auf die geolog. Geschichte der Insel: Bei Übereinstimmung von Inselfauna u. Inselflora mit der des benachbarten Festlands ist ein ursprüngl. Zusammenhang wahrscheinlich; aus der Abweichung der Inselfauna u. Inselflora von der des Festlands kann auf das Alter der Abtrennung geschlossen werden. Inselfaunen enthalten als Folge ihrer Isolierung oft bes. gefährdete u. alte Tierformen (z. B. Bodenvögel, Brückenechse auf Neuseeland; Kommodo-Waran; Tierwelt Australiens u. Madagaskars.)

Insertion [lat.], die Art, wie, u. die Stelle, wo ein Organ, z. B. ein Blatt oder ein Muskel, ansetzt (*inseriert*).

Instinkt [der; lat.], ein definierbares Wirkungsgefüge oder Funktionssystem des Verhaltens; ein hierarchisch organisierter, nervöser Mechanismus (→Instinkthierarchie), der auf bestimmte auslösende u. richtende Impulse – innere wie äußere – anspricht u. sie mit lebens- u. arterhaltenden Bewegungen, den →Erbkoordinationen, beatwortet. Zu den inneren Impulsen gehören, bes. bei periodisch wirksamen I.en, die *Hormone.* Äußere Impulse sind spezif. Reizsituationen (*Schlüsselreize*); sie wirken auf einen angeborenen Auslösemechanismus, der die situationsgerechten I.handlungen freigibt. In diesen zeigt sich keine intelligenzgesteuerte Zielstrebigkeit des Tieres, u. es erreicht sein Ziel auch nur unter bestimmten, dem natürlichen Lebensraum entsprechenden Bedingungen. – Der menschl. I. wird stark vom verstandesmäßigen Handeln u. von erlernten Erfahrungen (→Lernen) überdeckt.

Instinktbewegung, *Instinkthandlung* →Erbkoordination.

Instinkthierarchie. Das Gesamtverhalten eines Tieres läßt sich in zusammenhängenden Gruppen gliedern, die wiederum in immer einfachere Verhaltensgruppen zerfallen. Von der unteren Ebene der einfachsten Verhaltensweise, der Endhandlung (→Appetenzverhalten), aus gesehen, erscheint das Gesamtverhalten wie ein hierarchisch gegliederter Stufenbau. Instinkte der gleichen Stufe können sich hemmen oder fördern. Durch Aktivierung der hohen Instinktstufe werden auch die darunter liegenden aktiviert. So aktivieren z. B. Temperatur- u. Umgebungsverhältnisse den Fortpflanzungsinstinkt beim Stichling. Dieser wiederum regt die darunterliegende, unter sich gleichwertige Instinktstufe des Kampf-, Nestbau-, Verpaarungs- u. Brutpflegeverhaltens an. Jeder dieser zur Untergruppe gehörenden Instinkte aktiviert wiederum die darunter liegenden; z. B. durch die Aktivierung des Kampfverhaltens wird die Bereitschaft zum Drohen, Rammen, Beißen u. Verfolgen verursacht.

Interferenz [lat.], die unmittelbare Einwirkung von Tieren aufeinander; positiv im Fall eines *Gruppeneffekts* (Steigerung der Leistungen des Einzeltiers beim Zusammenleben mit Artgenossen [*soziale Stimulation*]: z. B. Aktivität, Lebensdauer, Wachstum), negativ im Fall des *Masseneffekts* (*Übervölkerung, Crowding;* psych. Wirkungen, die zu physiolog. Schädigungen führen, z. B. Zusammenbruch von Feldmaus-Massenvermehrungen, Auslösung von Heuschrecken- u. Lemming-Wanderungen).

Interferon [das; lat.], ein *Protein*, das in Reaktion auf eine Virusinfektion von den Wirtszellen gebildet wird. Vor einer Virusinfektion eingeimpft, kann es ein wirksamer Schutz gegen die Infektion sein.

Internodie, Knoten im pflanzlichen Sproß.

Interrenalorgan [lat. + grch.] →Nebennierensystem.

Intersexualität [lat.], regelloses Durcheinander von männl. u. weibl. Merkmalen an einem Individuum, das im Gegensatz zum *Gynandromorphismus* trotzdem in allen Zellen genetisch ein einheitl. Geschlecht aufweist (entweder genetisch männlich oder genetisch weiblich). Bei Schmetterlingen z. B. scheint dies durch Kreuzung verschiedener Sexualrassen zustande zu kommen; die Kreuzungsprodukte sind hinsichtl. ihrer Geschlechtsbestimmung so umweltlabil, daß es zu einer mosaikartigen Ausbildung abgegrenzter weibl. u. männl. Bezirke im Körper u. an den Geschlechtsorganen kommen kann. Bei den Intersexen höherer Wirbeltiere ist die Abweichung von dem erbl. angelegten Geschlecht durch Geschlechtshormone bedingt.

Interzellularen [lat.], *Interzellularräume,* Zwischenzellräume, die das pflanzl. Gewebe als zusammenhängendes Interzellularsystem durchziehen u. der Atmung dienen. Bei tier. Gewebe sind I. immer mit den Zellen ausgeschiedener *Interzellularmasse* ausgefüllt (z. B. gallertige oder fibrilläre Interzellularmasse im Bindegewebe).

Intestinum [das; Mz. *Intestina*; lat.], Darm, *Intestina,* Eingeweide.

intraspezifische Evolution = Mikroevolution, Gegensatz: *transspezifische Evolution;* →Abstammungslehre.

Intussuszeption →Flächenwachstum.

Invasionsvögel, Vögel, die von Zeit zu Zeit zu auffälligen Wanderungen neigen. Die »Invasionen« werden durch den Massenwechsel der betr. Art u. durch Umweltverhältnisse (vor allem Nahrungsverknappung) verursacht. Z. B. gelangt der sibirische *Tannenhäher* in bestimmten Wintern bis nach Großbritannien u. Südfrankreich.

Inversion, die Umkehr eines Chromosomenstücks innerhalb desselben Chromosoms nach doppeltem Bruch.

irreversibel, eine Entwicklung betreffend, die nicht mehr rückgängig gemacht werden kann. Das von *L. Dollo* (vor ihm aber schon von *Meyrick*) formulierte »Gesetz« von der *Irreversibilität der Evolution* gilt nur für das identische Wiederauftreten verlorengegangener komplizierter Organe.

Isogamie →Keimzellen.

Isolation, einer der Evolutionsfaktoren in der →Abstammungslehre.

Isosporie [grch.] →Sporen.

Jacobsonsches Organ [nach dem dän. Arzt L. L. *Jacobson*, *1783, †1843], Nebengeruchsorgan (Nebennase) bei Amphibien, Reptilien u. Säugetieren; blind geschlossenes Säckchen, das hinter dem Zwischenkiefer in die Mundhöhle mündet. Das Jacobsonsche Organ ist bei Vögeln, Schildkröten, Krokodilen, auch bei vielen Säugetieren u. beim Menschen rückgebildet.

Jahresringe, *Jahrringe,* kommen im Holz der Bäume u. Sträucher dadurch zustande, daß das im Sommer wachsende Holz dichter u. dunkler ist als das weitporige helle Frühjahrsholz; die winterl. Ruheperiode ist an Stammquerschnitten durch die scharfe Grenze zwischen dem *Spätholzring* (*Sommerring*) des einen u. dem *Frühholzring* (*Frühjahrsring*) des folgenden Jahres gekennzeichnet.

Jahresvögel →Vogelzug.

Jungfernfrüchtigkeit = Parthenokarpie.

Jungfernzeugung, *Parthenogenese,* die Entwicklung der Eizelle ohne vorhergegangene Befruchtung. Bei manchen Tieren (z. B. Stabheuschrecke, verschiedene Würmer u. Rädertierchen) treten Männchen unter bestimmten Bedingungen nicht auf u. die J. ist dann die einzige Fortpflanzungsart. Bei anderen kommt J. nur gelegentl. neben normaler geschlechtl. Fortpflanzung vor, wie bei einigen Schmetterlingen. Die männl. Bienen (Drohnen) entstehen immer aus unbefruchteten Eiern. Bei einigen Gliedertieren wechseln J. u. normale geschlechtl. Fortpflanzung regelmäßig miteinander ab (Blattläuse, Gallwespen, Wasserflöhe); diese bes. Art. des *Generationswechsels* wird *Heterogonie* genannt.

Kalamität, Massenauftreten von Krankheitserregern oder Schädlingen (*Epidemien*), die mit schweren biolog. u. wirtschaftl. Schäden verbunden sind. →Massenwechsel.

Kaltblüter, volkstümlich für →wechselwarme Tiere.

Kältestarre, der Zustand der Regungslosigkeit einiger Tiere während der kalten Jahreszeit, mit stark herabgesetzter Stoffwechseltätigkeit; →Überwinterung.

Kambium [das; lat.], *Kambiumring,* das Bildungsgewebe in den pflanzl. Stengeln u. Wurzeln. Es veranlaßt das Dickenwachstum, indem es bei Nacktsamern u. Zweikeimblättrigen nach außen *Bast,* nach innen *Holz* bildet, bei Einkeimblättrigen nach außen Rindenzellen, nach innen Leitbündel u. Parenchym.

Kameraaugen, Augen, die nach dem Prinzip der Lochkamera arbeiten; →Lichtsinnesorgane S. 115.
Kampf, zur Auseinandersetzung führendes *Aggressionsverhalten* bei Tieren, sowohl zwischen verschiedenen Arten (interspezifisch) als auch innerhalb einer Art (intraspezifisch). K. innerhalb der Art dient der Revierbildung (→Revier), der Aneignung eines Geschlechtspartners, der Beschaffung von Nahrung oder der Stellung innerhalb einer →Rangordnung. Dabei wird eine Art nicht in ihrem Bestand gefährdet, denn ein *Beschädigungskampf* ist selten: nur bei Arten mit schwachen Waffen oder mit günstigen Ausweichmöglichkeiten. Nach festen Regeln wird der *Kommentkampf* durchgeführt; *Drohverhalten* u. zahlreiche andere ritualisierte Verhaltensweisen (*Ritualisation*) verhindern eine stärkere Beschädigung: Horntiere, Hirsche u. Meerechsen greifen nur von vorn an; Winkerkrabben stoßen mit den fest geschlossenen Scheren aufeinander; Giftschlangen beißen nicht, sondern versuchen sich durch Umschlingen zur Seite zu drükken. Durch →Demutsverhalten des Unterlegenen kann der K. abgebrochen werden.
Kampf ums Dasein, engl. *Struggle for Life,* →Darwinismus.
Kapillaren [lat. *capillus,* »Haupthaar«], *Haargefäße, Kapillargefäße,* kleinste Blutgefäße, die Venen u. Arterien verbinden u. in denen der Stoff- u. Gasaustausch zwischen Blut u. Gewebe stattfindet.
Kapsel, aus mindestens 2 Fruchtblättern verwachsene Streufrucht (→Früchte S. 207).
karnivor [lat.] = fleischfressend.
Karotiden [Mz., Ez. die *Karotis*; grch.], *Carotiden,* die Halsschlagadern.
Karotisdrüsen, *Carotisdrüsen,* Drüsen aus sog. chromaffinen Zellen (Zellen der Adrenalorgane, →Nebennierensystem), die im Nieren- u. Leberparenchym, in Eierstock- u. Nebenhodennähe liegen.
Karyogamie [grch.], *Kernverschmelzung,* der eigentl. Befruchtungsvorgang, d. h. die Verschmelzung der Kerne von Ei- u. Samenzelle; →Befruchtung.
Karyokinese [die; grch.], indirekte →Kernteilung.
Karyolymphe [die; grch.], Flüssigkeit im →Zellkern.
Karyon [das; grch.] = Zellkern.
Karyopse [die; grch.], nußähnl. Schließfrucht der Gräser, bei der Fruchtwand u. Samenschale miteinander verwachsen sind.
Käsemagen, *Labmagen,* →Wiederkäuen.
Kaspar-Hauser-Versuch [nach dem Findelkind K. *Hauser*], wichtigstes Experiment der Verhaltensforschung zum Beweis angeborener Verhaltensweisen. Dabei werden Tiere isoliert aufgezogen. Ihr gezeigtes Verhalten kann nicht auf Lernen beruhen, es muß angeboren sein. Schallisoliert aufgezogene Grasmücken zeigen dennoch ihren arttypischen Gesang, ebenso brauchen Lachtauben die Fütterung ihrer Jungen nicht zu lernen oder Eichhörnchen das Verstecken ihrer Nahrung.
Keim, 1. *Krankheitskeim,* Bez. für alle Mikroorganismen, z. B. Bakterien; *keimfrei* (*steril*), frei von Mikroorganismen.
2. die der Fortpflanzung dienende Zelle oder Zellgruppe; das sich bildende Lebewesen, insbes. die junge Pflanze (*Keimling*); →Keimung.
Keimbahn, die Entwicklungsreihe von Zellen, aus denen die *Keimzellen* hervorgehen. Bei manchen Tieren wird schon im wenigzelligen Stadium eine Urkeimzelle abgesondert; von ihr stammen sämtliche Keimzellen ab. Nach der Befruchtung entstehen aus diese Keimzelle wieder eine Urkeimzelle u. Körperzellen.
Keimbläschen →Keimscheibe.
Keimblatt, 1. *Kotyledo,* Blatt des pflanzl. *Keimlings:* die ersten Blätter der jungen Pflanze, eins bei Einkeimblättrigen, zwei bei Zweikeimblättrigen, zwei u. mehr bei nacktsamigen Pflanzen; → auch Keimung.
2. bei Tieren →Embryonalentwicklung.
Keimscheibe, die bei dotterreichen Eiern auf dem Nahrungsdotter liegende Plasmamasse mit dem befruchteten Eizellkern (*Keimbläschen* genannt), die sich im Lauf der Furchungsteilungen zu einer flachen Zellscheibe entwickelt; →Embryonalentwicklung.
Keimung, *i. e. S.* die Weiterentwicklung des Embryos der pflanzl. Samen, *i. w. S.* auch der Sporen, der Knospen von Kartoffelknollen u. a. Nicht alle Samen sind unmittelbar nach der Loslösung von der Mutterpflanze keimfähig; (→S. 208, 214) meist machen sie ein gewisses Ruhestadium durch, in dem sich das Plasma in einem sog. latenten Lebenszustand befindet, der durch starke Entwässerung u. Drosselung des Stoffwechsels gekennzeichnet ist. Die wichtigste Voraussetzung für den Beginn der K., die meist in den oberen Bodenschichten stattfindet, ist Feuchtigkeit: Durch Wasseraufnahme quillt der Samen, die Samenschale wird gesprengt, u. der Embryo, der bereits in Keimblätter, Keimwurzel u. Keimachse gegliedert ist, beginnt zu wachsen. Hierbei braucht er das im Samen oder in den Keimblättern gespeicherte Nährgewebe auf.
Bei der K. tritt immer zuerst die Wurzel aus dem Samen. Die Keimblätter werden nur bei der *epigäischen K.* aus der Samenschale gezogen u. über die Erde gehoben, wo sie ergrünen. Bei der *hypogäischen K.* bleiben sie im Samen; sie sind dann meist Reservestoffbehälter (z. B. bei Erbsen, z. T. Bohnen, Eicheln). Die K. ist durch Außenfaktoren stark beeinflußbar. Das gilt vor allem für Temperatur u. Licht. Viele Samen keimen nur, wenn sie in gequällenem Zustand eine bestimmte Zeit Licht erhalten haben (*Lichtkeimer,* z. B. Tabak), andere werden durch Belichtung in ihrer K. gehemmt (*Dunkelkeimer,* z. B. Ehrenpreis). Manche Samen entwikkeln sich erst nach vorherigem Durchfrieren (*Frostkeimer,* z. B. viele Alpenpflanzen).
Keimzellen, die bes. Zellen der Vielzeller, die der geschlechtl. Fortpflanzung (*Amphigonie*) dienen. Außer den ungeschlechtl. *Sporen* mancher Pflanzen sind alle K. geschlechtl. differenziert, d. h., es gibt immer zwei Sorten von K.; die weibl. u. die männl. K., die bei der Befruchtung zur *Zygote* verschmelzen. Aus dieser entwickelt sich dann das neue Lebewesen. Der Fall, daß zwischen den K. u. den übrigen *Körperzellen* kein Unterschied besteht, ist selten (*Hologamie*); meist differenzieren sich die K. von

den übrigen Zellen der Art (*Merogamie*). Im einfachsten Fall sind die geschlechtl. K. (auch *Geschlechtszellen* oder *Gameten* genannt) gleich groß u. gleich gestaltet u. nur physiolog. geschlechtsverschieden (*Isogamie*, bei vielen Protozoen, Algen u. Pilzen). Bei Moosen, Farnen u. bestimmten Protozoen sind die Gameten ungleich groß (*Anisogamie*); der größere (*Makro-*)*Gamet*, der oft reichl. Reservestoffe enthält, wird als weibl. (♀) bezeichnet, der kleinere (*Mikro-*)*Gamet* als männl. (♂). Bleibt der Makrogamet unbewegl., nennt man ihn die *Eizelle* (→Ei) u. den bewegl. Mikrogamenten (*Spermatozoon* oder *Spermium*), der die Eizelle aufsucht, die *Samenzelle* (*Oogamie*, bei den Gewebetieren u. höheren Pflanzen). Alle geschlechtl. K. enthalten nur einen des für die jeweilige Art typischen Chromosomensatzes, der bei der Befruchtung verdoppelt wird; hierfür machen die K. bei ihrer Bildung die →Reifeteilungen durch. Die K. werden meist in bes. Organen gebildet: bei den höheren Pflanzen in *Archegonien* u. *Antheridien* bzw. im *Embryosack* u. im *Pollenkorn*, bei den Gewebetieren im *Eierstock* (*Ovar*) u. im Hoden.

Kerndimorphismus →Zellkern.

Kernkörperchen, *Nukleolus*, im Zellkern einzeln oder zu mehreren enthaltener kugeliger Körper, der aus Eiweißen u. Ribonucleinsäure besteht u. sich je nach Funktion des Zellkerns stark verändert. Er hat keine Hüllmembran, Entstehung u. Aufgabe sind noch umstritten; vielleicht Ribosomenbildung.

Kernphasenwechsel, der Übergang vom diploiden (*doppelten*) Chromosomensatz auf den haploiden (*einfachen*) während der geschlechtl. Fortpflanzung. Nach der *Befruchtung* beginnt die diploide Kernphase (*Diplophase*), die durch eine →Reifeteilung in die haploide Kernphase (*Haplophase*) überführt wird. Dabei kann die Reifeteilung 1. vor Bildung der Geschlechtszellen stattfinden (*gametischer K.:* bei allen höheren Pflanzen u. Tieren, auch beim Menschen), 2. nach der Verschmelzung der Geschlechtszellen (*zygotärer K.:* bei Einzellern, primitiven Algen) oder 3. dazwischen (*intermediärer K.:* bei höheren Algen). Der K. ist bei niederen Pflanzen meist mit einem *Generationswechsel* verbunden, wobei im Lauf der Höherentwicklung die doploide Phase immer stärkeres Gewicht erhält. →Sexualität.

Kernschleife →Chromosomen.

Kernteilung, die der *Zellteilung* vorausgehende Teilung des →Zellkerns, normalerweise in Form der *typischen indirekten K.* (*Mitose, Karyokinese, Äquationsteilung*), die die Aufgabe hat, die in den *Chromosomen* des Zellkerns enthaltene *genet. Information* qualitativ u. quantitativ unverändert an die Tochterzellen weiterzugeben. – In der *Interphase*, dem Zeitraum zwischen zwei K.en, findet die Verdoppelung der Chromosomen statt: die ident. *Reduplikation* der DNS (→Nucleinsäuren). Die indirekte K., die in einem Zeitraum von wenigen Minuten bis zu mehreren Stunden ablaufen kann, läßt sich in mehrere Phasen gliedern.

In einigen Fällen ist eine *direkte K.* (*Amitose*) beobachtet worden, d.h. eine Durchschnürung des Kerns ohne Auflösung der Kernmembran u. ohne gesetzmäßige Verteilung der Chromosomen. Diese Art der K. findet regelmäßig am Großkern mancher Einzeller (Ciliaten u. Suktorien) statt u. ist von Kernen ausdifferenzierter, nicht weiter entwicklungsfähiger Zellen bekannt.

Bei der *freien K.* (*vielfache K.*, *multiple K.*) folgen mehrere K.en schnell aufeinander. Dabei zerfällt ein polyploider Kern in einzelne Tochterkerne. Meist folgt eine multiple Zellteilung, d.h. eine nachträgl. Zellwandbildung. Die multiple K. ist bekannt von Radiolarien, Foraminiferen u. Sporozoen.

Kernverschmelzung, *Karyogamie*, →Befruchtung.

Kieferfühler, *Cheliceren*, das erste Kopfgliedmaßenpaar der Spinnentiere, das meist zangenartig zum Greifen oder Stechen eingerichtet ist. →Mundwerkzeuge S. 128.

Kiefertaster, bei den Spinnentieren das zweite Kopfgliedmaßenpaar (*Pedipalpen*), das teils tastende, teils greifende (z.B. Skorpione) Funktion hat; bei Insekten fühlerförmige Teile der Maxillen (*Maxillarpalpen, Labialpalpen*). →Mundwerkzeuge. S. 128.

Kiel, 1. *Botanik:* Blütenteil der Schmetterlingsblütler. – 2. *Zoologie:* Teil der →Feder der Vögel.

Kiemen, *Branchien*, Atmungsorgane wasserbewohnender Tiere, die an verschiedenen Stellen der Außenhaut oder des Darms entstehen; stets dünnhäutige Gebilde mit großer Oberfläche, an die außen das Atemwasser, innen die Körperflüssigkeit (Blut) herantritt u. durch deren Wand der Gasaustausch (Sauerstoff gegen Kohlendioxid) stattfindet; →Atmungsorgane.

Kiemenspalten, *Branchialspalten*, die hintersten Durchbrüche des Kiemendarms der Wirbeltiere nach außen. Entsprechend den 7 Visceralbögen sind es 6 Kiemendarmdurchbrüche, von denen der erste das *Spritzloch* (*Spiraculum*), die restlichen 5 die K. sind. Sie werden bei Amphibien nur noch bei Larven angelegt, beim Übergang zum Landleben geschlossen, bei Reptilien, Vögeln u. Säugern bereits während der Embryonalentwicklung zurückgebildet.

Kindchenschema →Auslöser.

Kinetochor = Zentromer; →Kernteilung.

Kladogenese [grch.], die Stammverzweigung; →Abstammungslehre.

Klasse [lat., »(Flotten-)Abteilung«], *Classis*, in der biolog. Systematik die obligator. Kategorienstufe zwischen Ordnung (*Ordo*) u. Stamm (*Phylum*).

Kletterpflanzen, *Lianen*, an Hauswänden, Zäunen, Spalieren, Bäumen u.ä. hinaufkletternde, aber im Boden wurzelnde Pflanzen, die dadurch ihr Laubwerk aus dem Schatten an das Sonnenlicht bringen. *Rankenkletterer* verankern sich durch Umwickeln der Stütze mit Sproß- oder Blattranken (Erbse, Wicke, Wein) u. z.T. (wilde Weinarten) mit Hilfe von Haftscheiben an den Rankenenden. *Schling-* oder *Windepflanzen* umschlingen die Stütze in steilen Windungen u. schützen sich vor dem Abgleiten durch Klimmhaare (Hopfen, Bohne). *Spreizklimmer* klettern mit Hilfe von Dornen, Stacheln oder Kletterhaaren (Kletterrosen, Brombeeren, Rotangpalmen), *Wurzelkletterer* durch sproßbürtige Haftwurzeln (Efeu, viele Araceen).

Kletterwurzeln, sproßbürtige Haftwurzeln der *Wurzelkletterer* (Efeu, viele Aronstabgewächse).

Klimaregeln, die bei *Rassenkreisen* warmblütiger Wirbeltiere, z.T. auch wechselwarmer Tiere zu beobachtende Erscheinung, daß die im kühleren Klima lebenden Unterarten sich durch größere Körper (*Bergmannsche Regel*), kürzere Körperanhänge (Schwanz, Ohren, Schnäbel, Extremitäten; *Allensche Regel*) u. geringere Ausbildung der braunen Farbstoffe (Phäomelanine u. Eumelanine; *Glogersche Regel*) von den im wärmeren Klima lebenden unterscheiden. Außer den genannten gibt es noch weitere, weniger bekannte K.

Klin [das; grch., engl. *cline*], eine schrittweise Merkmalsänderung innerhalb biolog. Arten innerhalb des Verbreitungsgebiets.

Kloake, bei Wirbeltieren die gemeinsame Körperöffnung zur Entleerung von Geschlechts- u. Stoffwechselendprodukten; ausgebildet von den Knorpelfischen bis zu den Vögeln. Bei den Säugetieren haben nur die *K.ntiere* eine K.; ebenso männl. Fadenwürmer (Nematoden).

Klon [der; grch.], die aus nur einem Vorfahren (»Elter«) auf ungeschlechtl. Vermehrungsart entstandene Nachkommenschaft.

Knochen, *Os* [Mz. *Ossa*], die feste Stützsubstanz des Skeletts der Wirbeltiere (ausgenommen Knorpelfische, Selachier), die aus einem faserigen Grundgewebe mit kalkhaltigem Kittmaterial aufgebaut ist. Die K. sind in ihrer Gesamtheit durch Bänder u. Gelenke zum Körpergerüst (*Skelett*) verbunden. Ihrer Form nach werden unterschieden: lange oder *Röhren-K.* sowie *platte* oder *breite K.* Die Röhren-K. (z.B. Oberarm-K., Oberschenkel-K.) bestehen aus einem länglichen, hohlen, mit K.mark gefüllten *Mittelstück* (*Diaphyse*) u. je zwei verdickten *Endstücken* aus poröser K.masse (*Epiphysen*), die an ihren Enden die überknorpelten Gelenkflächen tragen. Die platten oder breiten K. bestehen wie die Röhren-K. aus der äußeren harten K.rinde u. der inneren porösen K.masse, haben aber keine größeren Hohlräume. Alle K. sind außen von der *K.haut* (*Beinhaut, Periost*) umgeben, von der bei Verletzungen die Wiederherstellung erfolgt (*Kallus*). – Ihrer Entstehung nach unterscheidet man *Deckknochen* (Haut-K.) u. *Ersatzknochen.*

Das *K.mark* erfüllt die Markhöhle der Röhren-K. u. besteht aus Blutgefäßen u. verschiedenen Markzellen; in früher Jugend ist es rot u. wird später gelb. Das K.mark ist die Bildungsstätte von roten Blutkörperchen. →S. 51 ff. (Knochen).

Knochengewebe, auf die Wirbeltiere beschränktes Gewebe, in dessen organische Grundsubstanz Mineralien, vor allem Calciumphosphat u. -carbonat, eingelagert werden.

Knöllchenbakterien, *Rhizobium leguminosarum,* in →Symbiose mit Schmetterlingsblütlern lebende, stickstoffbindende, in zahlreichen Rassen auftretende Bakterien. Die Infektion der Wirtspflanzen erfolgt an der jungen Wurzel, deren Rindenzellen durch die eingedrungenen K. zu lebhafter Teilung veranlaßt werden. Dabei bilden sich die Knöllchen, in denen sich die K. zunächst auf Kosten der Wirtspflanze mit Kohlenhydraten u. Wirkstoffen versorgen. Die notwendigen Stickstoffverbindungen werden durch die Bindung von Luftstickstoff gewonnen (z.B. 1 ha Lupinen bindet 200 kg Luftstickstoff). Später verändert sich das Zusammenleben zwischen der Wirtspflanze u. den K. zu einem Parasitismus seitens der Wirtspflanze. Die K. werden von der Wirtspflanze verdaut, u. der von ihnen gebundene Stickstoff wird verbraucht.

Knolle, fleischig verdicktes pflanzl. Organ, das der Speicherung von Nährstoffen u. z.T. auch der vegetativen Vermehrung dient. Man unterscheidet *Wurzel-K.n,* die verdickte Seitenwurzeln sind (Orchideen, Dahlie), u. *Sproß-K.n*; bei letzteren kann die ganze Sproßachse verdickt sein (Krokus, Gladiole) oder nur das Hypokotyl (Radieschen, Alpenveilchen) oder nur die Spitzen unterirdischer Sproßausläufer (Kartoffel).

Knorpel, festes, aber im Gegensatz zum Knochen schneidbares u. elast. Stützgewebe vor allem der Wirbeltiere; besteht aus rundl. K.zellen u. der sie umgebenden Interzellularsubstanz, in die zugfeste Kollagenfasern u. elast. Fasern eingelagert sein können. Die K.teile werden von einer K.haut (*Perichondrium*) umgeben. Das K.skelett der Embryonen geht durch Verknöcherung in das Knochenskelett der Erwachsenen über. Erhalten bleibt nur der K. in Nase, Ohr u. zwischen den Gelenken.

Knospe, jugendl. Sproß; von den ältesten Blättern umgebene Blattanlagen, Achselknospenanlagen u. Vegetationskegel; zur Überwinterung oft noch von derben *K.nschuppen* umhüllt. Eine K. heißt *Blatt-K.*, wenn sie nur junge Blattanlagen, u. *Blüten-K.*, wenn sie nur Anlagen einer oder mehrerer Blüten enthält; in gemischten K.n sind Blatt- u. Blütenanlagen enthalten. Man unterscheidet auch zwischen *End-K.*, wenn sie sich am Ende der Hauptsprosse befindet, u. *Seiten-K.* oder *Achsel-K.*, die in den Blattachseln steht.

Knospung →Fortpflanzung.

Kokon [ko'kõ; der; frz.], *Cocon,* von Tieren abgeschiedene Schutzhüllen (meist Drüsensekrete), die zu einem festen Gebilde erstarren: *Ei-K.* (z.B. bei Regenwürmern, Spinnen, Insekten), *Puppen-K.* (z.B. bei Seidenspinnern; zur Seidengewinnung benutzt) oder *Trockenschlaf-K.* (bei Lungenfischen).

Kollenchym [das; grch.], das wachstums- u. dehnungsfähige Festigungsgewebe noch wachsender Pflanzenteile. Es besteht aus lebenden Zellen, deren Wände nur teilweise verdickt sind.

Kolonie [lat. *colonus,* »bäuerl. Siedler«], 1. in der Botanik ein lockerer Zellverband (*Zönobium*) bei Pflanzen, in dem die Tochterindividuen nach der Teilung durch gemeinsame Gallerten oder durch die gemeinsame Muttermembran verbunden bleiben. Viele Bakterien u. Algen bilden K.n. – 2. in der Zoologie ein Tierverband, die Vereinigung gesellig lebender Tiere der gleichen Art; beweglich (*Herde* [Huftiere]) oder stationär als Siedlungs- (z.B. Biber) oder Brutverband (z.B. Reiher). K.n sind auch die *Tierstöcke* der Hohltiere (Korallen) u. die *Insektenstaaten.*

Kommensalismus [lat.], *Nahrungsnutznießertum,* das Verhältnis zweier Tiere verschiedener Art, aus dem der eine, der *Kommensale* (Mitesser), durch Beteiligung an der Nahrung des anderen, des *Wirtes*, einseitigen Vorteil zieht (z. B. Schakale bei großen Raubtieren). Im Extremfall wird K. zum *Nahrungsparasitismus*, wenn der Wirt merklich geschädigt wird. →Vergesellschaftung.

Kommentkampf [kɔ'mə-; frz.] →Kampf.

Kommissur [die; lat.], *i. w. S.* jede Querverbindung zwischen symmetrischen Nervensträngen, z. B. zwischen den segmentalen Ganglien des Strickleiternervensystems (→Bauchmark); *i. e. S.* Nerven-Querverbindungen zwischen den beiden Großhirnhemisphären (→Gehirn) der Säuger.

Komparabilwert [lat.], Quotient aus Hirngewicht zum Quadrat u. Körpergewicht; Vergleichswert, um die entwicklungsgeschichtliche Ranghöhe eines Wirbeltiers annähernd angeben zu können:

$$\text{Komparabilwert} = \frac{(\text{absolutes Hirngewicht})^2}{\text{Körpergewicht}}$$

Kompaßpflanzen, *Meridianpflanzen*, Pflanzen, die ihre Blätter in nord-südl. Richtung einstellen u. so ihre mit den Kanten nach oben gestellten Blattflächen nur dem schwächeren Abend- oder Morgenlicht zuwenden, nicht aber der hohen Strahlungsintensität der Sonne zur Mittagszeit.

Konflikt, ein *Konfliktverhalten* entsteht, wenn eine Reizsituation zwei verschiedene Verhaltensmechanismen auslöst (→Auslöser), z. B. Angreifen u. Fliehen (*ambivalentes Verhalten*). Das K.verhalten kann sich durch *Überlagerung* der beiden Verhaltensweisen äußern, wie es beim Drohen eines etwas ängstlichen Hundes erscheint; eine Überlagerung bei gleichzeitiger Änderung der Stärke beider Verhaltensweisen entsteht beim *Mitteln*; beide Verhaltensweisen treten abwechselnd hervor beim *Pendeln*, wie beim Zickzacktanz des Stichlinges, wenn er das Weibchen zum Nest führt. Etwas völlig Neues erscheint beim *Verwandeln*: Wird z. B. ein Huhn durch elektr. Hirnreize zu Angriff u. Flucht aktiviert, läuft es gackernd mit gesträubtem Gefieder umher (Übersprungbewegung). Es kann aber auch eine von beiden Verhaltensweisen unterdrückt oder ausgelöscht werden, so daß nur ein Verhaltensmechanismus sich auswirkt.

Konjugation [lat.], 1. die Parallelisierung der homologen *Chromosomen* in der Prophase der →Reifeteilung; 2. ein geschlechtl. Vorgang bei den *Jochalgen* (*Konjugaten*), der in der Verklebung zweier geschlechtsverschiedener Fäden zwecks Vereinigung der Plasmakörper zur Zygote besteht; 3. ein geschlechtl. Vorgang bei den *Wimpertierchen*, der in der vorübergehenden Vereinigung zweier Einzeller zwecks Kernaustausches besteht.

Konkordanz [die; lat., »Übereinstimmung«], die Übereinstimmung in bestimmten Merkmalen, z. B. bei eineiigen Zwillingen.

Konkremente [lat.], harte mineral. Abscheidungen in Körpergeweben u. Körperflüssigkeiten; beim Menschen meist in den Ausführungswegen abgelagert oder auch dort eingeklemmt (*Konkretionen*), z. B. Nierensteine, Gallensteine.

Konkurrenz [die; lat., »Wettlauf«], der Streit einer Anzahl von Individuen um ein von allen benötigtes, aber nur in begrenzter Menge vorhandenes Requisit, meist als K. um Nahrung oder um Raum. Die *Konkurrenten* können der gleichen Art (intraspezif. K.) oder verschiedenen Arten (interspezif. K.) angehören. Für den *Massenwechsel* sind K.erscheinungen als Mortalitätsfaktoren von Bedeutung.

Konnektiv [das; lat.], 1. *Botanik:* Teil der Staubblätter. – 2. *Zoologie:* Längsverbindung zwischen den *Ganglien* von Bauchmarktieren (→Bauchmark); z. B. Schlund-K. zwischen Ober- u. Unterschlundganglion eines Strickleiternervensystems.

Konsument [lat.], tierischer Organismus, der organische Nahrung verbraucht; →Biozönose.

Kontaktsuche, die ursprüngl. Verhaltensweise von sozialen Wirbeltieren (Krokodile, Vögel), bes. in Ruhephasen (*Kontaktliegen*) körperlichen Kontakt zu halten u. die *Individualdistanz* zu überbrücken. Die K. dient dem Klimaschutz, der Erhaltung des gemeinsamen Rudelgeruchs u. der Synchronisation der →Biorhythmik. Zusammen mit den Äußerungen des *Geschlechtstriebs* bildet die K. eine Grundlage auch der menschl. Kommunikation.

Kontinentalverschiebung. Daß die Kontinente erst im Tertiär stark auseinanderdrifteten, liegt deshalb nahe, weil man in ähnlichen Lebensräumen aller Kontinente vor dem Tertiär entstandene Arten in →diskontinuierlicher Verbreitung findet (Beuteltiere, Lungenfische, Nadelhölzer). Auch die Aalwanderungen können als Beleg herangezogen werden.

Kontraktion, bei den mit Muskulatur ausgestatteten höheren Tieren die Anspannung eines Muskels mit Verkürzung (*isotonische K.*) oder bei gleichbleibender Länge (*isometrische K.*). Der K.svorgang beruht auf einer gleitenden Verschiebung von kontraktionsfähigen Eiweißsträngen (*Actin*, *Myosin*) innerhalb der Muskelfibrillen. Die Muskel-K. ist eine Umwandlung von chem. Energie, gespeichert im Adenosintriphosphat (ATP), in mechan. Arbeit. ATP wird im Muskel selbst durch Abbau der Nahrung erzeugt. Die K. wird durch Erregungsübertragung von einem Nerv ausgelöst. Dadurch wird ein bis dahin wirkender Hemmstoff zeitweise inaktiviert, so daß ATP zerfallen kann u. seine Energie in die K. abgibt. Sobald die Hemmwirkung wieder beginnt, setzt auch der Neuaufbau von ATP wieder ein.

Konvergenz, die Entstehung ähnlicher Merkmale u. Organe aus verschiedenen Vorzuständen bei nicht näher verwandten Tiergruppen (analoge Organe, Analogie, Parallelentwicklung, →S. 29, S. 40f.); bedingt durch die »natürl. Auslese« (→Darwinismus). Konvergent sind z. B. die Flügel bei Vögeln u. Insekten, die Gruppen der Trockenpflanzen, Rankenpflanzen, Tiefsee-, Luft- oder Polartiere. →S. 21, 41, 128.

Koordination, das Zusammenspiel von Muskelbewegungen zu umfassenderen Leistungen wie Fortbewegen u. Ergreifen; bewirkt durch nervöse Mechanismen (*K.smechanismen*). *K.sstörungen* sind z. B. Unsicherheit beim Greifen oder Unregelmäßigkeit des Ganges. Die Fähigkeit zur K. ist ein Grunderfordernis tier. u. menschl. Lebens.

Kopfbruststück, *Cephalothorax*, der vordere

Körperabschnitt der *Krebstiere*, der aus Kopf (*Cephalon*) u. Brustabschnitt (*Thorax*) zu einem durchgehenden Teil verschmolzen ist u. von einem einheitl. Panzer (*Carapax*) umhüllt wird.

Kopplung, Vereinigung von Erbanlagen. Gekoppelte Gene liegen auf den gleichen Chromosomen u. sind daher oftmals, entgegen dem 3. Mendelschen Gesetz (Gesetz von der freien Kombinierbarkeit der Erbanlagen), nur zusammen u. nicht getrennt voneinander vererbbar. Beim Menschen wurde die Kopplung zwischen den Genen für Farbenblindheit u. Hämophilie, für Farben- u. Nachtblindheit u. für die MN-Blutfaktoren u. die Sichelzellenanämie festgestellt.

Kopulation, Begattung der Tiere.

Kork [der; span., ndrl.], abgestorbenes, aus dem *Phellogen* entstandenes pflanzl. Gewebe aus lufthaltigen Zellen. K. wird vornehmlich aus der Rinde der *K.eiche* gewonnen, die alle 8–12 Jahre geschält wird. Er ist leichter als Wasser, fault nicht, leitet Wärme u. Elektrizität schlecht, ist elastisch u. gut bearbeitbar; er wird verwendet als Flaschenkorken, als Wärme- u. Schallisolierung sowie u.a. für Schwimmgürtel. Als Abfall (K.schrot) wird er für Preß-K. u. Linoleum gebraucht.

Körperflüssigkeiten, 1. die *Leibeshöhlenflüssigkeit*, z.B. der Ringelwürmer u. Stachelhäuter; 2. das in den geschlossenen Röhrensystemen der Wirbeltiere, Ringelwürmer u. Kopffüßer zirkulierende, von einem oder mehreren Herzen angetriebene *Blut*; 3. die in Lückenräumen (Lakunensystemen) bewegte *Hämolymphe* z.B. der Gliederfüßer, Muscheln u. Schnecken.-K. sind stets wäßrige Lösungen, in denen verschiedenste Zellen enthalten sind.

Körpertemperatur. Bei homoiothermen Organismen (→Warmblüter) wird die aus den Stoffwechselvorgängen anfallende Wärme zum Aufrechterhalten der K. nutzbar gemacht. Beim Menschen schwankt sie zwischen 36,4 u. 37,4°C, im After (rektal) gemessen (im Mund u. in der Achselhöhle liegt sie etwas niedriger). Ein Regelkreis hält sie konstant. Die K. zeigt eine ausgeprägte Tagesperiodik, mit einem Minimum in den frühen Morgenstunden u. einem Maximum am Nachmittag. →S. 49, 116.

Korrelativismus [lat.], die wechselseitige Entsprechung der einzelnen Glieder eines Funktionskreises, vor allem eines Reglersystems, bei einem Lebewesen.

kortikal [lat.], die Rinde von Organen, insbes. die *Hirnrinde* betreffend.

Kosmopolit, Bez. für Pflanzen u. Tiere mit weltweiter Verbreitung (infolge weiter Anpassungsgrenzen an Umweltfaktoren). K.en sind vielfach auch vom Menschen verschleppte Kulturschmarotzer (Unkräuter; Schaben, Ratten).

Kotyledonen [grch.], *Kotylen*, die Keimblätter; →Keimblatt.

Kraut, die oberirdischen, nie verholzenden Teile krautiger Pflanzen (Kräuter u. Halbsträucher), die am Ende der Vegetationsperiode absterben.

Kreuzung, in der Tier- u. Pflanzenzucht die bewußte Paarung bestimmter Zuchttiere oder -pflanzen zwecks Gewinnung einer bestimmten, erwünschten Nachkommenschaft.

Kropf, bei vielen Vögeln eine Erweiterung oder Ausstülpung der Speiseröhre, die zur vorübergehenden Aufnahme der Nahrung dient. Bei den Tauben liefert der K. zur Brutzeit die *K.milch*, ein milchiges Sekret, mit dem die Jungen gefüttert werden.

Kulmination, der Höhepunkt einer Schädlingsvermehrung, nach dem ein Abklingen oder der Zusammenbruch der Schädlingsvermehrung einsetzt. Das Erkennen der K. ist bei der Bekämpfung des jeweiligen Schädlings von Bedeutung.

Kultur: die Züchtung von Organismen, Zellen oder Geweben unter künstl. Lebensbedingungen (betr. Nahrung, Beleuchtung, Temperatur, Feuchte u.a.); angewandt u.a. in der Mikrobiologie, Krebsforschung u. Pflanzenzucht.

Kulturflüchter, Pflanzen- u. Tierarten, die durch die landschaftsverändernden Maßnahmen des Menschen aus ihren natürl. Verbreitungsgebieten verdrängt werden u. sich nicht den veränderten Bedingungen anpassen; z.B. Großtrappe, Biber.

Kulturfolger, Pflanzen- u. Tierarten, die durch die landschaftsverändernden Maßnahmen des Menschen geeignete Lebensbedingungen erhalten u. deshalb im Gefolge des Menschen auftreten; z.B. Brennessel, Ackerunkräuter, Stubenfliege, Amsel, Gartenrotschwanz, Hausmaus.

Kulturrassen, durch verbesserte Pflege, Haltung u. Fütterung sowie geeignete Zuchtverfahren leistungsfähiger gewordene Rassen der *Haustiere*. Gegenüber dem Ausgangsmaterial büßen sie teilweise an Widerstandsfähigkeit gegen Krankheiten u. an Härte gegenüber der Witterung ein.

Kurztagspflanzen →Blütenbildung.

Kutikula [die; lat.], *Cuticula*, bei bestimmten Tieren u. Pflanzen ein von den Zellen der Körperoberfläche (Epidermis, Hypodermis) ausgeschiedenes, scharf begrenztes Häutchen aus organ. Material, das für Wasser u. Gase fast undurchlässig ist. Die K. der Pflanzen bildet eine ununterbrochene Oberfläche (außer auf den Wurzeln) u. besteht aus Korkstoff (*Kutin*), zuweilen überzogen von Wachs. Bei Tieren besteht die K. aus Proteinen u. Polysacchariden (Rundwürmer, Ringelwürmer) u. bildet bei den Gliederfüßern das feste Außenskelett (*Panzer* der Krebstiere mit Kalk-Einlagerungen, *Chitin-K.* der Spinnentiere u. Insekten). Bei Entwicklungsvorgängen muß die K., die nicht wachsen kann, regelmäßig abgestreift u. erneuert werden (*Häutungen*).

Laichwanderungen, die Wanderungen von Fischen zu den Laichplätzen (Eiablageplätzen); nur bei Arten, die sich im Lauf ihrer Entwicklung von diesen Plätzen entfernt haben, z.B. Lachs u. Aal. Der Lachs lebt im Meer u. laicht im Süßwasser, wandert also flußaufwärts (*anadromer Fisch*) u. sucht mit Sicherheit die Stelle auf, von der er selbst als Jungfisch flußabwärts wanderte. Der Aal laicht im Meer (in der Tiefe des Atlantik); seine L. führen also flußabwärts (*katadromer Fisch*); es wandern nur die Weibchen, die Männchen bleiben zeitlebens im Meer oder im Brackwasser der Flußmündungen; →Fischwanderungen.

Lamarckismus, von J.-B. de *Lamarck* begründete u. bewußt nur auf Tiere u. Pflanzen beschränkte Lehrmeinung über die Verwandtschaft u. Abstammung der Lebewesen. Der L. behauptete, daß die Abänderung von Gestalt u. Funktion der Organe eines Lebewesens in erster Linie durch die Umwelteinflüsse bedingt sei; diese durch die Umwelt bewirkten Änderungen sollten erblich sein. Neue Anlagen u. Organe könnten entstehen, wenn das »Bedürfnis« des Lebewesens dieses erfordere (z. B. die Flügel eines Vogels als »Bedürfnis«, sich an das Luftleben anzupassen). Abänderungen von Organen könnten durch Gebrauch oder Nichtgebrauch erblich werden (die durch Bergsteigen gekräftigten Muskeln sollen sich vererben). Der zu Beginn des 20. Jh. (u. auch heute noch) blühende Neo-L. betonte bes. die Vererbung der durch Umwelteinflüsse bewirkten Änderungen (*Modifikationen*) u. wurde vielfach auch von polit. Richtungen für ihre Propaganda benutzt. In keinem Fall ist aber bis heute die echte Vererbung erworbener Eigenschaften erwiesen, wenn auch *Dauermodifikationen* über mehrere Generationen hinweg wirksam sind, um dann allmählich aber doch wieder das echte Erbbild zu zeigen. Diese angenommene Vererbung erworbener Eigenschaften benutzte Lamarck als Erklärung für die Umwandlung der nicht konstanten Arten. In Gegensatz zum L. steht der→Darwinismus.

Lampenbürstenchromosomen, bei der Eibildung von Amphibien, Fischen u. Vögeln auftretende Chromosomenformen: Die gepaarten Prophase-Chromosomen strecken sich, u. aus den *Chromomeren* wachsen seitliche Schlingen, die ähnlich charakteristisch für einzelne Orte des Chromosoms sind, wie die *Banden* bei Riesenchromosomen. →auch Chromosomen.

Langtagpflanzen →Blütenbildung.

Larve, Jugendform von Tieren mit indirekter Entwicklung (*Metamorphose*); sie unterscheiden sich von den Erwachsenen nach dem Grad der Entwicklung u. durch den Besitz besonderer larvaler Organe, manchmal auch durch völlig andere Gestalt u. Lebensweise. L.n sind z. B. Raupen (von Schmetterlingen), Afterraupen (von Blattwespen), Maden (von Fliegen), Kaulquappen (von Fröschen). Nur ausnahmsweise werden L.n geschlechtsreif. L.n geben durch ihre Gestalt u. Lebensweise oft wichtige Hinweise auf die stammesgeschichtl. Stellung ihrer Endstadien.

Latenzstadien →Diapause.

Latenzzeit, bei nervlichen Vorgängen der Zeitraum zwischen den Zeitpunkten der Reizung u. der Reaktion, z. B. zwischen Eintreffen des Nervenimpulses am Muskel u. der Muskelkontraktion.

Laubbäume, alle Holzgewächse, die zu den bedecktsamigen Blütenpflanzen gehören u. einen deutlichen Stamm ausbilden, so daß der Vegetationskörper sich in Wurzel, Stamm u. Krone gliedert. Das verbreitetste Wurzelsystem der L. der gemäßigten Zone ist die *Herzwurzel*, bei der mehrere gleichwertige Wurzeln schräg in den Boden eindringen; die Wurzelbildung einzelner Bäume kann jedoch durch Standorteinflüsse stark modifiziert werden. L. trop. Überschwemmungsgebiete können auch Stelzwurzeln (Mangrove, Ficus-Arten) ausbilden.
Einige L. leben in Symbiose mit *nitrifizierenden Bakterien* (z. B. Robinien), die an der Wurzel erbsengroße Knöllchen haben, andere mit *Strahlenpilzen* (z. B. Erlen), die korallenförmige Wucherungen bilden, andere wieder in Form der *Mykorhiza* (z. B. Rotbuchen).

Leben, eine Vielzahl von chem. u. physikal. Vorgängen an Materie bestimmter Zusammensetzung, die auf eine Erhaltung u. Vermehrung dieser Materie hinauslaufen. Es gibt keine scharfe Grenze zwischen Lebendigem u. Unbelebtem. Man kennt Systeme, die nur einige Merkmale des L.s aufweisen, z. B. Makromoleküle mit Fähigkeit zur Selbstvermehrung (Gene, Viren). Die kleinste lebendige Einheit ist die Zelle. Das Substrat aller L.serscheinungen ist das Protoplasma. Die Kennzeichen des L.s sind im einzelnen:
1. stoffliche Zusammensetzung: Es gibt keinen ausschl. den Lebewesen vorbehaltenen Stoff. Kennzeichnend sind dagegen das Mengenverhältnis u. die Struktur der am Aufbau der Lebewesen beteiligten chem. Grundstoffe, nämlich Kohlenstoff, Sauerstoff, Wasserstoff, Stickstoff, Schwefel u. Phosphor, ferner Kalium, Natrium, Magnesium (das im Chlorophyll, dem grünen Farbstoff der Pflanzen enthalten ist), Calcium, Eisen (das im Atmungsferment Hämoglobin von großer Bedeutung ist), Chlor u. Silicium. Als Spurenelemente kommen Fluor, Jod, Brom, Mangan, Arsen, Blei, Zink, Strontium u. Vanadium vor. – Die wichtigsten Typen von Verbindungen, an die das L. gebunden ist, sind die *Eiweißkörper* (Aminosäuren) u. *Nucleinsäuren*. Kohlenhydrate u. Fette sind Reserve- u. Transportformen chemischer Energie.
2. lebende Systeme u. Individualität: Das L. ist an einzele Wesen (*Individuen*) gebunden; doch nicht immer läßt sich die Individualität lebender Systeme scharf abgrenzen; ein Regenwurm, den man in der Mitte seines Körpers durchschneidet, ergibt zwei Regenwürmer, ebenso unscharf ist die Abgrenzung der Einzelpolypen eines Korallenstocks oder einer Einzelpflanze gegenüber ihren Ausläufern.
3. Stoffwechsel: Ein lebendes System lebt nur dann, wenn ständig Veränderungen an ihm vor sich gehen. Diese Vorgänge äußern sich als Stoffwechsel, der immer mit einem Energiewechsel einhergeht. Die Stoffe, aus denen das Lebewesen aufgebaut ist, müssen ständig erneuert werden. Aus Salzen, Luft u. Wasser werden Fette, Kohlenhydrate u. Eiweißstoffe aufgebaut (*assimiliert*); unter Energiegewinn zerfallen komplizierte Verbindungen wieder zu den einfachen Ausgangsstoffen. Dabei werden auch einzelne Energieformen ineinander übergeführt: chem. (Bindungs-)Energie in Bewegungsenergie u. Wärme, Lichternergie in chem. Energie (*Photosynthese*) usw. Dieser ständige Ablauf spezifischer chem.-physikal. Vorgänge endet erst mit dem Tod. →Stoffwechsel.
4. Gestalt u. Größe: Die L.svorgänge u. damit die Organismen sind stets an eine bestimmte Gestalt u. eine bestimmte Größe gebunden, die jeder

Pflanzen- u. Tierart zukommen. Stört man diesen Bauplan (Zerschneiden, Verletzen, Pressen u. ä.), so erlischt entweder das L. oder der Organismus sucht seine ursprüngl. Gestalt wieder anzunehmen (z. B. durch →Regeneration).

5. Reizbarkeit (Reaktionsfähigkeit): Die lebenden Systeme haben die Fähigkeit, Vorgänge in ihrer Umwelt, sowohl in der belebten wie in der unbelebten Natur, wahrzunehmen u. durch eigene Vorgänge zu beantworten. Die Mittler dieser Eindrücke (*Reize*) sind im einfachen Fall reizempfindliche Zellen, die bei höheren Lebewesen zu komplizierten Sinnesorganen umgebildet werden.

6. Regulationsfähigkeit: Unter der Fähigkeit zur Regulation versteht man die jedem lebenden Organismus in stärkerem oder schwächerem Grad eigene Möglichkeit, sich veränderten Umweltbedingungen anzupassen. Auch einzelne Zellen können sich z. B. auf veränderte Stoffwechselbedingungen einstellen.

7. Fortpflanzung, identische Reproduktion: Es gibt keine ewig lebenden Tiere u. Pflanzen. Der Fortbestand des Lebens ist nur dadurch möglich, daß die Lebewesen wieder ihnen ähnliche Lebewesen erzeugen. Diese Fähigkeit ist das hervorstechende Merkmal lebender Wesen. Gebunden ist diese Fähigkeit der identischen Reproduktion (Nachbildung des Gleichen) an die Nucleinsäuren, die allein ihnen genau gleichende Moleküle aus einer Lösung von Nährstoffen synthetisieren können (→identische Reduplikation). Die Zentren dieser Nachbildung sind die Zellkerne; →genetischer Code.

8. Wachstum, Differenzierung, Entwicklung: Die höheren Lebewesen pflanzen sich nicht in ihrer ganzen Kompliziertheit fort, sondern über sehr einfach gebaute *Eizellen* u. *Samenzellen*, nach deren Vereinigung die kompliziert gebauten Lebewesen dem vorhandenen Erbgut gemäß wieder heranwachsen. Dabei werden meist bestimmte Entwicklungswege eingehalten. →auch Differenzierung, Sexualität, Metamorphose.

9. Entwicklungsgeschichte (Evolution, Phylogenie): Die ältesten Spuren des L.s auf der Erde sind etwa 3 Mrd. Jahre alt. Die damalige sog. *Uratmosphäre* enthielt keinen (oder nur wenig) Sauerstoff, aber u. a. Wasserdampf, Kohlendioxid, Ammoniak u. niedere Kohlenwasserstoffe (wie Methan). Sie wirkte also reduzierend im Gegensatz zur heutigen Atmosphäre, die oxydierend ist. Es ist nun gelungen, aus verschiedensten Gasmischungen, die der hypothetischen Uratmosphäre entsprechen, mit Hilfe von elektr. Entladungen, Ultraviolettbestrahlung u. Hitzeeinwirkung eine Anzahl Aminosäuren herzustellen, also einfache organ. Stoffe, die Bausteine der Eiweiße sind (Stanley L. *Miller*, A. I. *Oparin*, M. *Calvin* u. a.). Es ist also anzunehmen, daß die Urmeere, in denen sich das erste L. entwickelte, zahlreiche Aminosäuren u. Fettsäuren enthielten. Von den Aminosäuren führte noch ein weiter Weg zu den höheren Pflanzen und Tieren. Bei allen auf der Erde lebenden Organismen fand u. findet ein steter Formenwandel statt. Aus einfachen Anfängen entwickelten sich im Lauf von Jahrmillionen die Pflanzen u. Tiere in ihrer verwirrenden Vielfalt u. erstaunlichen Entwicklungshöhe. →Abstammungslehre, →Entwicklungsgeschichte.

Laubfall, *herbstlicher L.*, *Blattfall*, das Abfallen der Blätter (→Blatt) am Ende der Vegetationsperiode bei den Holzgewächsen der kalten u. gemäßigten Zonen. Die Blätter fallen an vorgebildeten Trennstellen unter Hinterlassung einer *Blattnarbe* ab. Durch den L. wird die Verdunstung herabgesetzt u. dadurch die Gefahr des Verdurstens der Pflanzen bei gefrorenem Boden (fälschlich als »Erfrieren« bezeichnet) vermindert.

Lebensschutz, *Bioprotektion*, *Biophylaxe*, Schutz der Lebewesen (Mensch, Tier, Pflanze) u. ihres Lebensraums; ganzheitliche Betrachtung des Gesundheitsschutzes des Menschen, des Tier- u. Pflanzenschutzes, des Natur- u. Landschaftsschutzes u. des Umweltschutzes. Ziel der L.-Bestrebungen in der BRD ist z. Z. ein Rahmengesetz auf Bundesebene zu schaffen, das erlaubt, die vielen Einzelbestimmungen auf Landesebene sinnvoll aufeinander abzustimmen.

Leerlaufhandlung, das Auftreten einer angeborenen Bewegungsweise (→Erbkoordination) ohne Einwirkung eines äußeren, auslösenden Reizes. Angeborene Bewegungsweisen unterliegen einem inneren Antrieb, der durch das →Appetenzverhalten nach einer auslösenden Außensituation für die Endhandlung sucht. Bleibt diese zu lange aus, steigert sich der innere Antrieb (→Reizsummengesetz) u. verursacht seinerseits die Endhandlung. So jagen im Zimmer gehaltene Jungstare Insekten, ohne vorhandene Insekten, Vögel bebrüten ein leeres Nest oder balzen um ein nicht vorhandenes Weibchen.

Legebohrer, *Legeröhre*, *Legescheide*, *Legestachel*, bei weibl. Insekten das der Eiablage dienende, häufig röhrenförmig verlängerte Organ am Hinterleibsende; wird durch bes. Ausbildung der Eiablage in bestimmte Substrate angepaßt.

Leitbündel, strangförmiger Verband des →Leitgewebes bei den Samenpflanzen. Die Siebröhren bilden den Siebteil (*Phlöem*, *Leptom*), die Gefäße den Gefäßteil (*Xylem*) des L.s.

Leitgewebe, röhrenförmiges, langgestrecktes Stofftransportgewebe der Pflanzen. Man unterscheidet: 1. Siebröhren zum Transport organ. Stoffe; in Längsreihen angeordnete Zellen mit durchlöcherten u. schräggestellten Endwänden (Siebplatten), die von Plasmasträngen durchzogen sind. 2. Gefäße zur Wasserleitung; tote Röhren mit auffälligen, verholzten Wandversteifungen (Ring-, Schrauben-, Netz-, Tüpfelgefäße). Es gibt einzellige, enge Gefäße (*Tracheiden*), deren Endwände nicht durchbrochen, aber mit Tüpfeln durchsetzt sind. u. weitlumige, aus mehreren Zellen entstandene Gefäße (*Tracheen*), deren Endwände durchbrochen sind oder ganz fehlen. Das L. ist bei allen höheren Pflanzen zu einem strangförmigen *Leitbündel* vereint.

Leitpflanze, *Indikatorpflanze*, *Zeigerpflanze*, 1. bodenanzeigende Pflanze, →Bodenanzeiger. – 2. Charakterart, die für bestimmte Pflanzengesellschaften typisch ist, z. B. der Wiesenhafer für gedüngte Talwiesen.

Lentizellen [lat.], rundliche oder spindelförmige, rauhe u. poröse, mehr oder weniger vorspringende Warzen (*Korkwarzen*) auf den Korkmänteln der Zweige von Holzgewächsen; dienen dem Gasaustausch; sie sind z. B. sehr deutlich beim Holunder zu sehen.

Lernen, die Übernahme von Umwelteindrücken; beruht auf der Veränderung zentral nervöser Mechanismen (→Erbkoordination), die später dadurch ausgelöste Verhaltensweisen beeinflussen. Die Lernmöglichkeit (*Lerndisposition*) hängt von dem Entwicklungsstand der Mechanismen ab. L. können fast alle Tiere; Säugetiere besitzen das größte Lernvermögen, da eine weitestgehende Anpassung an die Umwelt erstrebt wird, die allein durch das von *Erbkoordination* u. *Auslöser* verursachte starre Verhalten nicht möglich ist. *Einfaches L.* erfolgt passiv, *höheres L.* durch Neugier, d. h. *Erkundungsverhalten.* An Lernarten werden unterschieden: 1. *Gewöhnung:* Gleichmäßig wiederholte, bedeutungslose Reize werden nicht mehr beantwortet. 2. durch den *bedingten Reflex:* Wird eine Glocke geläutet, wenn ein Hund Futter erhält, verbindet sich allmähl. dieser unbedingte, d. h. zum Fressen nicht gehörende Reiz, mit der Nahrungsaufnahme u. der Hund bildet Speichel im Mund aus, auch wenn nur die Glocke ertönt, ohne daß er etwas zu fressen erhält. 3. durch *Versuch u. Irrtum:* Eine für das Individium erfolgreiche Verhaltensweise wird verstärkt, d. h. beibehalten, während Mißerfolg zur Aufgabe dieser Verhaltensweise führt. 4. *Nachahmung:* Einige Ratten fressen kleine Mengen eines vergifteten Köders, meiden ihn als giftig, u. mit ihnen meiden auch die übrigen Gruppenmitglieder den Köder 5. *Prägung:* Durch ererbte Bedingungen kann oft in einem bestimmten Lebensabschnitt (*sensible Phase*) gelernt werden. Mit Erlöschen der Lernfähigkeit bleibt das Erlernte lange Zeit erhalten, z. B. lernen Enten nur zwischen der 13. u. 16. Stunde, wer ihre Mutter ist, junge Zebrafinken werden zwischen dem 35. u. 38. Tag vom Vater verjagt u. lernen dadurch den Geschlechtspartner kennen. Werden die Jungen isoliert aufgezogen (→Kaspar-Hauser-Versuch), können sie später Männchen u. Weibchen der eigenen Art nicht unterscheiden. 6. *einsichtiges L.* als Erfassung von Zusammenhängen vor Ausführung der Handlung: Schimpansen setzen Kisten aufeinander oder passen Stöcke ineinander, um eine am Käfigdach hängende Banane zu erreichen. Erlerntes Verhalten darf nicht verwechselt werden mit *Stimmungsübertragung* oder *Reifen* angeborener Verhaltensweisen.

Letalfaktoren [lat.], Erbanlagen, die den Tod des Individuums vor Erreichen des fortpflanzungsfähigen Alters bewirken.

Leukoplasten [grch.] →Plastiden.

Leukozyten [grch.], die amöboid beweglichen weißen Blutkörperchen der Wirbeltiere; sie bestehen zu 60–80% aus den im roten Knochenmark gebildeten *Granulozyten*, die Fremdkörper u. Bakterien umfließen u. unschädlich machen (*Phagozytose*) u. so an der Eiterbildung beteiligt sind. Weitere 20—30% machen die im lymphatischen Gewebe gebildeten *Lymphozyten* aus, die bei der Antikörperbildung eine Rolle spielen. 4–8% der L. sind *Monozyten*, die größten L., die auch phagozytieren; ihre Bildungsstätte ist noch umstritten.

limikol [lat.], schlammbewohnend.

Limnologie [grch.], *Binnengewässerkunde*, Lehre von den Organismen der stehenden u. fließenden Binnengewässer, ihren chem. u. physikal. Voraussetzungen u. Umweltbeziehungen. Als Teil der →Ökologie zusammen mit der Meeresbiologie aus der Hydrobiologie hervorgegangen.

Lockstoffe, engl. *Attractives*, Substanzen, die auf bestimmte Tiere anlockend (attraktiv) wirken. Sie entstammen entweder dem Fraß- oder Brutmaterial des Tieres oder aber dem Tier selbt (z.B. Sexual-L.). Die Wirkung von L.n versucht man zur Bekämpfung von tierischen Schädlingen zu verwenden, z. B. durch Kombination von L.n mit Insektiziden oder bei der Benutzung von Fangpflanzen.

Locktracht →Tracht.

Locus, Ort eines *Gens* in einer Genreihe.

Luftpflanzen →Epiphyten.

Luftröhre, *Trachea*, der Atmungsweg der lungenatmenden Wirbeltiere vom Kehlkopf abwärts in die Lunge. Die L. beginnt beim Menschen im Hals, in der Mittellinie vor der Speiseröhre, u. teilt sich im Mittelfellraum in einen rechten u. linken Hauptbronchus, dann weiter in immer kleinere Äste (*Bronchien*); die letzten Ästchen gehen unmittelbar in die Lungenbläschen über.

Luftwurzeln, Wurzeln an oberirdischen Stammteilen, bes. bei Epiphyten u. Lianen.

lumbal [lat.], zu den Lenden gehörig.

Luxurieren [lat.], 1. übermäßiges Wachstum, das bei der Kreuzung von Bastarden manchmal auftritt (*Heterosiseffekt, Hybridkraft*); L. ist nur statistisch erfaßbar u. nicht genetisch fixierbar oder im einzelnen Fall voraussehbar; die Ursachen sind noch unklar. Das L. macht man sich in der Pflanzenzucht (z. B. *Bastardmais*) u. in der Tierzucht (*Schweine-, Geflügelzucht*) zunutze. – 2. *Luxusbildung*, die Ausbildung von übermäßigen Körperformen u. -farben (→Tracht); oft infolge Überwiegens der intraspezif. →Selektion gegenüber der extraspezifischen auf der Grundlage richtungsloser *Mutationen;* z. B. Prachtvögel u. monströse Insekten der warmen Zonen.

Lymphgefäßsystem, ein bes. Gefäßsystem der Wirbeltiere; die *Lymphe* tritt in den verschiedenen Körperorganen in die Lymphgefäße ein, die sich zu größeren Gefäßen sammeln u. mit dem *Brustlymphgang* (*Milchbrustgang*) im Brustraum in die venöse Blutbahn (obere Hohlvene) einmünden. Bei manchen Tieren verfügt das L. über zusätzliche Antriebsorgane (*Lymphherzen*, z. B. in den Oberschenkeln von Fröschen). Im L. werden vom Darm her die Fette (durch sog. *Chylusgefäße*) dem Blutgefäßsystem zugeleitet. In das L. eingeschaltet sind *Lymphknoten*, die als Filter wirken u. *Lymphozyten* produzieren.

Lymphozyten [grch.] →Leukozyten.

Lysine [grch., »auflösende Stoffe«], Gruppe von *Antikörpern*, die Fremdkörper aufzulösen vermögen, z. B. Bakterio- u. Hämolysine.

Lysosomen [grch.], mit Hilfe des Elektromikroskops entdeckte, bläschenförmige Bestandteile tier. Zellen von etwa 0,4 μm Durchmesser, die Verdauungsfermente enthalten.

Maden, beinlose Larven von Insekten, die frei im Wasser oder minierend in lebender oder toter Substanz leben; treten bes. bei *Fliegen* u. *Hautflüglern* als Larvenform auf.

Makroevolution [grch. + lat.], *transspezifische Evolution,* Entwicklung der großen stammesgeschichtlichen Kategorien der Lebewesen. →Abstammungslehre.

Makronukleus [grch.], Großkern oder Stoffwechselkern der Wimpertierchen (*Cilitata*) u. Suktoria.

Makrosporangium [grch.] →Sporen.

Mandibeln [lat.], das erste Paar der Mundgliedmaßen (B → S. 128 [Mundwerkzeuge]) bei Krebsen u. Insekten (das dritte Kopfextremitätenpaar). Bei Wirbeltieren ist die Mandibel der Hauptknochen des Unterkiefers.

Markstrahlen, eine Zellengruppe im Holz zur Querleitung von Wasser u. Nährstoffen; erscheint auf dem Radial- oder Spiegelschnitt des Holzes als mehr oder weniger breites, glänzendes Band (*Spiegel*) u. auf dem Tangentialschnitt als mehr oder minder sichtbarer spindelförmiger Strich.

Masseneffekt →Interferenz.

Massenvermehrung = Gradation.

Massenwechsel, Änderung der Bevölkerungsdichte (*Abundanz*) einer Tierart in einem bestimmten Raum im Verlauf mehrerer Generationen. Der M. kommt zustande, indem eine hohe Vermehrungsfähigkeit (*Fertilität*) der Bevölkerung (*Population*) mehr oder weniger stark durch das Einwirken verschiedener Sterblichkeits- (Mortalitäts-) faktoren (z.B. Witterung, natürl. Feinde, Hunger u.a.) ausgeglichen wird. Durch Überwiegen entweder der Fertilität oder der Mortalität wächst oder vermindert sich die Bevölkerungszahl; die Höhepunkte bezeichnet man als Gradation (*Ausbrüche, Massenvermehrungen;* z.B. von Schadinsekten oder Mäusen); überschreitet die Bevölkerungsdichte die Schadensgrenze, so spricht man von *Kalamitäten;* die Perioden mit niedriger Bevölkerungsdichte heißen *Latenz.*

Mauser [die; lat.], *Mauserung,* Federwechsel bei Vögeln. Die Haupt-M. liegt nach der Brutzeit, bei einigen Vögeln ein zweites Mal im Frühjahr. Die streng periodische M. kann bei domestizierten Vögeln (Kanarienvogel, Wellensittich) durchbrochen sein u. viel häufiger eintreten.

Meeresbiologie, die Wissenschaft vom Leben im Meer. Sie befaßt sich mit der Untersuchung u. Deutung von Vorkommen u. Verhalten der Meeresorganismen. Dazu gehören neben Systematik u. Bestandsaufnahme Beobachtungen u. Experimente über den Einfluß von Umweltfaktoren u. die Abhängigkeit der Lebewesen voneinander. Die erhaltenen Kenntnisse über die *Ökologie* des Meeres sind die Grundlage für eine Beurteilung der Auswirkungen von Fischerei u. Verschmutzung u. für die Möglichkeit durch Züchtung mariner Pflanzen u. Tiere die Ernährung des Menschen zu verbessern.

Meeresforschung, die Beobachtung der Eigenschaften des Meerwassers u. der Lebewesen im Meer, die Aufdeckung von Gesetzmäßigkeiten u. ihrer Ursachen u. die experimentelle Prüfung vermuteter Zusammenhänge.

Meeresleuchten, von vielen in Massen im Meer vorkommenden Organismen (einige Bakterien u. Dinoflagellaten) hervorgerufene Lichterscheinung. *Noctiluca,* ein Dinoflagellat, ruft das M. in der Nordsee hervor. →auch Biolumineszenz.

Meiose [die; grch., »Verminderung«] →Reifeteilungen.

Melanismus [grch.], das Auftreten stark pigmentierter Formen im Tierreich. Die Pigmentierung nimmt von S nach N zu (*Glogersche Regel*). Bei Insekten kann M., als bessere Anpassung an die Umwelt, ein Selektionsvorteil sein, z.B. der *Industrie-M.,* d.h. das Auftreten dunkel gefärbter Formen bei Schmetterlingen (wie Nonne, Birkenspanner) in Industriegebieten, die, durch Mutation entstanden, binnen weniger Jahrzehnte die weiße Form verdrängt haben. Ebenso wie *Albinismus* kommt M. bei allen Säugetieren, z.T. auch bei Reptilien u. Lurchen vor.

Membran, die Wand von Zelle (*Zell-M.*) oder Zellkern (*Kern-M.*); in der tierischen Anatomie dünne Häutchen wie das Trommelfell oder die Nickhaut der Vögel (*Membrana nictitans*).

Mendelsche Gesetze, die von G. J. *Mendel* zuerst entdeckten, für alle geschlechtl. Fortpflanzungsvorgänge geltenden Vererbungsgesetze:

1. *Mendelsches Gesetz, Uniformitätsgesetz:* Kreuzt man 2 in einem Erbmerkmal voneinander verschiedene reine Rassen, die Eltern-(Parental-)Generation (*P*), miteinander, so sind die Nachkommen (Bastarde) in der 1. Tochter-(Filial-)Generation (F_1) unter sich alle gleich (uniform), wobei es gleichgültig ist, welche Rasse die männl. oder weibl. Eltern stellt. Bei dominant-rezessivem Erbgang gleichen die F_1-Individuen im Erscheinungsbild (Phänotyp) alle dem Elternteil mit dem dominanten Erbmerkmal; bei intermediärem Erbgang stehen die F_1-Individuen erscheinungsbildlich zwischen beiden Eltern (Beispiel: P: Blütenfarbe einer Primel weiß u. rot; F_1: rosa).

2. *Mendelsches Gesetz, Spaltungsgesetz:* Kreuzt man die Individuen der F_1-Generation untereinander, so spaltet sich die 2. Bastardgeneration (F_2) bei dominant-rezessivem Erbgang im Verhältnis 3 : 1 (75% Träger des dominanten u. 25% Träger des rezessiven Erbmerkmals) u. bei intermediärem Erbgang im Verhältnis 1 : 2 : 1 auf (je 25% gleichen den beiden Großeltern u. 50% den Eltern, also z.B. 25% weiße, 50% rosa u. 25% rote Blütenfarbe bei Primeln).

3. *Mendelsches Gesetz, Unabhängigkeitsgesetz,* auch *Gesetz von der Neukombination der Erbfaktoren* (Gene): Kreuzt man Rassen, die sich in mehreren Merkmalspaaren voneinander unterscheiden, so treten in den Bastardgenerationen neue Zusammenstellungen von Merkmalen in jeweils bestimmten Häufigkeiten auf. Hieraus ergibt sich, daß die einzelnen Erbfaktoren unabhängig voneinander vererbt werden. →Vererbung. – B → S. 34f.

Menschenkunde = Anthropologie.
Merogamie [grch.] →Keimzellen.
Merogonie [grch.], die nur experimentell mögliche Besamung eines kernlosen Eies oder Eifragments mit einem normalen Spermium, dessen Kern u. Zentrosom eine Eientwicklung auslösen.
Mesenchym [das; grch.], in der Entwicklung von Tieren auftretende, aus Zellen u. Interzellularmasse bestehende Zwischenschicht, ursprüngl. zwischen Ektoderm u. Entoderm (*primäres M.;* bei Schwämmen, Hohltieren u. Plattwürmern), aus dem vor allem Bindegewebe u. Innenskelette (z. B. Knochengewebe) gebildet werden (*sekundäres M.*, das bei den Stachelhäutern aus dem Entoderm, bei den Wirbeltieren aus dem Mesoderm entsteht).
Mesenterium, bei *Ringelwürmern* mesodermale Bänder, an denen rückenwärts u. bauchwärts der Darm aufgehängt ist. Sie werden gebildet aus den aneinandergelegten Wänden der sekundären Leibeshöhle (segmentale Cölomsackpaare).
Mesoderm [das; grch.] →Embryonalentwicklung.
Mesophyll [das; grch.], die Gesamtheit des zwischen der oberen u. unteren Oberhaut (*Epidermis*) liegenden Grundgewebes der pflanzl. Blätter.
Mesophyten [grch.], Pflanzen mit einer Anpassung an einen mittleren Feuchtigkeitsgrad des Standorts; z. B. die einheim. sommergrünen Holzgewächse. Sie stehen in der Mitte zwischen *Hygrophyten* u. *Xerophyten.*
Mesopsammion [das; grch.] = Sandlückenfauna.
Mesothorax [der; grch.], *Mittelbrust*, der mittlere Abschnitt des →Thorax der Insekten; trägt das 2. Beinpaar u. das 1. Flügelpaar.
Metabolie [grch.], *Metabolismus* = Stoffwechsel.
Metagenese [die; grch.]. →Generationswechsel.
Metamerie, Aufbau des Körpers vieler Tiere aus mehr oder weniger gleichartigen, hintereinandergeschalteten Teilen (*Metameren, Segmente*); entscheidend ist dabei die *innere* M., die mit der äußeren Segmentierung nicht übereinzustimmen braucht. Echte M. beruht stets auf einer Ausgestaltung der sekundären Leibeshöhle (*zölomatische M.*); sie ist am deutlichsten ausgeprägt bei den Gliedertieren, z. B. beim Regenwurm, während die Wirbeltiere eine echte M. nur noch in bestimmten Körperorganen zeigen. Eine metamere Anordnung, die nicht auf einem Cölom beruht, z. B. Darmsäcke bei Strudelwürmern, wird als *Pseudo-M.* bezeichnet.
Metamorphose [die; grch.], 1. *Botanik:* Gestaltumbildung der drei Hauptorgane der höheren Pflanzen (Blatt, Sproßachse, Wurzel) infolge einer Funktionsänderung. M.n des Sprosses sind: Rhizome, Zwiebeln, Sproßknollen, Ausläufer, Assimilationssprosse, Sproßranken, Sproßdornen, sukkulente Sprosse u. a. Bei den Blättern gehören u. a. zu den M.n: Sporophylle, Blüten, Blattranken, Blattdornen. M.n der Wurzel sind u. a.: Wurzelknollen, Luftwurzeln, Atemwurzeln, Wurzeldornen u. Stelzwurzeln.
2. *Zoologie: Verwandlung*, die indirekte Entwicklung während der Jugendperiode vieler Organismen. Die Jugendformen weichen in Organisation u. Körperform von den erwachsenen Tieren ab u. werden als *Larven* bezeichnet; bes. auffällig bei Bandwürmern (*Finne*), Krebsen, Insekten u. Amphibien (*Kaulquappe*). Es können bes. Larvalorgane entwickelt werden, die den erwachsenen (*adulten*) Tieren fehlen u. bei der M. abgebaut werden. Bei Amphibien wird die M. durch das Schilddrüsenhormon *Thyroxin* ausgelöst.
Bei der M. der Insekten treten *Häutungen* auf, an deren Auslösung 3 Hormone beteiligt sind: Das Hormon der neurosekretorischen Zellen des Gehirns regt die Prothoraxdrüse zur Ausschüttung des Häutungshormons *Ecdyson* an; dieses allein bewirkt die Entwicklung zur *Puppe* u. zum *Vollkerf.* In Verbindung mit dem Juvenilhormon führt es zu Larvenhäutungen. Das Häutungshormon der Krebse ist dem der Insekten nahe verwandt.
Die M. der Insekten kann 1. eine *unvollkommene Verwandlung* (*Hemimetabolie*) sein: Das Puppenstadium fehlt; der innere Bau u. das äußere Bild der Larven ähnelt weitgehend dem der Vollkerfe; Flügel u. Geschlechtsanhänge entwickeln sich allmählich. Oder 2. die M. ist eine *vollkommene* (*Holometabolie*): In der Regel ist ein ruhendes Puppenstadium vorhanden; die Larven sind dem Vollkerf unähnlich (z. B. Maden, Raupen). Es gibt auch noch kompliziertere M.typen, z. B. *Hypermetabolie:* Verschiedene Larventypen folgen aufeinander.
Metanephridien [grch.] →Ausscheidungsorgane.
Metaplasie [grch.], *Gewebsumwandlung*, der Übergang einer Gewebsart in eine andere, nahe verwandte, z. B. von Bindegewebe in knochenartiges Gewebe durch Verkalkung.
Metathorax [grch.], *Hinterbrust*, der dritte Abschnitt des →Thorax der Insekten; trägt das 3. Beinpaar u. das 2. Flügelpaar.
Mikrobenbank, Sammlung von Mikroorganismenkulturen, die durch Abkühlung auf –250° C konserviert werden; bei späterer Erwärmung u. auf geeigneten Nährböden kann mit ihnen experimentiert werden. In Dtschld. bisher nur in Göttingen, in 10 weiteren Städten geplant.
Mikrobiologie [grch.], Wissenschaft von den mikroskop. kleinen Lebewesen, den Mikroorganismen (Viren, Bakterien, Blaualgen, einzellige Algen u. Protozoen). Die *allg. M.* untersucht Bau, Entwicklung, Leistungen, Verhalten, Verbreitung u. Lebensbedingungen der Mikroorganismen. Die angewandte M. gliedert sich in 3 Gebiete: 1. die *medizin. M.* (humanmedizin. M., veterinärmedizin. M., Phytopathologie) behandelt die krankheitserregenden Mikroorganismen; 2. die *techn.* oder *industrielle M.* verwertet die nützl. Eigenschaften der Mikroorganismen, z. B. stellt die Gärungsindustrie mikrobielle Gärungsprodukte wie Hefen, Alkohol, Bier, Wein her; die chem. Industrie erzeugt chem. Produkte (Essigsäure, Citronensäure, Milchsäure, Aceton u. a.), Antibiotika, Enzyme, Vitamine; die Milchwirtschaft benutzt Mikroorganismen zur Bereitung von Yoghurt, Kefir, Quark, Käse u. a. Milchprodukten; bei der biolog. Abwasserreinigung werden die organ. Abfallprodukte durch Mikroorganismen abgebaut; 3. die *Boden-M.* befaßt sich mit den im Boden lebenden Mikroorganismen, die u. a. für die *Mineralisation* von Bedeutung sind.

Mikroevolution, *intraspezifische Evolution,* Entwicklungsvorgänge innerhalb einer Art oder bei nahe verwandten Arten; →Abstammungslehre.

Mikronukleus [grch.], Kleinkern oder Geschlechtskern der Wimpertierchen u. Suktorien.

Mikrosomen [grch.], durch Zentrifugieren zerkleinerter Zellen gewonnene Lipoide (30–40% i.T.) u. Ribonucleinsäure (12% i.T.) enthaltende Fraktion, die vor allem Bruchstücke des →endoplasmatischen Retikulums enthält.

Mikrosporangium [das; grch.] →Sporen.

Mikrotubuli [grch.-lat.], mit Hilfe des Elektronenmikroskops entdeckte, röhrenförmige Zellbestandteile; sie bilden u.a. das (9+2)-Muster der Wimpern u. →Geißeln u. die Spindelfasern u. Polstrahlen bei der *Kernteilung.*

Mikrovilli [grch.], submikroskop. Ausstülpungen von Zellen mit bes. großem Stoffaustausch, z. B. M. der Darmschleimhaut u. des Nierenepithels; dienen der Oberflächenvergrößerung.

Milch, 1. *Botanik:* der M.saft der pflanzl. Milchröhren. Er ist meist weiß gefärbt u. fließt nach Verletzung der Pflanze oft in großer Menge aus den M.röhren aus. Sein milchähnl. Aussehen ist dadurch bedingt, daß zahlreiche Kautschuk- oder Guttaperchakügelchen neben Harz-, Fett- u. a. Tröpfchen in der Flüssigkeit emulgiert sind. Außerdem enthält er Salze, Zucker, Gerbstoffe, manchmal auch Alkaloide u. Fermente. M.saft haben viele Pflanzenfamilien, z. B. Wolfsmilchgewächse, Mohngewächse, Korbblütler. →auch Exkrete.

2. *Zoologie:* die Absonderung der *Milchdrüsen* der weibl. Säugetiere u. des Menschen. Sie enthält alle für die Ernährung der Nachkommen während der Zeit nach der Geburt notwendigen Nähr- u. Wirkstoffe bis zu dem Zeitpunkt, zu dem Aufnahme u. Verwertung anderer Nahrung möglich ist. Durch baumartig verzweigte Röhren fließt aus den Drüsenbläschen (Alveolen, Ort der M.bildung) die M. in die über den Zitzen bzw. Brustwarzen liegenden *M.räume* (*M.zisternen*). Den Drüsenbläschen werden die notwendigen Stoffe aus dem mütterl. Blut durch ein Netz von Blut- u. Lymphgefäßen zugeführt u. aus ihnen die Hauptbestandteile der M. (Käsestoff, Butterfett u. M.zucker) gebildet. Die M. ist demgemäß von Art zu Art verschieden; auch rassische u. individuelle Unterschiede lassen sich nachweisen, die z.T. durch Außenfaktoren (Ernährung, Jahreszeit) erklärt werden können.

Milz, lat. *Lien,* grch. *Splen,* bei den Wirbeltieren ein Körperorgan, das als Filter u. zur Blutspeicherung in die Blut- u. Lymphbahn eingeschaltet ist. Beim Menschen liegt die rd. 200 g schwere M. unter dem linken Rippenbogen im Oberbauch u. ist nur bei Anschwellung u. Vergrößerung vom Leib aus zu tasten. Sie baut die roten Blutkörperchen ab u. bildet in den Lymphknötchen ihres Gewebes neue weiße Blutkörperchen (Lymphzellen). Durch Zusammenziehen ihrer glatten Muskulatur kann sie ihre Bluträume wie einen Schwamm ausdrücken u. an den Kreislauf abgeben. Sie spielt in der Infektionsabwehr eine wichtige Rolle.

Mimese [die; grch., »Nachahmung«], körperl. Übereinstimmung der äußeren Form u. Farbe eines Tiers mit einem belebten oder unbelebten Teil seiner Umgebung; eine wichtige Schutzfunktion; z. B. Übereinstimmung mit Tieren (*Zoo-M.:* Ameisentracht von Ameisengästen), mit Pflanzenteilen (*Phyto-M.:* Nachbildung von Rinde [bestimmte Schmetterlinge], von Zweigen [Spannerraupen, Stabheuschrecken], von Blättern [Wandelndes Blatt, Blattheuschrecke, Callima, ein tropischer Schmetterling]), mit totem Material (*Allo-M.:* z. B. Nachbildung von Vogelkot [bestimmte Kleinschmetterlinge]). →auch Tracht.

Mimikry, Biologie: Auf Signalfälschung (→Auslöser) beruhende Ähnlichkeit. 1. *Batessche Mimikry:* Nachahmung eines geschützten – wehrhaften oder giftigen – Tieres durch ein harmloses, genießbares, das dadurch geschützt ist; z. B. Hornisse u. Hornissenschwärmer u. die Mimikry-Ringe trop. Insekten, die viele Arten umfassen können. I. w. S. auch Nachahmung z. B. von Steinen durch Pflanzen (*lebende Steine*). – 2. *Müllersche M.:* Ähnlichkeit zweier oder mehrerer geschützter Arten, die ein Warnkollektiv bilden, das dem Räuber ein leichteres Erlernen der Ungenießbarkeit gestattet. Kann mit 1) kombiniert sein. – 3. *Mertenssche M.:* Nachahmung einer weniger giftigen durch eine sehr giftige Art, deren Gift unfehlbar tötet. Ein Räuber hätte ohne Vorhandensein der weniger giftigen Art keine Gelegenheit mehr zu lernen, daß Tiere mit einer bestimmten Zeichnung zu meiden sind. Vor allem bei sog. Korallenschlangen des trop. Amerika. Oft kombiniert mit 1). – 4. *Peckhamsche* oder *Angriffs-M.:* Vortäuschung von Futter-Signalen zum Nahrungserwerb; z. B. Anglerfische, die mit Hautanhängen einen Wurm vortäuschen u. so Beute anlocken. Aber auch →insektenfressende Pflanzen, die Blüten nachahmen. I. w. S. gehört auch die Nachahmung von Vogeleiern durch Brutparasiten wie Kuckucken u. Witwen u. die M. der Putzer (Fische; →Putzsymbiose) hierher. – 5. *Tarn-* oder *Irritier-M.:* z. B. Augenflecken u. bewegl. Stacheln bei Fischen u. Schmetterlingsraupen. Käfer täuschen Ameisen vor, um von diesen im Bau geduldet zu werden. – 6. *Innerartliche M.:* z. B. Eiattrappen an den Flossen von Buntbarsch-Männchen, die das Weibchen zum Ablaichen auffordern; Nachahmung der weibl. roten Brunftschwellung durch Mantelpavian-Männchen zur Beschwichtigung ranghöherer Männchen.

Mine [lat., frz.], charakterist. Fraßspur bestimmter Insekten, z. B. Larven von Hautflüglern, Käfern, Schmetterlingen, Zweiflüglern in verschiedenen Pflanzenteilen (Blättern, Stengeln, Wurzeln, Früchten u. ä.); die deckenden Gewebeschichten bleiben erhalten, so daß die Tiere in kleinen Hohlräumen leben. Aus Gestalt u. Lage der M.n kann man auf den Erzeuger schließen (z. B. Gang-M.n, Platz-M.n [größere Fraßflächen], Spiral-M.n u. a.). Als *M.n i. w. S.* bezeichnet man auch die Gänge von *Holzminierern* (Ameisen, Termiten, Borkenkäfer, Holzwespen u. ä.) in Holz, Splint, Rinde u. a.

Mineralisation [lat.], Abbau toter organ. Substanz zu anorgan. (mineral.) Substanz durch Mikroorganismen.

Mineralstoffwechsel, Stoffwechsel von Ionen

anorganischer Salze im Organismus, wie: Kalium-, Natrium-, Calcium-, Magnesium-, Eisen-, Chlorid-, Nitrat-, Sulfat-, Phosphationen u. anderer in geringerer Konzentration (Spurenelemente). Die Aufnahme erfolgt bei Pflanzen in Form von Ionen u. hauptsächl. über die Wurzel. Tiere erhalten die Ionen mit der Nahrung u. scheiden sie mit Kot, Harn u. Schweiß wieder aus. Die Ausscheidung wird durch Hormone wie das Parathormon der Nebenschilddrüse reguliert. Das Ion mit der kleinsten Konzentration im Verhältnis zur Normalkonzentration bestimmt das Tempo der Entwicklung (*Gesetz des Minimums*). Fehlen einer Ionenart führt zu Mangelerscheinungen; an ihnen u. durch radioaktive Markierung läßt sich der M. untersuchen. Eisen ist Bestandteil des Blutfarbstoffs *Haemoglobin* u. von Enzymen, Magnesium ein Teil des Blattgrüns *Chlorophyll*, Nitrationen sind für autotrophe Pflanzen (→Ernährung) Grundlage für die gesamte Eiweißproduktion. Phosphationen sind Bausteine der Erbsubstanz u. von Enzymen. Alkalisalze bedingen das osmotische Gleichgewicht im Körper.

Minimumfaktor, derjenige der in einem bestimmten Lebensraum (Biotop) vorhandenen u. für ein bestimmtes Lebewesen lebensnotwendigen Umweltfaktoren, der von den bevorzugten (optimalen) Ansprüchen dieses Lebewesens am weitesten entfernt ist u. damit von allen Umweltfaktoren für dieses Lebewesen die größte Bedeutung hat.

Mischling →Bastard.

Mißbildungen, *Fehlbildungen*, bei Tieren u. Menschen auftretende Abweichungen in der Ausbildung des Normaltyps, die meist durch Störungen der Wachstumszentren der Organe oder des ganzen Organismus bedingt sind. Viele Faktoren sind als Störursachen möglich (Erbanlagen, chem. Substanzen, ionisierende Strahlung, Infektionen); entweder trifft die Störung schon die Keimzelle u. bewirkt dort eine Erbveränderung (*Mutation*), oder sie trifft in späteren Entwicklungsstadien auf den Embryo, wo sie Doppelköpfigkeit, mangelhaften Verschluß von Organen (*Hemmungsbildungen*), spiegelbildl. Lage der Eingeweide (*Situs inversus*) u.ä. zur Folge haben kann. Die Wissenschaft von den M. nennt man *Teratologie*.

Missing link [engl., »fehlendes Glied«], fehlendes Bindeglied in den Evolutionsreihen der Organismen, bezogen vor allem auf die Übergangsformen zwischen Mensch u. Menschenaffen. Viele ehem. M.l.s sind heute bereits bekannt, so bei den Wirbeltieren der Übergang vom Fisch zum Lurch (*Ichthyostega*), vom Lurch zum Kriechtier (*Seymouria*), vom Kriechtier zum Vogel (*Archaeopteryx*) u. vom Kriechtier zum Säugetier (*Therapsida*).

Mitochondrien [-lxɔndriən; grch.], faden- bis kugelförmige Zellorganellen. Sie bestehen aus einer äußeren Hüllmembran u. einer inneren Membran, die schlauchförmige (*Tubuli*), blattförmige (*Cristae*) oder sackförmige (*Sacculi*) Einstülpungen in den inneren Raum (*Matrix*) sendet. Diese Oberflächenvergrößerungen dienen der Leistungssteigerung, indem mehr Enzyme an die innere Membran gebunden werden können; ihre wichtigste Funktion ist Energiegewinnung durch oxydative Phosphorylierung bei der Zellatmung. Da sie sich in der Zelle bewegen u. so zu Orten des Energiebedarfs gelangen, bezeichnet man sie als »fahrende Kraftwerke der Zelle«. Nach neuesten Erkenntnissen enthalten sie auch *DNS* u. üben genetische Funktionen aus.

Mitose [die; grch.], die indirekte →Kernteilung.

Mitosegifte, chem. Stoffe, die die →Kernteilung (Mitose) bei Pflanzen u. Tieren stören; sie können *Polyploidie* hervorrufen, einige wirken krebshemmend. Zu den M.n zählen u.a. Acenaphten, Acridin, Benzochinonan, Colchicin.

Mitteldarmdrüse, die sog. *Leber*, ein verzweigtes Darmanhangsorgan von Krebsen, Spinnentieren u. Weichtieren.

Modifikation [lat.], eine Veränderung, Abwandlung, Abart; eine nicht erbliche, nur durch Einflüsse der Umwelt verursachte Abweichung im Erscheinungsbild (*Phänotypus*) eines Lebewesens vom Normaltyp (Gegensatz: *Mutation*). Als M.en werden die verschiedenen Phänotypen bezeichnet, die ein Organismus mit bestimmtem Erbbild (*Idiotypus*) entspr. den einwirkenden Bedingungen annehmen kann. Der Organismus antwortet auf Umwelteinflüsse mit Veränderungen seiner Entwicklung.

Molekularbiologie, zusammenfassender Begriff für Forschungsrichtungen in der Biologie, die sich mit den Reaktionsmechanismen zwischen u. innerhalb von molekularen Strukturen der Organismen befassen. Die M. unterbaut damit viele biolog. Teildisziplinen. Sie hat keine spezif. Arbeitsweise, sondern entlehnt sie anderen Gebieten, wie der *Biochemie, Kybernetik, Biophysik* oder *Genetik*. Sie beschränkt sich auf wenige grundlegende Probleme wie Atmung, Art u. Wirkung der Gene (*Molekulargenetik*), gewisse Erbkrankheiten (molekulare Krankheiten, z.B. Sichelzellenanämie), Eiweißsynthese, Enzym- u. Hormonfunktion, Immunreaktionen u. Photosynthese. Untersuchungen an Algen, Viren (→S. 35), Bakteriophagen (→Phagengenetik S. 37) u. an einzelnen Makromolekülen (Hämoglobin, Nucleinsäuren) stehen im Vordergrund.

Molekulargenetik, Teilgebiet der →Genetik.

Monogonie [grch.], →Fortpflanzung.

Monophylie [grch.], in der bilogischen Systematik u. Abstammungslehre die Entwicklung einer Artengruppe (Gattung, Familie usw.) aus einer nur ihr gemeinsamen Stammart; Gegensatz: *Polyphylie*.

monözisch [grch.], einhäusig; →Blüte.

Monozyten [grch.] →Leukozyten.

Morphologie [grch.], die Lehre von der (äußeren) Gestalt der Lebewesen; heute = *Anatomie*. →S. 124 (Vergleichende Anatomie).

Morphose [die; grch.], *Morphogenese, Morphogenesis*, »Gestaltbildung«, die Ausprägung der für das Lebewesen typ. Gestalt durch Wachstums- u. Differenzierungsprozesse.

Mortalität [lat.], die *Sterblichkeit* einer (tierischen) Bevölkerung (Population); bestimmt durch *M.sfaktoren*, z.B. körperl. Verfassung der einzelnen Individuen, klimat. Einflüsse, natürl. Feinde, Nahrungskonkurrenz u.a.; →auch Massenwechsel.

Morula [die; lat.], *Maulbeerkeim* →Embryonalentwicklung.

Motilität [lat.] →Motorik.

Motorik [lat.], aktive, von der Großhirnrinde gesteuerte, vorwiegend willentliche Bewegungsvorgänge eines Organismus. Im Gegensatz dazu bezeichnet man reflektorische, vom Hirnstamm oder vegetativen Nervensystem ausgehende Bewegungen als *Motilität*.

motorische Endplatte, die Verbindung zwischen Nerv u. Erfolgsorgan (z. B. Skelettmuskel). Die faserförmigen Verästelungen des Nervs liegen in rinnenartigen Vertiefungen der Muskelzelle u. bilden eine Übergangsstelle für die Information vom Nerv zum Muskel. Nervensignale werden nicht direkt weitergeleitet, sondern auf das Hormon *Acetylcholin* übertragen. →auch Erregung.

Mucosa [die; lat.] = Schleimhaut.

mukös [lat.], schleimig, Schleim absondernd.

Müllerscher Gang [nach dem Physiologen Johannes *Müller*], der (paarige) Eileiter der weiblichen Wirbeltiere.

Multiparasitismus [lat. + grch.] →Parasitismus.

Mundgliedmaßen, *Mundextremitäten,* die zu Mundwerkzeugen (→S. 128) ausgebildeten u. der Nahrungsaufnahme dienenden Kopfgliedmaßen der *Gliederfüßer.*

Muskel [der; lat.], das fleischige Gewebe des tier u. menschl. Körpers, durch das die Bewegung einzelner Körperteile u. die Fortbewegung ermöglicht wird. Die M.n bestehen aus *M.bündeln,* die von einer bindegewebigen Hülle umgeben sind. Die Bauelemente des M.s sind einkernige, spindelförmige *M.zellen* (0,02–0,8 mm lang) u. mehrkernige, mehrere cm lange *M.fasern.* Beide enthalten im Plasma kontraktile *M.fibrillen* (*Myofibrillen*). »Rotes« M.fleisch ist fibrillenarm u. erhält seine Farbe vom sauerstoffbindenden *Myoglobin*; »weißes« M.fleisch ist bes. fibrillenreich. Je nach der Feinstruktur der M.fibrillen unterscheidet man *glatte* u. *quergestreifte* M.n. Glatte M.n kontrahieren sich langsam u. können die Kontraktion ohne erhebl. Energieverbrauch aufrechterhalten, während quergestreifte M.n sich schnell kontrahieren u. schnell wieder erschlaffen. Jede M.fibrille besteht aus 2 Arten von Filamenten, die sich im quergestreiften M. als bandförmig wiederholende Gitterstrukturen abwechseln: dicke *Myosinfilamente* u. dünne *Actinfilamente,* die aus mehreren 100 Molekülen der Muskeleiweiße *Myosin* bzw. *Actin* bestehen. Die Kontraktion (Verkürzung) des M.s beruht darauf, daß die beiden Filamentgitter ineinandergleiten. Dabei treten Actin u. Myosin zum *Actomyosin* zusammen. Die Energie für diesen Vorgang wird durch *ATP* geliefert.

Der M. führt nur auf *Erregungsanstöße* vom Nervensystem hin Bewegungen aus. Ein einzelner Erregungsanstoß löst eine Einzelkontraktion, eine *Zukkung* aus (Dauer zwischen 0,0031 sek z. B. bei der quergestreiften Flugmuskulatur der Fliege u. 75 sek bei der glatten Muskulatur des Froschdarms). Gewisse M.n üben stets eine rhythm. Folge von Zuckungen aus (z. B. Herzmuskel, Flug-M.n der Insekten); andere erfahren eine *Dauerverkürzung.* Man unterscheidet bei Dauerverkürzungen den *Tetanus* u. den *Tonus.* Der Tetanus, eine willkürl. Dauerverkürzung der sog. Arbeits- oder Bewegungs-M.n (z. B. Skelett-M.n der Wirbeltiere) wird durch eine schnelle Folge von Erregungsanstößen ausgelöst, verbraucht viel Energie u. führt zu Ermüdung. Dagegen kann der Tonus, die vom sympath. Nervensystem ausgelöste unwillkürl. Dauerverkürzung der sog. Trage-M.n, z. T. wochenlang fast ohne Energieverbrauch u. Ermüdung bestehen (z. B. Schalenschließ-M. der Muscheln). Häufige Bewegungstypen der M.bewegung sind die Hohlmuskelbewegung (z. B. des Darms, bei der Kontraktionswellen [*Peristaltik*] erzeugt werden) u. der Muskelzug gegen ein festes Außenskelett (Gliederfüßer) bzw. ein Innenskelett (Wirbeltiere). Die M.fasern der Skelett-M.n der Wirbeltiere laufen an den Enden in Sehnenfasern aus, die, zu Sehnenplatten oder -strängen zusammengefaßt, an den Knochen ansetzen u. deren Bewegung ermöglichen. Die Zunahme der M.masse ist bedingt durch den Einfluß von in der Hypophyse gebildeten Wachstumshormonen, außerdem durch Übung u. Belastung (wichtig für Sporttraining). →S. 76 f. (Muskeln und Gelenke).

Muskeladenylsäure, als *Adenosintriphosphat* (ATP) der Energiespender bei der →Kontraktion des Muskels.

Muskelarbeit, der Vorgang, bei dem chemische Energie durch →Kontraktion in mechanische verwandelt wird.

Muskelelektrizität, die bei Nervenerregung (→Nerven) im Muskel während der Kontraktion auftretenden elektr. Erscheinungen; →tierische Elektrizität.

Muskelmagen, *Kaumagen,* dickwandiger Teil des Magens der Vögel; liegt unmittelbar hinter dem Drüsenmagen, ist mit einer starken Hornschicht ausgekleidet u. dient der Zerkleinerung der Nahrung.

Muskeltonus, *Muskelspannung* →Tonus.

Mutagene [Ez. das *Mutagen*; lat.], chem. Stoffe oder physikal. Agenzien, die geeignet sind, →Mutationen zu veranlassen. Die geringe natürliche Neigung zu Mutationen (*Mutationsrate*) wird dabei künstlich gesteigert. Solche *induzierten Mutationen* wirken sich meist schädlich für den Organismus aus, weil das im Lauf der Erdgeschichte der Umwelt harmonisch angepaßte Erbgefüge zerstört wird. Wertvoll sind M. aber für genetische Untersuchungen u. für die Zucht von Nutzpflanzen. Chemische M. sind z. B. Nitrite, Colchicin oder Senfgas, physikalische z. B. Temperaturschocks, ultraviolette u. radioaktive Strahlen. Vor allem Konservierungs-, Arzneimittel, Insektizide u. ä. müssen heute auf ihre mutagenen Eigenschaften untersucht werden.

Mutation [lat.], eine Abänderung der Eigenschaften eines Lebewesens, die im Gegensatz zur *Modifikation* erblich ist. M.en treten spontan auf oder unter dem Einfluß von →Mutagenen (*induzierte M.*). Die Bedeutung von Spontan-M.en liegt darin, daß sie ein Evolutionsfaktor sind. Die durch Strahlung hervorgerufenen M.en führen z. B. beim Menschen zu einer ständig zunehmenden, unmerklichen

Ansammlung rezessiver M.en im Erbgut, die erst nach Generationen z.B. als Mißbildungen zu Tage treten können; Zahlen liegen nicht vor. 1. *Gen-M.en* (Punkt-, Locus-M.en) führen zu neuen →Allelen u. entstehen durch Einbau von Basenanalogen oder durch chem. Veränderung der Basen (→Nucleinsäuren). Die Chromosomenstruktur bleibt unverändert. 2. *Chromosomen-M.en* sind Änderungen der Chromosomenstruktur nach Brüchen, wie *Inversionen, Translokationen, Duplikationen;* bei *Deletionen* u. *Defizienzen* gehen Chromosomenbruchstücke verloren. 3. *Genom-M.en* sind Veränderungen der Zahl ganzer Chromosomen oder Chromosomensätze. 4. *Plasmon-* u. *Plastiden-M.en* sind Abänderungen plasmatischer Erbfaktoren bzw. der Plastiden. Hauptuntersuchungsobjekte der M.sforschung sind Bakterien, Pilze u. Drosophila melanogaster.

Mutationsdruck, das Maß für die Neigung zur Mutation in einer Population. Der M. strebt danach, in einer hinreichend großen, ursprüngl. gleichförmigen Bevölkerung die Erbmannigfaltigkeit an Genen zu steigern. Aus Reinerbigen werden Mischerbige, aus der Gesamtbevölkerung ein Gemenge verschiedener Genotypen, denen ein Phänotypengemenge entspricht. In allen natürl. Rassen besteht diese Tendenz zum Zerfall der Gleichförmigkeit. Dem M. wirkt der *Selektionsdruck* entgegen.

Mutterkuchen = *Plazenta.*

Muttertrompeten, Tuben, die Eierstöcke trompetenförmig umfassende Organe, die →Eileiter.

Mutualismus [lat.], Wechselbeziehung zwischen zwei Lebewesen verschiedener Art, die für beide förderlich, für einen der Partner aber lebensnotwendig ist, z.B. Blütenbestäubung durch Tiere oder Verbreitung von Pflanzensamen durch Tiere.

Mykologie [grch.], die Pilzkunde.

Mykorrhiza [die; grch.], *Pilzwurzel,* die Wurzeln höherer Pflanzen, die in ihrer Rindenzone von Pilzen besiedelt werden. Bei der *ektotrophen M.* überzieht der Pilz die Wurzeloberfläche mit einem Myzelmantel u. sendet höchstens Hyphen zwischen die äußersten Zellschichten der Wurzelrinde; bei der *endotrophen M.* lebt der Pilz in den Rindenzellen der Wirtswurzeln. Zwischen beiden Formen gibt es Übergänge.

Das Eindringen der Pilze in die Wurzeln hat zunächst durchaus parasitären Charakter (bei der endotrophen M. werden die Pilze in der Verdauungszone der Wurzel abgefangen u. abgebaut), zwischen den Ansprüchen beider Partner stellt sich oft jedoch ein Gleichgewicht ein (*Symbiose*). Notwendig ist die M. für die Samenkeimung der Orchideen, die sich ohne das Hinzutreten eines Pilzes bestimmter Art nicht entwickeln. M.bildungen wurden ferner festgestellt bei Farnen, Heidekrautgewächsen, Wintergrüngewächsen, Kiefern, Rotbuchen u.a. Bei den Waldbäumen sind die Pilzpartner Hutpilze (*Schwämme*); nicht obligatorisch kommen bestimmte Pilze an bestimmten Bäumen vor, z.B. der *Birkenpilz, Boletus scaber,* vorzugsweise unter Birken, der *Goldpilz, Boletus elegans,* unter Lärchen, die *Rotkappe, Bolatus rufus,* unter Pappeln.

Myrmekochorie [grch.] →Zoochorie.

Myrmekophilie [grch.], die Anpassung an das Leben in Ameisenstaaten, als Einmieter (*Entökie*), Mitesser (*Kommensalismus*) oder Ameisengäste (*Symphilie*); zuweilen verbunden mit gestaltlicher Ähnlichkeit mit Ameisen (*Ameisenmimese*), z.B. bei bestimmten Wanzen, Käfer u. Spinnen.

Nachbild, im Auge ein nachbleibender Eindruck eines vorher fixierten kontrastreichen Gegenstands als subjektive Seherscheinung. Zuerst erscheint das *positive N.* als ein Überdauern des Lichteindrucks infolge Trägheit der chemischen Prozesse in den Sinneszellen. Darauf folgt das *negative N.,* da belichtete Netzhautbereiche durch →Adaptation für kurze Zeit weniger empfindlich als die nicht gereizte Netzhaut sind.

Nachhirn →Gehirn.

Nachgeburt, bei den Plazentatieren die Ausstoßung der Eihäute u. des Mutterkuchens mit der Nabelschnur als Schluß des Geburtsaktes (→Geburt) nach Austritt des oder der Jungen. Als N. werden i.w.S. auch die dabei ausgestoßenen Teile selbst bezeichnet. Als *N.swehen* bezeichnet man die Zusammenziehungen der Gebärmutter, die dazu dienen, die N. während der N.speriode auszustoßen.

Nachniere, *Metanephros,* →Ausscheidungsorgane.

Nacken, das Genick.

nackte Zellen →Protoplasten.

Nahrungsaufnahme, die Übernahme von Nährstoffen in den Organismus. Während Pflanzen ihre organischen Verbindungen durch →Assimilation selbst herstellen, sind Tiere auf deren Zuführung angewiesen. Pflanzenfresser (*Phytophagen*) benutzen als Urnahrung vor allem Gefäßpflanzen. Auch Fleischfresser (*Zoophagen*) u. Allesfresser (*Omnivoren*) leben indirekt aus dieser Nährstoffquelle. Einzellige Lebewesen nehmen ihre Nahrung in molekulardisperser Form durch die Zelloberfläche oder durch *Phagozytose,* u. *Pinozytose* auf. Bei Metazoen bedeutet die N. eine Aufnahme in den Darm. Nach der Art der N. unterscheidet man Schlinger oder Brockenfresser (Krebse, Amphibien, Reptilien, Vögel), Zerkleinerer (Insekten, Säugetiere), Strudler u. Mikrophagen (Haarsterne, Muscheln, Manteltiere). Die Filtrierer [Seescheiden, Muscheln] erzeugen mit Wimpern, Tentakeln oder Extremitäten einen Wasserstrom, aus dem sie Plankton abfiltrieren. Flüssige Nahrung nehmen z.B. die Blutsauger (Egel, Zecken) u. die Pflanzensauger auf.

Nahrungskette, eine Reihe von einseitigen Ernährungsbeziehungen zwischen verschiedenen Lebewesen. Am Anfang von N.n steht die sog. Urnahrung: im Meer Plankton, auf dem Land Pflanzen; darauf folgen Tiere verschiedener Ernährungsweise: zuerst Pflanzenfresser (*Phytophagen*), dann Fleischfresser (*Zoophagen*) verschiedener Größe, schließlich Aasfresser (*Nekrophagen*). N.n können untereinander zu komplizierten Nahrungssystemen verflochten sein. Dabei können Schadstoffe, vor allem Rückstände von Pestiziden, so angereichert werden, daß sie für viele Tiere u. letzten Endes auch für den Menschen schädlich werden. Die quantitative Erforschung von N.n wird von der *Produktionsbilologie* betrieben. B →S. 92.

Nahrungsparasitismus, ein Fall von *Kommensalismus,* bei dem der Wirt vom Nutznießer merklich geschädigt wird; z. B. Bienenläuse (*Brauliden*), die in den Brutzellen von Bienen von deren Nahrungsvorräten leben, oder Möwen (z. B. Raubmöwen), die anderen Vögeln die Beute abjagen.

Nannoplankton [das; grch.], *Zwergplankton,* die allerkleinste Schwebewelt (*Plankton*) des Wassers. N. passiert die feinste künstliche Gaze (Müllergaze) u. wird nur durch Reusenapparate von Manteltieren (Tunicaten) zurückgehalten.

Napfaugen, *Grubenaugen;* →auch Lichtsinnesorgane S. 115.

Narkosegewehr, *Betäubungsgewehr, Cap-chur-Gewehr,* in den USA entwickeltes Spezialgewehr, mit dem fliegende Injektionsspritzen auf Tiere verschossen werden. Das N. dient zur schonenden Betäubung beim Einfangen oder Markieren von Tieren, wobei meist muskelerschlaffende Mittel (*Myorelaxantien*) verwendet werden. Das N. wird heute auch allg. zur parenteralen Verabreichung von Medikamenten an größere Zoo- u. Haustiere angewandt.

Nastie [die; grch.], die von der Reizrichtung unabhängige Bewegung von Teilen festgewachsener Pflanzen auf Reize (→Reizbewegung). Bewegungsart u. -richtung sind durch die Struktur des gereizten Organs vorgeschrieben. Die N.n, als auffälligste Bewegungen im Pflanzenreich, werden durch wiederholbare →Turgor-Bewegungen hervorgerufen oder durch einmalige, manchmal periodische, Wachstumskrümmungen. Je nach Reizursache unterscheidet man: 1. *Chemo-N.,* 2. *Hapto-* oder *Thigmo-N.,* 3. *Photo-N.,* 4. *Seismo-N.* u. 5. *Thermo-N.* außerdem werden →Schlafbewegungen als *Nyktinastie* u. →Ranken oder Winden als *Zyklonastie* bezeichnet. T →S. 220f.

Nationalpark, eine großräumige Landschaft, die wegen ihrer natürl. Schönheit u. ihrer Naturschätze von nationaler Bedeutung ist, darum geschützt u. gepflegt u. ggf. mit Erholungseinrichtungen ausgestattet wird. Der Begriff N. ist nicht genau abzugrenzen, vor allem nicht gegen den Begriff →Naturpark. Er orientiert sich vor allem an den nordamerikan. N.s (erster N. war der Yosemite-Park, gegr. 1864, dem 1872 der Yellowstone-N. folgte, bei denen – wie auch beim einzigen dt. N. (Bayerischer Wald, eröffnet 1970, Fläche 12000 ha) – die Erholungsfunktion eine große Rolle spielt. In anderen N.s steht der Schutz der natürlichen Landschaft im Vordergrund (Naturreservate, Wildreservate; z. B. Schweizer N. Graubünden, Afrikanische N.s); für sie ist der Massentourismus eher eine Gefahr. K →S. 36f.

Naturpark, ein größeres Gebiet, das sich wegen seiner Eigenart u. Schönheit bes. dazu eignet, dem Menschen Naturgenuß u. Erholung zu bieten (Erholungslandschaft im Sinn des →Naturschutzes). Im N. wird die Landschaft als Ganzes vor Verunstaltungen u. vor Veränderungen ihrer Tier- u. Pflanzenwelt geschützt u. durch Anlage von Wanderwegen, Park- u. Rastplätzen, Schutzhütten u. ä. für den erholungsuchenden Menschen erschlossen u. gepflegt. N.s enthalten *Naturschutzgebiete,* sind aber im ganzen naturnahe Kulturlandschaften, in denen die wirtschaftl. Nutzung nicht eingeschränkt ist (z. B. die durch den Menschen entstandene Lüneburger Heide, das erste Naturschutzgebiet Deutschlands [1910] u. der erste N.). – In der BRD gibt es z. Z. 43 N.s (Fläche insgesamt 1,1 Mill. ha). →S. 36; K →S. 61.

Naturschutz, die Bemühungen um den Schutz u. die Erhaltung der nichtmenschlichen Natur; ursprüngl. der Schutz bedrohter Naturdenkmäler (wildwachsende Pflanzen, nicht jagdbare Tiere, alte Bäume, Felsen, Quellen u. a.); seit dem Reichs-N.gesetz von 1935 auch der Schutz ganzer Lebensgemeinschaften (flächenhafte Naturdenkmäler: einzelne Landschaftsteile, →Naturschutzgebiete, Landschaftsschutzgebiete) vor Verunstaltungen u. dauerhaften Veränderungen der Tier- u. Pflanzenwelt. Der moderne N. trennt diese Aufgaben (*erhaltender N.*) vom *gestaltenden N.,* der aktiv Einfluß zu nehmen sucht auf die Gestaltung der natürlichen Umwelt auch des Menschen. Mit dem Wissen um die zunehmende Gefährdung der natürlichen Lebensgrundlagen durch die menschliche Nutzung hat sich der N.begriff zum Begriff des Umweltschutzes fortentwickelt.

Der moderne N. versucht, der Zivilisationslandschaft (Industrie- u. Wohnlandschaft samt Verkehrsanlagen) u. der Produktionslandschaft (landwirtschaftl. Kultursteppen) eine Kultur- u. Erholungslandschaft gegenüberzustellen, die ihren Ausdruck etwa in den →Naturparks findet. Aktuelle Probleme des gestaltenden N.es sind: die Pflege der Gewässer (Schutz vor Verunreinigungen, Vermeidung unsinniger Begradigungen, Begrünung von Baggerseen u. a.) u. des Waldes (Schutz vor allem in Stadtnähe, Förderung standortgemäßen u. abwechslungsreichen Waldbaus u. a.), die Eindämmung der Verschmutzung von Luft, Wasser u. Boden durch Chemikalien (Industrie, Landwirtschaft), der Schutz der Naturlandschaft vor Müll (z. B. Autowracks), vor Zerreißung durch Industrie- u. Verkehrsanlagen, vor Zersiedelung u. a. Hauptaufgabe des N.es ist es heute, der Entfremdung des Menschen von der Natur entgegenzuwirken u. ihn zu der Einsicht zu erziehen, daß N. für ihn bereits zu einer Existenzfrage geworden ist.

Naturschutzgebiet, ein Gebiet, das durch Eintragung in das Landesnaturschutzbuch in seiner ganzen Ausdehnung unter *Naturschutz* gestellt ist. Ohne bes. Genehmigung dürfen im N. keine Veränderungen vorgenommen werden.

nearktische Region, *Nearctis* [grch.], eine geograph. Gebiet, das Nordamerika mit den arkt. Inseln u. Grönland umfaßt.

Nebenhöhlen, an den Nasenraum mit feinen Gängen angeschlossene Höhlen verschiedener Größe, die mit Schleimhaut ausgekleidet u. normal luftgefüllt sind: im Stirnbein die beiden *Stirnhöhlen,* im Keilbein die *Keilbeinhöhlen,* im Nasendach die zahlreichen kleinen *Siebbeinhöhlen,* im Oberkiefer die beiden neben der Nase sitzenden größten N., die *Kiefernhöhlen.*

Nebennierensystem, ein Teil des inkretorischen Systems (→Drüsen innerer Sekretion) der Wirbeltiere, bestehend aus den *Adrenal-* u. den *Interrenalorganen.* Die Zellen der Adrenalorgane (*chromaffine Zellen*) sind ursprüngl. segmental angeordnet u. über einen großen Rumpfabschnitt verteilt; erst bei den höheren Wirbeltieren (*Amniontiere*) treten sie zum *Nebennierenmark* zusammen. Dieses Mark liefert das Adrenalin. – Die Zellen des Interrenalsystems stammen vom Cölomepithel ab u. sind zunächst auch völlig selbständig. Sie lagern sich bei höheren Wirbeltieren als *Nebennierenrinde* um das Nebennierenmark. Die →Hormone der Nebennierenrinde (*Rindenhormone*) haben alle eine ähnliche chem. Struktur (Steroidstruktur, *Kortikosteroide*); sie beeinflussen den Kohlenhydrat-, Eiweiß-, Fett- u. Mineralstoffwechsel sowie den Elektrolyt- u. den Wasserhaushalt; sie lindern Entzündungen.

Nebenschilddrüse, *Glandulae parathyreoideae* →Epithelkörperchen.

Nebenwirt →Wirt.

negative Rückkopplung, kybernetischer Ausdruck aus dem →Regelkreis.

Nektar [der; grch.], von den *Nektarien* (→Honigdrüsen) ausgeschiedener, rohrzuckerhaltiger Saft, der von Insekten aufgenommen wird.

Nektarblumen, Pflanzen, die zur Beköstigung der bestäubenden Tiere in den Honigdrüsen ihrer Blüten *Nektar* ausscheiden.

Nekton [das; grch.], die mit eigener Kraft schwimmend sich fortgewegende Tierwelt des Wassers; Gegensatz: *Plankton.*

Neophyt [der; grch.], →Adventivpflanzen.

Neotenie [grch.], Vorverlegung der *Geschlechtsreife* in Jugendstadien (insbes. Larvenstadien). So ist das oft in Aquarien gehaltene Axolotl die neotenische Larve des mexikan. Salamanders Ambystoma mexicanum. Von den einheimischen Molchen neigt der Bergmolch, Triturus alpestris, am häufigsten zur N. Auch bei Insekten ist N. verbreitet, so bei Schildläusen, bei denen sich die Männchen nach 4 Häutungen zum geflügelten Geschlechtstier entwickeln, während bei den Weibchen N. vorliegt. Hier folgt auf die Zweit- oder Drittlarve schon das geschlechtsreife Tier.

neotropische Region, *Neotropis,* tiergeograph. Festlandsgebiet, das Mittel- u. Südamerika einschl. der südl. außertrop. Gebiete sowie Westindien umfaßt. – K →S. 48 (Biogeographische Regionen).

Nephridien, als *Proto-N.* u. *Meta-N.* auftretende Form der →Ausscheidungsorgane.

Nephron [das; grch.], Funktionseinheit der Niere, bestehend aus einem Nierenkanälchen. Aus ihnen setzt sich das Gesamtorgan zusammen.

Nerven, 1. Flügeladern der Insekten. – 2. die aus Nerven- oder Ganglienzellen gebildeten Organe (*Faserbahnen*) zur Übertragung von Erregungen von Sinnesorganen auf Erfolgsorgane (z.B. Muskeln, Drüsen), z.T. auch Träger von Erregungsabläufen, die nicht auf äußere Reize zurückgehen (*autonome Tätigkeiten*). Die N. vermitteln Bewegungs- u. Empfindungsimpulse, regeln die Drüsentätigkeit, die Gewebsernährung, die Gewebsspannung u. bilden in ihrer Gesamtheit das →Nervensystem. (→S. 78ff., B →S. 88). – 3. bei Pflanzen die Hauptleitbündelstränge der Blätter ein- u. zweikeimblättriger Pflanzen.

Nervenendkörperchen, die Enden der Nervenfasern in den Organen: z.B. motorische Endplatten in den Muskeln, Geschmacksknospen auf der Zunge, Tastkörperchen.

Nervengewebe, das Gewebe, aus dem das Nervensystem (→S. 78ff., 88) aufgebaut ist; besteht aus erregungsleitenden Nervenzellen u. stützenden u. ernährenden Gliazellen. Massiv im Gehirn u. Rückenmark der Wirbeltiere.

Nervenleitung, Übertragung von Information durch elektrische Ladungserscheinungen im Bereich des Nervs. Der nichtleitende Nerv befindet sich im *Ruhepotential.* Dabei besteht ein Ladungsgegensatz zwischen Nerveninnen- u. Außenwand, hervorgerufen durch unterschiedl. Verteilung von Ladungsteilchen (*Ionen*). Die Konzentration von positiv geladenen Natrium-Ionen u. negativ geladenen Chlorid-Ionen ist an der Nervenaußenwand höher als innen, dafür überwiegt dort die Konzentration von positiv geladenen Kalium-Ionen. Durch die unterschiedl. Verteilung ist die Außenwand des Nervs elektrisch positiv, die Innenseite elektrisch negativ geladen. Die zwischen den beiden entgegengesetzten Ladungen bestehende Spannung wird als Ruhepotential oder Membranpotential bezeichnet.

Vermindert sich das Ruhepotential durch Einfluß einer Sinneszelle um nur wenige Prozent, so wird die Nervenwand durchlässig für positiv geladene Natrium-Ionen, die sich entsprechend den Konzentrationsunterschieden in den Nerv begeben. Dadurch entsteht innen ein positiver Ladungsüberschuß, so daß jetzt die Innenseite des Nervs positiv u. die Außenseite negativ ist (*Umpolung*). Das *Aktionspotential* ist entstanden. Bei höheren Tieren ist die Nervenwand von einer Isolationsschicht, der *Schwannschen Scheide,* umhüllt. Sie ist kontinuierlich von Schnürringen umgeben, u. nur an diesen entstehen Aktions- u. Ruhepotential. Ist eine Umpolung an einem Schnürring erfolgt, wird durch die Umkehrung der elektrischen Ladung der benachbarte depolarisiert. Es entsteht auch dort eine Umpolung u. somit ein Aktionspotential. Auf diese Weise wandert eine durch eine Sinneszelle am Anfang eines Nervs hervorgerufene Umpolung wie eine Kettenreaktion über die Nervenfaser. Da die Schwannsche Scheide zwischen den Schnürringen übersprungen wird, heißt diese Form der N. *saltatorische Leitung.* Sofort nach der Umpolung wird der Schnürring wieder in den Zustand des Ruhepotentials versetzt. Die positiven Natrium-Ionen in die Nervenzelle hinein- bzw. die negativeren Kalium-Ionen herauszutransportieren, ist eine aktive Leistung u. kostet den Organismus Energie (*Kalium-Natrium-Pumpe*). Während der Wiedererlangung des Ruhepotentials ist der Schnürring nicht auf Depolarisation ansprechbar (*Refraktärzeit*). Mit einem Spannungsmesser ist die Anzahl der Umpolungen pro Zeiteinheit meßbar; sie wird als Impuls- oder *Spikefrequenz* bezeichnet. Sie steigt mit der Reizstärke. Im Zentralnervensystem kann die Auswertung nach der Anzahl der eintreffenden Spikes vorgenommen werden. Die unterschiedlichsten Reize wie Wärme oder Lichtsinn haben den gleichen Übertragungsmechanismus, die subjektive Auswertung geschieht im Zentralnervensystem. B→S. 88.

Niedere Tiere verfügen noch nicht über eine den Nerv umgebende Schwannsche Scheide u. Ranviersche Schnürringe u. damit nicht über die erhebliche Beschleunigung der N. durch Überspringen der Erregung von einem Schnürring zum anderen. Sie beschleunigen die N. durch Vergrößerung des Nervendurchmessers (Kolossalstränge im Bauchmark des Regenwurms.)

Nestflüchter, Tiere, deren Junge sofort nach dem Schlüpfen oder nach der Geburt das Nest verlassen (z.B. Gänse, Enten, Huftiere), Gegensatz: *Nesthocker.*

Nesthocker, Tiere, deren Junge noch längere Zeit nach der Geburt oder nach dem Schlüpfen von den Eltern im Nest gehütet werden (z.B. Raubvögel, Nage- u. Raubtiere). Gegensatz: *Nestflüchter.*

nidikol [lat.], fremde Tierwohnungen besiedelnd.

Niederblätter, einfache, ungegliederte Blätter; als Knospenschuppen an den Winterknospen vieler Holzgewächse.

Nische →ökologische Nische.

Nitrifikation, *Nitrifizierung* [lat.], die Oxydation des als Ausscheidungsprodukt oder durch Eiweißzersetzung bei Fäulnis anfallenden *Ammoniaks* durch Bakterien, die im Boden oder Wasser leben, im Rahmen der →Chemosynthese. Die *Nitritbakterien* gewinnen Energie aus der Oxydation von Ammoniak zum giftigen *Nitrit,* das die mit ihnen vergesellschaftet lebenden *Nitratbakterien* (*Nitrobacter*) in *Nitrat* umwandeln. Dadurch erhält der Boden dieses für die Pflanzen zum Eiweißaufbau wichtige Mineral zurück (→Mineralstoffwechsel). In einem Sommer kann durch die N. bis zu 200 kg Nitrat pro Hektar zurückgewonnen werden.

Nomenklatur [die; lat.], das System der Fachbezeichnungen (Terminologie) auf einem Wissensgebiet, bes. in den Naturwissenschaften; z.B. als Teilgebiet der biolog. →Systematik, das sich mit den wissenschaftl. Namen der Tiere u. Pflanzen beschäftigt.

Nucleinsäuren, hochmolekulare, aus *Nucleotiden* aufgebaute chem. Verbindungen, die bei Hydrolyse in stickstoffhaltige Basen (Adenin, Guanin, Thymin, Uracil u. Cytosin), Phosphorsäure u. Zucker zerfallen. N. sind im Organismus stets in Verbindung mit Proteinen vorhanden. Nach der Natur des gebundenen Zuckers – Ribose oder Desoxyribose – u. nach dem Vorkommen der Base Uracil oder Thymin wird *Ribonucleinsäure* (Abk. *RNS:* engl. *Ribo-Nucleic-Acid,* Abk. *RNA*) u. *Desoxyribonucleinsäure* (*DNS:* engl. *Deoxy-Nucleic-Acid, DNA*) unterschieden.

Die räumliche Struktur der DNS ist bereits gut bekannt. J.D. *Watson* u. F.H.C. *Crick* (1953) haben ein Modell, das »Helix-Modell«, vorgeschlagen, das sich durch nachfolgende Untersuchungen bestätigen ließ: Zwei Polynucleotidfäden sind schraubenförmig umeinander gewunden u. stehen durch Wasserstoffbrücken zwischen ihren Basen in Beziehung. Jede Base des einen Fadens bestimmt den Basenpartner im anderen u. umgekehrt. Solche Basenpaare sind Adenin (Ad) u. Thymin (Thy; bei RNS Uracil, Ur) Guanin (Gu) u. Cytosin (Cyt).

DNS ist in der Zelle in den Chromosomen enthalten; aus DNS bestehen die →Gene. Über Millionen von Zellgenerationen werden diese unverändert weitergegeben, weil die DNS die Fähigkeit zur →identischen Reduplikation hat. Veränderungen in den Erbfaktoren treten nicht durch die Art der Weitergabe, sondern spontan durch →Mutationen auf. Einige Pflanzenviren haben RNS anstelle von DNS als genet. Material. In der Reihenfolge der Basen der DNS (→genetischer Code) ist die →genet. Information zur Proteinsynthese enthalten.

Durch die Synthese von RNS-Botenstoffen (*messenger-RNS*) an der DNS wird die Information auf diese übertragen. Die messenger-RNS-Moleküle transportieren die Information aus dem Kern in das Zellplasma zu den *Ribosomen.* Sie sind der Ort der Proteinsynthese. Hier werden nach der Reihenfolge der Basen in der messenger-RNS mit Hilfe spezifischer *transfer-RNS-Moleküle* Aminosäuren zu spezifischen Proteinen aneinandergereiht.

Nukleolus, *Nucleolus,* →Kernkörperchen.

Nukleus [-e:us; der, Mz. *Nuklei*; lat.], *Nucleus,* der →Zellkern.

Nutation, nicht von Außenfaktoren ausgelöste oder gerichtete Krümmungsbewegungen bei Pflanzen, hervorgerufen durch eine unterschiedliche Wachstumsgeschwindigkeit innerhalb der betroffenen Organe. N. bewirkt z.T. die kreisenden Bewegungen von Ranken u. Sprossen.

Nutzpflanzen, Sammelbez. für Pflanzen, die der menschlichen Ernährung oder der Fütterung von Haustieren dienen oder die Genuß- oder Heilmittel oder Rohstoffe liefern; *i.e.S.* die *Kulturpflanzen,* die gezielt züchterisch bearbeitet sind; die Abgrenzung ist schwankend.

Die ältesten N. waren die *Getreide,* die mit dem Beginn der Jungsteinzeit (8.–7. Jahrtausend v.Chr.) nachzuweisen sind; daneben seit dem 6. Jahrtausend schon Hülsenfrüchte. Der Austausch der N. zwischen der Alten u. der Neuen Welt – nach der Entdeckung Amerikas – geschah bei den N. der gemäßigten Zonen u. den N. der Warmen Zonen gegenläufig: Während die ersteren (Mais, Kartoffel, Bohne, Tabak, Kürbis u.a.) dem europ. N.-Anbau gewaltigen Auftrieb gaben, dem im wesentlichen nur der Weizenanbau in Nordamerika gegenübersteht, schufen die letzteren (Reis, Hirse, Kaffee, Banane, Tee, Kakao, viele Obstarten u. Palmfrüchte) in Mittel- u. Südamerika erst die Grundlage zu stärkerer Besiedlung. Durch Züchtung klimaresistenter N.-Sorten beginnt sich langsam der Unterschied zwischen den beiden Klimazonen zu verwischen.

Nutztiere, *i.w.S.* Tiere, die für den Menschen nutzbar sind, sei es durch ihre Arbeitskraft (z.B. Pferde, Elefanten, Kamele), sei es, daß sie selbst oder ihre Produkte zur Nahrung oder zu anderen Zwecken dienen (z. B. Schweine, Rinder, Schafe, aber auch Pelztiere, Seidenspinner, Honigbiene, Labortiere). Es werden auch 1. *N. i. e. S.*, die züchterisch nicht oder nur wenig bearbeitet sind, von 2. *Zuchttieren* unterschieden, die bereits langer →Domestikation unterliegen (z. B. Haustiere). Die kulturhistorisch ältesten N. des Menschen sind Wildtiere, die gesammelt (z. B. Weinbergschnecken), gefischt oder gejagt werden. Solche 3. *nützlichen Tiere* (*Nützlinge*) sind alle die, deren Dasein für den Menschen von Vorteil ist, ohne daß sie direkt durch Zucht, aber vielfach indirekt durch Schutz ihrer Lebensräume u. ä. besser nutzbar gemacht werden, z. B. Wild, Blütenbesucher oder Feinde von Schädlingen.

Nyktinastie [grch.] →Schlafbewegungen.

Nymphen, die letzten Larvenstadien bei bestimmten Insekten mit unvollkommener Verwandlung.

Ökologie [grch.], Teilgebiet der Biologie: die Wissenschaft von den vielfältigen Beziehungen zwischen den Lebewesen u. ihrer Umwelt (*Autökologie*) oder umfassender: die Lehre vom Gesamthaushalt der Natur (*Synökologie*). Zwischen der Aut-Ö., deren Betrachtungsweise vom einzelnen Individuum ausgeht, u. der Syn-Ö., die von der ganzen Lebensgemeinschaft (*Biozönose* [*Biozönologie*]) oder vom Lebensraum (*Biotop* [*Biotopologie*]) ausgeht, steht die Ö. der tierischen Bevölkerungen (*Populationen*), die →Populationsökologie oder *Demökologie*. Nach den großen Lebensräumen gliedert sich die Ö. in die *terrestrische Ö.* (*Land-Ö.*), *limnische Ö.* (*Süßwasser-Ö.*) u. *marine Ö.* (*Meeres-Ö.*).

ökologische Nische, die Gesamtheit der bes. Lebensbedingungen einer Tierart (*Populationen*). Die ö. N. wird einerseits gebildet aus den Ansprüchen des Tieres an bestimmte Umweltfaktoren u. aus den Fähigkeiten, die Umweltfaktoren zu ertragen, u. andererseits aus der Summe dieser Umweltfaktoren.

ökologisches Gleichgewicht, *biozönotisches, biologisches Gleichgewicht*, das bewegliche Gleichgewicht zwischen den verschiedenen Gliedern einer Lebensgemeinschaft (*Biozönose*), bedingt durch die vielfältigen Nahrungsbeziehungen untereinander. Je komplexer diese Beziehungen sind, um so enger schwanken die Bevölkerungsdichten um einen Mittelwert. Bei Störung kommt es zu Massenvermehrungen (*Gradationen*) einzelner Arten.

ökologische Valenz, die Wertigkeit eines Umweltfaktors, der auf einen Organismus einwirkt: *euryvalent* (in weiten Grenzen wirksam), *stenovalent* (in engen Grenzen wirksam).

Ökosystem [grch.], das Gefüge aller Organismen (*Lebensgemeinschaft, Biozönose*), die einen bestimmten Lebensraum (*Biotop*) besiedeln, mit der Gesamtheit der unbelebten Faktoren dieses Lebensraums.

Ökotypen [grch.], an bes. Umweltbedingungen angepaßte Pflanzen: Xerophyten, Hygrophyten, Sonnen-, Schatten-, Salzpflanzen u. a.

oligophag [grch.], wenigfressend (im qualitativen Sinn); *oligophage Tiere* sind Nahrungsspezialisten mit geringem Nahrungswahlvermögen. Gegensatz: *polyphag*.

oligotroph [grch.], nährstoffarm. Gegensatz: *eutroph*.

Omnivoren [lat.], *Polyphagen*, = Allesfresser.

Ontogenese, *Ontogenie* [grch.], *Individualentwicklung*, die Entwicklungsgeschichte des einzelnen Lebewesens, im Gegensatz zur *Phylogenie*.

Oogamie [o:o-; grch.] →Keimzellen.

Oogonium [o:o-; das; grch.-lat.], einzellige Bildungsstätte der Eizelle bei Algen u. Pilzen.

Oologie [o:o; grch.], Eierkunde; Zweig der *Vogelkunde*.

Operator →Gen.

Operon [das] →Gen.

Opisthosoma [das; grch.], der Hinterleib der Spinnentiere, der meist deutlich vom gliedmaßentragenden Vorderkörper, dem *Prosoma*, abgesetzt ist.

opponiert [lat.], *Botanik:* gegenständig (von Blättern).

Optimum die für den Ablauf der Lebensprozesse günstigste Kombination aller Bedingungen (z. B. Licht, Temperatur, Feuchtigkeit u. Luftdruck).

Ordnung, in der biologischen →Systematik die obligatorische Kategorienstufe zwischen *Familie* u. *Klasse*; in der Botanik auch *Reihe*.

Oreotundral [das; grch.], die Fauna der Bereiche der kalten Erdgebiete jenseits der Baumgrenze.

Organ [das; grch.], ein einheitlich aufgebauter Körperteil mit selbständigem Tätigkeits- u. Aufgabengebiet.

Organell [das; grch.], *Organelle* [die], *Organoid*, ein Teil eines einzelligen Lebewesens, der wie ein *Organ* der Vielzeller fungiert. →auch Zellorganellen.

Organismus [grch.], das Lebewesen als räuml. abgegrenztes Einzelwesen, im Gegensatz zum anorgan. Körper. Der O. ist ein materielles System, das äußerl. beharrend u. gleichbleibend ist, aber in ständigem Stoffaustausch mit seiner Umgebung steht u. laufend die materiellen Bestandteile verändert u. ersetzt (sich im *Fließgleichgewicht* erhält).

Organographie [grch.], Organbeschreibung.

Ornithologie *Vogelkunde;* →S. 173 ff. (Vögel).

Ortssinn, der Orientierungssinn von Tieren.

Osteoblasten [grch.], knochenbildende Zellen an der inneren Wand der Knorpelschichten, die sich in *Knochengewebe* umwandeln.

Östrogen →Hormon.

ovipar [lat.], eierlegend.

Ovulation [lat.], *Follikelsprung, Eisprung,* →Eierstock.

Paarbildung, der Zusammenschluß eines Männchens mit einem Weibchen für mindestens eine Brutperiode. Die P. erfordert eine Verminderung der Aggression durch *Balz* u. *Beschwichtigungsverhalten*.

Pädomorphose [grch.] →Fetalisation.

Paläontologie [grch.], die Wissenschaft vom Leben der Vorzeit; ihre Untersuchungsobjekte sind die Fossilien (»Versteinerungen«). Als biologische

Wissenschaft (*Paläozoologie, Paläobotanik*) befaßt sie sich mit der Evolution u. Systematik der ausgestorbenen Lebewesen; als geologische Wissenschaft erforscht sie die Beziehungen zwischen Fossil u. anorganischer Umwelt (*Paläkologie, Biostrationomie*).

Pankreas [das; grch.], die →Bauchspeicheldrüse.

Parabiose [die; grch.], 1. das Nebeneinanderleben von Organismen ohne wechselseitigen Vorteil (im Gegensatz zur *Symbiose*); →Vergesellschaftung. 2. operative Vereinigung zweier Tiere (künstliche *Siamesische Zwillinge*).

Parallelentwicklung, die unabhängige Entstehung ähnlicher Merkmale bei nahe verwandten Tiergruppen. In vielen monophylet. Tiergruppen ist zu beobachten, daß bei verschiedenen Teilgruppen die ursprünglichen Merkmale unabhängig, aber gleichsinnig weiterentwickelt werden. →S. 29, 41.

Paraplasma [grch.], tote Einschlüsse der →Zelle, z. B. Drüsensekrete (Fette, Lipoide, Glykogen, Stärke, Pigmente u. a.).

Parasit [der; grch., »Mitesser«], *Schmarotzer*, ein Tier (*Zoo-P.*) oder eine Pflanze (*Phyto-P.*; →Schmarotzerpflanze), das bzw. die von einem anderen Lebewesen (*Wirt*) in *Parasitismus* lebt. P.en halten sich zur Nahrungsaufnahme ständig (permanent: *stationäre P.en*) oder zeitweise (periodisch: *temporäre P.en*) an (*Ekto-P.en*) oder in (*Ento-P.en*) ihrem Wirt auf. Der Befall mit P.en kann für den Wirt bedeutungslos sein, kann aber auch zu dauernder Schädigung einiger lebenswichtiger Organe u. schließlich zum Tod des Wirtes führen. Im Zusammenhang mit der parasit. Lebensweise kommt es zu gestaltlichen Anpassungen (*Ektoparasiten, Entoparasiten*). Von praktischer Bedeutung sind Gesundheitsschädlinge, Pflanzen-P.en als Pflanzenschädlinge sowie Insekten, die sich in oder an einem Wirt entwickeln u. ihn dabei gewöhnlich töten, z. B. die zur biolog. Bekämpfung von Schadinsekten eingesetzten Schlupfwespen u. a.

Parasitismus [grch.], *Parasitie*, die Ernährungsbeziehung zwischen zwei Lebewesen (Tieren oder Pflanzen), bei der der eine Partner (*Parasit*) in oder an dem anderen Partner (*Wirt*) lebt u. sich auf dessen Kosten ernährt, ohne ihn sogleich zu töten. Der Parasit kann den Wirt in Einzahl (*Solitär-P.*) oder in Mehrzahl (*Gregär-P.*) befallen. Zu starker Gregär-P. (*Super-P.*) schadet dem Parasiten, weil er sich selbst die Lebensgrundlage entzieht. Wenn mehrere verschiedene Parasitenarten gleichzeitig in einem Wirt schmarotzen (*Multi-P.*), bleibt meist nur einer am Leben, oder alle gehen zugrunde. Parasiten können auch selbst wieder von Parasiten befallen werden (*Sekundär-P., Hyper-P.*). Sonderfälle von P. sind →Cleptoparasitismus u. →Staatsparasitismus, im weitesten Sinn auch →Brutparasitismus u. →Nahrungsparasitismus.

Parasympathikus [grch.] →vegetatives Nervensystem.

Paratomie [grch.] →Regeneration.

Parenchym [das; grch.], 1. dichtes zelliges Bindegewebe, in das bei den *parenchymatösen Würmern* (Platt- u. Schnurwürmer) alle Organe eingebettet sind. – 2. bei Wirbeltierorganen das entsprechend der Funktion spezialisierte Gewebe, bes. in drüsigen Organen, z. B. in Leber, Niere u. Milz. – 3. Grundgewebe der Pflanzen aus meist lebenden, relativ großen, dünnwandigen u. plastidenreichen Zellen, die umfangreiche Safträume enthalten. Nach der Funktion unterscheidet man *Assimilations-, Speicher-, Leit-* u. *Durchlüftungs-P.*

Parökie [grch.], Beziehungen zwischen zwei Tieren verschiedener Art, die dem einen dadurch Vorteil bringen, daß es in der Nähe eines anderen geduldet wird u. dadurch Schutz u. ä. genießt.

Parthenogenese [die; grch.] →Jungfernzeugung.

Parthenokarpie [grch.], *Jungfernfrüchtigkeit*, die Bildung samenloser Früchte ohne Befruchtung. P. gibt es vor allem bei Kulturpflanzen (z. B. Banane, kernlose Mandarinen u. Sultaninen, Feige).

Paukenhöhle →S. 63 (Ohr).

pelagisch, Bez. für Ablagerungen (Tiere u. Pflanzen) der küstenfernen, offenen Meere u. der Binnengewässer.

Penetranz [lat.], in der Genetik die *Ausprägungshäufigkeit*, die prozentuale Häufigkeit, in der sich das einem *Allel* zugeordnete Erbmerkmal in einer Allelkombination ausprägt.

Periodizität [lat.], →Biorhythmik.

Peristaltik [die; grch.], autonome Kontraktionswellen der glatten Muskulatur in Hohlorganen. Durch abwechselndes Kontrahieren u. Erschlaffen kommt es zu einer fortlaufenden Kontraktionswelle.

Pestizide, chem. Bekämpfungsmittel von schädlichen Tieren u. Pflanzen (engl. *pests*); Einteilung der P.:

1. nach ihrer Wirkung auf bestimmte Lebewesen: *Fungizide* (gegen Pilze), *Herbizide* (gegen Unkräuter), *Insektizide* (gegen Insekten), *Akarizide* (gegen *Milben*), *Molluszide* (gegen Schnecken), *Rodentizide* (gegen Nagetiere), *Nematizide* (gegen Fadenwürmer).

2. nach Art ihrer Wirkung: *Atemgifte* gelangen über die Atmungsorgane, *Fraßgifte* über Magen u. Darm, *Berührungs-* oder *Kontaktgifte* durch die Haut in den Körper. Nach Art der Giftwirkung unterscheidet man *prophylaktische* (vorbeugend wirksame) u. *therapeutische* (behandelnde) *P. Innertherapeutische* (*systemische*) *P.* werden von der Pflanze durch Blätter oder Wurzeln aufgenommen u. verteilen sich über die Leitungsbahnen (z. B. systemische Insektizide, systemische Herbizide). Die Dauer der Giftwirkung ist unterschiedlich: Mittel mit hoher Anfangswirkung sind meist nicht dauerwirksam (z. B. Nicotin, Lindan); Mittel mit Dauerwirkung haben eine geringe Anfangswirkung (z. B. DDT); kombinierte Mittel (z. B. DDT+Lindan) verbinden hohe Anfangs- mit Dauerwirkung.

3. nach ihrer Zusammensetzung: P. bestehen aus einem (giftigen) Wirkstoff u. einem Trägerstoff (Wasser, Dieselöl, Talkum u. a.). Wirkstoffe sind: anorgan. Mittel (Schwefel-, Kupfer-, Arsenverbindungen u. a.), natürliche organ. Mittel (Nicotin, Pyrethrum, Derris, Quassia u. a.) u. künstl. organ. Mittel (z. B. chlorierte Kohlenwasserstoffe: DDT, Hexa, Lindan, Dieldrin, Thiodan; organ. Phosphorverbindungen [Phosphorsäureester]: E 605, Parathion, Phosdrin, Systox).

4. nach der Art ihrer Ausbringung: in trockener Form durch Stäube-Verfahren, in flüssiger Form durch Spritzen, Sprühen oder Nebeln, ferner durch Gießen, Ausstreuen, Räuchern, Begasen oder Auslegen von Ködern.
Im Interesse der Erhaltung des biolog. Gleichgewichts u. der menschlichen Gesundheit ist der Gebrauch von P.en möglichst einzuschränken. Viele sind bereits verboten.

Pferdereihe, Musterbeispiel für die Evolution einer Säugetierfamilie von einer frühtertiären, nichtspezialisierten Ausgangsform zu einer hochspezialisierten Endform. Die Entwicklung ist gekennzeichnet durch Größenzunahme (von Fuchs- auf die heutige Pferdegröße), zunehmende Differenzierung des Gebisses u. des Gehirns, Zehenrückbildung u. Wandel von laubfressenden Waldtieren zu grasfressenden Steppentieren. Die wichtigsten Gattungen sind *Eohippus* (Eozän), *Mesohippus* (Oligozän), *Merychippus* (Miozän), *Pliohippus* (Pliozän) u. *Equus* (ab Pleistozän). *Hipparion* ist eine Nebenform aus dem Pliozän bis Pleistozän. T →S. 29 (Abstammungslehre).

Pflanzen, Lebewesen, die in der Lage sind, aus anorgan. Stoffen mit Hilfe des Sonnenlichts (→Photosynthese) oder mit Hilfe von Energie, die aus bes. chem. Reaktionen gewonnen wird (→Chemosynthese), organ. Stoffe aufzubauen. Die P. (mit Ausnahme der wenigen saprophytisch oder parasitisch lebenden) bezeichnet man daher als *autotroph* [»sich selbst ernährend«]. Sie schaffen hierdurch erst die Grundlage für die heterotroph lebenden *Tiere*, die nur organ. Stoffe als Nahrung u. somit zur Energiebeschaffung verwerten können. Bestimmte Flagellaten, die gemeinsamen Vorfahren von P. u. Tieren, haben noch beide Formen der Energiebeschaffung; sie sind *mixotroph*. Im typ. Fall haben die P. Chlorophyll, das für die Photosynthese unentbehrlich ist. Weitere Merkmale vieler P. sind: Seßhaftigkeit bzw. fehlende Ortsbewegung (*Pflanzenbewegungen*), unbegrenztes Wachstum, solider Bau mit Oberflächenfaltung nach außen u. Zellen mit festen Cellulosewänden, die Plastiden, aber kein Zentrosom enthalten.

Pflanzenbewegungen, aktive Bewegungen von Pflanzen oder Pflanzenteilen: 1. *autonome P.* werden von Außenfaktoren weder hervorgerufen noch gesteuert u. erscheinen als *Nutation*. 2. die →Reizbewegungen durch äußeren Anlaß.

Pflanzengesellschaften, die Bausteine der *Vegetation* eines Gebiets, die regelmäßig wiederkehrenden Vergesellschaftungen von Pflanzen mit ähnl. ökolog. Ansprüchen in Form von Wäldern, Wiesen, Weiden, Röhrichten, Mooren u.a. Grundeinheit ist die *Assoziation*, d.h. Pflanzenbestände, die unter gleichen Standortbedingungen leben u. deren Artzusammensetzung weitgehend konstant ist. Mit der Untersuchung der P. beschäftigt sich die *Pflanzensoziologie*. Sie beschreibt u. ordnet die Assoziationen in ein System von Verbänden, Ordnungen u. Klassen. Charakterisiert werden diese Gruppen jeweils durch bestimmte typische Charakterarten (*Leitpflanzen*). So werden z.B. die Buchenwälder (*Fagetum*) zu einem Verband (*Fagion*) zusammengeschlossen. Dieser Verband bildet mit den Eichenhainbuchenwäldern u. den Bacheschenwäldern eine Ordnung (*Fagetalia*) u. diese mit den wärme- u. trockenliebenden Eichenwäldern die Klasse der *Fallaubwälder*. – Pflanzenbestände lassen sich aber auch zu *Formationen* zusammenfassen, d.h. zu Einheiten, die ohne Rücksicht auf Artenzusammensetzung die gleiche Wuchsform haben, z.B. Nadelwälder, Wiesen. P. können im Lauf der Zeit durch Änderung der Standortbedingungen oder Zuwanderung neuer Arten in andere übergehen (*Sukzession*).

Pflanzenhaare, sehr weiche, kurze, feine Fasern von Samen, der Innenseite der Samenkapsel oder der Oberfläche der Samenhülle, wie *Baumwolle, Bombaxwolle, Akon*.

Pflanzenphysiologie, die Lehre von den pflanzl. Lebenserscheinungen. Die *Stoffwechselphysiologie* untersucht die Stoffaufnahme des Organismus aus der Umwelt (*Wasserhaushalt, Mineralhaushalt, Assimilation, Dissimilation, Chemosynthese, Photosynthese, Citronensäurecyclus*), die Umwandlung in körpereigene Stoffe u. die Ausscheidung (*Exkrete*). Die *Entwicklungsphysiologie* beschäftigt sich mit Entwicklung u. Wachstum von Zellen u. Organen u. leitet Gesetzmäßigkeiten ab. In der *Hormonphysiologie* wird die Regelung der Funktionen von im Körper erzeugten Botenstoffen (Hormonen) erfaßt. Die *Zellphysiologie* bearbeitet Zellfunktionen im molekularen Bereich. Die *Bewegungsphysiologie* fragt nach Vorgängen, die einen Organismus zu ganzer oder teilweiser Ortsveränderung veranlassen. Die *Bioenergetik* erforscht Gesetzmäßigkeiten bei Stoffwechselreaktionen.

Pflanzenschädlinge, Tiere, die Kulturpflanzen direkt schädigen oder Pflanzenkrankheiten übertragen (→Schädlinge). Potentielle P. sind alle pflanzenfressenden (*phytophagen*) Tiere, vor allem diejenigen, die zu →Massenvermehrungen fähig sind (Insekten, aber auch Milben, Mäuse u.a.; →Kalamität). Schäden durch Tiere sind z.B. Welke- u. Dürreerscheinungen, etwa durch Engerlingsfraß an Wurzeln, durch Nährstoffentzug oder durch giftige Speichelstoffe (Blattläuse), ferner Kümmerungen durch Verstopfen der Leitungsbahnen oder durch Wucherungen (z.B. Blutlauskrebs), Zerstörung assimilierender Flächen durch Besaugen oder durch Fraß, Verlust ganzer Pflanzen (z.B. durch Wild). Indirekte Schäden entstehen z.B. als Folge des Laubverlustes oder durch viele saugende Insekten (Blattläuse) u. Milben als Überträger von Viren, Pilzsporen u. Bakterien.

Pflanzenschutzmittel, chem. Verbindungen oder Präparate, die zum Schutz der Kulturpflanzen gegen tierische u. pflanzl. Schädlinge angewendet werden, i.w.S. auch Vorratsschutzmittel, Mittel zur Unkrautbekämpfung u. Mittel zur Beeinflussung des Wachstums von Kulturpflanzen; →Pestizide.

Phagenetik [grch.] →Genetik; B →S. 37.

Phagozyten [grch.] = Freßzellen.

Phagozytose [die; grch.], die Fähigkeit einzelner Zellen, z.B. der *Lymphozyten* bei Wirbeltieren, sich feste Nahrungspartikel, Zelltrümmer oder Bakterien einzuverleiben. →Freßzellen.

Phän [das; grch.], ein Merkmal eines Lebewesens, das genetisch bedingt ist.

Phänogenese [die; grch.], *Merkmalsentwicklung*, der Entwicklungsprozeß, der zum Erscheinungsbild (*Phänotypus*) eines Organismus führt; →auch Differenzierung.

Phänokopie [grch.], Merkmalsänderungen bei Individuen, die durch Außenfaktoren entstanden, also nichterbl. *Modifikationen* sind, aber phänotypische Übereinstimmung mit erblichen Merkmalen anderer Individuen zeigen.

phänokritische Phase, der Punkt in der *Phänogenese*, an dem sich durch entscheidende Determinationsvorgänge die Entwicklungswege verschiedener Genotypen (z.B. *Allelrassen*) voneinander scheiden.

Phänotypus [der; grch.], *Phänotyp, Erscheinungsbild*, die Gesamtheit der durch die Einflusse von Umwelt u. Erbgut sichtbar gewordenen Merkmale eines Lebewesens; zu unterscheiden vom *Genotypus* (→Gen). Der P. ändert sich solange der Organismus lebt; der Genotypus eines Individuums bleibt dagegen des ganzen Lebens nahezu konstant.

Pheromone [grch.], *Telergone, Soziohormone, Exohormone*, hormonähnl. Substanzen, die von einem Individuum nach außen abgegeben werden u. von einem anderen Individuum gleicher Art wahrgenommen werden, bei dem sie dann eine spezifische Reaktion auslösen. Sie sind in außerordentl. geringen Konzentrationen wirksam. P., die Verhaltensweisen steuern, sind z. B. die Sexuallockstoffe der Schmetterlinge; so wird ein Seidenspinnermännchen durch eine Substanz des Weibchens von dessen Aufenthaltsort informiert.

Photosynthese [grch.], *Kohlensäureassimilation*, die Umwandlung von Kohlendioxid u. Wasser in Kohlenhydrate bei Ausnutzung der Lichtenergie der Sonne durch grüne Pflanzen. Da bei der Oxydation von Glucose nach folgender Formel

$$\begin{array}{cccc} C_6H_{12}O_6 + 6O_2 & \rightarrow 6CO_2 & + 6H_2O \\ \text{Glucose + Sauerstoff} & \rightarrow \text{Kohlendioxid} & + \text{Wasser} \end{array}$$

675 kcal pro Mol frei werden, braucht die Pflanze die Sonnenstrahlung als leistungsfähige Energiequelle, um diese Reaktion in entgegengesetzter Richtung ablaufen zu lassen. Darin liegt die Bedeutung der P. als wichtigster biochem. Vorgang auf der Erde:

$$6CO_2 + 6H_2O \xrightarrow{hv} C_6H_{12}O_6 + 6O_2$$

(*hv:* Strahlungsenergie in Lichtquanten)
Mit den gebildeten Kohlenhydraten deckt die Pflanze ihren eigenen Bedarf an energiereichen Substanzen u. den der Tiere direkt (Pflanzenfresser) oder indirekt (über ein pflanzenfressendes Beutetier); außerdem geht die Energie von Kohle u. Petroleum auf die P. in früheren Erdepochen zurück. Nach den oben dargestellten Gleichung scheint die P. sehr einfach zu sein, doch verläuft die Energieübertragung mit Hilfe von *Enzymen* nach einem komplizierten u. erst zum Teil bekannten Mechanismus. Die P. läßt sich in zwei Reaktionsabläufe unterteilen: In der Lichtreaktion nehmen Farbstoffe wie *Chlorophyll a* u. *b*, *Carotinoide*, *Phycoerythrine* u. *Phycocyanine* die Energie der Lichtquanten auf u. übertragen sie auf Elektronen (*energiereiche Elektronen*). Mit deren Hilfe werden die beiden chem. Energiespeicher *Adenosintriphosphat* (*ATP*) sowie das reduzierte *Nicotinamid-Adenin-Dinucleotid* (*NAD*) hergestellt. Der an das NAD gebundene Wasserstoff wird aus der Spaltung des in den Zellen vorhandenen Wassers gewonnen. Dabei wird Sauerstoff frei u. von der Pflanze ausgeatmet. Die beiden entstandenen energiereichen Verbindungen übertragen in einer sich anschließenden Dunkelreaktion ihre Energie in den Zuckeraufbau. Die dazu benötigten Kohlenstoffatome erhält die Pflanze durch Einatmung von Kohlendioxid. Der so gewonnene Zucker wird in die Speicherform der Stärke (*Assimilationsstärke*) überführt. In der *Dissimilation* kann die gewonnene Energie jederzeit zur Erhaltung von Lebensprozessen genutzt werden. →auch Chemosynthese.

Phototropismus [grch.], der *Tropismus* von Pflanzen bei einseitigem Lichteinfall (*positiver P.*: Hinwendung zur Lichtquelle; *negativer P.*: Abwendung von der Lichtquelle). Die günstige Lichtausnutzung durch das Blattwerk der höheren Pflanzen wird meist durch phototropische Reaktionen bewirkt. Die Blattspreiten von Pflanzen der gemäßigten Zonen stehen so, daß die Oberseite dem Licht zugewandt u. die Unterseite dem Licht abgewandt ist. Einige Pflanzen der warmen Zonen drehen ihre Blätter derart, daß sie zur Zeit der höchsten Strahlungsintensität mit ihren Kanten genau in der Strahlungsrichtung stehen u. ihre Flächen nur dem schwächeren Morgen- u. Abendlicht zuwenden (*Kompaßpflanzen*). Der Reaktionsablauf wurde an der Keimblatthülle des Hafers untersucht; die Reize werden nur an der Spitze aufgenommen. Durch seitliche Belichtung wird der abwärtsführende Wuchsstoffstrom (→Hormon) auf der Schattenseite verstärkt u. somit dort stärkeres Zellwachstum hervorgerufen. →auch Reizbewegung.

Phylogenie [grch.], *Phylogenese*, die Stammesentwicklung; →Abstammungslehre.

Phylum [das; grch.], →Stamm.

Physiologie [grch.], die Lehre von den chemisch-physikalischen Vorgängen in lebenden Organismen. Je nach den untersuchten Lebewesen spricht man von *Pflanzen-P., Tier-P., Insekten-P., Säugetier-P., Human-P.* (P. des Menschen) u.a. Nach den untersuchten Lebensvorgängen unterscheidet man *Reiz-* oder *Sinnes-P., Stoffwechsel-P., P. der Fortpflanzung.* Mit den chem. Vorgängen in den Organismen befaßt sich die *chemische P.;* die *physiologische Chemie* untersucht die beteiligten Stoffe; die *Biochemie* vereint beide Gebiete. Mit den physikal. Vorgängen im Organismus befaßt sich die *Biophysik*. Die *medizinische P.* untersucht das Funktionieren des gesunden Körpers.

Phytogeographie [grch.], die Pflanzengeographie.

phytophag [grch.], pflanzenfressend.

Pigment [das; lat.], tier. oder pflanzl. Farbstoff. Substanzen, die Licht im sichtbaren Spektralbereich absorbieren, sind als mikroskop. kleine Körner oder in gelöster Form in Geweben bei

Tier u. Pflanze vorhanden. Chemisch gehören sie verschiedenen Stoffklassen an: Carotinoide, Melanine, Pterine, Ommochrome, Flavine, Pyrrolfarbstoffe, Lipochrome u.a. Sie können die Körperfärbung verursachen u. dienen dem Organismus z.B. bei der Geschlechterfindung, Schutz- u. Tarnfärbung, Schreck- u. Warnfärbung. Die P.e schützen vor den schädlichen ultravioletten Strahlen u. erhöhen durch Wärmeabsorption die Körpertemperatur wechselwarmer Tiere (Reptilien). Viele P.e haben eine rein stoffwechselphysiolog. Funktion: Flavine, Blutfarbstoffe, Sehfarbstoffe, photosynthetisch aktive P.e [Chlorophyll, Chromoproteide, Carotinoide]. →Melanismus, →Farbwechsel.

Pigmentbakterien, farbstoffbildende Bakterien.

Pinozytose [die; grch.], das Aufnehmen von Flüssigkeitstropfen in Epithelzellen zur Gewinnung der darin enthaltenen kolloidal gelösten Substanzen. Die Tröpfchen wandern durch die →Mikrovilli u. sind vor dem Abbau im Zellplasma als kleine Blasen von 1–2 μ Größe sichtbar.

Plankton [das; grch.], Sammelbez. für alle im Wasser schwebenden Organismen, die keine größere Eigenbewegung ausführen u. passiv durch Wasserbewegungen verdriftet werden. Dies unterscheidet P. von *Nekton*, das sich aktiv über große Strecken bewegt (z.B. Fische, Kopffüßer). Das pflanzliche P. heißt *Phyto-P.*, das tierische *Zoo-P.*, die einzelnen P.-Organismen *Plankter*. Die Lebensgemeinschaft des P.s umfaßt so unterschiedlich große Organismen wie wenige Tausendstel mm große Einzeller u. Quallen mit über 1 m Durchmesser. Dabei unterscheidet sich das P. des Süßwassers (*Limno-P.*) in seiner Zusammensetzung stark von dem des Salzwassers (*Hali-P.*).

Plasma [das; grch.] = Protoplasma.

Plasmagene [grch.], außerhalb des Zellkerns gelegene Erbfaktoren. Die Wirkungsweise u. Deutung der Plasmafaktoren ist noch weitgehend ungeklärt. →auch Plastidenvererbung.

Plasmalemma [grch.], die Zellmembran; →Zelle.

Plasmatrömung, z.T. von sich aus entstehende (autonome), z.T. durch Außenreize auslösbare Bewegung des *Protoplasmas*. Die P. ermöglicht u.a. die amöboide Formveränderung u. Fortbewegung vieler Einzeller u. die Durchschnürung der Zelle bei der Zellteilung. Bes. ausgeprägt ist sie in den Gewebszellen der höheren Pflanzen als Plasmarotation, Plasmazirkulation oder flutende Plasmabewegung.

Plasmodesmen [grch.], feine Zytoplasmafäden, die durch Aussparungen in der pflanzl. Zellwand (Tüpfel) hindurch benachbarte Zellinhalte verbinden. B →S. 129 (Zelle).

Plasmolyse [die; grch.], Reaktionserscheinung der lebenden Zelle auf eine Konzentrationserhöhung des Außenmediums: Der *Protoplast* löst sich infolge osmot. Wasserabgabe von der Zellwand u. schrumpft. Der rückläufige Vorgang heißt *De-P.* Der Zustand der *Grenz-P.*, eine nur schwach auftretende P. bei fast isoton. Außenmedium, dient zur Bestimmung des osmot. Werts von Zellen.

Plasmon [das; grch.] →Plasmotypus.

Plasmotypus [grch.], *Plasmon*, die Gesamtheit der im *Zytoplasma* vorhandenen Erbfaktoren, die zusammen mit dem *Genotypus* den *Idiotypus* ergeben.

Plastiden [grch.], pflanzl. Zellorganellen, die nur den Bakterien, Pilzen u. Blaualgen fehlen. Sie bestehen aus lipoidreichen Reaktionsräumen, die von einer Doppelmembran umhüllt sind. P. sind oft durch fettlösl. Farbstoffe auffällig gefärbt u. werden dann als *Chromatophoren* bezeichnet. Sie vermehren sich durch Zweiteilung, dienen dem Zellstoffwechsel u. treten in 3 Formen auf: 1. die *Chloroplasten* enthalten den bei der *Photosynthese* wirksamen Farbstoff Chlorophyll (→Blattgrün). Dieser ist bei den Samenpflanzen in Form rundl. *Grana* (0,3–1 μm Durchmesser) in die aus Doppellamellen bestehende Grundsubstanz, das *Stroma*, eingebettet. Stroma- u. Grana-Lamellen sind untereinander verbunden. In der *Phaeoplasten* der Baunalgen ist das Chlorophyll durch braune Carotinoide überdeckt, in den *Rhodoplasten* der Rotalgen durch rötl. Carotinoide, rotes Phycoerythrin u. blaues Phycocyan. – 2. den *Chromoplasten* fehlt Chlorophyll, u. sie sind deshalb photosynthet. inaktiv. In ihnen enthaltene Carotine u. Xanthophylle verursachen die Gelb- bis Rotfärbung zahlreicher Blüten u. Früchte. – 3. die farblosen *Leukoplasten* haben wie die Chloroplasten einen lamellären Feinbau. Sie kommen vor bei Saprophyten u. Parasiten, in den Blatt- u. Sproßteilen gelb-weißer (panaschierter) Pflanzenvarietäten u. bei grünen Pflanzen in farblosen Organen wie Wurzeln u. Wurzelstöcken.

P. können in Speichergeweben Zucker in Stärke verwandeln u. werden dann *Amyloplasten* (Stärkebildner) genannt. Wegen ihres Gehalts an Nucleinsäuren (DNS u. RNS), der Ergebnisse von Kreuzungsversuchen u. das Auftretens von Plastidenmutationen wird den P. eine Rolle bei der Vererbung zugeschrieben. Die Gesamtheit der in den P. lokalisierten Erbanlagen heißt *Plastidom*.

Plastidenvererbung, *nicht-chromosomale Vererbung*, bei Pflanzen auftretende, nicht den →Mendelschen Gesetzen folgende Vererbung. Die betr. Erbfaktoren sind außerhalb der Chromosomen lokalisiert u. der Untersuchung in den Vegetationspunkten zugänglich. Neben *Plastiden* als Erbfaktoren kommen ferner alle Zellbestandteile in Betracht, die die Fähigkeit zur Selbstverdoppelung haben.

Plastidotypus [der; grch.] *Plastidom*, →Plastiden.

Plektenchym [das; grch.], durch Verfilzung oder Verflechtung von Zellfäden entstandenes Scheingewebe (bei Rotalgen u. den Fruchtkörpern der höheren Pilze).

Pleomorphismus [grch.], Vielgestaltigkeit ein u. derselben Art von Pflanzen oder Tieren; bes. bei Bakterien, die je nach der Umgebung ihr Aussehen ändern.

Plexus [der; lat., »Geflecht«], die netzartige Vereinigung von Blut- oder Lymphgefäßen sowie von Nerven; z.B. *Solar-P.*, das →Sonnengeflecht.

poikilotherm [grch.] = wechselwarm; Gegensatz: *homoiotherm*: →wechselwarme Tiere.

Pollenanalyse, in der Floren- u. Vegetationsgeschichte angewandte Untersuchung fossilen

Blütenstaubs, vor allem zur Bestimmung der Zusammensetzung fossiler Wälder. Die formverschiedenen u. daher bestimmbaren Pollenkörner sind sehr widerstandsfähig, da die äußere Membran einer Zersetzung durch Mikroorganismen u. Witterungseinflüsse weitgehend widersteht; sie sind vor allem in Seeablagerungen u. Torfen gut erhalten. Pollenkörner der windblütigen Waldbäume werden in so großen Mengen jährl. erzeugt u. in Ablagerungen eingebettet, daß man aus den Mengenverhältnissen auf die wechselnde quantitative Zusammensetzung der Wälder schließen kann. Bei der Altersbestimmung der Funde stützt man sich meist auf die Ergebnisse der Geologie. Mit Hilfe der P. ist es z. B. gelungen, die Geschichte der Waldentwicklung in der Nacheiszeit zu klären; auch kann auf die Zusammensetzung anderer vorzeitl. Pflanzengemeinschaften geschlossen werden. Auch bei der Erforschung der Vorgeschichte ermöglicht die P. Rückschlüsse auf die Klimaverhältnisse u. die Lebensbedingungen der Vorzeitmenschen.

Pollenblumen, Pflanzen, deren Blüten den bestäubenden Insekten keinen *Nektar*, sondern reichl. *Pollen* bieten, z. B. Feldmohn, Heckenrose, Pfingstrose, Hahnenfuß.

Pollinium [das; lat.], zusammengeklebter Inhalt einer *Theka*, also zweier Pollensäcke, bei den Orchideen u. Asklepiadazeen. Das P. wird bei der Bestäubung als Ganzes übertragen.

Polyembryonie [grch.], 1. bei Pflanzen die Entstehung mehrerer Embryonen in einer Samenanlage durch Befruchtung mehrerer Archegonien (bei der Kiefer).

2. bei Tieren die vegetative Vermehrung während der Embryonalentwicklung. Hierbei teilt sich der Keim in mehrere Teile, aus denen je ein ganzes Individuum hervorgeht (bei Gürteltieren, parasit. Schlupfwespen u. Regenwürmern obligatorisch, beim Menschen fakultativ [eineiige Zwillinge]).

polyenergid [grch.], vielkernig. Polyenergide Zellen entstehen durch Vermehrung des Zellkerns ohne Zerteilung des Zytoplasmas (verbreitet bei Algen u. Pilzen, vereinzelt bei Protozoen).

Polygenie [grch.], die Beeinflussung eines Merkmals durch mehrere Gene.

Polymorphismus [grch.], *Polymorphie*, die Verschiedengestaltigkeit der Individuen ein u. derselben Art von Lebewesen. (Sind nur zwei Gestalten ausgeprägt, so spricht man von *Dimorphismus.*) P. kann z. B. zusammenhängen mit unterschiedl. Tätigkeit der verschiedenen Individuen (Arbeitsteilung; z. B. in Kolonien von Moostierchen, bei Staatsquallen) oder mit wechselnden Umweltbedingungen (*Saison-P., Cyclo-M.*).

polyphag [grch.], sich von vielen verschiedenen Nahrungsmitteln ernährend. Polyphage Tiere haben eine große Nahrungswahlbreite. Gegensatz: *oligophag.*

Polyphänie [grch.], die vielseitige Wirkung mancher Gene: Ein Gen kann in verschiedene Entwicklungsvorgänge mehr oder weniger stark eingreifen.

Polyploidie [-plo:i'di:; grch.], Vielwertigkeit des Chromosomensatzes, d. h. die Vervielfachung der normalen, für die betr. Art typischen Chromosomenzahl. P. kommt durch Mutation oder durch Ausbleiben der Kernteilung nach der Chromosomenteilung zustande u. führt oft zur Steigerung der Größe des Organismus oder zu besseren Leistungen (z. B. sind viele Gartenpflanzen, Gemüse- u. Getreidesorten *polyploid*). Man unterscheidet *Autopolyploidie*, die durch Verdopplung des Chromosomensatzes derselben Art, u. *Allopolyploidie*, die nach Bastardierung von zwei Arten oder Gattungen durch Verdopplung jedes Chromosomensatzes entsteht. Im Laboratorium kann bei Anwendung des aus der Herbstzeitlose stammenden Alkaloids Colchicin auf Samen u. Knospen künstlich eine P. erzielt werden.

Polyspermie [grch.], das Eindringen mehrerer Spermatozoen in das Ei bei der Befruchtung.

Population, 1. *Genetik: Mendel-P.*, eine genetisch uneinheitliche Menge von Organismen einer Art; Gegensatz: *Klone.*

2. *Ökologie: Bevölkerung*, eine Gruppe von tatsächlich oder potentiell sich untereinander fortpflanzenden Organismen einer Art an einer bestimmten Örtlichkeit.

Populationsdichte, *Bevölkerungsdichte, Abundanz*, das Maß für die Größe einer Bevölkerung (*Population*) [2]; die Zahl der Individuen wird auf die Einheit der Fläche oder des Raums bezogen. →auch Populationsdynamik.

Populationsdynamik [lat. + grch.], Veränderungen innerhalb von tierischen oder pflanzlichen Bevölkerungen (*Populationen*) mit der Zeit: 1. Änderung der Verteilung (*Dispersion*) der Angehörigen einer Bevölkerung im Raum durch Zu- u. Abwandern (*Dispersions-Dynamik*); 2. Änderung der Bevölkerungszahl (*Bevölkerungsdichte, Abundanz*) durch Fortpflanzung u. Tod (P. i. e. S., *Abundanz-Dynamik*). Wenn die Vermehrungsfähigkeit (*Fruchtbarkeit, Fertilität*) der Sterblichkeit (*Mortalität*) nicht genau gleich ist, kommt es zu Veränderungen der Bevölkerungszahl (→Massenwechsel). – Die Erforschung der P., die bes. bei Schädlingen praktisch bedeutend ist, stützt sich auf Bevölkerungsbilanzen (*Populations-Analysen*, engl. *life-tables*), in denen quantitative Angaben über möglichst lange Zeit hin zusammengestellt sind; diese Daten werden mathematisch u. biologisch analysiert. Ziel ist die Entwicklung von Modellen, aus denen sich zuverlässig die Bevölkerungsentwicklung vorhersagen läßt (wichtig für die Prognose von Schäden u. für Bekämpfungen.)

Populationsökologie [lat. + grch.], *Demökologie*, ein Teilaspekt der →Ökologie, der sich mit tierischen u. pflanzlichen Bevölkerungen (*Populationen*) in ihrer Umwelt beschäftigt; eine relativ junge Teilwissenschaft mit großer praktischer Bedeutung, entstanden in der angewandten Entomologie (d. h. in der Bevölkerungslehre von [schädlichen] Insekten). Die moderne P. arbeitet mit mathemat. u. kybernet. Modellen u. enthält enge Beziehungen zur Genetik.

Positionseffekt, *Musterwirkung*, in der Genetik: durch Umgruppierungen der Chromomerenreihe (→Translokation, →Inversion) bedingte Veränderungen des →Phänotypus.

Prägung, irreversibles →Lernen in einer bestimmten Entwicklungsphase (*sensible Phase*). Durch P. angenommene Erfahrungen können den Charakter von Instinkten (→Erbkoordination) erhalten u. für das ganze Leben des Tieres beibehalten werden: z. B. P. auf die eigene Art durch die Begegnung mit den Eltern oder P. auf falsche Zieheltern – auch auf den Menschen – bei der Aufzucht von Jungvögeln.

primäre Leibeshöhle, in der tierischen Entwicklung die *Furchungshöhle* (*Blastocöl*), die sich im *Becherkeim* (*Blastula*) zwischen Ektoderm u. Entoderm bildet u. später meist durch eine *sekundäre Leibeshöhle* (*Coelom*) abgelöst wird, bei einigen Tiergruppen aber zeitlebens erhalten bleibt (Fadenwürmer, Rädertierchen, Weichtiere).

Prioritätsprinzip [lat.], in der wissenschaftl. Benennung (*Nomenklatur*) von Pflanzen- oder Tierarten u. -gruppen das Prinzip, nach dem der älteste Name zu gelten hat, sofern er sonst den Internationalen Nomenklaturregeln entspricht. Das P. führt oft zu verwirrenden Änderungen alt eingeführter Bezeichnungen.

Produzent [lat.], die grüne Pflanze, die organische Substanz aus anorganischer aufbauen kann; →Biozönose, → auch Assimilation.

Prosoma [das; grch.], der vordere Körperabschnitt der Spinnentiere (Hinterleib: *Opisthosoma*). Er ist aus Kopf u. Brustabschnitt verwachsen u. trägt die Mundgliedmaßen u. die vier Gangbeinpaare.

Protoplasma [das; grch.], *Plasma*, die von der Zellmembran – bei Pflanzen außerdem von der Zellwand – umgebene lebende Masse der →Zelle; Hauptbestandteile: →Grundzytoplasma, →Zellkern, →Zellorganellen.

Protoplast [der; grch.], 1. der Zelleib, das *Protoplasma* in einer pflanzl. →Zelle.
2. *nackte Zelle*, eine Pflanzenzelle, bei der durch Enzyme (*Pektinase*, *Cellulase*) die Zellwände entfernt wurden. P.en lassen sich aus vielen Pflanzenorganen (Wurzeln, Früchte, vor allem Blätter) gewinnen. Wenn sie durch spezielle Züchtung nur den einfachen (*haploiden*) Chromosomensatz enthalten, gestatten sie Rückschlüsse auf die Erbeigenschaften (z. B. Resistenz gegen Chemikalien u. Krankheitserreger) u. lassen Eingriffe (z. B. künstl. *Mutationen*) zu. P.en können wie Tierzellen miteinander verschmelzen (→Zellverschmelzung) u. darüber hinaus zu ganzen Pflanzen herangezogen werden, die sich wieder normal geschlechtlich vermehren u. so in andere Pflanzenrassen eingekreuzt werden können. Die Zellwände werden nach einiger Zeit regeneriert.

Pseudoparenchym [das; grch.], dem echten Gewebe oft täuschend ähnl. Scheingewebe, das aus nachträgl. verwachsenen Zellfäden (z. B. Hyphen) entstanden ist; vor allem bei höheren Pilzen u. Rotalgen.

Puff [der; engl., »aufblähen«], mikroskopisch sichtbare Genaktivität an *Riesenchromosomen*, in Form von Wulstbildungen bei Chromosomen von Zweiflüglern u. *Lampenbürstenchromosomen* (bei Amphibien, Fischen, Vögeln).

Puls [der; lat.], die vom Herzen bei jeder Kontraktion ausgehende Druckwelle in den elastischen Adern höher entwickelter Tiere. Bei Druckanstieg im Innern dehnen sich die Adern aus u. werden bei Nachlassen des Drucks wieder enger. Der Druckanstieg beginnt an der Herzhauptkammer u. setzt sich über das gesamte arterielle Gefäßsystem fort. Er kann an der Oberfläche großer Arterien als »P.« gemessen werden. Die *P.welle* dient als Energiespeicher der Herzkontraktion u. führt bei der Ruhephase (*Diastole*) zur Erhaltung des Blutdrucks u. zum Weiterfluß des Blutes. Der P. ist stets schneller als die Fließgeschwindigkeit des Blutes. Zu den P.qualitäten gehört seine Härte, d. h. seine geringe Unterdrückbarkeit auf einer harten Unterlage. →S. 67, 121.

pulsierende Vakuole, ein sich periodisch nach außen entleerendes, flüssigkeitsgefülltes Bläschen im Zelleib vieler *Protozoen*, das zur Entfernung von Exkretstoffen u. zur Aufrechterhaltung des isotonischen Gleichgewichts dient; p. V.n bilden sich an verschiedenen Stellen des Zellplasmas.

Puppe, das Ruhestadium in der Entwicklung von Insekten mit vollkommener Verwandlung (holometabole →Metamorphose). Freigliedrige P.n (z. B. die der meisten Käfer) haben freie Flügel u. Beine; Mumien-P.n (z. B. die der Schmetterlinge) beziehen alle Körperanhänge in die P.nhülle ein. Bei den Tönnchen-P. der Fliegen umhüllt die letzte Larvenhaut tönnchenförmig die P. Aus der P. schlüpft das fertige Insekt (= *Imago*, *Vollkerf*).

Putzsymbiose, vor allem unter Meerestieren verbreitete, lockere →Symbiose zwischen nahezu allen Fischen u. den *Putzern;* das sind meist Fisch- oder Krebsarten, die sich darauf spezialisiert haben, ihren »Kunden« Ektoparasiten abzulesen u. Wundränder zu säubern. Selbst große Raubfische gestatten den kleineren Putzern freien Zutritt zu ihren Kiemen u. ins Maulinnere, ohne sie zu fressen. Durch auffälliges Wippschwimmen u. Anstoßen mit der Schnauze fordern die Putzer den Partner auf, sich »putzen« zu lassen. Durch Maulöffnen kann aber auch der putzwillige Fisch den Putzer auffordern. Andere Arten ahmen wieder die Putzer täuschend nach, um den putzwilligen Fischen Stücke aus Flossen oder Kiemen zu beißen.

Quantenbiologie, auf F. *Dessauer* zurückgehende Anschauung in der Biologie, die entsprechend der Quantentheorie in der Physik auch in der Biologie Vorgänge sieht, bei denen Entwicklungen im Großen durch Prozesse an einzelnen Atomen gesteuert werden; z. B. wird die Mutation eines Gens im Vererbungsgeschehen als Quantensprung des Genmoleküls angesehen.

Rangordnung, ein Kennzeichen vieler sozialer tier. Gemeinschaften (z. B. Hühner, Dohlen, Gänse, Huftiere, Affen, Wölfe, Präriehunde, Hyänenhunde); setzt Kennenlernen der Artgenossen voraus u. entwickelt sich aufgrund gelegentlicher Kämpfe (→Kampf). Neben der Stärke entscheiden über die R. auch die Größe der Waffen sowie Ausdauer u.

Intelligenz. Rothirsche schließen aus der Geweihgröße auf den Kampfwert des Gegners; ebenso ist es mit der Horngröße bei Wildschafen. Ein Schimpanse entdeckte, daß Lärmen mit einem Blechkanister seine Artgenossen erschreckte, u. verbesserte damit seine Stellung in der R. Bei Pavianen wird das stärkste Männchen das ranghöchste, doch kann ein Zusammenschluß mehrerer schwächerer, aber erfahrenerer älterer Männchen ein stärkeres jüngeres Männchen von der Führung fernhalten. Das ranghöchste Tier (α-Tier) ist am aggressivsten gegen die in der R. unmittelbar folgenden u. greift deshalb in Kämpfe zugunsten der Schwächeren ein. Auch der Schutz nach außen, die Nahrungssuche u. das Futterüberlassen gehören zu den Pflichten des ranghöchsten Tiers. Dafür besitzt es den größten persönlichen Spielraum u. zahlreiche soziale Vorrechte innerhalb der Gruppe. Bei Hühnern wird die R. *Hackordnung* genannt.

Ranken, umgewandelte Blätter, Sprosse oder Wurzeln, die fädig verlängert u. durch ihre Kontaktreizbarkeit in der Lage sind, Stützen zu erfassen u. sich daran zu befestigen.

Rasse [ital., frz.], *Unterart, Spielart, Subspecies* (Abk. *ssp.*), *Varietät, variatio* (Abk. *var.*); in der Botanik auch *Form, forma* (Abk. *f.*); systemat. Kategorie unterhalb der Art, deren Angehörige alle miteinander uneingeschränkt fruchtbar sind, sich aber im Erbgut (Genbestand) – meist schon äußerlich – voneinander unterscheiden. *Geographische R.n* (lokale →Populationen) entstehen durch weiträumige Trennung (Isolation) u. können Ausgangspunkt zur Bildung neuer Arten sein, wenn sich das Erbgut fortgesetzt divergent entwickelt. →Abstammungslehre, →Allopatrie. Die Summe der R.n einer Art wird als →Rassenkreis bezeichnet. – *Ökologische R.n* sind R.n des gleichen geograph. Gebiets, die durch ökolog. Schranken (z. B. Tiefland gegenüber Gebirge), also durch Anpassung an verschiedene Lebensbedingungen, voneinander getrennt sind, z. B. behaarte Gebirgs- u. unbehaarte Tieflandformen bei Pflanzen u. Insekten. – Die Bez. der R. wird als dritter Name dem Artnamen (binäre →Nomenklatur) angehängt, in der Botanik meist mit dem Zusatz *ssp., f.* oder *var.*

Rassenkreise, *Rassenketten,* Summe der geograph. Rassen einer Art. Benachbarte geograph. Rassen sind oft einander sehr ähnlich, die äußeren Glieder der Kette können jedoch so stark voneinander verschieden sein, daß sie keine Fortpflanzungsgemeinschaft mehr miteinander bilden. Dies ist etwa der Fall bei der Entwicklung der Möwenarten nach der Eiszeit im Gebiet rund um den Nordpol. →auch Rasse, Allopatrie.

Raumsinn, die Fähigkeit, mit Hilfe der Sinnesorgane eine dreidimensionale Vorstellung vom Raum zu bekommen. Dazu gehören 1. Kenntnis der eigenen Körperhaltung, vermittelt durch Sinneszellen in Muskeln, Sehnen u. Gelenken, durch den *Schweresinn* u. den *Drehbeschleunigungssinn*; 2. das räumliche Sehen mit den beiden Augen u. das räumliche Hören mit beiden Ohren, das Schätzen von Entfernung u. Richtung einer Schallquelle ermöglicht.

Reafferenzprinzip, in der Reizphysiologie von E. von *Holst* u. Horst *Mittelstaedt* 1950 aufgestelltes Funktionsmodell biologischer →Regelkreise. Danach werden alle Meldungen, die von der Peripherie zum Zentralnervensystem (ZNS) laufen, als *Afferenzen* bezeichnet; alle Befehle aber, die vom ZNS ausgehen, um Bewegungen (*Motorik*) in Gang zu setzen, als *Efferenzen.* Nach dem R. verbleibt zu jeder Efferenz, die eine Motorik im Erfolgsorgan in Gang setzt, eine *Kopie* im ZNS, die den Sollwert der Bewegung festhält. Erst wenn vom Erfolgsorgan eine Rückmeldung, die *Reafferenz,* eintrifft u. diese mit dem Sollwert auf der Kopie übereinstimmt, wird der Befehl als ausgeführt betrachtet u. die Kopie gelöscht. Als Rezeptoren für die Reafferenz gelten Muskelspindeln u. Sehnenkörper. Wenn die Ausführung eines Befehls gestört wird, also die Reafferenz nicht mit dem Sollwert der Kopie übereinstimmt, bleibt der Befehl spontan bestehen, bis er ausgeführt ist. Solche zusätzlichen Störgrößen nennt man *Exafferenzen.* Sie machen den Organismus »aufmerksam« u. geben ihm die Möglichkeit, seine Reaktion auf veränderte Umweltbedingungen einzustellen (z. B. Reaktion auf plötzl. Bewegung in einen automatisch ablaufenden, auf ein ruhiges Bild eingestellten Sehvorgang). →auch Nervensystem S. 78 ff., 88.

Reaktion, die Antwort eines Organismus auf einen Reiz. Bei Einzellern erfolgt die R. als freie Ortsbewegung (*Taxie*). Bei den festgewachsenen Pflanzen besteht die R. in Organbewegungen, die entweder durch verschieden starkes Wachstum einzelner Organseiten oder durch Turgorschwankungen erfolgen können. Die Erfolgsorgane der Tiere sind in erster Linie Muskeln u. Drüsen. Durch die Mannigfaltigkeit in der Ausbildung der Sinnesorgane, Nervensysteme u. Bewegungsapparate können die verschiedensten R.en erfolgen.

Reduktion, die rückschreitende Umwandlung von Organen im Lauf der Stammesgeschichte (z. B. werden Länge u. Anzahl der Zehen am Pferdefuß im Lauf der *Phylogenie* reduziert) oder der Individualentwicklung, wenn z. B. ein Organ verkümmert, da es nicht gebraucht wird. Außerdem bezeichnet man als R. die Verkleinerung (Halbierung) der Chromosomenzahl bei der Reifeteilung der Zellen (*R.steilung*).

Reduktionsteilung →Reifeteilung.

Reflex, zwangsläufig auf einen bestimmten Reiz eintretende Reaktion. Das beteiligte Sinnesorgan, die verbindenden sensiblen Nerven zu den Schaltzellen im Rückenmark (*Zwischenneuronen*) u. die von dort ausgehenden motorischen Bahnen zu den Muskeln faßt man als *R.bogen* zusammen. Nach der Zahl der zwischengeschalteten Übergänge von einem Nerv zum anderen (→Synapse) werden *polysynaptische* u. *monosynaptische* R.e unterschieden. Im Gegensatz zu *Fremd-R.en* sind bei den seltener auftretenden *Eigen-R.en* das gereizte u. das antwortende Organ miteinander identisch. Sie alle sind *unbedingte R.e.* Daneben ist es höher entwickelten Tieren möglich, bestimmte Verhaltensweisen in Form von *bedingten R.en* zu lernen (→Lernen[2]). Ertönt ein Klingelzeichen bei jeder

Mahlzeit eines Hundes, so reagiert er bald auch mit Speichelabsonderung, wenn nur das Klingelzeichen ertönt.

Refugialgebiete →Rückzugsgebiete.

Regelkreis, ein selbsttätig arbeitendes System zur Steuerung von Zuständen u. Vorgängen im Organismus, z. B. zur Konstanthaltung der Körpertemperatur bei Warmblütern. →S. 31.

Regeneration, das Vermögen vieler Organismen, verlorengegangene Teile zu ersetzen. Bei der *physiolog. R.* werden Körperteile erneuert, die laufend verbraucht (z. B. die obersten Epidermisschichten) oder periodisch abgestoßen werden (z. B. Haare der Säugetiere). Bei der *Ersatz-R.* werden Stücke ersetzt, die z. B. durch Verletzung verlorengegangen sind. Bei Pflanzen u. niederen Tieren kann aus Körperteilen der ganze Organismus wieder gebildet werden (Begonienblatt, Seesternarm). Im allg. nimmt die R.sfähigkeit mit steigender Organisationshöhe ab. Gliederfüßer u. Amphibien regenerieren noch ganze Extremitäten, Eidechsen den Schwanz, Vögel u. Säugetiere fast nichts mehr außer Wundheilung. Bei Fischen können innere Organe z. T. regeneriert werden. In der Regel wird das wiederhergestellt, was verlorengegangen war (aber →Heteromorphose). Hohes R.svermögen findet sich vielfach bei Tieren, die auch ungeschlechtliche →Fortpflanzung zeigen (z. B. Polychaeten, Bryozoen). Bei den Hohltieren mit starker Betonung der ungeschlechtl. Fortpflanzung fehlt die R. völlig.

Regulation [lat.], die Fähigkeit von Organismen, auf Störungen in der Umwelt u. auf Veränderungen im Körperinnern so zu reagieren, daß die Lebensprozesse dennoch unter annähernd konstanten Bedingungen ablaufen können. →Regelkreis.

Regulator →Gen.

regurgitieren, Nahrung aus dem Magen (nicht Kropf) wieder hervorwürgen, um damit Jungtiere zu füttern, die dabei gleichzeitig mit Verdauungssäften u. Aufbaustoffen versorgt werden. Verbreitet bei Hundeartigen und Hyänen.

Reifen [das], Wachstum angeborener Verhaltensweisen (→Erbkoordination). So schlagen junge Vögel mit den Flügeln, lernen dadurch aber nicht fliegen (→Lernen); denn Kontrollvögel, die in einer Pappröhre aufgezogen wurden u. ihre Flügel nicht bewegen konnten, vermochten zum gleichen Zeitpunkt wie ihre frei aufgezogenen Nestgeschwister zu fliegen.

Reifeteilung, *Reduktionsteilung, Meiose,* die beiden Kern- u. Zellteilungen, die der Ausbildung der Geschlechtszellen vorausgehen. Da bei der Befruchtung zwei Zellkerne miteinander verschmelzen, entstehen Zellen mit doppeltem (*diploidem*) Chromosomensatz. Die Reduktion zum einfachen (*haploiden*) Chromosomensatz der Geschlechtszellen erfolgt durch die *Reduktionsteilung* (1. R., *Meiose I*). Dabei werden nicht wie bei der normalen →Kernteilung Chromosomenhälften auf die Tochterzellen verteilt, sondern ganze Chromosomen. Da beide Elternzellen einen haploiden Chromosomensatz beigesteuert haben, sind je zwei Chromosomen homolog. Ihre Verteilung auf die Tochterzellen erfolgt zufällig, so daß eine Neukombination (→Mendelsche Gesetze) der väterl. u. mütterl. Chromosomen stattfindet. Ein wichtiger Vorgang zu Beginn der 1. R. ist die enge Paarung der bereits gespaltenen homologen Chromosomen (*Bivalente*) zur *Chromatidentetrade,* während deren ein Austausch von Chromosomenabschnitten stattfinden kann (→Crossing-over). An die *1. R.* schließt sich die 2. *R.* (*Meiose II*) an, die nach dem Schema einer normalen Kernteilung verläuft. Aus beiden R.en gehen 4 haploide Zellen hervor (*Gonentetrade*), die sich zu Gameten (*Geschlechtszellen*) weiterentwickeln. Bei den Gewebetieren entstehen bei der Samenreifung aus der Tetrade 4 männl. Samenzellen (*Spermien*), bei der Eireifung nur eine Eizelle u. 3 sog. Pol- oder Richtungskörperchen, die zugrunde gehen. [B] →S. 132.

Reinkultur, in der Mikrobiologie die Züchtung (*Kultur*) von Mikroorganismen (Hefen, Bakterien, Viren) einer Art oder eines Stammes in bestimmten Nährlösungen oder auf speziellen Nährböden. R.en werden aus Mischkulturen isoliert u. in medizin. u. industriellen Laboratorien verwendet, u. a. zur Herstellung von organ. Säuren, Antibiotika, Wein u. Bier.

Reinzucht, die Kreuzung betreffs bestimmter Erbmerkmale reinerbiger (*homozygoter*) Individuen; wird erreicht durch Selbstbefruchtung oder Geschwisterinzucht.

Reißzähne, Backzähne mit starker Scherwirkung im Gebiß von Raubtieren; →S. 170 (Gebisse).

Reiz, Zufuhr oder Wegnahme von Energie in der Umgebung eines Organismus (äußerer R.), die über die Bildung u. Fortleitung von →Erregung eine Reaktion des Organismus auslöst. Die R.e werden nach den Energieformen eingeteilt in *mechanische R.e* (Druck-, Tast- u. akustische R.e), *chemische R.e* (Geruchs-, Geschmacks-R.e), *thermische R.e* (Temperatur-R.e), *optische* u. *elektrische R.e.* Innere R.e sind solche, die über Zustandsänderungen im Körperinnern informieren.

Reizbewegung, durch äußeren Anlaß hervorgerufene Bewegung. 1. Zoologie: Eine durch Außenfaktoren hervorgerufene Ortsbewegung als Einstellung zur Reizquelle wird als *Taxis* bezeichnet. Bei Einzellern lassen sich die Taxien wie bei den Pflanzen nach der Art der sie auslösenden Reize weiter unterteilen: *Chemotaxis, Geotaxis, Phototaxis.* Der Verhalten höherer Tiere ist komplizierter, da eine Einstellung auf mehrere Reize hin erfolgt: *Klinotaxis* ist eine Reaktion auf Lichtintensitätswechsel in der Zeit, bei der *Tropotaxis* nehmen zwei an verschiedenen Körperteilen sich befindende Organe einen Reiz wahr u. werten den Unterschied aus. In der *Telotaxis* wird die Reizquelle mit einem Sinnesorgan direkt angesteuert. – 2. Botanik: Es werden R.en der freibewegl. Pflanzen (z. B. einzellige Algen) als Taxis von R.en der Organe festgewachsener Pflanzen unterschieden, die entweder als →Tropismus oder als →Nastie erfolgen.

Reizschwelle, geringste Intensität eines einzelnen →Reizes auf den Organismus, die imstande ist, bei diesem eine Reaktion auszulösen.

Reizsummengesetz, in der Verhaltensforschung die Regel, daß auslösende Außenreize (→Auslöser) u. innerer Antrieb sich beim Hervorrufen einer Verhaltensweise summieren. Ist der innere Antrieb (→Erbkoordination) gering, muß der Außenreiz stark sein, u. umgekehrt. (Beispiel: Ein satter Mensch kann nur mit bes. Leckereien zum Essen verlockt werden, ein hungriger ißt die einfachsten Speisen.) Wird über längere Zeit eine auslösende Situation vorenthalten (→Appetenzverhalten), kann der sich verstärkende innere Antrieb die Verhaltensweise im Leerlauf (→Leerlaufhandlung) allein verursachen.

Rekapitulationstheorie →biogenetische Grundregel.

Rekrete [lat.], von der Pflanze unverändert ausgeschiedene Stoffe. Die Wurzeln der Landpflanzen nehmen im Überschuß Wasser u. Mineralstoffe auf. Was für den Aufbau des Pflanzenkörpers nicht verbraucht wird, speichert die Pflanze oder scheidet sie aktiv oder passiv aus, ohne daß sich diese Stoffe am Stoffwechsel beteiligt haben (*Rekretion*). Als *Guttation* bezeichnet man die aktive Ausscheidung von Wasser u. darin gelösten überflüssigen Mineralstoffen aus Wasserspalten u. Wasserdrüsen (z. B. bei Steinbrech-Arten u. bei Meeresstrandpflanzen, →Salzpflanzen). Unter *innerer Rekretion* versteht man die Ablagerung von überschüssigem *Calcium* in den kristallführenden Zellen unserer Landpflanzen (Calciumoxalatkristalle, Calciumcarbonat in Zystolithenzellen). In den Zellwänden oder in besonderen Kieselkörpern kann Kieselsäure (SiO_2) abgelagert werden (Sauergräser, Schilf, Schachtelhalm). Am weitesten verbreitet ist die *kutikuläre Rekretion:* Mineralsalze dringen in gelöster Form in den Zellwandkapillaren bis an die Blattoberfläche u. werden dort von Tau oder Regen abgewaschen.

Releasing factors [ri'li:siŋ 'fæktəz; engl.], →Hypothalamus.

Relikt [das, lat.], in der Tier- u. Pflanzengeographie *Überbleibsel, lebendes Fossil,* Überrest einer altertüml., früher weiter verbreiteten Art an begrenzten, isolierten Stellen (*R.areale*), z. B. Mammutbaum in Kalifornien, Brückenechse in Neuseeland; auch in mehreren getrennten (*disjunkten*) Arealen, z. B. Tulpenbäume in Nordamerika u. Ostasien, Lungenfische in Südafrika u. Südamerika. *R.enfauna, R.enflora* sind Überreste einer vormals lebenden Tier- u. Pflanzenwelt, z. B. Reste der eiszeitl. Tierwelt wie Schneehuhn u. Schneehase in den Alpen (Glazial-R.e) oder die Flora u. Fauna Australiens u. Madagaskars. →auch Disjunktion.

Reliktareal →Relikt.

Reliktentheorie, *Verdrängungstheorie,* die Annahme, daß Tiergruppen, die in weit auseinanderliegenden Verbreitungsgebieten vorkommen (*diskontinuierliche Verbreitung*), in früheren erdgeschichtl. Zeiten weit verbreitet waren u. durch Veränderung der Lebensbedingungen oder die Entwicklung überlegener Konkurrenten auf ihre heutigen Siedlungsräume zurückgedrängt worden sind; z. B. leben Lungenfische heute in Australien, Südamerika u. Afrika, während sie im Mesozoikum (Erdmittelalter) auch die Nordkontinente besiedelten.

Repellents [ri'pɛlənts; engl.], *Abschreckungsmittel, Schreckstoffe,* chem. Mittel, die der Abschreckung u. dem Fernhalten von Schädlingen dienen. Anwendung z. B. gegen Vögel, Blutsauger (Mückenschutzmittel), Vorratsschädlinge, Wild (Wildverbiß- u. Schälschutzmittel).

Repressor →Gen.

Reproduktion [lat.] = Fortpflanzung.

RES, Abk. für →retikulo-endotheliales System.

Reservat, Schutzgebiet; man unterscheidet *Natur-R.e* (*Naturschutzgebiete, Naturpark, Nationalpark*) u. *Wild-R.e* (*Wildschutzgebiet*).

Resistenz [lat.], erbliche Unempfindlichkeit eines Organismus gegenüber einem Krankheitserreger oder Schädiger. *Aktive R.* besteht in Abwehrmaßnahmen (z. B. Bildung von →Gallen), *passive R.* in bestimmten Eigenschaften (z. B. feste Oberfläche, Behaarung, Harzfluß). – R. gegen chem. Schädlingsbekämpfungsmittel ist zuerst bei Gesundheitsschädlingen aufgetreten (DDT-resistente Stubenfliegen, bekannt seit 1946), jetzt schon bei zahlreichen Pflanzenschädlingen verbreitet. Zu unterscheiden von *Immunität.*

Retardation [lat.], Verzögerung in der Entwicklung bestimmter Merkmale von Lebewesen. Veränderungen (Verzögerung oder Beschleunigung) in der Entwicklung einzelner Merkmale gehören zu den wichtigsten Ursachen der stammesgeschichtl. Veränderung der Organismen.

retikulo-endotheliales System, *RES, Retikuloendothel,* von L. *Aschoff* eingeführter Begriff für Organzellen der Tiere (u. des Menschen), die neben ihren Stoffwechselaufgaben auch in das Abwehrsystem des Körpers eingreifen. Solche Zellen befinden sich in Lymphe, Leber, Milz, Knochenmark, Bindegewebe u. Gehirn; sie entstehen aus *Mesenchymzellen* u. beseitigen durch →Phagozytose (→auch Freßzellen) fremde Keime u. Stoffe, die sie speichern u. aus dem Körper entfernen. Das RES ist weiter an der Bildung der →Antikörper u. in der Leber am Aufbau der Gallenfarbstoffe, an der Vitaminspeicherung u. am Eisenstoffwechsel beteiligt.

Revier, der einem einzelnen Tier, einem Paar oder einer größeren Gruppe gehörende Raum, der gegen Fremde verteidigt wird (→Kampf). Das R. dient der Sicherung eines bestimmten Lebensraums zur Ernährung oder als Zufluchtstätte. Es kann aus einem zusammenliegenden Raum bestehen (Singvögel, Buntbarsche) oder aus einem Wegesystem (Wanderratte). Häufig wird das besetzte Gebiet durch Drüsensekrete, Harn oder Kot gekennzeichnet (*Duftmarkierung*): bei Antilopen mit dem Sekret aus den Augendrüsen, bei Dachsen u. Mardern mit dem Schwanzdrüsensekret. Das R. ist bei koloniebildenden Tieren (z. B. Möwen, Kormorane, Tölpel, Seeschwalben, Reiher) sehr klein, wird aber gegen die Artgenossen um so heftiger verteidigt.

Rezeptor, Bezirk eines Organismus, der einen Reiz aufnimmt u. in →Erregung transformiert; z. B. sind die Augenflecken der Geißeltierchen *Photo-R.en.* Bei den höheren Tieren sind die R.en Organe, Zellen oder Teile von Zellen.

rezessiv [lat.], Merkmale in der Vererbung betreffend, die von überdeckenden (*dominanten*) Eigenschaften verdeckt werden, aber immer wieder durch

Rückkreuzung in Erscheinung treten können. →auch Genetik, Mendelsche Gesetze.

Reziprozitätsgesetz →Mendelsche Gesetze.

Rheotaxis [die; grch.], die Orientierung von Tieren zu einem Wasserstrom; *positive R.:* Einstellung mit dem Vorderteil gegen die Strömungsrichtung, *negative R.:* mit dem Vorderteil in Strömungsrichtung. R. ist von vielen Fischen bekannt.

Rhizom [das; grch.], *Wurzelstock*, unterirdischer Sproß mit mehr oder weniger verdickter Sproßachse, mit dessen Hilfe die damit versehenen Pflanzen zu überwintern vermögen. Den *Wurzeln* ist das R. durch seinen anatom. Bau u. durch den Besitz von Sproßknospen, häutigen, farblosen Niederblättern oder deren Narben u. das Fehlen von Wurzelhaaren zu unterscheiden; z. B. bei Schwertlilie u. Veilchen.

Rhythmik →Biorhythmik.

Ribosomen [grch.], in der →Zelle vorkommende Körnchen von 150 Å Durchmesser, die entweder einzeln oder in Gruppen frei im Grundzytoplasma liegen oder an Membranen des endoplasmat. Retikulums geheftet sind; bestehen hauptsächl. aus Ribonucleinsäure u. Eiweißen; in ihnen findet die Eiweißsynthese statt.

Richtungskörperchen →Reifeteilungen.

Riechhirn, *Rhinencephalon*, abgegrenzter Teil der Großhirnhemisphären, in dem der Geruchssinn lokalisiert ist; bes. stark ausgebildet bei Tieren mit gutem Riechvermögen (z. B. Hund).

Riesenchromosomen, Chromosomen aus einem Bündel mit sehr vielen *Chromonemen*, die während des Kernwachstums durch wiederholte Verdoppelung ohne Zellteilungen entstanden sind (500 bis 16000 parallele Einzelstränge). R. finden sich bes. in Speicheldrüsenzellen der Fliegen u. Mücken, aber auch in anderen Organen (Fettkörper, Darmepithel) u. im Embryosack von Pflanzen. Sie sind für die Vererbungsforschung wegen ihrer Größe u. deutlichen Sichtbarkeit bes. wichtig. Die Bandmuster der R. erlauben in Verbindung mit Kreuzungsexperimenten die genaue Lokalisierung einzelner Gene auf den Chromosomen u. somit die Aufstellung von Genkarten.

Ritualisation, im Verlauf der Stammesgeschichte entstandene Verstärkung von Bewegungen und Strukturen aus dem Bereich der Übersprunghandlungen (→Übersprungverhalten) u. angedeuteten Bewegungen. Sie erfolgt häufig in Richtung eines Schemas durch Überbetonung der einen, Unterdrückung der anderen Einzelheiten. Entstehung von Auslösern (→Auslöser) oder eines bestimmten Spielregeln folgenden Kampfablaufes (→Kampf) ist durch R. erklärbar. Schwimmentenerpel balzen durch ritualisiertes Übersprungputzen, Kampfläufer drohen durch ritualisiertes Übersprungschlafen.

Rodentizide [lat.], Nagetierbekämpfungsmittel (gegen Ratten, Mäuse u. a.).

Rosettenpflanzen, Pflanzen, bei denen die Stengelinternodien des Sprosses gestaucht bleiben, so daß die Blätter in Form einer dichten *Rosette* angeordnet sind. Man unterscheidet *Ganz-R.*, bei denen die Blütenstände an Seitensprossen entstehen (Wegeriche), u. *Halb-R.*, bei denen sich zur Blütenbildung die obersten Internodien strecken u. einen Stengel bilden (Rettich, Radieschen, Kohlrübe, sämtl. Gräser.

Rostrum, Schnabel, Schnauze, auch spitzer Fortsatz mancher Organe.

Rübe, ganz oder teilweise verdickte pflanzl. Pfahlwurzel, z. B. bei der Möhre oder der *Zucker-R.*; bei der *Futter-* oder *Runkel-R.* u. beim *Rettich* ist auch das Hypokotyl am R.nkörper beteiligt; bei der *Kohl-* oder *Steck-R.* u. beim Sellerie außerdem noch der unterste, beblätterte Sproßabschnitt.

Rückbildung →Degeneration.

Rückkreuzung, Kreuzung eines Bastards mit einem Elternteil. Erfolgt die R. mit dem Elter, der die betreffende Erbanlage rezessiv enthält, wird die Nachkommenschaft dieses Erbgangs zu 50% wieder Bastarde mit Dominanz des Merkmals aufweisen, zu 50% aber reinerbige Nachkommen mit rezessivem Merkmal.

Rückmutation, *kompensatorische Mutation*, eine Mutation, die eine vorausgegangene aufhebt, indem sie funktionell zum Ausgangszustand, dem Wildtyp, zurückführt; sie findet aber meist an einem anderen Genort statt u. ist ein Ausgleichsmechanismus. Bei den meisten Genen sind R.en viel seltener als gewöhnliche Mutationen.

Rückzugsgebiet, *Refugialgebiet*, mehr oder weniger begrenzter Lebensraum, auf den früher weit verbreitete Tiergruppen heute beschränkt sind.

Ruderalpflanzen [lat.], *Schuttpflanzen*, Pflanzen, die stickstoffreiche Böden in Siedlungsnähe (Schutthalden, Wegränder, »Hundepromenaden«) bewohnen, z. B. Taubnessel, Brennessel- u. Gänsefußarten, → auch Trümmerflora.

Rufinismus [lat.], *Rutilismus*, *Erythrismus*, Rotfärbung bei sonst schwarz pigmentierten Tieren, entsteht, wenn die Reaktionskette zur Melaninbildung auf einer roten Vorstufe unterbrochen wird. R. kann erblich oder modifikatorisch bedingt sein u. wird häufig an Bewohnern extremer Lebensstätten beobachtet, z. B. an den Sandlaufkäfern der Hochmoore.

Ruhepotential →Nervenleitung, →Aktionspotential.

Rutilismus, *Rothaarigkeit*, entsteht durch ererbte Hemmung der Ausbildung braunen Pigments.

Rütteln, der *Schwirrflug* der Raubvögel bei der Ausschau nach der Beute.

Sacculus [der; lat.], Teil des Ohrlabyrinths der Wirbeltiere. B →S. 63 (Ohr).

Saftmal, auffällige Blütenzeichnungen u. Farbflecke, die den bestäubenden Tieren als Wegweiser zum Nektar dienen.

Saisondimorphismus, jahreszeitlich verschiedene Ausbildung von Körperform, Körpergröße oder Farbe, hervorgerufen durch Außenfaktoren. Planktontiere haben entspr. der unterschiedl. Tragkraft des Wassers jahreszeitl. verschiedene Schwebefortsätze. Das *Landkärtchen*, ein Schmetterling, ist in der Frühjahrsgeneration heller als in der Sommergeneration. Ursache ist die verschiedene Tageslänge während des Raupenstadiums. Dasselbe gilt für viele andere einheim. Tagfalter (z. B. Distelfalter, Admiral).

Salzpflanzen, *Halophyten,* Pflanzen salzreicher Standorte (Böden mit mehr als 0,5% Gehalt an Natriumsalzen), vorwiegend der Meeresküsten. S. können der osmot. Saugkraft des Bodens entgegenwirken durch eigene Salzaufnahme u. Wasserspeicherung (*Sukkulenz*). Man unterscheidet absolut salzbenötigende Pflanzen (Queller, Salzkraut, Salzmiere), salzliebende u. salzertragende Pflanzen. *Trop. S.* sind z. B. die Mangroven-Bäume.

Samen, *Same,* 1. lat. *Semen,* Verbreitungsorgan der Samenpflanzen; der in Nährgewebe eingebettet u. von einer schützenden Hülle, der *S.schale,* umgebene Embryo. Die Verbreitung des S.s erfolgt meist durch den Wind, aber auch durch Vögel oder Insekten. In den obersten Bodenschichten erfolgt unter bestimmten Bedingungen die →Keimung des S.s.
2. grch. *Sperma,* die aus der männl. Geschlechtsöffnung (oder dem Begattungsorgan) der Tiere u. des Menschen austretende Flüssigkeit; enthält die von den männl. Keimdrüsen (Hoden) gebildeten Samenzellen in einem Medium unterschiedl. Zusammensetzung, das von verschiedensten Anhangsorganen gebildet wird.

Samentasche, *Receptaculum seminis,* bei vielen wirbellosen Tieren Blindsäcke zur Aufnahme des männl. Samens, die als unpaare Anhänge an verschiedenen Stellen der Ausführgänge der weibl. Geschlechtsorgane (z. B. bei Bandwürmern, Schnecken, Insekten) oder als paarige Einstülpungen des Hautmuskelschlauchs in die Leibeshöhle an bestimmten Stellen (z. B. bei Regenwürmern) auftreten.

Samenzelle, *Spermium, Spermatozoon, Samenfaden,* die männl. Fortpflanzungszelle der vielzelligen Lebewesen (→Keimzellen). Die bewegl. S. besteht aus Kopf, Mittelstück u. Schwanzgeißel. Der Kopf enthält den Zellkern u. hat vorn das sog. *Akrosom,* den Mechanismus zum Eindringen in das Ei. Das Mittelstück enthält zahlreiche *Mitochondrien* u. ist Energiespeicher. Die S. sucht die unbewegl. Eizelle aktiv auf. Bei der Besamung dringen meist nur Kopf u. Mittelstück in die Eizelle ein, der Schwanz wird abgeworfen. Beim Menschen gelangen die S.n vom *Hoden* durch den *Nebenhoden* u. den *Samenleiter* zu den Samenblasen; von hier werden sie beim Geschlechtsakt reflektorisch (*Ejakulation*) durch die Harnröhre entleert.

Sapropel [der; grch.] = Faulschlamm.

saprophag [grch.], tote organische Substanz fressend.

Saprophyten [grch.], *Fäulnisbewohner,* pflanzl. Organismen, die kein Blattgrün haben u. daher nicht zur Kohlensäureassimilation (→Photosynthese) befähigt (*heterotroph*) sind; sie decken ihren Kohlenstoffbedarf durch den Abbau toter organ. Substanz. Saprophytische Lebensweise ist typisch für die meisten Bakterien u. Pilze.

Saugnapf, Haftapparat der Körperoberfläche bei verschiedenen Tieren, bes. bei Parasiten; eine flache Grube, die mit starker Muskulatur ausgerüstet ist. Als *Mund-S.,* der von der Mundöffnung durchbohrt wird, z. B. bei Saugwürmern; als *Bauch-S.* oder als Haftscheibe z. B. bei bestimmten Bandwürmern u. Egeln; meist zahlreich als Haftorgane an den Fußgliedern von Insekten u. an den Armen von Tintenfischen.

Saugrüssel, die saugenden Mundwerkzeuge (→S. 128) bestimmter Insekten, z. B. mancher Hautflügler u. Schmetterlinge.

Schädel, *Cranium,* das zunächst knorplige (*Knorpel-S.* oder *Primordialcranium* bei Knorpelfischen), dann knöcherne Skelett des Kopfes der Wirbeltiere; besteht aus ursprüngl. zwei Teilen: der Kapsel, die Gehirn u. Sinnesorgane umgibt (*Neural-S., Neurocranium*), u. einer Reihe von Skeletteilen, die paarig die Mundhöhle u. den vorderen Darm (*Kiemendarm*) umgeben u. der Nahrungsaufnahme u. Atmung dienen (*Viscerocranium*). Im Zug der Wirbeltierreihe erfolgt eine zunehmende Verschmelzung der verschiedenen Teile: bei Fischen sind noch Hirnschädel, Ober- u. Unterkiefer u. Kiemenbogenapparat getrennt, bei den Säugetieren bildet schließl. der S. eine Einheit. Eine Abwandlung des S.baus erfolgt vor allem im Bereich des *Viscerocraniums* (*Kiefergelenk, Gehörknöchelchen, Visceralbögen*), sowie durch verschiedene Ausbildung von Gehirn, Riechorgan u. Gebiß.
Der S. d e s M e n s c h e n besteht aus *Gehirn-* u. *Gesichts-S.* Der Gehirn-S. setzt sich zusammen aus je zwei *Schläfen-*(*Temporalia*) u. *Scheitelbeinen* (*Parietalia*), dem *Stirn-*(*Frontale*), *Hinterhaupts-* (*Occipitale*), *Sieb-* (*Ethmoidale*) u. *Keilbein* (*Sphenoidale*); in seinem unteren Teil, der *S.basis,* die aus Keilbein, Schläfenbeinen u. Hinterhauptsbein gebildet wird, befinden sich Öffnungen zum Austritt der Gehirnnerven, durch das große *Hinterhauptsloch* im Hinterhauptsbein tritt das verlängerte Mark in den Rückenmarkskanal ein; der obere Abschluß des Gehirn-S.s, die *S.decke* (*Kalotte*), überwölbt die *S.höhle,* die das Gehirn enthält. Der Gesichts-S. besteht aus je zwei *Nasen-* (*Nasalia*), *Tränen-* (*Lacrimalia*), *Muschel-* (*Conchae nasales*), *Oberkiefer-* (*Maxillaria*), *Gaumen-* (*Palatina*) u. *Jochbeinen* (*Zygomatica*) sowie dem *Pflugscharbein* (*Vomer*). Hinzu kommen *Unterkiefer* (*Mandibula*), *Zungenbein* (*Os hyoides*) u. die *Gehörknöchelchen* im Mittelohr. Die S.knochen sind durch Knochennähte verbunden, die zunächst mehr oder weniger große Lücken (*Fontanellen*) freilassen, im Lauf des Lebens dicht u. vollständig verknöchern.

Schädlinge, Tiere u. Pflanzen, die am Menschen oder an seinen Nutztieren, Nutzpflanzen u. für ihn nützlichen Produkten aller Art Schaden (Totalverlust oder Veränderung) verursachen, u. zwar direkt durch Fraß, z. B. als Parasiten, oder indirekt als Überträger von Krankheiten, als Zwischenwirte u. ä. Praktisch werden Gesundheitsschädlinge (des Menschen u. der Nutztiere), →Pflanzenschädlinge (der Nutzpflanzen, z B. *Obst-S., Forst-S.*) u. Vorratsschädlinge (*Material-S.*) unterschieden.
Der Begriff S. ist relativ: eine Tier- oder Pflanzenart, die an einer Stelle unter bestimmten Bedingungen für den Menschen schädl. ist, kann an anderer Stelle unbedeutend (indifferent) oder sogar nütz-

lich sein. Jede Tier- oder Pflanzenart kann zu irgendeiner Zeit an irgendeinem Ort als Feind oder Konkurrent des Menschen auftreten u. damit zum S. werden (z. B. Fälle von Verschleppung von Tieren oder Pflanzen in andere Kontinente, wo sie in ihrer neuen Umgebung zu S.n werden). Schließl. spielt das Ausmaß des Schadens eine Rolle: hier gibt es alle Übergänge von wirtschaftl. hochbedeutenden Groß-S.n bis zum *Lästling*, der für den Menschen unangenehm ist, ohne eigentl. Schaden zu verursachen (Ungeziefer).

Schädlingsbekämpfung, Maßnahmen zur Abwehr oder Bekämpfung tier. oder pflanzl. *Schädlinge*. Ziel der S. ist der Schutz vor Schäden, Verlusten, Krankheiten. Bei Schädlingen, die durch ihre große Zahl gefährlich werden (z. B. Insekten), kommt es darauf an, die Bevölkerungsdichte so niedrig zu halten, daß es nicht erst zu Schadwirkungen kommt (Regulation der Bevölkerungsdichte). Maßnahmen der S. können mechanisch (z. B. durch Feuer, Wasser, Fallen), chemisch (→chemische Schädlingsbekämpfung) oder im weitesten Sinn biologisch sein, d. h. etwa durch anbautechn. u. kulturelle Maßnahmen oder durch den Einsatz natürl. Feinde (→biologische Schädlingsbekämpfung).

Schenkelring, *Trochanter*, der zweite, meist sehr kurze Beinabschnitt der Insekten zwischen Hüfte (*Coxa*) u. Schenkel (*Femur*).

Schere, zu Greiforganen umgewandelte Gliedmaßen bei Spinnentieren u. Krebsen (z. B. die *Pedipalpen* beim Skorpion, das erste Gangbeinpaar beim Flußkrebs); das festsitzende Blatt der S. wird durch einen Fortsatz des vorletzten Flußglieds gebildet, das bewegl. Blatt durch das letzte Fußglied.

Schildchen, *Scutellum*, das zwischen den Vorderflügeln (bzw. Flügeldecken) der Insekten sichtbare dreieckige Rückenschild der Mittelbrust (*Mesothorax*).

Schilddrüse, *Glandula thyreoidea*, Drüse innerer Sekretion bei Wirbeltieren, die dem Ephitel des Kiemendarms entstammt; bei Säugern zweilappig, beim Menschen aus zwei taubeneigroßen, durch ein kleines Mittelstück miteinander verbundenen Lappen bestehend, die vor u. beiderseits neben der Luftröhre dicht unter dem Kehlkopf liegen. Die S. gibt das →Hormon *Thyroxin*, das u. a. den *Grundumsatz* steigert, direkt ins Blut ab.

Schildknorpel, *Cartilago thyreoidea*, Teil des Knorpelgerüstes des Kehlkopfs; zwei längl. quadrat. Platten, die in der Mitte in einer winkligen Rundung zusammenstoßen; bildet beim Mann den *Adamsapfel*.

schizogen [grch.], durch Spaltung entstanden, z. B. die durch Trennung der Zellwände entstandenen pflanzl. *Interzellularen*. Gegensatz: *lysigen*.

Schizogonie [grch.], *Zerfallsteilung*; eine Art der ungeschlechtl. Fortpflanzung im Fortpflanzungszyklus vieler Sporozoen (z. B. Malariaparasit). Die in die Wirtszelle eingedrungene Parasitenzelle wird durch multiple Kernteilung vielkernig; die einzelnen Kerne umgeben sich mit Plasma u. werden durch Zerfall der Wirtszelle frei.

Schlafbewegung, *Nyktinastie*, Bewegung vieler Blätter im Rhythmus der Tag- u. Nachtperiode. Bei der Feuerbohne, der Robinie, dem Sauerklee u. a. senken sich die Blätter oder Teile davon am Abend (Nachtstellung); diese Bewegung beruht auf einem *Turgormechanismus*. S. vieler Blüten beruhen auf →Thermonastie oder Photonastie (durch Licht verursacht). →auch Pflanzenbewegungen, →Nastie.

Schleim, 1. *Botanik: Pflanzen-S.*, quellbare, nicht fadenziehende Polysaccharide; man grenzt damit die Pflanzen-S.e gegen die pflanzl. Gummiarten ab. S.e sind 1. im *Zellsaft* mancher Pflanzen enthalten, z. B. bei Sukkulenten (Kakteen, Dickblattgewächse) u. zahlreichen Monokotyledonen (Salep-S. der Orchideenknollen). 2. *Zellwände* können sich schleimig verändern: *Pektin-S.e, Cellulose-S.e* finden sich in den S.schichten mancher Samenschalen. Bei Wasserzutritt entstehen sie aus inneren Verdickungsschichten der Samenepidermis. Durch die dabei eintretende Quellung wird die Epidermisaußenwand gesprengt (Leinsamen). Einigen pflanzl. Einzellern (Jochalgen) ist durch einseitige S.absonderung eine Fortbewegung möglich.

2. *Zoologie:* im Tierkörper eine von Schleimdrüsen u. Becherzellen, auch von Epithelien (z. B. Magenepithel) abgesonderte, zähe, schlüpfrige, leicht klebrige Flüssigkeit, die die Oberfläche der Schleimhäute zum Schutz gegen chem. u. mechan. Einwirkung überzieht; dient im Speichel zum Schlüpfrigmachen von Speisen. S. besteht zu 4–6 % aus festen Bestandteilen, im übrigen aus Wasser.

Schlundganglion, vorderer Nervenknoten (*Ganglion*) des Strickleiternervensystems (→Bauchmark) von Gliedertieren, der zu einem umfangreichen Gehirn ausgebildet sein kann. Dieses Ganglion liegt oberhalb des Darms (*Ober-S.*). Bei den Insekten ist auch ein zweites Ganglion, unterhalb des Vorderdarms (*Unter-S.*), in bes. Weise ausgebildet.

Schmarotzer = Parasit.

Schmarotzerpflanzen, *parasit. Pflanzen*, Pflanzen, die ihre autotrophe Lebensweise mehr oder weniger verloren haben u. ihre organische Nahrung ganz oder teilweise auf Kosten anderer lebender Pflanzen oder auch Tiere, der Wirte, beziehen. Grüne *Halbschmarotzer* sind z. B. Augentrost, Wachtelweizen u. Klappertopf, deren verkümmerte Wurzeln durch Saugwurzeln mit ihren Wirten (oft Gräser) verbunden sind u. den Leitungsbahnen Wasser u. Nährsalze abzapfen; oder die auf Bäumen lebende Mistel, die ihre zu Senkern umgewandelten Wurzeln in die Leitungsbahnen des Wirtes treibt. Die nichtgrünen, also nicht mehr assimilierfähigen *Ganzschmarotzer* haben ihre Selbständigkeit völlig aufgegeben u. sich z. T. einseitig an ganz bestimmte Wirte angepaßt. Bei den höheren Pflanzen sind die Blätter zu gelbl. Schuppen rückgebildet oder fehlen ganz; Wasserleitungsbahnen u. häufig auch Wurzeln sind verschwunden. Dafür haben sich bes. Einrichtungen (Saugorgane, Enzyme) zum Eindringen in den Wirt gebildet. Zu den Ganzschmarotzern gehören einige Blütenpflanzen (Seide, Schuppen- u. Sommerwurz, bestimmte Orchideen u. die Rafflesiazeen), zahlreiche Pilze (Rost-, Brand-,

Mutterkornpilze, Kartoffelfäule, Fruchtschimmel, Mehltau) u. viele Bakterien.

Schmerzsinn, der Sinn, durch den beim Menschen die Empfindung Schmerz hervorgerufen wird. Der äußere Schmerz, z. B. infolge Verletzung, ist stechend u. scharf lokalisierbar, der innere Schmerz dumpf u. weniger zu begrenzen. Der Schmerz fungiert als eine Schutz- u. Alarmeinrichtung. Für den äußeren Schmerz sind marklose freie Nervenenden in der Haut verantwortlich. Die Erregungsleitung besorgen markhaltige Nervenfasern (Geschwindigkeit 10–30 m/sek); die Leitung des inneren Schmerzes erfolgt durch markarme Nervenfasern (1–2 m/sek). Soweit aus Verhaltensweisen zu entnehmen ist, besitzen die Säugetiere einen ausgeprägten S. (Todesschrei), wohl auch die Kopffüßer; bei den Gliederfüßern scheint er dagegen zu fehlen. Die Schmerzschwelle beträgt etwa das Tausendfache der Druckschwelle.

Schmucktracht →Tracht.

Schulp [der], die verkalkte, seltener verhornte Schale 10armiger *Kopffüßer* wie *Sepien* oder *Kalmare*. Oft an der Küste angelandet; in Vogelkäfigen als Kalkspender.

Schutzfärbung →Mimikry, →Mimese.

Schutztracht →Tracht.

Schwebefauna, *Schwebetiere*, →Plankton.

Schwebeflora, *Schwebepflanzen*, →Plankton.

Schweresinn, *statischer Sinn*, *Gleichgewichtssinn*, spricht auf die Schwerkraft an u. ermöglicht, eine bestimmte Lage im Raum einzunehmen. Das Grundbauprinzip der Sinnesorgane ist im Tierreich überall gleich: ein verschiebbarer Körper (*Statolith*) liegt auf einem Polster von Sinneshaaren, die er in Abhängigkeit von der Richtung der Schwerkraft verschieden reizt. Entweder ist er frei beweglich (z. B. bei Muscheln) u. reizt bei Lageveränderungen nur die tiefsten Sinneshaare, oder er ist auf den Sinneshaaren festgewachsen u. übt bei Seitenlage eine Scherung u. damit einen unterschiedl. Zug aus (Krebse, Wirbeltiere). S.esorgane sind häufig paarig angelegt u. können entweder jedes für sich die Körperlage bestimmen (doppelsinnige Wahrnehmung) oder nur die Muskulatur einer Körperseite steuern. In Normallage werden beide Sinnesorgane gleich stark gereizt u. heben sich in ihrer Wirkung auf. Erst bei Abweichung der Körperhaltung überwiegt die Erregung des einen S.esorgans, u. es erfolgt eine Ausgleichsbewegung.

Schwimmblase, gasgefülltes Hohlorgan der meisten Knochenfische; es ist ein hydrostat. Organ, d. h. durch verschieden starke Füllung der S. kann der Fisch sein Gewicht nach dem Wasserdruck regulierren. Bei den sog. *Physostomen* mündet die S. durch den S.ngang in den Vorderdarm; bei den sog. *Physoklisten* fehlt der S.ngang, statt dessen hat die S. hier eine dünnhäutige Stelle mit reicher Gefäßversorgung (Oval), durch die der Gasinhalt der S. vermindert werden kann. Die Gasfüllung erfolgt vielfach durch bes. Gasdrüsen (Epithelkörper). – Die S. leitet sich von Lungenbildungen ab, wie sie bei Placodermen bereits im Devon bekannt sind.

Schwimmblätter, auf der Wasseroberfläche schwimmende Blätter vieler Wasserpflanzen (z. B. Schwimmfarn, Wasserhahnenfuß).

Scolex [der; grch.], der mit Haftorganen (Saugnäpfen, Haken) ausgerüstete »Kopf« der Bandwürmer, von dem sich nach hinten die Kette der Bandwurmglieder (*Proglottiden*) abschnürt.

Scutellum [lat.] = Schildchen.

Segment [lat.], eines der gleichförmigen Teile (*Metameren*), aus denen die Körper bestimmter Tiere aufgebaut sind; bes. deutlich bei Gliedertieren (*Articulata*), z. B. beim Regenwurm. →Metamerie.

sehen, durch Lichtreize von der Umwelt eine Vorstellung über Form, Farbe u. Entfernung bekommen; komplexe Fähigkeit hochentwickelter Tiergruppen (Wirbeltiere, Tintenfische, Gliederfüßer). Die Hell- u. Dunkelunterscheidung einfacher Lichtsinnesorgane (z. B. bei Planarien) ist noch kein S. Wirbeltiere sehen mit einem Linsenauge. Wie beim Photoapparat wird die Umwelt auf einer lichtempfindl. Schicht, der Netzhaut (*Retina*), abgebildet. In ihr liegen zahlreiche Lichtsinneszellen, die Zapfen für das hellere Tageslicht u. die Stäbchen für die Dämmerung. Mit Zapfen werden Farben unterschieden, mit den weniger lichtempfindl. Stäbchen nur Grauwerte. Bei Reizung zerfällt in den Sehzellen ein Farbstoff, der Sehpurpur (*Rhodopsin*), dessen Bausteine das Vitamin A liefert (bei Vitamin-A-Mangel treten Sehstörungen auf). Die →Erregung der Sehzellen wird als Impuls in die Sehzentren des Gehirns geleitet.

Die Entstehung der Bildvorstellung ist noch unbekannt. An der Eintrittstelle des Sehnervs in das Auge hat die Retina keine Sehzellen (*blinder Fleck*). Beim Fixieren eines Gegenstands fällt der Brennpunkt auf eine bestimmte Stelle der Retina, den *gelben Fleck*. Er enthält ausschl. u. vermehrt Zapfen. Stäbchen überwiegen dagegen an der Peripherie der Netzhaut. Fixieren ist deshalb bei Nacht nicht möglich. Anpassung an die Lichthelligkeit ist durch Öffnen oder Schließen der Pupille möglich. Bei Fischen können Farbstoffe die Sehzellen abdunkeln. Auch die Lichtempfindlichkeit der Sehzelle selbst kann schwanken. Beim Menschen ist eine Steigerung auf das 1500–8000fache möglich. Die Dreikomponententheorie gibt eine Erklärung für das Farben-S.: aus drei verschiedenen Zapfentypen für Rot, Grün u. Violett können alle anderen Farben durch Mischung entstehen. Zwei Augen ermöglichen ein *binokulares* S. (Gegensatz: *monokulares S.*) u. damit ein Erfassen räuml. Tiefe.

Das Komplexauge der Insekten u. Gliederfüßer setzt sich aus zahlreichen Einzelaugen (*Ommatiden*) zusammen. Jedes Ommatid hat eine cuticulare Linse u. acht Sehzellen. →S. 115.

Seismonastie [grch.], die *Nastie* von Pflanzen auf jede Form von Erschütterungen. Die Auspressung von Blütenstaub bei den Flockenblumen erfolgt durch sich kontrahierende Staubblätter bei S. durch anfliegende Insekten. Durch Turgoränderung in den Blattgelenken senken sich erschütterte Mimosenblätter. Auf S. beruht auch das Zusammenklappen weit geöffneter Lippen von Blütennarben zum Festhalten von Blütenstaub, den Insekten mit sich tragen.

Seitenlinie, bei Rundmäulern, Fischen u. wasserbewohnenden Lurchen u. ihren Larven ausgebildete Sinnesorgane (*Nervenendhügel*) der Haut, die an den Körperseiten in einer oder mehreren Längslinien angeordnet sind; dienen zur Wahrnehmung von Strömungen u. Widerständen im Wasser und warnen auch die Fische vor herannahenden Feinden.

Sekrẹt [das; lat.], von tierischen oder pflanzl. Zellen abgesonderter Stoff. Die Zellen können einzeln oder als Gewebe zusammengefaßt vorkommen. Im letzten Fall spricht man von einer *Drüse.* Die S.e werden in der Zelle gebildet, von aufeinanderliegenden Gruppen von Zisternen (*Dyctyosomen*) aufgenommen, gespeichert u. nach außen abgegeben (Sekretion). Bei der *inneren Sekretion* gelangen sie über bes. Bahnen an den Wirkungsort: Blutgefäße, Lymphsystem, Nervenbahnen (→Hormon). Bei der *äußeren Sekretion* erfolgt die Ausscheidung auf die Körperoberfläche oder in das Verdauungssystem. Zu den S.en zählen nach ihrer chem. Funktion und Natur die unterschiedlichsten Stoffe, z. B. Wachse als Schutzschicht auf Pflanzen, die Nektardrüsen der Blüten, Verdauungsfermente bei Tieren u. insektenfressenden Pflanzen. Wurzeln scheiden S.e zur Aufschließung von Bodenmineralien aus.

sekundäre Leibeshöhle, *Coelom, Zölom,* die von dem sog. dritten Keimblatt (*Mesoderm*) gebildete, von eigenem Epithel *Coelomepithel*) ausgekleidete Leibeshöhle der höheren Tiere (*Coelomata*). Die Entstehung der s.n L. ist bei Bauchmarktieren (*Protostomia*) u. Rückenmarktieren (*Deuterostomia*) grundsätzl. u. charakteristisch verschieden. Bei den Bauchmarktieren bilden sich von Urmesodermzellen zu beiden Seiten des Darms hintereinanderliegende (*metamere*) *Coelomsackpaare.* Diese ursprüngl. Anordnung ist bei den Ringelwürmern noch deutlich erkennbar; dort bildet die s. L. segmentale, paarige Säcke, die den Raum zwischen Hautmuskelschlauch u. Darm ausfüllen. Bei den Gliederfüßern ist die *primäre Leibeshöhle* mit der s.n L. vereinigt; bei den Weichtieren ist die s. L. auf ein kleines Mesodermsäckchen (*Herzbeutel, Perikard*) beschränkt. Bei den *Rückenmarktieren* faltet sich das Coelom vom Urdarm ab. Das Lanzettfischchen zeigt dorsal noch die ursprüngl., metamere Anordnung der s.n L., auf der Ventralseite hat sich eine durchgehende s. L. (*Splanchnocoel*) ausgebildet. Den Manteltieren fehlt eine s. L. Bei den Wirbeltieren ist sie auf den Rumpf beschränkt: die vom Bauchfell (*Peritoneum*) u. vom Herzbeutel (*Perikard*) ausgekleideten Räume bilden die s. L.; bei den Säugetieren (u. beim Menschen) trennt das Zwerchfell vom Bauchraum noch den vom Brustfell (*Pleura*) ausgekleideten Brustraum ab.

Sekundärparasit →Parasitismus.

Selbstbefruchtung, *Autogamie,* im Pflanzenreich als Selbstbestäubung bekannt, im Tierreich selten, z. B. bei Bandwürmern. →auch Selbststerilität.

Selbststerilität, ein Mechanismus zur Verhinderung der Selbstbefruchtung bei Pflanzen: eine Bestäubung mit eigenem Pollen oder dem genotypisch gleicher Pflanzen führt zu keiner Samenbildung.

Selektion, *Auslese,* Begriff der →Abstammungslehre, die die Ausmerzung der schwachen u. ungeeigneten Lebewesen als wichtigen Faktor der Artbildung betrachtet. Diesen äußeren Faktoren der S. (*extraspezif. S.*) steht die S. innerhalb einer Art (*intraspezif. S.*) gegenüber, die sich aus der Konkurrenz der einzelnen Tiere einer Art, z. B. bei Revier- u. Paarungskämpfen, ergibt. Die intraspezif. S. ist dabei um so bedeutender, je geringer die extraspezif. S. durch harten Daseinskampf eingreift. →auch Luxurieren, Darwinismus.

Selektionsdruck, durch die natürl. Auslese der biolog. uneinheitlichen Merkmale innerhalb einer Wild-Population dem →Mutationsdruck entgegenwirkender Vorgang.

Selektionswert, ein Maß für Erbfaktorenänderungen, die unter den örtlich herrschenden Bedingungen einen Vor- oder Nachteil bei der Auslese bedeuten.

sensịble Periọde, *kritische Periode,* ein bestimmter, kurzer Entwicklungsabschnitt, in dem die Ausprägung eines Merkmals durch die während dieser Zeit herrschenden Bedingungen bestimmt wird.

sensịble Phase, ein bestimmter Entwicklungsabschnitt, in dem die Tiere →lernen können.

Sexu̯aldimorphismus, Unterschied in Körpergröße (z. B. →Zwergmännchen) oder Gestalt (z. B. bei Hirschen, Hirschkäfern) zwischen den Geschlechtern einer Tierart, der über die primären Geschlechtsmerkmale hinausgeht.

Sexualität [lat.], 1. *Biologie: Geschlechtigkeit,* polares, in der Anlage dualistisches Lebensprinzip der Natur. Es besteht darin, daß zwei Organismen aufgrund sich ergänzender entgegengesetzter Polung zu dafür synchronisierten Zeitpunkten (Blüte-, Balz- u. Kopulationszeit) ihr gegenseitiges Erbgut austauschen, so daß eine freie Kombination beider Genome an die Nachkommen weitergegeben werden kann (→Mendelsche Gesetze). 2. *Genetik u. Physiologie: Geschlechtlichkeit,* eine Eigenschaft, die es Organismen gestattet, mit Hilfe der Neukombination in wenigen Generationen eine große Zahl von Merkmalskombinationen zu erzielen. S. kann 1. zum *Parasexualvorgang* führen, bei dem ein Teilaustausch genetischer Information ohne geordnete *Meiose* (→Reifeteilung) erfolgt (*Viren, Bakterien*); 2. zu einem echten *Sexualvorgang,* bei dem vollständige Chromosomensätze übertragen werden u. eine Meiose erfolgt (Organismen mit echten Zellkernen).
3. *Verhaltensforschung:* die Äußerungen des →Geschlechtstriebs.

Siebröhren, pflanzl. →Leitgewebe.

Siebteil, *Phloëm,* Siebröhren des pflanzl. →Leitgewebes.

Sinn, die Fähigkeit des Organismus, verschiedene Arten von Reizen (→Reiz) wahrzunehmen. Zur Aufnahme des Reizes dienen spezialisierte S.eszellen (*Rezeptoren*), die häufig mit Hilfseinrichtungen zu komplizierten *Sinnesorganen* zusammengefaßt sind. Die Information wird stets über Nerven dem Zentralnervensystem übermittelt (*Erregung*).

Sinneshaare, Tastorgane verschiedener Tiere; bei Gliedertieren als *Haarsensillen,* bestehend aus einem echten Haar u. einer oder mehreren Sinneszellen, die in verschiedener Ausbildung als Tast- u. Riechorgane, evtl. auch als Gehörorgane dienen; bei Säugetieren Tasthaare, bes. am Kopf (*Schnurrhaare*).

Sinnesphysiologie, Teilgebiet der Physiologie, das sich vorwiegend mit der Untersuchung der Reaktionen von Tieren u. Menschen auf bestimmte Reize befaßt. Erst seit neuerer Zeit werden die Weiterentwicklung der elektro-physiolog. Methoden, der Biochemie u. Kybernetik, auch die Elementarprozesse der Reizaufnahme der Erregungsbildung, Weiterleitung u. Verarbeitung erforscht.

Sklerenchym [das; grch.], das Festigungsgewebe ausgewachsener Pflanzenteile; besteht aus toten Zellen mit allseitig stark verdickten Zellwänden.

Skolex [der; grch.], das Vorderende eines Bandwurms, das mit Haftorganen, z. B. Haken u. Saugnäpfen, zum Verankern in der Darmwand des Wirts ausgerüstet ist. Der S. entsteht aus der Bandwurmlarve durch Ein- oder Umstülpen. Er wächst nach hinten zu Gliedern (*Proglottiden*) aus. S. u. Proglottiden bilden zusammen den Bandwurm.

Solarplexus [lat.] = Sonnengeflecht.

Solitärparasitismus →Parasitismus.

Sollwert, der erstrebte Zustand in einem →Regelkreis, bei dem die zu regelnde Größe (Temperatur, Atmung, Bewegungen) den konstant zu haltenden Wert einnimmt.

Somatolyse [die; grch.], Auflösung der Körperkonturen von Tieren durch bestimmte Zeichnungen, die in entsprechender Umgebung als Schutztracht (→Tracht) wirkt, z. B. Flecken oder Streifen von Leopard, Tiger.

Sonnenblätter, *xeromorphe Blätter*, im Gegensatz zu den *Schattenblättern* (im Innern der Baumkrone) die Blätter der äußeren Laubkrone von Bäumen (z. B. der Rotbuche).

Sonnengeflecht, *Solarplexus, Plexus solaris*, das größte Nervenknotengeflecht des Lebensnervensystems (→vegetatives Nervensystem) beim Menschen, auf der Vorderseite der Hauptschlagader, dicht unter dem Zwerchfell.

Sonnenorientierung, die bisher vor allem bei Vögeln u. Insekten festgestellte Fähigkeit, mit Hilfe der Sonne eine bestimmte Himmelsrichtung einzuhalten (*Sonnenkompaß*).

Sonnenstrahlung, für die Lebensvorgänge der meisten Lebewesen unentbehrlicher physiolog. Faktor. Dabei wird der kurzwellige Teil des Sonnenspektrums (*Ultraviolett*) bei der →Photosynthese der Pflanzen, der langwellige Teil (*Infrarot*) als Wärme genutzt. S. kann auch zu Heilzwecken genutzt werden.

soziale Insekten, *staatenbildende Insekten*, die in Staaten oder Völkern lebenden Insekten: Termiten, Ameisen, Hummeln, Honigbienen, Wespen. Diese Begriffe haben nichts mit den entspr. menschl. Institutionen gemeinsam. Es handelt sich vielmehr um Familien, die um fortpflanzungsunfähige Individuen (bei Hautflüglern nur Weibchen) erweitert sind. Der Lebensablauf erfolgt auf instinktiver Grundlage, jedoch ist Lernvermögen vorhanden. Den s.n I. werden die einzeln lebenden, z. B. *solitäre Bienen*, gegenübergestellt. →S. 186f., 216.

soziale Tiere, Tiere, die die Gesellschaft anderer Tiere aus innerem Antrieb (*Sozialtrieb, soziale Attraktion*) suchen u. mit Hilfe eines ausgeprägten Nachahmungstriebs (*soziale Imitation*) zu gemeinsamen Leistungen innerhalb der Gruppe kommen. S. T. haben die beste Voraussetzung zur →Domestikation. Der höchstentwickelte Fall ist die Arbeitsteilung bei den *sozialen Insekten*. S. T. kommen nur unter den Spinnentieren, Insekten, Vögeln u. Säugetieren vor. →auch Vergesellschaftung.

soziale Verständigung, Signale im Dienst der Gruppenbildung u. Erhaltung. Durch Werbung während der →Balz wird der Geschlechtspartner angelockt u. seine Aggression abgebaut (z. B. durch Entfaltung von Farben bei Fregattvogel u. Kampfläufer, Fütterung bei Möwen, Seeschwalben u. einigen Insekten, Geschenküberreichen der Diamanttäubchen u. Kormorane, Verbergen der Waffen). Aggressionen innerhalb einer Gruppe können auch später durch →Beschwichtigungsverhalten unterdrückt werden. So schiebt sich ein Seelöwenbulle beschwichtigend grüßend zwischen zwei sich streitende Weibchen, Katzen begrüßen sich durch »Pfötchengeben«, Schimpansen geben sich die Hand, umarmen u. küssen sich. Durch *Stimmfühlungslaute* kann der akustische Kontakt hergestellt werden, z. B. bei nachts ziehenden Vögeln. Möwen erkennen ihren Partner u. nach einigen Tagen auch ihre Jungen an der Stimme. Gruppenzugehörigkeit kann auch durch Geruch markiert werden (Wanderratten, Bienen). Gemeinsame Beschäftigung ermöglicht den Zusammenhalt innerhalb der Gruppe u. wird durch →Stimmungsübertragung erreicht. *Warnrufe* eines Gruppenmitglieds gelten für die ganze Gruppe (Gänse, Murmeltier, Ziesel). Andererseits kann die Gruppe bei *Notschreien* eines ihrer Mitglieder helfen (Affen, Dohlen). Hochentwickelt ist die Mitteilung der Bienen über Entfernung u. Lage einer Futterquelle durch ihre Tänze (→Tiersprache). Bei Symbiosen muß auch eine zwischenartliche Verständigung möglich sein.

Sozialtrieb →soziale Tiere.

Sozietät, Form der →Vergesellschaftung von Tieren, die für die beteiligten Tiere u. deren Arterhaltung notwendig ist. Gesellschaften, die nicht für den Artbestand notwendig sind, bezeichnet man als *Assoziationen*.

Soziohormone →Pheromone.

Spaltungsgesetz, zweites →Mendelsches Gesetz.

Spatha [die; grch.], großes Hochblatt an der Basis von Blütenständen, bes. auffällig bei Aronstabgewächsen u. Palmen.

spec., Abk. für →Species.

Species ['spe:tsiɛs; die; lat.], in der biolog. Systematik die →Art. Der Begriff wird in der binären → Nomenklatur, in der Abk. *spec.*, gebraucht, wenn der Artname nicht bekannt bzw. zweifelhaft ist.

Speicheldrüsen, traubige (*azinöse*) Drüsen im Kopf von Gliederfüßern, Weichtieren u. Wirbeltieren, die in den Mundraum münden; ihre Sekrete (*Speichel*) dienen der Nahrungsaufnahme (Anfeuchtung, physikal. Lösung) u. Mundverdauung

(Enzyme: vor allem Carbohydrasen). Bei räuber. Tieren geben die S. beutelähmenden Speichel ab, bei Blutsaugern gerinnunghemmende Stoffe (z. B. beim Blutegel).

Speichergewebe, Gewebe zur Speicherung von flüssigen oder festen Stoffen, die entweder später im Stoffwechsel wiederverwendet oder als *Exkrete* gespeichert werden.

Spermatophore [die; grch.], bei vielen Tieren (z. B. Kopffüßer u. viele Gliedertiere) von Anhangsorganen des männl. Geschlechtsapparats gebildeter Sammelbehälter, in dem die Samenzellen dem Weibchen übergeben werden.

Spermatozoen [Ez. das *Spermatozoon*; grch.], *Spermien* →Samenzelle.

Spermium [das; Mz. *Spermien*; grch.], männl. Geschlechtszelle; →Samenzelle.

Speziation [lat.], der Vorgang der Artentstehung in der Biologie durch Isolationsprozesse (→Sympatrie, →Allopatrie).

Spezies [-tsiɛs; lat.] →Species, →Art.

SPF-Tiere, Abk. für engl. *specific pathogen free* (*animals*), Tiere, die frei von einem oder mehreren bestimmten Krankheitserregern sind. Sie sind unter sterilen Bedingungen vor der Geburt operativ gewonnen u. frei von Bakterien aufgezogen worden. Diese Tiere werden zur Sanierung von Tierbeständen mit chronischen Infektionskrankheiten u. für wissenschaftl. Versuche verwendet.

Sphärosomen [grch.], elektronenmikroskop., kleine, bläschenförmige Organellen pflanzlicher Zellen; enthalten Enzyme, bes. zur Fettsynthese.

Spiel, unter höheren Tieren (Wirbeltiere) verbreitetes, leicht erkennbares, aber schwer definierbares Verhalten. S.handlungen können individuell erfunden sein, entstammen aber meist bestimmten →Instinkten. Im S. jedoch fehlt den Handlungen der Ernstbezug, sie können sehr frei miteinander kombiniert, oft wiederholt werden, aber auch ganz plötzlich aufhören. Durch Lernspielen erwerben sich viele Tiere einen Schatz von Erlerntem, auf den sie später zurückgreifen können.

Spinndrüsen, bei Gliederfüßern u. Muscheln vorkommende Drüsenorgane, deren Sekret rasch erhärtende, mehr oder weniger lange Fäden bildet, die zum Nestbau (z. B. bestimmte Spinnen, Embien), zum Kokonbau (z. B. Schmetterlingsraupen), zum Beutefang (z. B. Spinnen), zur Befestigung (Muscheln) oder zum Transport (z. B. Jungspinnen: »Altweibersommer«) benutzt werden.

Spiraculum [das; lat.] = Spritzloch.

Sporen [grch.], 1. *Botanik:* ungeschlechtl. Fortpflanzungszellen (Keimzellen) vieler Algen, Pilze, Moose u. Farnpflanzen (S.pflanzen, *Kryptogamen*). Die S. werden in *Sporangien* gebildet, die bei Algen, Pilzen u. Flechten meist noch einzellig sind, bei Moosen u. Farnpflanzen dagegen aus vielzelligen Organen bestehen, deren äußere sterile Zellen das sporenbildende Gewebe umschließen. Viele Pilz-S. entstehen nicht innerhalb eines Sporangiums als *Endo-S.* sondern werden durch Sprossung gebildet u. als *Exo-S.* abgelöst. Die S. der Algen u. Pilze sind häufig durch Geißel oder Wimpernbesitz aktiv bewegl. u. an die Verbreitung im Wasser angepaßt (*Zoo-S.*, *Schwärm-S.*), im Gegensatz zu den derbwandigen S. der Moose u. Farnpflanzen (*Aplano-S.*).

2. *Mikrobiologie:* Bez. für die →Zysten von Bakterien (*Bazillen*) u. Schleimpilzen, die z.T. sehr tiefe Temperaturen (bis −253°C) u. längeres Kochen in Wasser vertragen.

3. *Zoologie:* sehr verschiedene u. entwicklungsgeschichtlich nicht vergleichbare Dauerformen der *Sporozoen*.

Sporophyt [der; grch.], sporenbildende, ungeschlechtl. Generation bei Pflanzen mit Generationswechsel.

Spritzloch, *Spiraculum*, der vorderste der 6 Kiemendarmdurchbrüche der Wirbeltiere; nur bei Fischen (Haien) ausgebildet, wird bei landlebenden Wirbeltieren zum *Mittelohr* (*Paukenhöhle* u. *Eustachische Röhre*).

ssp., Abk. für *Subspecies*, →Rasse.

staatenbildende Insekten →soziale Insekten.

Staatsparasitismus, Formen von *Parasitismus*, bei denen der Wirt ein Tierstaat (Insektenstaat) ist, der in seinen Gliedern geschädigt, aber nicht im ganzen gefährdet wird; z. B. *Symphilie*. →S. 29.

Stamm, *Phylum*, höhere biolog.-systemat. Einheit, die mehrere Klassen zusammenfaßt. →Systematik.

Stammbaum, die Darstellung der Abstammung eines bestimmten Lebewesens (Züchter-S.) oder einer ganzen Gruppe verwandter Arten, Klassen u. dgl. im Sinn der →Abstammungslehre, wobei also die verwandtschaftl. Beziehungen der systematischen Kategorien in Form eines Baums aufgezeichnet werden. Da dieser S. eigentl. keinen Baumstamm hat, ist es richtiger, von einem *Stammbusch* zu sprechen.

Stärkebildung, Umwandlung von Traubenzucker in die pflanzl. Speicherform Stärke durch Wasserentzug mit Hilfe von *Enzymen*. Endprodukt einer *Assimilation*, der *Photosynthese*.

statische Organe →Drehbeschleunigungssinn.

Stelzwurzeln, sproßbürtige, schräg aus dem Stamm abwärts wachsende Luftwurzeln, die z. B. die *Mangroven* im Schlamm verankern u. auf denen der Stamm wie auf Stelzen steht.

Stengel, Sproßachse der höheren Pflanze.

stenök [grch.], ein Lebewesen betreffend, das seiner Umwelt in engen Grenzen angepaßt ist (z. B. Höhlentiere). Gegensatz: *euryök*.

stenophag [grch.], auf bestimmte Nahrung spezialisiert. Gegensatz: *euryphag*.

Sterilität, *Unfruchtbarkeit*, das teilweise oder vollständige Unvermögen eines Individuums, lebens- u. funktionsfähige *Keimzellen* oder auch *Zygoten* zu bilden. Die S. kann verursacht werden durch: 1. Umweltbedingungen, 2. Alterserscheinungen, 3. plasmat. Faktoren, 4. Gegebenheiten der Chromosomen (chromosomale S.), 5. genotyp. Gegebenheiten (genetische S).

Stickstoffassimilation, Aufnahme von *Stickstoff* in Form von Nitraten aus dem Boden (Ausnahmen: fleischfressende Pflanzen gewinnen den Stickstoff aus organ. Verbindungen) in die Leitungsbahnen der Wurzel u. dessen Überführung in organ. Stoffe (Aminosäuren, Eiweiße).

Stimmbänder, die scharfen Ränder der →Stimmlippen des Kehlkopfs.
Stimmfühlungslaut →soziale Verständigung.
Stimmungsübertragung, übereinstimmendes Verhalten innerhalb einer Gruppe durch übergreifende Aktivierung einer bestimmten Verhaltensweise.
Stinkdrüsen, →Duftdrüsen.
Stofftransport, die Beförderung von Wasser, Salzen, organ. Stoffwechselprodukten u. Gasen als Voraussetzung für einen abgestimmten Stoffwechselablauf. S. ist durch Poren von Zelle zu Zelle möglich (interzellulär) u. erschließt erst den gemeinsamen Funktionsablauf mehrerer Zellen. Daran schließt sich bei Pflanzen häufig das Ferntransportsystem: Das die ganze Pflanze durchziehende *Zwischenzellsystem* ermöglicht die Beförderung der Gase (Kohlendioxid, Sauerstoff u. Wasserdampf) ohne aktive Beteiligung der Pflanze, allein durch Diffusion. *Leitungsbahnen* (→Leitgewebe, →Leitbündel) übernehmen den Wassertransport. In den Leitungsbahnen, bis zu 0,7 mm breiten Gefäßen, bewegen sich Wassersäulen, deren Zusammenhalt durch Kohäsion gewährleistet wird. Dabei werden Entfernungen bis zu 100 m überbrückt. Das Wasser kann aber auch in den Gefäßen kapillar an den Wänden oder osmotisch durch die Wand befördert werden. Dadurch werden die von den Wurzeln aufgenommenen Nährsalze u. Stoffwechselprodukte in den Organismus gebracht. Die Transportkräfte entstehen durch die Transpiration (Ausatmung von Wasserdampf) u. den *Wurzeldruck*. Organ. Stoffe wie Zucker, Fette, Eiweiß, Alkaloide u. Hormone werden über das Markstrahlparenchym u. lebende *Siebröhren* transportiert. Der Mechanismus ist noch unbekannt. Bei Tieren sind energieverbrauchende Stoffwechselreaktionen am S. beteiligt. Während noch bei niederen Tieren einfache Beförderung von Zelle zu Zelle möglich ist (Hohltiere), durch Wanderzellen (Schwämme), durch Flüssigkeiten in Räumen zwischen den Zellen (Plattwürmer) oder durch ein im ganzen Körper verzweigtes Darmsystem (Plattwürmer), ist bei höheren Tieren ein →Blutgefäßsystem ausgebildet. Durch kontraktile Gefäßabschnitte ist das Blut als Transportflüssigkeit mit den darin gelösten Stoffen in dauernder Bewegung (→Blutkreislauf).
Stoffwechsel, *Metabolismus*, die Gesamtheit der chem. Umwandlungen im Organismus, der als offenes System mit seiner Umgebung in Materie- u. Energieaustausch steht. Seine S.reaktionen sind vielfältig miteinander verknüpft u. führen nie zu einem echten Gleichgewicht, das zwar erstrebt, aber nicht erreicht wird (Fließgleichgewicht).

S. erfolgt stets unter Mitwirkung von Enzymen (→S. 30, 59) über eine Kette von Zwischenprodukten. Viele Reaktionen sind umkehrbar; es können also die gleichen Substanzen bei Bedarf wiedergewohnen werden. Kohlenhydrate (Stärke, Glykogen) werden über den Einfachzucker Glucose zu *Acetyl-Coenzym-A* (»aktivierte Essigsäure«) abgebaut. Diese Verbindung ist Ausgangspunkt neuer Synthesen (Fette) u. Reaktionspartner für den →Citronensäurecyclus u. die Atmungskette. S.endprodukte sind Kohlendioxid (wird ausgeatmet) u. Wasser. Es wird eine erhebliche Menge Energie frei u. in der energiereichen Verbindung *Adenosintriphosphat* (*ATP*) gespeichert. Sie kann zur Unterhaltung aller energieverbrauchenden Lebensvorgänge verwendet werden.

Fette werden durch das Enzym *Lipase* in Glycerin u. Fettsäuren gespalten u. die kettenförmigen Fettsäuren nacheinander um 2 Kohlenstoffatome verkürzt (ß-Oxydation). Dabei entsteht jeweils ein Molekül *Acetyl-Coenzym-A*, das ebenfalls in den Citronensäurecyclus münden kann. Dort münden auch die auf komplizierten Reaktionswegen abgebauten *Aminosäuren* (Eiweißbestandteile). Der dabei frei werdende Stickstoff wird als Harnstoff über die Niere ausgeschieden. Die S.prozesse verlaufen in allen Zellen in verschiedenen Organellen z. B. in den Mitochondrien der Citronensäurecyclus u. die Atmungskette, die Eiweißsynthese an den Ribosomen, der Zuckeraufbau- u. abbau (*Glykolyse, anaerobe Glykolyse*) im Zytoplasma. →Assimilation, →Dissimilation.
Stolon [der; lat.], *Botanik:* →Ausläufer.
Strahlenbiologie, die Lehre von den biolog. Wirkungen energiereicher, ionisierender (wie Gamma-, Röntgen-, Neutronen-, α-) Strahlen. Die S. untersucht die Mechanismen der Strahlenwirkung u. versucht, die Entstehung von *Strahlenschäden* auf physikal. u. chem. Prozesse zurückzuführen; die *Strahlengenetik* erforscht die Strahlenwirkung auf die Vererbung.
Strahlenwirkung →Mutation.
Strandpflanzen, *Dünenpflanzen*, an nährstoffarme, salzreiche, lockere Sandböden angepaßte Pflanzen der Meeresküsten.
Stratum [das, Mz. *Strata*; lat.], Vertikalschicht in einem Lebensraum (*Biotop*), z. B. in einem See: Oberflächenschicht, Sprungschicht, Tiefenschicht.
Streufrucht, jede pflanzl. Frucht, die sich öffnet u. die Samen ausstreut; meist vielsamig.
Strichvögel, Vogelarten, die ihr Brutgebiet in ungünstigen Jahreszeiten nur umherstreifend verlassen; →Vogelzug.
Stroma [das; grch.] →Plastiden.
Strudler →Filtrierer.
Strukturgen [-ge:n] →Gen.
Subspecies [-tsiεs], *Unterart*, →Rasse.
Sumpfpflanzen, *Helophyten*, Pflanzen, die unter Wasser festgewurzelt sind oder an wasserreichen Stellen vorkommen. Die Laubsprosse der S. heben sich stets über die Wasserfläche.
Superparasitismus →Parasitismus.
Süßwasserfauna, die Tierwelt des Süßwassers; besteht aus Vertretern, deren Vorfahren aus dem Meer eingewandert sind (einige, z. B. Aal u. Lachs, zeigen noch heute Bindungen an das Meer) oder von Landtieren abstammen (z. B. Wasserkäfer mit Luftatmung).
Süßwasserflora, die Pflanzenwelt der Süßwassergewässer, vor allem der Seen. In Mitteleuropa setzt sich die Flora der stehenden Gewässer meist wie folgt zusammen: am Boden unter Wasser lebende Moose u. Armleuchteralgen; in geringen Tiefen untergetaucht lebende, nur über Wasser blü-

hende Tauchblattpflanzen; in Ufernähe Schwimmblattpflanzen u. z. T. auch frei schwimmende Pflanzen; am Ufer Röhricht, Seggen, Gräser.

Symbiont [der; grch.], ein Lebewesen, das mit anderen in →Symbiose lebt.

Symbiose [die; grch.], enge Form von Vergesellschaftung zwischen zwei Organismen-Arten, die für beide Partner (*Symbionten*) nützlich u. notwendig sind u. zu einem gesetzmäßigen dauernden Zusammenleben (Lebensgemeinschaft) führen: 1. zwischen Pilzen u. Algen (*Flechten*), 2. zwischen Pilzen u. Samenpflanzen (Mykorrhiza), 3. zwischen Bakterien u. Samenpflanzen (*Knöllchenbakterien* der Leguminosen), 4. zwischen chlorophyllhaltigen Algen u. niederen Tieren (*Zoochlorellen*), 5. zwischen Bakterien bzw. Flagellaten u. Insekten (*Endosymbiose*), 6. zwischen Pilzen u. Insekten (*Pilzzucht*), 7. zwischen Samenpflanzen u. Tieren, die für die Blütenbestäubung sorgen (*Mutualismus*), 8. zwischen verschiedenen Tieren, z. B. Termiten (Wohnraum) u. Ameisen (Schutz), Ameisen (Schutz) u. Blattläusen (Honigtau; Extremfall einer *Trophobiose*), Einsiedlerkrebsen (Nahrungserwerb) u. Seerosen (Schutz durch Nesselfäden). →auch Vergesellschaftung.

Sympathikus [der; grch.], *Nervus sympathicus*, →vegetatives Nervensystem.

Sympatrie, das Auftreten einer Art in demselben geograph. Gebiet in mehreren Populationen mit unterschiedl., erblich bedingten Eigenschaften, (Isolationsfaktor), z. B. ausschl. Ernährung von Weiden oder Pappeln.

Symphilie [grch.], Gastverhältnis zwischen Insekten einerseits (als *Symphilen*) u. Ameisen oder Termiten (als *Wirte*) andererseits, das für die Wirtsart von zweifelhaftem Nutzen ist. Z. B. werden bestimmte Käfer als Ameisengäste gepflegt, weil sie von den Ameisen begehrte narkotische Sekrete abscheiden; die Symphilen ernähren sich aber von den Wirten oder von deren Brut (Fall von →Mutualismus).

Synapse [die; grch.], Kontaktstelle zwischen zwei Nervenzellen (neuro-neuronal: von Nerv zu Nerv) oder zwischen einer Nervenzelle u. einer Zelle von Erfolgsorganen wie Muskeln oder Drüsen (→motorische Endplatte). Ein am Nervenende eintreffender Impuls kann die Zellwand in der Regel nicht passieren. Zur Überbrückung der S. wird ein chem. Prozeß dazwischengeschaltet. Bei der neuro-neuronalen Übertragung wird wahrscheinl. mit Hilfe von Neurohormonen wie *Acetylcholin* oder *Noradrenalin* die Natriumpermeabilität erhöht. Für die Übertragung auf eine Muskelzelle (neuromuskuläre Übertragung) ist die Mitwirkung von Acetylcholin nachgewiesen. Gelangt eine Nervenerregung (→Nervenleitung, →Erregung) zur S., wird Acetylcholin freigesetzt. Es diffundiert über den Spaltraum u. setzt an der gegenüberliegenden Muskelzelle eine neue elektr. Erregung in Gang. Eine anschließende Zerstörung durch das Enzym *Cholinesterase* verhindert eine mehrfache Impulsentstehung.

Synchronisation, das Sichangleichen von Verhaltensabläufen zur sozialen Abstimmung zwischen Partnern. In der Balzstimmung schon weit entwickelte Tauber können z. B. durch starkes Werben das Reifen der Weibchen beschleunigen.

Synechthren [grch.], Mitbewohner von Tierbauten (z. B. in Ameisenstaaten), die nicht geduldet, sondern verfolgt werden, sich aber dennoch dort halten können.

Synergie [grch.], Zusammenwirken, z. B. von Organen. *Synergisten* sind z. B. zusammenwirkende Muskeln im Gegensatz zu den entgegenwirkenden *Antagonisten*.

Synkarpie [grch.] →Fruchtblatt.

Synökie [grch.] = Entökie.

Synökologie [grch.], eine Betrachtungsweise der →Ökologie, die die Ganzheit einer Lebensgemeinschaft (*Biozönose*) in den Mittelpunkt stellt (*Biozönologie, Biozönotik*); man kann auch von einem Lebensraum (*Biotop*) ausgehen (*Biotopologie*). Die Beziehungen zwischen Organismengesellschaften u. ihrer natürl. Umwelt sind außerordentl. vielfältig u. unübersichtlich.

Synonyma, in der biolog. Systematik verschiedene Namen für ein u. dieselbe Gattung oder Art. Nach den internationalen Nomenklaturregeln ist der älteste Name gültig (Prioritätsprinzip).

Synyztium [das; Mz. *Synzytien*; grch.], durch Verschmelzung vieler Zellen nach Auflösung der Zellgrenzen entstandene vielkernige Plasmamasse, z. B. die Epidermis der Nematoden.

Systematik, die Lehre vom natürl. System des Pflanzen- u. Tierreichs; Teilgebiet der Botanik u. Zoologie, dessen Aufgabe darin besteht, die in der Natur vorkommenden Arten (Species) festzustellen u. sie in ein hierarchisches System verschiedener Kategorienstufen einzuordnen. Die sog. *obligatorischen Kategorien* sind in aufsteigender Folge *Art* (*Species*), *Gattung* (*Genus*), *Familie* (*Familia*), *Ordnung* (*Ordo*), *Klasse* (*Classis*), *Stamm* (*Phylum*). Dazu kommen viele Zwischenkategorien.

Die S. geht von der Voraussetzung aus, daß der Ähnlichkeitsgrad zwischen den Lebewesen dem Verwandtschaftsgrad entspricht. Es können aber nur Ähnlichkeiten berücksichtigt werden, die auf *Homologie* also auf gemeinsamem Ursprung, beruhen. Die Möglichkeit, alle Lebewesen in ein natürl. System zu ordnen, ist ein Beweis für die →Abstammungslehre, nach der das heutige Organismenreich einen Querschnitt durch den Prozeß der Stammesentwicklung bildet.

Da vor allem die Verschiedenheit der Entwicklungsgeschwindigkeit bedingt, daß die Gestaltähnlichkeit (Formverwandtschaft) oft nicht der phylogenetischen Verwandtschaft entspricht, führt die Einteilung nach der Formverwandtschaft (typolog. Systeme, in denen die systemat. Kategorien Entwicklungsstufen [Grade] sind) zu anderen Einteilungen als die nach der phylogenet. Verwandtschaft (phylogenet. System, in denen die systemat. Kategorien ausschl. monophylet. Gruppen sein sollen). Darauf u. auf der verschiedenen Bewertung der Formverwandtschaft in typolog. Systemen beruhen die oft erheblichen Unterschiede zwischen den gegenwärtigen Systemen. Zu den formalen Aufgaben der S. (= *Taxonomie*) gehört auch die richtige Benennung der systemat. Kategorien (*Nomenklatur*). Sie werden mit latein. Namen bezeichnet; die Arten nach der von C. von *Linné* 1735 eingeführten sog. *binären Nomenklatur* in der Weise, daß dem Gattungsnamen der (vielfach adjektivische) Artname angefügt wird. →S. 29, 163ff., 199ff.

systemische Insektizide, Mittel zur Bekämpfung schädlicher Insekten, die von der Pflanze durch die Blätter oder die Wurzeln aufgenommen werden u. sich über die Leitungsbahnen (*Leitungssystem*) verteilen; sind für die Pflanze unschädlich, wirken aber auf Insekten (Milben u.ä.), die an ihr fressen oder saugen (innertherapeut. Wirkung); z.B. Systox, Phosdrin. Entsprechend: *systemische Unkrautbekämpfungsmittel* (z.B. Wuchsstoffe), die die betreffende Pflanze selbst zum Absterben bringen.

Tastkörperchen →Tastsinn.

Tastsinn, die Wahrnehmung von Druck; ursprünglichster Sinn, bei allen Tieren vorkommend. Gereizt werden freie Nervenenden, die Tastkörperchen. Im *Meißnerschen Tastkörperchen* liegen zitronenstückartige Zellen locker übereinander, unter denen sich Nervenenden verzweigen. Druck verursacht Verschiebung der Zellen u. Reizung der Nerven.

Taxidermie [grch.], das Haltbarmachen u. Ausstopfen von Tierkörpern.

Taxis [die, Mz. *Taxien*; grch.] →Reizbewegung.

Taxonomie [grch.], Einordnung in ein System; →Systematik.

Teilung, einfache Form der ungeschlechtl. Fortpflanzung bei Pflanzen u. Tieren.

Teilzieher →Vogelzug.

Temperatursinn, die Fähigkeit zahlreicher Tiere, Temperaturunterschiede wahrzunehmen. Hierzu dienen *T.esorgane* (*Thermorezeptoren*). Bei Insekten sind die Mundwerkzeuge mit T.esorganen ausgestattet. Bei Wirbeltieren liegen die Sinneszellen als freie Nervenenden in der Haut oder zur Messung der Innentemperatur in den Aderwänden; Kältepunkte (*Krausesche Endkolben*) nahe der Oberfläche, Wärmepunkte (*Ruffinische Organe*) in größerer Tiefe.

Tensor [der; lat.], *Spanner,* Muskel zur Anspannung von Membranen oder Bindegewebsplatten, z.B. an Bauch u. Kopfhaut.

Tentakel [das; lat.], Fangarm, zum Tasten u. zum Ergreifen der Beute dienender Körperanhang von wasserbewohnenden, zumeist festsitzenden Tieren; T.n stehen meist in Mund- oder Kopfnähe; z.B. bei Hohltieren, Tentakeltieren, Röhrenwürmern, Tintenfischen,

terrikol [lat.], erdbewohnend.

Territorium = Revier.

Tertiärparasit →Parasitismus.

Thermonastie [grch.], eine →Nastie von Pflanzen, die auf Temperaturänderung erfolgt. Beispiele: Öffnungs- u. Schließbewegung der Blüten von Tulpe u. Krokus. Sie beruht auf verschieden starkem Wachstum der Außen- u. Innenseiten der Blüten. T. als Turgorbewegungen zeigen u.a. die mit Gelenken versehenen Laubblätter des *Sauerklees, Oxalis acetosella.*

Thermorezeptoren [grch., lat.] →Temperatursinn.

Thigmonastie = Haptonastie.

Thigmotropismus, →Tropismus von Pflanzen auf Berührungsreize, z.B. Umwachsen von Hindernissen durch Triebe u. Sprosse. Am wichtigsten ist der T. der Ranken, der das Erfassen u. Stützen ermöglicht (hier auch *Haptotropismus*). Er beruht auf einer fortlaufenden Wachstumsbeschleunigung des Teils der Ranke, der dem Reiz gegenüberliegt.

Thorax [der; grch.], 1. die *Brust,* der mittlere Körperabschnitt der Gliederfüßer zwischen Kopf u. Hinterleib (*Abdomen*), der Träger der Gangbeinpaare; bes. bei Insekten, wo der T. aus drei Segmenten besteht (Vorder-, Mittel- u. Hinterbrust: *Pro-T., Meso-T., Meta-T.*) u. die drei Beinpaare nebst den zwei Flügelpaaren trägt. Bei Krebstieren sind Kopf u. T. zum *Cephalothorax,* bei Spinnentieren zum *Prosoma* vereinigt. – 2. der *Brustkorb* der Säugetiere.

Thrombozyten [grch.] *Blutplättchen,* →Blut.

Thymus [der; grch.], *Thymusdrüse, Glandula thymus,* beim Tier *Bries, Briesel:* innersekretor. innere Brustdrüse unterhalb der Schilddrüse, die aus dem Epithel der Kiemenspalten stammt u. ursprüngl. segmental angeordnet ist (bei Fischen, Schwanzlurchen). Bei vielen Säugern u. beim Menschen verkümmert der T. mit Beginn der Pubertät, ist beim Menschen nur im 2. bis 4. Lebensjahr gut entwickelt. Die →Hormone des T. zeigen Beziehung zum infantilen Wachstum u. zur primären Immunisierung, →Immunität.

Tier, ein Lebewesen, das sich durch bestimmte Merkmale von der *Pflanze* unterscheidet. Der grundlegende Unterschied liegt in der Art der Energiebeschaffung: das T. gewinnt seine Energie indirekt durch Verwertung organ. Substanz, die es als Nahrung aufnimmt (*heterotroph*), während die Pflanze die zur Erhaltung des Lebens nötige Energie unmittelbar mit Hilfe von Chlorophyll dem Sonnenlicht entnimmt (*autotroph*). Die gemeinsame Wurzel von T.u. Pflanze ist auf Einzeller, bes. *Flagellaten,* zurückzuführen, die noch beide Arten der Energiebeschaffung kennen (*mixotroph*); z.B. die Geißelalge Euglena. Weitere typ. Merkmale der T.e sind: aktive u. zielgerechte Beweglichkeit des Körpers u. seiner Organe; Mannigfaltigkeit der Reaktionsformen auf Reize; begrenztes Wachstum; Hohlkörper mit Oberflächenentfaltung nach innen; bes. Organe zum Einverleiben u. Verarbeiten der Nahrung; Skelettbildungen; Sinnesorgane, Nerven, Muskeln, Gehirn mit seinen Leistungen; nackte oder zartbehäutete Zellen, die keine Plastiden enthalten, wohl aber ein Zentrosom (→Kernteilung).

Tiergeographie, *Zoogeographie,* die Wissenschaft von der Verbreitung der Tierwelt als das Bild der Erdoberfläche mitbestimmendem Faktor, Teilgebiet der *Biogeographie*; zu unterscheiden von der *Geozoologie,* die als Teilgebiet der Zoologie die landschaftl. Bedingtheit der tier. Organismen u. deren Verteilung auf der Erde in bestimmten Regionen (*Faunengebiete*) untersucht.

Die beschreibende Darstellung der geograph. Verbreitung (*Faunistik*) hat zur Gliederung der Erdoberfläche in verschiedene tiergeograph. Regionen geführt. K →S. 48 (biogeoraphische Regionen).

tierische Elektrizität, die Fähigkeit aller Tiere, elektr. Energie zu erzeugen. Sie entsteht an Zellmembranen durch Verschiebung von Ladungsträgern. Die Arbeit der Sinnesorgane, die Informationsübertragung durch die →Nervenleitung, die Funktion des Zentralnervensystems u. die Muskelkontraktionen sind mit elektr. Erscheinungen verbunden. Bei einigen Fischen sind Muskelfasern zu elektr. Organen umgebildet. Der Zitteraal u. Zitterrochen senden Stromstöße zum Beutefang u. zur Verteidigung aus, die auch dem Menschen gefährlich werden können.

Tierkunde →Zoologie.

Tierpark →zoologischer Garten.

Tierpsychologie →Verhaltensforschung.

Tierreich, die Gesamtheit aller Tierarten, Gegenstand der →Zoologie. Das T. umfaßt nach der letzten Artenzählung (*Arndt* 1941) etwa 1,5 Mill. beschriebene Arten. Geschätzt wird auf etwa 3 Mill. lebende Arten. Mit den ausgestorbenen Tieren würde sich der Gesamtumfang des T.s auf etwa 50 Mill. Arten erhöhen. Die bekanntesten der 28 Stämme des T.s sind: *Urtiere, Schwämme, Nesseltiere, Stachelhäuter, Chordatiere* (enthalten die *Wirbeltiere*), *Platt-, Faden-, Ringelwürmer, Gliederfüßer* u. *Weichtiere*. In der heutigen Tierwelt herrscht der Insektentyp vor: 78% aller Tiere sind Gliederfüßer, 73% davon Insekten. Nur 4% aller Tiere sind Wirbeltiere. Die Ordnung des T.s erfolgt auf Grund natürl. Verwandtschaftszusammenhänge (→Systematik, →Abstammungslehre). T →S. 109 ff.

Tierschutz, Maßnahmen u. Einrichtungen zum Schutz der nichtjagdbaren, wildlebenden Tiere, vor allem der Vögel (*Vogelschutz*). Die *Naturschutzverordnung* vom 18. 3. 1936 verbietet Massenfang u. Massentötung nicht jagdbarer wilder Tiere ohne vernünftigen Zweck, sowie das öffentl. Auffordern zur Bekämpfung oder Ausrottung solcher Tiere ohne Erlaubnis der obersten Naturschutzbehörde. Ausgenommen davon ist die Schädlingsbekämpfung. Bes. geschützt sind Tiere, die entweder auffallend oder selten u. daher von Ausrottung bedroht sind, oder wirtschaftl. bes. Nutzen haben. Vollständig geschützte Tierarten sind: Igel, Spitzmäuse (ausgenommen die Wasserspitzmaus), alle Fledermäuse, alle Schläfer, alle Kriechtiere (ausgenommen die Kreuzotter), die Lurche (mit Ausnahme der Molche, des Wasser- u. des Grasfroschs) sowie einige Insekten einschl. ihrer Eier, Larven, Puppen u. Nester (Segel- u. Apollofalter, Hirschkäfer, Rote Waldameise, Wiener Nachtpfauenauge, Alpenbock, Puppenräuber, Großer Kolbenwasserkäfer). Bedingt geschützt sind Weinbergschnecken u. Maulwürfe. Die einheim. Tagfalter (ausgenommen die weißflügeligen Weißlings-Arten), Schwärmer, Ordensbänder u. Bärenspinner sowie alle Rosen- u. Goldkäfer dürfen – wie die vollständig geschützten Tiere – nicht gewerbl. verarbeitet werden. Das *T.-gesetz* der BRD vom 24. 7. 1972 verbietet *Tierquälerei* u. macht bes. Vorschriften für *Tierversuche*.

Tiersoziologie, die Wissenschaft von der →Vergesellschaftung der Tiere, ihrer Gruppenbildung, ihrem Familienzusammenhang u. deren Ursachen u. Mitteln (Verständigung der Individuen im Verband, Zusammenhalten der Gruppen). Die T. ist ein Zweig der →Verhaltensforschung u. hat wichtige Erkenntnisse erbracht, die auch für die menschl. Soziologie von großer Bedeutung sind.

Tiersprache, die Verständigungsmittel der Angehörigen einer Tierart untereinander. Verständigen können sich Tiere durch unwillkürl. gegebene Zeichen, die sie entweder angeborenermaßen verstehen (→Auslöser, →angeborener Auslösemechanismus) oder im Lauf des Lebens verstehen lernen, zuweilen auch von ihren Artgenossen übernehmen (so entwickeln Buchfinken durch Tradition örtliche Gesangsdialekte). Cebus-Affen können in Gefangenschaft individuell verschiedene, deutliche Bewegungen entwickeln u. untereinander verstehen lernen; so entstehen gruppeneigene Konventionssprachen aus Gebärden (*Mimik*) u. Lauten. Das berühmteste Beispiel für T. sind die Mitteilungen der Honigbiene an ihre Stockgenossinnen über die gefundene Nahrungsquelle (analysiert von K. von *Frisch*): Mit dem mitgebrachten Duft kennzeichnet sie die Blütenart, mit der Heftigkeit des Tanzes die Ergiebigkeit, mit der Art des Tanzes (Rundtanz oder Tanz in Achterschleifen) die Entfernung u. mit der Richtung des Tanzes die Richtung zur Trachtquelle. Sie merkt sich den Winkel zwischen der Richtung zur Futterquelle u. dem Sonnenstand. Beim Tanz auf der senkrechten Wabe im dunklen Stock überträgt sie ihn als Winkel zur Schwerkraft. Die Sonnenwanderung rechnet sie dabei mit Hilfe ihrer →inneren Uhr ein u. ändert entspr. laufend den Winkel zwischen Tanzrichtung u. der Lotrechten.

Tierstamm →Stamm.

Tierstock, ein Verband von Tieren, die sich nach Vermehrung durch Knospung oder Teilung nicht voneinander trennen, sondern in einer Vielzahl von Individuen zusammenhängende Kolonien bilden, z. B. bei Moostierchen, bei vielen Korallen u. bei den Staatsquallen. Dabei kann es innerhalb des T.s zur Arbeitsteilung zwischen verschiedenen Individuen kommen, die funktionelle Aufteilung kann sich auch gestaltlich äußern (*Polymorphismus*), z. B. bei den Staatsquallen in Schwimmglocken, Freßpolypen, Geschlechtstieren u. Tastpolypen.

Tierwanderungen, regelmäßige oder gelegentl. Wanderungen bestimmter Tierarten, bei denen es häufig zur Bildung von Wanderzügen kommt. T. werden hervorgerufen durch endogene Rhythmen (z. B. tagesrhythm. Vertikalwanderungen von Spinnen u. Wasserflöhen, jahresrhythm. Wanderungen von Vögeln [→Vogelzug] u. Schmetterlingen); sie sind entwicklungsbedingt (z. B. Laichwanderungen von Fischen) oder die Folge von Raumeinengung (Übervölkerung). Dabei kann es zu Instinktänderungen der betr. Tiere (z. B. bei den an sich ungeselligen Lemmingen, die sich zu riesigen Wanderzügen zusammenscharen) u. sogar zu morpholog. (z. B. Farb-) Veränderungen kommen (z. B. ist bei Wanderheuschrecken die stationäre von der migratorischen [Wander-]Phase äußerlich zu unterscheiden). K → S. 141.

Tierzucht, *Viehzucht*, mittels →Reinzucht, Kreuzung oder Inzucht planmäßig durchgeführte Paarung von Tieren, die einem bestimmten Zuchtziel (z.B. Körperbau, Leistung, Gesundheit u.a.) entsprechen, in der Erwartung, daß die gewünschten Eigenschaften u. Merkmale sich in den Nachkommen vererben. Amtl. Körung der Elterntiere u. Eintragungen ins Zuchtbuch unterstützen die Zuchtauslese (Zuchtwahl), sachgemäße Aufzucht u. Haltung die Jugendentwicklung u. die Dauer der Zuchtbenutzung. – Die T. liegt meist in Privathänden bzw. bei Zuchtgenossenschaften, unterstützt durch die wissenschaftl. Institute der Hochschulen, das Max-Planck-Institut für T. u. Tierernährung in Trenthorst (Bad Oldesloe) u. die Lehr- u. Versuchsanstalt für T. in Witzenhausen an der Werra. Die Deutsche Gesellschaft für Züchtungskunde e.V., Bonn, gegr. 1905, strebt in enger Zusammenarbeit zwischen Wissenschaft u. Praxis die Klärung züchterischer Fragen an (Tierzüchtung, Tierernährung, Zuchthygiene) u. sorgt für die Verbreitung gewonnener Erkenntnisse.

Tonoplast [grch.] →Vakuole.

Tonus [grch., »Spannung«], ein Spannungs- oder Aktivitätszustand; bei Muskeln (*Muskel-T.*) ein Zustand dauernder Verkürzung in Form des *Ruhe-T.*, hervorgerufen durch Reize des Kleinhirns. Er kann nur bei Schlaf oder Narkose aufgehoben werden. Der Ruhe-T. bei Skelettmuskeln (*kontraktiler T.*) ist mit Energieaufwand u. dauernd einlaufenden Nervenimpulsen verbunden. Trage- u. Sperrmuskeln können ohne Energiezufuhr durch Umordnung im Muskel einen Spannungszustand über längere Zeit aufrechterhalten (*plastischer T.*), energieverbrauchend ist die T.änderung (z.B. bei der glatten Gefäßmuskulatur).

Totstellreflex, *Thanatose*, Bewegungslosigkeit des Körpers bei einigen Insekten u. Wirbeltieren in Gefahrensituationen.

Trachee [die; grch.], wasserleitendes Element des →Leitgewebes der Pflanze.

Tracht, äußere Merkmale eines Tiers (z.B. Form, Färbung, Zeichnung), die nur für das Einzeltier gelten, nicht aber für eine Tiergruppe als typisch zu verallgemeinern sind (→Habitus).

Schutz-T., Merkmale, die ein Tier vor den Feinden zu schützen vermögen, welche sich nach ihrem Gesichtssinn richten: 1. *Verberg-T.en* (*Tarn-T.en*) passen das Tier in Färbung u. Form seiner Umgebung an: Farbanpassung (*Farbwechsel, Homochromie*), unauffällige Umgebungs-T., Nachbildung von belebten oder unbelebten Teilen der Umgebung (*Mimese*), Auflösen der Körperkonturen durch bestimmte Zeichnung (*Somatolyse*); 2. *Warn-Tn:* Abschreckung von Feinden durch auffällige Färbung oder Zeichnung (Ungewohnt-T., Drohfärbung), Ähnlichkeit ungeschützter Tiere mit geschützten (*Mimikry*). Unterstützt werden Schutz-T.en durch spezielle Verhaltensweisen, z.B. Schreckstellungen (Rohrdommel), Bewegungslosigkeit (Spannerraupen).

Lock-T. dient zum Anlocken der Beute bei räuberischen Tieren, z.B. Blütenähnlichkeit tropischer Fangschrecken (*Mantiden*). Schmuck-T. dient als Erkennungszeichen gegenüber Artgenossen, insbes. Geschlechtspartnern.

Translokation [lat.], eine Chromosomenbruchstückverlagerung von einem Chromosom in das Gefüge eines anderen. Dieser Vorgang kann wechselseitig oder einseitig erfolgen.

Transportwirt, *Wartewirt, Zwischenwirt*, →Wirt.

transspezifische Evolution, *Makroevolution*, →Abstammungslehre.

Trieb, latente Bereitschaft zu bestimmten Verhaltensweisen, die jedem Lebewesen erblich vorgegeben (→Erbkoordination) u. typ. für das artspezifische u. individuelle Handeln sind. Wird durch einen →Auslöser der T. im Zentralnervensystem aktiviert, so entsteht ein *Drang*, der den Organismus zur Handlung veranlaßt. →auch Reafferenzprinzip.

Triebkonflikt →Konflikt, →ambivalentes Verhalten.

Trockenpflanzen, *Xerophyten*, Pflanzen, die an trockene Standorte angepaßt sind, wie Wüsten, Steppen, Felsen, aber auch winterkalte Gebiete (*Frosttrocknis*) u. Salzlandschaften.

trophischer Reflex, Reflexbogen zur Beeinflussung von Kreislauf u. Ernährung. →Reflex.

Trophobiose [die; grch.], Ernährungsbeziehung (*Symbiose*) zwischen Ameisen u. Blattläusen, bei der die Läuse Schutz genießen u. dafür Nahrung (*Honigtau*) liefern.

Tropismus [Mz. *Tropismen*; grch.], Bewegung der Organe festgewachsener Pflanzen, deren Orientierung zur Richtung des Reizes in enger Beziehung steht. Der Reiz führt wahrscheinlich zu ungleichmäßiger Versorgung mit Wuchsstoff (→Hormon) u. damit zu Wachstumskrümmungen. Nach der Reizursache unterscheidet man *Chemo-T., Geo-T., Hapto-T.* u. *Photo-T.*

Tropophyten [grch.], an wechselfeuchte Standorte, d.h. an einen period. Wechsel zwischen Vegetationsperioden u. vegetationsfeindl. Jahreszeiten (Trockenzeit, Winter), angepaßte Pflanzen.

Trümmerflora, Pflanzenwelt auf Schutt- u. Trümmerfeldern. Die erste Besiedlung erfolgt gewöhnl. durch anspruchslose einjähr. Pionierpflanzen, deren Samen durch den Wind verbreitet werden, dann folgen anspruchsvollere Pflanzen.

Tümpel, *temporäres Gewässer*, meist eng begrenztes Gewässer, das zumindest teilweise austrocknen kann. Auch sind die Wasserverhältnisse (Temperatur, Sauerstoffgehalt) dauerndem Wechsel unterworfen, der die Bewohner zu ständiger Anpassung zwingt.

Tüpfel, Aussparungen in der Wandverdickung pflanzl. Zellen. Die T. benachbarter Zellen stoßen aneinander u. sind durch Schließhäute getrennt, durch deren siebartige Durchbrechungen hindurch feine Plasmaverbindungen (*Plasmodesmen*) die Zellinhalte verbinden.

Turgor [der; lat.], der von einer gespannten *Zellwand* einer pflanzl. Zelle ausgeübte Druck.

Turgorbewegungen, oft von Außenfaktoren ausgelöste, aber nicht steuerbare Variationsbewegungen (→Nastie) von Pflanzen; entstehen durch Druckveränderungen innerhalb der Zellsafträume. Schlafbewegungen von Bohnen sind T., ebenso das Kreisen der Fiederblätter von Sauerklee u. Schmetterlingsblütlern. →Pflanzenbewegungen.

Übersprungverhalten, *Übersprungbewegung, Übersprunghandlung,* Fachausdruck der Verhaltensforschung für Bewegungsweisen, die in *Konfliktsituationen* völlig aus ihrem normalen Zusammenhang gerissen auftreten.

Übervölkerung, übernormal gesteigerte Bevölkerungsdichte einer Tierart in einem begrenzten Gebiet (hervorgerufen z. B. durch Massenvermehrung). →Interferenz.

Überwinterung, die Fähigkeit von Tieren, das period. Absinken der Temperaturen in kalten u. gemäßigten Zonen zu überstehen. – Die Ü. kann erfolgen: 1. als klimat. bedingte *Tierwanderung* (z. B. Insekten, Fledermäuse, Vögel; →Vogelzug); 2. als *Winterruhe*, wobei kürzere Ruhephasen immer wieder durch Aktivitäten unterbrochen werden (Säuger, wie Eichhörnchen, Bären); 3. als echter *Winterschlaf*, bei dem Wärme- u. Stoffwechsel ebenso wie die Reizempfindlichkeit stark eingeschränkt sind. Der Winterschlaf unterliegt hormonaler Kontrolle. So besteht zusätzlich die Möglichkeit, einem bedrohlichen Absinken der Temperatur unter einen krit. Punkt durch Anheben der Stoffwechselleistung zu begegnen. Vor Winterruhe u. Winterschlaf werden meist Schutzbauten u. Nahrungsvorräte angelegt. Winterschläfer sind z. B. viele →Warmblüter wie Nager (Bilche, Hamster, Murmeltiere) u. eine amerikan. Nachtschwalbe. Sie verhalten sich im Prinzip wie →wechselwarme Tiere, die in 4. *Kältestarre* verfallen. Sie ist ebenfalls hormonal gesteuert u. steht in trop. Breiten der Möglichkeit einer *Wärmestarre* gegenüber (Eidechsen). Noch stärker hormonal gesteuert ist die →Diapause genannte Ü.sstarre bei wirbellosen Tieren (z. B. Insekten).

Ubiquist [der; lat.], Organismenart ohne Bevorzugung eines bestimmten Lebensraums, daher häufig u. an vielen Standorten, aber nur selten auch weltweit verbreitet. →auch Kosmopolit.

Umfassungsreflex, *Umklammerungsreflex,* Paarungsreflex nach dem Aufsprung beim männl. Tier.

Umwelt, die Gesamtheit der Faktoren (*U.faktoren*), die auf einen Organismus von außen einwirken u. ihn beeinflussen. Die U.einflüsse sind sehr vielfältig. Die Lehre von den Beziehungen zwischen den Organismen u. ihrer U. ist die →Ökologie.

Umweltfaktoren, *ökologische Faktoren,* alle Gegebenheiten der belebten (*biotische U.*) u. der unbelebten (*abiotische U.*) Umwelt eines Organismus, die sein Leben ermöglichen u. beeinflussen.

Umweltschutz, zusammenfassende Bez. für alle Maßnahmen, die schädigende Einflüsse auf die gesamte Umwelt, d. h. den irdischen Lebensraum (*Biosphäre*) als ausgewogenes ökologisches Gefüge, verhindern bzw. vorhandene Schadfaktoren auf ein vertretbares Maß zurückführen. Dabei muß sich der U. der Zukunft zum Ziel setzen, überall, wo durch zivilisatorische Prozesse das natürliche *biologische Gleichgewicht* gestört wird, es in ein neues ausgewogenes ökologisches System zu überführen. Hierfür erforderlich sind biologische Grundlagenforschung, eine darauf aufbauende vorbeugende U.-Technologie und gesetzgebende Maßnahmen. Während der *biolog. U.*, aus dem →Naturschutz hervorgegangen, noch um seine wissenschaftliche Basis ringt, wäre der vorbeugende *techn. U.* (Reinhaltung von Luft u. Wasser, Müllbeseitigung, Schallschutz u. a.) weitgehend durchführbar und ist mehr ein Problem der Aufklärung von Unternehmen, Behörden und Gesetzgebern.

Unabhängigkeitsgesetz, das dritte der →Mendelschen Gesetze.

Unfruchtbarkeit →Sterilität.

ungeschlechtliche Fortpflanzung →Fortpflanzung.

Ungeziefer, Tiere, die als Schädlinge oder Parasiten in Wohnungen oder Stallungen für Menschen oder Haustiere schädlich, lästig oder ekelerregend sind, z. B. Ratten, Mäuse, Schaben, Motten, Flöhe, Wanzen, Läuse.

Unterart, *Subspecies,* →Rasse.

Unterhautbindegewebe, *Subcutis,* lockeres Bindegewebe, das Fett speichern kann; dient als Fettdepot, zum Wärmeschutz, als verschiebbares Gleitgewebe zwischen Haut u. Muskulatur.

unwillkürliches Nervensystem = vegetatives Nervensystem.

Urin [der; lat.] →Harn.

Urogenitalsystem [grch. + lat.], Komplex von *Ausscheidungsorganen* u. *Geschlechtsorganen.* Bei best. Ringelwürmern (Anneliden) u. Weichtieren (Mollusken) werden die Geschlechtsprodukte in die Leibeshöhle entleert und durch die Nierenorgane (*Metanephridien*) ausgeleitet. Bes. anatomische u. entwicklungsgeschichtl. Beziehungen bestehen bei den Wirbeltieren: der Urnierengang (Wolffscher Gang) wird bei den Männchen zum Ausleitungsgang des Samens (Harn-Samen-Leiter bei Fischen u. Amphibien, Samengang (*Vas deferens*) bei Amnioten). Bei Fischen, Amphibien, Reptilien, Vögeln u. Kloakentieren münden Harn- u. Geschlechtswege in eine einheitl. Körperhöhle, die →Kloake. →S. 87.

Urschleim, *Bathybius,* mineral. Schleim des Meeresbodens, in dem man früher den Ausgangsstoff für die Entwicklung der belebten Natur vermutete.

Urzeugung, *Archigonie,* Th. H. *Huxley* beschrieb noch 1857 einen aus der Tiefsee heraufgeholten Gipsniederschlag als das »Urwesen« *Bathybius haeckelii.* Heute ist man sicher, daß unter den heutigen Bedingungen auf der Erde Leben sich nicht aus anorganischen Stoffen bilden kann. Doch hat man gute Vorstellungen über die Entstehung des Lebens entwickelt, die in einem Zeitraum von rd. 100 Mill. Jahren in einer frühen Entwicklungsphase der Erde stattgefunden haben muß. →Leben (9. Entwicklungsgeschichte).

Uterus [der, Mz. *Uteri;* lat.], *Gebärmutter,* Abschnitt der Ausleitungswege der weibl. Geschlechtsorgane bei verschiedenen Tieren, bes. bei Reptilien, Vögeln u. Säugetieren zwischen Eileiter u. Scheide. Bei manchen Reptilien u. bei den Vögeln ist der U. die Bildungsstätte der Eischale. Bei den lebendgebärenden Säugern entwickeln sich die Embryonen im U. (*Gebärmutter*): bei den Beuteltieren sondert die U.wand eine Ernährungsflüssigkeit für die Embryonen ab (*U.milch,*

Embryotrophe); bei den höheren Säugetieren wird aus den →Embryonalhüllen u. einem mehr oder weniger großen Teil der U.wand der *Mutterkuchen* (*Plazenta*) gebildet, dem Organ der Embryonalernährung. – Ursprüngl. ist der U. bei den Säugetieren doppelt vorhanden (*U. duplex*), er verschmilzt zunehmend (*U. bicornis*) u. ist schließl. (z. B. beim Menschen) unpaar (*U. simplex*).

Vagilität [lat.], Ausbreitungsfähigkeit von Lebewesen; →Ausbreitung.

Vakuole [die; lat.], flüssigkeitsgefüllter Raum im Zytoplasma, wird von einer Elementarmembran, dem *Tonoplast*, gegen das Grundzytoplasma abgegrenzt. Für Pflanzenzellen ist ein mit zunehmendem Alter sich ausbreitendes V.nsystem (*Vakuom*) typisch.

var., Abk. für →Varietät.

Varibilität, Veränderlichkeit von Organismen innerhalb einer Generation oder →Population; drückt sich in den durch Umwelteinflüsse hervorgerufenen, nicht erblichen *Modifikationen* u. den erblich bedingten *Variationen* aus.

Varietät →Rasse.

Vegetation, Gesamtheit der Pflanzenwelt eines Gebiets, setzt sich aus →Pflanzengesellschaften zusammen.

Vegetationsperiode, in den Gebieten mit Klimaperiodizität (überall auf der Erde außer in den immer feuchtwarmen trop. Regenwäldern) die Jahreszeiten, in denen die Pflanzen blühen, fruchten u. reifen. Die vegetationsfeindlichen Jahreszeiten (Trocken- oder Kälteperioden) werden entweder mit Hilfe bes. Einrichtungen überdauert, oder die Pflanze beendet in einer V. ihren Entwicklungszyklus.

Vegetationspunkt, die Initialzone, aus der sich das Bildungsgewebe der pflanzl. Sproß- u. Wurzelspitzen (*Vegetationskegel*) entwickelt; bei niederen Pflanzen eine einzelne Scheitelzelle, die nach rückwärts Segmente abgliedert, bei den Samenpflanzen eine Zellgruppe, deren Zellen sich parallel u. senkrecht zur Oberfläche teilen können.

vegetativ [lat.], 1. pflanzlich, zur Vegetation gehörig; Ernährung, Fortpflanzung u. Wachstum betreffend, z. B. *v.e Organe*. – 2. ungeschlechtlich, z. B. *v.e Vermehrung*. – 3. dem Willenseinfluß entzogen, autonom; →vegetatives Nervensystem.

vegetative Fortpflanzung →Fortpflanzung.

vegetatives Nervensystem, *unwillkürliches, viscerales, Lebensnervensystem, Eingeweidesystem*, ein nicht direkt vom Zentralnervensystem steuerbares Nervensystem, an das vor allem die inneren Organe angeschlossen sind (Herz, Verdauungsorgane, Leber, Niere, Geschlechtsorgane). Seine Funktion besteht in der Konstanthaltung des inneren Milieus auch bei Belastung des Organismus. Es besteht aus zwei im Aufbau u. in der Funktion verschiedenen Teilen, die oft als Gegenspieler auftreten. Das *sympathische System* nimmt seinen Ursprung an Nervenzellen des Rückenmarks, die als Grenzstrang (*Sympathicus*) zu beiden Seiten der Wirbelsäule verlaufen. Das *parasympathische System* beginnt im Mittelhirn u. dem verlängerten Mark u. zieht vor allem als 10. Gehirnnerv (*Vagus*, →S. 73) in den Körper. Durch Verstärkung der Sympathicusinformation werden Arbeitsleistung, Flucht- u. Angriffsbereitschaft erhöht. Vorgänge der Erholung wie geringere Kreislaufarbeit, Aktivierung der Verdauung werden durch parasympathischen Einfluß gesteigert. B →S. 88 (Nervensystem).

vegetative Vermehrung, die ungeschlechtliche →Fortpflanzung.

Verbreitung, 1. *Distribution*, weiträumige (pflanzen-, tiergeographische) Ausdehnung des Vorkommens einer Pflanzen- oder Tierart. Das V.sareal wird bestimmt durch die Übereinstimmung der Ansprüche der Art mit den Umweltgegebenheiten; ihre V.sgrenzen erreicht eine Art dort, wo einer der Umweltfaktoren die Ansprüche nicht mehr befriedigen kann (*Minimumfaktor*). – 2. *Ausbreitung* (speziell bei Pflanzen, z. B. Samen-V.).

Verdauung, *Digestion*, die mechanische u. chemische Aufarbeitung der Nahrung. Sie erfolgt innerhalb der Zellen (*intrazellulär*) bei allen tierischen Protozoen, bei Schwämmen, einigen Strudelwürmern u. Stachelhäutern. Die Nahrungsstoffe werden durch *Phagozytose* oder *Pinozytose* aufgenommen, in Vakuolen innerhalb der Zellen durch ein saures u. anschließendes basisches Medium aufgeschlossen u. in das umgebende Plasma abgegeben. Unverdauliche Reste können durch Platzen der Vakuole nach außen entleert werden.

Bei der *extrazellulären V.* der Ringelwürmer, Gliederfüßer u. Wirbeltiere geben Drüsen V.s-Enzyme in ein Verdauungssystem ab. Alle V.s-Enzyme sind Hydrolasen (→S. 30 [Enzym]). Sie spalten die großen Nahrungsmoleküle durch Wasseranlagerung in kleine Bestandteile; Eiweiß in Aminosäuren, Fette in Glycerin u. Fettsäuren, Polysaccharide (Stärke, Glykogen) in Monosaccharide. Verschiedene Darmabschnitte führen spezialisierte V.sfunktionen durch. Beim Menschen wird die Stärke im Mund durch die Amylase des Speichels zu Maltose aufgeschlossen. Die von der Magenwand abgegebene Salzsäure tötet die eingedrungenen Bakterien (Bakterienschranke) u. aktiviert die Enzymvorstufe *Pepsinogen* zu *Pepsin*, das zusammen mit *Kathepsin* Eiweißmoleküle in kleinere Bruchstücke verwandelt. Diese werden im Dünndarm durch *Trypsin* aus der Bauchspeicheldrüse u. *Peptidasen* aus der Darmwand zu Aminosäuren aufgespalten u. von der Darmwand aufgenommen. Die aus der Leber stammende Galle emulgiert das Fett in feine Tropfen. In dieser Form kann es durch das Enzym der Bauchspeicheldrüse (*Lipase*) zu Glycerin u. Fettsäuren abgebaut werden. Die Fettsäuren gelangen in die Lymphgefäße der Darmzotten (Chylus). →S. 55 ff.

Neben den Enzymen helfen zahlreiche Einzeller bei der V. als Symbionten. Für die schwer angreifbare Cellulose in den Pflanzenwänden ist bei den Pflanzenfressern der Dickdarm bes. lang als Gärkammer ausgebildet. Mit speziellen Symbionten gelingt Spezialisten (Kleidermotte, Holzwurm, Termiten) die Nutzung sehr schwer aufschließbarer organischer Verbindungen. – Außen-V. (*extraintestinal*) kommt bei Seesternen, einigen Spinnen u. Laufkäfern vor. Sie spritzen die V.s-Enzyme in die Beutetiere u. saugen den verflüssigten Inhalt auf.

Verdrängungstheorie = Reliktentheorie.

Vererbung, das Auftreten gleicher oder ähnlicher erblicher Merkmale (z.B. Haarfarbe, Handlinien, geistige Eigenschaften) bei Vorfahren u. Nachkommen u. die Weitergabe der hierfür verantwortl. Erbanlagen (→Gen) während der Vermehrung. Die Konstanz der V. wird durch die →identische Reduplikation erreicht, die Veränderung durch →Mutation u. Neukombination (3.→Mendelsches Gesetz). Die Wissenschaft von der V. ist die *Vererbungslehre* oder→Genetik; sie untersucht: 1. die Wirkungen u. Wechselbeziehungen von Erbanlagen u. Umwelt in der Entwicklung des Individuums, 2. die Regeln bei der Übertragung der Erbanlagen von einer Generation zur anderen, 3. die Veränderung des Erbguts, 4. die stoffl. Grundlagen der Erbsubstanz u. der mit der V. zusammenhängenden Prozesse (*Molekulargenetik*), 5. die Wirkungsweise von Erbkrankheiten, bevorzugt des Menschen, deren V. u. mögliche Verhinderung (*Humangenetik, Eugenik*).

Vergesellschaftung, Beziehungen des Tierindividuums zu Tieren der gleichen Art (intraspezifische Beziehungen) oder zwischen Tieren verschiedener Art (interspezifische Beziehungen). 1. einfachste *intraspezifische Beziehungen* sind die zwischen Geschlechtspartnern (z.B. Werbung, Kopulation, Paarung, Ehe) u. zwischen Eltern u. Nachkommen (z.B. Brutfürsorge, Brutpflege). Tierverbände gleicher Art (Sozietäten) kommen häufig auf der Basis von Familien, Sippen u.ä. zustande (höchste Entwicklung: →soziale Insekten). Weitere Formen der V. gehen über Verwandtschaftsbindungen hinaus, z.B. Schlaf-, Überwinterungs-, Jagd- u. Wanderverbände oder→Kolonien.– 2. *interspezifische Beziehungen* lassen sich danach unterscheiden, ob sie nur für einen der Partner nützlich sind (*probiontische Beziehungen*, z.B. *Parökie, Entökie, Epökie, Phoresie* u. *Kommensalismus*) oder ob beide Partner wechselseitigen Nutzen haben (*symbiontische Beziehungen*, z.B. *Allianz, Mutualismus, Symbiose*). Als spezielle Formen von interspezifischer V. lassen sich auch die (einseitigen) Ernährungsbeziehungen der *Episitie* (Räuber-Beute-Beziehungen), des *Parasitismus* (Parasit-Wirt-Beziehungen) u. der *Pathogenie* (Erreger-Wirt-Beziehungen) auffassen (*antibiotische Beziehungen*).

Verhaltensforschung, *Ethologie, Tierpsychologie*, eine biolog. Forschungsrichtung, die die Gesetzmäßigkeiten des Verhaltens mit den verschiedensten naturwissenschaftl. Methoden untersucht. Sinnes-, Nerven-, Hormon- u. Muskelphysiologie sowie Kybernetik klären Mechanismen, durch die ein Tier handelt. Ihre Ergebnisse gipfeln in der Erkenntnis vom Zusammenspiel (*Integration*) aller Faktoren. Die Stammesgeschichte des Verhaltens kann mit Methoden der Systematik, Ökologie u. Genetik bearbeitet werden. Zur Ökologie u. Soziologie gehören die Fragen nach der Leistung einer Verhaltensweise. Innerhalb der V. ist ein eigenes Begriffssystem entstanden (z.B. *angeborener Auslösemechanismus, Appentenzverhalten, Auslöser, Erbkoordination, Instinkt, Instinkthandlung, Instinkthierarchie, Kampf, Kaspar-Hauser-Versuch, Rangordnung, Übersprung*). Ergebnisse der V. lassen sich wegen der Verwandtschaft von Tier u. Mensch auch auf den humanpsychologischen Bereich anwenden. – Die Max-Planck-Gesellschaft unterhält ein *Institut für Verhaltensphysiologie* in Seewiesen, Oberbayern.

Verhaltensinventar = Ethogramm.

Verholzung, Veränderung pflanzlicher Zellen durch Einlagerung von *Ligninen* in die Zellmembranen.

Vermehrung = Fortpflanzung.

Verschleppung, passive Ausbreitung von Organismen durch Wind, Meeresströmungen, Tiere (z.B. Schmarotzer durch ihre Wirtstiere, Pflanzensamen durch Tiere) u. absichtlich oder unabsichtlich durch den Menschen (z.B. Unkräuter, Bisamratte, Wollhandkrabbe).

Vikarianz [lat.], Stellvertretung im Raum aufgrund unterschiedlicher ökolog. oder physiolog. Ansprüche. V. liegt vor bei nahe verwandten, sich aber in ihrer Verbreitung ausschließenden (*vikariierenden*) Tier- oder Pflanzenarten (z.B. die Alpenrose Rhododendron hirsutum auf kalkreichem, Rhododendron ferrugineum auf kalkarmem Boden) u. vor allem bei geographischen Rassen (Subspecies) einer Art, zu deren Kennzeichnung die V. gehört (z.B. die Rabenkrähe Corvus corone corone im westl., die Nebelkrähe Corvus corone cornix im östl. Europa).

Vitalität [lat.], *Lebenskraft*; als Lebenseignung des Trägers einer geänderten Erbanlage gegenüber der Ausgangsrasse ist die V. ein Maß für den biolog. Wert einer Mutation. V. als Verhaltensmerkmal (z.B. eines Tieres gegenüber seinen Artgenossen) heißt auch *Biotonus*.

Vitalkapazität, die Luftmenge, die nach tiefster Ausatmung durch größtmögliche Einatmung von der Lunge aufgenommen werden kann.

Viviparie [lat.], *Lebendgebären*, bei Tieren das Hervorbringen lebendiger Jungtiere, eine besondere Form des Schutzes, häufig auch der Ernährung der Brut. Das Embryonalstadium verläuft im mütterlichen Körper. Vivipare (lebendgebärende) Tiere sind die Säugetiere, aber auch Angehörige vieler anderer Tierklassen. – Bei viviparen Pflanzen keimt der Samen bereits in der Frucht u. fällt mit dieser ab (gewisse Mangrovebäume).

Vogelkunde, *Ornithologie*, →S. 173 ff. (Vögel).

Vogelstimmen, von den Vögeln hervorgebrachte Laute, die hauptsächl drei Funktionen haben: Abgrenzung des Reviers, Anlockung des Geschlechtspartners u. Verständigung zwischen den Angehörigen eines umherstreifenden Vogelverbands (»Stimmfühlungslaute«). Fast alle Laute werden mit dem im Bereich des Brustkorbs gelegenen, nur den Vögeln eigenen unteren Kehlkopf (*Syrinx*) erzeugt. Das Singen ist einigen Arten sicher angeboren, braucht also nicht erlernt zu werden, während es bei anderen Arten ganz oder z.T. erlernt werden muß, was zur Ausbildung von »Vogeldialekten« führen kann.

Vogelzug, jahreszeitlich rhythmisches Wandern

von Vögeln zwischen Brutplätzen u. Winterquartieren, das nur in unseren Breiten eine ernährungsbiolog. Bedeutung für die Vögel hat (Ausweichzug), da es auch einen V. innerhalb der Tropen oder zwischen Arktis u. Antarktis gibt. Der V. wird weltweit mit Markierungsmethoden (*Vogelberingung*) untersucht.
Die herkömml. Einteilung der Vögel in Zug-, Strich- u. Standvögel verwischt sich häufig, Angehörige der gleichen Population u. sogar Nestgeschwister (z. B. bei Buchfink, Kohlmeise) können unterschiedl. Zugverhalten zeigen. *Zugvögel* treten bei uns als Brutvögel auf, die im Herbst nach Süden ziehen (rd. 45% der in Dtschld. brütenden Vogelarten sind echte Zugvögel; z. B. Fliegenschnäpper, Laub- u. Rohrsänger, Grasmücken, Schwalben), oder als nicht bei uns brütende Durchzügler (z. B. Rotkehlpieper) oder *Wintergäste* (z. B. Seidenschwanz, Schnee-, Spornammer). Vögel, bei denen regelmäßig nur ein Teil einer Art das Brutgebiet verläßt, bezeichnet man als *Teilzieher* (z. B. Star, Hänfling, Girlitz, Bachstelze, Rotkehlchen, Hausrotschwanz). Solche Vögel mit wechselndem Zugverhalten nennt man auch, je nachdem ob die Art an sich (nicht alle einzelnen Individuen) ganzjährig oder nur im Sommer oder nur im Winter bei uns zu finden ist, *Jahresvögel* (z. B. Mäusebussard), *Sommervögel* (z. B. Wespenbussard) oder *Wintervögel* (z. B. Rauhfußbussard). Nicht am V. beteiligt sind die *Standvögel*, die sich das ganze Jahr hindurch im Brutgebiet aufhalten (z. B. Spechte, Baumläufer, Kleiber, Sumpfmeise, Grauammer, Rebhuhn), u. die *Strichvögel*, die außerhalb der Brutzeit umherstreichen, aber innerhalb eines bestimmten (weiteren) Gebiets bleiben (z. B. Bluthänfling, Stieglitz, Grünling, Goldammer). Vögel mit auffällig wechselnden Zugerscheinungen bezeichnet man als →Invasionsvögel.
Die bei uns brütenden Zugvögel ziehen meist in die Mittelmeerländer oder nach Nordafrika, bei einigen Arten (z. B. Störche) erreichen die am weitesten fliegenden Tiere Südafrika, andere (z. B. viele Stare) überwintern bereits in dem (im Winter durchschnittlich wärmeren) England.
Die Wanderstimmung macht sich bei Zugvögeln in einer Zugunruhe bemerkbar, die auch bei Käfigvögeln zu beobachten ist. Ausgelöst wird sie durch die *Photoperiode* (Änderung der Tageslänge u. Lichtintensität) u. durch *Temperaturänderungen*. Dabei wird durch ein *Hypophysen-Hormon* die Entwicklung der Keimdrüsen beeinflußt, Geschlechtshormone bringen das Tier in Wanderstimmung. Diese Orientierung während des V.s geschieht zumindest bei Tagziehern (z. B. Star) wahrscheinl. nach dem Sonnenstand, der mit Hilfe einer »inneren Uhr« mit der Tageszeit verrechnet werden muß. Die Orientierung nach Landmarken ist auszuschließen, da bestimmte Zugvögel lange Strecken über See fliegen (z. B. der Pazifische Goldregenpfeifer Alaskas über 3300 km nach Hawaii oder zu den abermals 3000 km entfernten Marquesas-Inseln). Die Art der Orientierung nächtlich ziehender Vögel (Mond-, Sternen-Navigation?) wird gegenwärtig noch untersucht. Es gibt auch noch keine befriedigende Erklärung des Ortssinns, mit dessen Hilfe sich die meisten Zugvögel im folgenden Jahr wieder mehr oder weniger genau am gleichen Brutplatz einfinden.
Der V. bewegt sich über bestimmte *Zugstraßen*, die meist Hindernisse (Alpen, Sahara) umgehen. Man unterscheidet den *Breitfront-* (z. B. Singdrossel) u. den *Schmalfrontzug* (z. B. Kranich, Storch), ferner *Tag-* u. *Nachtzug*, den V. der *einzeln Ziehenden* (z. B. manche Greifvögel) u. der *Scharenwanderer* (z. B. Stare, Kraniche). Die Höhe der ziehenden Vögel ist wetterabhängig (Wind, Wolken). Sie liegt meist unter 1000 m (über Grund), bei Kleinvögeln unter 100 m, doch kommen auch größere Höhen vor (z. B. Störche u. Kraniche im Himalaya in über 6000 m Höhe ü. M.). Die Geschwindigkeit ist verschieden (z. B. Rauchschwalben 44 bis 140 km/h, Stare 74 km/h, Schnepfen u. Segler 90 km/h). Bei Störchen z. B. ist die Reisegeschwindigkeit auf dem Herbstzug (100 km/Tag) u. dem Frühjahrszug (150 km/Tag) unterschiedlich. Singvögel legen durchschnittl. 60 km/Tag, Watvögel bis 500 km/Tag zurück. Ein Steinwälzer flog maximal 800 km täglich. Streckenmäßige Höchstleistungen vollbringen einige Regenpfeifer, die von Alaska nach Feuerland (rd. 16400 km) ziehen, sowie die Küstenseeschwalbe, die in der Arktis brütet u. bis in die Antarktis zieht. [K] →S. 137.

Waben, im Verband stehendes (grob) hexagonales Gefüge von Aufzucht- u. Speicherzellen bei Stechbienen.
Wachshaut, die federlose, oft farbige, wachsartige Haut am Schnabelgrund mancher Vögel (z. B. der Papageien u. einiger Raubvögel).
Wachstum, Größenzunahme eines Organismus durch Neubildung von Körpersubstanz. W. kann entweder auf der Vergrößerung oder auf der Vermehrung von Zellen beruhen. Die Hautzellen des Menschen teilen sich laufend u. ersetzen dadurch zerstörte. Bedingungen für das W. sind genügendes Nahrungsangebot einschl. der Vitamine u. Funktionstüchtigkeit des Hypophysenvorderlappens, der das W.shormon (Somatotropin) bildet. Dieses verstärkt die Eiweißsynthese u. beschleunigt den Kohlenhydrat- u. Fettstoffwechsel. Überhöhte Hormonproduktion, bes. durch Geschwulstbildung am Hypophysenvorderlappen führt bei noch wachsenden jungen Menschen zu Riesenwuchs (*Gigantismus*) oder nach Abschluß des W.s zu einer Vergrößerung der Hände, der Füße, des Unterkiefers u. der Nase (*Akromegalie*). Zuwenig Hormonbildung verursacht Zwergenwuchs ohne Störung der Proportionen.
Wahrnehmung, durch die Sinnesorgane gewonnene u. im Gehirn verarbeitete Vorstellung von der Umwelt; →Sinn.
Wald, die ursprüngl., natürl. Art des W.es ist der *Urwald*, der mit seinen Vegetationsformen noch ein Kulturhindernis darstellt. Die teilweise Zerstörung (Rodung) des Ur-W.s, um Acker- u. Weideland zu gewinnen u. feste Niederlassungen zu gründen, ist Vorbedingung für die wirtschaftl. u. zivilisator. Ent-

wicklung. In unserer Zone wurde somit aus dem Ur-W. der W., der »Forst«. Die Erhaltung des W.es mit seinen Funktionen als Rohstoffproduzent (Holz), Wasserspeicher, Luftreiniger, Klimaregler u. Bodenschützer hat angesichts des industriellen Fortschritts u. der Bevölkerungsexplosion noch an Bedeutung gewonnen. Es entstanden verschiedene Betriebsarten des W.s. (Nieder-W., Mittel-W., Plentner-W., Hoch-W.), von denen der Hoch-W. die verbreitetste und effektivste ist.

Wanderzellen →Freßzellen.

Warmblüter, *homoiotherme Tiere,* Tiere, die ihre Körperwärme dauernd weitgehend konstant halten (Gegensatz: *wechselwarme, poikilotherme Tiere,* »*Kaltblüter*«). W. besitzen eine höhere Entwicklungsstufe von Kreislauf-, Atmungs- u. Verdauungssystem als die Wechselwarmen sowie einen Wärmeschutz in Form von Feder-, Haarkleidern oder Fettschichten. W. sind alle Vögel u. Säugetiere einschl. des Menschen. Die Temperatur der W. liegt etwa zwischen 36,5 u. 44° C, kann aber beim →Winterschlaf sehr tief absinken, ohne zu Dauerschäden zu führen. Die höchste Körpertemperatur haben Vögel mit über 40° C, die infolgedessen auch einen sehr lebhaften Stoffwechsel aufweisen. →auch Wärmeregulation, →S. 31 (Regelkreis).

Wärmeregulation, Mechanismen zum Aufrechterhalten einer Körpertemperatur bei Warmblütern. Bei niedrigen Außentemperaturen entsteht ein Temperaturgefälle vom Körperkern (Organe von Kopf, Brustraum u. Bauchhöhle) über die Peripherie (die umgebende Muskulatur) zur Umgebung; die Durchblutung der äußeren Körperschicht wird vermindert u. so die Wärmezufuhr mit dem Blut aus den stoffwechselaktiven Geweben herabgesetzt. Die Peripherie dient auf diese Weise als Isolation für den Kern. Bei Kälte wird durch Muskelzittern zusätzlich Wärme produziert; bei Hitze regelt entweder Schweißverdunstung (Herrentiere) oder Hecheln (Raubtiere, Vögel) oder Fächeln mit vergrößerten Körperanhängen (große Ohren von Wüstentieren, Elefanten) oder eine Kombination der drei Methoden (Huftiere) die Körpertemperatur.

Wärmesinn = Temperatursinn.

Warntracht →Mimikry, →Tracht.

Wartewirt = Transportwirt.

Wasserblüte, 1. *Seeblüte, Haffblüte,* Trübung u. häufig intensive Färbung ruhiger Seen als Folge eines massenhaften Auftretens von bestimmten *Blaualgen.* 2. Bez. für das Massenauftreten von *Eintagsfliegen* an warmen Sommerabenden.

Wasserhaushalt, die Regulation der ständig im Organismus auftretenden Wasserzunahme u. abnahme auf die zum Leben günstigste Menge. Der Wassergehalt der Lebewesen ist unterschiedlich (Qualle 98%, Regenwurm 85%, Mensch 65%). Das Wasser befindet sich entweder in den Zellen (*intrazellulär*), in den Räumen dazwischen (*interzellulär*), im Blutplasma (*extrazellulär*) oder im Verdauungstrakt (*transzellulär*). Die Wasserzufuhr erfolgt bei Tieren durch feste u. flüssige Nahrung; daneben ein nicht zu unterschätzender Teil durch das Oxydationswasser beim chem. Abbau der Nahrungsstoffe (→Stoffwechsel), beim Menschen 300–400 g je Tag.

Wasserpflanzen, *Hydophyten,* fast ständig im Wasser lebende Pflanzen; meist Blütenpflanzen, einige Algen u. wenige Farne. W. nehmen ihre Nährstoffe direkt aus dem Wasser auf u. haben deshalb dünne Epidermiswände, Leitgefäße u. Festigungsgewebe fehlen häufig. Um Gasdiffusion u. Auftrieb zu verbessern, ist das Parenchym als Aërenchym ausgebildet, mit großlumigen Interzellularen. Schwimmblätter sind stark vergrößert u. untergetauchte Blätter zu besserer Nahrungsaufnahme fein zerteilt.

wechselwarme Tiere, *poikilotherme Tiere,* Tiere, deren Körpertemperatur unmittelbar von der Temperatur ihrer Umgebung abhängt. W. T. sind alle Tiere mit Ausnahme der Säugetiere u. Vögel (*Warmblüter, homoiotherme Tiere*). Eine Regulierung der Körpertemperatur ist den w.n T.n nur in geringem Maß möglich, z. B. durch Veränderung der Stellung zur Sonne oder durch Aufsuchen bestimmter Umgebungstemperaturen. Bienen können die Temperatur im Stock aktiv regulieren, indem sie im Sommer durch Fächeln mit den Flügeln frische Luft zuführen, im Winter bei Absinken der Temperatur unter 13° C durch unruhige Bewegung die Stocktemperatur auf etwa 25° C steigern. →S. 31 (Regelkreis).

weiße Substanz, Masse der undurchsichtigen, markhaltigen Nervenfasern in der Nervenzelle, in Teilen des Gehirns u. des Rückenmarks der Wirbeltiere.

Werbung, →Balz, →soziale Verständigung.

Wiederkäuen, die Eigenschaft vieler Paarhufer, die aufgenommene Pflanzennahrung nach einiger Zeit wieder »aufzustoßen« u. ein zweites Mal zu kauen. Die nur geringe Eiweißmengen enthaltende pflanzl. Nahrung muß von den Wiederkäuern in großen Mengen aufgenommen u. kann nicht gleich genügend zerkaut u. verdaut werden. Die oberflächlich gekaute Nahrung gelangt zunächst in den *Pansen* (*Rumen*), wo sie durch Sekrete erweicht u. von Bakterien aufgeschlossen wird, u. von dort in den kleinen, rundl. Pansenanhang des *Netzmagens* (*Reticulum*). Danach steigt sie durch Hervorwürgen wieder in den Mundraum zurück, wo sie erneut gründlich gekaut wird. Sie gelangt dann in den *Blättermagen* (*Psalter, Faltermagen, Omasus*) u. von da in den *Labmagen* (*Abomasus*), wo zahlreiche Sekretdrüsen die Verdauung vervollständigen.

willkürliche Muskeln, *quergestreifte Muskeln* →Muskel.

Windbestäuber, *Windblüher, Anemogamen,* Pflanzen, bei denen der Pollen durch den Wind übertragen wird; haben meist unscheinbare, duft- u. nektarlose Blüten u. große, oft zerteilte Narben u. erzeugen große Mengen schwebefähigen Pollens (z. B. Gräser, Nadelhölzer, »Kätzchenblüher«); →auch Bestäubung.

Windblüher = Windbestäuber.

Winterschlaf →Überwinterung.

Wirt, der von einem Parasiten befallene Organismus. *Haupt-W.* ist der hauptsächl. befallene W.; der

Neben-W. dient als W., wenn der Haupt-W. nicht zur Verfügung steht. – *W.swechsel,* regelmäßiger Wechsel des W.s im Lauf der Entwicklung eines Parasiten (z. B. parasit. Würmer, Rostpilze). *Zwischen-W.e* sind diejenigen W.sorganismen, die bestimmte Entwicklungsstadien (Larven) des Parasiten beherbergen; im *End-W.* lebt der Parasit im geschlechtsreifen Zustand; z. B. Schweinebandwurm: Zwischen-W. Schwein (mit Finnen), End-W. Mensch (mit Bandwurm). Bestimmte Parasiten können nacheinander mehrere Zwischen-W.e haben. Der Zwischen-W. ist häufig der Überträger, bes. wenn mit dem W.swechsel ein →Generationswechsel verbunden ist, d. h., wenn im Zwischen-W. bestimmte Vermehrungsvorgänge ablaufen. *Transport-W.* ist ein reiner Überträger eines Parasiten, der nicht in den Stoffwechsel des Wirts eingreift (z. B. Milben an Käfern).

Wirtel, *Quirl,* bei einer Pflanze mehrere Blätter an einem Stengelknoten (z. B. beim Schachtelhalm).

Wollhaar = Lanugo.

World Wildlife Fund ['wə:ld' wa:ldlaif 'fʌnd; engl.], Abk. *WWF,* Internationale Naturschutz-Organisation mit nationalen Landesgruppen zur Koordinierung u. Finanzierung größerer Naturschutzprojekte u. zur Aufbringung der dazu notwendigen finanziellen Mittel. Symbol: Bambusbär.

Wurzeldruck, *Blutungsdruck,* der Druck, mit dem aus der Wurzel Wasser in die Leitungsbahnen gepreßt wird; nicht bei allen Pflanzen nachweisbar u. im allg. kleiner als 1 atm.

Wurzelpilze = Mykorrhiza.

Wurzelstock = Rhizom.

WWF, Abk. für →World Wildlife Fund.

Xẹnien [Mz.; grch., »Gastgeschenke«], in der Genetik Lebewesen mit gesteigerter →Dominanz. Diese tritt in triploiden Chromosomensätzen auf: ein Gen überdeckt seine 2 Allele, die entgegengesetzte Wirkung ausüben. Beispiel: Feldmais – süßer Mais. Kann hier dazu führen, daß einige Feldmaiskörner in den Süßmaiskolben eingesprengt sind u. umgekehrt.

xerophịl [grch.] = *trockenheitsliebend.*

Xerophỵten [grch.] = Trockenpflanzen.

Xylẹm [das; grch.], wasserleitender Gefäßteil des pflanzl. →Leitbündels.

xylophạg [grch.] = *holzfressend.*

Zahn, *Dens,* das Einzelelement des Gebisses des Menschen u. der Wirbeltiere. Vorläufer der Mundzähne sind die *Hautzähne* der Knorpelfische, bei denen die *Placoidschuppen* mit Zähnchen aus Z.-bein (*Dentin*) besetzt u. verkalkt sind. Die Mundzähne sitzen bei Knorpelfischen u. Säugetieren auf den Kiefern (Unter-, Ober-, Zwischenkiefer), bei den übrigen Fischen, bei Amphibien u. Reptilien auch an allen anderen Knochen der Mundhöhle.

Am Z. sind die frei aus dem Kiefer ragende *Krone,* die *Z.wurzel* u. dazwischen der *Z.hals* zu unterscheiden. Mit den Wurzeln ist der Z. im *Alveolarfortsatz* des Kiefers verkeilt u. wird durch die *Wurzelhaut* (*Periodontium*) befestigt. Im Innern des Z.s findet sich ein Hohlraum, der das *Z.mark* (*Pulpa*) mit Gefäßen u. Nerven enthält, die durch feine Kanäle in den Wurzeln nach außen durchtreten. – Die Masse des Z.s wird von *Z.bein* (*Dentin*) gebildet, das zu einem Viertel bis Drittel aus lebender Substanz besteht. Bei Reptilien, Säugetieren u. dem Menschen ist die Krone überzogen von *Z.schmelz,* einer Abscheidung der Epidermis. Der Z.schmelz besteht fast nur aus anorgan. Stoffen, wobei Fluorverbindungen seine außerordentliche Härte bewirken. Den Schmelz überzieht ein *Schmelzoberhäutchen* (*Cuticula dentis*). Die Z.wurzel oder der ganze Z. kann außerdem zur Erhöhung der Festigkeit von echter *Knochensubstanz* (*Zement*) überzogen sein, die sich bei Gebrauch des Z.s ständig erneuert.

Bei allen Wirbeltieren findet ein *Z.wechsel* statt. Ausgenommen bei den Säugetieren werden die Mundzähne laufend ersetzt u. erneuert (*dauernder Z.wechsel, Polyphyodontie*), bei den meisten Säugetieren u. beim Menschen werden die Zähne einmal im Leben gewechselt (*Diphyodontie*), wenn das sog. *Milchgebiß* gegen das bleibende Gebiß ausgewechselt wird. – Nach ihrer Aufgabe u. Stellung im Gebiß können die Zähne verschieden geformt sein. Im Säugetiergebiß u. dem des Menschen kommen drei verschiedene Z.typen vor (*Heterodontie*): *Schneidezähne* (*Incisiven*), *Eckzähne* (*Cannen*) – beide einwurzelig – u. *Backzähne* (*Backenzähne, Prämolaren* u. *Molaren*) mit 2–4 Wurzeln. Von diesen kommen die Molaren allein im bleibenden Gebiß vor, alle anderen werden gewechselt. Bei pflanzenfressenden Säugetieren nutzen sich die Zähne stark ab; sie haben entweder die Fähigkeit, längere Zeit (z. B. beim Pferd) oder dauernd (z. B. Schneidezähne der Nagetiere) nachzuwachsen; oder dadurch, daß die Zähne nicht gleichzeitig gebildet werden, können abgekaute durch neue ersetzt werden (z. B. Backenzähne beim Elefanten, wo jeweils ein Backenzahn abgekaut wird, die anderen nacheinander gebildet werden u. von hinten nachrücken). →S. 54, 170f.

Zeitsinn, *innere Uhr* →Biorhythmik.

Zellatmung →Dissimilation.

Zelle, kleinste lebende Einheit u. Grundbaustein aller Lebewesen. Bei Einzellern (*Protozoen*) führt eine Z. alle Lebensfunktionen aus, während bei Vielzellern Z.n verschiedener Gestalt u. Funktion zum Zweck der Arbeitsteilung zu Geweben vereinigt sind. Die lebende, aktiv tätige Zellmasse heißt *Protoplasma.* Seine Feinstruktur wurde erst seit den 1960er Jahren durch das Elektronenmikroskop enthüllt. Es wird bei tier. u. menschl. Z.n von einer dünnen Zellmembran (Plasmalemma), bei Pflanzen zusätzl. von einer cellulosehaltigen Zellwand umgeben. Es besteht aus dem *Grundzytoplasma* u. zahlreichen geformten u. beständigen Differenzierungen mit speziellen Aufgaben, den Zellorganellen (*Zellkern, Mitochondrien, Golgi-Apparat, Zentralkörperchen,* bei Pflanzen außerdem *Plastiden*); es wird vom Kanalsystem des *endoplasmatischen Retikulums* durchzogen u. enthält meist flüssigkeitsgefüllte Räume, die *Vakuolen.* Alle Grenzflächen werden von *Elementar-*

membranen gebildet. Das Protoplasma kann außerdem zahlreiche irreversible u. reversible Differenzierungen u. Einschlüsse enthalten (*Ribosomen, Mikrotubuli, Mikrovilli, Lysosomen, Sphärosomen, Paraplasma*). Die durchschnittl. *Zellgröße* liegt bei 10 bis 100 μm. Die kleinsten Z.n (bis 0,1 μm) findet man bei Bakterien. Die größten Z.n, z. B. Vogelei-Z.n, können mehrere cm Durchmesser haben. Nerven-Z.n können bis zu 1 m lange, dünne Fortsätze (*Neuriten*) bilden. Echtes Zellwachstum besteht in einer Zunahme der lebenden Substanz, wobei vor allem Eiweißstoffe aufgebaut werden. Diese werden früher oder später wieder abgebaut u. in den Zellstoffwechsel einbezogen (*turn over*). Die Zellvermehrung erfolgt durch Zellteilung, der eine →Kernteilung vorausgeht. Im vielzelligen Organismus sterben fortwährend Z.n ab u. werden durch neue ersetzt, während die Gesamtgestalt erhalten bleibt. Die Lehre vom Bau u. den Funktionen der Z. ist die →Zytologie. →S. 129.

Zellkern, *Nukleus, Karyon*, wichtigste *Zellorganelle*, meist kugelig, verformbar; tritt in zwei Zuständen auf: 1. als in Teilung begriffener *Mitosekern* (→Kernteilung), 2. als zwischen zwei Teilungen befindl., stoffwechselaktiver *Interphase-* oder *Arbeitskern*. Dieser ist durch die Kernmembran vom Zytoplasma abgegrenzt, eine Doppelmembran, die zahlreiche, z.T. verschließbare Poren besitzt u. in das Membransystem des *endoplasmat. Retikulums* übergeht. Sein Inneres (*Karyoplasma*) enthält den Kernsaft (*Karyolymphe*), ein bis mehrere →Kernkörperchen (*Nukleolen*) u. das *Chromatin*, ein feines Netzwerk aus Kerneiweißen (*Nucleoproteine*, →Nucleinsäuren), das die Erbanlagen enthält. Zu Beginn der Kernteilung formiert es sich zu den →Chromosomen.

Zellkonstanz, die Erscheinung, daß ganze Organismen bzw. einzelne Organe von einer festgelegten Anzahl Zellen gebildet werden; z. B. bei Rädertierchen, Bärtierchen, Kratzern, Fadenwürmern. Die zellkonstanten Tiere werden wegen dieser Formerstarrung als »Sackgassentypen« bezeichnet.

Zellkreuzung, bei Tieren →Zellverschmelzung, bei Pflanzen →Protoplasten.

Zellorganellen, regelmäßig in der Zelle enthaltene, durch →Elementarmembranen vom →Grundzytoplasma abgegrenzte Zellbezirke mit bes. Funktion: z. B. *Zellkern, Mitochondrien, Golgi-Apparat, Zentralkörperchen* u. bei Pflanzen außerdem *Plastiden*.

Zellteilung, Entstehung von 2 oder mehr Tochterzellen aus einer Mutterzelle. Der Z. geht immer eine →Kernteilung voraus.

Zellverschmelzung, Verschmelzung von Körperzellen zweier verschiedener Tiere (*Hybridisierung*) im Laborversuch (in vitro), die durch Viren (z. B. Sendai-Virus) begünstigt wird. Dabei vereinigen sich zwei oder mehrere Zellen zu einer teilungsfähigen, einkernigen *Hybridzelle*, die aber, im Gegensatz zu pflanzlichen *Protoplasten*, keine vollständigen Individuen ausbilden kann. So gelangen u.a. Mensch-Maus-Zellkreuzungen, die Hinweise auf die Lokalisierung von Genen auf den Chromosomen ergeben. Z. bei Pflanzen →Protoplasten.

Zentralkörperchen, *Zentriol*, sich durch Selbstteilung vermehrende Zellorganellen der meisten Tiere u. einiger Pflanzen; markiert bei der →Kernteilung den Spindelpol.

zentralnervöser Automatismus, ein innerer, Erregung produzierender Mechanismus im Zentralnervensystem, der bestimmte Verhaltensweisen verursacht. Durch Wechselwirkung zwischen den verschiedenen zentralnervösen Automatismen können koordinierte Bewegungen erfolgen, z.B. Schlängeln bei Aal u. Schlangen, Laufbewegungen bei Insekten, Flossenschlag der Fische. Zentrale Koordination u. Automatismus sind Kennzeichen der Instinktbewegung (→Erbkoordination).

Zentriọl [das; lat. + grch.] = Zentralkörperchen.

Zentromẹr [das; lat. + grch.], *Kinetochor*, Ansatzstelle der Kernspindel am Chromosom bei der →Kernteilung.

Zentrosọm [das; lat. + grch.], Strahlenfigur bei der →Kernteilung, besteht aus dem →Zentralkörperchen u. sternförmig ausstrahlenden Fasern.

Zirbeldrüse, *Epiphyse*, Drüse innerer Sekretion (→Hormon) von Wirbeltieren u. Mensch; entstammt der Zwischenhirndecke, u. zwar dem Pinealorgan, das bei Neunaugen noch als Pinealauge ausgebildet ist (→Lichtsinnesorgane S. 115). Die Z. nimmt als Gegenspieler der Hirnanhangdrüse (*Hypophyse*) Einfluß auf die körperl. u. seel. Entwicklung, auf den Ernährungszustand des Körpers u. einzelner Organe. Beim Menschen ist sie ein haselnußgroßer, dem Zapfen der Zirbelkiefer ähnlicher Anhang am Zwischenhirn; ihr Hormon hemmt bis zum 7. Lebensjahr die Entwicklung der Keimdrüsen.

zirpen, *stridulieren*, bestimmte Töne erzeugen (von Insekten). Dabei betätigen die Männchen besondere Schrill- oder Zirporgane (meist Chitinleisten mit zahnartigen Vorsprüngen), um die Weibchen anzulocken (→Balz). Die Lage der Zirporgane ist sehr verschieden.

Zitronensäurezyklus →Citronensäurecyclus.

ZNS, Abk. für Zentrales Nervensystem (S. 78 ff., 88).

Zölọm [das; grch.] = sekundäre Leibeshöhle.

Zoochlorellen (grch.), tierische Zellen, die im Cytoplasma symbiont., einzellige grüne Algen enthalten, wie z. B. Wimpertierchen (*Parameceum*), Süßwasserpolypen (*Hydra viridis*) u. -schwämme (*Spongilla fluviatilis*). →auch Zooxanthellen.

Zọochorie̯ [grch.], Ausbreitung von Pflanzensamen durch Tiere, z. B. Vögel u. Säugetiere, die Beerenfrüchte fressen oder Klettenfrüchte am Haar- oder Federkleid mit sich tragen.

Zọogeographie̯ [grch.] = Tiergeographie.

Zọologie̯ [grch.], *Tierkunde*, die Wissenschaft von den Tieren, Teilgebiet der Biologie; umfaßt die Wissensgebiete *Morphologie* (Erforschung des Baus) einschl. *Anatomie* (Organlehre), *Histologie* (Gewebelehre), *Zytologie* (Zellforschung); *Physiologie* (Erforschung der tier. Leistungen), *Ontogenie* (Entwicklungsgeschichte), *Genetik* (Erblehre), *Verhaltensforschung* (Tierpsychologie), *Ökologie* (Erforschung der Umweltsbeziehungen). Die *Paläozoologie* (innerhalb der *Paläontologie*) erforscht die Tierwelt früherer Erdperioden. Die *Tiersyste-*

matik bemüht sich, das Tierreich aufgrund natürl. Verwandtschaftszusammenhänge zu ordnen. Die *angewandte Z.* befaßt sich mit Schädlingskunde, Parasitismus, Tierschutz, Tierzucht u. Tierfang.

Zoologischer Garten, *Zoo,* Einrichtung zur Haltung von Tieren, vor allem von Großtieren aus fremden Ländern; meist durch öffentl. oder private Zuschüsse erhalten; einige Zoos sind mit *Tierhandelsfirmen* verbunden (z. B. Carl *Hagenbeck,* Hamburg, u. *Ruhe,* Hannover). Ursprüngl. zur Unterhaltung angelegt (ältester Zoo der Welt: Wien-Schönbrunn 1752, ältester Zoo Deutschlands: Berlin 1844), erfüllen Zoos heute Zwecke der Volksbildung u. der Wissenschaft (Erforschung der Tiere in Gefangenschaft u. in ihrer Heimat; Erhaltung u. Zucht seltener u. gefährdeter Tierarten). K →S. 96.

Zooxanthellen, tierische Zellen mit gelben symbiontischen Algen im Cytoplasma.

Zottenhaut, *Chorion,* →Embryonalhüllen.

Zuchtwahl, *Auslese* →Selektion; →Abstammungslehre, →Darwinismus.

Zugstraßen →Vogelzug.

zweihäusig →Blüte.

Zwergmännchen, bei einigen Tierarten auftretende Kleinform des männlichen Partners, die meist auch im Bau sehr vereinfacht ist, so daß oft nur noch ein mit den notwendigsten Sinnesorganen u. einem Fortbewegungsapparat versehener Behälter der Samenzellen übrigbleibt.

Zwiebel, ein meist unterirdischer, stark gestauchter pflanzl. Sproß, an dem fleischig verdickte Schuppenblätter sitzen, die der Speicherung dienen (z. B. Küchen-, Tulpen-, Schneeglöckchen-Z.).

Zwillingsarten, sehr nahe verwandte, in morpholog. Merkmalen nicht oder nur wenig, genetisch aber oft äußerst verschiedene, nicht kreuzbare, echte biolog. Arten.

Zwischenwirt →Wirt.

Zwischenzellen, *Leydigsche Zellen,* Zellgruppen im Hodengewebe der Säugetiere, bilden das männl. Sexualhormon *Testosteron.*

Zwischenzellräume →Interzellularen.

Zwitterbildung, *Zwittertum, Hermaphroditismus,* das Vorkommen von männl. u. weibl. Geschlechtsorganen bei einem Lebewesen, das dann *Zwitter* oder *Hermaphrodit* genannt wird. Bei Pflanzen ist zu unterscheiden zwischen *zwittrigen Blüten,* die sowohl Staubgefäße als auch Fruchtblätter bilden (die meisten Blütenpflanzen) u. *zwittrigen Pflanzen,* die eingeschlechtige Blüten beiderlei Geschlechts auf ein u. demselben Individuum tragen u. die dann *einhäusig* oder *monözisch* genannt werden. Vor allem bei den Tieren gibt es neben echter Z. auch abnorme Z., d. h. Z. bei normalerweise getrenntgeschlechtl. Wesen (*Gynandrie,* →Intersexualität). Echte Zwitter besitzen beiderlei Geschlechtsorgane in funktionsfähigem Zustand, sie können also befruchten u. befruchtet werden, was teils durch Fremd- teils durch Selbstbefruchtung erfolgt. Die männl. u. weibl. Geschlechtsorgane können zu verschiedenen Zeiten reifen (*Protogynie,* wenn die weibl. zuerst, *Proterandrie,* wenn die männl. zuerst reifen), wodurch eine Selbstbefruchtung vermieden wird, die u. U. zu einer Anhäufung minderwertiger Erbanlagen führen kann. Echte Zwitter unter den Tieren sind alle Plattwürmer (z. B. Bandwurm, Leberegel, Planarie), Regenwürmer, Blutegel, einige Schnecken u. Muscheln u. Manteltiere. Eine Sonderstellung nehmen die zwittrigen Schnecken ein, indem sie Keimdrüsen besitzen, die sowohl Spermien als auch Eier produzieren (sog. *Zwitterdrüsen* oder *Ovariotestes*). →Sexualität.

Zwölffingerdarm, *Duodenum,* →Darm.

zygomorph [grch.], eine Blüte mit nur einer Symmetrieebene betreffend.

Zygoten [grch.], Verschmelzungsprodukte von →Keimzellen.

Zyste [grch., »Blase«], meist mit derber Haut umgebene Hülle bestimmter niederer Tiere (Bakterien, Protozoen, Rädertiere, Bärtierchen, Schwämme). Diese Tiere bilden Z.n in Zeiten ungünstiger Lebensbedingungen (z. B. Trockenheit), sie *enzystieren* sich, schlüpfen später wieder aus der Z. u. leben normal weiter. →auch Spore.

Zytogonie [grch.], *Agamogonie,* einfachste Art der →Fortpflanzung im Tierreich, wobei Einzelzellen vom Mutterorganismus abgeschnürt werden, wie z. B. bei den meisten Einzellern (Protozoen).

Zytologie [grch.], *Zellenlehre,* das Gebiet der allg. Biologie, das den Bau u. die Funktionen der →Zelle erforscht. Ausgangspunkt war die Entdeckung der Zelle am Flaschenkorken u. ihre erste Beschreibung durch R. *Hooke* 1665. Erst viel später wurde erkannt, daß alle Gewebe aus Zellen zusammengesetzt sind, u. in der Zelltheorie von M. J. *Schleiden* 1838 für pflanzl. Gewebe, von Th. *Schwann* 1839 für tier. Gewebe formuliert.

Zytoplasma [das; grch.], die den Zellkern umgebenden Bestandteile der →Zelle.

Register

Die kursiv gesetzten Seitenzahlen verweisen auf Illustrationen und Karten.

Q

R

S

ABBILDUNGSNACHWEIS

Bruce Coleman Ltd., Uxbridge 216 (u 2); Manfred Kage, Institut für wissenschaftliche Fotografie, Weißenstein 72 (3), 85 (o), 132 (2), 133 (r); Herwart Stehr, Gütersloh 216 (o); Heinz Steinmetzler, Schmallenberg 85 (u); V-Dia-Verlag GmbH, Heidelberg 133 (1).